Elemente der Arithmetik und Algebra

Harald Scheid • Wolfgang Schwarz

Elemente der Arithmetik und Algebra

6. Auflage

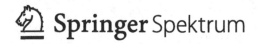 Springer Spektrum

Autoren
Harald Scheid
Wuppertal, Deutschland

Wolfgang Schwarz
Wuppertal, Deutschland

ISBN: 978-3-662-48773-0   ISBN: 978-3-662-48774-7 (eBook)
DOI 10.1007/978-3-662-48774-7

Die Deutsche Nationalbibliothek verzeichnet diese Publikation in der Deutschen Nationalbibliografie; detaillierte bibliografische Daten sind im Internet über http://dnb.d-nb.de abrufbar.

Springer Spektrum

Planung: Dr. Andreas Rüdinger

Gedruckt auf säurefreiem und chlorfrei gebleichtem Papier

Springer Spektrum ist Teil von Springer Nature
Die eingetragene Gesellschaft ist Springer-Verlag GmbH Berlin Heidelberg

Vorwort

In den vergangenen Jahren haben die Reformbemühungen um die Verbesserung der Qualität und der Inhalte universitärer Ausbildung in den meisten Bundesländern zur Ablösung der grundständigen Lehramtsstudiengänge durch konsekutiv strukturierte Modelle geführt. Ein polyvalent angelegtes Bachelorstudium kann durch einen passend gestalteten Masterstudiengang zu einem Hochschulabschluss komplettiert werden, der nach den Bestimmungen der Lehramtsprüfungsordnungen als erste Staatsprüfung anerkannt wird. Vielfach werden schulartenspezifische Teilstudiengänge angeboten, grundsätzlich lässt sich aber die Vielfalt individuell konzipierter Bachelor-Master-Modelle nur schwer überschauen.

Das vorliegende Buch ist geprägt von dem Bemühen, den Studierenden elementare Grundlagen der Arithmetik und der Algebra zu vermitteln, ebenso aber auch fachliche Vertiefungen dieser mathematischen Teilbereiche anzubieten, die typischerweise im Hauptstudium einer grundständigen Lehrerausbildung angesprochen werden oder aber als Professionalisierungsinhalte einer polyvalenten mathematischen Ausbildung infrage kommen. Daher werden wesentlich mehr Themen angesprochen, als in einer einzelnen Lehrveranstaltung zu bewältigen sind. Dies ermöglicht nicht nur den Einsatz des Lehrbuchs in verschiedenen Lehrveranstaltungen der unterschiedlichsten Akzentuierungen, sondern bietet interessierten Studierenden auch die Möglichkeit der selbstständigen Weiterarbeit, was im Hinblick auf die Selbststudiumsanteile in Bachelor- und Masterstudiengängen durchaus wertvoll ist. Von der dafür erforderlichen vorsichtigen, mit vielen Beispielen unterstützten Heranführung auch an schwierigere mathematische Themen (Ringtheorie, algebraische Gleichungen, Konstruierbarkeit mit Zirkel und Lineal) können auch Studierende des Gymnasiallehramts profitieren, die diesen Inhalten in ihren Lehrveranstaltungen in der Regel in vertiefter Form begegnen.

Voraussetzung für die erfolgreiche Arbeit mit diesem Buch sind einerseits einige (geringe) Vorkenntnisse aus der Schulmathematik, andererseits aber die Bereitschaft, sich mit mathematischen Arbeits- und Denkweisen auseinanderzusetzen. Es versteht sich von selbst, dass dies nicht auf dem methodischen und inhaltlichen Niveau der Schule geschehen kann, sondern dem intellektuellen Niveau der Studierenden angepasst sein muss.

Kapitel 1 ist dem Rechnen mit natürlichen Zahlen gewidmet, wobei die Teilbarkeitslehre und ihre Anwendungen den breitesten Raum einnehmen. Dies wird durch die Tatsache gerechtfertigt, dass man hier wie in wenigen anderen Gebieten der Mathematik mit recht einfachen Begriffsbildungen zu relativ interessanten Fragestellungen gelangen kann. Diese Tatsache macht die Zahlentheorie nicht zuletzt für mathematische Laien so attraktiv.

Kapitel 2 behandelt die grundlegenden Begriffe „Menge", „Relation" und „Abbildung" systematisch, nachdem mit diesen Begriffen im vorangegangenen Kapitel schon mehr oder weniger explizit gearbeitet worden ist.

Kapitel 3 ist den algebraischen Strukturen gewidmet, wobei wir auf das reiche Beispielmaterial aus Kap. 1 und 2 zurückgreifen können.

In Kap. 4 werden die ganzen Zahlen, die Bruchzahlen, die rationalen Zahlen einschließlich der verschiedenen Möglichkeiten ihrer Darstellung und schließlich die reellen und komplexen Zahlen eingeführt. Damit können dann die grundlegenden Probleme der Lösbarkeit algebraischer Gleichungen diskutiert werden.

Kapitel 5 beschäftigt sich mit den axiomatischen Grundlagen der Arithmetik und stellt axiomatisch gesichert das Handwerkszeug zur Verfügung, das vorab schon beim Aufbau der Arithmetik eingesetzt wurde.

Jeder Abschnitt endet mit einer kleinen Aufgabensammlung. Sie enthält in der Regel neben Routineaufgaben auch einige Aufgaben zum „Knobeln"; diese illustrieren eine wesentliche Komponente der Mathematik als allgemeinbildende Unterrichtsdisziplin, nämlich die Förderung des kreativen, fantasievollen Verhaltens beim Problemlösen. Zu allen Aufgaben sind Lösungen oder Lösungshinweise angegeben, schöner wäre es aber, wenn der Leser diese nicht zurate ziehen müsste.

Die jetzt vorliegende 6. Auflage der *Elemente der Arithmetik und Algebra* unterscheidet sich von der vorangegangenen Auflage durch einige Ergänzungen, die aus den bisherigen Erfahrungen beim Einsatz dieses Buchs in universitären Lehrveranstaltungen resultieren. In die einführenden Kapitel zur Arithmetik und zur Algebra wurden zahlreiche Kommentare und Erläuterungen zu mathematischen Verfahrensweisen, Beweistechniken und Notationen aufgenommen, um Studienanfängern den Übergang zur Hochschulmathematik weiter zu erleichtern. Die Thematik der Kettenbruchdarstellungen wurde umfangreich elementarmathematisch ausgebaut, und das Thema „Vollständige Induktion" wurde neu aufgenommen.

Das vorliegende Werk deckt gemeinsam mit den beiden Büchern *Elemente der Geometrie* und *Elemente der Linearen Algebra und der Analysis*, die ebenfalls bei Springer Spektrum Verlag erschienen sind, den Kernbereich der reinen Mathematik auf elementarmathematischem Niveau ab.

Wuppertal, Deutschland   Harald Scheid und Wolfgang Schwarz
Oktober 2015

Inhaltsverzeichnis

Arithmetik

1

Übersicht

1.1 Die Grundrechenarten

In der Arithmetik beschäftigt man sich mit der Menge $\mathbb{N} = \{1, 2, 3, \ldots\}$ der *natürlichen Zahlen*. Es gibt verschiedene Aspekte des Begriffs der natürlichen Zahl, die aber für die Mathematik nicht alle gleichermaßen relevant sind:

Zahlaspekte

- Kardinaler Aspekt: Elementeanzahl von Mengen (wie viele?)
- Ordinaler Aspekt: Nummerieren, Ordnen (der wievielte?)
- Maßaspekt: Maßzahl für Größen (wie lang?, wie schwer?, wie teuer?)
- Operatoraspekt: Vervielfachung eines Vorgangs (wie oft?)
- Codierungsaspekt: Bezeichnen von Objekten (z. B. Telefonnummer)
- Rechenzahlaspekt: Algebraische und algorithmische Zusammenhänge

---

© Springer Verlag Berlin Heidelberg 2016
H. Scheid, W. Schwarz, *Elemente der Arithmetik und Algebra*,
DOI 10.1007/978-3-662-48774-7_1

Das Rechnen in $\mathbb{N}$ (Addieren, Subtrahieren, Multiplizieren, Dividieren) kann unter verschiedenen Aspekten betrachtet werden. Beispielsweise kann die Addition mithilfe

- von Anzahlen von Mengen (kardinaler Aspekt) oder auch
- des „Weiterzählens" (ordinaler Aspekt)

erklärt werden. Hinter der ersten Möglichkeit steht das „Rechnen" mit endlichen Mengen (Kap. 2), die zweite Möglichkeit wird uns bei der axiomatischen Grundlegung der Arithmetik (Kap. 4) begegnen. Im Folgenden sollen die geläufigen Rechenoperationen in $\mathbb{N}$ als bekannt vorausgesetzt und nicht problematisiert werden. Die *algebraischen Regeln* für das Addieren und Multiplizieren natürlicher Zahlen werden an dieser Stelle zusammengestellt und benannt:

Regeln für das Rechnen in $\mathbb{N}$

$$a + b = b + a$$
für alle $a, b \in \mathbb{N}$
Kommutativgesetz der Addition
Addieren ist *kommutativ*

$$a \cdot b = b \cdot a$$
für alle $a, b \in \mathbb{N}$
Kommutativgesetz der Multiplikation
Multiplizieren ist *kommutativ*

$$(a + b) + c = a + (b + c)$$
für alle $a, b, c \in \mathbb{N}$
Assoziativgesetz der Addition
Addieren ist *assoziativ*

$$(a \cdot b) \cdot c = a \cdot (b \cdot c)$$
für alle $a, b, c \in \mathbb{N}$
Assoziativgesetz der Multiplikation
Multiplizieren ist *assoziativ*

$$a \cdot (b + c) = a \cdot b + a \cdot c$$
für alle $a, b, c \in \mathbb{N}$
Distributivgesetz
Multiplizieren ist *distributiv* bezüglich des Addierens

Die Klammern bei den Assoziativgesetzen und beim Distributivgesetz besagen, dass man den eingeklammerten Ausdruck *zuerst* berechnen muss. Die Assoziativgesetze besagen aber gerade, dass es bei mehrfachen Summen und mehrfachen Produkten nicht auf die Beklammerung ankommt, dass also die Ausdrücke $a + b + c$ und $a \cdot b \cdot c$ bzw. allgemeiner $a_1 + a_2 + \ldots + a_n$ und $a_1 \cdot a_2 \cdot \ldots \cdot a_n$ auch *ohne* Klammern sinnvoll sind. Beim Distributivgesetz müsste zunächst eigentlich $\ldots = (a \cdot b) + (a \cdot c)$ stehen. Diese Klammern können aber aufgrund folgender *Konvention* entfallen:

„Punktrechnung geht vor Strichrechnung!"

Beim konkreten Rechnen verwendet man obige Regeln mehr oder weniger bewusst im Sinne von *Rechenstrategien* bzw. *Rechenvorteilen*:

$$17 + 56 + 3 + 4 = (17 + 3) + (56 + 4) = 20 + 60 = 80$$

$$8 \cdot 75 = 2 \cdot 4 \cdot 3 \cdot 25 = (2 \cdot 3) \cdot (4 \cdot 25) = 6 \cdot 100 = 600$$

$$12 \cdot 103 = 12 \cdot (100 + 3) = 12 \cdot 100 + 12 \cdot 3 = 1200 + 36 = 1236$$

$$7 \cdot 19 + 13 \cdot 19 = (7 + 13) \cdot 19 = 20 \cdot 19 = 380$$

Die Zahl 1 spielt eine besondere Rolle bezüglich der Multiplikation: Es gilt $a \cdot 1 = a$ für alle $a \in \mathbb{N}$. Man sagt, 1 sei *neutrales Element* bezüglich der Multiplikation. Ein entsprechendes neutrales Element bezüglich der Addition gibt es in $\mathbb{N}$ nicht, weil 0 nicht zu den natürlichen Zahlen gehört. Die erste Erweiterung der Menge $\mathbb{N}$ besteht daher darin, dass man die Zahl 0 hinzunimmt; die so erweiterte Menge bezeichnen wir mit $\mathbb{N}_0$, es ist also $\mathbb{N}_0 = \{0, 1, 2, 3, \dots\}$. Dann gilt $a + 0 = a$ für alle $a \in \mathbb{N}_0$, die Zahl 0 ist neutrales Element bezüglich der Addition in $\mathbb{N}_0$.

Ein Term mit mehreren Plus-Zeichen und/oder Minus-Zeichen, in dem keine Klammern gesetzt sind, ist stets so zu verstehen, dass man ihn „von links nach rechts abarbeitet". In gleicher Weise sollte ein Term mit mehreren Mal-Zeichen und/oder Geteilt-durch-Zeichen verstanden werden, obwohl man hier meistens Klammern setzt:

$$12 \cdot 30 : 5 \cdot 2 \cdot 3 : 4 : 9 = (((((12 \cdot 30) : 5) \cdot 2) \cdot 3) : 4) : 9 = 12$$

Addieren und Multiplizieren kann man in folgendem Sinn durch Abbildungen deuten, die man dann *Operatoren* nennt:

- Der $(+a)$ - Operator bildet die Zahl x auf die Zahl $x + a$ ab.
- Der $(\cdot\, a)$ - Operator bildet die Zahl x auf die Zahl $x \cdot a$ ab.

Fragt man nach den zugehörigen *Umkehroperatoren*, so kommt man auf die Begriffe *Subtraktion* und *Division*. Subtrahieren und Dividieren ist in $\mathbb{N}$ nur beschränkt möglich. Genau dann existiert in $\mathbb{N}$

- die Differenz $a - b$, wenn $b < a$,
- der Quotient $a : b$, wenn $b \mid a$.

Die Relationen $<$ (ist kleiner als) und $\mid$ (ist ein Teiler von, teilt), die wir im Folgenden ständig benötigen werden, kommen also dadurch ins Spiel, dass die Subtraktion und die Division natürlicher Zahlen nur in gewissen Fällen wieder eine natürliche Zahl liefert. Ist b kleiner oder gleich a, so schreiben wir $b \leq a$. Ferner bedeuten $a > b$ bzw. $a \geq b$ dasselbe wie $b < a$ bzw. $b \leq a$.

Die Multiplikation ist auch distributiv bezüglich der Subtraktion: Es gilt

$$a \cdot (b - c) = a \cdot b - a \cdot c \quad \text{für alle} \quad a, b, c \in \mathbb{N}_0 \quad \text{mit} \quad c \leq b.$$

Wenn a, b, c Variable für *ganze* statt nur für natürliche Zahlen wären, also Elemente aus der Menge $\mathbb{Z} = \{\ldots, -3, -2, -1, 0, 1, 2, 3, \ldots\}$, so wäre dies keine eigene Regel, da sie aus $a \cdot (b + c) = a \cdot b + a \cdot c$ folgt, wenn man c durch $-c$ ersetzt. Insbesondere ergibt sich

$$a \cdot 0 = 0 \quad \text{für alle} \quad a \in \mathbb{N}_0,$$

denn $a \cdot 0 = a \cdot (b - b) = a \cdot b - a \cdot b = 0$. Dies vermittelt die Einsicht in den Umstand, dass die *Division durch* 0 *verboten* ist! Setzt man nämlich versuchsweise $a : 0 = b$, so wäre $a = 0 \cdot b = 0$, es müsste sich also bei b um das Ergebnis der Aufgabe $0 : 0$ handeln. Der Ausdruck $0 : 0$ ist aber unbestimmt, denn $0 : 0 = b$ bedeutet $0 = b \cdot 0$, was für *jeden* Wert der Variablen b stimmt.

Bei der Beklammerung im Zusammenhang mit der Subtraktion oder Division werden oft Fehler gemacht:

- Es ist *nicht* $(a - b) - c = a - (b - c)$, *sondern* $(a - b) - c = a - (b + c)$.
- Es ist *nicht* $(a : b) : c = a : (b : c)$, *sondern* $(a : b) : c = a : (b \cdot c)$.

Die Multiplikation natürlicher Zahlen kann man als *mehrfache Addition* erklären:

$$a \cdot b = b + b + \ldots + b \quad (a \text{ Summanden})$$
$$= a + a + \ldots + a \quad (b \text{ Summanden}),$$

wobei die Einsicht in die Gültigkeit des Kommutativgesetzes der Multiplikation keineswegs mehr trivial ist. Entsprechende *mehrfache Multiplikation* führt auf den Begriff der *Potenz*:

$$a^b = a \cdot a \cdot \ldots \cdot a \quad (b \text{ Faktoren}).$$

Es ist *keineswegs* stets $a^b = b^a$, dies gilt außer für $a = b$ nur in Ausnahmefällen! Die Umkehrung des Potenzierungsoperators („hoch b") ist der Wurzeloperator („b-te Wurzel aus"), der in $\mathbb{N}$ natürlich nur beschränkt anwendbar ist. Die *Potenzregeln*

$$a^b \cdot a^c = a^{b+c} \quad \text{und} \quad (a^b)^c = a^{b \cdot c} \quad \text{für alle } a, b, c \in \mathbb{N}$$

werden entsprechend der Definition des Potenzbegriffs aus den Regeln für das Multiplizieren hergeleitet. Die Potenz a^b definiert man auch, wenn eine der Zahlen a, b den Wert 0 hat:

Für $b \in \mathbb{N}$ ist $0^b = 0$; für $a \in \mathbb{N}$ setzt man $a^0 = 1$.

Diese Konvention ist *sinnvoll*, weil dann für $a, b \in \mathbb{N}$ gilt $a^b \cdot a^0 = a^{b+0} = a^b$, die obigen Potenzregeln also auch für den Exponenten 0 gültig bleiben. Der Ausdruck 0^0 hat weder den Wert 0 noch den Wert 1; er wird *nicht definiert* und bleibt wie $0 : 0$ ein *unbestimmter* oder *undefinierter Ausdruck*.

Für das Rechnen in $\mathbb{N}_0$ sind die folgenden *Kürzungsregeln* wichtig:

Kürzungsregeln für das Rechnen in $\mathbb{N}_0$

(1) Ist $a + b = a + c$, dann ist $b = c$.
(2) Ist $a \cdot b = a \cdot c$ und $a \neq 0$, dann ist $b = c$.
(3) Ist $a^b = a^c$ und $a \neq 0$ sowie $a \neq 1$, dann ist $b = c$.
(4) Ist $b^a = c^a$ und $a \neq 0$, dann ist $b = c$.

Wegen der Kommutativität der Addition und der Multiplikation folgen aus den angegebenen *linksseitigen Kürzungsregeln* für das Addieren und Multiplizieren sofort die
entsprechenden *rechtsseitigen Kürzungsregeln*. Da im Allgemeinen $a^b \neq b^a$ gilt, muss
man dagegen beim Potenzieren zwei Kürzungsregeln unterscheiden.

Die Terme $a^{(b^c)}$ und $\left(a^b\right)^c$ haben in der Regel verschiedene Werte; der erste besteht aus
b^c Faktoren a, der zweite aus c Faktoren a^b. Nur in Sonderfällen können diese Terme den
gleichen Wert haben, z. B. wenn $b^c = b \cdot c$ ist, was etwa für $c = 1$ oder für $b = c = 2$
gilt.

In Computerprogrammen oder in Textverarbeitungssystemen schreibt man $a\hat{\ }b$ statt
a^b. In dieser Schreibweise sind die Regeln für das Rechnen mit Potenzen noch klarer
in Analogie zu den entsprechenden Regeln für die Addition und die Multiplikation zu
sehen:

- Es gilt *nicht*: $a\hat{\ }b = b\hat{\ }a$ für alle $a, b \in \mathbb{N}$.
- Es gilt *nicht*: $a\hat{\ }(b\hat{\ }c) = (a\hat{\ }b)\hat{\ }c$ für alle $a, b, c \in \mathbb{N}$.
- Aus $a\hat{\ }b = a\hat{\ }c$ folgt $b = c$ (falls $a \neq 0$, $a \neq 1$).
- Aus $b\hat{\ }a = c\hat{\ }a$ folgt $b = c$ (falls $a \neq 0$).

Aufgaben

1.1 Setze in $2 \cdot 3 + 4 \cdot 5 + 6$ Klammern so ein, dass sich die folgenden Zahlen ergeben:
(a) 32   (b) 50   (c) 76   (d) 154

1.2 (a) Berechne allgemein $(a + b)^2$ (binomische Formel) und damit 105^2.
     (b) Berechne allgemein $(a + b)^3$ und damit 102^3.
     (c) Berechne allgemein $(a + b + c)^2$ und damit 111^2.

1.3 Zeige: Die Differenz zwischen dem Produkt und der Summe zweier natürlicher
Zahlen, die größer als 1 sind, ist um 1 kleiner als das Produkt dieser jeweils um 1
verminderten Zahlen.

1.4 Untersuche, ob folgende Formeln in $\mathbb{N}$ gelten. Dabei sei $x\hat{\ }y$ die Computerschreib-
weise für x^y.

(a) $(x + y)\hat{\ }z = (x\hat{\ }z) + (y\hat{\ }z)$　　　　(b) $x\hat{\ }(y + z) = (x\hat{\ }y) \cdot (x\hat{\ }z)$
(c) $x \cdot (y\hat{\ }z) = (x \cdot y)\hat{\ }z$　　　　　　　(d) $x \cdot (y\hat{\ }z) = x \cdot y \cdot y\hat{\ }(z - 1)$

1.5　Setze in $2\hat{\ }3\hat{\ }2$ auf verschiedene Arten Klammern und berechne den Wert des entstehenden Ausdrucks. Dabei sei $x\hat{\ }y = x^y$.

1.6　(a) Bestimme alle $x \in \mathbb{N}$ mit $2^x = x^2$.
　　　(b) Zeige, dass kein $x \in \mathbb{N}$ mit $x \neq 3$ und $3^x = x^3$ existiert.

1.7　Bei einer „Zahlenmauer" steht auf jedem Stein die Summe der beiden Nachbarsteine, die unter ihm liegen (Abb. 1.1).

(a) Wie muss man die Zahlen $12, 15, 27, 30$ in der untersten Reihe der Zahlenmauer in Abb. 1.1 einsetzen, um an der Spitze dieser Zahlenmauer eine möglichst große Zahl zu erhalten?

Abb. 1.1 Aufbau einer
Zahlenmauer

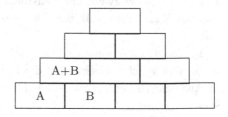

(b) Es gibt vier *aufeinanderfolgende* Zahlen, für die, wenn man sie aufsteigend in der unteren Reihe der Zahlenmauer in Abb. 1.1 einsetzt, sich oben 100 ergibt. Bestimme diese.
(c) Ergänze die in Abb. 1.2 dargestellte Zahlenmauer.

Abb. 1.2 Zahlenmauer mit
Additions- und
Subtraktionsaufgaben

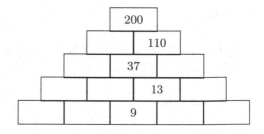

1.8　Multiplikationen mit Faktoren zwischen 5 und 10 lassen sich mithilfe der Finger auf solche im Bereich zwischen 0 und 5 zurückführen:

- Linke Hand: Faktor $5 + x$: x Finger einknicken.
- Rechte Hand: Faktor $5 + y$: y Finger einknicken.
- Die Summe der eingeknickten Finger ist die Anzahl der Zehner.
- Das Produkt der nicht eingeknickten Finger ist die Anzahl der Einer.

Beispiel: $8 \cdot 6 = (3 + 1)$ Zehner und $(2 \cdot 4)$ Einer $= 40 + 8 = 48$.

(a) Rechne auf diese Weise $7 \cdot 8$, $9 \cdot 6$, $7 \cdot 10$.
(b) Begründe obiges Verfahren algebraisch: $(5 + x) \cdot (5 + y) = \dots$
(c) Beschreibe eine ähnliche Methode für die Multiplikation von Zahlen zwischen 15 und 20 mithilfe einer geeigneten Termumformung von $(15 + x) \cdot (15 + y)$.

1.2   Teilbarkeit und Primzahlen

Zu zwei natürlichen Zahlen n, d gibt es immer eindeutig bestimmte Zahlen v, r aus $\mathbb{N}_0$ mit

$$n = v \cdot d + r \quad \text{und} \quad 0 \le r < d.$$

Diese Darstellung nennt man die *Division von n durch d mit Rest*, und die Zahl r heißt der *Rest von n bei Division durch d*.

Neben dieser multiplikativen Notationsform der Division mit Rest sind auch andere Schreibweisen üblich, nämlich die *Restschreibweise*

$$n : d = v \text{ Rest } r \,,$$

der man schon in der Grundschule begegnet, oder die *divisive Darstellung*

$$n : d = v + r : d \,,$$

die das Rechnen mit Brüchen ($\frac{n}{d} = v + \frac{r}{d}$) präfiguriert. Von dieser Sichtweise werden wir in Abschn. 4.3 Gebrauch machen.

Die Division von 97 durch 19 mit Rest ergibt also

$$97 = 5 \cdot 19 + 2 \qquad \text{bzw.} \qquad 97 : 19 = 5 \text{ Rest } 2$$

oder auch

$$97 : 19 = 5 + 2 : 19 \qquad \text{bzw.} \qquad \frac{97}{19} = 5 + \frac{2}{19} \,.$$

Haben n_1 und n_2 bei Division durch d die Reste r_1 bzw. r_2, dann haben $n_1 + n_2$ denselben Rest wie $r_1 + r_2$ und $n_1 \cdot n_2$ denselben Rest wie $r_1 \cdot r_2$ bei Division durch d. Denn aus

$$n_1 = v_1 d + r_1 \quad \text{und} \quad n_2 = v_2 d + r_2$$

folgt

$$n_1 + n_2 = (v_1 + v_2)d + (r_1 + r_2) \quad \text{und} \quad n_1 n_2 = (v_1 v_2 + v_1 r_2 + v_2 r_1)d + r_1 r_2.$$

(Wie in diesen Termen lässt man den Malpunkt bei einem Produkt von Variablen oder bei einem Produkt der Form „Zahl mal Variable" meistens weg.)

Beispiel 1.1 14 hat den 4er-Rest 2, und 19 hat den 4er-Rest 3. Daher hat $14 + 19 \ (= 33)$ denselben 4er-Rest wie $2 + 3 \ (= 5)$, nämlich 1. Ferner hat $14 \cdot 19 \ (= 266)$ denselben 4er-Rest wie $2 \cdot 3 \ (= 6)$, nämlich 2. ■

Ist bei der Division von n durch d mit Rest der Divisionsrest $r = 0$, gilt also $n = v \cdot d$, so ist n durch d *teilbar*, und man schreibt

$$d|n \quad \text{(„}d \text{ teilt } n\text{")}.$$

Ist aber $r \neq 0$, so ist n *nicht* durch d teilbar, und man schreibt

$$d \nmid n \quad \text{(„}d \text{ teilt nicht } n\text{")}.$$

Ist $d|n$, dann heißt d ein *Teiler* von n. Die Menge aller Teiler von n bezeichnen wir mit T_n und nennen sie die *Teilermenge* von n. Es gilt $T_1 = \{1\}$. Ist $n > 1$, dann besitzt n mindestens zwei Teiler, nämlich 1 und n.

Besitzt eine Zahl *genau* zwei Teiler, dann nennt man sie eine *Primzahl*. Beispiele für Primzahlen sind 2, 3, 5, 7, 11, 13, 17, 19, 23, 29, ... Ist also p eine Primzahl, dann ist $T_p = \{1, p\}$. Ist $n > 1$ und ist n keine Primzahl, dann nennt man n eine *zusammengesetzte* Zahl. Ist n durch eine Primzahl p teilbar, dann heißt p ein *Primteiler* von n.

Gilt $d|n$, dann ist $d \cdot c = n$ mit $c = \mathrm{d}\frac{n}{d} \in \mathbb{N}$. Genau dann gilt also $d|n$, wenn eine natürliche Zahl c mit $d \cdot c = n$ existiert. Es gilt dann auch $c|n$. Die Zahlen c, d nennt man *komplementäre Teiler* von n. Um die Teilermenge T_n zu bestimmen, gibt man zweckmäßigerweise zu jedem Teiler d sofort den komplementären Teiler $\mathrm{d}\frac{n}{d}$ an und schreibt die Teiler in Tabellenform auf („Komplementärteilerschema"; Tab. 1.1).

Ist $d \leq \frac{n}{d}$, dann ist $d^2 \leq n$. In der linken Spalte der Teilertabelle schreibt man also nur diejenigen Teiler von n (der Größe nach) auf, deren Quadrat nicht größer als n ist. Ist n keine Quadratzahl, so enthält jedes Paar komplementärer Teiler zwei verschiedene Teiler von n; es gibt also in diesem Fall eine *gerade* Anzahl von Teilern. Ist dagegen n ein

Tab. 1.1 Teilertabellen (Komplementärteilerschema)

30		48		81	
1	30	1	48	1	81
2	15	2	24	3	27
3	10	3	16	9	9
5	6	4	12		
		6	8		

Quadrat, so gibt es ein Paar komplementärer Teiler mit gleichen Teilern, sodass in diesem Fall die Anzahl der Teiler *ungerade* ist.

Für die Teilbarkeit in $\mathbb{N}$ gelten die folgenden Regeln:

Teilbarkeitsregeln in $\mathbb{N}$

(1) Es gilt $1|n$ und $n|n$ für alle $n \in \mathbb{N}$.

(2) Aus $m|n$ und $n|m$ folgt $m = n$.

(3) Aus $k|m$ und $m|n$ folgt $k|n$.

(4) Aus $m|n$ folgt $m|tn$ für alle $t \in \mathbb{N}$.

(5) Aus $k|m$ und $k|n$ folgt $k|m + n$.

(6) Aus $k|m$ und $k|m + n$ folgt $k|n$.

Obwohl diese Regeln aufgrund der Definition der Teilbarkeit unmittelbar einsichtig sind, wollen wir doch am Beispiel von Regel (6) zeigen, wie man sie formal beweist: Ist $k|m$ und $k|m+n$, dann existieren $s, t \in \mathbb{N}$ mit $ks = m$ und $kt = m+n$. Daraus folgt $kt = ks+n$, also

$$n = kt - ks = k(t - s).$$

Wegen $m < m + n$ ist $s < t$, sodass $t - s$ eine natürliche Zahl ist. Also gilt $k|n$.

Mithilfe von Regel (6) beweisen wir in Satz 1.1, dass es unendlich viele Primzahlen gibt.

Satz 1.1 (Satz von Euklid)
Es gibt unendlich viele Primzahlen.

Beweis 1.1 Wir nehmen an, es gibt nur die endlich vielen Primzahlen $p_1, p_2, \ldots, p_r$. Die natürliche Zahl

$$n = p_1 p_2 \cdot \ldots \cdot p_r + 1$$

ist durch eine Primzahl p teilbar (s. unten), also durch eine der Primzahlen $p_1, p_2, \ldots, p_r$. Aus $p|n$ und $p|p_1 p_2 \cdot \ldots \cdot p_r$ folgt aber $p|1$ nach Regel (6). Dies widerspricht der Tatsache, dass 1 nicht durch eine Primzahl teilbar ist. □

Satz 1.1 wird deshalb *Satz von Euklid* genannt, weil man den Beweis dieses Satzes in etwa der hier gewählten Form in den *Elementen* von Euklid von Alexandria findet, der etwa um 300 v. Chr. lebte. Euklid hat in den *Elementen* das mathematische Wissen seiner Zeit dargestellt, wobei er großen Wert auf strenge Beweisführungen legte. Während bei den Völkern der Antike vor Euklid weniger die logischen Grundlagen der Mathematik als vielmehr ihre praktische Anwendbarkeit eine Rolle spielte, versuchte man zu Euklids Zeiten erstmals, die Aussagen der Mathematik aus gewissen Grundannahmen (Axiomen) heraus logisch herzuleiten.

Eine wichtige Form des Beweises, die wir oben benutzt haben, ist der *Beweis durch Widerspruch* (*indirekter Beweis*). Diese Beweisform ermöglicht es, auch solche Fakten zu beweisen, die sich einem Beweis durch Konstruktion entziehen: Zum Beweis des Satzes von Euklid wäre es eben nicht möglich, unendlich viele Primzahlen anzugeben. Es genügt aber zu verifizieren, dass man, wenn die Aussage des Satzes von Euklid *falsch* wäre, auf eine Situation schließen könnte, von der man mit Sicherheit weiß, dass sie nicht vorliegen kann („Widerspruch", „Kontradiktion")! Möchte man allgemein eine Aussage A (hier: „Es gibt unendlich viele Primzahlen") *indirekt* beweisen, dann nimmt man ihr *logisches Gegenteil* $\neg A$ (hier: „Es gibt nur endlich viele Primzahlen") an und leitet daraus mit logischen Mitteln einen Widerspruch (hier: „1 ist durch eine Primzahl teilbar") her; dann muss offenbar $\neg A$ falsch sein, was logisch gleichwertig dazu ist, dass A wahr ist.

Im Beweis von Satz 1.1 sind wir davon ausgegangen, dass jede natürliche Zahl $n > 1$ durch eine Primzahl teilbar ist. Auch dies *beweist* Euklid, und zwar etwa folgendermaßen: Ist p der kleinste von 1 verschiedene Teiler von n, dann besitzt p keinen Teiler q mit $1 < q < p$, weil sonst nach Regel (3) die Zahl q ein von 1 verschiedener Teiler von n wäre, der *kleiner* als p wäre. Also ist $T_p = \{1, p\}$ und damit p eine Primzahl.

Auch bei dieser Argumentation handelt es sich um einen indirekten Beweis, was man an der Sprachfigur „weil *sonst* ..." erkennen kann: „Sonst" leitet Konsequenzen der Annahme des Gegenteils (hier: „p besitzt einen Teiler q mit $1 < q < p$") ein, und der Widerspruch ist in dem Moment erreicht, in dem man auf die Existenz eines von 1 verschiedenen Teilers q der Zahl n schließen kann, der *kleiner* als p ist. Denn: Eine Aussage B (hier: „p ist der kleinste von 1 verschiedene Teiler von n") und ihr logisches Gegenteil $\neg B$ (hier: „p ist nicht der kleinste von 1 verschiedene Teiler von n" – weil $1 < q < p$ und $q \mid n$) können niemals gleichzeitig wahr sein; wenn B wahr ist, ist $\neg B$ falsch, und wenn B falsch ist, ist $\neg B$ wahr. Kurz: B ist *genau dann* wahr, wenn $\neg B$ falsch ist.

Man liest $\neg B$ als „nicht B" oder „non B" und nennt $\neg B$ die *Negation* von B.

Im Folgenden werden wir die Arithmetik nicht mit der Strenge Euklids betrachten, wir werden vielmehr Aussagen nur dann beweisen, wenn sie nicht auf der Hand liegen.

Um herauszufinden, ob eine Zahl n eine Primzahl oder eine zusammengesetzte Zahl ist, benutzen wir Satz 1.2.

Satz 1.2

Ist n eine zusammengesetzte Zahl, dann existiert ein Primteiler p von n mit $p \leq \sqrt{n}$.

Beweis 1.2 Ist n zusammengesetzt, dann ist der kleinste von 1 verschiedene Teiler von n eine Primzahl p, wie wir schon oben festgestellt haben, und p ist nicht größer als der Komplementärteiler $\frac{n}{p}$. Es gilt also

$$p \leq \frac{n}{p} \quad \text{bzw.} \quad p^2 \leq n \quad \text{und damit} \quad p \leq \sqrt{n}.$$

$\square$

Möchte man also prüfen, ob eine natürliche Zahl n Primzahl ist oder nicht, so muss man nur feststellen, ob sie durch eine *Primzahl* $p \leq \sqrt{n}$ teilbar ist oder nicht. Beispielsweise ist 257 eine Primzahl, denn

$$2 \nmid 257, \quad 3 \nmid 257, \quad 5 \nmid 257, \quad 7 \nmid 257, \quad 11 \nmid 257, \quad 13 \nmid 257,$$

und die nächste Primzahl 17 ist größer als $\sqrt{257}$, denn $17^2 = 289 > 257$.

Eratosthenes von Cyrene (276–196 v. Chr.), der im Jahr 235 v. Chr. Vorsteher der Bibliothek in Alexandria wurde, hat ein Verfahren beschrieben, mit dem man alle Primzahlen unterhalb einer Schranke N bestimmen kann. Dieses nennt man das *Sieb des Eratosthenes*:

Sieb des Eratosthenes zur Bestimmung aller Primzahlen $\leq N$

(1) Man schreibe alle natürlichen Zahlen von 2 bis N auf.

(2) Man markiere die Zahl 2 und streiche dann jede zweite Zahl.

(3) Ist n die erste nicht gestrichene und nicht markierte Zahl, so markiere man n und streiche dann jede n-te Zahl.

(4) Man führe Schritt 3 für alle n mit $n \leq \sqrt{N}$ aus; ist $n > \sqrt{N}$, so stoppe man den Prozess.

(5) Alle markierten bzw. nicht gestrichenen Zahlen sind Primzahlen, und zwar sind dies alle Primzahlen $\leq N$.

Sehen wir uns dazu ein Beispiel zur Bestimmung aller Primzahlen ≤ 100 an:

Beispiel 1.2 (Sieb des Eratosthenes für $N = 100$)

$$
\begin{array}{cccccccccccccc}
\underline{2} & \underline{3} & \cancel{4} & \underline{5} & \cancel{6} & \underline{7} & \cancel{8} & \cancel{9} & \cancel{10} & 11 & \cancel{12} & 13 & \cancel{14} & \cancel{15} \\
\cancel{16} & 17 & \cancel{18} & 19 & \cancel{20} & \cancel{21} & \cancel{22} & 23 & \cancel{24} & \cancel{25} & \cancel{26} & \cancel{27} & \cancel{28} & 29 \\
\cancel{30} & 31 & \cancel{32} & \cancel{33} & \cancel{34} & \cancel{35} & \cancel{36} & 37 & \cancel{38} & \cancel{39} & \cancel{40} & 41 & \cancel{42} & 43 \\
\cancel{44} & \cancel{45} & \cancel{46} & 47 & \cancel{48} & \cancel{49} & \cancel{50} & \cancel{51} & \cancel{52} & 53 & \cancel{54} & \cancel{55} & \cancel{56} & \cancel{57} \\
\cancel{58} & 59 & \cancel{60} & 61 & \cancel{62} & \cancel{63} & \cancel{64} & \cancel{65} & \cancel{66} & 67 & \cancel{68} & \cancel{69} & \cancel{70} & 71 \\
\cancel{72} & 73 & \cancel{74} & \cancel{75} & \cancel{76} & \cancel{77} & \cancel{78} & 79 & \cancel{80} & \cancel{81} & \cancel{82} & 83 & \cancel{84} & \cancel{85} \\
\cancel{86} & \cancel{87} & \cancel{88} & 89 & \cancel{90} & \cancel{91} & \cancel{92} & \cancel{93} & \cancel{94} & \cancel{95} & \cancel{96} & 97 & \cancel{98} & \cancel{99} \\
\cancel{100}
\end{array}
$$

∎

Unterhalb von 100 findet man also genau 25 Primzahlen, nämlich

2, 3, 5, 7, 11, 13, 17, 19, 23, 29, 31, 37, 41,

43, 47, 53, 59, 61, 67, 71, 73, 79, 83, 89, 97.

Man kann beim Sieb des Eratosthenes natürlich die Arbeit verringern, indem man die geraden Zahlen im Vorhinein ausschließt.

Die Primzahlen außer 2 und 5 enden (im 10er-System) alle auf 1, 3, 7 oder 9; sie sind also von der Form

$$10k + a \quad \text{mit} \quad k \in \mathbb{N}_0 \text{ und } a \in \{1, 3, 7, 9\}.$$

Denn jede andere Zahl ist durch 2 oder durch 5 teilbar. Allgemein gilt für $m \in \mathbb{N}$: Die Zahl

$$mk + a \quad \text{mit} \quad k \in \mathbb{N} \text{ und } 1 \leq a \leq m - 1$$

ist *keine* Primzahl, wenn a und m einen gemeinsamen Teiler $d > 1$ besitzen. Denn aus $d|a$ und $d|m$ folgt $d|mk + a$. Beispielsweise sind alle Primzahlen außer 2, 3, 5 von der Form

$$30k + a \quad \text{mit} \quad k \in \mathbb{N}_0 \text{ und } a \in \{1, 7, 11, 13, 17, 19, 23, 29\}.$$

Daher könnte man die Primzahlen ab 7 in folgender Form übersichtlich notieren:

$$
\begin{array}{rrrrrrr}
 & 7 & 11 & 13 & 17 & 19 & 23 & 29 \\
31 & 37 & 41 & 43 & 47 & & 53 & 59 \\
61 & 67 & 71 & 73 & & 79 & 83 & 89 \\
 & 97 & 101 & 103 & 107 & 109 & 113 \\
 & 127 & 131 & & 137 & 139 & & 149 \\
151 & 157 & & 163 & 167 & & 173 & 179 \\
181 & & 191 & 193 & 197 & 199 \\
\end{array}
$$

usw.

Der kleinste Abstand, den zwei Primzahlen > 2 haben können, ist 2; denn von zwei aufeinanderfolgenden Zahlen ist eine stets gerade. Zwei Primzahlen mit dem Abstand 2 bilden einen *Primzahlzwilling*. Die ersten Primzahlzwillinge sind

$$(3, 5), (5, 7), (11, 13), (17, 19), (29, 31), (41, 43),$$

$$(59, 61), (71, 73), (101, 103), (107, 109), (137, 139), \ldots$$

Eine Tabelle aller Primzahlzwillinge unterhalb der Schranke N kann man sich mithilfe einer leichten Modifikation des Siebes von Eratosthenes beschaffen: Man streiche im Sieb des Eratosthenes für jede Primzahl $p \leq \sqrt{N}$ nicht nur jede p-te Zahl, sondern auch die jeweils übernächste Zahl (die bei Divison durch p den Rest 2 lässt). Ist danach u nicht gestrichen, so ist $(u - 2, u)$ ein Primzahlzwilling, weil dann weder u noch $u - 2$ einen Primteiler $p \leq \sqrt{N}$ besitzt. In obigem Beispiel zum Sieb des Eratosthenes ($N = 100$) führt die zusätzliche Streichung zu folgendem Resultat:

$$
\begin{array}{cccccc}
\underline{2} & \underline{3} & \underline{5} & \underline{7} & \cancel{11} & 13 \\
\cancel{17} & 19 & \cancel{23} & & & \cancel{29} \\
31 & & \cancel{37} & & \cancel{41} & 43 \\
& \cancel{47} & & \cancel{53} & & \\
\cancel{59} & 61 & & \cancel{67} & & \cancel{71} \\
73 & & \cancel{79} & & \cancel{83} & \\
& \cancel{89} & & \cancel{97} & &
\end{array}
$$

Es verbleiben neben 2, 3, 5, 7 die Zahlen 13, 19, 31, 43, 61, 73, sodass sich neben $(3, 5)$ und $(5, 7)$ die Primzahlzwillinge $(11, 13)$, $(17, 19)$, $(29, 31)$, $(41, 43)$, $(59, 61)$ und $(71, 73)$ ergeben. Es ist eine bis heute unbewiesene Vermutung, dass es unendlich viele Primzahlzwillinge gibt (*Primzahlzwillingsproblem*).

Primzahlzwillinge untersucht man bei der Frage nach dem *kleinsten* Abstand, den Primzahlen voneinander haben können. Die Frage nach dem *größten* Abstand, den aufeinanderfolgende Primzahlen voneinander haben können, ist nicht sinnvoll, denn dieser kann beliebig groß werden. Setzt man nämlich

$$n! = 1 \cdot 2 \cdot 3 \cdot \ldots \cdot n \quad (n \, Fakultät)$$

(Produkt der ersten n natürlichen Zahlen), dann sind die $n - 1$ Zahlen von $n! + 2$ bis $n! + n$ alle zusammengesetzt, denn für $2 \leq i \leq n$ ist $n! + i$ durch i teilbar.

Andererseits kann man zeigen, dass der Abstand aufeinanderfolgender Primzahlen nicht allzu stark wachsen kann, dass etwa für $n > 1$ zwischen n und $2n$ stets mindestens eine Primzahl liegt. Viel spricht dafür, dass auch zwischen zwei aufeinanderfolgenden Quadratzahlen n^2 und $(n + 1)^2$ stets eine Primzahl liegt; dies konnte aber bis heute nicht bewiesen werden.

Zum Beweis des nächsten Satzes benötigen wir einen Hilfssatz, der uns auch im weiteren Verlauf „hilfreich" sein wird.

Satz 1.3 (Hilfssatz)
Für alle $x \in \mathbb{N}$ mit $x > 1$ und alle $n \in \mathbb{N}$ gilt:

(a) $x - 1 \mid x^n - 1$
(b) $x + 1 \mid x^{2n+1} + 1$

Beweis 1.3 (a) Für $x = 2$ ist nichts zu beweisen. Für $x > 2$ lässt x bei Division durch $x - 1$ den Rest 1; also lässt x^n bei Division durch $x - 1$ denselben Rest wie 1^n, nämlich 1. Folglich ist $x^n = v(x - 1) + 1$ mit $v \in \mathbb{N}$, und man erhält

$$x^n - 1 = v(x - 1).$$

(b) Die Zahl x^2 lässt bei Division durch $x + 1$ den Rest 1, denn

$$x^2 = (x - 1)(x + 1) + 1.$$

Demnach lässt $(x^2)^n = x^{2n}$ bei Division durch $x + 1$ ebenfalls den Rest 1, die Zahl $x^{2n} \cdot x = x^{2n+1}$ also den Rest x. Somit ist $x^{2n+1} = v(x + 1) + x$, und es ergibt sich

$$x^{2n+1} + 1 = (v + 1)(x + 1).$$

$\square$

Man kann den Hilfssatz auch aus der bekannten Summenformel

$$1 + t + \ldots + t^k = \frac{t^{k+1} - 1}{t - 1}$$

für die geometrische Reihe ablesen, die für alle reellen Zahlen $t \neq 1$ und alle $k \in \mathbb{N}$ gilt: Zum Beweis von (a) setze man $t = x$ und $k = n$, zum Beweis von (b) setze man $t = -x$ und $k = 2n + 1$. Die obige Summenformel ergibt sich sofort aus

$$t(1 + t + \ldots + t^k) - (1 + t + \ldots + t^k) = t^{k+1} - 1.$$

Man kann sie auch mittels vollständiger Induktion beweisen (Beispiel 5.4).

Nun wenden wir uns wieder der Betrachtung von Primzahlen zu. Es ist auffallend, dass vor oder nach einer Zweierpotenz häufig eine Primzahl aufzutreten scheint:

n	2	3	4	5	6	7	8
$2^n - 1$	3	7	15	31	63	127	255
2^n	4	8	16	32	64	128	256
$2^n + 1$	5	9	17	33	65	129	257

Dieses Phänomen wollen wir etwas näher untersuchen. In Satz 1.4 ist n eine Variable für eine natürliche Zahl.

Satz 1.4 *(a) $2^n - 1$ ist höchstens dann eine Primzahl, wenn n eine Primzahl ist.*
(b) $2^n + 1$ ist höchstens dann eine Primzahl, wenn n eine 2er-Potenz ist.

Beweis 1.4 (a) Ist $n = 1$, so liegt mit $2^n - 1 = 2^1 - 1 = 1$ offenbar keine Primzahl vor. Ist n zusammengesetzt, also $n = uv$ mit $u, v \in \mathbb{N}$ und $1 < u, v < n$, dann ist $2^n - 1 = (2^u)^v - 1$ nach Satz 1.3a durch $2^u - 1$ teilbar, und es gilt $1 < 2^u - 1 < 2^n - 1$.

(b) Ist $n = 2^r u$ mit einer ungeraden Zahl u, dann ist $2^n + 1 = \left(2^{2^r}\right)^u + 1$ nach Satz 1.3b durch $2^{2^r} + 1$ teilbar. Es kann daher nur für $u = 1$ eine Primzahl vorliegen.

$\square$

(Wir haben hier die *Konvention* beachtet, dass man unter a^{b^c} stets $a^{(b^c)}$ versteht.)

Eine wichtige Form des Beweises, die wir hier benutzt haben, ist der *Beweis durch Kontraposition*. Der *Kontrapositionssatz* besagt, dass Aussage (1) „Wenn A, dann B" (in Zeichen: $A \Rightarrow B$) logisch gleichwertig ist zu Aussage (2) „Wenn nicht B, dann nicht A" (in Zeichen: $\neg B \Rightarrow \neg A$). Dies erkennt man mühelos daran, dass die Negationen von Aussage (1) und von Aussage (2) logisch gleichwertig sind und deshalb natürlich auch Aussage (1) und Aussage (2) logisch gleichwertig sein müssen: Aussage (1) ist per definitionem so zu verstehen, dass sie dann und nur dann falsch ist, wenn A gilt und (trotzdem!) B *nicht*, wenn also A und $\neg B$ gilt. Entsprechend ist Aussage (2) genau dann falsch, wenn $\neg B$ gilt und (trotzdem!) *nicht* $\neg A$, wenn also $\neg B$ und A gilt.

Möchte man also eine Aussage vom Typ $A \Rightarrow B$ („Implikation", „Wenn-dann-Aussage") beweisen, so kann man stattdessen auch die Gültigkeit von $\neg B \Rightarrow \neg A$ verifizieren. In der Situation von Satz 1.4a könnte man die Aussagen

$$A: \text{„}2^n - 1 \text{ ist eine Primzahl"} \qquad \text{und} \qquad B: \text{„}n \text{ ist eine Primzahl"}$$

definieren, dann wäre die in Satz 1.4a formulierte Aussage nichts anderes als die Implikation $A \Rightarrow B$. Denn offenbar wird hier festgestellt, dass $2^n - 1$ niemals eine Primzahl sein kann, wenn n keine Primzahl ist, und dies lässt sich formal durch $\neg B \Rightarrow \neg A$ beschreiben, was logisch gleichwertig zu $A \Rightarrow B$ ist. Im Beweis zu Satz 1.4a ist der Ausgangspunkt die Aussage $\neg B$ („n ist keine Primzahl"), das bedeutet $n = 1$ oder n ist zusammengesetzt. In beiden Fällen lässt sich erschließen, dass $2^n - 1$ *keine* Primzahl ist, dass also $\neg A$ gilt.

Der *indirekte Beweis* und der *Beweis durch Kontraposition* weisen einige Ähnlichkeiten auf, es handelt sich aber nicht um identische Beweisverfahren. Bei dem einen muss man nämlich einen Widerspruch herleiten, bei dem anderen hingegen nicht.

Die Zahlen

$$M_p = 2^p - 1 \quad (p \text{ Primzahl})$$

heißen *Mersenne'sche Zahlen* (nach dem französischen Mönch, Mathematiker und Musiktheoretiker Marin Mersenne, 1588–1648). Ist M_p eine Primzahl, dann heißt sie *Mersenne'sche Primzahl*. Die ersten vier Mersenne'schen Zahlen

$$M_2 = 3, \quad M_3 = 7, \quad M_5 = 31, \quad M_7 = 127$$

sind Primzahlen, die nächste ist aber zusammengesetzt:

$$M_{11} = 2047 = 23 \cdot 89.$$

Dies zeigt, dass Aussage (3) $A \Rightarrow B$ und Aussage (4) $B \Rightarrow A$ *nicht logisch gleichwertig* sind, denn für A, B wie oben gilt laut Satz 1.4a offenbar $A \Rightarrow B$, nicht aber $B \Rightarrow A$, wie man am Beispiel der Primzahl $n = 11$ sicht. Deshalb unterscheidet man (3) und (4) auch begrifflich und bezeichnet (3) als die *Umkehrung* von (4) und umgekehrt. Die logische Gleichwertigkeit zweier Aussagen A und B (in Zeichen: $A \Leftrightarrow B$) ist gleichbedeutend damit, dass A *genau dann* gilt, wenn B gilt, dass also B wahr ist, wenn A wahr ist, und dass B falsch ist, wenn A falsch ist. Da aber $\neg A \Rightarrow \neg B$ laut Kontrapositionssatz gleichwertig zu $B \Rightarrow A$ ist, ist offenbar $A \Leftrightarrow B$ („A ist äquivalent zu B") gleichbedeutend damit, dass *sowohl $A \Rightarrow B$ als auch $B \Rightarrow A$* gilt: Zwei Aussagen A und B sind genau dann äquivalent, wenn jede der Aussagen die jeweils andere impliziert. Daher kann man den Beweis einer Aussage vom Typ „A gilt genau dann, wenn B gilt" in zwei Schritten durchführen, indem man nämlich sowohl $A \Rightarrow B$ als auch $B \Rightarrow A$ verifiziert.

Bis heute (2015) kennt man 48 Mersenne'sche Primzahlen, die größte bekannte ist $M_{57\,885\,161}$; sie hat über 17 Millionen Stellen. Man vermutet, dass unendlich viele Mersenne'sche Primzahlen existieren, kann dies aber noch nicht beweisen.

Die Zahlen

$$F_n = 2^{2^n} + 1$$

heißen *Fermat'sche Zahlen* (nach dem französischen Juristen und Mathematiker Pierre de Fermat, 1601–1665). Ist F_n eine Primzahl, dann heißt sie *Fermat'sche Primzahl*. Die Zahlen

$$F_0 = 3, \quad F_1 = 5, \quad F_2 = 17, \quad F_3 = 257, \quad F_4 = 65\,537$$

sind Primzahlen; die Zahl F_5 ist keine Primzahl, sie ist durch 641 teilbar, wie wir in Beispiel 1.10 beweisen werden. Man hat bis heute keine weitere Fermat'sche Primzahl gefunden und vermutet, dass es auch keine weitere gibt.

Pierre de Fermat, der als königlicher Parlamentsrat in Toulouse lebte, gilt als einer der Väter der neuzeitlichen Mathematik. Seine mathematischen Erkenntnisse sind größtenteils in Briefen an seine Zeitgenossen (René Descartes, Blaise Pascal, Marin Mersenne u. a.) enthalten. Sein Interesse an Fragen der Teilbarkeitslehre wurde vor allem durch das Studium der Werke von Diophant von Alexandria (um 250 n. Chr.) geweckt, die im Jahr 1621 von Gaspard Bachet de Méziriac in lateinischer Übersetzung publiziert worden waren. Damit knüpfte man im 17. Jahrhundert wieder verstärkt an die mathematischen Kenntnisse der Antike an, die im Laufe des Mittelalters vorwiegend von arabischen Gelehrten bewahrt und weiterentwickelt worden waren.

Aufgaben

1.9 (a) Zeige, dass jede sechsstellige Zahl der Form $abc\,abc$ (also z. B. $371\,371$) durch 7, durch 11 und durch 13 teilbar ist.

(b) Zeige: Jede achtstellige Zahl der Form $abcdabcd$ ist durch 73 und 137 teilbar.

1.10 Zeige oder widerlege (durch ein Gegenbeispiel):

(a) Aus $a|b$ und $a|c$ folgt $a^2|bc$.

(b) Aus $a|bc$ folgt $a|b$ oder $a|c$.

(c) Aus $a|b$ und $a|c$ folgt $a \mid 3b + 5c$.

1.11 Zeige, dass $2^{256} - 1$ durch 3, 5, 17 und 257 teilbar ist.

1.12 (a) Zeige, dass genau dann $7|10a + b$ gilt, wenn $7|a + 5b$ gilt.

(b) Zeige, dass genau dann $13|10a + b$ gilt, wenn $13|a + 4b$ gilt.

1.13 Zeige, dass für alle $n \in \mathbb{N}$ gilt:

(a) $2|n^2 - n$ (b) $6|n^3 - n$ (c) $12|n^4 - n^2$

1.14 (a) Es sei $a_n = 2^{3n} - 1$ für $n \in \mathbb{N}$. Zeige, dass $7|a_1$ und $7|a_{n+1} - a_n$ für alle $n \in \mathbb{N}$ gilt. Warum folgt daraus $7|a_n$ für alle $n \in \mathbb{N}$?

(b) Beweise wie in (a) die folgenden Aussagen:

(1) $3|n^3 + 2n$ für alle $n \in \mathbb{N}$ (2) $8|3^{2n} + 7$ für alle $n \in \mathbb{N}$

(3) $9|10^n + 3 \cdot 4^{n+2} + 5$ für alle $n \in \mathbb{N}$ (4) $24|5^{2n} - 1$ für alle $n \in \mathbb{N}$

(5) $6|n^3 + 11n$ für alle $n \in \mathbb{N}$ (6) $23|852^n - 1$ für alle $n \in \mathbb{N}$

1.15 (a) Für welche Zahlen $n \in \mathbb{N}$ gilt $5|n^4 + 4$?

(b) Zeige, dass $n^4 + 4$ für alle $n > 1$ zusammengesetzt ist.

1.16 Beweise: Das Quadrat einer ungeraden Zahl lässt bei Division durch 8 den Rest 1, und ihre vierte Potenz lässt bei Division durch 16 den Rest 1.

1.17 (a) Zeige, dass eine Quadratzahl bei Division durch 9 nur den Rest 0, 1, 4 oder 7 lassen kann.

(b) Zeige mithilfe des Resultats in (a): Aus $9|a^2 + b^2 + c^2$ mit $a \geq b \geq c$ folgt, dass 9 eine der Zahlen $a^2 - b^2$, $b^2 - c^2$ oder $a^2 - c^2$ teilt.

1.18 Zeige, dass $111\ldots111$ (k Ziffern 1 mit $k \geq 2$) keine Quadratzahl ist.

1.19 Beweise folgende Behauptungen:

(a) Ist p eine Primzahl > 2, dann gilt $24 \mid p^3 - p$.
(b) Ist p eine Primzahl > 5, dann gilt $5 \mid p^4 - 1$.
(c) Ist p eine Primzahl > 5, dann gilt $240 \mid p^4 - 1$.
(d) Ist p eine Primzahl > 5, dann gilt $1920 \mid p^4 - 10p^2 + 9$.

1.20 (a) Bestimme alle $n \in \mathbb{N}$, für die $n - 9$ eine Primzahl ist und $n^2 - 1$ durch 10 teilbar ist.
  (b) Bestimme alle Primzahlen p, für welche $4p + 1$ eine Quadratzahl ist.
  (c) Bestimme alle Primzahlen p, für welche $2p + 1$ eine Kubikzahl ist.

1.21 Zeige, dass die Summe zweier Kubikzahlen $\neq 1$ keine Primzahl ist.

1.22 Bestimme alle $n, k \in \mathbb{N}$ mit $(n - 1)! = n^k - 1$.

1.23 (a) Zeige, dass die Summe zweier ungerader Quadrate kein Quadrat ist.
  (b) Zeige, dass das Produkt von vier aufeinanderfolgenden natürlichen Zahlen stets um 1 kleiner als eine Quadratzahl ist.
  (c) Zeige: Ist u ungerade und keine Quadratzahl, dann ist die Summe der von u verschiedenen Teiler von u ungerade.

1.24 (a) Beweise, dass die Summe von fünf aufeinanderfolgenden Quadraten kein Quadrat sein kann.
  (b) Es gilt $10^2 + 11^2 + 12^2 = 13^2 + 14^2$ ($= 365$). Zeige, dass dies der einzige Fall ist, in dem bei fünf aufeinanderfolgenden Quadraten die Summe der ersten drei gleich der Summe der letzten beiden ist.

1.25 Es sei $ab = cd$ ($a, b, c, d \in \mathbb{N}$). Zeige, dass dann $a^k + b^k + c^k + d^k$ für kein $k \in \mathbb{N}$ eine Primzahl ist.

1.26 (a) Zeige, dass sich jede ungerade Zahl als Differenz zweier aufeinanderfolgender Quadratzahlen schreiben lässt. (Hierbei gilt auch $0 = 0^2$ als Quadratzahl.)
  (b) Bestimme alle Darstellungen von 15, 19 und 27 als Differenz von zwei (nicht notwendig aufeinanderfolgenden) Quadratzahlen.

1.27 (a) Zeige, dass eine ungerade Zahl n genau dann eine Primzahl ist, wenn sie nur eine einzige Darstellung als Differenz zweier Quadratzahlen besitzt.
  (b) Zeige, dass jede Kubikzahl als Differenz zweier Quadratzahlen geschrieben werden kann. (Beachte dazu Aufgabe 1.26a und $8x^2 - 8y^2 = (3x + y)^2 - (x + 3y)^2$.)

1.28 Beweise Satz 1.1 (Satz von Euklid) mithilfe der Primteiler von $n! + 1$.

1.29 (a) Führe das Siebverfahren des Eratosthenes mit $N = 100$ für die ungeraden Zahlen und anschließend dasselbe Verfahren „rückwärts" durch, d. h., markiere $N - 3$ und streiche rückwärts jede dritte Zahl usw. Lies dann aus dem Sieb alle Darstellungen von 100 als Summe von zwei Primzahlen ab.

     (b) Stelle die geraden Zahlen von 6 bis 30 als Summe von zwei Primzahlen dar; gib jeweils alle Möglichkeiten an.

Bemerkung: Die *Goldbach'sche Vermutung* (nach dem preußischen Mathematiker Christian Goldbach, 1690–1764, Lehrer des jungen Zaren Peter II. und später Geschäftsführer der Russischen Akademie der Wissenschaften in Sankt Petersburg) besagt, dass jede gerade Zahl ≥ 6 als Summe von zwei ungeraden Primzahlen darzustellen ist; diese Vermutung wurde bis heute (2015) weder bewiesen noch widerlegt.

1.3   Größter gemeinsamer Teiler und kleinstes gemeinsames Vielfaches

Die *gemeinsamen Teiler* zweier natürlicher Zahlen a und b bilden die Schnittmenge $T_a \cap T_b$. Ist

$$a = vb + r \quad \text{mit } 0 \leq r < b$$

(Division von a durch b mit Rest), dann ist nach Teilbarkeitsregel (6) (Abschn. 1.2) jeder gemeinsame Teiler von a und b auch ein gemeinsamer Teiler von b und r. Nach Regel (4) und (5) ist ein gemeinsamer Teiler von b und r auch stets ein gemeinsamer Teiler von a und b. Es gilt folglich

$$T_a \cap T_b = T_r \cap T_b.$$

Um diese Beziehung auch im Fall $r = 0$ hinschreiben zu können, müssen wir uns darüber einigen, was unter T_0 zu verstehen ist. Wir *vereinbaren* zu diesem Zweck:

$$d|0 \quad \text{für alle} \quad d \in \mathbb{N}_0.$$

Im Zusammenhang mit dieser Konvention ist festzuhalten:

- Die Vereinbarung ist *sinnvoll*, denn $d \cdot 0 = 0$ gilt für alle $d \in \mathbb{N}_0$.
- Man beachte aber, dass $0|n$ *ausschließlich* für $n = 0$ gilt, denn es ist $0 \cdot c = 0$ für alle $c \in \mathbb{N}_0$.
- Man beachte ebenso, dass man trotz $0|0$ keineswegs 0 durch 0 teilen kann – $0 : 0$ ist ein unbestimmter Ausdruck (Abschn. 1.1).

Mit dieser Festsetzung haben wir den Begriff der Teilbarkeit von $\mathbb{N}$ auf $\mathbb{N}_0$ ausgedehnt. Insbesondere ergibt sich $T_0 = \mathbb{N}$, wenn wir nur die *positiven* Teiler von 0 in die Teilermenge aufnehmen.

Gilt nun oben $r = 0$, also $a = vb$, dann ist

$$T_a \cap T_b = T_0 \cap T_b = \mathbb{N} \cap T_b = T_b.$$

Ist aber $r > 0$, dann können wir auf b und r wiederum die Division mit Rest anwenden und erhalten

$$b = wr + s \quad \text{mit } 0 \le s < r$$

und damit

$$T_r \cap T_b = T_r \cap T_s.$$

Für $s > 0$ führen wir nun die Division von r durch s mit Rest durch und fahren so fort, bis wir schließlich (weil die Reste immer kleiner werden) den Rest 0 erhalten. Dann ergibt sich $T_a \cap T_b$ als die Menge der Teiler des letzten von 0 verschiedenen Rests. Wir zeigen dies zunächst an einem Beispiel, bevor wir diesen Sachverhalt in Satz 1.5 allgemein darstellen:

Beispiel 1.3 Die Menge der gemeinsamen Teiler von 858 und 720 ist die Menge der Teiler von 6. Denn

$$
\begin{aligned}
858 &= 1 \cdot 720 + 138 & \implies T_{858} \cap T_{720} &= T_{138} \cap T_{720} \\
720 &= 5 \cdot 138 + 30 & &= T_{138} \cap T_{30} \\
138 &= 4 \cdot 30 + 18 & &= T_{18} \cap T_{30} \\
30 &= 1 \cdot 18 + 12 & &= T_{18} \cap T_{12} \\
18 &= 1 \cdot 12 + 6 & &= T_6 \cap T_{12} \\
12 &= 2 \cdot 6 & &= T_6 \cap T_0 = T_6
\end{aligned}
$$

∎

Allgemein gilt nun:

Satz 1.5 *Für $a, b \in \mathbb{N}$ mit $b \nmid a$ betrachte man die folgende Kette von Divisionen mit Rest:*

$$
\begin{aligned}
a &= v_0 \cdot b + r_1 & \textit{mit } 0 < r_1 &< b \\
b &= v_1 \cdot r_1 + r_2 & \textit{mit } 0 < r_2 &< r_1 \\
r_1 &= v_2 \cdot r_2 + r_3 & \textit{mit } 0 < r_3 &< r_2 \\
&\vdots \\
r_{k-3} &= v_{k-2} \cdot r_{k-2} + r_{k-1} & \textit{mit } 0 < r_{k-1} &< r_{k-2} \\
r_{k-2} &= v_{k-1} \cdot r_{k-1} + r_k & \textit{mit } 0 < r_k &< r_{k-1} \\
r_{k-1} &= v_k \cdot r_k + 0
\end{aligned}
$$

Dabei ist die Zahl k dadurch bestimmt, dass r_k der letzte von 0 verschiedene Rest in dieser Kette von Divisionen ist. Dann gilt

$$
T_a \cap T_b = T_{r_k}.
$$

Beweis 1.5 Da die Divisionsreste in der in Satz 1.5 angegebenen Kette von Divisionen mit Rest aus der Menge $\mathbb{N}_0$ stammen und von Schritt zu Schritt kleiner werden, *muss* sich irgendwann der Divisionsrest 0 ergeben. Da der erste Divisionsrest r_1 wegen $b \nmid a$ von 0 verschieden ist, gibt es zwangsläufig einen *kleinsten* von 0 verschiedenen Divisionsrest in dieser Kette von Divisionen mit Rest, und dieser ist r_k. (Wir haben hier mit dem sogenannten *Prinzip vom kleinsten Element* (PKE) argumentiert, nach dem jede nichtleere Teilmenge von $\mathbb{N}$ (hier: die Menge der von 0 verschiedenen Divisionsreste, zu der offenbar r_1 gehört) ein kleinstes Element besitzt. Mit (PKE) und anderen axiomatischen Grundlagen der Arithmetik werden wir uns in Kap. 5 befassen.)

Die Behauptung des Satzes ergibt sich nun aus unseren Vorüberlegungen:

$$
T_a \cap T_b = T_b \cap T_{r_1} = T_{r_1} \cap T_{r_2} = T_{r_2} \cap T_{r_3} = \ldots
$$

$$
\ldots = T_{r_{k-2}} \cap T_{r_{k-1}} = T_{r_{k-1}} \cap T_{r_k} = T_{r_k} \cap T_0 = T_{r_k} \cap \mathbb{N} = T_{r_k}.
$$

$\square$

Die größte Zahl in $T_a \cap T_b$, wobei a und b nicht beide 0 sein sollen, heißt *größter gemeinsamer Teiler* (ggT) von a und b und wird mit $\mathrm{ggT}\,(a,b)$ bezeichnet. Da die größte Zahl in einer Teilmenge T_n im Fall $n \neq 0$ die Zahl n ist, folgt aus Satz 1.5 mit den dortigen Bezeichnungen

$$
\mathrm{ggT}(a,b) = r_k.
$$

Folglich ist ggT(a, b) der letzte von 0 verschiedene Rest in der Divisionskette in Satz 1.5. Damit haben wir also einen Algorithmus zur Berechnung von ggT(a, b) für zwei natürliche Zahlen a und b, $a \neq b$ gefunden; dieser heißt *euklidischer Algorithmus*. (Man beachte, dass der euklidische Algorithmus auch im Fall $a, b \in \mathbb{N}$, $a \neq b$, $b | a$ zur Bestimmung von ggT(a, b) eingesetzt werden kann: In dieser Situation ist nämlich $a = c \cdot b$ für ein $c \in \mathbb{N}$, $c > 1$, insbesondere also $b < a$ und daher auch $a \nmid b$, und der euklidische Algorithmus liefert nur die beiden Zeilen

$$b = 0 \cdot a + b \qquad \text{mit } 0 < b < a \,,$$
$$a = c \cdot b + 0 \,.$$

Der letzte von 0 verschiedene Divisionsrest ist b, also gilt ggT(a, b) $= b$, wenn $b \neq a$ ein Teiler von a ist. Dies ist natürlich auch für $a = b$ der Fall, aber für diese Einsicht benötigt man nicht den euklidischen Algorithmus.)

In jedem Schritt des euklidischen Algorithmus wird in dem verbliebenen Zahlenpaar (r_{t-1}, r_t) ein Vielfaches der kleineren Zahl von der größeren „weggenommen", weshalb man diesen Algorithmus auch *Wechselwegnahme* nennt.

Beispiel 1.4 Es soll ggT(858,720) berechnet werden. In Beispiel 1.3 haben wir gesehen, dass $T_{858} \cap T_{720} = T_6$ gilt. Daher ist ggT($858, 720$) $= 6$. ■

Aus dem euklidischen Algorithmus haben wir die Formel

$$T_a \cap T_b = T_{\text{ggT}(a,b)}$$

erhalten, was die folgende *Charakterisierung* des ggT erlaubt:

Charakterisierung des ggT von a und b

Der ggT zweier natürlicher Zahlen a und b ist diejenige Zahl $d \in \mathbb{N}$, für die gilt:

(1) $d \mid a$ und $d \mid b$.
(2) Aus $t \mid a$ und $t \mid b$ folgt $t \mid d$.

Aufgrund dieses Sachverhalts kann man nun auch ggT(0,0) sinnvoll *definieren*, was bisher ja nicht möglich war, da $T_0 \cap T_0 = \mathbb{N}$ kein größtes Element besitzt. Es gilt $0 | 0$, und 0 ist die *einzige* durch jede Zahl aus $\mathbb{N}_0$ teilbare Zahl, sodass man sinnvollerweise die Festsetzung

$$\text{ggT}(0, 0) = 0$$

trifft.

Aus Beispiel 1.3 folgt

$$\begin{aligned}
\mathrm{ggT}(858, 720) = 6 &= 18 - 1 \cdot 12 = 18 - 1 \cdot (30 - 1 \cdot 18) \\
&= (-1) \cdot 30 + 2 \cdot 18 = (-1) \cdot 30 + 2 \cdot (138 - 4 \cdot 30) \\
&= 2 \cdot 138 + (-9) \cdot 30 = 2 \cdot 138 + (-9) \cdot (720 - 5 \cdot 138) \\
&= (-9) \cdot 720 + 47 \cdot 138 = (-9) \cdot 720 + 47 \cdot (858 - 1 \cdot 720) \\
&= 47 \cdot 858 + (-56) \cdot 720.
\end{aligned}$$

Es gilt also

$$\mathrm{ggT}(858, 720) = x \cdot 858 + y \cdot 720$$

mit $x = 47$, $y = -56$. In gleicher Weise kann man allgemein durch „Rückwärtseinsetzen"
im euklidischen Algorithmus eine Darstellung von $\mathrm{ggT}(a, b)$ in der Form $xa + yb$ mit
ganzen Zahlen x, y erhalten. Eine solche Darstellung nennt man eine *Vielfachensumme*
von a und b. Es gilt also Satz 1.6.

Satz 1.6 *Für alle $a, b \in \mathbb{N}$ existieren ganze Zahlen x, y mit*

$$ggT(a, b) = xa + yb.$$

Die Zahlen x, y in Satz 1.6 sind nicht eindeutig bestimmt; man kann beispielsweise x
durch $x - b$ und (gleichzeitig) y durch $y + a$ ersetzen. Durch die Betrachtung einer
Vielfachensummendarstellung des ggT kommen *ganze* Zahlen ins Spiel, sodass wir (in
Abschn. 1.5) die Teilbarkeitslehre auf den Bereich $\mathbb{Z} = \{0, \pm 1, \pm 2, \pm 3, \ldots\}$ der *ganzen*
Zahlen ausdehnen werden.

Der größte gemeinsame Teiler von *drei* natürlichen Zahlen a, b, c ist die größte Zahl in
der Schnittmenge $T_a \cap T_b \cap T_c$ und wird mit $\mathrm{ggT}(a, b, c)$ bezeichnet. Es gilt

$$\mathrm{ggT}(\mathrm{ggT}(a, b), c) = \mathrm{ggT}(a, b, c) = \mathrm{ggT}(a, \mathrm{ggT}(b, c)),$$

denn

$$\begin{aligned}
T_{\mathrm{ggT}(\mathrm{ggT}(a,b),c)} &= T_{\mathrm{ggT}(a,b)} \cap T_c \\
&= (T_a \cap T_b) \cap T_c \\
&= T_a \cap T_b \cap T_c \\
&= T_a \cap (T_b \cap T_c) \\
&= T_a \cap T_{\mathrm{ggT}(b,c)} = T_{\mathrm{ggT}(a,\mathrm{ggT}(b,c))}.
\end{aligned}$$

Entsprechend kann man für n Zahlen a_1, a_2, ..., a_n den größten gemeinsamen Teiler $\mathrm{ggT}(a_1, a_2, \ldots, a_n)$ durch schrittweises Berechnen des ggT von zwei Zahlen bestimmen.

Wir beweisen nun in Verallgemeinerung von Satz 1.6, dass auch der ggT von *mehr als zwei* Zahlen als Vielfachensumme dieser Zahlen darzustellen ist.

Satz 1.7 *Für alle* a_1, a_2, ..., $a_n \in \mathbb{N}$ *existieren ganze Zahlen* x_1, x_2, ..., x_n *mit*

$$ggT(a_1, a_2, \ldots, a_n) = x_1 a_1 + x_2 a_2 + \ldots + x_n a_n.$$

Beweis 1.7 Für zwei Zahlen (also $n = 2$) ist die Behauptung gerade die Aussage von Satz 1.6, der sich aus dem euklidischen Algorithmus ergeben hat. Dann gilt die Behauptung aber auch für drei Zahlen ($n = 3$): Es gibt nämlich ganze Zahlen u, v, x_1, x_2 mit

$$
\begin{aligned}
\mathrm{ggT}(a_1, a_2, a_3) &= \mathrm{ggT}(\mathrm{ggT}(a_1, a_2), a_3) \\
&= u \cdot \mathrm{ggT}(a_1, a_2) + v \cdot a_3 \\
&= u(x_1 a_1 + x_2 a_2) + v a_3 \\
&= (u x_1) a_1 + (u x_2) a_2 + v a_3.
\end{aligned}
$$

Nun wollen wir beweisen: Wenn die Behauptung für n Zahlen gilt, dann gilt sie auch für $n + 1$ Zahlen. Dabei sei $n \geq 2$. Es gebe also ganze Zahlen u, v und x_1, x_2, ..., x_n mit

$$\mathrm{ggT}(\mathrm{ggT}(a_1, a_2, \ldots, a_n), a_{n+1}) = u \cdot \mathrm{ggT}(a_1, a_2, \ldots, a_n) + v \cdot a_{n+1}$$

und

$$\mathrm{ggT}(a_1, a_2, \ldots, a_n) = x_1 a_1 + x_2 a_2 + \ldots + x_n a_n.$$

Dann ist

$$
\begin{aligned}
\mathrm{ggT}(a_1, a_2, \ldots, a_n, a_{n+1}) &= \mathrm{ggT}(\mathrm{ggT}(a_1, a_2, \ldots, a_n), a_{n+1}) \\
&= u \cdot \mathrm{ggT}(a_1, a_2, \ldots, a_n) + v \cdot a_{n+1} \\
&= u(x_1 a_1 + x_2 a_2 + \ldots + x_n a_n) + v a_{n+1} \\
&= (u x_1) a_1 + (u x_2) a_2 + \ldots + (u x_n) a_n + v a_{n+1}.
\end{aligned}
$$

Man sieht, dass die Behauptung auch für $n + 1$ Summanden gilt, *wenn* sie schon für n Summanden gilt. Damit gilt die Behauptung aber für *jede* Anzahl von Zahlen. Denn wäre sie für eine Anzahl k falsch, dann wäre sie schon für $k-1$ falsch gewesen, also schließlich auch schon für $k = 2$. □

Beispiel 1.5 Es gilt $\mathrm{ggT}(858, 720, 99) = \mathrm{ggT}(6, 99) = 3$. Oben haben wir schon $\mathrm{ggT}(858, 720) = 6 = 47 \cdot 858 - 56 \cdot 720$ gefunden. Wegen $\mathrm{ggT}(6, 99) = 3 = 17 \cdot 6 - 1 \cdot 99$ gilt also

$$3 = 17 \cdot 6 - 1 \cdot 99 = 17 \cdot (47 \cdot 858 - 56 \cdot 720) - 1 \cdot 99$$

$$= 799 \cdot 858 + (-952) \cdot 720 + (-1) \cdot 99.$$

■

Beim Beweis von Satz 1.7 haben wir das *Prinzip der vollständigen Induktion* benutzt, das wir hier kurz (und ausführlicher in Abschn. 5.2) erläutern wollen: Es sei $A(n)$ eine Aussage, die von einer natürlichen Zahl abhängt, z. B. „$2|n(n+1)$" oder „$n^2 < 2^n$". (So etwas nennt man korrekter eine *Aussageform* über der Menge $\mathbb{N}$; Abschn. 5.2. Wir werden aber weiter von *Aussagen* $A(n)$ sprechen.) Gibt es dann eine Zahl $n_0 \in \mathbb{N}$, sodass $A(n_0)$ wahr ist, und folgt für alle $n \geq n_0$ aus der Wahrheit von $A(n)$ die Wahrheit von $A(n+1)$, dann ist $A(n)$ für alle $n \geq n_0$ wahr. Die Gültigkeit dieses Prinzips ist eine wesentliche Eigenschaft der Menge der natürlichen Zahlen (Abschn. 5.2).

Man nennt zwei Zahlen $a, b \in \mathbb{N}$ bzw. allgemeiner n Zahlen $a_1, a_2, \ldots, a_n \in \mathbb{N}$ *teilerfremd*, wenn $\mathrm{ggT}(a, b) = 1$ bzw. $\mathrm{ggT}(a_1, a_2, \ldots, a_n) = 1$ gilt. Die n Zahlen $a_1, a_2, \ldots, a_n \in \mathbb{N}$ heißen *paarweise teilerfremd*, wenn der ggT von je zwei dieser Zahlen den Wert 1 hat.

Satz 1.8 *Genau dann sind die natürlichen Zahlen $a_1, a_2, \ldots, a_n$ teilerfremd, wenn sich die Zahl 1 als Vielfachensumme dieser Zahlen darstellen lässt, wenn also ganze Zahlen $x_1, x_2, \ldots, x_n$ existieren, sodass gilt:*

$$1 = x_1 a_1 + x_2 a_2 + \ldots + x_n a_n.$$

Beweis 1.8 Die Behauptung des Satzes ist eine „Genau dann, wenn …"-Aussage, also eine Aussage vom Typ $A \Leftrightarrow B$, wobei A und B durch die Aussagen

A: „Die natürlichen Zahlen $a_1, a_2, \ldots, a_n$ sind teilerfremd"

sowie

B: „1 ist als Vielfachensumme von $a_1, a_2, \ldots, a_n$ darstellbar"

gegeben sind. Wie in Abschn. 1.2 erläutert, kann der Beweis der Aussage $A \Leftrightarrow B$ in zwei Teilen erfolgen, indem man sowohl (1) $A \Rightarrow B$ als auch (2) $B \Rightarrow A$ beweist.

Zu (1): Sind die Zahlen a_1, a_2, ..., a_n teilerfremd, dann ist $\mathrm{ggT}(a_1, a_2, \ldots, a_n) = 1$, deshalb ist laut Satz 1.7 die Zahl 1 als Vielfachensumme von a_1, a_2, ..., a_n darstellbar. Also: $A \Rightarrow B$.

Zu (2): Ist 1 als Vielfachensumme von a_1, a_2, ..., a_n darstellbar, so gibt es ganze Zahlen x_1, x_2, ..., x_n mit $1 = x_1 a_1 + x_2 a_2 + \ldots + x_n a_n$. Ist dann $t \in T_{a_1} \cap T_{a_2} \cap \cdots \cap T_{a_n}$ ein gemeinsamer Teiler der Zahlen a_1, a_2, ..., a_n, so ist t auch ein Teiler von 1, also $t = 1$. Daraus folgt

$$T_{a_1} \cap T_{a_2} \cap \cdots \cap T_{a_n} = \{1\} \quad \text{und} \quad \mathrm{ggT}(a_1, a_2, \ldots, a_n) = 1,$$

die Zahlen a_1, a_2, ..., a_n sind demnach teilerfremd. Also: $B \Rightarrow A$.
Insgesamt ist damit die Aussage des Satzes bewiesen. $\qquad\qquad\qquad\qquad\qquad\qquad$ □

Satz 1.9 *(a) Aus $d|ab$ und $ggT(d, a) = 1$ folgt $d|b$.*
(b) Ist p eine Primzahl mit $p|ab$, dann gilt $p|a$ oder $p|b$.

Beweis 1.9 (a) Ist $\mathrm{ggT}(d, a) = 1$, dann existieren nach Satz 1.7 ganze Zahlen u, v mit $1 = ud + va$, also $b = udb + vab$. Wegen $d|db$ und $d|ab$ folgt $d|b$.
(b) Es ist $p \mid a$ oder $p \nmid a$; im zweiten Fall ist $\mathrm{ggT}(p, a) = 1$, nach (a) also $p \mid b$.

$\qquad\qquad\qquad\qquad\qquad\qquad\qquad\qquad\qquad\qquad\qquad\qquad\qquad\qquad\qquad\qquad$ □

Die in Satz 1.9 formulierte Eigenschaft ist *charakteristisch* für Primzahlen, für zusammengesetzte Zahlen gilt sie *nicht*. Ist nämlich $n = uv$ mit $1 < u, v < n$, dann ist $n|uv$ und $n \nmid u$, $n \nmid v$.
Wir halten daher fest:

Primzahlcharakteristikum

Eine Primzahl p ist eine natürliche Zahl > 1, für die gilt:

   Teilt p ein Produkt, dann teilt p mindestens einen der Faktoren.

Ist a ein Teiler von b, dann ist b ein *Vielfaches* von a. Die unendliche Menge $V_a = \{a, 2a, 3a, \ldots\}$ mit $a \in \mathbb{N}$ nennt man die *Vielfachenmenge* von a. Die Schnittmenge

$$V_a \cap V_b \quad \text{mit} \quad a, b \in \mathbb{N}$$

ist die Menge der *gemeinsamen Vielfachen* von a und b. Diese Menge ist nicht leer, denn $ab \in V_a \cap V_b$. Nach dem *Prinzip vom kleinsten Element* (Abschn. 5.2) ist also eine natürliche Zahl ℓ die *kleinste* aller Zahlen in $V_a \cap V_b$, und diese Zahl ℓ heißt das *kleinste gemeinsame Vielfache* (kgV) von a und b und wird bezeichnet mit

$$kgV(a, b).$$

Satz 1.10 *Für* $a, b \in \mathbb{N}$ *gilt: Jedes gemeinsame Vielfache von* a *und* b *ist ein Vielfaches von kgV(a, b), genauer gilt sogar:*

$$V_a \cap V_b = V_{kgV(a,b)}.$$

Beweis 1.10 Jedes Vielfache von kgV(a, b) ist natürlich ein gemeinsames Vielfaches von a und b. Ist nun umgekehrt $v = kgV(a, b)$ und $w \in V_a \cap V_b$, dann ist w ein Vielfaches von kgV(a, b), gleichbedeutend mit $v | w$. Denn ist

$$w = tv + r \quad \text{mit} \quad 0 \le r < v$$

(Division mit Rest), dann gilt wegen $a | v$, $a | w$ bzw. $b | v$, $b | w$ auch $a | r$ und $b | r$. Wäre $r > 0$, dann wäre r ein kleineres gemeinsames Vielfaches von a und b als v, was nicht sein kann. Also ist $r = 0$ und damit $v | w$. $\qquad\square$

Dies erlaubt die folgende *Charakterisierung* des kgV:

Charakterisierung des kgV von a und b

Das kgV zweier natürlicher Zahlen a und b ist diejenige Zahl $v \in \mathbb{N}$, für die gilt:

(1) $a | v$ und $b | v$.
(2) Aus $a | w$ und $b | w$ folgt $v | w$.

Bisher ist das kgV nur für Zahlen $\ne 0$ definiert worden. Wir ergänzen die Definition durch die *Vereinbarung*

$$kgV(a, 0) = 0 \quad \text{für alle} \quad a \in \mathbb{N}_0.$$

Diese Festsetzung ist *sinnvoll* im Hinblick darauf, dass dann die oben festgehaltene Charakterisierung des kgV zweier natürlicher Zahlen auch gültig bleibt, wenn $a, b \in \mathbb{N}_0$ gewählt werden: Ist nämlich $a \in \mathbb{N}_0$ und $b = 0$, so kann $a | v$ und $b | v$ nur für $v = 0$ erfüllt sein, weil $0 | v$ nur für $v = 0$ gilt (Abschn. 1.3). Ebenso ist $a | w$ und $0 | w$ nur für $w = 0$ richtig. Zum Erhalt der oben formulierten, das kgV zweier Zahlen charakterisierenden Eigenschaft im Zahlenbereich $\mathbb{N}_0$ muss man demnach für $a \in \mathbb{N}_0$ die Zahl $v = kgV(a, 0)$ durch 0 festsetzen.

Satz 1.11 dient zur Berechnung von kgV(a, b) für $a, b \in \mathbb{N}$.

Satz 1.11 *Für* $a, b \in \mathbb{N}$ *gilt* $\quad \mathrm{kgV}(a, b) = \dfrac{a \cdot b}{\mathrm{ggT}(a, b)}.$

Beweis 1.11 Die natürliche Zahl

$$v = \frac{a \cdot b}{\mathrm{ggT}(a, b)} = a \cdot \frac{b}{\mathrm{ggT}(a, b)} = \frac{a}{\mathrm{ggT}(a, b)} \cdot b$$

ist ein Vielfaches von a und ein Vielfaches von b. Für $w \in V_a \cap V_b$ betrachten wir den Bruch $\frac{w}{v}$ und setzen dabei $\mathrm{ggT}(a, b) = xa + yb$ mit ganzen Zahlen x, y (Satz 1.6):

$$\frac{w}{v} = \frac{w \cdot \mathrm{ggT}(a, b)}{a \cdot b} = \frac{w \cdot (xa + yb)}{a \cdot b} = \frac{wx}{b} + \frac{wy}{a}.$$

Wegen $a|w$ und $b|w$ sind $\frac{wx}{b}$ und $\frac{wy}{a}$ ganze Zahlen, also ist auch $\frac{w}{v}$ ganz. Es gilt daher $v|w$, sodass sich v als das kgV von a und b erweist.   □

Das kleinste gemeinsame Vielfache von $a_1, a_2, \ldots, a_n \in \mathbb{N}$ ist die kleinste Zahl in der Schnittmenge $V_{a_1} \cap V_{a_2} \cap \ldots \cap V_{a_n}$ und wird mit $\mathrm{kgV}(a_1, a_2, \ldots, a_n)$ bezeichnet. Wie den ggT von mehr als zwei Zahlen berechnet man das kgV durch schrittweise Berechnung des kgV von zwei Zahlen.

Beispiel 1.6 Es soll $\mathrm{kgV}(6, 10, 21, 35)$ berechnet werden. Es ist

$$\mathrm{kgV}(6, 10) = \frac{6 \cdot 10}{\mathrm{ggT}(6, 10)} = \frac{60}{2} = 30,$$
$$\mathrm{kgV}(21, 35) = \frac{21 \cdot 35}{\mathrm{ggT}(21, 35)} = \frac{735}{7} = 105,$$

also

$$\mathrm{kgV}(6, 10, 21, 35) = \mathrm{kgV}(30, 105) = \frac{30 \cdot 105}{\mathrm{ggT}(30, 105)} = \frac{3150}{15} = 210.$$

Wegen $ab \in V_a \cap V_b$ gilt $\mathrm{kgV}(a, b)|ab$. Ferner gilt

$$\mathrm{kgV}(a, b) = ab \iff \mathrm{ggT}(a, b) = 1,$$

die Teilerfremdheit von a und b ist also *notwendig und hinreichend* für den Sachverhalt $\mathrm{kgV}(a, b) = ab$. Hiermit haben wir eine weitere, in der Mathematik gebräuchliche Sprechweise im Zusammenhang mit Implikationen und Äquivalenzen eingeführt: In der

Situation $A \Rightarrow B$ folgt B, wenn A gilt, die Gültigkeit von A hat also B zur Folge, „A ist *hinreichend* für B". Da $A \Rightarrow B$ logisch äquivalent zu $\neg B \Rightarrow \neg A$ ist (Kontrapositionssatz; Abschn. 1.2), kann A nicht gelten, wenn B nicht gilt, in diesem Sinn ist „B *notwendig* für A".

Die Sprechweise „A ist *notwendig und hinreichend* für B" beschreibt folglich die Situation, in der $A \Rightarrow B$ und $B \Rightarrow A$ gilt, was mit $A \Leftrightarrow B$ übereinstimmt.

Wegen $a_1 a_2 \cdot \ldots \cdot a_n \in V_{a_1} \cap V_{a_2} \cap \ldots \cap V_{a_n}$ gilt

$$\mathrm{kgV}(a_1, a_2, \ldots, a_n) \mid a_1 a_2 \cdot \ldots \cdot a_n.$$

Ferner gilt

$$\mathrm{kgV}(a_1, a_2, \ldots, a_n) = a_1 a_2 \cdot \ldots \cdot a_n \iff a_1, a_2, \ldots, a_n \text{ paarweise teilerfremd.}$$

Eine Anwendung findet der Begriff des kgV in der Bruchrechnung: Möchte man n vollständig gekürzte Brüche

$$\frac{a_i}{b_i} \quad (a_i, b_i \in \mathbb{N}; \ i = 1, 2, \ldots, n)$$

gleichnamig machen und dabei einen möglichst kleinen gemeinsamen Nenner verwenden, dann ist dieser Nenner v („Hauptnenner") das kgV der Nenner b_i ($i = 1, 2, \ldots, n$). Die einzelnen Brüche muss man dann mit $\frac{v}{b_i}$ erweitern.

Aufgaben

1.30

(a) Berechne den größten gemeinsamen Teiler von $84, 189, 210, 350$ und stelle diesen als Vielfachensumme der vier Zahlen dar.

(b) Berechne $\mathrm{kgV}(84, 189, 210, 350)$.

(c) Stelle $\frac{1}{84} + \frac{1}{189} + \frac{1}{210} + \frac{1}{350}$ als vollständig gekürzten Bruch dar.

1.31 Beweise:

(a) $\mathrm{ggT}(ac, bc) = c \cdot \mathrm{ggT}(a, b)$ für alle $a, b, c \in \mathbb{N}$.

(b) Aus $a|c$ und $b|c$ und $\mathrm{ggT}(a, b) = 1$ folgt $ab|c$.

1.32 Beweise: Ist $\mathrm{ggT}(a_1, a_2, \ldots, a_n) = d$, dann ist $\mathrm{ggT}\left(\frac{a_1}{d}, \frac{a_2}{d}, \ldots, \frac{a_n}{d}\right) = 1$.

1.33 Zeige: $\mathrm{ggT}(a, \mathrm{kgV}(a, b)) = a = \mathrm{kgV}(a, \mathrm{ggT}(a, b))$ für alle $a, b \in \mathbb{N}$.

1.34 Zeige: Ist $\mathrm{ggT}(a, b, c) = 1$ und $\mathrm{ggT}(a, b) = d$, $\mathrm{ggT}(a, c) = e$, dann ist $\mathrm{ggT}(a, bc) = de$.

1.35 Es seien a, b teilerfremde natürliche Zahlen. Beweise:

(a) Die Teilermenge von ab besteht aus allen Produkten uv mit $u|a$ und $v|b$.
(b) $\mathrm{ggT}(a + b, a - b) \in \{1, 2\}$ und $\mathrm{ggT}(a + b, a^2 - ab + b^2) \in \{1, 3\}$.

1.36 Beweise: $\mathrm{ggT}(2^m - 1, 2^n + 1) = 1$ für alle $n \in \mathbb{N}$, falls m ungerade ist.

1.37 Beweise: $\mathrm{ggT}(n! + 1, (n + 1)! + 1) = 1$ für alle $n \in \mathbb{N}$.

1.38 (a) Zeige, dass 47 nicht als $17x + 4y$ mit $x, y \in \mathbb{N}_0$ darstellbar ist, dass aber 48 eine solche Darstellung besitzt. Zeige ferner, dass jedes $n \in \mathbb{N}$ mit $n \geq 48$ als $17x + 4y$ mit $x, y \in \mathbb{N}_0$ darstellbar ist.
   (b) Eine ländliche Poststelle hat nur noch Briefmarken zu 40 Cent und zu 170 Cent. Welche Portobeträge können damit *nicht* zusammengestellt werden?

1.39 Zeige, dass für $a_1, a_2, \ldots, a_k \in \mathbb{N}$ mit $\mathrm{ggT}(a_1, a_2, \ldots, a_k) = 1$ jede hinreichend große natürliche Zahl n in der Form $n = a_1 x_1 + a_2 x_2 + \ldots + a_k x_k$ mit $x_1, x_2, \ldots, x_k \in \mathbb{N}_0$ dargestellt werden kann.

1.40 Es seien a, m, n natürliche Zahlen, wobei $a > 1$ sein soll. Beweise:

(a) $\mathrm{ggT}(a^m - 1, a^n - 1) = a^{\mathrm{ggT}(m,n)} - 1$.
(b) Ist $m \neq n$, dann ist $\mathrm{ggT}(a^{(2^m)} + 1, a^{(2^n)} + 1) = 1$ oder 2, je nachdem, ob a gerade oder ungerade ist. (Hieraus folgt übrigens, dass es unendlich viele Primzahlen gibt. Warum?)

1.41 Zeige, dass eine Summe von reduzierten („vollständig gekürzten") echten Brüchen mit paarweise teilerfremden Nennern keine natürliche Zahl ist.

1.42 Zeige an einem Beispiel, dass die Beziehung $\mathrm{kgV}(a, b, c) = \dfrac{abc}{\mathrm{ggT}(a,b,c)}$ im Allgemeinen falsch ist, auch wenn $\mathrm{ggT}(a, b, c) = 1$ gilt. Zeige ferner, dass genau dann $\mathrm{kgV}(a, b, c) = abc$ gilt, wenn a, b, c paarweise teilerfremd sind.

1.43 (a) Begründe: Hat die Gleichung $ax + by = c$ mit $a, b, c \in \mathbb{N}$ eine ganzzahlige Lösung (x_0, y_0), dann ist für jede ganze Zahl t auch $x_0 + tb$, $y_0 - ta$ eine ganzzahlige Lösung dieser Gleichung.

(b) Es gibt Theaterkarten zu 7 Euro und zu 12 Euro. Jemand kauft Karten für genau 100 Euro. Wie viele Karten von jeder Sorte hat er gekauft?

(c) Aus einem alten Rechenbuch: Jemand kauft Pferde und Ochsen, zahlt für ein Pferd 31 Taler und für einen Ochsen 20 Taler. Dabei kosten ihn aber die Ochsen insgesamt 7 Taler mehr als die Pferde. Wie viele Pferde und Ochsen hat er gekauft, wenn er genau 193 Taler ausgegeben hat?

1.44 Ein Zahnrad mit 12 Zähnen treibt drei Zahnräder mit 18, 20 bzw. 64 Zähnen. Bei Stillstand werden die sich berührenden Zähne bzw. Vertiefungen gekennzeichnet. Nach wie vielen Umdrehungen der einzelnen Zahnräder befinden sich die Kennzeichnungen wieder an derselben Stelle?

1.45 Ein Hund jagt ein Kaninchen, das sich 150 Fuß vor ihm befindet. Jedes Mal, wenn das Kaninchen 7 Fuß weit springt, macht der Hund einen Satz von 9 Fuß. Wie viele Sprünge muss er machen, um das Kaninchen einzuholen? (Nach Alcuin von York, 735–804, dem Lehrer Karls des Großen.) Setze für 150, 7 und 9 Variable s, a, b. Unter welcher Bedingung für s, a, b „erwischt" der Hund das Kaninchen?

1.4 Primfaktorzerlegung

Zerlegt man eine natürliche Zahl in ein Produkt von möglichst kleinen von 1 verschiedenen Faktoren, so hat man sie schließlich als Produkt von Primzahlen dargestellt, wie Abb. 1.3 zeigt.

Der folgende *Satz von der eindeutigen Primfaktorzerlegung* ist ein grundlegender Satz der Teilbarkeitslehre und heißt deshalb auch *Fundamentalsatz der elementaren Zahlentheorie*. Er ist eine Folgerung aus Satz 1.9b, der seinerseits aus der Vielfachensummendarstellung des ggT und damit letztlich aus der Möglichkeit der Division mit Rest in $\mathbb{N}$ hergeleitet worden ist.

Satz 1.12 (Fundamentalsatz der elementaren Zahlentheorie) *Jede natürliche Zahl $n > 1$ lässt sich als Produkt von Primzahlen darstellen. Abgesehen von der Reihenfolge der Faktoren ist diese Darstellung eindeutig, n besitzt also genau eine Primfaktorzerlegung.*

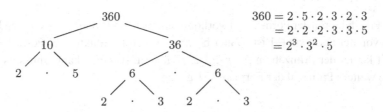

Abb. 1.3 Primfaktorzerlegung

Beweis 1.12 Die *Existenz* und die *Eindeutigkeit* der Primfaktorzerlegung beweisen wir mithilfe des Prinzips der vollständigen Induktion: Für $n \in \mathbb{N}$ mit $n \geq 2$ sei $A(n)$ die folgende Aussage:

„Alle $k \in \mathbb{N}$ mit $2 \leq k \leq n$ besitzen eine eindeutige Primfaktorzerlegung."

Die Aussage $A(2)$ ist wahr, denn eine Primzahl besitzt eine eindeutige Primfaktorzerlegung (mit *einem* Faktor). Wir nehmen nun an, $A(n)$ sei für ein $n \geq 2$ wahr; daraus wollen wir folgern, dass auch $A(n+1)$ wahr ist: Die Zahl $n+1$ besitzt einen Primteiler p, es ist also $n+1 = p \cdot k$ mit $k \leq n$. Weil $A(n)$ wahr ist, besitzt k eine Primfaktorzerlegung, oder es gilt $k = 1$. Daher besitzt $n+1$ jedenfalls eine Primfaktorzerlegung mit dem Primfaktor p. Besitzt $n+1$ noch eine weitere Primfaktorzerlegung, so muss wegen $p|n+1$ einer der Primfaktoren dieser weiteren Zerlegung durch p teilbar, (Satz 1.9b), also gleich p sein. Der Komplementärfaktor $k = \frac{n+1}{p}$ ist kleiner als n, sodass er wegen der Gültigkeit von $A(n)$ eine eindeutige Primfaktorzerlegung besitzt. Also hat auch $n+1$ eine eindeutige Primfaktorzerlegung, weshalb auch $A(n+1)$ gilt.   □

Außer den Primzahlen 2 und 3 sind alle Primzahlen

- von der Form $3n + 1$ oder $3n - 1$,
- von der Form $4n + 1$ oder $4n - 1$,
- von der Form $6n + 1$ oder $6n - 1$,

denn alle anderen Formen liefern Zahlen, die durch 2 oder 3 teilbar sind. Von jeder der beiden genannten Sorten gibt es jeweils unendlich viele. Dies wollen wir für die Primzahlen der Form $3n - 1$, $4n - 1$, oder $6n - 1$ als Anwendung von Satz 1.12 beweisen. Dabei gehen wir ähnlich wie beim Beweis von Satz 1.1 (Satz von Euklid) vor.

Satz 1.13 *Es sei k eine fest gewählte Zahl aus $\{3, 4, 6\}$. Dann existieren unendlich viele Primzahlen der Form $kn - 1$.*

Beweis 1.13 Es seien p_1, p_2, ..., p_r Primzahlen der Form $kn - 1$. Dann können in der Primfaktorzerlegung der Zahl

$$N = k \cdot (p_1 \cdot p_2 \cdot \ldots \cdot p_r) - 1$$

nicht nur Primfaktoren der Form $kn+1$ vorkommen, weil ein Produkt aus solchen Faktoren ebenfalls von der Form $kn + 1$ ist. Daher besitzt N einen Primfaktor der Form $kn - 1$. Da dieser mit keiner der Primzahlen p_1, p_2, ..., p_r übereinstimmen kann, muss es offenbar noch eine weitere Primzahl der Form $kn - 1$ geben.   □

In der Primfaktorzerlegung einer natürlichen Zahl ordnet man meistens die Primfaktoren der Größe nach und fasst gleiche Faktoren zu Potenzen zusammen. Dabei ist es für manche Zwecke sinnvoll, auch die nicht als Faktor vorkommenden Primzahlen in die Darstellung aufzunehmen, und zwar mit dem Exponenten 0 (man beachte $x^0 = 1$ für $x \neq 0$). Man schreibt also beispielsweise:

$$11\,781 = 3^2 \cdot 7 \cdot 11 \cdot 17 \quad = 2^0 \cdot 3^2 \cdot 5^0 \cdot 7^1 \cdot 11^1 \cdot 13^0 \cdot 17^1 \cdot 19^0 \cdot \ldots$$

$$46\,200 = 2^3 \cdot 3 \cdot 5^2 \cdot 7 \cdot 11 = 2^3 \cdot 3^1 \cdot 5^2 \cdot 7^1 \cdot 11^1 \cdot 13^0 \cdot 17^0 \cdot 19^0 \cdot \ldots$$

Jede natürliche Zahl ist dann eindeutig durch die Folge der Exponenten in ihrer Primfaktorzerlegung gekennzeichnet, z. B.:

Zu $11\,781$ gehört die Exponentenfolge $0, 2, 0, 1, 1, 0, 1, 0, 0, \ldots$
Zu $46\,200$ gehört die Exponentenfolge $3, 1, 2, 1, 1, 0, 0, 0, 0, \ldots$

Wir denken uns nun die Primzahlen der Größe nach aufsteigend durchnummeriert und setzen

$$p_1 = 2, \ p_2 = 3, \ p_3 = 5, \ p_4 = 7, \ p_5 = 11, \ \ldots$$

Mit α_i bezeichnen wir den Exponenten der Primzahl p_i in der Primfaktorzerlegung von a, d. h., zu a gehört die Exponentenfolge $\alpha_1, \alpha_2, \alpha_3, \alpha_4, \alpha_5, \ldots$, und es ist

$$a = p_1^{\alpha_1} \cdot p_2^{\alpha_2} \cdot p_3^{\alpha_3} \cdot p_4^{\alpha_4} \cdot p_5^{\alpha_5} \cdot \ldots$$

Diese Darstellung nennen wir die *kanonische Primfaktorzerlegung* oder genauer die *kanonische Form der Primfaktorzerlegung* von a. Man beachte, dass es sich dabei stets um ein *endliches* Produkt handelt, da nur endlich viele der Exponenten α_i von 0 verschieden sind. Die kanonische Primfaktorzerlegung der Zahl 1 ist $1 = p_1^0 \cdot p_2^0 \cdot p_3^0 \cdot \ldots$. Wegen Satz 1.9 gilt genau dann

$$d = p_1^{\delta_1} \cdot p_2^{\delta_2} \cdot p_3^{\delta_3} \cdot \ldots \quad \text{teilt} \quad a = p_1^{\alpha_1} \cdot p_2^{\alpha_2} \cdot p_3^{\alpha_3} \cdot \ldots,$$

wenn

$$\delta_i \leq \alpha_i \quad \text{für alle } i \in \mathbb{N}$$

gilt. Dies gibt uns die Möglichkeit, die *Anzahl $\tau(a)$ aller Teiler von a* zu bestimmen, wenn die kanonische Primfaktorzerlegung von a bekannt ist (Satz 1.14).

Satz 1.14 *Für die Anzahl $\tau(a)$ aller Teiler von $a = p_1^{\alpha_1} \cdot p_2^{\alpha_2} \cdot p_3^{\alpha_3} \cdot \ldots$ gilt*

$$\tau(a) = (\alpha_1 + 1)(\alpha_2 + 1)(\alpha_3 + 1)\ldots$$

Beweis 1.14 Die Zahl d teilt genau dann die Zahl a, wenn für die zugehörigen Exponentenfolgen $\delta_i \leq \alpha_i$ für alle $i \in \mathbb{N}$ gilt. Daher gibt es

$\alpha_1 + 1$ Möglichkeiten für δ_1,
$\alpha_2 + 1$ Möglichkeiten für δ_2,
$\alpha_3 + 1$ Möglichkeiten für δ_3 usw.,

insgesamt also $(\alpha_1 + 1)(\alpha_2 + 1)(\alpha_3 + 1)\ldots$ Möglichkeiten, eine Exponentenfolge δ_1, δ_2, δ_3, $\ldots$ so zu konstruieren, dass das zugehörige d ein Teiler von a ist. $\square$

Beispiel 1.7 Die Anzahl der Teiler von $46200 = 2^3 \cdot 3^1 \cdot 5^2 \cdot 7^1 \cdot 11^1$ ist

$$\tau(2^3 \cdot 3^1 \cdot 5^2 \cdot 7^1 \cdot 11^1) = 4 \cdot 2 \cdot 3 \cdot 2 \cdot 2 = 96.$$

■

Mithilfe der Primfaktorzerlegung von a kann man die Teiler von a in einem *Teilerdiagramm* anordnen, das die Teilbarkeitsbeziehungen in der Teilermenge T_a wiedergibt (Abb. 1.4). Genau dann führt ein aufsteigender Weg im Teilerdiagramm der Zahl a von d_1 nach d_2, wenn d_1 ein Teiler von d_2 ist. Enthält a sehr viele verschiedene Primteiler, dann wird dieses Teilerdiagramm aber sehr unübersichtlich. In Abb. 1.4 sind die Teilerdiagramme der Zahlen 8, 12, 60 und 210 angegeben.

Ein Teilerdiagramm baut man zweckmäßigerweise mithilfe der Teiler auf, die Primzahlpotenzen sind. Diese Teiler, die das „Gerüst" des Teilerdiagramms bilden, nennt man *Primärteiler*. Die Menge aller Primärteiler von a bezeichnen wir mit P_a, wobei stets $1 \in P_a$ gelten soll. Die Gerüste sind in den Teilerdiagrammen in Abb. 1.4 dick eingezeichnet.

Eine interessante Anwendung des Satzes von der eindeutigen Primfaktorzerlegung ergibt sich beim Beweis der Irrationalität gewisser reeller Zahlen. Eine reelle Zahl heißt *rational*, wenn sie sich als Quotient zweier ganzer Zahlen („Bruch") darstellen lässt; andernfalls heißt sie *irrational*.

Satz 1.15 *Ist die natürliche Zahl n nicht k-te Potenz einer natürlichen Zahl, dann ist $\sqrt[k]{n}$ irrational.*

Beweis 1.15 Gibt es Zahlen $a, b \in \mathbb{N}$ mit $\sqrt[k]{n} = \frac{a}{b}$, also $n \cdot b^k = a^k$, dann gilt für die Exponenten α_i, β_i und ν_i in der kanonischen Primfaktorzerlegung von a, b und n

$$\nu_i + k\beta_i = k\alpha_i \quad (i = 1, 2, 3, \ldots).$$

Es folgt $k | \nu_i$ für $i = 1, 2, 3, \ldots$, also ist n eine k-te Potenz. $\square$

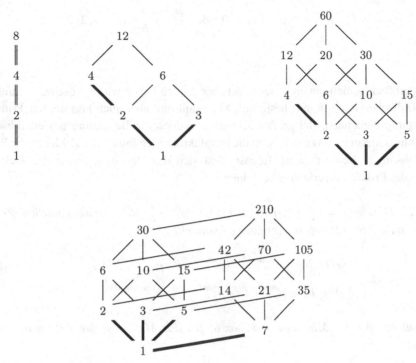

Abb. 1.4 Teilerdiagramme der Zahlen 8, 12, 60 und 210

Satz 1.16 *Für $m, n \in \mathbb{N}$ mit $m, n \geq 2$ ist der Logarithmus $\log_n m$ genau dann rational, wenn eine feste rationale Zahl $\frac{r}{s}$ $(r, s \in \mathbb{N})$ existiert, sodass für die Exponenten μ_i, ν_i in der kanonischen Primfaktorzerlegung von m und n gilt:*

$$\mu_i = \nu_i = 0 \quad oder \quad \frac{\mu_i}{\nu_i} = \frac{r}{s} \ (i = 1, 2, 3 \ldots).$$

Beweis 1.16 Es bedeutet

$$\log_n m = \frac{a}{b} \quad (a, b \in \mathbb{N})$$

dasselbe wie

$$n^{\frac{a}{b}} = m \quad bzw. \quad n^a = m^b.$$

Dies wiederum bedeutet dasselbe wie

$$av_i = b\mu_i \quad \text{bzw.} \quad \mu_i = v_i = 0 \quad \text{oder} \quad \frac{\mu_i}{v_i} = \frac{a}{b} \quad (i = 1, 2, 3, \ldots).$$

□

Den größten gemeinsamen Teiler gegebener Zahlen haben wir in Abschn. 1.3 mithilfe des euklidischen Algorithmus bestimmt. Man kann ihn aber auch mithilfe der Primfaktorzerlegung berechnen. Bei großen Zahlen ist jedoch die Benutzung des euklidischen Algorithmus meistens vorzuziehen, da die Primfaktorzerlegung großer Zahlen in der Regel sehr mühsam zu bestimmen ist. Ebenso lässt sich das kleinste gemeinsame Vielfache mithilfe der Primfaktorzerlegung berechnen.

Satz 1.17 *Es seien $a = p_1^{\alpha_1} \cdot p_2^{\alpha_2} \cdot p_3^{\alpha_3} \cdot \ldots$ und $b = p_1^{\beta_1} \cdot p_2^{\beta_2} \cdot p_3^{\beta_3} \cdot \ldots$ zwei natürliche Zahlen in ihrer kanonischen Primfaktorzerlegung. Dann gilt*

$$ggT(a, b) = p_1^{\min(\alpha_1, \beta_1)} \cdot p_2^{\min(\alpha_2, \beta_2)} \cdot p_3^{\min(\alpha_3, \beta_3)} \cdot \ldots,$$

$$kgV(a, b) = p_1^{\max(\alpha_1, \beta_1)} \cdot p_2^{\max(\alpha_2, \beta_2)} \cdot p_3^{\max(\alpha_3, \beta_3)} \cdot \ldots,$$

wobei $\min(\alpha_i, \beta_i)$ das Minimum und $\max(\alpha_i, \beta_i)$ das Maximum der Zahlen α_i und β_i bedeutet.

Beweis 1.17 Zum Beweis greifen wir auf die Charakterisierungen von ggT und kgV zurück, die wir in Abschn. 1.3 notiert haben. Zu zeigen ist demnach, dass die Zahlen

$$d := p_1^{\min(\alpha_1, \beta_1)} \cdot p_2^{\min(\alpha_2, \beta_2)} \cdot \ldots \quad \text{bzw.} \quad v := p_1^{\max(\alpha_1, \beta_1)} \cdot p_2^{\max(\alpha_2, \beta_2)} \cdot \ldots$$

die dort notierten Teilbarkeitseigenschaften (1) und (2) haben. (Der Doppelpunkt bei der Notationsform $g := \ldots$ ist so zu verstehen, dass die Größe g durch den Term $\ldots$ auf der anderen Seite des Gleichheitszeichens *definiert* wird; lies: „g, definiert als". Entsprechend wäre $\cdots =: g$ eine gebräuchliche Bezeichnung dafür, dass der Term $\ldots$ mit g benannt werden soll.)

Wie vor Satz 1.14 gesehen, kann man aber Teilbarkeit an den Exponentenfolgen der kanonischen Primfaktorzerlegungen der beteiligten Zahlen erkennen. Für $i = 1, 2, 3, \ldots$ gilt stets

$$\min(\alpha_i, \beta_i) \leq \alpha_i \leq \max(\alpha_i, \beta_i) \quad \text{sowie} \quad \min(\alpha_i, \beta_i) \leq \beta_i \leq \max(\alpha_i, \beta_i).$$

Demnach ist $d | a$ und $d | b$ bzw. $a | v$ und $b | v$ gegeben, sodass d als gemeinsamer Teiler und v als gemeinsames Vielfaches der Zahlen a und b identifiziert ist. Ist nun

$$t = p_1^{\delta_1} \cdot p_2^{\delta_2} \cdot p_3^{\delta_3} \cdot \ldots$$

ein weiterer gemeinsamer Teiler von a und b, so muss

$$\delta_i \leq \alpha_i \quad \text{und} \quad \delta_i \leq \beta_i \quad \text{für } i = 1, 2, 3, \ldots,$$

dann aber auch

$$\delta_i \leq \min(\alpha_i, \beta_i) \quad \text{für } i = 1, 2, 3, \ldots$$

gelten, woraus $t \mid d$ folgt. Ist andererseits

$$w = p_1^{\gamma_1} \cdot p_2^{\gamma_2} \cdot p_3^{\gamma_3} \cdot \ldots$$

ein weiteres gemeinsames Vielfaches von a und b, so muss

$$\alpha_i \leq \gamma_i \quad \text{und} \quad \beta_i \leq \gamma_i \quad \text{für } i = 1, 2, 3, \ldots$$

gelten, was

$$\max(\alpha_i, \beta_i) \leq \gamma_i \quad \text{für } i = 1, 2, 3, \ldots$$

und damit $v \mid w$ zur Folge hat. Damit sind die Teilbarkeitseigenschaften (1) und (2) erfüllt, die d als den größten gemeinsamen Teiler und v als das kleinste gemeinsame Vielfache von a und b charakterisieren. $\qquad\square$

Wie in Satz 1.17 berechnet man natürlich den ggT und das kgV von *mehr als zwei* Zahlen, wie Beispiel 1.8 zeigt.

Beispiel 1.8

$$
\begin{aligned}
3\,300 &= 2^2 \cdot 3 \ \cdot 5^2 \ \quad \cdot 11 \\
315\,000 &= 2^3 \cdot 3^2 \cdot 5^4 \cdot 7 \\
3\,402\,000 &= 2^4 \cdot 3^5 \cdot 5^3 \cdot 7 \\
\hline
\text{ggT} &= 2^2 \cdot 3 \ \cdot 5^2 \qquad\qquad = 300 \\
\text{kgV} &= 2^4 \cdot 3^5 \cdot 5^4 \cdot 7 \cdot 11 = 187\,110\,000
\end{aligned}
$$

$\blacksquare$

Diejenigen Vielfachen von $\mathrm{ggT}(a, b)$, die Teiler von $\mathrm{kgV}(a, b)$ sind, kann man in einem Teilerdiagramm darstellen. Dieses hat die gleiche Gestalt wie das Teilerdiagramm der Zahl $\frac{\mathrm{kgV}(a,b)}{\mathrm{ggT}(a,b)}$. Abb. 1.5 zeigt die Situation am Beispiel $a = 120$, $b = 144$.

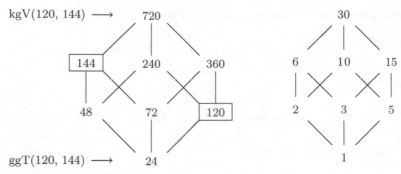

Abb. 1.5 Strukturgleichheit von Teilerdiagrammen

Oben haben wir die *Primärteilermenge* P_a einer natürlichen Zahl a eingeführt: P_a ist die Menge aller Teiler von a, die Potenzen einer Primzahl sind; als 0-te Potenz einer Primzahl soll auch 1 zu P_a gehören. Für $a, b \in \mathbb{N}$ gilt offensichtlich für die Schnittmenge bzw. für die Vereinigungsmenge der Primärteilermengen

$$P_a \cap P_b = P_{\mathrm{ggT}(a,b)} \quad \text{und} \quad P_a \cup P_b = P_{\mathrm{kgV}(a,b)}.$$

Man rechnet also mit Primärteilermengen bezüglich des Schneidens und Vereinigens von Mengen wie mit natürlichen Zahlen bezüglich der Verknüpfungen ggT und kgV. Auf diese Weise erhält man problemlos zahlreiche Regeln für das Rechnen mit ggT und kgV, z. B.

$$\mathrm{ggT}(a, \mathrm{kgV}(b, c)) = \mathrm{kgV}(\mathrm{ggT}(a, b), \mathrm{ggT}(a, c)),$$

$$\mathrm{kgV}(a, \mathrm{ggT}(b, c)) = \mathrm{ggT}(\mathrm{kgV}(a, b), \mathrm{kgV}(a, c)),$$

denn die entsprechenden Regeln gelten für das Rechnen mit Mengen:

$$P_a \cap (P_b \cup P_c) = (P_a \cap P_b) \cup (P_a \cap P_c),$$

$$P_a \cup (P_b \cap P_c) = (P_a \cup P_b) \cap (P_a \cup P_c).$$

Das Rechnen mit Mengen („Mengenalgebra") wird in Kap. 2 behandelt. Obige Formeln kann man sich aber leicht an einem Mengenbild klarmachen (Abb. 1.6).

Mit $\sigma(a)$ wollen wir die *Summe der Teiler* von $a \in \mathbb{N}$ bezeichnen. Ist $a = p^\alpha$ eine Primzahlpotenz, dann kann man $\sigma(a)$ leicht berechnen:

$$\sigma(p^\alpha) = 1 + p + p^2 + \ldots + p^\alpha = \frac{p^{\alpha+1} - 1}{p - 1}.$$

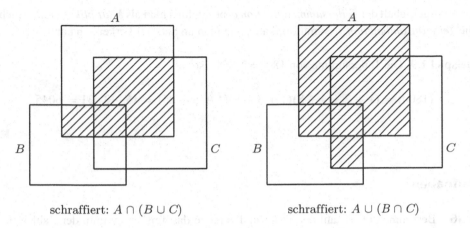

schraffiert: $A \cap (B \cup C)$ schraffiert: $A \cup (B \cap C)$

Abb. 1.6 Mengenbilder

(Abschn. 1.2, Summenformel für die geometrische Reihe). Satz 1.18 zeigt, wie man $\sigma(a)$ berechnen kann, wenn man die Primfaktorzerlegung von a kennt.

Satz 1.18 *Ist $a = p_1^{\alpha_1} p_2^{\alpha_2} p_3^{\alpha_3} \ldots$ (kanonische Primfaktorzerlegung), dann gilt*

$$\sigma(a) = \sigma(p_1^{\alpha_1}) \cdot \sigma(p_2^{\alpha_2}) \cdot \sigma(p_3^{\alpha_3}) \cdots$$

$$= \frac{p_1^{\alpha_1+1} - 1}{p_1 - 1} \cdot \frac{p_2^{\alpha_2+1} - 1}{p_2 - 1} \cdot \frac{p_3^{\alpha_3+1} - 1}{p_3 - 1} \cdots$$

Beweis 1.18 Ist $a = p^\alpha \cdot c$ und $p \nmid c$ sowie $T_c = \{c_1, c_2, \ldots c_k\}$, dann besteht die Teilermenge von a aus den paarweise verschiedenen Zahlen

$$c_1, c_2, \ldots, c_k, \ pc_1, pc_2, \ldots, pc_k, \ \ldots, \ p^\alpha c_1, p^\alpha c_2, \ldots, p^\alpha c_k.$$

Die Summe dieser Zahlen ist

$$(1 + p + p^2 + \ldots + p^\alpha)(c_1 + c_2 + \ldots + c_k) = \sigma(p^\alpha) \cdot \sigma(c) = \frac{p^{\alpha+1} - 1}{p - 1} \cdot \sigma(c).$$

Verfährt man ebenso mit $\sigma(c)$, so ergibt sich schließlich die Behauptung.   □

Als Folgerung aus Satz 1.18 ergibt sich:

Ist $\text{ggT}(a, b) = 1$, dann ist $\sigma(ab) = \sigma(a)\sigma(b)$.

Diese Eigenschaft der *Teilersummenfunktion* σ bezeichnet man als *Multiplikativität*. Auch die *Teileranzahlfunktion* τ ist multiplikativ, wie man an Satz 1.14 erkennen kann.

Beispiel 1.9 Die Teilersumme von $1800 = 2^3 3^2 5^2$ ist

$$\sigma(1800) = (1 + 2 + 4 + 8)(1 + 3 + 9)(1 + 5 + 25) = 15 \cdot 13 \cdot 31 = 6045.$$

■

Aufgaben

1.46 Bestimme die Anzahl der Teiler und zeichne das Teilerdiagramm der Zahlen 32, 54 und 600.

1.47 Welche der folgenden Zahlen sind gleich?

$a = 2 \cdot 17 \cdot 6 \cdot 10 \cdot 15$, $b = 3 \cdot 12 \cdot 7 \cdot 22 \cdot 25$, $c = 8 \cdot 15 \cdot 21 \cdot 55$, $d = 4 \cdot 9 \cdot 25 \cdot 34$

1.48 Welche Zahlen haben ein Teilerdiagramm der folgenden Form?

(1)   (2)   (3)   (4)

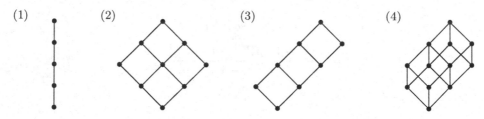

1.49 Berechne den ggT und das kgV von 360, 588, 960 mithilfe der Primfaktorzerlegung.

1.50 Bestimme alle $x, y \in \mathbb{N}$ mit $\text{ggT}(x, y) = 6$ und $\text{kgV}(x, y) = 210$.

1.51 Beweise, dass folgende Zahlen irrational sind:
(a) $\sqrt{3}$ (b) $\sqrt{2} + \sqrt{3}$ (c) $\sqrt[3]{25}$ (d) $\sqrt[7]{\sqrt[3]{2} + 1}$

1.52 (a) Wie oft steckt der Primfaktor 5 in $(100!)$?
(b) Bestimme die kanonische Primfaktorzerlegung von $20!$.

1.53 Zeige, dass $(n!)^2 + i$ für kein i mit $2 \leq i \leq n$ Potenz einer Primzahl ist.

1.54 Bestimme alle $n \in \mathbb{N}$ mit   (a) $\tau(n) = 6$ (b) $\tau(n) = 7$ (c) $\tau(n) = 8$.

1.55 (a) Bestimme alle Vielfachen von 30 mit genau 30 Teilern.

(b) Bestimme alle Vielfachen von 12 mit genau zwei verschiedenen Primteilern und genau 14 Teilern.

1.56 (a) Die natürliche Zahl a besitze genau zwei verschiedene Primteiler, und es sei $\tau(a^2) = 81$. Berechne $\tau(a^3)$.

(b) Bestimme alle $a \in \mathbb{N}$ mit $a = 2 \cdot \tau(a)$.

1.57 (a) Zeige: Ist $\tau(n)$ die Anzahl der Teiler von n, dann ist $\sqrt{n^{\tau(n)}}$ das Produkt aller Teiler von n.

(b) Bestimme alle $n \in \mathbb{N}$, die durch das Produkt ihrer *echten* Teiler teilbar sind. (Ist $d|n$ und $d < n$, dann heißt d ein *echter* Teiler von n.)

1.58 Beweise: Ist $\mathrm{ggT}(a, b) = 1$ und ist $a^2 - b^2$ ein Quadrat, dann sind $a + b$ und $a - b$ beides Quadrate oder beides das Doppelte von Quadraten.

1.59 Beweise: Gilt $a^k = b^m$ und $\mathrm{ggT}(k, m) = 1$ $(a, b, k, m \in \mathbb{N})$, dann existiert ein $n \in \mathbb{N}$ mit $a = n^m$ und $b = n^k$.

1.60 Bestimme die Anzahl und die Summe der Teiler von 360, 1000 und 1001.

1.61 Es sei M die Menge aller natürlichen Zahlen der Form $4n + 1$ mit $n \in \mathbb{N}_0$, also $M = \{1, 5, 9, 13, 17, \ldots\}$.

(a) Zeige, dass das Produkt zweier Zahlen aus M wieder zu M gehört.

(b) Die Zahlen 9 und 21 sind *unzerlegbar* in M, denn die Zerlegungen $9 = 3 \cdot 3$ und $21 = 3 \cdot 7$ sind wegen $3, 7 \notin M$ in M nicht möglich. Suche drei weitere Zahlen aus M, die keine Primzahlen, aber in M unzerlegbar sind.

(c) Zeige, dass die Zerlegung in unzerlegbare Faktoren in M nicht eindeutig ist. Betrachte das Beispiel 441 und konstruiere weitere Beispiele.

1.62 Ein Teiler von n heißt ein *echter* Teiler von n, wenn er von n verschieden ist. Eine natürliche Zahl n heißt *vollkommen*, wenn sie gleich der Summe ihrer echten Teiler ist, wenn also $\sigma(n) - n = n$ bzw. $\sigma(n) = 2n$. Zeige, dass die Zahlen $6, 28, 496, 8128$ und $33\,550\,336$ vollkommen sind.
(Beachte: $33\,550\,336 = 2^{12} \cdot 8191$, und 8191 ist eine Primzahl. Beachte ferner, dass $\sigma(ab) = \sigma(a)\sigma(b)$, falls $\mathrm{ggT}(a, b) = 1$.)

1.63 (a) Beweise: Ist $M_p = 2^p - 1$ eine Mersenne'sche Primzahl, dann ist $2^{p-1}M_p$ vollkommen (vgl. Aufgabe 1.62).

(b) Beweise: Ist n eine *gerade* vollkommene Zahl, dann ist $n = 2^{p+1}M_p$, wobei die Mersenne'sche Zahl M_p eine Primzahl ist.

(Hinweis: Setze $n = 2^r u$ mit $r \geq 1$ und u ungerade, schließe aus $\sigma(n) = 2n$ auf $\sigma(u) = 2^{r+1}t$ und $u = (2^{r+1}-1)t$; zeige dann, dass im Fall $t \neq 1$ die Beziehung $\sigma(u) \geq 2^{r+1}(t+1)$ gelten müsste, was aber einen Widerspruch ergäbe.)

1.64   Die Zahl n heißt *defizient*, wenn $\sigma(n) < 2n$ gilt. Beweise:

(a) Alle Primzahlpotenzen sind defizient.

(b) Das Produkt zweier Primzahlen p, q ist außer im Fall $pq = 6$ defizient.

1.65   Die Zahl n heißt *abundant*, wenn $\sigma(n) > 2n$ gilt. Beweise:

(a) Alle Vielfachen von 6 außer 6 selbst sind abundant.

(b) Jedes Vielfache einer abundanten Zahl und jedes echte Vielfache einer vollkommenen Zahl ist abundant.

(c) Die kleinste *ungerade* abundante Zahl ist 945.

1.66   (a) Eine natürliche Zahl n heißt *doppelt vollkommen*, wenn $\sigma(n) - n = 2n$, also $\sigma(n) = 3n$. Zeige, dass 120, 672 und 523 776 doppelt vollkommen sind.

(b) Eine natürliche Zahl n heißt *k-fach vollkommen*, wenn $\sigma(n) = (k + 1)n$. Zeige, dass 30 240 dreifach vollkommen und 14 182 439 040 vierfach vollkommen ist.

(Vermutlich gibt es für jedes $k \in \mathbb{N}$ Zahlen, welche k-fach vollkommen sind. Das kann man aber (noch) nicht beweisen.)

1.67   Zwei natürliche Zahlen a, b heißen *befreundet*, wenn jede gleich der Summe der echten Teiler der anderen ist, wenn also $a = \sigma(b) - b$ und $b = \sigma(a) - a$ bzw. $\sigma(a) = a + b = \sigma(b)$ gilt.
Zeige: $(220, 284)$, $(1184, 1210)$ und $(17\,296, 18\,416)$ sind Paare befreundeter Zahlen.
(Hinweis: Der größte Primfaktor von 17 296 bzw. von 18 416 ist 47 bzw. 1151.)

1.68   Von dem arabischen Gelehrten Thabit, der im 9. Jahrhundert v. Chr. lebte, stammt folgende Regel: Sind für $n > 1$ die Zahlen

$$u = 3 \cdot 2^{n-1} - 1, \quad v = 3 \cdot 2^n - 1, \quad w = 9 \cdot 2^{2n-1} - 1$$

Primzahlen, dann sind die Zahlen

$$a = 2^n \cdot u \cdot v \quad \text{und} \quad b = 2^n \cdot w$$

befreundet (Aufgabe 1.67). Beweise diese Regel und prüfe, was sich für $n = 2, 3, 4, 5, 6, 7$ ergibt. (Bemerkung: Außer für $n = 2, 4, 7$ hat die Thabit-Regel bisher trotz des Einsatzes von Computern kein weiteres Paar befreundeter Zahlen geliefert!)

1.5   Kongruenzen und Restklassen

Im Folgenden erweist es sich als zweckmäßig, den Begriff der Teilbarkeit auf die Menge $\mathbb{Z} = \{\dots, -2, -1, 0, 1, 2, \dots\}$ der ganzen Zahlen auszudehnen. Die *ganze* Zahl n heißt also teilbar durch die *ganze* Zahl d, wenn eine *ganze* Zahl c mit $cd = n$ existiert. Beispielsweise ist $3 \mid -15$, denn $(-5) \cdot 3 = -15$. An den Teilbarkeitsregeln (1) bis (6) aus Abschn. 1.2 ändert sich wenig. In Regel (2) heißt es jetzt allgemeiner:

$$\text{Aus } m|n \text{ und } n|m \text{ folgt } m = n \text{ oder } m = -n.$$

Regel (5) gilt dann auch für Differenzen, sodass man auf Regel (6) wegen $m = (m+n) - n$ verzichten kann. Allgemein gilt in $\mathbb{Z}$:

$$\text{Aus } k|m \text{ und } k|n \text{ folgt } k|um + vn \text{ für alle } u, v \in \mathbb{Z}.$$

Dies gilt auch für mehr als zwei Zahlen. Sind also irgendwelche Zahlen durch k teilbar, so ist auch jede Vielfachensumme dieser Zahlen durch k teilbar. An der Division mit Rest ändert sich ebenfalls wenig: Für $a, b \in \mathbb{Z}$ heißt die Darstellung

$$a = vb + r \text{ mit } v \in \mathbb{Z} \text{ und } 0 \leq r < |b|$$

die *Division von a durch b mit Rest*. Beispielsweise ist $-30 = (-4) \cdot 8 + 2$ die Division von -30 durch 8 mit Rest. Man beachte, dass der Rest nicht negativ sein darf.

Es sei nun m eine natürliche Zahl. Wenn zwei ganze Zahlen a und b bei Division durch m denselben Rest lassen, wenn also

$$a = um + r \quad \text{und} \quad b = vm + r$$

mit $u, v, r \in \mathbb{Z}$ und $0 \leq r < m$, dann nennt man a und b *kongruent modulo m* und schreibt

$$a \equiv b \bmod m.$$

Es gilt offensichtlich

$$a \equiv b \bmod m \iff m|a - b.$$

Man nennt m den *Modul* der Kongruenz. Ist $a \equiv b \bmod m$, dann ist also $a = vm + b$ mit $v \in \mathbb{Z}$.

Begriff und Schreibweise der Kongruenz wurden von Gauß eingeführt. Wir werden im Folgenden sehen, dass uns damit ein äußerst nützliches Instrument für Teilbarkeitsüberlegungen zur Verfügung steht.

Carl Friedrich Gauß (1777–1855) wird vielfach als der bedeutendste Mathematiker aller Zeiten angesehen; man sprach von ihm als dem *princeps mathematicorum*. Er war auf der bis zum Jahr 2001 gültigen 10-DM-Note abgebildet. Obwohl er fast alle Gebiete der Mathematik weiterentwickelte und auch wesentliche Beiträge zur Astronomie und Geodäsie lieferte, galt seine Liebe vor allem der *Zahlentheorie*, wie man die Lehre von der Teilbarkeit natürlicher Zahlen auch nennt. Er nannte sie die „Königin der Mathematik". Im Jahr 1801 erschien seine Arbeit mit dem Titel *Disquisitiones arithmeticae*, die ein Meilenstein in der Entwicklung der Zahlentheorie ist; geschrieben hat er diese „Magna Carta" der Zahlentheorie als Achtzehnjähriger. Gauß lehrte in Göttingen, wo er Professor der Mathematik und Direktor der Sternwarte war.

Für die Kongruenz modulo m gelten folgende *Regeln*:

(1) Für alle $a \in \mathbb{Z}$ ist $a \equiv a \bmod m$.

(2) Aus $a \equiv b \bmod m$ folgt $b \equiv a \bmod m$.

(3) Aus $a \equiv b \bmod m$ und $b \equiv c \bmod m$ folgt $a \equiv c \bmod m$.

Regel (1) folgt aus $m|(a - a)$, also $m|0$. Regel (2) besagt lediglich, dass mit $m|(a - b)$ auch $m|(b - a)$ gilt. Regel (2) gilt, weil mit $m|(a - b)$ und $m|(b - c)$ auch die Beziehung $m \mid ((a - b) + (b - c))$, also $m|(a - c)$ gilt.

Die Eigenschaften (1) bis (3) machen die Kongruenz modulo m zu einer sog. *Äquivalenzrelation*; mit diesen für die Mathematik äußerst wichtigen Objekten werden wir uns in Abschn. 2.4 näher beschäftigen.

Mit Kongruenzen zu einem Modul m kann man ähnliche Rechnungen wie mit Gleichungen anstellen; man kann sie beispielsweise zueinander addieren und miteinander multiplizieren. Wir fassen die dabei gültigen Regeln zunächst zusammen und begründen sie dann anschließend.

Regeln für das Rechnen mit Kongruenzen

(1) $a \equiv b \bmod m$ und $c \equiv d \bmod m \implies a + c \equiv b + d \bmod m$

(2) $a \equiv b \bmod m$ und $c \equiv d \bmod m \implies a \cdot c \equiv b \cdot d \bmod m$

(3) $a \equiv b \bmod m \implies k \cdot a \equiv k \cdot b \bmod m$ für alle $k \in \mathbb{Z}$

(4) $a \equiv b \bmod m \implies a^k \equiv b^k \bmod m$ für alle $k \in \mathbb{N}$

Zur Begründung dieser Regeln beachten wir, dass sich (s. oben) die *Kongruenz* zweier Zahlen modulo m anhand der *Teilbarkeit* der Differenz dieser beiden Zahlen durch m feststellen lässt. Man kann daher mit den (auf $\mathbb{Z}$ ausgedehnten) *Teilbarkeitsregeln* argumentieren, was die Sache sehr einfach macht.

Zu (1): Aus $m|(a - b)$ und $m|(c - d)$ folgt $m \mid ((a + c) - (b + d))$, weil $(a + c) - (b + d) = (a - b) + (c - d)$.

Zu (2): Wegen $m|(a - b)$ und $m|(c - d)$ teilt m auch jede Vielfachensumme von $(a - b)$ und $(c - d)$, insbesondere also $ac - bd = (a - b)c + b(c - d)$.

Zu (3): Wegen $k \equiv k \bmod m$ kann man in (2) $c = d = k$ setzen, daraus ergibt sich (3).

Zu (4): Setzt man in (2) $c = a$ und $d = b$, so erhält man (4) für den speziellen Fall des Exponenten $k = 2$. Da man eine Kongruenz auch mehrfach mit sich selbst multiplizieren kann, folgt (4) für jedes $k \in \mathbb{N}$.

Die Menge aller ganzen Zahlen zerfällt in m Klassen von Zahlen, die jeweils kongruent modulo m sind, nämlich

- die Klasse aller Zahlen mit dem Rest 0,
- die Klasse aller Zahlen mit dem Rest 1,
- die Klasse aller Zahlen mit dem Rest 2,
  ...
- die Klasse aller Zahlen mit dem Rest $m - 1$

bei Division durch m. Diese Klassen heißen *Restklassen modulo m*. Die Restklasse, die aus allen ganzen Zahlen x mit $x \equiv a \bmod m$ besteht, bezeichnen wir mit $(a \bmod m)$; eine andere übliche Notation ist $[a]_m$. Sie besteht also aus allen ganzen Zahlen, die bei Division durch m den gleichen Rest wie a lassen:

$$(a \bmod m) = \{x \in \mathbb{Z} \mid x \equiv a \bmod m\}.$$

Genau dann ist $(a \bmod m) = (b \bmod m)$, wenn $a \equiv b \bmod m$.

Man beschreibt eine Restklasse durch Angabe eines *Repräsentanten* oder *Vertreters*, also durch Angabe einer Zahl aus der betreffenden Restklasse. Zum Modul m gibt es genau m verschiedene Restklassen; diese kann man am einfachsten durch ihre kleinsten nicht negativen Vertreter beschreiben, also in der Form $(i \bmod m)$ für $i = 0, 1, 2, \ldots, m - 1$. Die Menge aller Restklassen modulo m wollen wir mit R_m bezeichnen. In R_m sollen nun eine *Addition* und eine *Multiplikation* eingeführt werden, sodass man in der Menge R_m „rechnen" kann. Dazu definiert man:

$$(a \bmod m) + (b \bmod m) := ((a + b) \bmod m)$$
$$(a \bmod m) \cdot (b \bmod m) := ((a \cdot b) \bmod m)$$

Man führt die entsprechenden Operationen also mit den Vertretern der Restklassen aus. Bevor wir diese Restklassenoperationen als *sinnvolle* Verknüpfungen in R_m anerkennen können, müssen wir uns davon überzeugen, dass sie *unabhängig von den gewählten Vertretern* stets zum gleichen Ergebnis führen! In der Tat gilt: Ist

$$(a \bmod m) = (a' \bmod m), \quad \text{also} \quad a \equiv a' \bmod m,$$

und ist

$$(b \bmod m) = (b' \bmod m), \quad \text{also} \quad b \equiv b' \bmod m,$$

dann ist gemäß der Regeln (1) und (2) für das Rechnen mit Kongruenzen auch

$$a + b \equiv a' + b' \bmod m \quad \text{und} \quad a \cdot b \equiv a' \cdot b' \bmod m,$$

was auch in der Form

$$((a + b) \bmod m) = ((a' + b') \bmod m) \quad \text{und} \quad ((a \cdot b) \bmod m) = ((a' \cdot b') \bmod m)$$

notiert werden kann. Damit erweisen sich die definierte Restklassenaddition und die definierte Restklassenmultiplikation als *repräsentantenunabhängig*.

Man kann nun leicht nachrechnen, dass für die Restklassenverknüpfungen die meisten der Rechenregeln gelten, die für ganze Zahlen gültig sind (Kommutativgesetze, Assoziativgesetze, Distributivgesetz, Existenz eines neutralen Elements bezüglich + (nämlich $(0 \bmod m)$) und bezüglich · (nämlich $(1 \bmod m)$), Existenz des inversen Element bezüglich der Addition (nämlich $-(a \bmod m) = ((-a) \bmod m) = ((m - a) \bmod m))$).

Beispiel 1.10 Als eine erste Anwendung des Rechnens mit Kongruenzen wollen wir zeigen, dass die Zahl

$$2^{32} + 1 = 4\,294\,967\,297$$

durch 641 teilbar ist. Dies ist die *Fermat'sche Zahl F_5* (Abschn. 1.2).
Es gilt $641 = 5 \cdot 2^7 + 1$, daher ist

$$5 \cdot 2^7 \equiv -1 \bmod 641.$$

Potenzieren mit dem Exponenten 4 liefert

$$5^4 \cdot 2^{28} \equiv 1 \bmod 641.$$

Nun ist $641 = 625 + 16 = 5^4 + 2^4$, also

$$5^4 \equiv -2^4 \bmod 641.$$

Setzt man dies in die vorangehende Kongruenz ein, folgt $-2^{32} \equiv 1 \bmod 641$ und daraus schließlich

$$2^{32} + 1 \equiv 0 \bmod 641.$$

■

Die Divisionsreste von natürlichen Zahlen, die wie üblich im 10er-System geschrieben sind, kann man für den Divisor 10 sofort ablesen (letzte Ziffer), aber auch für die Divisoren 9 und 11 kann man sie einfach bestimmen. Es sei

$$n = (a_k a_{k-1} \ldots a_2 a_1 a_0)_{10}$$
$$= a_0 + a_1 \cdot 10 + a_2 \cdot 10^2 + \ldots + a_{k-1} \cdot 10^{k-1} + a_k \cdot 10^k$$

eine $(k+1)$-stellige Zahl. Wegen $10 \equiv 1 \bmod 9$ ist auch

$$10^i \equiv 1 \bmod 9 \quad (i = 0, 1, 2, \ldots)$$

und daher

$$n \equiv a_0 + a_1 + a_2 + \ldots + a_{k-1} + a_k \bmod 9.$$

Wegen $10 \equiv -1 \bmod 11$ ist

$$10^i \equiv (-1)^i \bmod 11 \quad (i = 0, 1, 2, \ldots)$$

und daher

$$n \equiv a_0 - a_1 + a_2 - \ldots + (-1)^{k-1} a_{k-1} + (-1)^k a_k \bmod 11.$$

Man nennt

$$Q(n) = a_0 + a_1 + a_2 + \ldots + a_{k-1} + a_k$$

die *Quersumme* von n und

$$Q'(n) = a_0 - a_1 + a_2 - \ldots + (-1)^{k-1} a_{k-1} + (-1)^k a_k$$

die *alternierende Quersumme* von n. Es gilt also

$$n \equiv Q(n) \bmod 9 \quad \text{und} \quad n \equiv Q'(n) \bmod 11.$$

Insbesondere ist eine Zahl $n \in \mathbb{N}$ genau dann durch 9 teilbar, wenn $Q(n)$ durch 9 teilbar ist, und genau dann durch 11 teilbar, wenn $Q'(n)$ durch 11 teilbar ist.

Beispiel 1.11 Es gilt

$$65\,194 \equiv 4 + 9 + 1 + 5 + 6 \equiv 25 \equiv 7 \bmod 9,$$
$$65\,194 \equiv 4 - 9 + 1 - 5 + 6 \equiv -3 \equiv 8 \bmod 11.$$

∎

Rechnungen mit ganzen Zahlen kann man mithilfe von *Restproben* überprüfen: Man wählt einen Modul m und prüft, ob der zu berechnende Ausdruck und das gewonnene Ergebnis derselben Restklasse mod m angehören (*m-Restprobe*). Ist dies nicht der Fall, dann ist das Ergebnis falsch; ist dies aber der Fall, dann kann das Ergebnis trotzdem falsch sein, es unterscheidet sich aber von dem richtigen Ergebnis nur um ein Vielfaches von m. Häufig wählt man $m = 9$, $m = 10$ und $m = 11$, weil für diese Moduln die Reste sehr einfach zu berechnen sind.

Beispiel 1.12 Falsch berechnet wurde $217^2 \cdot 691 + 35^3 \cdot 1214 = 84\,627\,359$.

$$
\begin{aligned}
\text{9er-Restprobe:} \quad & 217^2 \cdot 691 + 35^3 \cdot 1214 & & 84\,627\,359 \\
\equiv\; & 1^2 \cdot (-2) + (-1)^3 \cdot (-1) & \equiv\; & 44 \\
\equiv\; & 8 \bmod 9 & \equiv\; & 8 \bmod 9 \\
\text{10er-Restprobe:} \quad & 217^2 \cdot 691 + 35^3 \cdot 1214 & & 84\,627\,359 \\
\equiv\; & (-3)^2 \cdot 1 + 5^3 \cdot 4 & \equiv\; & 9 \bmod 10 \\
\equiv\; & 9 \bmod 10 & & \\
\text{11er-Restprobe:} \quad & 217^2 \cdot 691 + 35^3 \cdot 1214 & & 84\,627\,359 \\
\equiv\; & (-3)^2 \cdot (-2) + 2^3 \cdot 4 & \equiv\; & -8 \\
\equiv\; & 3 \bmod 11 & \equiv\; & 3 \bmod 11
\end{aligned}
$$

Keine der Restproben ergibt einen Fehler, das richtige Ergebnis unterscheidet sich von dem angegebenen also nur um ein Vielfaches von kgV(9, 10, 11) = 990, weil die Differenz durch 9, 10 und 11 teilbar sein muss. (Das richtige Ergebnis ist 84 588 749.) ∎

Für die Addition von Restklassen oder Kongruenzen gilt die *Kürzungsregel*:

$$a + b \equiv a + c \bmod m \implies b \equiv c \bmod m.$$

Dies erkennt man durch Addition der Kongruenz $-a \equiv -a \bmod m$. Eine entsprechende Regel für die Multiplikation gilt im Allgemeinen nicht. Beispielsweise ist

$$3 \cdot 5 \equiv 3 \cdot 7 \bmod 6, \quad \text{aber} \quad 5 \not\equiv 7 \bmod 6.$$

Gilt aber ggT$(a, m) = 1$, dann kann man a aus der Kongruenz

$$ab \equiv ac \bmod m$$

herauskürzen. Denn aus $m|ab - ac$ bzw. $m|a(b - c)$ und $\mathrm{ggT}(a, m) = 1$ folgt $m|b - c$. Ist $\mathrm{ggT}(a, m) = 1$, dann ist $\mathrm{ggT}(x, m) = 1$ für alle $x \in (a \bmod m)$, denn

$$\mathrm{ggT}(a + vm, m) = \mathrm{ggT}(a, m) \text{ für alle } v \in \mathbb{Z}.$$

Eine Restklasse $(a \bmod m)$ mit $\mathrm{ggT}(a, m) = 1$ heißt eine *prime* Restklasse mod m. Das Produkt zweier primer Restklassen mod m ist wieder eine solche, denn aus $\mathrm{ggT}(a, m) = 1$ und $\mathrm{ggT}(b, m) = 1$ folgt $\mathrm{ggT}(ab, m) = 1$. Satz 1.19 besagt, dass zu einer primen Restklasse mod m stets eine bezüglich der Restklassenmultiplikation *inverse* Restklasse existiert.

Satz 1.19 *Ist $\mathrm{ggT}(a, m) = 1$, also $(a \bmod m)$ eine prime Restklasse, dann hat die Kongruenz $ax \equiv 1 \bmod m$ bzw. die Restklassengleichung*

$$(a \bmod m) \cdot (x \bmod m) = (1 \bmod m)$$

genau eine Lösung. Diese ist wieder eine prime Restklasse mod m.

Beweis 1.19 Es gebe genau k prime Restklassen mod m, nämlich

$$(x_1 \bmod m), (x_2 \bmod m), \ldots, (x_k \bmod m).$$

Die Produkte

$$(ax_i \bmod m) \quad (i = 1, 2, \ldots, k)$$

stellen wieder alle primen Restklassen dar; denn je zwei von ihnen sind verschieden, weil man a aus der Kongruenz $a \cdot x_i = a \cdot x_j$ kürzen kann. Also muss genau eines der Produkte die prime Restklasse $(1 \bmod m)$ sein. Ist nun $ax_0 \equiv 1 \bmod m$, dann ist ein gemeinsamer Teiler von x_0 und m auch ein Teiler von 1, also ist $\mathrm{ggT}(x_0, m) = 1$. $\square$

In der Kategorie der Restklassengleichungen stellt also die Multiplikation mit einer *primen* Restklasse stets eine *Äquivalenzumformung* dar: Für alle *primen* Restklassen $(a \bmod m)$ bzw. für alle $a \in \mathbb{Z}$ mit $\mathrm{ggT}(a, m) = 1$ gilt:

$$x \equiv y \bmod m \iff (x \bmod m) = (y \bmod m)$$

$$\iff (a \bmod m) \cdot (x \bmod m) = (a \bmod m) \cdot (y \bmod m)$$

$$\iff ((ax) \bmod m) = ((ay) \bmod m)$$

$$\iff ax \equiv ay \bmod m.$$

Für *nichtprime* Restklassen $(a \bmod m)$, d. h. in der Situation $\mathrm{ggT}(a, m) > 1$, kann man aus $ax \equiv ay \bmod m$ im Allgemeinen *nicht* auf $x \equiv y \bmod m$ schließen; die Multiplikation mit *nichtprimen* Restklassen stellt in der Regel *keine Äquivalenzumformung* einer Restklassengleichung dar (s. oben: $3 \cdot 5 \equiv 3 \cdot 7 \bmod 6$, aber $5 \not\equiv 7 \bmod 6$).

Satz 1.20 *Ist $\mathrm{ggT}(a, m) = 1$ und $b \in \mathbb{Z}$, dann hat die Kongruenz*

$$ax \equiv b \bmod m$$

genau eine Restklasse $\bmod m$ *als Lösung.*

Beweis 1.20 Nach Satz 1.19 existiert genau eine (erneut prime!) Restklasse $(a' \bmod m)$ mit $(a' \bmod m) \cdot (a \bmod m) = (1 \bmod m)$. Genau dann gilt also $ax \equiv b \bmod m$, wenn $a'ax \equiv a'b \bmod m$ gilt (Multiplikation mit a' ist wegen $\mathrm{ggT}(a', m) = 1$ eine Äquivalenzumformung!), wenn also gilt:

$$((a'a) \bmod m) \cdot (x \bmod m) = (1 \bmod m) \cdot (x \bmod m) = (x \bmod m) = ((a'b) \bmod m)$$

bzw.

$$x \equiv a'b \bmod m \,.$$

$\square$

Bisher wissen wir lediglich, dass in der Situation von Satz 1.20 die Kongruenz $ax \equiv b \bmod m$ eindeutig lösbar ist; allerdings brauchen wir zur Konstruktion der Lösungsrestklasse eine Information, wie man die zur primen Restklasse $(a \bmod m)$ bezüglich der Restklassenmultiplikation inverse prime Restklasse $(a' \bmod m)$ finden kann. Dies wird mithilfe von Satz 1.22 möglich werden. Dazu müssen wir uns vorab etwas näher mit primen Restklassen modulo m, insbesondere mit deren *Anzahl* beschäftigen.

Beispiel 1.13 Zum Modul 10 sind genau die Restklassen $(1 \bmod 10)$, $(3 \bmod 10)$, $(7 \bmod 10)$ und $(9 \bmod 10)$ prime Restklassen. Für $a \in \{1, 3, 7, 9\}$ durchlaufen die Zahlen $a \cdot n$ für $n = 1, 2, 3, \ldots$ nach Satz 1.20 alle Restklassen mod 10. Folglich kommen in der 1er-Reihe, der 3er-Reihe, der 7er-Reihe und der 9er-Reihe alle Ziffern als Endziffern vor:

$$1, \ 2, \ 3, \ 4, \ 5, \ 6, \ 7, \ 8, \ 9, 10, \ldots$$
$$3, \ 6, \ 9, 12, 15, 18, 21, 24, 27, 30, \ldots$$
$$7, 14, 21, 28, 35, 42, 49, 56, 63, 70, \ldots$$
$$9, 18, 27, 36, 45, 54, 63, 72, 81, 90, \ldots$$

Bei der 2er-, 4er-, 5er-, 6er-, 8er- und 10er-Reihe ist dies nicht der Fall.   ∎

Die Menge der primen Restklassen mod m wollen wir mit R_m^* bezeichnen. Die Anzahl der Elemente von R_m^* bezeichnet man mit $\varphi(m)$. Dies ist also die Anzahl der primen Restklassen mod m bzw. die Anzahl der zu m teilerfremden Zahlen zwischen 1 und m. Ist der Modul m eine Primzahl, eine Primzahlpotenz oder ein Produkt zweier verschiedener Primzahlen, so lässt sich $\varphi(m)$ sehr leicht bestimmen:

Beispiel 1.14 Ist p eine Primzahl, dann ist

$$\varphi(p) = p - 1,$$

denn alle Zahlen zwischen 1 und p außer p selbst sind zu p teilerfremd. Ist p^α eine Primzahlpotenz, dann ist

$$\varphi(p^\alpha) = p^\alpha - p^{\alpha-1} = p^\alpha \left(1 - \frac{1}{p}\right),$$

denn von den p^α Zahlen zwischen 1 und p^α ist jede p-te Zahl durch p teilbar. Sind p, q verschiedene Primzahlen, dann ist

$$\varphi(pq) = (p - 1)(q - 1).$$

Denn p von den pq Zahlen von 1 bis pq sind durch q teilbar, q dieser Zahlen sind durch p teilbar, und eine ist durch p *und* q teilbar; es gilt folglich $\varphi(pq) = pq - p - q + 1$. ∎

Die Funktion φ heißt *Euler-Funktion*, benannt nach Leonhard Euler (1707–1783). Er stammte aus Basel und war auf der schweizerischen 10-Franken-Note der siebten Banknotenserie abgebildet. Er verbrachte allerdings den größten Teil seiner wissenschaftlichen Laufbahn in St. Petersburg als Mitglied der dortigen Akademie; von 1741 bis 1766 war er Mitglied der Königlichen Akademie in Berlin. Eulers Werk gilt als beispiellos, nicht nur bezüglich seines Umfangs: Er verfasste mehr als 850 wissenschaftliche Arbeiten und schrieb etwa 20 Bücher. Er beschäftigte sich auch mit naturwissenschaftlichen und philosophischen Fragen, der Schwerpunkt seiner Arbeit lag aber in der Mathematik.

Satz 1.21 *(a) Ist ggT$(a, b) = 1$, dann ist $\varphi(ab) = \varphi(a)\varphi(b)$, die Euler-Funktion ist also multiplikativ.*
(b) Sind $p_1, p_2, \ldots, p_k$ die verschiedenen Primteiler von a, dann ist

$$\varphi(a) = a \cdot \left(1 - \frac{1}{p_1}\right) \left(1 - \frac{1}{p_2}\right) \cdot \ldots \cdot \left(1 - \frac{1}{p_k}\right).$$

Beweis 1.21 (a) Wir denken uns die ab Zahlen zwischen 1 und ab in einem Rechteck angeordnet:

$$
\begin{array}{cccc}
1 & 2 \ldots\ldots & t \ldots\ldots & b \\
b+1 & b+2 \ldots\ldots & b+t \ldots\ldots & 2b \\
2b+1 & 2b+2 \ldots\ldots & 2b+t \ldots\ldots & 3b \\
\vdots & \vdots \quad \vdots & \vdots & \vdots \\
sb+1 & sb+2 \ldots\ldots & sb+t \ldots\ldots & (s+1)b \\
\vdots & \vdots \quad \vdots & \vdots & \vdots \\
(a-1)b+1 & (a-1)b+2 \ldots\ldots & (a-1)b+t \ldots\ldots & ab
\end{array}
$$

Nun streichen wir alle Spalten, die mit einer zu b nicht teilerfremden Zahl beginnen; auf diese Weise werden alle zu b nicht teilerfremden Zahlen gestrichen. Es verbleiben $\varphi(b)$ Spalten. Eine nicht gestrichene Spalte enthält aus jeder Restklasse mod a genau einen Vertreter, denn aus

$$
s_1 b + t \equiv s_2 b + t \bmod a
$$

folgt $s_1 b \equiv s_2 b \bmod a$, was wegen $\mathrm{ggT}(a, b) = 1$ zwingend $s_1 \equiv s_2 \bmod a$ und im Hinblick auf $0 \leq s_1, s_2 < a$ schließlich $s_1 = s_2$ zur Folge hat. Eine nicht gestrichene Spalte enthält demnach genau $\varphi(a)$ zu a teilerfremde Zahlen. Insgesamt gibt es daher $\varphi(a)\varphi(b)$ zu a und zu b (also zu ab) teilerfremde Zahlen zwischen 1 und ab.

(b) Sind die Zahlen $a_1, a_2, \ldots, a_n$ paarweise teilerfremd, dann folgt aus (a)

$$
\varphi(a_1 a_2 \cdot \ldots \cdot a_n) = \varphi(a_1) \cdot \varphi(a_2) \cdot \ldots \cdot \varphi(a_n).
$$

Dies wenden wir auf die Primzahlpotenzen in der Primfaktorzerlegung von a an und beachten Beispiel 1.14: Ist $a = p_1^{\alpha_1} \cdot p_2^{\alpha_2} \cdot \ldots \cdot p_k^{\alpha_k}$, dann ist

$$
\begin{aligned}
\varphi(a) &= \varphi(p_1^{\alpha_1}) \cdot \varphi(p_2^{\alpha_2}) \cdot \ldots \cdot \varphi(p_k^{\alpha_k}) \\
&= p_1^{\alpha_1}\left(1 - \frac{1}{p_1}\right) \cdot p_2^{\alpha_2}\left(1 - \frac{1}{p_2}\right) \cdot \ldots \cdot p_k^{\alpha_k}\left(1 - \frac{1}{p_k}\right) \\
&= p_1^{\alpha_1} \cdot p_2^{\alpha_2} \cdot \ldots \cdot p_k^{\alpha_k} \cdot \left(1 - \frac{1}{p_1}\right) \cdot \left(1 - \frac{1}{p_2}\right) \cdot \ldots \cdot \left(1 - \frac{1}{p_k}\right) \\
&= a \cdot \left(1 - \frac{1}{p_1}\right) \cdot \left(1 - \frac{1}{p_2}\right) \cdot \ldots \cdot \left(1 - \frac{1}{p_k}\right).
\end{aligned}
$$

$\square$

Beispiel 1.15 Die verschiedenen Primfaktoren von 1800 sind 2, 3 und 5. Also ist

$$\varphi(1800) = 1800 \cdot \frac{1}{2} \cdot \frac{2}{3} \cdot \frac{4}{5} = 480.$$

∎

Satz 1.22 (Satz von Euler und Fermat) *Ist ggT$(a, m) = 1$, dann ist*

$$a^{\varphi(m)} \equiv 1 \bmod m.$$

Beweis 1.22 Es seien x_1, x_2, ..., $x_{\varphi(m)}$ Vertreter der $\varphi(m)$ primen Restklassen mod m, also paarweise inkongruent mod m und zu m teilerfremd. Dann sind die Zahlen ax_1, ax_2, ..., $ax_{\varphi(m)}$ ebenfalls zu m teilerfremd und paarweise inkongruent mod m, da man aus der Kongruenz $ax_i \equiv ax_j \bmod m$ den Faktor a kürzen kann. Die Zahlen ax_i ($i = 1, 2, \ldots, \varphi(m)$) sind folglich ebenfalls Vertreter der $\varphi(m)$ primen Restklassen; jede dieser Zahlen ist daher zu genau einer der Zahlen x_j kongruent mod m. Dann ist auch

$$ax_1 \cdot ax_2 \cdot \ldots \cdot ax_{\varphi(m)} \equiv x_1 \cdot x_2 \cdot \ldots \cdot x_{\varphi(m)} \bmod m.$$

Aus dieser Kongruenz kann man nacheinander die Zahlen x_1, x_2, ..., $x_{\varphi(m)}$ kürzen und erhält damit die Behauptung des Satzes. □

Der Sonderfall von Satz 1.22, dass m eine Primzahl ist, also

$$a^{p-1} \equiv 1 \bmod p \quad \text{für } p \nmid a, \ p \text{ Primzahl},$$

geht auf Fermat zurück und heißt deshalb *Satz von Fermat*. Den Satz von Euler und Fermat kann man auch mit Restklassen ausdrücken:

Für jede prime Restklasse $(a \bmod m)$ gilt: $(a \bmod m)^{\varphi(m)} = (1 \bmod m)$.

Wegen $(a \bmod m)^{\varphi(m)} = (a \bmod m) \cdot (a \bmod m)^{\varphi(m)-1}$ ergibt sich daraus:

Invers zur primen Restklasse $(a \bmod m)$ bezüglich der Multiplikation ist die prime Restklasse $(a' \bmod m) := (a \bmod m)^{\varphi(m)-1}$.

Beispiel 1.16 Wir wollen den 9er- und den 13er-Rest von 2^{1000} ausrechnen:

Wegen $\varphi(9) = 6$ und $1000 \equiv 4 \bmod 6$ ist $2^{1000} \equiv 2^4 \equiv 16 \equiv 7 \bmod 9$.

Wegen $\varphi(13) = 12$ und $1000 \equiv 4 \bmod 12$ ist $2^{1000} \equiv 2^4 \equiv 16 \equiv 3 \bmod 13$.

∎

Aus dem Satz von Euler und Fermat folgt, dass zu jeder zu m teilerfremden Zahl a ein positiver Exponent k mit $k \leq \varphi(m)$ existiert, sodass a^k bei Division durch m den Rest 1 lässt. Der kleinste positive Exponent k, für den dies gilt, heißt die *Ordnung* von ($a \bmod m$) und wird mit $\mathrm{ord}_m(a)$ bezeichnet. Diesen Begiff werden wir bei der Untersuchung von periodischen Dezimalbruchentwicklungen in Abschn. 1.7 benötigen.

Satz 1.23 *Ist $ggT(a, m) = 1$, so ist $\mathrm{ord}_m(a)$ ein Teiler von $\varphi(m)$.*

Beweis 1.23 Es sei $ggT(a, m) = 1$ und k der kleinste positive Exponent mit $a^k \equiv 1 \bmod m$. Ferner sei

$$\varphi(m) = vk + r \quad \text{mit } 0 \leq r < k$$

(Division mit Rest). Dann ist

$$1 \equiv a^{\varphi(m)} \equiv a^{vk+r} \equiv (a^k)^v \cdot a^r \equiv 1^v \cdot a^r \equiv a^r \bmod m,$$

also wegen $r < k$ notwendigerweise $r = 0$.   □

Beispiel 1.17 (1) Es soll $\mathrm{ord}_{10}(7)$ berechnet werden. Wegen $\varphi(10) = 4$ kommen dafür nur die Teiler von 4 infrage. Es ist $7^2 \equiv 9 \bmod 10$ und $7^4 \equiv 1 \bmod 10$, also $\mathrm{ord}_{10}(7) = 4$.

(2) Es soll $\mathrm{ord}_{17}(10)$ bestimmt werden. Dazu betrachten wir nur die Potenzen 10^k mit $k|16$ (also $k = 2, 4, 8, 16$), da $\varphi(17) = 16$:

$$
\begin{aligned}
10^2 &\equiv 15 \equiv -2 \bmod 17,\\
10^4 &\equiv (-2)^2 \equiv 4 \bmod 17,\\
10^8 &\equiv 4^2 \equiv -1 \bmod 17,\\
10^{16} &\equiv (-1)^2 \equiv 1 \bmod 17.
\end{aligned}
$$

Es ergibt sich $\mathrm{ord}_{17}(10) = 16$.

(3) In (1) und (2) hat sich jeweils die maximal mögliche Ordnung ergeben. Dies ist im folgenden Beispiel nicht der Fall: Es soll $\mathrm{ord}_{36}(5)$ bestimmt werden. Wegen $\varphi(36) = \varphi(4)\varphi(9) = 2 \cdot 6 = 12$ kommen nur die Teiler von 12 infrage:

$$
\begin{aligned}
5^2 &\equiv 25 \equiv -11 \bmod 36,\\
5^3 &\equiv 5 \cdot (-11) \equiv 17 \bmod 36,\\
5^4 &\equiv 5 \cdot 17 \equiv 13 \bmod 36,\\
5^6 &\equiv -11 \cdot 13 \equiv 1 \bmod 36.
\end{aligned}
$$

Hier ergibt sich $\mathrm{ord}_{36}(5) = 6$.   ■

Die Zahl $\varphi(m)$ ist außer für $m = 1$ und $m = 2$ stets *gerade*. Dies kann man an der Darstellung in Satz 1.21 ablesen oder aus $\mathrm{ggT}(a, m) = \mathrm{ggT}(m - a, m)$ schließen. Man kann dies aber auch aus Satz 1.23 herleiten: Offensichtlich ist $\mathrm{ord}_m(-1) = 2$ für $m \geq 3$, nach Satz 1.23 gilt dann $2|\varphi(m)$.

Eine Gleichung, bei der nach *ganzzahligen* Lösungen gefragt wird, nennt man eine *diophantische Gleichung*. Satz 1.24 liefert ein für die Lösbarkeit einer linearen diophantischen Gleichung mit zwei Variablen *notwendiges und hinreichendes* Kriterium und gibt Auskunft darüber, wie man alle Lösungen finden kann. Er ergibt sich aus der Möglichkeit, den ggT zweier Zahlen als Vielfachensumme dieser Zahlen darzustellen.

Satz 1.24 *(a) Die lineare diophantische Gleichung*

$$(LD\,1) \quad ax + by = c \quad (a, b, c \in \mathbb{Z})$$

ist genau dann lösbar, wenn $\mathrm{ggT}(a, b)|c$.
(b) Ist das Lösbarkeitskriterium für (LD 1) aus (a) erfüllt, so gibt es eine lineare diophantische Gleichung

$$(LD\,2) \quad a'x + b'y = c' \quad (a', b', c' \in \mathbb{Z}) \quad mit \quad \mathrm{ggT}(a', b') = 1\,,$$

deren Lösungsmenge mit der Menge aller Lösungen von (LD 1) übereinstimmt. Diese entsteht aus (LD 1) durch Kürzen mit $\mathrm{ggT}(a, b)$. Ist in diesem Fall (x_0, y_0) eine spezielle Lösung, dann ist die Menge aller Lösungen gegeben durch

$$\mathbb{L} = \left\{ (x_0 + t \cdot b',\ y_0 - t \cdot a') \ \middle|\ t \in \mathbb{Z} \right\}.$$

Beweis 1.24 (a) Es sei $d = \mathrm{ggT}(a, b)$. Existiert eine Lösung (x_0, y_0) von (LD 1), dann gilt $d|c$, denn $ax_0 + by_0 = c$ und $d|(ax_0 + by_0)$. Gilt umgekehrt $d|c$ und ist $d = au + bv$ $(u, v \in \mathbb{Z})$ eine Vielfachensummendarstellung von d, dann ist

$$c = d \cdot \frac{c}{d} = a \cdot \frac{uc}{d} + b \cdot \frac{vc}{d}.$$

Die diophantische Gleichung (LD 1) hat demnach eine Lösung.
(b) Gilt nun $d|c$, so sind $a' := \frac{a}{d}$, $b' := \frac{b}{d}$ und $c' := \frac{c}{d}$ ganzzahlig, und die Gleichung (LD 2) $a'x + b'y = c'$, die aus (LD 1) durch Kürzen mit d entsteht, ist eine lineare diophantische Gleichung, deren Lösungsmenge mit der von (LD 1) übereinstimmt. Wäre $d' := \mathrm{ggT}(a', b') > 1$, so wäre mit $d \cdot d'$ ein gemeinsamer Teiler von a und b gefunden, der größer ist als d, was der Definition des ggT widerspricht. Also sind a' und b' teilerfremd.

Sei nun (x_0, y_0) eine spezielle Lösung. Dann ist für $t \in \mathbb{Z}$

$$c' = a'x_0 + b'y_0 = a'x_0 + (a'tb' - a'tb') + b'y_0 = a'(x_0 + tb') + b'(y_0 - ta') ,$$

mit (x_0, y_0) ist also auch

$$(x_0 + t \cdot b', \ y_0 - t \cdot a')$$

für jedes $t \in \mathbb{Z}$ eine Lösung. Andererseits hat auch *jede* Lösung diese Form. Denn für zwei Lösungen (x_1, y_1), (x_2, y_2) gilt $a'x_1 + b'y_1 = a'x_2 + b'y_2$, also

$$a'(x_1 - x_2) + b'(y_1 - y_2) = 0,$$

was wegen ggT $(a', b') = 1$ aber nur für $a' \mid (y_1 - y_2)$ und $b' \mid (x_1 - x_2)$ möglich ist. Folglich existieren t, $\tilde{t} \in \mathbb{Z}$ mit $\tilde{t} \cdot a' = (y_1 - y_2)$ und $t \cdot b' = (x_1 - x_2)$. Aus

$$0 = a'(x_1 - x_2) + b'(y_1 - y_2) = a'tb' + b'\tilde{t}a' = a'b'(t + \tilde{t})$$

ergibt sich $(t + \tilde{t}) = 0$, also $\tilde{t} = -t$. Demnach ist

$$x_1 = x_2 + t \cdot b' \quad \text{und} \quad y_1 = y_2 - ta' \quad \text{für ein } t \in \mathbb{Z} .$$

$\square$

Beispiel 1.18 Die diophantische Gleichung $122x + 74y = 112$ ist lösbar, denn ggT$(122, 74) = 2$ und $2 \mid 112$. Kürzen durch 2 ergibt

$$61x + 37y = 56.$$

Zur Bestimmung einer speziellen Lösung beschaffen wir uns zunächst mithilfe des euklidischen Algorithmus eine Lösung von $61u + 37v = 1$ und multiplizieren diese dann mit 56:

$$
\begin{aligned}
61 &= 1 \cdot 37 + 24 & 1 &= 11 - 5 \cdot 2 \\
37 &= 1 \cdot 24 + 13 & &= (-5) \cdot 13 + 6 \cdot 11 \\
24 &= 1 \cdot 13 + 11 & &= 6 \cdot 24 + (-11) \cdot 13 \\
13 &= 1 \cdot 11 + 2 & &= (-11) \cdot 37 + 17 \cdot 24 \\
11 &= 5 \cdot 2 + 1 & &= 17 \cdot 61 + (-28) \cdot 37 \\
2 &= 2 \cdot 1
\end{aligned}
$$

Es ergibt sich $x_0 = 17 \cdot 56 = 952$, $y_0 = -28 \cdot 56 = -1568$; als allgemeine Lösung erhält man

$$x = x_0 - 37t, \; y = y_0 + 61t \; (t \in \mathbb{Z}).$$

■

Für $t = 25$ ergibt sich die Lösung $x_1 = 27$, $y_1 = -43$; für $t = 26$ erhält man $x_2 = -10$, $y_2 = 18$. Der euklidische Algorithmus liefert keineswegs eine Lösung mit möglichst kleinen Beträgen, wie dieses Beispiel zeigt.

Ähnlich kann man auch lineare diophantische Gleichungen mit mehr als zwei Variablen behandeln. Wir begnügen uns mit einem Beispiel mit *drei* Variablen.

Beispiel 1.19 Die diophantische Gleichung $11x_1 + 2x_2 + 5x_3 = 7$ ist lösbar, denn $\mathrm{ggT}(11, 2, 5) = 1$. Aus der Vielfachensummendarstellung $1 = 1 \cdot 11 + 0 \cdot 2 + (-2) \cdot 5$ gewinnt man die Lösung $(7, 0, -14)$ der Gleichung. Für jede weitere Lösung muss

$$11(x_1 - 7) + 2x_2 + 5(x_3 + 14) = 0$$

gelten; es müssen demnach die Lösungen der diophantischen Gleichung $11u_1 + 2u_2 + 5u_3 = 0$ gefunden werden. Wegen $11u_1 + 2u_2 + 5u_3 = 2(5u_1 + u_2 + 2u_3) + (u_1 + u_3)$ muss $u_1 + u_3$ gerade sein, also $u_1 + u_3 = 2r$ ($r \in \mathbb{Z}$). Man setzt $u_3 = 2r - u_1$ in die Gleichung ein und erhält $6u_1 + 2u_2 + 10r = 0$ bzw. $3u_1 + u_2 + 5r = 0$. Wegen $3u_1 + u_2 + 5r = 3(u_1 + r) + (u_2 + 2r)$ muss $u_2 + 2r$ durch 3 teilbar sein, also $u_2 + 2r = 3s$ ($s \in \mathbb{Z}$). Setzt man $u_2 = -2r + 3s$ in die letzte Gleichung ein, so ergibt sich $3u_1 - 2r + 3s + 5r = 0$, also $u_1 = -r - s$. Insgesamt erhält man

$$u_1 = -r - s, \quad u_2 = 3r - 2s, \quad u_3 = r + 3s.$$

Die Lösungen der ursprünglich gegebenen diophantischen Gleichungen sind daher

$$x_1 = 7 - r - s, \quad x_2 = 3r - 2s, \quad x_3 = -14 + r + 3s,$$

wobei r, s beliebige ganze Zahlen sein dürfen.   ■

Die diophantische Gleichung $ax + by = c$ ist genau dann lösbar, wenn die Kongruenzen $ax \equiv c \bmod b$ und $by \equiv c \bmod a$ lösbar sind. Das Problem, eine diophantische Gleichung zu lösen, ist also eng verbunden mit dem Problem, eine Kongruenz (genauer „Bestimmungskongruenz") zu lösen. Man beachte in Satz 1.25, dass mit einer „Lösung" einer Kongruenz mit *einer* Variablen eine Restklasse zum betrachteten Modul gemeint ist.

Satz 1.25 *(a) Die lineare Kongruenz*

$$ax \equiv b \bmod m$$

ist genau dann lösbar, wenn $ggT(a, m)|\ b$ *gilt.*

(b) *Im Fall ihrer Lösbarkeit gibt* $d := ggT(a, m)$ *die Anzahl der Lösungen der linearen Kongruenz aus (a) an, d. h. , die Lösungsmenge besteht aus d Restklassen modulo m.*

Beweis 1.25 (a) Weil $ax = b$ mod m genau dann lösbar ist, wenn die lineare diophantische Gleichung $ax + my = b$ lösbar ist, ergibt sich das Lösbarkeitskriterium sofort aus dem entsprechenden Kriterium in Satz 1.24.

(b) Ist $d = ggT(a, m)$ und $d|b$, dann gilt für ein $x \in \mathbb{Z}$ genau dann $ax \equiv b$ mod m, wenn

$$\frac{a}{d} \cdot x \equiv \frac{b}{d} \text{ mod } \frac{m}{d}.$$

Wegen $ggT\left(\frac{a}{d}, \frac{m}{d}\right) = 1$ ist diese Kongruenz *eindeutig* lösbar, d. h., es gibt genau eine Restklasse $\left(x_0 \text{ mod } \frac{m}{d}\right)$, die diese Kongruenz löst. Diese Restklasse zerfällt in d Restklassen mod m, die die ursprünglich gegebene Kongruenz lösen, nämlich $\left(\left(x_0 + i \cdot \frac{m}{d}\right) \text{ mod } m\right)$ für $i = 0, 1, \cdots, d - 1$.

$\square$

Gemäß Satz 1.25 reduziert sich das Problem, die Kongruenz $ax \equiv b$ mod m zu lösen, auf den Fall $ggT(a, m) = 1$. Mithilfe des Satzes von Euler und Fermat kann man die Lösung sofort „formal" angeben: Wegen $a^{\varphi(m)} \equiv 1$ mod m erhält man durch Multiplikation der Kongruenz mit $a^{\varphi(m)-1}$

$$x \equiv a^{\varphi(m)-1}b \text{ mod } m.$$

Ist dabei der Modul m sehr groß, so kann das Berechnen der Potenzen a^i modulo m sehr mühsam werden. In solchen Fällen ist folgendes Verfahren nützlich: Man zerlege m in paarweise teilerfremde Faktoren (etwa in die in m aufgehenden Primzahlpotenzen)

$$m = m_1 \cdot m_2 \cdot \ldots \cdot m_k$$

und betrachte die k Kongruenzen

$$ax \equiv b \text{ mod } m_i \qquad (i = 1, 2, \ldots, k),$$

die sich aus der Kongruenz $ax \equiv b$ mod m ergeben. Gilt $ggT(a, m) = 1$, dann gilt auch $ggT(a, m_i) = 1$ $(i = 1, 2, \ldots, k)$; diese k Kongruenzen sind also eindeutig lösbar:

$$x \equiv c_i \text{ mod } m_i \qquad (i = 1, 2, \ldots, k).$$

Nun muss man ein Verfahren finden, aus diesen Lösungen die gesuchte Lösung von $ax \equiv b$ mod m zu ermitteln. Dass eine solche existiert, garantiert Satz 1.26, der den

Namen *chinesischer Restsatz* trägt. In seinem Beweis wird gleichzeitig ein Verfahren zur Konstruktion der Lösung angegeben, das aber im Allgemeinen nicht sehr gut zu handhaben ist. In Beispiel 1.20 wird ein günstigeres Verfahren benutzt.

Satz 1.26 (Chinesischer Restsatz) *Sind m_1, m_2, ..., m_k paarweise teilerfremde natürliche Zahlen und $c_1, c_2, ..., c_k$ ganze Zahlen, dann existiert genau eine Restklasse $[x]_m$ zum Modul $m := m_1 \cdot m_2 \cdot ... \cdot m_k$, für die gilt:*

$$x \equiv c_i \bmod m_i \ (i = 1, 2, ..., k)$$

Beweis 1.26 Es sei $M_i = \frac{m}{m_i}$ und $N_i M_i \equiv 1 \bmod m_i$, wobei die Existenz der Restklasse $N_i \bmod m_i$ wegen $\mathrm{ggT}(M_i, m_i) = 1$ gesichert ist. Für die ganze Zahl

$$x = c_1 N_1 M_1 + c_2 N_2 M_2 + ... + c_k N_k M_k$$

gilt dann $x \equiv c_i \bmod m_i$, weil $M_j \equiv 0 \bmod m_i$ für $j \neq i$ $(i = 1, 2, ..., k)$. Ist y eine weitere Zahl mit $y \equiv c_i \bmod m_i$ für $i = 1, 2, ..., k$, so ist $x \equiv y \bmod m_i$ für $i = 1, 2, ..., k$ und damit $x \equiv y \bmod m$. □

Die in Satz 1.26 gefundene Restklasse $\bmod \ m$ mit $m = m_1 \cdot m_2 \cdot ... \cdot m_k$, wobei die m_i paarweise teilerfremd sind, ist die Lösung der Kongruenz $ax \equiv b \bmod m$. Sie ist die Schnittmenge der Restklassen $(c_i \bmod m_i)$, also

$$(c_1 \bmod m_1) \cap (c_2 \bmod m_2) \cap ... \cap (c_k \bmod m_k).$$

Die Lösung des Systems in Satz 1.26 bestimmt man in der Regel nicht mithilfe der im Beweis konstruierten Zahl $c_1 N_1 M_1 + c_2 N_2 M_2 + ... + c_k N_k M_k$, sondern mit einem *Einsetzungsverfahren*, das wir in Beispiel 1.20 vorführen.

Beispiel 1.20 Es soll die Kongruenz $1193x \equiv 367 \bmod 4284$ gelöst werden. Es ist $4284 = 4 \cdot 7 \cdot 9 \cdot 17$, wegen $\mathrm{ggT}(1193, 4248) = 1$ ist die Kongruenz eindeutig lösbar. Wir betrachten das Kongruenzensystem

$$\begin{cases} 1193x \equiv 367 \bmod 4 \\ 1193x \equiv 367 \bmod 7 \\ 1193x \equiv 367 \bmod 9 \\ 1193x \equiv 367 \bmod 17 \end{cases} \text{bzw.} \begin{cases} x \equiv 3 \bmod 4 \\ 3x \equiv 3 \bmod 7 \\ 5x \equiv 7 \bmod 9 \\ 3x \equiv 10 \bmod 17 \end{cases} \text{bzw.} \begin{cases} x \equiv 3 \bmod 4 \\ x \equiv 1 \bmod 7 \\ x \equiv 5 \bmod 9 \\ x \equiv 9 \bmod 17. \end{cases}$$

Aus der ersten Kongruenz folgt $x = 3 + 4t$ mit $t \in \mathbb{Z}$.

Eingesetzt in die zweite Kongruenz ergibt dies $4t \equiv 5 \bmod 7$ bzw. $t \equiv 3 \bmod 7$. Mit $t = 3 + 7u$ ist $x = 15 + 28u$ $(u \in \mathbb{Z})$.

Eingesetzt in die dritte Kongruenz ergibt dies $u \equiv 8 \bmod 9$, mit $u = 8 + 9v$ ist also $x = 239 + 252v$ $(v \in \mathbb{Z})$.

Damit folgt aus der vierten Kongruenz $252v \equiv 8 \bmod 17$, also $v \equiv 3 \bmod 17$. Mit $v = 3 + 17w$ $(w \in \mathbb{Z})$ ist dann $x = 995 + 4284w$. Wir erhalten also das Resultat:

$$1193x \equiv 367 \bmod 4284 \quad \text{hat die Lösung} \quad x \equiv 995 \bmod 4284.$$

■

Der chinesische Restsatz tritt in vielen Mathematikbüchern vergangener Epochen auf; der Name dieses Satzes rührt daher, dass im *Handbuch der Arithmetik* (Suan-ching) des Chinesen Sun-Tsu (oder Sun-Tse), der vor etwa 2000 Jahren lebte, folgende Aufgabe steht: „Es soll eine Anzahl von Dingen gezählt werden. Zählt man sie zu je drei, dann bleiben zwei übrig. Zählt man sie zu je fünf, dann bleiben drei übrig. Zählt man sie zu je sieben, dann bleiben zwei übrig. Wie viele sind es?" Hier muss also das System aus den drei Kongruenzen $x \equiv 2 \bmod 3$, $x \equiv 3 \bmod 5$ und $x \equiv 2 \bmod 7$ gelöst werden; die Lösung ist $23 \bmod 105$, die kleinste positive Lösung ist also 23. Auch der indische Gelehrte Brahmagupta behandelte in einem im Jahr 628 n. Chr. verfassten Lehrbuch der Astronomie und Mathematik den chinesischen Restsatz. Auf ihn geht die Aufgabe zurück, eine Zahl zu bestimmen, die bei Division durch 3, 4, 5 und 6 die Reste 2, 3, 4 bzw. 5 lässt: Es ist das System aus $x \equiv -1 \bmod 3$, $x \equiv -1 \bmod 4$ $x \equiv -1 \bmod 5$ und $x \equiv -1 \bmod 6$ zu lösen. Man beachte, dass hier die Moduln nicht paarweise teilerfremd sind. Die Lösung ist $x \equiv -1 \bmod \mathrm{kgV}(3, 4, 5, 6)$, die kleinste positive Zahl in dieser Restklasse ist 59.

Aufgaben

1.69 (a) Für welche Werte von c ist $4x \equiv c \bmod 12$ lösbar?

(b) Bestimme alle Restklassen $(x \bmod 48)$, für die $18x \equiv 12 \bmod 48$.

(c) Löse die „quadratische Kongruenz" $x^2 + 3x + 2 \equiv 0 \bmod 5$.

1.70 Überprüfe folgende Rechnungen mit der 9er-, 10er- und 11er-Restprobe:

a) $47 \cdot 131 + 611 \cdot 29 = 24\,866$ \qquad b) $670\,592\,745 : 12\,345 = 54\,321$

1.71 Überprüfe mit der 13er-Restprobe: $217^2 \cdot 691 + 35^2 \cdot 1214 = 84\,588\,749$.

1.72 Das Ergebnis einer Rechnung kann höchstens um $20\,000$ vom richtigen Wert abweichen. Die 9er-, 10er-, 11er- und 13er-Restprobe haben keinen Fehler aufgedeckt. Welche Abweichung ist möglich?

1.73 Beweise die bekannte Quersummenregel $3|n \iff 3|Q(n)$.

1.74 Es sei $10 \leq n < 1000$ und $Q(n)$ die Quersumme von n.
Zeige, dass $Q(n - Q(n))$ den Wert 9 oder den Wert 18 hat.

1.75 Auf welche Ziffern enden die Zahlen 6^6, 7^7, 8^8 und 9^9 im 10er-System?

1.76 Welchen Rest lässt die Zahl 13^{13} bei Division
(a) durch 11?   (b) durch 12?   (c) durch 14?   (d) durch 15?

1.77 Bestimme den 7er-Rest von $10^{10} + 10^{100} + 10^{1000} + 10^{10000} + \ldots + 10^{(10^{10})}$.

1.78 Bestimme den 1000er-Rest von 7^{9999}, 11^{9999} und 13^{9999}.

1.79 Aus 1, 2, 3, 4, 5, 6 und 7 kann man $7! = 5040$ verschiedene siebenstellige Zahlen
mit lauter verschiedenen Ziffern bilden. Zeige, dass keine dieser Zahlen eine andere teilt.
(Betrachte den 9er-Rest!)

1.80 Zeige: Ist $a^2 + b^2 = c^2$ $(a, b, c \in \mathbb{N})$, dann ist $12|ab$ und $60|abc$.

1.81 Beweise folgende Behauptungen:
(a) 4147 teilt $12^{512} - 1$.   (b) 2730 teilt $n^{13} - n$ für alle $n \in \mathbb{N}$.
(c) 247 teilt $6^{30} - 6^{18} - 6^{12} + 1$.   (d) $2^{2n+1} \equiv 9n^2 - 3n + 2 \bmod 54$ $(n \in \mathbb{N})$.

1.82 Beweise: Unter n ganzen Zahlen, von denen keine durch n teilbar ist, gibt es zwei
oder mehr, deren Summe durch n teilbar ist.

1.83 Es gibt nur eine vierstellige Quadratzahl, bei der die beiden ersten Ziffern und die
beiden letzten Ziffern gleich sind. Man suche diese Zahl. (Hinweis: Die Teilbarkeit durch
11 spielt eine Rolle!)

1.84 Bestimme die Lösungen der quadratischen Kongruenzen

$$n^2 + 3n + 4 \equiv 0 \bmod 11.$$

Zeige, dass $n^2 + 3n + 4 \equiv 0 \bmod 13$ keine Lösung besitzt.

1.85 Zeige: Ist $\gcd(n, 10) = 1$, dann gibt es ein $k \in \mathbb{N}$ mit $k \leq n$, sodass die k-stellige
Zahl $11\ldots 11$ (alle Ziffern 1) durch n teilbar ist.

1.86 Zeige, dass $m^p - n^p$ $(m, n \in \mathbb{N}$, p Primzahl) zu p teilerfremd oder durch p^2 teilbar
ist.

1.87   Ist p eine ungerade Primzahl, dann gilt $2^{p-1} \equiv 1 \bmod p$ nach dem Satz von Fermat. Im alten China glaubte man, dass aus $2^{n-1} \equiv 1 \bmod n$ auch folgt, dass n eine Primzahl ist. Zeige am Beispiel $n = 341$, dass dies falsch ist.

1.88   Aus $a^{n-1} \equiv 1 \bmod n$ für alle a mit $\mathrm{ggT}(a, n) = 1$ folgt nicht, dass n eine Primzahl ist. Zeige dies am Beispiel $n = 561$.

1.89   Aus einem chinesischen Rechenbuch: Eine Bande von 17 Räubern stahl einen Sack mit Goldstücken. Als sie ihre Beute in gleiche Teile teilen wollten, blieben 3 Goldstücke übrig. Beim Streit darüber, wer ein Goldstück mehr erhalten sollte, wurde ein Räuber erschlagen. Jetzt blieben bei der Verteilung 10 Goldstücke übrig. Erneut kam es zum Streit, und wieder verlor ein Räuber sein Leben. Jetzt ließ sich endlich die Beute gleichmäßig verteilen. Wie viele Goldstücke waren mindestens im Sack?

1.90   (a)   Bestimme eine ganze Zahl, die bei Division durch 2, 3, 6 und 12 die Reste 1, 2, 5 bzw. 5 lässt (Yih-Hing, um 700 n. Chr.).

   (b)   Sinngemäß aus einem indischen Rechenbuch (Mahaviracarya, um 850 n. Chr.): Aus Früchten werden 63 gleich große Haufen gelegt, 7 Stück bleiben übrig. Es kommen 23 Reisende, unter denen die Früchte gleichmäßig verteilt werden, sodass keine übrig bleibt. Wie viele waren es?

1.91   Möchte man in der chemischen Reaktionsgleichung

$$x \, \mathrm{Fe} + y \, \mathrm{O}_2 \longrightarrow z \, \mathrm{Fe}_2\mathrm{O}_3$$

die Koeffizienten x, y, z bestimmen, dann muss man eine Lösung eines linearen Gleichungssystems mit *natürlichen* (teilerfremden) Zahlen finden. Bestimme diese Zahlen.

1.92   Ist $\frac{a}{m}$ eine rationale Zahl und $m = m_1 m_2 \cdot \ldots \cdot m_n$ eine Zerlegung von m in paarweise teilerfremde Faktoren, dann lässt sich $\frac{a}{m}$ auf genau eine Weise in der Form

$$\frac{a}{m} = z + \frac{a_1}{m_1} + \frac{a_2}{m_2} + \ldots + \frac{a_n}{m_n}$$

mit $z, a_1, a_2, \ldots, a_n \in \mathbb{Z}$ und $0 \le a_i < m_i$ ($i = 1, 2, \ldots, n$) darstellen.
(Man nennt diese Darstellung die *Partialbruchzerlegung* von $\frac{a}{m}$.)
   Bestimme die Partialbruchzerlegung von $\frac{151}{60}$ für die Zerlegung $60 = 5 \cdot 12$ und für die Zerlegung $60 = 3 \cdot 4 \cdot 5$.

1.6 Stellenwertsysteme

Unser heute gebräuchliches 10er-System unter Verwendung arabischer Ziffern entwickelte sich im Mittelalter im islamischen Kulturraum und wurde durch Leonardo von Pisa im Abendland verbreitet.

Leonardo von Pisa gen. Fibonacci („Sohn der (Familie) Bonaccio") lebte ungefähr von 1170 bis 1240. In der Zeit, in der sein Vater Notar in der Stadt Bugia im heutigen Algerien war, und auf seinen ausgedehnten Geschäftsreisen durch den Vorderen Orient lernte er die arabische Sprache und Rechenkunst. Im Jahr 1202 verfasste er ein Buch mit dem Titel *Liber abbaci*, das epochemachend für die Entwicklung der Mathematik im Abendland war. Er brachte mit diesem Buch das indisch-arabische Zahlensystem und das Rechnen im Zehnersystem nach Europa. Ferner geht auf ihn der moderne Begriff des Algorithmus zurück. („Algorithmus" ist eine Verballhornung von Al Chwarizmi, dem Namen eines arabischen Gelehrten des 9. Jahrhunderts.) Im Jahr 1225 schrieb Fibonacci den *Liber quadratorum*, das „Buch der Quadrate". Dieses Buch widmete er Kaiser Friedrich II., an dessen Hof er zeitweilig verkehrte. Es ist sicher richtig, Fibonacci als den größten abendländischen Mathematiker des Mittelalters anzusehen.

In der römischen Zahlschreibweise werden die Werte der Ziffern einfach addiert: VII $=$ $5+1+1 = 7$. Solch ein Zahlsystem nennt man ein *Additionssystem*. Im 10er-System hängt der Wert einer Ziffer davon ab, an welcher Stelle sie steht: $523 = 5 \cdot 100 + 2 \cdot 10 + 3 \cdot 1$. Daher nennt man dieses System ein *Stellenwertsystem* oder auch ein *Positionssystem*.

Das 10er-System (Dezimalsystem) ist ein Stellenwertsystem zur *Basis* 10; Zahlen werden dabei als eine Vielfachensumme von 10er-Potenzen geschrieben. Die altbabylonische Arithmetik benutzte das 60er-System (Sexagesimalsystem), auf dem noch heute unsere Winkel- und Zeiteinteilung beruht; die Zahl 60 zeichnet sich dadurch aus, dass sie relativ viele Teiler besitzt. Das 12er-System steckt in den Bezeichnungen *Dutzend* und *Gros* (= 12 Dutzend). Das 20er-System, das u. a. von den Mayas und den Galliern verwendet wurde, steckt in der französischen Bezeichnung für 80 („quatre-vingts"). Das 2er-System (Binärsystem, Dualsystem) liegt Teilen der altägyptischen Arithmetik zugrunde; es ist andererseits aber von großer Bedeutung für die internen Vorgänge in einem Computer. Weil man im 2er-System mit zwei Ziffern (0, 1) auskommt, kann man Zahlen in diesem System durch elektrische Zustände („an" und „aus") darstellen.

Wir betrachten nun Stellenwertsysteme zur Basis b, wobei b eine natürliche Zahl mit $b \geq 2$ sein soll. Für $b = 10$ ergibt sich das 10er-System bzw. das *Dezimalsystem* oder *dekadische Ziffernsystem*, für $b = 2$ das 2er-System bzw. das *Binärsystem*, das *binäre* oder *dyadische Ziffernsystem* usw. Allgemein spricht man vom *b-adischen Ziffernsystem*.

Der Algorithmus, mit dem man die b-adische Zifferndarstellung einer natürlichen Zahl n gewinnt, beruht auf der Division mit Rest:

$$
\begin{aligned}
n &= v_1 b + z_0 & \text{mit } 0 \le z_0 &< b \\
v_1 &= v_2 b + z_1 & \text{mit } 0 \le z_1 &< b \\
v_2 &= v_3 b + z_2 & \text{mit } 0 \le z_2 &< b \\
&\cdots\cdots\cdots \\
v_{k-2} &= v_{k-1} b + z_{k-2} & \text{mit } 0 \le z_{k-2} &< b \\
v_{k-1} &= v_k b + z_{k-1} & \text{mit } 0 \le z_{k-1} &< b \\
v_k &= 0 \cdot b + z_k & \text{mit } 0 \le z_k &< b
\end{aligned}
$$

Diese Gleichungen werden nun ineinander eingesetzt:

$$
\begin{aligned}
n &= (((\ldots ((z_k b + z_{k-1})b + z_{k-2})b + \ldots)b + z_2)b + z_1)b + z_0 \\
&= z_k b^k + z_{k-1} b^{k-1} + z_{k-2} b^{k-2} + \ldots + z_2 b^2 + z_1 b + z_0 \, .
\end{aligned}
$$

Dies ist die *b*-adische Zifferndarstellung von *n*. Man schreibt

$$
n = (z_k \, z_{k-1} \, z_{k-2} \, \ldots \, z_2 \, z_1 \, z_0)_b
$$

oder einfach $n = z_k \, z_{k-1} \, z_{k-2} \, \ldots \, z_2 \, z_1 \, z_0$, wenn klar ist, um welche Basis es sich handelt. Die Zahlen $z_0, \ z_1, \ z_2, \ \ldots \ \in \{0, \ 1, \ldots, b-1\}$ nennt man die *Ziffern* von *n* in der *b*-adischen Zifferndarstellung. Für $b^k \le n < b^{k+1}$ ist $z_k \ne 0$; dann liegt eine im *b*-adischen Ziffernsystem $(k+1)$-stellige Zahl vor.

Um eine Zahl *n* im *b*-adischen Ziffernsystem darzustellen, benutzt man das folgende Schema:

---

b-adische Zifferndarstellung einer natürlichen Zahl n (Ziffernalgorithmus)

	b		
n	z_0	$n : b = v_1$	Rest z_0
v_1	z_1	$v_1 : b = v_2$	Rest z_1
v_2	z_2	$v_2 : b = v_3$	Rest z_2
$\vdots$	$\vdots$	$\vdots$	
$\vdots$	$\vdots$	$\vdots$	
v_{k-2}	z_{k-2}	$v_{k-2} : b = v_{k-1}$	Rest z_{k-2}
v_{k-1}	z_{k-1}	$v_{k-1} : b = v_k$	Rest z_{k-1}
v_k	z_k	$v_k : b = 0$	Rest z_k
0			

Das Schema wird dabei zeilenweise komplettiert, indem man die Ergebnisse der einzelnen Divsionen mit Rest nacheinander (wie durch die Pfeile angedeutet) einträgt:

b		b		b		b		b	
n	**z₀**	**n**	**z₀**	**n**	**z₀**	**n**	**z₀**	**n**	**z₀**
v_1		v_1	z_1	v_1	z_1	v_1	z_1	v_1	z_1
		v_2		v_2	z_2	v_2	z_2	v_2	z_2
				v_3		v_3	⋮	v_3	⋮
						⋮	z_{k-2}	⋮	⋮
						v_{k-1}	z_{k-1}	v_{k-1}	z_{k-1}
						v_k		v_k	z_k
								0	

Die Zahl 5137 soll in den Stellenwertsystemen mit den Basen 2, 7, 12 und 100 dargestellt werden:

2		7		12		100	
5137	1	5137	6	5137	1	5137	37
2568	0	733	5	428	8	51	51
1284	0	104	6	35	11	0	
642	0	14	0	2	2		
321	1	2	2	0			
160	0	0					
80	0						
40	0						
20	0						
10	0						
5	1						
2	0						
1	1						
0							

Es ergibt sich

$$5137 = (1\,010\,000\,010\,001)_2$$
$$= (20\,656)_7$$
$$= (2(11)81)_{12}$$
$$= ((51)(37))_{100}$$

Abb. 1.7 b-adische Zifferndarstellungen der Zahl 5137 für die Basen 2, 7, 12 und 100

Abb. 1.7 zeigt die Berechnung b-adischer Zifferndarstellungen der Zahl 5137 bezüglich verschiedener Basen b mit dem oben erklärten Ziffernalgorithmus.

Ist $b \leq 10$, dann kommt man in der b-adischen Zifferndarstellung mit den üblichen Ziffern 0, 1, 2, 3, 4, 5, 6, 7, 8 und 9 aus. Ist aber $b > 10$, dann muss man neue Ziffern erfinden. In den Beispielen in Abb. 1.7 haben wir uns für $b = 12$ und $b = 100$ mit Klammern beholfen. Im 11er-System, das dem ISBN-10-Code (International Standard Book Number; Abschn. 1.12) zugrunde liegt, schreibt man X statt 10. Im 16er-System, das beim Programmieren von Computern eine Rolle spielt, schreibt man A, B, C, D, E, F für 10, 11, 12, 13, 14, 15.

Beispiel 1.21 Die Zahl $(2A4EF)_{16}$ bedeutet im 10er-System

$$2 \cdot 16^4 + 10 \cdot 16^3 + 4 \cdot 16^2 + 14 \cdot 16 + 15 = 173\,395.$$

∎

Durchläuft man den Ziffernalgorithmus rückwärts, so kann man die dekadische Zifferndarstellung derjenigen Zahl n ermitteln, die im Stellenwertsystem zur Basis b die Zifferndarstellung $(z_k \, z_{k-1} \ldots z_1 \, z_0)_b$ hat: Man trägt dazu die Ziffern $z_0, \ldots, z_k$ in das Zahlenschema ein und ermittelt sukzessive von unten nach oben die Zahlen $v_k, \ldots v_1, n$ über die Gleichungen

$$v_k = 0 \cdot b + z_k \,;\ v_{k-1} = b \cdot v_k + z_{k-1} \,;\ \ldots \,;\ v_1 = v_2 \cdot b + z_1 \,;\ n = v_1 \cdot b + z_0 \,.$$

Zur Verkürzung der Schreibarbeit beachte man, dass man zur Umrechnung einer in einem anderen Stellenwertsystem gegebenen Zahl ins 10er-System offenbar nur abwechselnd Multiplikationen (mit b) und Additionen (der b-adischen Ziffern) ausführen muss. Die Umrechnung ins 10er-System über die Operatorkette

$$z_k = v_k \xrightarrow{\cdot b} \xrightarrow{+z_{k-1}} v_{k-1} \xrightarrow{\cdot b} \xrightarrow{+z_{k-2}} v_{k-2} \xrightarrow{\cdot b} \xrightarrow{+z_{k-3}} \ldots v_2 \xrightarrow{\cdot b} \xrightarrow{+z_1} v_1 \xrightarrow{\cdot b} \xrightarrow{+z_0} \mathbf{n}$$

ist auch unter dem Namen *Horner-Schema* bekannt.

Beispiel 1.22 Zur Ermittlung der dekadischen Zifferndarstellung der Zahl $(4532)_7$ berechnet man

$$(4532)_7 = ((\mathbf{4} \cdot 7 + \mathbf{5}) \cdot 7 + \mathbf{3}) \cdot 7 + \mathbf{2}$$

$$= (33 \cdot 7 + \mathbf{3}) \cdot 7 + \mathbf{2}$$

$$= 234 \cdot 7 + \mathbf{2}$$

$$= 1640 \,.$$

∎

Unsere *schriftlichen Rechenverfahren* beruhen auf der Darstellung der natürlichen Zahlen im 10er-System. Sie lassen sich selbstverständlich auf jedes beliebige b-adische Ziffernsystem übertragen. In Abb. 1.8 ist ein Beispiel vorgerechnet.

Es sei $b = 7$. Die Basis wird im Folgenden nicht hingeschrieben, ebensowenig notieren wir die Übertragsziffern. Wir führen eine Multiplikation und die zugehörige Umkehraufgabe (Division) vor:

$$3\ 4\ 0\ 1\ 5 \cdot 2\ 1\ 3$$
$$1\ 0\ 1\ 0\ 3\ 3$$
$$3\ 4\ 0\ 1\ 5$$
$$1\ 3\ 5\ 0\ 5\ 1$$
$$1\ 0\ 6\ 1\ 1\ 5\ 3\ 1$$

$$1\ 0\ 6\ 1\ 1\ 5\ 3\ 1 : 2\ 1\ 3 = 3\ 4\ 0\ 1\ 5$$
$$6\ 4\ 2$$
$$1\ 1\ 6\ 1$$
$$1\ 1\ 5\ 5$$
$$3\ 5\ 3$$
$$2\ 1\ 3$$
$$1\ 4\ 0\ 1$$
$$1\ 4\ 0\ 1$$
$$0$$

Die Rechnung bei der Multiplikation beginnt mit

$$2 \cdot 5 = 3 + 1 \cdot 7,$$

also 3 hinschreiben, Übertrag 1.

Abb. 1.8 Schriftliches Rechnen im Stellenwertsystem zur Basis 7

Auf der dyadischen Zifferndarstellung beruht ein Multiplikationsverfahren, bei dem man außer Additionen nur Verdopplungen und Halbierungen durchführen und folglich nicht das kleine Einmaleins beherrschen muss. Dieses Verfahren wurde schon im alten Ägypten benutzt, vor kurzer Zeit auch noch bei alltäglichen Rechnungen in Russland, weshalb man von der *russischen Bauernmultiplikation* spricht. Programmiert man die Multiplikation großer Zahlen auf dem Computer, so erweist sich dieses Verfahren als wesentlich günstiger als das uns geläufige Verfahren der schriftlichen Multiplikation. Wir wollen das Verfahren nun erläutern.

Es sei s eine natürliche Zahl mit der Darstellung $s = (z_k z_{k-1} \ldots z_2 z_1 z_0)_2$ im 2er-System. Dann ist für $t \in \mathbb{N}$

$$s \cdot t = z_k \cdot 2^k t + z_{k-1} \cdot 2^{k-1} t + \ldots + z_2 \cdot 2^2 t + z_1 \cdot 2t + z_0 \cdot t.$$

Zur Berechnung von $s \cdot t$ muss man offenbar genau diejenigen Terme $2^i t$ addieren, für die $z_i \neq 0$ (also $z_i = 1$) ist. Der Ziffernalgorithmus für die Basis 2 produziert diese Ziffern genau in den Zeilen, in denen der Eintrag in der linken Spalte *ungerade* ist. Man ersetze also im Ziffernalgorithmus für die dyadische Darstellung der Zahl s die Ziffernspalte mit den Einträgen $z_0, \ldots, z_k$ durch eine Spalte, in der die Terme $2^i \cdot t$, $0 \leq i \leq k$ eingetragen werden:

$$
\begin{array}{c|cc}
s & z_0 & t \\
v_1 & z_1 & 2t \\
v_2 & z_2 & 4t \\
\vdots & \vdots & \vdots \\
v_{k-2} & z_{k-2} & 2^{k-2}t \\
v_{k-1} & z_{k-1} & 2^{k-1}t \\
v_k & z_k & 2^k t \\
0 &
\end{array}
\qquad
\textit{Kurzfassung }
\begin{array}{c|c}
s & t \\
v_1 & 2t \\
\textit{halbieren} \quad v_2 & 4t \textit{ verdoppeln} \\
\downarrow \qquad \vdots & \vdots \quad \downarrow \\
v_{k-2} & 2^{k-2}t \\
v_{k-1} & 2^{k-1}t \\
v_k & 2^k t
\end{array}
$$

377	53 *		53	377 *
188	106		26	754
94	212		13	1508 *
47	424 *		6	3016
23	848 *		3	6032 *
11	1696 *		1	12064 *
5	3392 *			$\overline{19981}$
2	6784			
1	13568 *			
	$\overline{19981}$			

(Addition der mit * markierten Zahlen der rechten Spalte)

Es ist also $377 \cdot 53 = 53 \cdot 377 = 19\,981$.

Abb. 1.9 Berechnung des Produkts von 377 und 53 mit der russischen Bauernmultiplikation

Das letzte Schema entsteht demnach, indem man in der linken Spalte stets halbiert (ohne Berüchsichtigung des Restes), in der rechten Spalte stets verdoppelt. Steht dann links eine gerade Zahl (Fall $z_i = 0$), liefert der Eintrag rechts daneben *keinen* Beitrag für das Produkt $s \cdot t$ und muss nicht berücksichtigt werden. Zu markieren und zu berücksichtigen sind nur die Einträge der Zeilen, in denen links eine *ungerade* Zahl steht (Fall $z_i = 1$). Die Summe der rechten Zahlen aus den markierten Zeilen ist dann das Produkt $s \cdot t$. Abb. 1.9 zeigt ein Beispiel.

Auch zum *schnellen Potenzieren* kann man die dyadische Zifferndarstellung verwenden. Hat man n im 2er-System geschrieben, so kann man die Berechnung der Potenz a^n auf mehrfaches Quadrieren und Multiplizieren zurückführen, wobei in der Regel deutlich weniger als n Rechenoperationen notwendig sind.

Beispiel 1.23 Es ist $1175 = 1 + 2 + 2^2 + 2^4 + 2^7 + 2^{10}$. Damit ergibt sich die Potenz a^{1175} zu

$$a^{1175} = a \cdot a^2 \cdot (a^2)^2 \cdot (((a^2)^2)^2)^2$$

$$\cdot (((((a^2)^2)^2)^2)^2)^2 \cdot (((((((a^2)^2)^2)^2)^2)^2)^2)^2.$$

Man muss zehnmal quadrieren und dann fünfmal multiplizieren; insgesamt sind nur 15 Rechenoperationen ausführen. ∎

Aufgaben

1.93 Stelle folgende Zahlen im 10er-System dar:
(a) $(2135)_6$ (b) $(731)_8$ (c) $(3041)_5$ (d) $(73)_{12}$ (e) $(73)_{100}$ (f) $(11\,111)_2$
(g) $(11\,111)_4$ h) $(11\,111)_{100}$

1.94 Stelle 99 und 121 im Ziffernsystem zur Basis 2, 5, 9, 12, 20 und 60 dar.

1.95 In dieser Aufgabe liege das 5er-System zugrunde, statt $(abc \ldots)_5$ schreiben wir aber einfach $abc \ldots$ Berechne:
(a) $131012 - 43424$ (b) $23143 \cdot 40421$ (c) $41323 : 201$ (Division mit Rest)

1.96 Berechne jeweils im angegebenen Stellenwertsystem:
(a) $(321\,032)_4 - (20\,031)_4 - (33\,232)_4$ (b) $(24\,302)_5 + (3342)_5 + (440\,134)_5$
(c) $(2033)_4 \cdot (1202)_4$ (d) $(324\,514)_6 : (31)_6$ (Division mit Rest)

1.97 Berechne $(21X9)_{12} \cdot (Y370)_{12}$ mit $X = $ zehn, $Y = $ elf.

1.98 In welchem Stellenwertsystem wurde folgende Rechnung durchgeführt?
Gib jeweils alle Möglichkeiten an.
(a) $210 + 102 = 312$ (b) $11 \cdot 13 = 203$ (c) $132 : 11 = 12$ (d) $320 : 12 = 23$

1.99 Berechne auf zwei verschieden Arten (Reihenfolge!) mithilfe der russischen Bauernmultiplikation die Produkte $33 \cdot 63$, $87 \cdot 511$ und $99 \cdot 321$.

1.100 Bestimme alle natürlichen Zahlen, welche *jede* Zahl der Form $(abcabc)_7$ ($a, b, c \in \{0, 1, 2, 3, 4, 5, 6\}$) teilen.

1.101 Wie im 10er-System ist auch im b-adischen Ziffernsystem die (b-adische) Quersumme $Q_{(b)}$ (bzw. die alternierende (b-adische) Quersumme $Q'_{(b)}$) einer Zahl die Summe (bzw. die Summe mit abwechselnden Vorzeichen) der Ziffern. Beweise:

(a) Genau dann ist n durch $b - 1$ teilbar, wenn $Q_{(b)}(n)$ durch $b - 1$ teilbar ist.

(b) Genau dann ist n durch $b + 1$ teilbar, wenn $Q'_{(b)}(n)$ durch $b + 1$ teilbar ist.

1.102   Es sei $n = z_k z_{k-1} \ldots z_2 z_1 z_0$ eine im 10er System geschriebene natürliche Zahl. Dann heißt

$$Q_2(n) = z_1 z_0 + z_3 z_2 + z_5 z_4 + \ldots \textit{Quersumme 2. Stufe von } n,$$
$$Q'_2(n) = z_1 z_0 - z_3 z_2 + z_5 z_4 - \ldots \textit{alternierende Quersumme 2. Stufe von } n.$$

Zeige, dass $n \equiv Q_2(n) \bmod 99$ und $n \equiv Q'_2(n) \bmod 101$ für alle $n \in \mathbb{N}$.

1.103   Bestimme drei verschiedene Ziffern (im 10er-System) x, y, z so, dass die Differenz der größten und der kleinsten aus ihnen zu bildenden Zahl wieder aus den Ziffern x, y, z besteht.

1.104   Man wähle drei verschiedene Ziffern $x, y, z \in \{0, 1, 2, \ldots, 9\}$, bilde daraus die größte Zahl N und die kleinste Zahl n und berechne $N - n$. Mit den Ziffern von $N - n$ verfahre man ebenso usw. Zeige, dass man schließlich die Ziffern 4, 5, 9 erhält.

1.105   Die Bildung der Quersumme kann man iterieren (Quersumme der Quersumme der Quersumme $\ldots$). Nach wie vielen Schritten gelangt man spätestens von einer 1000-stelligen Zahl zu einer einstelligen Zahl?

1.106   Merkwürdigerweise gilt

$$12 \cdot 42 = 21 \cdot 24, \quad 24 \cdot 63 = 42 \cdot 36, \quad 46 \cdot 96 = 64 \cdot 69.$$

Gibt es weitere Beispiele?

1.107   Es ist im 10er-System $12\,345\,679 \cdot 9 = 111\,111\,111$.

Gibt es Analogien in anderen Stellenwertsystemen?
(Untersuche die Fälle $b = 3, 4, 5, 6, 7, \ldots$)

1.108   (a) Ein Rechenkünstler kürzt folgendermaßen: $\dfrac{1\!\!\!/6}{\!\!\!/64} = \dfrac{1}{4}$ oder $\dfrac{2\!\!\!/6}{\!\!\!/65} = \dfrac{2}{5}$.

Gibt es weitere Beispiele?

(b) Prüfe, ob das Ergebnis stimmt: $\dfrac{143\!\!\!/1\!\!\!/85}{170\!\!\!/1\!\!\!/856} = \dfrac{1435}{17056}$.

1.109   Zeige, dass die Folge der 1er-Ziffern der 2er-Potenzen periodisch ist und gib die Periode an. Zeige ebenfalls, dass die 10er-Ziffern eine periodische Folge bilden, und gib auch hier die Periode an.

1.110   Erkläre folgende Merkwürdigkeiten:

$$1^2 = 1 \qquad\qquad 1^2 = 1$$
$$11^2 = 121 \qquad\qquad (1+1)^2 = 1+2+1$$
$$111^2 = 12321 \qquad\qquad (1+1+1)^2 = 1+2+3+2+1$$
$$1111^2 = 1234321 \qquad\qquad (1+1+1+1)^2 = 1+2+3+4+3+2+1$$

1.111 Berechne die Summe aller Zahlen, die im 10er-System vierstellig sind und jede der Ziffern 1, 2, 3 und 4 genau einmal enthalten.

1.112 Addiere alle dreistelligen Zahlen mit lauter verschiedenen Ziffern.

1.113 Man denke sich die Zahlen von 1 bis 100 nacheinander hingeschrieben und zu einer einzigen Zahl zusammengefügt: 1234567891011 . . . 9899100. Nun sollen genau 100 Ziffern gestrichen werden, sodass die restlichen Ziffern in der gleichen Reihenfolge eine möglichst große Zahl bilden. Wie heißt diese?

1.114 Wie viele Stellen hat 2^{1000} (allgemein 2^n) im 10er-System? (Man muss den Zehnerlogarithmus verwenden.)

1.115 Zeige, dass bei einer dreistelligen Zahl im 10er-System die Summe der Quadrate der Ziffern kleiner als die Zahl ist.

1.116 Eine Folge a_1, a_2, a_3, . . . sei folgendermaßen rekursiv definiert:
$$a_1 := \text{beliebige dreistellige Zahl (im 10er-System)},$$
$$a_{n+1} := \text{Summe der Quadrate der Ziffern von } a_n \,.$$

(a) Zeige: Tritt in der Folge die Zahl 4 auf, dann ist die Folge periodisch mit der Periode 16, 37, 58, 89, 145, 62, 40.

(b) Zeige: Tritt die Zahl 4 nicht auf, dann sind alle Glieder der Folge ab einer gewissen Stelle gleich 1. (Beachte hierbei Aufgabe 1.115.)

1.117 (a) Welche Gewichte kann man mit einem Gewichtssatz zusammenstellen, der je einen Gewichtsstein zu 1 g, 2 g, 4 g, 8 g, 16 g und 32 g enthält?

(b) Welche Gewichte kann man mit Gewichtssteinen von 1 g, 3 g, 9 g, 27 g und 81 g auf einer Balkenwaage wiegen, wenn man Gewichtssteine auf beide Waagschalen legen darf?

1.118 Zehn Säcke enthalten Goldstücke; in neun Säcken sind nur echte Goldstücke zu je 10 g, in einem Sack sind gefälschte zu je 9 g. Wie kann man mit einmaligem Wiegen feststellen, welcher Sack derjenige mit den falschen Goldstücken ist? (Jeder Sack enthalte genügend viele Goldstücke!)

1.119 Unglücklicherweise sind in folgenden Rechnungen an den mit $\star$ gekennzeichneten Stellen die Ziffern verloren gegangen. Man rekonstruiere diese Ziffern.

$$
\begin{array}{ll}
(1) & \begin{array}{r} 3 \star 86 \\ + \star 2 \star 7 \\ \hline 804\star \end{array}
\end{array}
\qquad
\begin{array}{ll}
(2) & \begin{array}{r} 8 \star \star 2 \\ - \star 35\star \\ \hline 4121 \end{array}
\end{array}
\qquad
\begin{array}{ll}
(3) & \begin{array}{r} 6 \star \star 37 \\ - \star 382\star \\ \hline 214\star 8 \end{array}
\end{array}
$$

$$
(4) \quad
\begin{array}{r}
\star\star\star \cdot 538 \\
\star\star\star 202 \\
\star\star\star \\
\hline
\star\star\star\star\star\star
\end{array}
\qquad
(5) \quad
\begin{array}{r}
\star\star\star \cdot 612 \\
2586 \\
\star\star\star \\
\star\star\star \\
\hline
\star\star\star\star\star\star
\end{array}
\qquad
(6) \quad
\begin{array}{r}
\star\star\star 7 \cdot \star\star\star \\
\star 37\star\star \\
\star\star 203 \\
\star\star\star\star 1 \\
\hline
\star\star\star\star\star\star\star
\end{array}
$$

$$
(7) \quad
\begin{array}{r}
71\star \cdot \star 5 \\
\hline
\star\star\star\star \\
\star\star 70 \\
\hline
178\star\star
\end{array}
\qquad
(8) \quad
\begin{array}{r}
6\star\star \cdot 5\star 8 \\
\hline
\star\star\star\star \\
\star\star\star 6 \\
\star\star 96 \\
\hline
\star\star\star\star\star\star
\end{array}
$$

1.7   Dezimalbrüche

Ein Bruch, dessen Nenner eine Potenz von 10 ist, heißt *Zehnerbruch*. Für solche Brüche benutzt man die *Kommaschreibweise*:

$$\frac{5\,178\,952}{1000} = 5178,952$$

$$= 5 \cdot 10^3 + 1 \cdot 10^2 + 7 \cdot 10^1 + 8 \cdot 10^0$$

$$+ 9 \cdot 10^{-1} + 5 \cdot 10^{-2} + 2 \cdot 10^{-3}$$

$$= 5178 + \frac{9}{10} + \frac{5}{100} + \frac{2}{1000}.$$

Ist ein Bruch $\frac{a}{b}$ vollständig gekürzt (d. h. $\mathrm{ggT}(a, b) = 1$), so kann man ihn als Zehnerbruch schreiben, wenn sein Nenner nur die Primfaktoren 2 und 5 (also die Primteiler von 10) enthält: Ist

$$b = 2^u 5^v \quad \text{und} \quad s = \max(u, v),$$

dann erweitere man den Bruch im Fall $s = v$ mit 2^{s-u}, und im Fall $s = u$ erweitere man ihn mit 5^{s-v}.

Beispiel 1.24

$$\frac{3}{80} = \frac{3}{2^4 \cdot 5} = \frac{3 \cdot 5^3}{2^4 \cdot 5^4} = \frac{375}{10^4} = 0,375$$

∎

Enthält aber der Nenner b des vollständig gekürzten Bruchs $\frac{a}{b}$ einen von 2 und 5 verschiedenen Primteiler, so ist der Bruch nicht als Zehnerbruch darstellbar. Denn aus

$$\frac{a}{b} = \frac{c}{10^k}$$

folgt $a \cdot 10^k = b \cdot c$; wegen $\mathrm{ggT}(a, b) = 1$ muss daher jeder Primteiler von b ein Primteiler von 10 sein.

Im allgemeinen Fall erhält man bekanntlich eine (eventuell nicht abbrechende) Dezimalbruchdarstellung der Bruchzahl $\frac{a}{b}$, wenn man den Divisionsalgorithmus für a : b ausführt. Da dabei nur $b - 1$ verschiedene Reste auftreten können, erscheint nach endlich vielen Schritten wieder ein bereits vorher aufgetretener Divisionsrest, sodass die Dezimalbruchdarstellung periodisch wird. Die Dezimalbruchdarstellung einer irrationalen Zahl ist dagegen nicht periodisch, wie wir sehen werden.

Die *Dezimalbruchentwicklung* einer positiven reellen Zahl α, also die Darstellung

$$\alpha = a_0 + a_1 \cdot 10^{-1} + a_2 \cdot 10^{-2} + a_3 \cdot 10^{-3} + \ldots = a_0, a_1 a_2 a_3 \ldots$$

mit $a_0 \in \mathbb{N}_0$ und $a_i \in \{0, 1, 2, 3, 4, 5, 6, 7, 8, 9\}$, ist mit der *Gauß-Klammer* [ ] ([x] = größte ganze Zahl $\leq x$, *Ganzteilfunktion*) folgendermaßen definiert:

$$
\begin{aligned}
\alpha_0 &= \alpha, & a_0 &= [\alpha_0], \\
\alpha_1 &= \alpha_0 - a_0, & a_1 &= [10\alpha_1], \\
\alpha_{i+1} &= 10\alpha_i - a_i, & a_{i+1} &= [10\alpha_{i+1}] \quad \text{für } i = 1, 2, 3, \ldots
\end{aligned}
$$

Die Dezimalbruchentwicklung von α heißt *abbrechend*, wenn ein $i_0 \in \mathbb{N}$ existiert mit $a_i = 0$ für alle $i \geq i_0$; andernfalls heißt die Dezimalbruchentwicklung *nicht abbrechend*. Die Zahl a_0 und die *Ziffern* a_1, a_2, a_3, $\ldots$ sind eindeutig durch α bestimmt, wie obiger Algorithmus zeigt. Dieser Algorithmus liefert inbesondere keine Entwicklung, bei der ab einer gewissen Stelle nur die Ziffer 9 erscheint. Wiederholt sich ab einer gewissen Stelle immer wieder die gleiche Ziffernfolge, dann heißt die Dezimalbruchentwicklung *periodisch*. Wiederholt sich die Ziffernfolge $a_{s+1} a_{s+2} \ldots a_{s+t}$, so schreiben wir

$$\alpha = a_0, a_1 a_2 \ldots a_s \overline{a_{s+1} a_{s+2} \ldots a_{s+t}}$$

und lesen dies „a_0 Komma $a_1a_2\dots a_s$ Periode $a_{s+1}a_{s+2}\dots a_{s+t}$". Dabei wollen wir vereinbaren, dass s und t möglichst klein sein sollen. Dann nennt man die Ziffernfolge $a_1a_2\dots a_s$ die *Vorperiode* und die Ziffernfolge $a_{s+1}a_{s+2}\dots a_{s+t}$ die *Periode* der Dezimalbruchentwicklung von α.

Beispiel 1.25 Ist $\alpha = 17,2345454545454545\dots$, so schreiben wir also nicht $\alpha = 17,234\overline{54}$ oder $\alpha = 17,23\overline{4545}$, sondern $\alpha = 17,23\overline{45}$. ∎

Eine reelle Zahl ist genau dann rational, wenn ihre Dezimalbruchentwicklung abbrechend oder periodisch ist. Dies wollen wir im Folgenden beweisen. Dabei werden wir in Satz 1.27 auch eine Aussage über die Längen der Vorperiode und der Periode der Dezimalbruchentwicklung einer Bruchzahl gewinnen, sofern diese nicht als Zehnerbruch zu schreiben ist. Wir beschränken uns im Folgenden selbstverständlich auf *positive* reelle bzw. rationale Zahlen.

Satz 1.27 *Besitzt eine reelle Zahl eine abbrechende oder eine periodische Dezimalbruchentwicklung, dann ist sie rational.*

Beweis 1.27 Ist die Dezimalbruchentwicklung der reellen Zahl α abbrechend, dann ist α als Zehnerbruch zu schreiben, also eine rationale Zahl. Die Dezimalbruchentwicklung von α sei nun periodisch, etwa

$$\alpha = a_0,a_1a_2\dots a_s\overline{a_{s+1}a_{s+2}\dots a_{s+t}}.$$

Dann ist

$$\alpha = a_0,a_1a_2\dots a_s + 10^{-s}\cdot 0,\overline{a_{s+1}a_{s+2}\dots a_{s+t}}.$$

Daher müssen wir lediglich zeigen, dass $0,\overline{a_{s+1}a_{s+2}\dots a_{s+t}}$ rational ist. Mit n bezeichnen wir die (höchstens t-stellige) natürliche Zahl $a_{s+1}a_{s+2}\dots a_{s+t}$. Dann ist

$$10^t\cdot 0,\overline{a_{s+1}a_{s+2}\dots a_{s+t}} = n + 0,\overline{a_{s+1}a_{s+2}\dots a_{s+t}},$$

also

$$0,\overline{a_{s+1}a_{s+2}\dots a_{s+t}} = \frac{n}{10^t - 1} \in \mathbb{Q}.$$

□

Im Beweis von Satz 1.28 benötigen wir Begriffe aus Abschn. 1.5, an die wir hier kurz erinnern wollen. Sind a, m natürliche Zahlen mit ggT$(a, m) = 1$, dann gilt $a^{\varphi(m)} \equiv 1$ mod m, wobei $\varphi(m)$ die Anzahl der zu m teilerfremden Zahlen zwischen 1 und m ist (Satz von

Euler und Fermat). Die kleinste natürliche Zahl k mit $a^k \equiv 1 \bmod m$ heißt *Ordnung* von $a \bmod m$ und wird mit $\mathrm{ord}_m(a)$ bezeichnet. Es gilt stets $\mathrm{ord}_m(a) \mid \varphi(m)$.

Satz 1.28 *Die Dezimalbruchentwicklung einer rationalen Zahl ist abbrechend oder periodisch. Genauer gilt: Es sei $a, b \in \mathbb{N}$, $ggT(a, b) = 1$ und*

$$b = 2^u 5^v d \quad mit\ ggT(10, d) = 1, \quad s = \max(u, v), \quad t = \mathrm{ord}_d(10).$$

Ist $d = 1$, dann ist die Dezimalbruchentwicklung von $\frac{a}{b}$ abbrechend.
Ist $d > 1$, dann ist die Dezimalbruchentwicklung von $\frac{a}{b}$ periodisch und besitzt eine Vorperiode der Länge s und eine Periode der Länge t.

Beweis 1.28 Es sei $\alpha = \frac{a}{b} \in \mathbb{Q}$ mit $a, b \in \mathbb{N}$ und $ggT(a, b) = 1$. Enthält b genau u-mal den Primfaktor 2 und v-mal den Primfaktor 5, dann erweitere man den Bruch mit $c = 2^{v-u}$, falls $v > u$ bzw. mit $c = 5^{u-v}$, falls $u > v$. Ist s das Maximum von u und v, so ergibt sich

$$\alpha = 10^{-s} \cdot \frac{a \cdot c}{d} \quad \text{mit } d = 10^{-s} \cdot b \cdot c \text{ und } ggT(10, d) = 1.$$

Ist $d = 1$, dann hat α eine abbrechende Dezimalbruchentwicklung, da α als Zehnerbruch dargestellt ist. Es sei nun $d > 1$ und $t = \mathrm{ord}_d(10)$; t ist die kleinste natürliche Zahl mit $10^t \equiv 1 \bmod d$, also

$$10^t - 1 = e \cdot d \text{ mit } e \in \mathbb{N}.$$

Erweitern wir den Bruch mit e, ergibt sich

$$\alpha = 10^{-s} \cdot \frac{a \cdot c \cdot e}{10^t - 1} = \frac{f}{10^s(10^t - 1)} \quad \text{mit } f = a \cdot c \cdot e.$$

Es sei nun $a_0 = [\alpha]$ und

$$a_1 a_2 \dots a_s = [10^s(\alpha - a_0)],$$

$$a_{s+1} a_{s+2} \dots a_{s+t} = 10^s(10^t - 1) \cdot (\alpha - a_0, a_1 a_2 \dots a_s).$$

Dabei haben wir von der Darstellung der Zahlen im 10er-System Gebrauch gemacht. Dann ist

$$\alpha = a_0, a_1 a_2 \dots a_s + \frac{a_{s+1} a_{s+2} \dots a_{s+t}}{10^s(10^t - 1)}$$

$$= a_0, a_1 a_2 \dots a_s$$
$$\quad + 10^{-s} \cdot a_{s+1} a_{s+2} \dots a_{s+t} \cdot (10^{-t} + 10^{-2t} + 10^{-3t} + \dots)$$

$$= a_0, a_1 a_2 \dots a_s \overline{a_{s+1} a_{s+2} \dots a_{s+t}}.$$

Die rationale Zahl α hat also eine periodische Dezimalbruchentwicklung mit einer Vorperiode der Länge s und einer Periode der Länge t. $\square$

Gilt in Satz 1.28 $s = 0$, besitzt die Dezimalbruchentwicklung also keine Vorperiode, dann nennt man sie *reinperiodisch*; andernfalls heißt die Dezimalbruchentwicklung *gemischtperiodisch*.

Beispiel 1.26 Wir wollen die Dezimalbruchentwicklung von $\frac{27}{52}$ bestimmen und dabei die Überlegungen im Beweis von Satz 1.28 nachvollziehen: Es ist

$$\frac{27}{52} = \frac{27}{4 \cdot 13} = \frac{25 \cdot 27}{100 \cdot 13} = \frac{1}{100} \cdot \frac{675}{13} = \frac{1}{100} \cdot \left(51 + \frac{12}{13} \right).$$

Nun berechnen wir die Ordnung von 10 modulo 13, die ein Teiler von $\varphi(13) = 12$ sein muss:

$$10^2 \equiv -4 \bmod 13$$

$$10^3 \equiv -40 \equiv -1 \bmod 13$$

$$10^6 \equiv (-1)^2 \equiv 1 \bmod 13$$

Die Periodenlänge ist also 6. Es gilt $10^6 - 1 = 999\,999 = 13 \cdot 76\,923$. Wegen $12 \cdot 76\,923 = 923\,076$ ergibt sich

$$\frac{27}{52} = \frac{1}{100} \cdot \left(51 + \frac{923\,076}{999\,999} \right) = 0,51\overline{923076}.$$

$\blacksquare$

Die reinperiodischen Dezimalbruchentwicklungen von $\frac{a}{7}$ für $a = 1, 2, 3, 4, 5, 6$ zeigen eine merkwürdige Verwandtschaft. Die Ziffern der Perioden gehen durch eine zyklische Vertauschung auseinander hervor:

$$\frac{1}{7} = 0,\overline{142857}; \quad \frac{3}{7} = 0,\overline{428571}; \quad \frac{2}{7} = 0,\overline{285714};$$
$$\frac{6}{7} = 0,\overline{857142}; \quad \frac{4}{7} = 0,\overline{571428}; \quad \frac{5}{7} = 0,\overline{714285}.$$

Dieses Phänomen wollen wir jetzt allgemein untersuchen. Für einen Nenner $m > 1$ mit $\mathrm{ggT}(10, m) = 1$ betrachten wir die $\varphi(m)$ reduzierten Brüche

$$\frac{a}{m} \text{ mit } 1 \le a < m \text{ und } \mathrm{ggT}(a, m) = 1.$$

Ist $t = \mathrm{ord}_m(10)$, dann haben die Dezimalbruchentwicklungen dieser Brüche sämtlich die Periodenlänge t. Sei nun $k \in \mathbb{N}$ definiert durch

$$10^t - 1 = m \cdot k \quad \text{bzw.} \quad \frac{1}{m} = \frac{k}{10^t - 1}.$$

Dann ist $a \cdot k$ die natürliche Zahl, deren Ziffernfolge die Ziffernfolge der Periode von $\frac{a}{m}$ ist. Wenn $k = a_1 a_2 \ldots a_t$ die Darstellung von k im 10er-System ist, gilt

$$\frac{1}{m} = 0, \overline{a_1 a_2 \ldots a_t}.$$

Daraus folgt

$$0, \overline{a_2 a_3 \ldots a_t a_1} = 10 \cdot \frac{1}{m} - a_1 = \frac{10 - a_1 m}{m}.$$

Aufgrund der Entstehung dieser Zahl gilt $0 < 10 - a_1 m < m$; ferner ist $\mathrm{ggT}(10, m) = \mathrm{ggT}(10 - a_1 m, m) = 1$. Folglich ist auch die durch zyklische Vertauschung entstandene Dezimalzahl einer der betrachteten Brüche $\frac{a}{m}$. Ist $10 \equiv a' \bmod m$, so ist

$$0, \overline{a_2 a_3 \ldots a_t a_1} = \frac{a'}{m}.$$

Allgemein gilt

$$0, \overline{a_{i+1} a_{i+2} \ldots a_t a_1 \ldots a_i} = 10^i \cdot \frac{1}{m} - (a_1 a_2 \ldots a_i) = \frac{10^i - (a_1 a_2 \ldots a_i)}{m}.$$

Für $10^i \equiv a^{(i)} \bmod m$ ist folglich

$$0, \overline{a_{i+1} a_{i+2} \ldots a_t a_1 \ldots a_i} = \frac{a^{(i)}}{m}.$$

Durch zyklische Vertauschung der Ziffern in der Periode der Entwicklung von $\frac{1}{m}$ ergeben sich also t der betrachteten Brüche $\frac{a}{m}$. Ist $t = \varphi(m)$, dann ergeben sich so *alle* diese Brüche, wie es bei $m = 7$ der Fall war (s. oben). Andernfalls erhält man $\frac{\varphi(m)}{t}$ Klassen von Brüchen, deren Entwicklungen jeweils durch zyklische Vertauschung der Ziffern in der Periode auseinander hervorgehen. Denn statt obige Betrachtung mit der Entwicklung von $\frac{1}{m}$ zu beginnen, hätte man sie mit jedem anderen der Brüche $\frac{a}{m}$ anfangen können. Wir haben damit Satz 1.29 bewiesen.

Satz 1.29 *Es sei m eine natürliche Zahl mit $ggT(m, 10) = 1$ und $ord_m(10) = t$. Die $\varphi(m)$ Brüche*

$$\frac{a}{m} \quad mit \quad 1 \leq a < m \quad und \quad ggT(a, m) = 1$$

bilden dann $\frac{\varphi(m)}{t}$ Klassen mit jeweils t Elementen, sodass die Perioden der Dezimalbruchentwicklungen der Brüche in einer Klasse durch zyklische Vertauschung auseinander hervorgehen.

Beispiel 1.27 Die Ordnung von 10 modulo 13 ist 6. Wir wollen für $a = 1, 2, \ldots, 12$ die Entwicklungen der Brüche $\frac{a}{13}$ bestimmen. Diese bilden zwei Klassen:

$$10^0 \equiv 1 \Rightarrow \frac{1}{13} = 0,\overline{076923} \qquad 10^0 \cdot 2 \equiv 2 \Rightarrow \frac{2}{13} = 0,\overline{153846}$$

$$10^1 \equiv 10 \Rightarrow \frac{10}{13} = 0,\overline{769230} \qquad 10^1 \cdot 2 \equiv 7 \Rightarrow \frac{7}{13} = 0,\overline{538461}$$

$$10^2 \equiv 9 \Rightarrow \frac{9}{13} = 0,\overline{692307} \qquad 10^2 \cdot 2 \equiv 5 \Rightarrow \frac{5}{13} = 0,\overline{384615}$$

$$10^3 \equiv 12 \Rightarrow \frac{12}{13} = 0,\overline{923076} \qquad 10^3 \cdot 2 \equiv 11 \Rightarrow \frac{11}{13} = 0,\overline{846153}$$

$$10^4 \equiv 3 \Rightarrow \frac{3}{13} = 0,\overline{230769} \qquad 10^4 \cdot 2 \equiv 6 \Rightarrow \frac{6}{13} = 0,\overline{461538}$$

$$10^5 \equiv 4 \Rightarrow \frac{4}{13} = 0,\overline{307692} \qquad 10^5 \cdot 2 \equiv 8 \Rightarrow \frac{8}{13} = 0,\overline{615384}$$

Dabei gelten alle Kongruenzen mod 13.

Beispiel 1.28 Die Ordnung von 10 modulo 63 ist 6; denn es gilt

$$63 \mid 10^k - 1 \iff 7 \mid 10^k - 1 \text{ und } 9 \mid 10^k - 1$$

und $\mathrm{ord}_7(10) = 6$, $\mathrm{ord}_9(10) = 1$. Die $\varphi(63) = 36$ Brüche $\frac{a}{63}$ mit $1 \leq a < 63$ und ggT$(a, 63) = 1$ bilden $36 : 6 = 6$ Klassen mit je 6 Elementen, sodass in jeder Klasse die Perioden der Dezimalbruchentwicklung durch zyklische Vertauschung der Ziffern auseinander hervorgehen. In folgender Tabelle sind diese Klassen durch die Zähler a der zugehörigen Brüche angegeben:

Mit den Entwicklungen

$$\frac{1}{63} = 0,\overline{015873}; \quad \frac{2}{63} = 0,\overline{031746};$$

$$\frac{4}{63} = 0,\overline{063492}; \quad \frac{8}{63} = 0,\overline{126984};$$

$$\frac{16}{63} = 0,\overline{253968}; \quad \frac{32}{63} = 0,\overline{507936}$$

10^0	1	2	4	8	16	32
10^1	10	20	40	17	34	5
10^2	37	11	22	44	25	50
10^3	55	47	31	62	61	59
10^4	46	29	58	53	43	23
10^5	19	38	13	26	52	41

kann man mithilfe dieser Tabelle alle weiteren Entwicklungen bestimmen. Beispielsweise entsteht die Entwicklung von $\frac{25}{63}$ aus der von $\frac{16}{63}$ durch zyklische Vertauschung der Ziffern in der Periode um zwei Stellen: $\frac{25}{63} = 0, \overline{396825}$. ∎

Aufgaben

1.120 Bestimme die Länge der Vorperiode und die Länge der Periode in der Dezimalbruchentwicklung folgender Brüche:

(a) $\frac{17}{6}$ (b) $\frac{21}{22}$ (c) $\frac{35}{42}$ (d) $\frac{125}{11}$ (e) $\frac{37}{35}$ (f) $\frac{1}{840}$

1.121 Bestimme die Periodenlänge in der Dezimalbruchentwicklung von $\frac{1}{323}$.

1.122 Bestimme alle Primzahlen p, für die die Dezimalbruchentwicklung von $\frac{1}{p}$ die Periodenlänge 8 hat.

1.123 Bestimme alle Bruchzahlen α, für deren Dezimalbruchentwicklung gilt:

$$\alpha = 0, \overline{a_n a_{n-1} \ldots a_1 a_0} \quad \text{und} \quad a_0 \cdot \alpha = 0, \overline{a_0 a_n a_{n-1} \ldots a_1}.$$

1.124 Entsprechend der Dezimalbruchentwicklung kann man auch die b-Bruchentwicklung betrachten, wobei die Basis $b > 1$ die Rolle der 10 übernimmt. Gib für folgende Zahlen die b-Bruchentwicklung für $b = 2$, 3 und 6 an:

(a) $\frac{1}{3}$ (b) $\frac{2}{5}$ (c) $\frac{11}{36}$ (d) $\frac{17}{10}$

1.125 Welche der Stammbrüche von $\frac{1}{2}$ bis $\frac{1}{30}$ haben eine abbrechende 12-Bruchentwicklung? Gib diese Darstellungen an.

1.126 Verwandele folgende b-Bruchdarstellungen in einen gekürzten Bruch:

(a) $(0, 03\overline{45})_6$ (b) $(101, 10\overline{01})_2$ (c) $((17)17, \overline{10(10)})_{20}$

1.127 $(120, 02\overline{1})_3 = (\ldots, \ldots)_5$?

1.8 Quadratzahlen

Als Quadratzahl wollen wir ausdrücklich auch die Zahl $0 = 0^2$ zulassen; Quadratzahlen sind demnach   0, 1, 4, 9, 16, ... Eine im 10er-System geschriebene Quadratzahl kann als letzte Ziffer nur 0, 1, 4, 5, 6 oder 9 haben. Denn

$$(10s + t)^2 \equiv t^2 \bmod 10,$$

Tab. 1.2 9er-, 10er- und
11er-Reste einer Quadratzahl

9er-Rest	0	1		4			7	
10er-Rest	0	1		4	5	6		9
11er-Rest	0	1	3	4	5			9

und die Zahlen t^2 für $0 \leq t \leq 9$ enden nur auf die oben angegebenen Ziffern. Der 9er-Rest einer Quadratzahl kann nur 0, 1, 4 oder 7 sein, denn

$$(9s + t)^2 \equiv t^2 \bmod 9,$$

und die Zahlen t^2 für $0 \leq t \leq 8$ haben nur die oben angegebenen 9er-Reste. Der 11er-Rest einer Quadratzahl kann nur 0, 1, 3, 4, 5 oder 9 sein, denn

$$(11s + t)^2 \equiv t^2 \bmod 11,$$

und die Zahlen t^2 für $0 \leq t \leq 10$ haben nur die oben angegebenen 11er-Reste.

Die möglichen 9er-, 10er- und 11er-Reste einer Quadratzahl sind in Tab. 1.2 zusammengefasst. Mit diesen Kriterien kann man für eine vorgelegte Zahl schon sehr oft erkennen, dass es sich nicht um eine Quadratzahl handelt.

Beispiel 1.29 (1) Die Zahl 2354 ist keine Quadratzahl, denn ihr 9er-Rest ist 5.
(2) Die Zahl 122 176 ist keine Quadratzahl; dies erkennt man nicht am 10er-Rest 6 und auch nicht am 9er-Rest 1. Der 11er-Rest erweist sich aber als dienlich; die alternierende Quersumme ist -1, der 11er-Rest ist also 10. Damit steht fest, dass 122 176 keine Quadratzahl ist.
(3) Die Zahl 632 776 hat den 10er-Rest 6, den 9er-Rest 4 und den 11er-Rest 1. Trotzdem ist dies keine Quadratzahl, denn

$$795^2 = 632\,025 < 632\,776 < 633\,616 = 796^2.$$

∎

Jede ungerade Zahl ist die Differenz zweier aufeinanderfolgender Quadrate:

$$2k + 1 = (k + 1)^2 - k^2.$$

Addiert man diese Gleichungen für $k = 0, 1, 2, \ldots, n - 1$, dann ergibt sich

$$1 + 3 + 5 + \ldots + (2n - 1) = n^2.$$

Die n-te Quadratzahl ist also die Summe der ersten n ungeraden Zahlen. Dies ist für $n \geq 1$ in Abb. 1.10 veranschaulicht.

Abb. 1.10 Quadratzahlen als Summe ungerader Zahlen

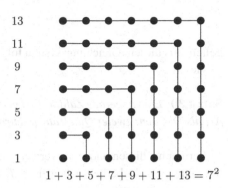

$$1 + 3 + 5 + 7 + 9 + 11 + 13 = 7^2$$

$$\cdots \longrightarrow \boxed{25} + 11 \longrightarrow \boxed{36} + 13 \longrightarrow \boxed{49} + 15 \longrightarrow \boxed{64} \cdots$$

Abb. 1.11 Folge der Quadratzahlen rekursiv

Im *Liber quadratorum* von Fibonacci ist diese Darstellung der Quadratzahlen die Grundlage der Untersuchung der Eigenschaften dieser Zahlen. Damit kann man auch sehr schnell eine Tafel der Quadratzahlen aufstellen, ohne schwierige Multiplikationen ausführen zu müssen (Abb. 1.11).

Wir haben gesehen, dass jede ungerade Zahl als Differenz von zwei Quadraten zu schreiben ist. Eine *zusammengesetzte* ungerade Zahl n kann man sogar auf verschiedene Arten als Differenz zweier Quadrate schreiben. Es gilt nämlich

$$a \cdot b = \left(\frac{a+b}{2}\right)^2 - \left(\frac{a-b}{2}\right)^2.$$

Diese Formel wurde im alten Babylon zur Multiplikation ungerader Zahlen benutzt, wobei man eine Tafel der Quadratzahlen verwendete (*babylonische Multiplikationsformel*). Man multiplizierte also folgendermaßen:

$$37 \cdot 51 = 44^2 - 7^2 = 1936 - 49 = 1887,$$

wobei man die Quadratzahlen aus der Tafel ablesen konnte.

Jeder Zerlegung der ungeraden Zahl n in zwei Faktoren entspricht gemäß dieser babylonischen Formel eine Darstellung von n als Differenz von zwei Quadraten. Eine ungerade Primzahl p kann natürlich nur auf eine einzige Art als Differenz von zwei Quadraten geschrieben werden:

$$p = \left(\frac{p+1}{2}\right)^2 - \left(\frac{p-1}{2}\right)^2.$$

Ist nämlich $p = x^2 - y^2 = (x - y)(x + y)$ mit $x, y \in \mathbb{N}$, dann muss

$$x - y = 1 \quad \text{und} \quad x + y = p$$

gelten; aus diesem Gleichungssystem folgt $x = \frac{p+1}{2}$, $y = \frac{p-1}{2}$. Damit haben wir Satz 1.30 bewiesen.

Satz 1.30 *Eine ungerade Zahl > 1 ist genau dann eine Primzahl, wenn sie auf genau eine Art als Differenz zweier Quadrate geschrieben werden kann.*

Fermat hat diesen Satz dazu verwendet, ungerade Zahlen $n > 1$ in Faktoren zu zerlegen bzw. ihre Unzerlegbarkeit zu beweisen (*Fermat'sches Zerlegungsverfahren*). Bei der Suche nach einer Darstellung $n = r^2 - s^2$ startet man mit dem kleinstmöglichen Wert von r, nämlich $r_0 = [\sqrt{n}]$. Für $i = 0, 1, 2, \ldots$ untersucht man dann, ob $(r_0 + i)^2 - n$ eine Quadratzahl ist. Ist dies für $i = i_0$ erstmals der Fall, so erhalten wir mit

$$r^2 = (r_0 + i_0)^2 \quad \text{und} \quad s^2 = r^2 - n$$

eine Darstellung $n = r^2 - s^2$ und damit eine Faktorzerlegung von n. Falls $(r_0 + i_0) = \frac{n+1}{2}$ gilt, ist n eine ungerade *Primzahl*, und man hat die Darstellung

$$(*) \quad n = \left(\frac{n+1}{2}\right)^2 - \left(\frac{n-1}{2}\right)^2$$

gefunden. Ist aber $(r_0 + i_0) < \frac{n+1}{2}$, dann hat man eine von $(*)$ verschiedene Darstellung der ungeraden Zahl $n > 1$ als Differenz zweier Quadrate gefunden, und deshalb ist gemäß Satz 1.30 die Zahl n zusammengesetzt.

Bei diesem Fermat'schen Verfahren ergeben sich zwei eventuell numerisch schwierige Aufgaben:

(a) die Bestimmung von $[\sqrt{n}]$,
(b) die Feststellung, ob $(r_0 + i)^2 - n$ Quadratzahl ist.

Problem (a) kann man mit einem Algorithmus zur Quadratwurzelberechnung lösen, wie man ihn früher noch in der Schule lernte. Wir wollen uns hier aber mit dem Taschenrechner begnügen. Bei Problem (b) benutzen wir die eingangs besprochenen Kriterien, betrachten also die 9er-, 10er- und 11er-Reste.

Beispiel 1.30 (Beispiele für Faktorzerlegungen) (1) $n = 2881$; $\quad [\sqrt{n}] = 53$; $\quad 53^2 = 2809 < n$;

$\qquad 54^2 = 2809 + 107 = 2916$; $\quad 54^2 - n = 35$ ist keine Quadratzahl;
$\qquad 55^2 = 2916 + 109 = 3025$; $\quad 55^2 - n = 144 = 12^2$.
Es ergibt sich $n = 55^2 - 12^2 = (55 - 12)(55 + 12) = 43 \cdot 67$.
(2) $n = 135\,337$; $\quad [\sqrt{135\,337}] = 367$; $\quad 367^2 = 134\,689 < n$;

$$368^2 = 134\,689 + 735 = 135\,424; \quad 368^2 - n = 87;$$

$$87 \xrightarrow{+737} 824 \xrightarrow{+739} 1563 \xrightarrow{+741} 2304 = 48^2.$$

Die Zwischenergebnisse 824 und 1563 sind keine Quadrate, wie man jeweils am 9er-Rest (5 bzw. 6) erkennt. Es ist $n = (368 + 3)^2 - 48^2 = 323 \cdot 419$.

(3) Das folgende Beispiel stammt von Fermat: $n = 2\,027\,651\,281$;

$$[\sqrt{n}] = 45\,029; \quad 45\,029^2 = 2\,027\,610\,841 \quad 45\,030^2 - n = 49\,619;$$

$$49619 \xrightarrow{+90061} 139680 \xrightarrow{+90063} 229743 \xrightarrow{+90065} 319808$$
$$\xrightarrow{+90067} 409875 \xrightarrow{+90069} 499944 \xrightarrow{+90071} 590015$$
$$\xrightarrow{+90073} 680088 \xrightarrow{+90075} 770163 \xrightarrow{+90077} 860240$$
$$\xrightarrow{+90079} 950319 \xrightarrow{+90081} 1040400 = 1020^2.$$

Dabei sind die Zwischenergebnisse 139, 680, 229, 743, . . . keine Quadrate, was man außer bei 139 680 am 10er- oder 9er-Rest und bei 139 680 am 11er-Rest erkennt. Es ergibt sich $n = (45\,030 + 11)^2 - 1020^2 = 44\,021 \cdot 46\,061$. (44 021 und 46 061 sind Primzahlen.) ∎

Ist n eine Primzahl, so ergibt sich erst nach etwa $\left[\frac{n}{2} - \sqrt{n}\right]$ Schritten die einzig möglich Darstellung von n als Differenz zweier Quadrate, und zwar als Differenz benachbarter Quadrate.

Eine interessante Frage besteht darin, ob man alle natürliche Zahlen als *Summen* von höchstens k Quadraten schreiben kann, wobei k eine *feste* Zahl ist. Am Beispiel der Zahl 7 erkennt man, dass sicher $k \geq 4$ gilt, denn 7 lässt sich nicht als Summe von weniger als vier Quadraten schreiben:

$$7 = 2^2 + 1^2 + 1^2 + 1^2.$$

Lagrange hat bewiesen, dass man *jede* natürliche Zahl als Summe von *höchstens vier* Quadraten darstellen kann (*Vier-Quadrate-Satz von Lagrange*).

Joseph Louis Lagrange (1736–1813) gilt vielfach als der nach Euler bedeutendste Mathematiker des 18. Jahrhunderts (wenn man Gauß dem 19. Jahrhundert zurechnet). Er begann seine Laufbahn mit 18 Jahren als Professor für Geometrie an der Königlichen Artillerieschule in Turin und wurde 1766 Nachfolger Eulers in der Königlichen Akademie zu Berlin. Danach lehrte er ab 1793 an der gerade gegründeten École Polytechnique in Paris.

Den Vier-Quadrate-Satz von Lagrange muss man nur für ungerade Zahlen beweisen. Dies folgt aus der Identität $2(x^2 + y^2) = (x+y)^2 + (x-y)^2$. Ist nämlich $n = a^2 + b^2 + c^2 + d^2$, dann ist

$$2n = (a + b)^2 + (a - b)^2 + (c + d)^2 + (c - d)^2.$$

Es genügt sogar, dies nur für ungerade *Primzahlen* zu beweisen (dann kommt man mit der Formel aus Aufgabe 1.134 weiter), allerdings müssen wir hier auf den Beweis für ungerade Primzahlen verzichten. Mit der schwierigen Frage, bei welchen Zahlen man mit *drei* Quadraten auskommt, hat sich Gauß beschäftigt. Auf Fermat geht das Problem zurück, diejenigen Zahlen zu kennzeichnen, die schon Summe von *zwei* Quadraten sind. Hierbei muss man wegen obiger Identität nur ungerade Zahlen untersuchen. Man kann sich sogar auf Primzahlen beschränken, denn es gilt (vgl. auch Aufgabe 4.64) die Identität

$$(a^2 + b^2)(c^2 + d^2) = (ac - bd)^2 + (ad + bc)^2.$$

(Hat man also zwei Zahlen als Summe von zwei Quadraten dargestellt, dann kann man auch ihr Produkt so darstellen.) Diese Formel wird oft *Formel von Fibonacci* genannt, da sie im *Liber quadratorum* vorkommt. Ist p eine von 2 verschiedene Primzahl und gilt $p = a^2 + b^2$, dann können a, b nicht beide gerade oder beide ungerade sein. Folglich ist

$$p \equiv a^2 + b^2 \equiv 1 \bmod 4,$$

denn ist a gerade, etwa $a = 2u$, dann ist $a^2 \equiv 4u^2 \equiv 0 \bmod 4$, und ist b ungerade, etwa $b = 2v + 1$, dann ist $b^2 \equiv 4v^2 + 4v + 1 \equiv 1 \bmod 4$.

Daher kann eine ungerade Primzahl p mit $p \equiv 3 \bmod 4$ *nicht* als Summe von zwei Quadraten geschrieben werden. Schon Fermat wusste, dass aber *jede* Primzahl p mit $p \equiv 1 \bmod 4$ Summe von zwei Quadraten ist, was wir hier aber nicht beweisen werden. Damit ist auch klar, dass jede Zahl, deren Primfaktorzerlegung Primzahlen aus der Restklasse (3 mod 4) nur mit *geradem* Exponenten enthält, Summe von zwei Quadraten ist.

Beispiel 1.31 Wir wollen die Zahl $25\,480 = 2^3 \cdot 5 \cdot 7^2 \cdot 13$ als Summe von zwei Quadraten darstellen. Es ist

$$5 = 2^2 + 1^2 \quad \text{und} \quad 13 = 3^2 + 2^2,$$

damit erhält man nach der Formel von Fibonacci

$$5 \cdot 13 = (2^2 + 1^2)(3^2 + 2^2) = 4^2 + 7^2$$

und

$$5 \cdot 13 = (1^2 + 2^2)(3^2 + 2^2) = 1^2 + 8^2.$$

Folglich ist

$$2 \cdot 5 \cdot 13 = (7 + 4)^2 + (7 - 4)^2 = 11^2 + 3^2$$

und

$$2 \cdot 5 \cdot 13 = (8 + 1)^2 + (8 - 1)^2 = 9^2 + 7^2.$$

Multipliziert man mit $2^2 \cdot 7^2$, so erhält man die beiden Darstellungen

$$25\,480 = 154^2 + 42^2 \quad \text{und} \quad 25\,480 = 126^2 + 98^2.$$

∎

In diesem Beispiel ergeben sich *verschiedene* Darstellungen als Summe von Quadraten. Dies ist charakteristisch für zusammengesetzte Zahlen, denn man kann beweisen, dass eine Primzahl *höchstens eine* Darstellung als Summe von zwei Quadraten besitzt.

Von besonderem Interesse war schon in der Antike die Frage, wann eine Summe von zwei Quadraten wieder ein Quadrat ergibt. Kennt man eine Lösung (x_0, y_0, z_0) der Gleichung

$$x^2 + y^2 = z^2$$

mit natürlichen Zahlen x_0, y_0, z_0, dann kann man (laut Umkehrung des Satzes von Pythagoras) ein rechtwinkliges Dreieck mit den ganzzahligen Seitenlängen x_0, y_0, z_0 konstruieren. Man nennt dann (x_0, y_0, z_0) ein *pythagoreisches Zahlentripel*.

Pythagoras von Samos wurde um 570 v. Chr. auf Samos geboren und starb um 480 v. Chr. im unteritalienischen Metapont. Um sein Leben ranken sich zahlreiche Legenden; er galt seinen Schülern als der vollkommene Weise und soll schon zu Lebzeiten göttliche Verehrung als Inkarnation Apollons genossen haben. Er legte seine Lehren nicht schriftlich nieder, sondern vertraute sie seinen Schülern als streng zu wahrendes Geheimnis an. Seine mathematischen Kenntnisse hat er vermutlich während eines längeren Aufenthalts in Babylon gewonnen oder zumindest vervollständigt.

Schon Pythagoras soll unendlich viele pythagoreische Tripel angegeben haben, nämlich $(2n + 1, 2n^2 + 2n, 2n^2 + 2n + 1)$ für $n = 1, 2, 3, \ldots$, also die Tripel $(3, 4, 5)$, $(5, 12, 13)$, $(7, 24, 25), \ldots$. Dass auf diese Art pythagoreische Tripel entstehen, ist leicht nachzurechnen:

$$(2n + 1)^2 + (2n^2 + 2n)^2 = (2n + 1)^2 + 4n^4 + 8n^3 + 4n^2$$
$$= (2n^2)^2 + 2 \cdot 2n^2 \cdot (2n + 1) + (2n + 1)^2$$
$$= (2n^2 + 2n + 1)^2.$$

Aber nicht jedes pythagoreische Tripel kann man auf diese Art erhalten; beispielsweise ist $8^2 + 15^2 = 17^2$, aber $(8, 15, 17)$ ist nicht durch obige Formel darstellbar. Pythagoreische Zahlentripel ergeben sich auch in der Form

$$(m^2 - n^2,\ 2mn,\ m^2 + n^2)$$

mit $m, n \in \mathbb{N}$ und $n < m$, denn

$$(m^2 - n^2)^2 + (2mn)^2 = m^4 + 2m^2n^2 + n^4 = (m^2 + n^2)^2.$$

Für $m = 4$ und $n = 1$ ergibt sich beispielsweise $(15, 8, 17)$, also bis auf die Reihenfolge das oben schon erwähnte Tripel. Für $m = n + 1$ erhält man wieder die von Pythagoras angegebenen Tripel.

Diesen Ansatz für pythagoreische Zahlentripel nennt man auch die *indischen Formeln*, da diese von Brahmagupta explizit angegeben worden sind. Sie stehen in dem von Brahmagupta im Jahr 628 n. Chr. verfassten Lehrbuch zur Mathematik und Astronomie, das von arabischen Gelehrten übersetzt wurde und auch bald ins Abendland kam.

Man erhält die indischen Formeln sofort aus der schon oben betrachteten altbabylonischen Multiplikationsformel

$$a \cdot b = \left(\frac{a + b}{2}\right)^2 - \left(\frac{a - b}{2}\right)^2,$$

wenn man $a = m^2$ und $b = n^2$ einsetzt.

Die indischen Formeln ergeben sich auch folgendermaßen:

Man schneide den Einheitskreis mit der Gleichung

$$u^2 + v^2 = 1$$

und die Gerade mit der Gleichung

$$v = \lambda u - 1,\ (\lambda > 1)$$

(Abb. 1.12). Der (nichttriviale) Schnittpunkt ist

$$S\left(\frac{2\lambda}{\lambda^2 + 1}\ \bigg|\ \frac{\lambda^2 - 1}{\lambda^2 + 1}\right).$$

Dieser Punkt hat genau dann rationale Koordinaten, wenn λ rational ist, also $\lambda = \frac{m}{n}$ mit $m, n \in \mathbb{N}$. Wegen $\lambda > 1$ ist dann $m > n$, und der Schnittpunkt ergibt sich zu

$$S\left(\frac{2mn}{m^2 + n^2}\ \bigg|\ \frac{m^2 - n^2}{m^2 + n^2}\right).$$

Abb. 1.12 Indische Formeln
am Einheitskreis

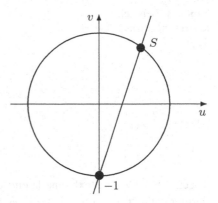

Weil dies ein Punkt des Einheitskreises ist, folgt

$$(2mn)^2 + (m^2 - n^2)^2 = (m^2 + n^2)^2.$$

Man erhält so *jedes* pythagoreische Tripel, denn jedes solche Tripel (x, y, z) bestimmt einen Punkt $P\left(\frac{x}{z} \mid \frac{y}{z}\right)$ mit rationalen Koordinaten auf dem Einheitskreis. Interessant sind natürlich nur die Tripel aus *teilerfremden* Zahlen, da man aus einem solchen die übrigen durch Erweitern erhält; beispielsweise sind mit $(3, 4, 5)$ auch $(6, 8, 10)$, $(9, 12, 15)$, $(12, 16, 20)$, $(15, 20, 25)$, ... pythagoreische Tripel. Um aus den indischen Formeln ein teilerfremdes Tripel (*primitives pythagoreisches Tripel*) zu erhalten, muss man m, n so wählen, dass $\mathrm{ggT}(m, n) = 1$ gilt. Außerdem dürfen m und n *nicht* beide gerade *und nicht* beide ungerade sein, weil andernfalls die drei Zahlen $2mn$, $m^2 - n^2$, $m^2 + n^2$ alle durch 2 teilbar sind. Man erhält Satz 1.31, der schon in Euklids *Elementen* steht.

Satz 1.31 *Alle teilerfremden pythagoreischen Zahlentripel* (x, y, z) *mit geradem x sind folgendermaßen darstellbar:*

$$x = 2mn, \quad y = m^2 - n^2, \quad z = m^2 + n^2$$

mit $m, n \in \mathbb{N}$, $ggT(m, n) = 1$, $m > n$ *und* $m \not\equiv n$ *mod 2.*

Tabelle 1.3 enthält den Anfang einer Liste primitiver pythagoräischer Tripel.

Die Keilschrifttafel *Plimpton 322*, die um 1600 v. Chr. in Babylon entstanden ist, enthält eine Liste von 15 pythagoreischen Zahlentripeln. Weil man in Babylon im 60er-System rechnete, interessierte man sich besonders für solche Tripel, deren Zahlen nur die Primfaktoren 2, 3 und 5 enthalten. Das einzige teilerfremde Tripel dieser Art ist $(3, 4, 5)$ (bzw. $(4, 3, 5)$).

Satz 1.31 befindet sich auch in Diophants *Arithmetica*. Im Jahr 1621 besorgte Claude Gaspar Bachet de Méziriac (1581–1638) eine Neuausgabe dieses Buchs, das den

Tab. 1.3 Beispiele
teilerfremder pythagoreischer
Tripel

m	n	(x, y, z)	m	n	(x, y, z)
2	1	$(4, 3, 5)$	6	5	$(60, 11, 61)$
3	2	$(12, 5, 13)$	7	2	$(28, 45, 53)$
4	1	$(8, 15, 17)$	7	4	$(56, 33, 65)$
4	3	$(24, 7, 25)$	7	6	$(84, 13, 85)$
5	2	$(20, 21, 29)$	8	1	$(16, 63, 65)$
5	4	$(40, 9, 41)$	8	3	$(48, 55, 73)$
6	1	$(12, 35, 37)$	8	5	$(80, 39, 89)$

griechischen Originaltext, eine lateinische Übersetzung und eine ausführliche Kommentierung enthielt. Beim Studium dieses Werks kam Fermat zu der Überzeugung, dass die Gleichung

$$x^n + y^n = z^n$$

für $n \geq 3$ außer den trivialen Lösungen $(1, 0, 1)$ und $(0, 1, 1)$ keine Lösung mit natürlichen Zahlen besitzt. Fermat notierte auf dem Rand seiner Diophant-Ausgabe auch, dass er dies beweisen könne; einen solchen Beweis hat er aber nie publiziert. Die *Fermat'sche Vermutung*, dass obige Gleichung für $n \geq 3$ keine nichttriviale Lösung besitzt, konnte erst im Jahr 1995 bewiesen werden. Sie war 300 Jahre lang eine der berühmtesten unbewiesenen Vermutungen der Mathematik. Zahllose Amateurmathematiker hatten immer wieder versucht, dieses scheinbar einfache Problem zu lösen; die jetzt vorliegende Lösung des britischen Mathematikers Andrew Wiles (geb. 1953) erforderte aber sehr komplizierte mathematische Techniken.

Man beachte, dass es zum Beweis der Fermat'schen Vermutung genügt, diese für Primzahlexponenten und den Exponenten 4 zu beweisen, denn:

- Ist $x^p + y^p = z^p$ nicht lösbar, dann ist auch $x^{kp} + y^{kp} = z^{kp}$ nicht lösbar (p ungerade Primzahl, $k \in \mathbb{N}$).
- Ist $x^4 + y^4 = z^4$ nicht lösbar, dann auch nicht $x^{2^k} + y^{2^k} = z^{2^k}$ ($k \in \mathbb{N}$, $k \geq 2$).

Die Unlösbarkeit von $x^4 + y^4 = z^4$ kann man glücklicherweise leicht zeigen, worauf wir hier aber nicht eingehen.

Aufgaben

1.128 Zeige mithilfe geeigneter Restproben, dass folgende Zahlen keine Quadratzahlen sind: $451\,991$, $241\,269$, $6\,673\,141$.

1.129 Wie viele Quadratzahlen liegen zwischen 1000 und 2000, wie viele zwischen $10\,000$ und $1\,000\,000$?

1.130 Stelle die Zahlen 7, 15 und 105 auf möglichst viele Arten als Differenz von zwei Quadraten dar.

1.131 Zeige: Die Summe der ersten n geraden Zahlen ist das Produkt von zwei aufeinanderfolgenden Zahlen.

1.132 Schreibe folgende Zahlen auf möglichst viele Arten als Summe von zwei Quadraten: 85, 145, 170, 231, 290, 462, 765, 2425, 4437, 9240.

1.133 Zeige, dass n und $2n$ ($n \in \mathbb{N}$) gleich viele Darstellungen als Summe von zwei Quadraten haben.

1.134 Beweise folgende Indentität:

$$(a^2 + b^2 + c^2 + d^2)(r^2 + s^2 + t^2 + u^2)$$
$$= (ar + bs + ct + du)^2 + (as - br + cu - dt)^2$$
$$+ (at - bu - cr + ds)^2 + (au + bt - cs - dr)^2$$

1.135 Fibonacci konstruiert im *Liber quadratorum* pythagoreische Tripel, indem er für ungerade u bzw. gerade g die Formel

$$u^2 + \left(\frac{u^2 - 1}{2}\right)^2 = \left(\frac{u^2 + 1}{2}\right)^2 \quad \text{bzw.} \quad g^2 + \left(\frac{g^2}{4} - 1\right)^2 = \left(\frac{g^2}{4} + 1\right)^2$$

verwendet. Erhält er auf diese Art alle pythagoreischen Tripel?

1.136 (a) Zeige: Ist (a, b, c) ein teilerfremdes pythagoreisches Tripel, dann ist

$$c \equiv 1 \bmod 12 \quad \text{oder} \quad c \equiv 5 \bmod 12.$$

(b) Bestimme die drei kleinsten $c \in \mathbb{N}$ mit $c \equiv 1 \bmod 12$ oder $c \equiv 5 \bmod 12$, die nicht „Hypotenuse" eines pythagoreischen Tripels (a, b, c) sind.

1.137 Beweise, dass der Inkreisradius eines rechtwinkligen Dreiecks mit ganzzahligen Seitenlängen eine ganzzahlige Länge hat. (Hinweis: Zerlege das gegebene Dreieck in drei Dreiecke, deren eine Ecke der Inkreismittelpunkt ist, und betrachte dann die entsprechende Zerlegung des Flächeninhalts.)

1.138 Beweise: Gäbe es ein Tripel (a, b, c) natürlicher Zahlen mit $a^3 + b^3 = c^3$, dann wäre $21 \mid abc$.

1.139 Zerlege mit der Methode von Fermat die Zahl 12 193 in Faktoren.

1.9   Polygonalzahlen und Summenformeln

Schon in der Antike interessierte man sich für Zahlen, die sich durch besonders symmetrische Punktmuster darstellen lassen. Dieses Interesse ist sicher verständlich, wenn man Zahlen mithilfe von Steinchen auf einem Rechenbrett (*Abakus*) angibt, wie es in früheren Zeiten üblich war. Über die im Folgenden beschriebenen Polygonalzahlen hat Diophant eine Schrift verfasst, die ebenfalls von Bachet de Méziriac ins Lateinische übersetzt und kommentiert worden ist.

Die Zahlen $1, 3, 6, 10, \ldots$ heißen *Dreieckszahlen*:

usw.

Die Folge der Dreieckszahlen ist rekursiv definiert durch

$$D_1 = 1 \quad \text{und} \quad D_n = D_{n-1} + n.$$

Die n-te Dreieckszahl ist also

$$D_n = 1 + 2 + 3 + \ldots + n = \frac{n(n+1)}{2}.$$

Diese bekannte Summenformel lässt sich mit Dreieckszahlen schön veranschaulichen (Abb. 1.13).

An dieser Stelle bietet es sich an, eine Notationsform einzuführen, die den Schreibaufwand beim Umgang mit Summen mit „vielen" Summanden erleichtert: das *Summenzeichen* $\sum$.

Sind reelle Zahlen $a_1, a_2, a_3, \ldots$ gegeben und möchte man Summen dieser Zahlen notieren, so schreibt man kurz z. B.

Abb. 1.13 Dreieckszahlen

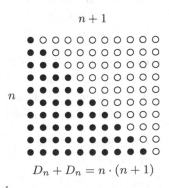

$$D_n + D_n = n \cdot (n+1)$$

$$\sum_{i=1}^{k} a_i \text{ anstelle von } a_1 + a_2 + a_3 + \cdots + a_k,$$

$$\sum_{j=3}^{9} a_j \text{ anstelle von } a_3 + a_4 + a_5 + \cdots + a_9,$$

$$\sum_{\nu=1}^{\ell} a_{2\nu} \text{ anstelle von } a_2 + a_4 + a_6 + \cdots + a_{2\ell},$$

$$\sum_{n=3}^{8} a_{n^2+1} \text{ anstelle von } a_{10} + a_{17} + a_{26} + a_{37} + a_{50} + a_{65}.$$

Diese Schreibweise ist folgendermaßen erklärt: Findet man den „Laufindex" *unter* dem Summenzeichen (unabhängig davon, wie er heißt – ob i oder j oder ν oder n oder ... –, spielt keine Rolle!) in Bestandteilen der Indizes der aufzusummierenden Zahlen *hinter* dem Summenzeichen wieder, dann sind genau diejenigen Zahlen zu addieren, deren Indizes sich ergeben, wenn der Laufindex alle ganzen Zahlen *von der unter* dem Summenzeichen *bis zur über* dem Summenzeichen genannten Zahl durchläuft. Dabei wird stets verlangt, dass die „Endzahl" über dem Summenzeichen größer oder gleich der „Startzahl" *unter* dem Summenzeichen ist. Stimmen Startzahl und Endzahl überein, dann handelt sich um Summen *mit genau einem* Summanden, nämlich

$$\sum_{i=m}^{m} a_i = a_m.$$

Findet sich der Laufindex *nicht* in Bestandteilen des Index der aufzusummierenden Zahlen *hinter* dem Summenzeichen wieder, so bedeutet dies, dass man das Objekt *hinter* dem Summenzeichen für jeden Wert, den der Laufindex auf seinem Weg von der Startzahl bis zur Endzahl annimmt, als konstanten Summanden notieren muss; demnach ist etwa

$$\sum_{n=1}^{5} a_2 = a_2 \text{ (für } n = 1) + a_2 \text{ (für } n = 2) + \cdots + a_2 \text{ (für } n = 5) = 5a_2.$$

Die für die Grundrechenarten gültigen Regeln ermöglichen es, Summen *aufzuteilen*, zu *vervielfachen* und zu *summieren*; im Einzelnen gilt:

- Für $k \leq m < \ell$ ist

$$\sum_{i=k}^{\ell} a_i = \sum_{i=k}^{m} a_i + \sum_{i=m+1}^{\ell} a_i.$$

- Für $k \leq m$ und $c \in \mathbb{R}$ ist

$$c \cdot \sum_{i=k}^{m} a_i = \sum_{i=k}^{m} (c \cdot a_i) \,.$$

- Für $k \leq m$ und relle Zahlen a_i, b_i ($i \in \mathbb{N}$) ist

$$\sum_{i=k}^{m} a_i + \sum_{i=k}^{m} b_i = \sum_{i=k}^{m} (a_i + b_i) \,.$$

Wir werden die Thematik dieses Abschnitts dazu verwenden, die Verwendung des Summenzeichens an vielen Beispielen zu illustrieren.

Die n-te Dreieckszahl ließe sich demnach auch in der Form

$$D_n = 1 + 2 + 3 + \ldots + n =: \sum_{i=1}^{n} i$$

angeben, und die bewiesene Summenformel wäre

$$\sum_{i=1}^{n} i = \frac{n(n+1)}{2} \,.$$

Die Zahlen $1, 4, 9, 16, \ldots$ heißen *Viereckszahlen* bzw. *Quadratzahlen*:

usw.

Die Folge der Viereckszahlen ist rekursiv definiert durch

$$Q_1 = 1 \quad \text{und} \quad Q_n = Q_{n-1} + 2n - 1 \,.$$

Die n-te Viereckszahl ist also

$$Q_n = 1 + 3 + 5 + \ldots + (2n - 1) = \sum_{i=1}^{n} (2i - 1) = n^2 \,.$$

Diese rekursive Definition der Quadratzahlen haben wir im vorangegangenen Abschnitt mehrfach benutzt. Insbesondere wird man vernünftigerweise eine Tabelle der Quadratzahlen nur gemäß dieser Rekursion erstellen und nicht etwa mithilfe von Multiplikationen $n \cdot n$ für $n = 1, 2, \ldots$

Die Zahlen $1, 5, 12, 22, \ldots$ heißen *Fünfeckszahlen*:

usw.

Die Folge der Fünfeckszahlen ist rekursiv definiert durch

$$F_1 = 1 \quad \text{und} \quad F_n = F_{n-1} + 3n - 2.$$

Die n-te Fünfeckszahl ist demnach

$$F_n = 1 + 4 + 7 + \ldots + (3n - 2) = \sum_{i=1}^{n}(3i - 2) = \frac{n(3n - 1)}{2}.$$

Diese Formel gewinnt man folgendermaßen:

$$F_n = (3 \cdot 1 - 2) + (3 \cdot 2 - 2) + (3 \cdot 3 - 2) + \ldots + (3 \cdot n - 2)$$
$$= 3 \cdot (1 + 2 + 3 + \ldots + n) - n \cdot 2 = 3D_n - 2n$$
$$= 3 \cdot \frac{n(n + 1)}{2} - 2n = \frac{3n(n + 1) - 4n}{2} = \frac{n(3n - 1)}{2}.$$

Nun ist klar, wie man die n-te k-Ecks-Zahl $P_n^{(k)}$ *rekursiv* definiert:

$$\begin{aligned}
\text{Dreiecks-Zahlen } D_n &= D_{n-1} + & n \\
\text{Viereecks-Zahlen } Q_n &= Q_{n-1} + & 2n - 1 \\
\text{Fünfecks-Zahlen } F_n &= F_{n-1} + & 3n - 2 \\
&\vdots \\
k\text{-Ecks-Zahlen } P_n^{(k)} &= P_{n-1}^{(k)} + & \mathbf{(k - 2)}n - \mathbf{(k - 3)}
\end{aligned}$$

Man definiert die n-te k-Ecks-Zahl demnach durch

$$P_1^{(k)} = 1 \quad \text{und} \quad P_n^{(k)} = P_{n-1}^{(k)} + (k - 2)n - (k - 3).$$

Die Folge dieser Zahlen beginnt mit

$$P_1^{(k)} = 1, \; P_2^{(k)} = k, \; P_3^{(k)} = 3k - 3, \; P_4^{(k)} = 6k - 8, \; \ldots$$

Eine *explizite* Darstellung der Folge der k-Ecks-Zahlen, also eine „geschlossene Formel" für $P_n^{(k)}$, gewinnt man folgendermaßen:

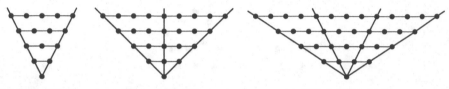

Dreiecks-Zahlen   Vierecks-Zahlen   Fünfecks-Zahlen

Abb. 1.14 Spinnennetzdarstellung von Polygonalzahlen

$$P_n^{(k)} = ((k-2) \cdot 1 - (k-3)) + ((k-2) \cdot 2 - (k-3)) + \ldots$$

$$\ldots + ((k-2) \cdot n - (k-3))$$

$$= (k-2) \cdot (1 + 2 + \ldots + n) - n \cdot (k-3)$$

$$= (k-2) \cdot D_n - (k-3)n$$

$$= (k-2) \cdot \frac{n(n+1)}{2} - (k-3)n = \frac{n((k-2)n - (k-4))}{2}.$$

Die Dreiecks-Zahlen, Viereckszahlen, Fünfeckszahlen, … heißen allgemein *Polygonalzahlen*. Eine etwas übersichtlichere Darstellung der Polygonalzahlen ist ihre „Spinnennetzdarstellung" (Abb. 1.14).

An dieser Darstellung kann man leicht die Beziehung

$$P_n^{(k)} = (k-2)D_n - (k-3)n$$

ablesen.

Das Interesse an Polygonalzahlen begründet sich durch folgenden Satz, der eine Verallgemeinerung des Vier-Quadrate-Satzes von Lagrange ist: Für $k \geq 3$ ist jede natürliche Zahl als Summe von höchstens k k-Ecks-Zahlen darstellbar. Fermat behauptete, einen Beweis für diesen Satz zu haben, wie er in Briefen an Mersenne und Pascal schrieb. Beweise dieses Satzes wurden aber erst im 19. Jahrhundert publiziert, und zwar von Adrien Marie Legendre (1752–1833) und von Augustin Louis Cauchy (1789–1857).

Für $k = 3$ ist zu zeigen, dass die Gleichung

$$\frac{x(x+1)}{2} + \frac{y(y+1)}{2} + \frac{z(z+1)}{2} = n$$

für jedes $n \in \mathbb{N}$ eine Lösung mit nichtnegativen ganzen Zahlen besitzt. Diese Gleichung lässt sich umformen zu $(2x+1)^2 + (2y+1)^2 + (2z+1)^2 = 8n+3$.

Beispiel 1.32 Aus $17^2 + 25^2 + 39^2 = 2435 = 8 \cdot 304 + 3$ folgt $304 = D_8 + D_{12} + D_{19}$. ■

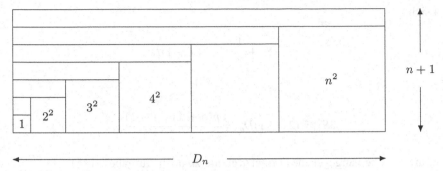

Abb. 1.15 Berechnung der Quadratsumme nach al Haitham

Häufig benötigt man die Summe der ersten n Quadratzahlen. In Satz 1.32 wird gezeigt, wie man diese berechnet. Unter Berücksichtigung der expliziten Definition der Folge der k-Ecks-Zahlen (s. oben) kann man damit auch die Summe der ersten n k-Ecks-Zahlen bestimmen (Aufgabe 1.146).

Satz 1.32 *Für alle $n \in \mathbb{N}$ gilt:*

$$\sum_{i=1}^{n} i^2 := 1^2 + 2^2 + 3^2 + \ldots + n^2 = \frac{n(n+1)(2n+1)}{6}.$$

Beweis 1.32 Wir beweisen diese Formel nach einer Idee des arabischen Gelehrten Ibn al Haitham (965–1039). In Abb. 1.15 wird deutlich, dass für die Quadratsumme $S_n = 1^2 + 2^2 + 3^2 + \ldots + n^2$ gilt:

$$S_n + D_1 + D_2 + D_3 + \ldots + D_n = (n+1) \cdot D_n.$$

Wegen

$$\sum_{i=1}^{n} D_i = D_1 + D_2 + D_3 + \ldots + D_n$$

$$= \frac{1}{2} \left((1^2 + 1) + (2^2 + 2) + (3^2 + 3) + \ldots + (n^2 + n) \right)$$

$$= \frac{1}{2} \cdot \sum_{i=1}^{n} (i^2 + i)$$

$$= \frac{1}{2} \cdot \sum_{i=1}^{n} i^2 + \frac{1}{2} \cdot \sum_{i=1}^{n} i = \frac{1}{2} S_n + \frac{1}{2} D_n$$

ergibt sich

$$S_n + \frac{1}{2}S_n + \frac{1}{2}D_n = (n+1)D_n,$$

also

$$3S_n = (2n+1)D_n = \frac{n(n+1)(2n+1)}{2},$$

und daraus die oben angegebene Formel (vgl. hierzu auch Aufgabe 1.145).   □

Für die Summe

$$s_k(n) = \sum_{i=1}^{n} i^k = 1^k + 2^k + 3^k + \ldots + n^k$$

kennen wir Summenformeln, falls $k = 1$ oder $k = 2$ gilt: Es ist

$$s_1(n) = D_n = \frac{n(n+1)}{2} \quad \text{und} \quad s_2(n) = \frac{n(n+1)(2n+1)}{6}.$$

Aus einer Summenformel für einen bestimmten Wert von k kann man immer eine solche für $k+1$ herleiten (Aufgabe 1.151). Wir wollen hier für den Fall $k = 3$ noch eine besonders schöne Herleitung der Summenformel zeigen.

Satz 1.33 *Für alle $n \in \mathbb{N}$ gilt*

$$\sum_{i=1}^{n} i^3 := 1^3 + 2^3 + 3^3 + \ldots + n^3 = \left(\frac{n(n+1)}{2}\right)^2.$$

Beweis 1.33 In einem quadratischen Schema notiere man untereinander die ersten n Glieder der Folgen

$$i, 2i, 3i, \ldots, ni$$

für $i = 1, 2, 3, \ldots, n$ (Abb. 1.16).
Nun berechnen wir die Summe der Zahlen in diesem Schema auf zwei verschiedene Arten:

(1) Die Summe der Zahlen in der i-ten Zeile ist $i \cdot D_n$; die Summe aller Zahlen in dem Schema ist daher

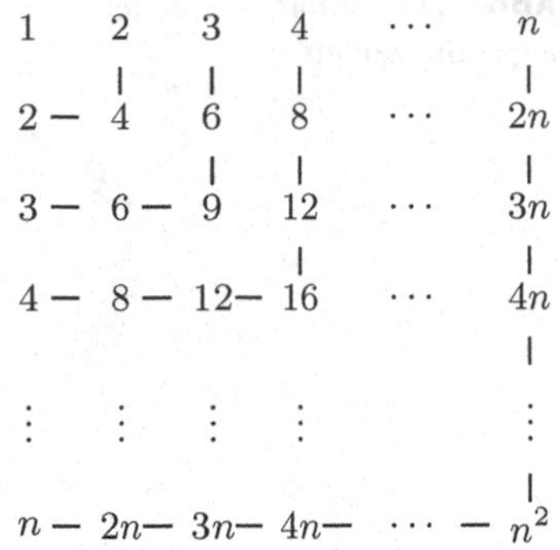

Abb. 1.16 Summe der ersten
n dritten Potenzen

$$
\begin{array}{cccccc}
1 & 2 & 3 & 4 & \cdots & n \\
 & | & | & | & & | \\
2 - & 4 & 6 & 8 & \cdots & 2n \\
 & & | & | & & | \\
3 - & 6 - & 9 & 12 & \cdots & 3n \\
 & & & | & & | \\
4 - & 8 - & 12- & 16 & \cdots & 4n \\
 & & & & & | \\
\vdots & \vdots & \vdots & \vdots & & \vdots \\
 & & & & & | \\
n - & 2n- & 3n- & 4n- & \cdots - & n^2
\end{array}
$$

$$(1 + 2 + \cdots + n) \cdot D_n = D_n^2 = \left(\frac{n(n + 1)}{2}\right)^2.$$

(2) Die Summe der Zahlen im i-ten der eingezeichneten Winkel ist

$$i + 2i + 3i + \ldots + (i - 1)i + i^2 + (i - 1)i + \ldots + 3i + 2i + i$$
$$= i \cdot (D_i + D_{i-1})$$
$$= i \cdot \left(\frac{i(i + 1)}{2} + \frac{(i - 1)i}{2}\right) = i \cdot i^2 = i^3.$$

Die Summe aller Zahlen in dem Schema ist also $1^3 + 2^3 + 3^3 + \ldots + n^3$.

Aus (1) und (2) ergibt sich die Behauptung des Satzes.   □

Aufgaben

1.140 Suche die kleinste Quadratzahl > 1, die auch eine Dreieckszahl ist.

1.141 Berechne die Summe der ersten 100 durch 7 teilbaren Zahlen und die Summe der ersten 100 durch 7 teilbaren Quadratzahlen.

1.142 Gib die ersten fünf Glieder der Folge der Achtecks-Zahlen an.

1.143 Stelle die Zahlen 22, 37, 120 und 200 jeweils als Summe von höchstens drei Dreieckszahlen, vier Quadratzahlen und fünf Fünfeckszahlen dar.

1.144 Zeige, dass 21, 2211, 222 111, 22 221 111 usw. Dreieckszahlen sind.

1.145 In antiken Texten findet man eine Herleitung der Formel für die Summe der ersten n Quadratzahlen anhand von Abb. 1.17. Erläutere diese Herleitung.

Abb. 1.17 Summe der ersten
n Quadratzahlen

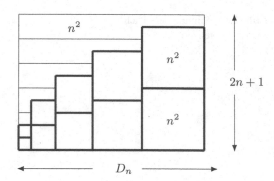

1.146   Für alle $k \in \mathbb{N}$ mit $k \geq 3$ und alle $n \in \mathbb{N}$ gilt

$$\sum_{i=1}^{n} P_i^{(k)} = P_1^{(k)} + P_2^{(k)} + P_3^{(k)} + \ldots + P_n^{(k)} = \frac{n(n+1)((k-2)n - (k-5))}{6}.$$

Leite diese Formel mithilfe der Formel aus Satz 1.32 her.

1.147   Von römischen Geometern aus der Zeit um 150 n. Chr. stammt die Formel

$$\sum_{i=1}^{n} P_i^{(k)} = P_1^{(k)} + P_2^{(k)} + \ldots + P_n^{(k)} = \frac{n+1}{6} \cdot (2P_n^{(k)} + n).$$

Überprüfe diese Formel anhand der Formel in Aufgabe 1.146.

1.148   Für welches n ergibt die Summe der ersten n Quadratzahlen die Quadratzahl $4900 = 70^2$? (Es gibt außer diesem und dem trivialen Fall $n = 1$ kein weiteres $n \in \mathbb{N}$ mit der Eigenschaft, dass die Summe der ersten n Quadrate wieder ein Quadrat ist; der Beweis hierfür ist aber recht kompliziert.)

1.149   (a) Welche 9er-Reste können Dreieckszahlen haben?
(b) Die Zahl n sei gerade, aber nicht durch 4 teilbar. Stelle D_n als Differenz von zwei Quadraten dar.

1.150   Leite die Summenformel

$$\sum_{i=1}^{n} i^3 = 1^3 + 2^3 + 3^3 + \ldots + n^3 = (1 + 2 + 3 + \ldots + n)^2 = \left(\sum_{j=1}^{n} j \right)^2$$

mithilfe von Abb. 1.18 her. (Auch diese Herleitung geht auf arabische Gelehrte aus dem Mittelalter zurück.)

Abb. 1.18 Summe der dritten
Potenzen

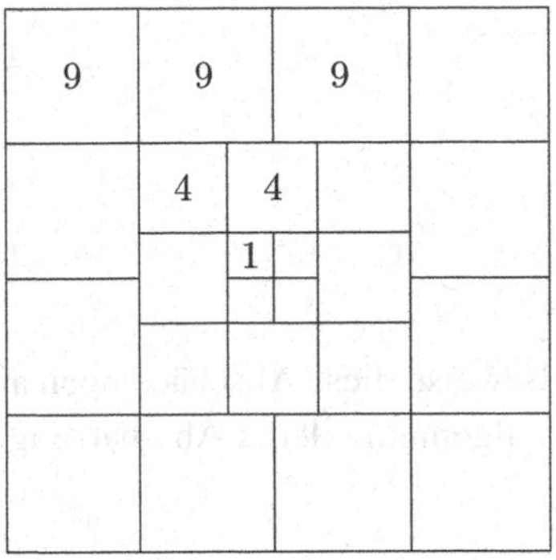

1.151 Die Summenformel für die ersten n dritten Potenzen erhält man auch folgendermaßen:

$$
\begin{aligned}
n^4 - (n-1)^4 &= && 4n^3 - && 6n^2 + && 4n - 1\\
(n-1)^4 - (n-2)^4 &= 4(n-1)^3 - && 6(n-1)^2 + && 4(n-1) - 1\\
(n-2)^4 - (n-3)^4 &= 4(n-2)^3 - && 6(n-2)^2 + && 4(n-2) - 1\\
&\ \ \vdots\\
3^4 - && 2^4 &= && 4\cdot 3^3 - && 6\cdot 3^2 + && 4\cdot 3 - 1\\
2^4 - && 1^4 &= && 4\cdot 2^3 - && 6\cdot 2^2 + && 4\cdot 2 - 1\\
1^4 - && 0^4 &= && 4\cdot 1^3 - && 6\cdot 1^2 + && 4\cdot 1 - 1
\end{aligned}
$$

Addition dieser Gleichungen liefert

$$
\begin{aligned}
n^4 &= 4\cdot(1^3 + 2^3 + 3^3 + \ldots + n^3)\\
&\quad - 6\cdot(1^2 + 2^2 + 3^2 + \ldots + n^2)\\
&\quad + 4\cdot(1 + 2 + 3 + \ldots + n) - n\\
&= 4\sum_{i=1}^{n} i^3 - 6\sum_{j=1}^{n} j^2 + 4\sum_{k=1}^{n} k \quad - n.
\end{aligned}
$$

Mithilfe der Summenformeln für die ersten und zweiten Potenzen erhält man daraus die
Summenformel für die dritten Potenzen. Führe die noch fehlenden Umformungen zur
Gewinnung der Summenformel für die dritten Potenzen durch. Leite auf diese Art auch
die Summenformel für die Quadratzahlen her. Leite eine Summenformel für die vierten
Potenzen her.

1.152 Für die Potenzsummen $s_k(n) = 1^k + 2^k + 3^k + \ldots + n^k$ gilt

$$\tfrac{1}{2}n^2 < s_1(n) < \tfrac{1}{2}(n+1)^2,$$

$$\tfrac{1}{3}n^3 < s_2(n) < \tfrac{1}{3}(n+1)^3,$$

$$\tfrac{1}{2}n^4 < s_3(n) < \tfrac{1}{4}(n+1)^4.$$

Beweise diese Abschätzungen anhand der im Text behandelten Formeln. (Allgemein gilt die Abschätzung

$$\frac{1}{k+1}n^{k+1} < s_k(n) < \frac{1}{k+1}(n+1)^{k+1},$$

die man leicht mithilfe der Integralrechnung beweisen kann.)

1.10 Ewiger Kalender

Die gregorianische Kalenderreform fand 1582 statt. Man hatte bis dahin beim *julianischen Kalender*, der von Julius Caesar eingeführt worden war, ein Jahr mit $365\tfrac{1}{4}$ Tagen angesetzt; es wurde alle vier Jahre ein Schalttag eingefügt. Diese Zahl ist etwas zu groß, sodass im 16. Jahrhundert der Kalender der Jahreszeit bereits um 10 Tage vorauseilte; die Umlaufzeit der Erde um die Sonne (ein *Sonnenjahr*) beträgt nämlich ziemlich genau

$$365\,\mathrm{d}\,5\,\mathrm{h}\,48\,\mathrm{m}\,45,8\,\mathrm{s} \;\approx\; 365,2422\,\mathrm{d}\,.$$

Der unter Papst Gregor XIII. im Jahr 1582 eingeführte und noch heute benutzte *gregorianische Kalender* enthält folgende Bestimmungen: Das Jahr 1600 ist ein Schaltjahr, und jedes folgende vierte Jahr ist ein Schaltjahr; in jedem 100. Jahr soll aber der Schalttag ausfallen (also in den Jahren 1700, 1800, 1900), in jedem 400. Jahr soll er aber nicht ausfallen (sodass das Jahr 2000 ein Schaltjahr war). Die Anzahl der Tage eines Jahres ist dann im Mittel

$$365 + \frac{1}{4} - \frac{1}{100} + \frac{1}{400} = 365 + \frac{97}{400} = 365,2425.$$

Ein *ewiger Kalender* ist eine Formel, nach der man aus dem Datum bezüglich des gregorianischen Kalenders den Wochentag bestimmen kann. Zunächst einigen wir uns darauf, das Jahr am 1. März beginnen zu lassen und einen Schalttag *am Ende* des Jahres (Ende Februar) anzuhängen. (Dies entspricht altem Brauch, wie man an den Monatsnamen September = 7. Monat, Oktober = 8. Monat usw. erkennt.) Dann haben der 1., 3., 5., 6., 8., 10. und 11. Monat je 31 Tage, der 2., 4., 7. und 9. Monat je 30 Tage, und der 12. Monat hat 28 oder 29 Tage.

Wir erteilen nun den Wochentagen So, Mo, Di, Mi, Do, Fr, Sa Nummern 0, 1, 2, 3, 4, 5 und 6. Der 1. März 1600 war ein Mittwoch, hat also die Nummer 3. Wegen $365 \equiv 1 \bmod 7$ gilt für die Nummer a_t des 1. März des Jahres $1600 + t$

$$a_t \equiv 3 + t + \left[\frac{t}{4}\right] - \left[\frac{t}{100}\right] + \left[\frac{t}{400}\right] \bmod 7.$$

Schreiben wir die Jahreszahl in der Form $100c + d$ mit $0 \le d < 100$, dann ist $t = 100(c - 16) + d$ und

$$a_t \equiv 3 + 100(c - 16) + d + 25(c - 16) + \left[\frac{d}{4}\right]$$

$$-(c - 16) + \left[\frac{c - 16}{4}\right] \bmod 7$$

$$\equiv -1985 + 124c + d + \left[\frac{d}{4}\right] + \left[\frac{c}{4}\right] \bmod 7$$

$$\equiv 3 + 5c + d + \left[\frac{d}{4}\right] + \left[\frac{c}{4}\right] \bmod 7.$$

Dabei muss man beachten, dass $\left[\frac{100(c-16)+d}{400}\right] = \left[\frac{c-16}{4}\right]$ gilt, denn $\frac{d}{400} < \frac{1}{4}$.

Nun führen wir statt a_t die Bezeichnung $(1.\,\text{März})_{1600+t}$ ein und schreiben entsprechend z. B. $(11.\,\text{Juni})_{1967}$ $(= (11.4.)_{1967})$ für die Nummer des Wochentags, auf den der 11. Juni 1967 gefallen ist. Dabei muss man nur beachten, dass Januar und Februar – anders als heute üblich – als 11. und 12. Monat zum Vorjahr zählen. Um nun für jedes beliebige Datum den Wochentag zu bestimmen, müssen wir die unterschiedliche Länge der Monate berücksichtigen. Es ist

$(1.\,\text{April})_t$		$\equiv (1.\,\text{März})_t + 3 \bmod 7$
$(1.\,\text{Mai})_t$	$\equiv (1.\,\text{April})_t + 2$	$\equiv (1.\,\text{März})_t + 5 \bmod 7$
$(1.\,\text{Juni})_t$	$\equiv (1.\,\text{Mai})_t + 3$	$\equiv (1.\,\text{März})_t + 1 \bmod 7$
$(1.\,\text{Juli})_t$	$\equiv (1.\,\text{Juni})_t + 2$	$\equiv (1.\,\text{März})_t + 3 \bmod 7$
$(1.\,\text{August})_t$	$\equiv (1.\,\text{Juli})_t + 3$	$\equiv (1.\,\text{März})_t + 6 \bmod 7$
$(1.\,\text{September})_t$	$\equiv (1.\,\text{August})_t + 3$	$\equiv (1.\,\text{März})_t + 2 \bmod 7$
$(1.\,\text{Oktober})_t$	$\equiv (1.\,\text{September})_t + 2$	$\equiv (1.\,\text{März})_t + 4 \bmod 7$
$(1.\,\text{November})_t$	$\equiv (1.\,\text{Oktober})_t + 3$	$\equiv (1.\,\text{März})_t + 0 \bmod 7$
$(1.\,\text{Dezember})_t$	$\equiv (1.\,\text{November})_t + 2$	$\equiv (1.\,\text{März})_t + 2 \bmod 7$
$(1.\,\text{Januar})_t$	$\equiv (1.\,\text{Dezember})_t + 3$	$\equiv (1.\,\text{März})_t + 5 \bmod 7$
$(1.\,\text{Februar})_t$	$\equiv (1.\,\text{Januar})_t + 3$	$\equiv (1.\,\text{März})_t + 1 \bmod 7$

Wir können nun das Datum des $n.m.$ im Jahre $100c + d$ bestimmen, wobei n von 1 bis 28, 29, 30 oder 31 läuft und m die Nummern der Monate sind (also $m = 1$ für März, ..., $m = 12$ für Februar):

$$(n.m.)_{100c+d} \equiv n + r_m + 5c + d + \left[\frac{d}{4}\right] + \left[\frac{c}{4}\right] \bmod 7,$$

wobei r_m um 2 größer als die oben gefundenen Zahlen für $(1.m.)_t$ sind, um den Summanden 3 zu berücksichtigen. Man kann diese Zahlen folgender Tabelle entnehmen:

m	1	2	3	4	5	6	7	8	9	10	11	12
r_m	2	5	0	3	5	1	4	6	2	4	0	3

Anhand dieser Tabelle kann man nachprüfen, dass $r_m \equiv \left[\frac{13m-1}{5}\right] \bmod 7$ gilt. Damit ergibt sich schließlich die Formel

$$(n.m.)_{100c+d} \equiv n + 5c + d + \left[\frac{13m-1}{5}\right] + \left[\frac{d}{4}\right] + \left[\frac{c}{4}\right] \bmod 7.$$

Beispiel 1.33 Die Schlacht bei Waterloo fand am 18.6.1815 statt. Die Nummer des Wochentags ist $(18.4.)_{1815} \equiv 18 + 90 + 15 + 3 + 3 + 4 \equiv 0 \bmod 7$. Die Schlacht fand demnach an einem Sonntag statt. ∎

Aufgaben

1.153 An welchem Wochentag wurden die folgenden Personen geboren?
a) Goethe (28.8.1749)   b) Schiller (10.11.1759)   c) Napoleon (15.8.1769)

1.154 Auf welchen Wochentag fallen die folgenden Daten?
(a) 1.1.2020   (b) 2.2.2030   (c) 3.4.4567

1.11 Magische Quadrate

Ein quadratisches Zahlenschema aus den Zahlen $1, 2, \ldots, n^2$ heißt ein *Zauberquadrat* oder ein *magisches Quadrat der Ordnung n*, wenn die Zahlen in jeder Zeile, in jeder Spalte und in jeder der beiden Diagonalen die gleiche Summe ergeben. Beispielsweise handelt es sich in Abb. 1.19 um magische Quadrate der Ordnung 3, 4 bzw. 5.

Das angegebene magische Quadrat der Ordnung 3 kannte man schon in China um 2200 v. Chr.; der Sage nach entdeckte es Kaiser Yu auf dem Rücken einer göttlichen Schildkröte, die dem Hochwasser führenden Fluss Lo entstieg, nachdem die Bevölkerung Opfergaben zur Eindämmung der Überschwemmung dargebracht hatte. Daher stammt die Bezeichnung *Lo-Shu*. Die Römer nannten dieses magische Quadrat das *Saturnsiegel*. Das angegebene magische Quadrat der Ordnung 4 findet sich auf dem Kupferstich

16	3	2	13
5	10	11	8
9	6	7	12
4	15	14	1

4	9	2
3	5	7
8	1	6

7	18	4	15	21
14	25	6	17	3
16	2	13	24	10
23	9	20	1	12
5	11	22	8	19

Abb. 1.19 Magische Quadrate verschiedener Ordnungen

4	9	2
3	5	7
8	1	6

2	9	4
7	5	3
6	1	8

8	1	6
3	5	7
4	9	2

4	3	8
9	5	1
2	7	6

6	7	2
1	5	9
8	3	4

2	7	6
9	5	1
4	3	8

6	1	8
7	5	3
2	9	4

8	3	4
1	5	9
6	7	2

Abb. 1.20 Zum Lo-Shu äquivalente magische Quadrate

„Melencolia I" von Albrecht Dürer; es zeigt in der untersten Zeile die Jahreszahl 1514 der Entstehung dieses Werks.

Für $n = 1$ gibt es nur das triviale $\boxed{1}$, für $n = 2$ gibt es überhaupt kein magisches Quadrat. Aus einem magischen Quadrat entsteht wieder ein solches, wenn man eine Deckabbildung des Quadrats auf es anwendet. Einschließlich der Identität gibt es genau acht solche Deckabbildungen, nämlich vier Spiegelungen und vier Drehungen (um 0°, 90°, 180° und 270°). Magische Quadrate, die durch eine Deckabbildung des Quadrats auseinander hervorgehen, nennt man *äquivalent*. Abb. 1.20 zeigt die zum Lo-Shu äquivalenten magischen Quadrate.

Wir wollen uns nun mit der Frage beschäftigen, wie man magische Quadrate gegebener Ordnung n findet.

Die Zeilen- und Spaltensummen sowie die beiden Diagonalensummen in einem magischen Quadrat der Ordnung n betragen offensichtlich

$$S = \frac{1 + 2 + 3 + \ldots + n^2}{n} = \frac{\frac{n^2(n^2+1)}{2}}{n} = \frac{n(n^2 + 1)}{2}.$$

Für $n = 3, 4, 5$ ergibt sich der Reihe nach als „magische Summe" 15, 34, 65. Wir untersuchen zunächst magische Quadrate der Ordnung 3 (Abb. 1.21).

Aus den Gleichungen

Abb. 1.21 Allgemeines
Zauberquadrat der Ordnung 3

a	b	c
d	e	f
g	h	i

$$d + e + f = b + e + h = a + e + i = c + e + g = 15$$

folgt unter Beachtung der Gleichung

$$a + b + c + d + e + f + g + h + i = 45$$

durch Addition $3e = 15$ bzw. $e = 5$. Bis auf Äquivalenz ist $a = 1$ oder $b = 1$. Der Fall $a = 1$ führt zu Widersprüchen: Aus $e = 5$ und $a = 1$ folgt $i = 9$; die Zahlen 6, 7 und 8 kommen dann nur noch für b oder d infrage, können also nicht mehr alle untergebracht werden. Folglich ist $b = 1$ und damit $h = 9$. Die Zahl 8 darf nicht in der gleichen Zeile oder Spalte wie 9 stehen, deshalb kann zunächst bis auf Äquivalenz $a = 8$ oder $d = 8$ sein. Der Fall $d = 8$ führt wieder zu Widersprüchen, demnach muss $a = 8$ gelten. Daraus folgt nun zwingend der Reihe nach $i = 2$, $g = 4$, $d = 3$, $f = 7$, $c = 6$. Bis auf Äquivalenz existiert daher nur *ein einziges* Quadrat der Ordnung 3, nämlich das Lo-Shu.

Es wäre mühsam, auf die gleiche elementare Weise magische Quadrate höherer Ordnung zu konstruieren. Bevor wir tragfähigere Verfahren zur Konstruktion magischer Quadrate untersuchen, wollen wir den Begriff des magischen Quadrats dahingehend abschwächen, dass wir nur für die Zeilen und Spalten gleiche Summen fordern, also nicht für die Diagonalen. Solche Zahlenquadrate nennen wir *pseudomagisch*.

Ein elegantes Verfahren zur Konstruktion von pseudomagischen Quadraten *ungerader* Ordnung n wurde von Bachet angegeben: Man denke sich die Zahlen von 1 bis n^2 in einem Karoraster in Gruppen zu je n Zahlen wie in Abb. 1.22 angeordnet. Man wähle dann in einem $n \times n$-Feld einen Platz für die 1, füge dort das Zahlenschema aus Abb. 1.22 an und reduziere dann die „Platzkoordinaten" der Zahlen modulo n, sodass die Zahlen in das gewählte $n \times n$-Feld fallen. Hat man für 1 den Platz (a, b) $(1 \leq a, b \leq n)$ gewählt, dann gilt für den Platz (x_i, y_i) der Zahl i:

$$1 \leq x_i, y_i \leq n \quad \text{und} \quad \begin{cases} x_i \equiv a - 1 + i - \left[\frac{i-1}{n}\right] \bmod n, \\ y_i \equiv b - 1 + i - 2\left[\frac{i-1}{n}\right] \bmod n. \end{cases}$$

Dabei sei x_i die „Zeilenkoordinate" (Nummer der Spalte) und y_i die „Spaltenkordinate" (Nummer der Zeile).

Für $n = 3$ ergeben sich auf diese Art (bis auf Äquivalenz) drei pseudomagische Quadrate, darunter das uns schon bekannte magische Quadrat (Abb. 1.23).

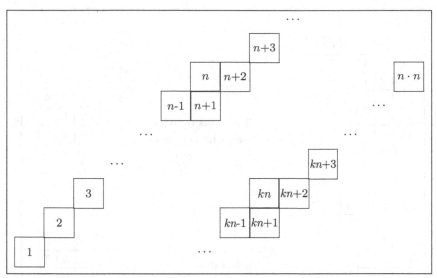

Abb. 1.22 Methode von Bachet zur Konstruktion pseudomagischer Quadrate ungerader Ordnung

Zum Beweis, dass die Methode von Bachet tatsächlich ein pseudomagisches Quadrat liefert, muss man zeigen, dass für $r = 1, 2, \ldots, n$ die Summe aller Zahlen $k \in \{1, 2, \ldots, n^2\}$ mit $k - \left[\frac{k-1}{n}\right] \equiv r \bmod n$ bzw. $k - 2\left[\frac{k-1}{n}\right] \equiv r \bmod n$ stets den gleichen Wert hat, nämlich $\frac{n(n^2+1)}{2}$. Dabei benötigt man nur bei den Summen der zweiten Art die Voraussetzung, dass n ungerade ist. Auf den Nachweis dieser Tatsache wollen wir hier verzichten, da die Methode von Bachet durch die weiter unten diskutierte Methode von Lehmer verallgemeinert wird.

Man erhält mit der Methode von Bachet $\frac{(n+1)(n+3)}{8}$ nichtäquivalente pseudomagische Quadrate. Dies sind nicht alle; beispielsweise erhält man *nicht* das bereits eingangs angegebene magische Quadrat der Ordnung 5.

Wir stellen nun ein allgemeineres Verfahren zur Konstruktion von pseudomagischen und magischen Quadraten vor, das von dem amerikanischen Mathematiker D. N. Lehmer im Jahr 1929 angegeben wurde. Dabei ist es bequem, statt der Zahlen von 1 bis n^2 die Zahlen von 0 bis $n^2 - 1$ in einem magischen Quadrat der Ordnung n anzuordnen. Addition der Zahl 1 in jedem Feld liefert dann wieder ein magisches Quadrat im ursprünglichen Sinn. Wir wollen auch die Platzkoordinaten statt von 1 bis n von 0 bis $n - 1$ laufen lassen. (Die Platzkoordinaten sollen stets von der linken unteren Ecke aus zählen, es ist aber eigentlich gleichgültig, von welcher Ecke aus gezählt wird.) Die bei der Methode von Bachet benutzten Kongruenzen lauten dann

$$x_i \equiv a + i - \left[\frac{i}{n}\right] \bmod n \quad \text{und} \quad y_i \equiv b + i - 2\left[\frac{i}{n}\right] \bmod n$$

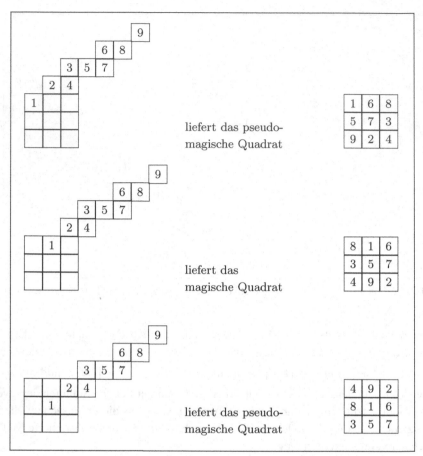

Abb. 1.23 Kostruktion pseudomagischer Quadrate der Ordnung 3 mit der Methode von Bachet

$(0 \leq i \leq n^2 - 1; \; 0 \leq x_i, y_i \leq n - 1)$.

Lehmers Verfahren besteht nun darin, insgesamt sechs Koeffizienten a, b, c, d, e, f einzuführen und die Kongruenzen

$$x_i \equiv a + ci + e\left[\frac{i}{n}\right] \bmod n \quad \text{und} \quad y_i \equiv b + di + f\left[\frac{i}{n}\right] \bmod n$$

zu betrachten. Die Methode von Bachet ergibt sich für die spezielle Wahl

$$\begin{pmatrix} a \, c \, e \\ b \, d \, f \end{pmatrix} = \begin{pmatrix} a \; 1 \; -1 \\ b \; 1 \; -2 \end{pmatrix}.$$

Lehmers Methode kann nun folgendermaßen beschrieben werden:

- Startfeld (a, b)
- Grundschritt: c Felder nach rechts und d Felder nach oben
- Zusatzschritt nach jeweils n Grundschritten: e Felder nach rechts und f Felder nach oben

Dabei muss man bei negativen Werten der Parameter c, d, e, f nach links statt rechts bzw. nach unten statt oben gehen. Landet man bei einem Schritt außerhalb des vorgegebenen quadratischen Felds, dann muss man die Koordinaten modulo n reduzieren (n Felder nach links/rechts bzw. nach unten/oben).

Nun kann man nicht erwarten, dass für jede Wahl der Parameter c, d, e, f ein magisches oder auch nur ein pseudomagisches Quadrat entsteht. Es kann sogar vorkommen, dass einige Plätze im Quadrat unbesetzt bleiben und andere dafür mehrfach besetzt sind. In Satz 1.34 garantiert Bedingung (1), dass jeder Platz im Quadrat besetzt ist, Bedingung (2), dass jede Spalte die gleiche Summe hat, und Bedingung (3), dass jede Zeile die gleiche Summe hat.

Satz 1.34 *Die Methode von Lehmer liefert ein pseudomagisches Quadrat, wenn die folgenden Bedingungen für die Koeffizienten c, d, e, f erfüllt sind:*

(1) $ggT(cf - de, n) = 1$
(2) $ggT(c, n) = ggT(e, n) = 1$
(3) $ggT(d, n) = ggT(f, n) = 1$

Beweis 1.34 Es sei (1) erfüllt. Dann ist i durch Vorgabe von x_i, y_i eindeutig bestimmt: Aus

$$ci + e\left[\frac{i}{n}\right] \equiv x_i - a \bmod n \quad \text{und} \quad di + f\left[\frac{i}{n}\right] \equiv y_i - b \bmod n$$

folgt durch Addition des f-fachen der ersten zum $(-e)$-fachen der zweiten Kongruenz

$$(cf - de)i \equiv f(x_i - a) - e(y_i - b) \bmod n.$$

Wegen (1) existiert dann genau eine Restklasse $(k \bmod n)$ mit

$$i \equiv k \cdot (f(x_i - a) - e(y_i - b)) \bmod n,$$

also ist i modulo n eindeutig bestimmt. In gleicher Weise ergibt sich, dass $\left[\frac{i}{n}\right] \bmod n$ eindeutig bestimmt ist.

Wegen $0 \le \left[\frac{i}{n}\right] < n$ für $0 \le i \le n^2 - 1$ ist daher $\left[\frac{i}{n}\right]$ eindeutig bestimmt.

Aus $i_1 \equiv i_2 \bmod n$ und $\left[\frac{i_1}{n}\right] = \left[\frac{i_2}{n}\right]$ folgt $i_1 = i_2$, also ist auch i eindeutig bestimmt.

In dem Quadrat ist daher kein Platz mehrfach und damit jeder Platz genau einmal besetzt.

Es sei nun (2) erfüllt. Wir wollen zeigen, dass dann die Summe der Zahlen in der k-ten Spalte $(0 \leq k \leq n - 1)$ den Wert $\frac{n(n^2-1)}{2}$ hat. Wir schreiben dazu $i = vn + u$ mit $0 \leq u, v \leq n - 1$, wobei u und v eindeutig durch i bestimmt sind (Division mit Rest). Durchlaufen u und v unabhängig voneinander den Bereich von 0 bis $n - 1$, dann durchläuft i den Bereich von 0 bis $n^2 - 1$. Aus der Kongruenz

$$a + ci + e \left[\frac{i}{n} \right] \equiv k \bmod n$$

wird dann

$$cu + ev \equiv k - a \bmod n.$$

Wegen (2) ist zu jedem Wert von v der Wert von u eindeutig bestimmt und umgekehrt. Durchläuft also u die Werte von 0 bis $n - 1$, dann durchläuft v ebenfalls diese Werte, nur in einer anderen Reihenfolge. Sind also $i_t = v_t n + u_t$ $(0 \leq t \leq n - 1)$ die Zahlen in der k-ten Spalte, dann ist ihre Summe

$$n(v_0 + \ldots + v_{n-1}) + (u_0 + \ldots + u_{n-1}) = n \frac{(n-1)n}{2} + \frac{(n-1)n}{2} = \frac{n(n^2 - 1)}{2}.$$

In völlig gleicher Weise folgert man aus (3), dass die Summen der Zahlen in den Zeilen stets den Wert $\frac{n(n^2-1)}{2}$ haben.   □

Für die Methode von Bachet sind die Bedingungen (1) und (2) stets erfüllt, Bedingung (3) wegen $f = -2$ aber nur für ungerade n.

Nun wollen wir nach der Konstruktion von *magischen* Quadraten fragen, also auch die Summen in den beiden Diagonalen betrachten. In der einen Diagonalen stehen die Zahlen i mit $x_i + y_i = n - 1$, also

$$1 + a + ci + e \left[\frac{i}{n} \right] \equiv -(b + di + f \left[\frac{i}{n} \right]) \bmod n$$

bzw.

$$(*) \qquad (1 + a + b) + (c + d)i + (e + f) \left[\frac{i}{n} \right] \equiv 0 \bmod n.$$

Nach den Überlegungen im Beweis von Satz 1.34 ergibt die Summe dieser Zahlen $\frac{n(n^2-1)}{2}$, wenn $\mathrm{ggT}(c + d, n) = \mathrm{ggT}(e + f, n) = 1$ gilt. In der anderen Diagonalen stehen die Zahlen i mit $x_i = y_i$, also

$$a + ci + e \left[\frac{i}{n} \right] \equiv b + di + f \left[\frac{i}{n} \right] \bmod n$$

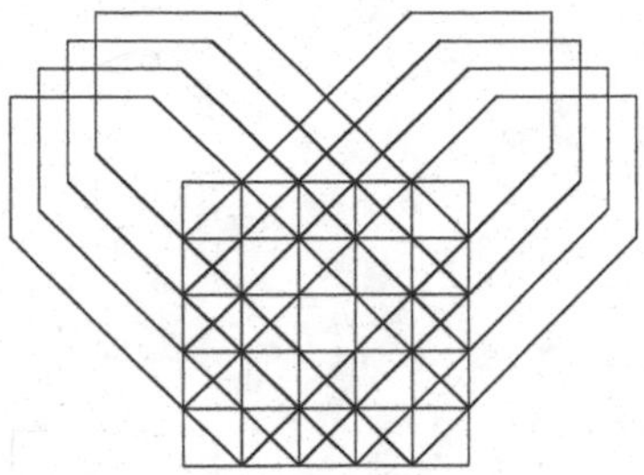

positive
Nebendiagonalen

negative
Nebendiagonalen

Abb. 1.24 Die Nebendiagonalen in einem magischen Quadrat

bzw.

$$(*) \qquad (a - b) + (c - d)i + (e - f)\left[\frac{i}{n}\right] \equiv 0 \bmod n.$$

(Da es offen ist, von welcher Ecke aus die Koordinaten zählen, ist es auch offen, welches die „eine" und welches die „andere" Diagonale ist; zur besseren Orientierung kann man wie in Abb. 1.24 von der „positiven" und der „negativen" Diagonalen sprechen.)

Die Summe dieser Zahlen ergibt $\frac{n(n^2-1)}{2}$, wenn die Bedingungen $\mathrm{ggT}(c-d, n) = \mathrm{ggT}(e-f, n) = 1$ gelten. Sind diese erfüllt, dann haben aber auch die Summen in allen Nebendiagonalen den Wert $\frac{n(n^2-1)}{2}$, wobei die Nebendiagonalen durch Abb. 1.24 erklärt sind. Man muss dann nämlich in obigen Kongruenzen (*) auf der rechten Seite nur 0 durch einen anderen Wert zwischen 0 und $n - 1$ ersetzen.

Ein magisches Quadrat, bei dem *alle* Diagonalen (also alle Haupt- und Nebendiagonalen) die gleiche Summe ergeben, heißt *diabolisch*. Das bis auf Äquivalenz einzige magische Quadrat der Ordnung 3 ist nicht diabolisch, in den Nebendiagonalen ergeben sich nämlich die Summen 6, 12, 18 und 24. Damit ist Satz 1.35 bewiesen.

Satz 1.35 *Die Methode von Lehmer liefert ein diabolisches (und damit auch magisches) Quadrat, wenn neben den Bedingungen (1) bis (3) aus Satz 1.34 noch die folgenden Bedingungen erfüllt sind:*

(4) $\mathrm{ggT}(c + d, n) = \mathrm{ggT}(e + f, n) = 1$
(5) $\mathrm{ggT}(c - d, n) = \mathrm{ggT}(e - f, n) = 1$

Um mit der Methode von Lehmer ein diabolisches Quadrat der Ordnung n zu konstruieren, muss man zu n teilerfremde Zahlen c, d, e, f bestimmen, für die auch die Zahlen $cf - de$, $c + d$, $c - d$, $e + f$, $e - f$ zu n teilerfremd sind. Dabei kann man sich auf $c, d, e, f \in \{1, 2, \ldots, n - 1\}$ beschränken.

Abb. 1.25 Ein diabolisches
Quadrat der Ordnung 4

1	15	4	14
12	6	9	7
13	3	16	2
8	10	5	11

Abb. 1.26 Ein diabolisches
Quadrat der Ordnung 5

12	10	3	21	19
23	16	14	7	5
9	2	25	18	11
20	13	6	4	22
1	24	17	15	8

Für $n = 3$ stehen für c, d, e, f nur die Zahlen 1 und 2 zur Verfügung. Es muss $c \neq d$ und $e \neq f$ sein; dann ist aber $e + f = 3$, also nicht zu 3 teilerfremd. Es lässt sich also mit der Methode von Lehmer kein diabolisches Quadrat der Ordnung 3 finden. (Ein solches existiert auch nicht, wie wir schon längst wissen.)

Für $n = 4$ stehen für c, d, e, f nur die Zahlen 1, 2, 3 zur Verfügung. Damit kann man die Bedingungen (1) bis (5) nicht erfüllen. Also lässt sich kein diabolisches Quadrat der Ordnung 4 mit der Methode von Lehmer konstruieren. Trotzdem existiert ein solches (Abb. 1.25).

Das zu Anfang dieses Abschnitts angegebene Dürer-Quadrat ist zwar magisch, nicht aber diabolisch.

Für $n = 5$ gibt es verschiedene Möglichkeiten, etwa $c = 1$, $d = 2$, $e = 2$, $f = 1$. Die zugehörigen Kongruenzen sind für $(a, b) = (0, 0)$

$$x_i \equiv i + 2 \left[\frac{i}{5} \right] \bmod 5, \quad y_i \equiv 2i + \left[\frac{i}{5} \right] \bmod 5.$$

Man platziert also die Zahlen von 0 bis 24 (bzw. von 1 bis 25) folgendermaßen von (0,0) ausgehend: einen Schritt nach rechts und zwei Schritte nach oben gehen, dann mod 5 reduzieren; trifft man auf einen schon besetzten Platz, dann zusätzlich zwei Schritte nach rechts und einen Schritt nach oben gehen. Das so entstandene diabolische Quadrat ist in Abb. 1.26 dargestellt.

Aufgaben

1.155 Zeige, dass die Lehmer'sche Methode für $n = 5$ und

$$\begin{pmatrix} a\ c\ e \\ b\ d\ f \end{pmatrix} = \begin{pmatrix} 3\ 1\ 3 \\ 4\ 2\ 4 \end{pmatrix}$$

ein diabolisches Quadrat liefert, und gib dieses an.

1.156 Zeige, dass Satz 1.34 nicht garantiert, dass ein pseudomagisches Quadrat der Ordnung 6 existiert.

1.157 Zeige, dass Satz 1.35 nicht garantiert, dass ein diabolisches Quadrat von gerader Ordnung existiert.

1.158 Zeige, dass sich mit der Methode von Lehmer für $n = 9$ zwar pseudomagische Quadrate konstruieren lassen, aber kein diabolisches Quadrat.

1.159 Konstruiere mit der Methode von Lehmer ein diabolisches Quadrat der Ordnung 7.

1.160 Gib für $n = 11$ mehrere Beispiele für Lehmer-Methoden

$$\begin{pmatrix} 0\ c\ e \\ 0\ d\ f \end{pmatrix}$$

an, die zu einem diabolischen Quadrat führen.

1.12 Codierung und Verschlüsselung

Texte, Bilder, Musik und viele andere Datenmengen übersetzt man in Zahlenfolgen, um sie mit mathematischen Mitteln übertragen und bearbeiten zu können. Dabei spricht man von der *Codierung* oder auch *Chiffrierung* („Verzifferung") der Daten. Man spricht auch von *Digitalisierung*, denn *digitus* ist das lateinische Wort für „Finger"; *digital* heißt also „mit dem Finger", und mit den Fingern rechnet man (zumindest als Schulanfänger), weshalb „digital" auch mit „rechnerisch" übersetzt werden kann.

Ein zur Codierung benutztes System nennt man einen *Code*, oft versteht man darunter aber auch die Mengen der aus Zahlen bestehenden „Wörter", die bei der Codierung auftreten können. Besonders nützlich sind Codes, deren Wörter aus den Ziffern 0 und 1 bestehen, die also aus dem Alphabet {0, 1} gebildet werden, weil diese sich sehr leicht

Tab. 1.4 Beispiele für binären
Code

Ziffer	(1)	(2)	(3)	(4)
0	0000	0000	0011	11000
1	0001	0001	0100	00011
2	0010	0011	0101	00101
3	0011	0010	0110	00110
4	0100	0110	0111	01001
5	0101	0111	1000	01010
6	0110	0101	1001	01100
7	0111	0100	1010	10001
8	1000	1100	1011	10010
9	1001	1101	1100	10100

technisch darstellen lassen (0 = Licht aus, 1 = Licht an; Morsealphabet). Man spricht dann
von einem *binären* Code. Bei einem solchen ist es zunächst notwendig, Codewörter für
die Ziffern von 0 bis 9 festzulegen. Tabelle 1.4 enthält einige Beispiele:

In Spalte (1) werden die Ziffern einfach im 2er-System dargestellt. In Spalte (2) ändert
sich bei Durchlaufen der Ziffern von 0 bis 9 jeweils genau eine Stelle. Der Code in Spalte
(3) besteht aus den Binärdarstellungen der Zahlen $3 + i$ ($i = 0, 1, \ldots, 9$), enthält also
nicht das Wort 0000. In Spalte (4) wählt man aus den fünf Stellen zwei aus und besetzt sie
mit 1, die übrigen mit 0 (10 Möglichkeiten).

Wird bei den Codes in Spalte (1) bis (3) ein Symbol (0 oder 1) falsch übertragen, dann
entsteht eventuell wieder ein Codewort, und man merkt den Fehler nicht. Wird aber in
Spalte (4) genau ein Symbol falsch übertragen, so entsteht ein Wort, das nicht zum Code
gehört; diesmal fällt der Fehler auf.

Der ASCII-Code (American Standard Code for Information Interchange) ist ein binärer
Code mit Wörtern der Länge 8; man stellt zunächst $2^7 = 128$ Buchstaben, Ziffern und
Zeichen als Wörter der Länge 7 dar und fügt ein achtes Symbol (0 oder 1) so hinzu, dass
die Anzahl der Einsen gerade ist. Damit kann man eventuell Übertragungsfehler erkennen,
denn ein achtstelliges Wort mit einer ungeraden Anzahl von Einsen ist kein Code-Wort
(Paritätstest). Man kann aber nicht erkennen, an welcher Stelle der Fehler aufgetreten ist.
Dies kann man vielleicht erreichen, wenn man mehr als nur eine einzige Kontrollstelle
anhängt.

Tabelle 1.5 zeigt ein Beispiel für einen Code mit acht Wörtern der Länge 5; dabei
enthalten die ersten drei Stellen die eigentliche Information, die beiden letzten Stellen
dienen zur Fehlerkontrolle.

Wird genau eine der Informationsstellen falsch übertragen, so zeigen die Kontrollstellen, wo der Fehler ist. Wird etwa 110 01 empfangen und sind die Kontrollstellen korrekt,
dann muss es sich um 010 01 handeln; die erste Informationsstelle ist also falsch.

Dieser Code ist so konstruiert, dass die Summe von zwei Codewörtern immer wieder
ein Codewort ergibt. Die Summe ist dabei stellenweise zu bilden, und man rechnet modulo
2, also eigentlich mit Restklassen mod 2.

Tab. 1.5 Binärer Code mit
zwei Kontrollstellen

Informationsstellen	Kontrollstellen
000	00
001	10
010	01
100	11
011	11
101	01
110	10
111	00

Abb. 1.27
ISBN-10-Codierung

$$3 - 8274 - 1365 - 6$$
$$\uparrow \qquad\qquad \uparrow$$
Land $\uparrow$ Buch-Nr. $\uparrow$
Verlag Prüfzeichen

Statt Codes, deren Wörter aus Restklassen mod 2 gebildet werden, betrachtet man auch allgemeiner solche, deren Wörter aus Restklassen mod m zusammengesetzt sind. Man spricht von Codes über dem Alphabet $A = \{0, 1, 2, \ldots, m - 1\}$. Wir betrachten ein Beispiel für $m = 11$ mit $A = \{0, 1, 2, 3, 4, 5, 6, 7, 8, 9, X\}$, wobei X für 10 steht. Ferner sei C die Menge aller Wörter $(a_1, a_2, \ldots, a_{10}) \in A^{10}$ mit

$$a_1 + 2a_2 + 3a_3 + \ldots + 9a_9 \equiv a_{10} \bmod 11$$

bzw.

$$a_1 + 2a_2 + 3a_3 + \ldots + 9a_9 + 10a_{10} \equiv 0 \bmod 11,$$

was wegen $10 \equiv -1 \bmod 11$ dasselbe ist. Dabei soll das Symbol X nur für a_{10} auftreten dürfen. Dieser Code wurde international bis Ende 2006 zur Kennzeichnung von Büchern benutzt und heißt ISBN-10-Code (*International Standard Book Number*). Die ersten neun Ziffern des ISBN-10-Codes geben der Reihe nach das Land, den Verlag und die Buchnummer innerhalb des Verlags an; die zehnte Ziffer ist ein *Prüfzeichen* (Abb. 1.27).

Ist $a_1 + 2a_2 + 3a_3 + \ldots + 9a_9 \not\equiv a_{10} \bmod 11$, dann ist die ISBN falsch übertragen worden (und muss nochmals eingelesen werden).

Ein falsches Prüfzeichen kann auf verschiedene Arten zustande kommen, sodass keine automatische Fehlerkorrektur möglich ist. Wird beim ISBN-10-Code genau eine der Ziffern von a_1 bis a_{10} falsch übertragen, so fällt dies auf:

$$i(a_i + \delta) \equiv ia_i \bmod 11 \Rightarrow \delta \equiv 0 \bmod 11 \Rightarrow \delta = 0.$$

Ein „Zahlendreher" fällt ebenfalls auf:

$$ia_i + (i + 1)a_{i+1} \equiv ia_{i+1} + (i + 1)a_i \bmod 11 \Rightarrow a_i \equiv a_{i+1} \bmod 11 \Rightarrow a_i = a_{i+1}.$$

Die EAN (*European Article Number*) ist ein 13-Tupel $(a_1, a_2, \ldots, a_{13})$ über dem Alphabet $A = \{0, 1, 2, 3, 4, 5, 6, 7, 8, 9\}$ mit der Eigenschaft

$$a_1 + 3a_2 + a_3 + 3a_4 + \ldots + 3a_{12} + a_{13} \equiv 0 \bmod 10.$$

Wie beim ISBN-10-Code gilt: Wird genau eine Ziffer falsch übertragen, so fällt das auf; werden aber mehrere Ziffern falsch übertragen, so muss dies nicht auffallen. Treten z. B. bei a_2 und a_3 die Abweichungen x und y auf, so merkt man dies nicht, wenn $3x + y \equiv 0 \bmod 10$.

Ab 2007 wurde das ISBN-System an das EAN-System angekoppelt, inzwischen werden nur noch 13-stellige ISBN-Nummern vergeben (ISBN-13-Codierung), und der ISBN-13-Code eines Buchs stimmt mit dem EAN-Code des Buchs überein.

Wenn ein Text so codiert werden soll, dass ein Unbefugter ihn nicht wieder decodieren kann, dann spricht man von einer Geheimschrift oder einem *Kryptogramm*. Die Übersetzung eines Textes in eine Geheimschrift wollen wir (wie allgemein bei jeder Codierung) *Chiffrierung* oder *Verschlüsselung* nennen, die Rückübersetzung heißt dann *Dechiffrierung* oder *Entschlüsselung*. Die Lehre von den Geheimschriften heißt *Kryptografie*.

Ein schon von Julius Caesar benutztes Verfahren bestand darin, die Buchstaben um drei Stellen zu verschieben, also A, B, C, ..., X, Y, Z zu ersetzen durch D, E, F, ..., Z, A, B, C. Allgemeiner könnte man, nachdem man die Buchstaben durch die Zahlen 01, 02, 03, ..., 24, 25, 26 angibt, eine Chiffrierung $x \mapsto x'$ durch $x' \equiv ax + b \bmod 26$ mit $\mathrm{ggT}(a, 26) = 1$ definieren. Dabei muss man die ganzen Zahlen a, b als „Schlüssel" der Chiffrierung geheim halten. Hierbei wird jedem Buchstaben stets derselbe Buchstabe zugeordnet. Ahnt also der Gegner diese Form der Chiffrierung, so muss er nur (in einem hinreichend langen Text) die Häufigkeit der Buchstaben mit der Häufigkeit der Buchstaben in einen Klartext vergleichen. Natürlich muss er wissen, in welcher Sprache der Klartext verfasst ist. Jedenfalls sind Kryptogramme dieser Art leicht von einem Gegner zu „knacken".

Die Häufigkeit der Buchstaben ist aber keine Hilfe mehr, wenn man folgendermaßen verfährt (Abb. 1.28): Man legt ein (geheimes) Schlüsselwort $(s_1, s_2, s_3, \ldots, s_k)$ fest, betrachtet dann die Folge $s_1, s_2, \ldots, s_k, s_{k+1}, \ldots$ mit $s_i = s_j$ für $i \equiv j \bmod k$ und chiffriert einen Text $(a_1, a_2, \ldots a_n)$ zu $(b_1, b_2, \ldots, b_n)$ mit $b_i \equiv a_i + s_i \bmod 26$ für $i = 1, 2, 3, \ldots, n$.

Kaum zu knacken wäre eine solche Geheimschrift, wenn man das Schlüsselwort von gleicher Länge wie den Klartext wählt (also $k = n$) und außerdem als eine Zufallsfolge aus $\{01, 02, \ldots, 26\}$ konstruiert. Übermittelt man dann den verschlüsselten Text und außerdem (möglichst schon vorher) das ebenso lange Schlüsselwort (streng geheim), dann hat ein Angreifer schlechte Karten.

Abb. 1.28 Geheimschrift

> Schlüsselwort MAX $= 13\,01\,24$
>
> A B A K A D A B R A
>
> 01 02 01 11 01 04 01 02 19 01
>
> 13 01 24 13 01 24 13 01 24 13
>
> 14 03 25 24 02 02 14 03 17 14
>
> N C Y X B B N C Q N

Die folgende Geheimschrift benutzt lineare Gleichungssysteme für Restklassen mod p, wobei p eine Primzahl ist, die mindestens so groß wie die Anzahl der Buchstaben und sonstigen Zeichen sein muss.

Wir vereinbaren eine eindeutige Zuordnung von Buchstaben und sonstigen Zeichen zu Zahlen 0, 1, 2, ..., $p - 1$. Dann wählen wir ein $n \in \mathbb{N}$ und teilen die zu verschlüsselnde Nachricht in n-Tupel ein. Es geht nun also um die Chiffrierung eines n-Tupels $(x_1, x_2, \ldots, x_n)$ von Zahlen aus $\{0, 1, 2, \ldots, p - 1\}$. Dazu wählen wir n^2 feste Restklassen $(a_{ij} \bmod p)$ $(i, j = 1, 2, \ldots, n)$, berechnen für $i = 1, \ldots, n$

$$y_i \equiv a_{i1}x_1 + a_{i2}x_2 + \ldots + a_{in}x_n \bmod p \quad \text{mit} \quad y_i \in \{0, 1, \ldots, p - 1\}.$$

und erhalten das chiffrierte n-Tupel $(y_1, y_2, \ldots, y_n)$. Um nun dieses wieder zu dechiffrieren, müssen wir das lineare Gleichungssystem nach $x_1, x_2, \ldots, x_n$ auflösen:

$$x_i \equiv b_{i1}y_1 + b_{i2}y_2 + \ldots + b_{in}y_n \bmod p \quad \text{mit} \quad x_i \in \{0, 1, \ldots, p - 1\}$$

Dies bereitet natürlich große Schwierigkeiten, wenn man die Koeffizienten a_{ij} nicht kennt. In Beispiel 1.34 sind aber n und p so klein, dass die notwendigen Rechnungen sehr einfach durchzuführen sind.

Beispiel 1.34 Wir wählen $p = 31, n = 3$ und

$$y_1 \equiv 2x_1 + 3x_2 + 5x_3 \bmod 31\,,$$

$$y_2 \equiv 1x_1 + 0x_2 + 7x_3 \bmod 31\,,$$

$$y_3 \equiv 5x_1 + 2x_2 + 3x_3 \bmod 31\,.$$

Sendet man die Nachricht $(x_1, x_2, x_3) = (13, 17, 20)$, so ensteht daraus $(y_1, y_2, y_3) = (22, 29, 4)$. Die Auflösung des Gleichungssystems nach (x_1, x_2, x_3) ergibt:

$$x_1 \equiv 3x_1 + 2x_2 + 11x_3 \bmod 31\,,$$

$$x_2 \equiv 2x_1 + 24x_2 + 13x_3 \bmod 31\,,$$

$$x_3 \equiv 4x_1 + 22x_2 + 25x_3 \bmod 31\,.$$

Setzt man hier für (y_1, x_2, y_3) die gesendete Nachricht $(22, 29, 4)$ ein, so erhält man wieder die ursprüngliche Nachricht $(13, 17, 20)$. ■

Öffentliche Chiffriersysteme oder *Public-Key*-Systeme benutzen Funktionen, deren Werte leicht zu berechnen sind, deren Umkehrungen aber einen solchen Rechenaufwand benötigen, dass aus einem Funktionswert praktisch nicht auf den Ausgangswert geschlossen werden kann. Wir nennen hierzu zwei Beispiele:

- Sind p, q zwei sehr große Primzahlen, dann kann man aus $N = p \cdot q$ in der Regel kaum die Primfaktoren p und q berechnen. Die Primfaktorzerlegung von Zahlen mit großen Primfaktoren ist nämlich eine extrem rechenaufwendige Arbeit.
- Ist $g \bmod p$ eine prime Restklasse $\bmod\, p$ und p eine große Primzahl, dann kann man aus dem Wert der Potenz $g^a \bmod p$ in der Regel kaum auf den Exponenten a schließen. Logarithmieren im Bereich der Restklassen $\bmod\, p$ ist nämlich sehr schwer.

Bei einem öffentlichen Chiffriersystem hat nun jeder Teilnehmer T

- einen öffentlichen (bekannten) Schüssel V_T zur Verschlüsselung von Nachrichten an T,
- einen privaten (geheimen) Schlüssel E_T zur Entschlüsselung dieser Nachrichten durch T,

wobei aus V_T nicht auf E_T geschlossen werden kann.

Der Satz von Euler und Fermat (Satz 1.22) ist der Ausgangspunkt für die Konstruktion eines *Public-Key-Codes*, der auf Rivest, Shamir und Adleman (1978) zurückgeht und deshalb auch RSA-Algorithmus heißt: Wir denken uns zwei (sehr große) Primzahlen p und q gegeben und bilden ihr Produkt

$$m = p \cdot q.$$

Die zu übermittelnde Nachricht denken wir uns als eine natürliche Zahl N, die kleiner als m ist. (Eine lange Nachricht besteht dann aus einer Folge solcher Zahlen N.) Im Folgenden nehmen wir an, dass N zu m teilerfremd ist, also weder durch p noch durch q teilbar ist. (Da p und q „sehr groß" sein sollen, wäre es ein großer Zufall, wenn eine beliebig gewählte Zahl *nicht* zu m teilerfremd wäre.) Nun wählen wir eine natürliche Zahl r mit

$$1 < r < \varphi(m) = (p - 1)(q - 1) \quad \text{und} \quad \mathrm{ggT}(r, \varphi(m)) = 1$$

und berechnen den Rest R von N^r bei Division durch m:

$$N^r \equiv R \bmod m \quad \text{mit} \quad 1 \le R < m.$$

Kennt man nun R, dann kann man daraus die Nachricht N rekonstruieren: Man bestimme die Zahl s mit

$$rs \equiv 1 \bmod \varphi(m) \quad \text{und} \quad 1 < s < \varphi(m).$$

Dann ist

$$R^s \equiv N^{rs} \equiv N \bmod m,$$

die Nachricht N ist also der Rest von R^s bei Division durch m.

Damit nun eine Nachricht nur vom dazu befugten Empfänger verstanden werden kann, geht man folgendermaßen vor: Der Empfänger gibt seine Zahlen m und r *öffentlich bekannt* (wie Telefonnummern in einem Telefonbuch), hält aber die Primfaktoren p und q *geheim*. Dann kann jedermann ihm eine Nachricht senden, denn dazu benötigt man nur die Zahlen m und r. Zur Entschlüsselung aber braucht man die Zahl s, und diese kann man nur dann einfach bestimmen, wenn man $\varphi(m) = (p-1)(q-1)$, also die Primfaktoren p und q, kennt. Selbst der Absender einer Nachricht kann diese, hat er sie einmal verschlüsselt, nicht wieder entschlüsseln.

Die Einbruchsicherheit dieses Codierungsverfahrens hängt davon ab, wie schwer es ist, die Primfaktorzerlegung von m zu finden. Durch die ständige Weiterentwicklung der elektronischen Rechner werden hier die Grenzen immer weiter nach oben verschoben; schon heute benötigt man für einen Public-Key-Code Primzahlen, deren Stellenzahl deutlich über 100 liegt. Die Zahl r wählt man meistens als eine Primzahl, die größer als p und q ist; jedenfalls sollte $2^r > m$ sein, damit für kein N in obiger Bezeichnung $N^r = R$ gilt.

Der glückliche „Besitzer" zweier großer Primzahlen p und q muss die Primfaktoren von $\varphi(pq) = (p-1)(q-1)$ kennen, weil er eine zu $\varphi(pq)$ teilerfremde Zahl r wählen muss. In der Regel ist die Primfaktorzerlegung von $(p-1)(q-1)$ aber kein Problem, da man meistens auf kleine Primteiler stößt.

Beispiel 1.35 verdeutlicht das dargestellte Codierungsverfahren, ist jedoch für die Praxis unbedeutend, weil die Primzahlen p und q zu klein sind.

Beispiel 1.35 Es sei $p = 23, q = 29$, also $m = 667$ und $\varphi(m) = 616$. Wir wählen $r = 15$, was wegen $\mathrm{ggT}(15, 616) = 1$ erlaubt ist. Eine mögliche Nachricht ist $N = 12$, denn $\mathrm{ggT}(12, 667) = 1$. Der Absender kennt m und r; er berechnet

$$12^{15} \equiv 220 \bmod 667$$

und sendet die verschlüsselte Nachricht $R = 220$. Der Empfänger hat zuvor die Zahl s mit $15s \equiv 1 \bmod 616$ berechnet, z. B. mit dem euklidischen Algorithmus: $\mathrm{ggT}(15, 616) = 1 = 575 \cdot 15 - 14 \cdot 616$, also $s = 575$. Nun berechnet er

$$220^{575} \equiv 12 \bmod 667$$

und erhält damit die Nachricht $N = 12$.

(Man beachte, dass Potenzieren und Reduzieren mit einem gegebenen Modul m für einen Computer keine schwere Arbeit ist.) ∎

Wir betrachten einen weiteren Public-Key-Code, bei dem man die Schwierigkeit des Logarithmierens mod p ausnutzt. Eine (große) Primzahl p und eine prime Restklasse $(g \bmod p)$ seien bekannt. Geschickterweise wählt man $(g \bmod p)$ so, dass die Ordnung dieser Restklasse den höchstmöglichen Wert $\varphi(p) = p - 1$ hat, weil dann die Potenzen $(g^i \bmod p)$ für $i = 1, 2, \ldots, p - 1$ alle primen Restklassen mod p darstellen. Eine solche Wahl von $(g \bmod p)$ ist stets möglich, was wir hier aber nicht beweisen wollen.

Die zu versendenden Nachrichten seien prime Restklassen mod p bzw. natürliche Zahlen $< p$. Ein Teilnehmer T wähle (geheim) eine ganze Zahl a und publiziere $(g^a \bmod p)$ (bzw. die kleinste natürliche Zahl in dieser Restklasse) als seine „Adresse". Selbst wenn man $(g \bmod p)$ kennt, ist es schwer, aus $(g^a \bmod p)$ den „Logarithmus" $(a \bmod p - 1)$ zu berechnen. (Man beachte, dass dieser Logarithmus eine Restklasse mod $\varphi(p)$ ist.) Zur Verschlüsselung einer Nachricht N an T wählt der Absender eine ganze Zahl k und übermittelt das Paar

$$(g^k, N \cdot (g^a)^k) = (b, c) \quad \text{(jeweils mod } p\text{)}.$$

Die Entschlüsselung durch T geschieht dann folgendermaßen: Man bildet aus (b, c) die Restklasse

$$(b^{p-1-a} \cdot c \bmod p),$$

denn $g^{k(p-1-a)} \cdot N g^{ak} \equiv g^{-ak} \cdot N g^{ak} \equiv N \bmod p$.

Beispiel 1.36 Es sei $p = 13$. Wir wählen für $(g \bmod p)$ die Restklasse $(2 \bmod 13)$:

$$(2, 2^2, 2^3, 2^4, 2^5, 2^6, 2^7, 2^8, 2^9, 2^{10}, 2^{11}, 2^{12})$$

$$\equiv (2, 4, 8, 3, 6, 12, 11, 9, 5, 10, 7, 1) \bmod 13,$$

die Restklasse $(2 \bmod 13)$ hat also die größtmögliche Ordnung $\varphi(13) = 12$. Nun wählt der Teilnehmer T (geheim) $a = 5$ und publiziert $(6 \bmod 13)$ als seine Adresse. (Bei derart kleinen Zahlen ist es natürlich keine Kunst, den Logarithmus von $(6 \bmod 13)$ als $(5 \bmod 12)$ zu erkennen, aber in der Praxis benutzt man riesige Primzahlen.) Die Verschlüsselung der Nachricht $N = 9$ mit dem Exponenten $k = 4$ ergibt das Paar $(2^4, 9 \cdot 6^4) \equiv (3, 3)$

mod 13. Die Entschlüsselung durch den Empfänger der Nachricht sieht folgendermaßen aus:

$$3^{12-5} \cdot 3 \equiv 3 \cdot 3 \equiv 9 \bmod 13$$

■

Aufgaben

1.161 Bestimme in folgender ISBN-10 die fehlende Ziffer (?): 3-540-63(?)98-6 .

1.162 Bestimme in folgender EAN die fehlende Ziffer: 7-6(?)0102-573014 .

1.163 Bei einem linearen Code sollen die 30 Zahlen von 1 bis 30 (die für Buchstaben und Zeichen stehen) durch $x' = ax + b \bmod 30$ verschlüsselt werden. Eine Häufigkeitsanalyse legt folgende Vermutung nahe: 11 bedeutet 5, und 7 bedeutet 19. Berechne daraus a und b.

1.164 Ein Public-Key-Code habe die Rufnummer (54227, 143). Prüfe, ob 143 zu $\varphi(54227)$ teilerfremd ist. Versuche mithilfe von Primzahltafel und Taschenrechner, den Code zu „knacken". Berechne auch die Entschlüsselungszahl s.

1.165 (a) Zeige, dass die Restklasse (3 mod 17) die Ordnung $\varphi(17) = 16$ hat.

(b) Zeige, dass die Restklassen ($3^i \bmod 17$) genau dann die Ordnung 16 haben, wenn i ungerade ist.

(c) Berechne den Logarithmus von (5 mod 17) zur Basis ($3^i \bmod 17$) für $i = 1, 3, 5, 7, 9, 11, 13, 15$, also die Restklasse ($r \bmod 16$) mit $(3^i)^r \equiv 5 \bmod 17$.

Mengen, Relationen, Abbildungen

2

Übersicht

2.1 Mengen

Den Begriff der *Menge* verwendet man im Mathematikunterricht in der Schule und in allen Anwendungsbereichen der Mathematik, ohne diesen Begriff streng zu definieren. Auch wir haben in Kapitel 1 diesen Begriff ohne nähere Erklärung benutzt. Das soll auch weiterhin so bleiben; der Begriff der Menge ist für uns wie auch für die Mehrzahl aller Mathematiker ein *undefinierter Grundbegriff*, von dem wir voraussetzen, dass jeder gutwillige Mensch weiß, was er bedeutet. Von Georg Cantor (1845–1918), dem Begründer der transfiniten Mengenlehre, stammt folgende Erklärung: „Unter einer Menge verstehen wir jede Zusammenfassung von bestimmten wohlunterschiedenen Objekten unserer Anschauung oder unseres Denkens (welche Elemente der Menge genannt werden) zu einem Ganzen." Dies ist keine Definition, bestenfalls eine vage Beschreibung des Mengenbegriffs; denn was ist eine „Zusammenfassung", was sind „wohlunterschiedene Objekte"? Cantor hat obige Erklärung auch nicht als Definition ausgegeben, sondern

© Springer Verlag Berlin Heidelberg 2016
H. Scheid, W. Schwarz, *Elemente der Arithmetik und Algebra*,
DOI 10.1007/978-3-662-48774-7_2

höchstens als Beschreibung eines Begriffs, den ohnehin jeder Mensch kennt. Vergleichbar damit ist Euklids Erklärung, was ein *Punkt* ist: „Ein Punkt ist, was keine Teile hat."

Eine Menge kann man auf verschiedene Arten festlegen. Zunächst kann man eine Menge durch explizite Angabe ihrer Elemente definieren, wobei man diese Elemente zwischen geschweifte Klammern (*Mengenklammern*) schreibt; das ist natürlich nur bei endlichen Mengen eine eindeutige Beschreibung, jedoch weiß auch jedermann, welche Menge wohl mit $\{1, 2, 3, \ldots\}$ gemeint sein könnte. Um allgemein über Mengen sprechen zu können, benutzen wir große lateinische Buchstaben als Variable für Mengen. Soll das Element x zur Menge M gehören, so schreibt man $x \in M$ („x ist Element von M", „x in M", „x aus M"); gehört x nicht zu M, so schreibt man $x \notin M$. Diese Schreibweisen haben wir in Kap 1 schon benutzt, da man sie bereits in der Schule kennenlernt.

Häufig wird eine Menge A als eine Teilmenge einer umfassenderen Menge M beschrieben, deren Elemente gewisse Eigenschaften $\mathcal{E}(\ldots)$ haben. Man schreibt dann $A = \{x \in M \mid \mathcal{E}(x)\}$ für die Menge A aller Elemente aus M, die die Eigenschaft $\mathcal{E}(\ldots)$ haben. Geht aus dem Zusammenhang hervor, welche Menge M gemeint ist, so schreibt man dafür auch manchmal kürzer $A = \{x \mid \mathcal{E}(x)\}$. Beispiele hierfür:

- $\{x \in \mathbb{N} \mid x \text{ teilt } 30\}$ ist die Menge aller natürlichen Zahlen, die Teiler von 30 sind, also die Teilermenge T_{30}.
- Ist $\mathbb{R}$ die Menge der reellen Zahlen (Abschn. 4.6), so ist $\{x \in \mathbb{R} \mid x^2 + 5x - 7 = 0\}$ die Menge aller reellen Zahlen, welche die gegebene Gleichung lösen, also die Lösungsmenge der Gleichung in $\mathbb{R}$.
- Die Menge $\{x \in \mathbb{N} \mid x \text{ ist Summe von höchstens zwei Quadraten}\}$ ist unendlich; die Beschreibung dieser Menge in der Form $\{1, 2, 4, 5, 8, 9, 10, 13, 16, 17, 18, 20, \ldots\}$ lässt kaum erkennen, um welche Menge es sich handelt.

Ist $T(x)$ ein algebraischer Term, dann ist $\{y \mid \text{es gibt ein } x \in D \text{ mit } y = T(x)\}$ die Menge der Werte, die $T(x)$ bei Einsetzen eines Elements $x \in D$ annehmen kann. Dafür schreiben wir dann kürzer $\{T(x) \mid x \in D\}$. Beispiele hierfür:

- $\{7x \mid x \in \mathbb{N}\}$ ist die Menge aller Vielfachen von 7, also V_7.
- $\{x^2 \mid x \in \mathbb{N}\}$ ist die Menge aller Quadrate in $\mathbb{N}$.
- $\{x^2 + y^2 \mid x, y \in \mathbb{N}\}$ ist die Menge aller natürlicher Zahlen, die als Summe von zwei Quadraten darstellbar sind.

Es kann vorkommen, dass eine Gleichung keine Lösung hat, dass ihre Lösungsmenge also keine Elemente besitzt. Ferner spielt oft die Tatsache eine Rolle, dass zwei Mengen keine gemeinsamen Elemente haben, dass also ihre Schnittmenge kein Element besitzt. Aus diesen Gründen ist der Begriff der *leeren Menge* wichtig. Man bezeichnet die leere Menge mit dem Symbol $\emptyset$; dies ist die einzige Menge, die keine Elemente hat.

Schon bei der Definition von Mengen anhand von Eigenschaften ihrer Elemente benutzt man den Begriff der *Teilmenge*. Ist A eine Teilmenge von B, so schreibt man $A \subseteq B$. Die formale Definition dieses Begriffs lautet:

$$A \subseteq B : \Longleftrightarrow (x \in A \Longrightarrow x \in B).$$

(Das Symbol $: \Longleftrightarrow$ lese man als „... ist definiert als ...".) Um also in einem konkreten Fall die Beziehung $A \subseteq B$ nachzuweisen, muss man zeigen, dass jedes Element von A auch Element von B ist. Wegen

$$A = B : \Longleftrightarrow (x \in A \Longleftrightarrow x \in B)$$

gilt

$$A = B \Longleftrightarrow (A \subseteq B \text{ und } B \subseteq A).$$

(Das Symbol $\Longleftrightarrow$ (ohne den Doppelpunkt) lese man als „... ist gleichwertig mit ..." oder „... bedeutet dasselbe wie ..."; Abschn. 1.2). Zwei Mengen sind also genau dann gleich, wenn jede eine Teilmenge der anderen ist. Trivialerweise gilt für jede Menge A

$$\emptyset \subseteq A \quad \text{und} \quad A \subseteq A.$$

Man beachte, dass $A \subseteq B$ den Fall $A = B$ zulässt. Möchte man diesen ausschließen, so schreibt man $A \subset B$ und nennt A *echte* Teilmenge von B.

Die Menge aller Elemente, die *sowohl* zu A *als auch* zu B gehören, nennt man die *Schnittmenge* von A und B und bezeichnet sie mit $A \cap B$ (lies „A geschnitten mit B"). Es ist also

$$A \cap B := \{x \mid x \in A \text{ und } x \in B\}.$$

(Das Zeichen $:=$ bedeutet „... ist definiert als ...".) Gilt $A \cap B = \emptyset$, dann nennt man die Mengen A, B *elementefremd* oder *disjunkt*.

Die Menge aller Elemente, die zu A *oder* zu B gehören, nennt man die *Vereinigungsmenge* von A und B und bezeichnet sie mit $A \cup B$ (lies „A vereinigt mit B"). Es ist also

$$A \cup B := \{x \mid x \in A \text{ oder } x \in B\}.$$

Das *oder* ist dabei im nicht ausschließenden Sinn zu verstehen; ein Element gehört also auch dann zu $A \cup B$, wenn es zu A *und* zu B gehört. Es gilt also stets $A \cap B \subseteq A \cup B$.

Offensichtlich ist $A \cap \emptyset = \emptyset$ und $A \cap A = A$ für jede Menge A sowie $A \cup \emptyset = A$ und $A \cup A = A$ für jede Menge A. Ferner gelten die folgenden Regeln:

Regeln für die Mengenoperationen ∩ und ∪

$$\left.\begin{array}{l} A \cap B = B \cap A \\ A \cup B = B \cup A \end{array}\right\} \text{Kommutativgesetze}$$

$$\left.\begin{array}{l} A \cap (B \cap C) = (A \cap B) \cap C \\ A \cup (B \cup C) = (A \cup B) \cup C \end{array}\right\} \text{Assoziativgesetze}$$

$$\left.\begin{array}{l} A \cap (B \cup C) = (A \cap B) \cup (A \cap C) \\ A \cup (B \cap C) = (A \cup B) \cap (A \cup C) \end{array}\right\} \text{Distributivgesetze}$$

$$\left.\begin{array}{l} A \cap (A \cup B) = A \\ A \cup (A \cap B) = A \end{array}\right\} \text{Absorptionsgesetze}$$

Diese Regeln folgen unmittelbar aus der logischen Bedeutung von *und* sowie *oder*. Wir wollen dies am ersten der beiden Distributivgesetze zeigen:

- Gilt $x \in A \cap (B \cup C)$, dann gehört x zu A *und* zu B *oder* C, also zu A *und* B *oder* zu A *und* C, also zu $A \cap B$ *oder* $A \cap C$ und damit zu $(A \cap B) \cup (A \cap C)$.
- Gilt $x \in (A \cap B) \cup (A \cap C)$, so gehört x zu A *und* B *oder* zu A *und* C, demnach sowohl zu A als auch zu mindestens einer der Mengen B *oder* C, folglich zur Menge $A \cap (B \cup C)$.

Damit haben wir gesehen, dass jedes Element von $A \cap (B \cup C)$ auch ein Element von $(A \cap B) \cup (A \cap C)$ ist und umgekehrt, dass diese Mengen also gleich sind.

Die Assoziativgesetze besagen insbesondere, dass man die Schnittmenge und die Vereinigungsmenge von mehr als zwei Mengen bilden und ohne Klammern hinschreiben darf. Die Regeln sind vollkommen symmetrisch bezüglich der Operationen ∩ und ∪; es liegt also eine andere Struktur vor als beim Addieren und Multiplizieren von Zahlen.

Zur Veranschaulichung von Mengenverknüpfungen kann man *Mengendiagramme* (auch *Euler-Diagramme* genannt) benutzen (Abb. 2.1).

Die Elemente von A, die nicht zu B gehören, bilden die *Differenzmenge* $A \setminus B$ (lies „A ohne B"). Demnach ist (Abb. 2.2)

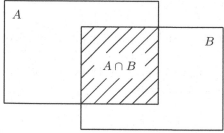
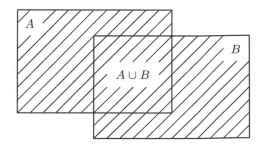

Abb. 2.1 Mengendiagramme für ∩ und ∪

Abb. 2.2 Differenzmenge

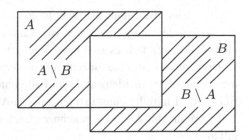

$$A \setminus B := \{x \in A \mid x \notin B\}.$$

Im Allgemeinen ist $A \setminus B \neq B \setminus A$ (Abb. 2.2). Genau dann gilt $A \setminus B = B \setminus A$, wenn $A = B$ ist. In diesem Fall gilt $A \setminus B = B \setminus A = \emptyset$.

Das Mengendiagramm in Abb. 2.2 veranschaulicht auch die Beziehungen

$$(A \setminus B) \cup (A \cap B) \cup (B \setminus A) = A \cup B,$$

$$(A \setminus B) \cap B = (A \setminus B) \cap (B \setminus A) = (B \setminus A) \cap A = \emptyset,$$

$$A \setminus B = A \iff A \cap B = \emptyset \iff B \setminus A = B.$$

Weniger offensichtliche Regeln über das „Rechnen" mit Mengen muss man natürlich *beweisen*, indem man auf die Definitionen der Verknüpfungen $\cap$, $\cup$ und $\setminus$ zurückgreift.

Beispiel 2.1 Für alle Mengen A, B, C gilt

$$A \setminus (B \cup C) = (A \setminus B) \cap (A \setminus C),$$

denn:

$$x \in A \setminus (B \cup C) \iff x \in A \text{ und } x \notin B \cup C$$

$$\iff x \in A \text{ und } x \notin B \text{ und } x \notin C$$

$$\iff (x \in A \text{ und } x \notin B) \text{ und } (x \in A \text{ und } x \notin C)$$

$$\iff x \in A \setminus B \text{ und } x \in A \setminus C$$

$$\iff x \in (A \setminus B) \cap (A \setminus C).$$

∎

Dieser Beweis zeigt, dass Aussagen der „Mengenalgebra" auf Aussagen der Logik zurückgeführt werden, in denen die logischen Verknüpfungen „und" (*Konjunktion*), „oder" (*Disjunktion*) und „nicht" (*Negation*) sowie die logische Äquivalenz $\iff$ und die logische Implikation $\implies$ eine Rolle spielen.

Man kann die Mengenverknüpfungen ∩, ∪ und \ auch anhand von *Inzidenztafeln* definieren, denen zu entnehmen ist, wann ein Element zu $A \cap B$ usw. gehört ($\in$) oder nicht gehört ($\notin$), falls es zu A bzw. B gehört ($\in$) oder nicht gehört ($\notin$) (Abb. 2.3).

Untersucht man eine Beziehung, in der drei Mengen A, B, C eine Rolle spielen, so muss man in der Inzidenztafel acht Fälle unterscheiden. Wir beweisen die Beziehung aus Beispiel 2.1 mithilfe einer Inzidenztafel in Abb. 2.4.

In den in Abb. 2.4 mit $*$ gekennzeichneten Spalten ergeben sich die gleichen Werte; es gilt also

$$x \in A \setminus (B \cup C) \iff x \in (A \setminus B) \cap (A \setminus C)$$

und daher $A \setminus (B \cup C) = (A \setminus B) \cap (A \setminus C)$.

Bei diesem Beispiel wird natürlich bei Verwendung einer Inzidenztafel „mit Kanonen auf Spatzen geschossen", in komplizierteren Zusammenhängen kann die Inzidenztafel aber von großem Nutzen sein.

Wir kehren nochmals zum Begriff der Menge zurück. Man kann Mengen bilden, deren Elemente selbst Mengen sind, beispielsweise

$$\{\emptyset, \{1\}, \{2\}, \{3\}, \{1, 2\}, \{1, 3\}, \{2, 3\}, \{1, 2, 3\}\}.$$

Abb. 2.3 Inzidenztafel für ∩ und ∪

A	B	$A \cap B$	$A \cup B$	$A \setminus B$
$\in$	$\in$	$\in$	$\in$	$\notin$
$\in$	$\notin$	$\notin$	$\in$	$\in$
$\notin$	$\in$	$\notin$	$\in$	$\notin$
$\notin$	$\notin$	$\notin$	$\notin$	$\notin$

A	B	C	$B \cup C$	$A \setminus (B \cup C)$	$A \setminus B$	$A \setminus C$	$(A \setminus B) \cap (A \setminus C)$
$\in$	$\in$	$\in$	$\in$	$\notin$	$\notin$	$\notin$	$\notin$
$\in$	$\in$	$\notin$	$\in$	$\notin$	$\notin$	$\in$	$\notin$
$\in$	$\notin$	$\in$	$\in$	$\notin$	$\in$	$\notin$	$\notin$
$\notin$	$\in$	$\in$	$\in$	$\notin$	$\notin$	$\notin$	$\notin$
$\in$	$\notin$	$\notin$	$\notin$	$\in$	$\in$	$\in$	$\in$
$\notin$	$\in$	$\notin$	$\in$	$\notin$	$\notin$	$\notin$	$\notin$
$\notin$	$\notin$	$\in$	$\in$	$\notin$	$\notin$	$\notin$	$\notin$
$\notin$	$\notin$	$\notin$	$\notin$	$\notin$	$\notin$	$\notin$	$\notin$
				$*$			$*$

Abb. 2.4 $A \setminus (B \cup C) = (A \setminus B) \cap (A \setminus C)$

Dies ist die Menge aller Teilmengen von $\{1, 2, 3\}$. Diese werden wir in Abschn. 2.2 die *Potenzmenge* der Menge $\{1, 2, 3\}$ nennen.

Man kann auch Objekte sehr unterschiedlicher Natur zu einer Menge zusammenfassen, etwa $\{\mathbb{N}, T_{30}, (7 \bmod 11), \mathrm{ggT}(12, 15)\}$. Nichts verbietet, diese Menge zu bilden, sie ist nur zu nichts zu gebrauchen.

Nicht jede sprachliche oder sonstige Beschreibung einer „Menge" definiert wirklich eine Menge. Das berühmteste Beispiel hierfür ist die *Russell'sche Antinomie*: Es sei A die Menge aller Mengen, die sich nicht selbst als Element enthalten. Gilt $A \notin A$, dann muss aufgrund der „Definition" von A doch $A \in A$ gelten. Gilt aber $A \in A$, dann muss aufgrund der „Definition" von A wieder $A \notin A$ gelten. Man verwickelt sich also in heillose Widersprüche und muss erkennen, dass die oben „definierte" Menge nicht existiert.

Earl Bertrand Russell (1872–1970) gilt als einer der größten Grundlagenforscher des 20. Jahrhunderts. Zu vielen wissenschaftlichen und sozialen Fragen seiner Zeit nahm Russell mutig Stellung. Im Jahr 1950 wurde ihm der Nobelpreis für Literatur verliehen. Sein Aufruf zur Kriegsdienstverweigerung im Ersten Weltkrieg trug ihm sechs Monate Gefängnis ein, aber bis in sein hohes Alter blieb er ein engagierter Kämpfer für den Frieden.

Zur Vermeidung von Widersprüchen ist es notwendig, die „Mengenlehre" auf eine axiomatische Grundlage zu stellen. Für die meisten Zwecke der Mathematik und ihrer Anwendungen genügt aber ein „naives" Umgehen mit Mengen, wie wir es bisher getan haben und auch weiter tun werden.

Aufgaben

2.1 Gib die folgenden Mengen in aufzählender Form an:

(a) $M_1 = \{x \in \mathbb{N} \mid x \le 20 \text{ und } x \equiv 1 \bmod 3\}$
(b) $M_2 = \{x \in \mathbb{Z} \mid x \le 100 \text{ und die Quersumme von } x \text{ ist } 10\}$
(c) $M_3 = \{x \in \mathbb{Q} \mid \text{ es gibt ein } a \in \mathbb{N} \text{ mit } ax \in \mathbb{N} \text{ und } ax < a < 5\}$

2.2 (a) Zeige, dass $T_{32} \cap V_3 = T_{125} \cap V_7$.
   (b) Unter welcher Voraussetzung ist $T_a \cap V_b \neq \emptyset$?
   (c) Aus welchen Zahlen besteht die Menge $T_{210} \cap V_7$?

2.3 Zeichne zu den folgenden Aussagen ein Mengendiagramm:

(a) $T_{12} \cap T_{18} = T_6$ (b) $V_{12} \cap V_{18} = V_{36}$ (c) $T_{120} \cap V_{24} = \{24, 120\}$

2.4 Bestimme alle dreielementigen Teilmengen der Menge aller Teiler von 20.

2.5 Mit $(a \bmod m)$ wird die Menge $\{x \in \mathbb{Z} \mid x \equiv a \bmod m\}$ bezeichnet (Abschn. 1.5).

(a) Bestimme $(a \bmod m) \cap (b \bmod m)$.
(b) Zeige, dass $(a \bmod m) \cap (a \bmod n) = (a \bmod mn)$, falls $\mathrm{ggT}(m, n) = 1$.

(c) Bestimme $(6 \bmod 9) \cap (7 \bmod 11)$.

2.6 Die Mengen A, B und C seien definiert durch

$$A = \{x \in \mathbb{N} \mid x \text{ ist eine Quadratzahl}\},$$

$$B = \{x \in \mathbb{N} \mid x \text{ ist Summe von zwei Quadratzahlen} \neq 0\},$$

$$C = \{x \in \mathbb{N} \mid x \text{ hat die Quersumme } 7\}.$$

(a) Zeige, dass $A \cap (5 \bmod 8) = B \cap (3 \bmod 4) = C \cap (4 \bmod 9) = \emptyset$.

(b) Beschreibe die Menge $A \cap B$ und nenne die fünf kleinsten Elemente.

(c) Aus welchen Zahlen besteht die Menge $A \cap C$? Nenne drei Elemente.

(d) Nenne zwei Elemente aus der Menge $B \cap C$.

2.7 Unter welchen Voraussetzungen über die Mengen A, B bzw. A, B, C gilt

(a) $A \cap B = A \cup B$?   (b) $(A \cap B) \cup C = A \cap (B \cup C)$?

2.8 Zeige: Für alle Mengen A, B, C gilt

$$A \setminus (B \cap C) = (A \setminus B) \cup (A \setminus C).$$

Benutze dabei eine Inzidenztafel.

2.9 (a) Zeige anhand eines Mengendiagramms, dass für alle Mengen A und B folgende Beziehung gilt:

$$(A \setminus B) \cup (B \setminus A) = (A \cup B) \setminus (A \cap B).$$

(b) Es sei $A \star B := (A \cup B) \setminus (A \cap B)$. (Man nennt $A \star B$ die *symmetrische Differenz* der Mengen A und B.)
Beweise folgende Regeln:
(1) $A \star B = B \star A$ für alle Mengen A, B
(2) $(A \star B) \star C = A \star (B \star C)$ für alle Mengen A, B, C
(3) $A \star \emptyset = A$ für alle Mengen A
(4) $A \star A = \emptyset$ für alle Mengen A

(c) A und B seien Mengen. Beweise mithilfe von Regel (1) bis (4), dass genau eine Menge X mit $A \star X = B$ existiert.

2.2   Die Potenzmenge einer Menge

Die Menge aller Teilmengen einer Menge M nennt man die *Potenzmenge* von M und bezeichnet sie mit $\mathcal{P}(M)$. Der Name rührt daher, dass bei einer endlichen Menge M mit genau m Elementen die Menge $\mathcal{P}(M)$ genau 2^m Elemente besitzt, dass also die Elementezahl von $\mathcal{P}(M)$ eine *Potenz von* 2 ist (Aufgabe 2.13; vgl. auch Abschn. 2.7).

Beispiel 2.2 $\mathcal{P}(\emptyset) = \{\emptyset\}$ (Menge mit genau *einem* Element, nämlich $\emptyset$)

$\mathcal{P}(\{1\}) = \{\emptyset, \{1\}\}$

$\mathcal{P}(\{1, 2\}) = \{\emptyset, \{1\}, \{2\}, \{1, 2\}\}$

$\mathcal{P}(\{1, 2, 3\}) = \{\emptyset, \{1\}, \{2\}, \{3\}, \{1, 2\}, \{1, 3\}, \{2, 3\}, \{1, 2, 3\}\}$ ∎

Die Potenzmenge einer endlichen Menge M kann man in einem *Teilmengendiagramm* von M darstellen, das Ähnlichkeit mit dem Teilerdigramm einer natürlichen Zahl hat (Abb. 2.5). Bei großen Anzahlen von Elementen wird dieses Diagramm natürlich sehr unübersichtlich.

Für $A \in \mathcal{P}(M)$, also für $A \subseteq M$, nennt man die Differenzmenge $M \setminus A$ das *Komplement* oder die *Komplementärmenge* bzw. *Ergänzungsmenge* von A in M und bezeichnet sie mit $\overline{A}$; demnach ist

$$\overline{A} := M \setminus A.$$

Man beachte, dass sich die Komplementbildung stets auf eine zuvor festgelegte „Grundmenge" M bezieht. Zweimalige Komplementbildung führt wieder zu der ursprünglichen Menge, d. h., es gilt

$$\overline{\overline{A}} = A \text{ für alle } A \in \mathcal{P}(M).$$

Dies entspricht in der Logik der Tatsache, dass die doppelte Verneinung die Bejahung ergibt.

Es gelten die folgenden *Regeln von de Morgan*, benannt nach dem englischen Mathematiker Augustus de Morgan (1806–1871):

(1) $\overline{A \cap B} = \overline{A} \cup \overline{B}$ für alle $A, B \in \mathcal{P}(M)$

(2) $\overline{A \cup B} = \overline{A} \cap \overline{B}$ für alle $A, B \in \mathcal{P}(M)$

Abb. 2.5
Teilmengendiagramm von
$\mathcal{P}(\{1, 2, 3\})$

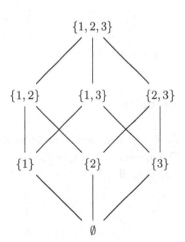

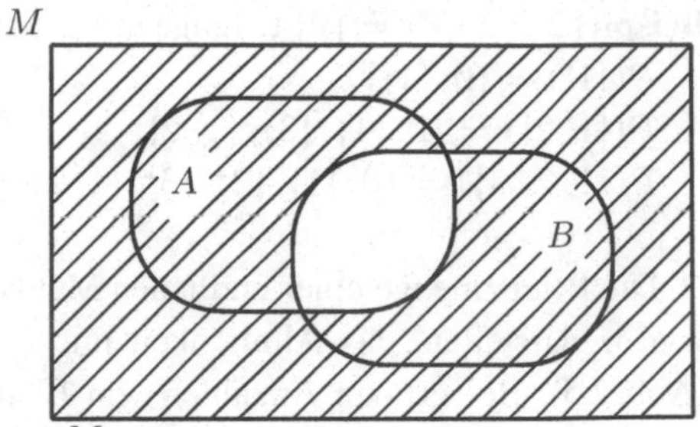

Abb. 2.6 Regel (1) von de
Morgan

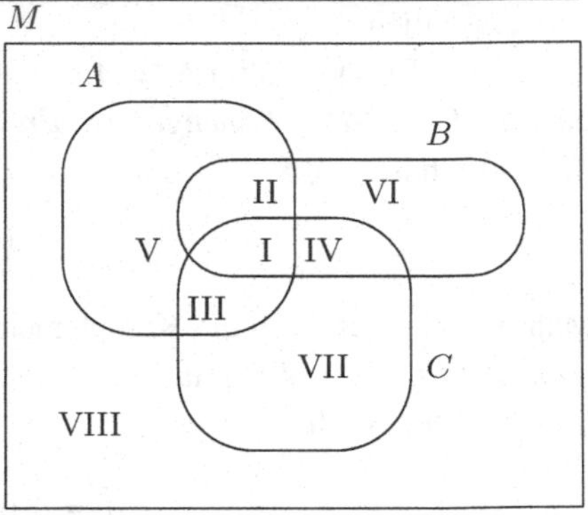

M

A

B

Abb. 2.7 Zu Aufgabe 2.10

M

A

B

II   VI

V   I IV

III

VII   C

VIII

Die Regeln von de Morgan sind einfache Regeln unseres logischen Denkens: Genau dann gehört ein Element $x \in M$ nicht zu A *und* zu B, wenn es nicht zu A *oder* nicht zu B gehört (Regel 1). Genau dann gehört ein Element $x \in M$ nicht zu A *oder* zu B, wenn es nicht zu A *und* nicht zu B gehört (Regel 2).

Das Mengenbild in Abb. 2.6 veranschaulicht Regel (1); das schraffierte Gebiet stellt einerseits $\overline{A \cap B}$ und andererseits $\overline{A} \cup \overline{B}$ dar.

Aus (1) folgt (2), denn gilt (1), dann ist

$$\overline{A \cup B} = \overline{\overline{\overline{A} \cup \overline{B}}} = \overline{\overline{\overline{A} \cap \overline{\overline{B}}}} = \overline{A} \cap \overline{B}.$$

Ebenso folgt (1) aus (2).

Aufgaben

2.10 In dem Mengenbild in Abb. 2.7 für drei Teilmengen A, B, C von M sind acht Gebiete I, II, ..., VIII gekennzeichnet. Beschreibe zu jedem Gebiet die dargestellte Menge durch A, B, C.

2.11 Zeige für Teilmengen A, B von M:

(a) $\overline{A \setminus B} = \overline{A} \cup B$

(b) $\overline{A \setminus B} \cap \overline{B \setminus A} = \overline{A \star B}$

(c) $\overline{A \setminus B} \cup \overline{B \setminus A} = M$

(Dabei ist $A \star B = (A \setminus B) \cup (B \setminus A)$ die symmetrische Differenz der Mengen A und B; Aufgabe 2.9.)

2.12 A und B seien Teilmengen von M. Zeige:

(a) $\overline{A} \setminus \overline{B} = B \setminus A$ (b) $\overline{A} \star \overline{B} = A \star B$ (Aufgabe 2.11)

2.13 Beweise mit vollständiger Induktion, dass eine n-elementige Menge genau 2^n Teilmengen besitzt. Anleitung: Betrachte für eine $(n + 1)$-elementige Menge M ein festes $a \in M$ und bestimme dann die Anzahl der $A \in P(M)$ mit $a \in A$ sowie die Anzahl der $A \in \mathcal{P}(M)$ mit $a \notin A$. Abb. 2.8 zeigt ein Beispiel für $n = 4$.

Die Teilmengen von $\{a, b, c, d\}$ zerfallen in die beiden Klassen

$$\{a\}, \{a, b\}, \{a, c\}, \{a, d\}, \{a, b, c\}, \{a, b, d\}, \{a, c, d\}, \{a, b, c, d\}$$

und

$$\{\ \}, \{\ , b\}, \{\ , c\}, \{\ , d\}, \{\ , b, c\}, \{\ , b, d\}, \{\ , c, d\}, \{\ , b, c, d\}.$$

Abb. 2.8 Zu Aufgabe 2.13

2.14 Mit $\binom{n}{k}$ (lies „n über k") bezeichnet man die Anzahl der k-elementigen Teilmengen einer n-elementigen Menge. Bestimme $\binom{5}{k}$ für $k = 0, 1, 2, 3, 4, 5$.

2.3 Produktmengen

Sind zwei Mengen A, B gegeben, dann bezeichnet man die Menge aller *Paare* (a, b) mit $a \in A$ und $b \in B$ mit

$$A \times B$$

(„A kreuz B") und nennt dies die *Produktmenge* von A mit B oder das *kartesische Produkt* von A mit B.

Die letztgenannte Bezeichnung geht auf den latinisierten Namen Cartesius von René Descartes (1596–1650) zurück. Er gilt als Begründer des modernen Rationalismus.

Tab. 2.1 Produktmengen $A \times B$ bzw. $B \times A$

$A \times B$	$B:$				$B \times A$	$A:$			
	y_1	y_2	$\ldots$	y_n		x_1	x_2	$\ldots$	x_m
$A: x_1$	(x_1, y_1)	(x_1, y_2)	$\ldots$	(x_1, y_n)	$B: y_1$	(y_1, x_1)	(y_1, x_2)	$\ldots$	(y_1, x_m)
x_2	(x_2, y_1)	(x_2, y_2)	$\ldots$	(x_2, y_n)	y_2	(y_2, x_1)	(y_2, x_2)	$\ldots$	(y_2, x_m)
$\vdots$	$\vdots$	$\vdots$	$\vdots$	$\vdots$	$\vdots$	$\vdots$	$\vdots$	$\vdots$	$\vdots$
x_m	(x_m, y_1)	(x_m, y_2)	$\ldots$	(x_m, y_n)	y_n	(y_n, x_1)	(y_n, x_2)	$\ldots$	(y_n, x_m)

Sein mathematisches Interesse galt der Verschmelzung algebraischer und geometrischer Methoden, sodass er als einer der Väter der analytischen Geometrie angesehen wird.

Man beachte, dass ein *Paar* etwas anderes ist als eine zweielementige Menge; in einem Paar kommt es auf die Reihenfolge der Elemente an, und es ist zulässig, dass die beiden Elemente des Paares gleich sind. Man spricht auch in der Regel nicht von den „Elementen" des Paares, wie wir es soeben noch getan haben, sondern von den *Koordinaten* eines Paares. Statt (a, b) schreibt man auch $(a; b)$ oder $(a|b)$, stets benutzt man aber *runde Klammern*, um ein Paar anzugeben.

Sind $A = \{x_1, x_2, \ldots, x_m\}$ und $B = \{y_1, y_2, \ldots, y_n\}$ endliche Mengen mit m bzw. n Elementen, dann kann man die Elemente von $A \times B$ bzw. von $B \times A$ in einer Tafel angeben (Tab. 2.1).

Sowohl $A \times B$ als auch $B \times A$ haben dann offenbar $m \cdot n$ Elemente, aber beide Produktmengen sind voneinander verschieden. Ganz allgemein muss man zwischen $A \times B$ und $B \times A$ unterscheiden, wenn A von B verschieden ist und keine der beiden Mengen leer ist. Es ist auch klar, dass die Beziehung $A \times \emptyset = \emptyset \times A = \emptyset$ für jede Menge A gilt.

In Verallgemeinerung des kartesischen Produkts von *zwei* Mengen definiert man das kartesische Produkt

$$A_1 \times A_2 \times \ldots \times A_n$$

von n Mengen $A_1, A_2, \ldots, A_n$ als die Menge aller *n-Tupel* (*Tripel, Quadrupel, Quintupel* etc.)

$$(a_1, a_2, \ldots, a_n) \quad \text{mit } a_1 \in A_1, a_2 \in A_2, \ldots, a_n \in A_n.$$

Das Kunstwort *Tupel* ist aus dem Lateinischen abgeleitet und hat eine ähnliche Bedeutung wie unsere Silbe *-ling* (Zwil*ling*, Dril*ling*, Vier*ling* etc.). Die Elemente $a_1, a_2, \ldots, a_n$ nennen wir wieder die *Koordinaten* des n-Tupels.

Die Mengen

$$A \times B \times C, \quad (A \times B) \times C, \quad A \times (B \times C)$$

muss man unterscheiden; die erste besteht aus Tripeln (a, b, c), die zweite aus Paaren $((a, b), c)$, die dritte ebenfalls aus Paaren, nämlich $(a, (b, c))$ mit $a \in A, b \in B, c \in C$.

Sind die Faktoren in einem kartesischen Produkt gleich, dann benutzt man die Potenzschreibweise:

$$A^n := A \times A \times \ldots \times A \quad (n \text{ Faktoren}).$$

Beispielsweise ist $\mathbb{R}^2$ die Menge aller Paare reeller Zahlen, $\mathbb{R}^3$ die Menge aller Tripel reeller Zahlen. (Diesen Produktmengen begegnet man in der analytischen Geometrie.)

Aufgaben

2.15 Zeige, dass $\{0, 1, 2, 3, 4, 5, 6, 7, 8, 9\}^n$ aus genau 10^n Elementen besteht.

2.16 Aus welchen Tripeln besteht $(V_3 \times T_{20} \times V_7) \cap (T_{30} \times V_{10} \times T_{21})$?

2.17 Die Menge A bestehe aus genau sechs Elementen, die Menge B aus genau drei Elementen. Wie viele Elemente besitzt dann die Menge $\mathcal{P}(A \times B)$, also die Potenzmenge von $A \times B$?

2.18 (a) Zeige, dass für alle Mengen A_1, A_2, B_1, B_2 gilt:

$$(A_1 \times B_1) \cap (A_2 \times B_2) = (A_1 \cap A_2) \times (B_1 \cap B_2).$$

(b) Zeige: Die Aussage in (a) ist im Allgemeinen falsch, wenn man $\cap$ durch $\cup$ ersetzt.
(c) Prüfe, ob die Beziehung in (a) allgemein gilt, wenn $\cap$ durch $\setminus$ ersetzt wird.

2.19 Seien $U := \{(x, y) \in \mathbb{R}^2 \mid y = 2x + 3\}$ und $V := \{(x, y) \in \mathbb{R}^2 \mid y = x^2\}$. Berechne $U \cap V$. Deute die Mengen U, V und $U \cap V$ als Punktmengen in einem kartesischen Koordinatensystem.

2.20 Beschreibe die Menge

$$K = \{(x, y, z) \in \mathbb{R}^3 \mid x^2 + y^2 + z^2 = 25\}$$

als Punktmenge in einem dreidimensionalen kartesischen Koordinatensystem. Aus welchen Elementen besteht die Menge $K \cap N_0^3$?

2.4   Relationen

Es seien zwei Mengen A, B gegeben. Eine Teilmenge R des kartesischen Produkts $A \times B$ nennt man eine *Relation zwischen A und B*. Ist $A = B$, so spricht man von einer *Relation in A*. Statt $(a, b) \in R$ schreiben wir aRb, ohne hierfür aber eine Sprechweise einzuführen. In konkreten Beispielen wird dabei R meistens durch ein spezielles Symbol ersetzt.

Beispiel 2.3 (1) Ist A eine Menge und $\mathcal{P}(A)$ die Potenzmenge von A, dann ist die Menge
aller Paare (x, X) mit $x \in A$ und $X \in \mathcal{P}(A)$, für die $x \in X$ gilt, eine Relation zwischen
A und der Potenzmenge $\mathcal{P}(A)$ (*Elementrelation* $\in$).
(2) Die *Teilbarkeitsrelation* in der Menge $\mathbb{N}$ der natürlichen Zahlen besteht aus allen
Paaren $(a, b) \in \mathbb{N} \times \mathbb{N}$ mit $a|b$.
(3) Die *Kleiner-oder-gleich-Relation* in der Menge $\mathbb{R}$ der reellen Zahlen besteht aus allen
Paaren $(a, b) \in \mathbb{R} \times \mathbb{R}$ mit $a \leq b$.
(4) Die Menge aller Paare $(a, b) \in \mathbb{Z} \times \mathbb{Z}$ mit $a \equiv b$ mod 7 ist die *Kongruenzrelation mod
7* in der Menge der ganzen Zahlen.
(5) Es sei $\mathcal{M}$ eine Menge von Mengen, z. B. die Potenzmenge einer gegebenen Menge.
Dann bildet die Menge aller Paare $(A, B) \in \mathcal{M} \times \mathcal{M}$ mit $A \subseteq B$ die *Teilmengenrelation*
(Inklusionsrelation) in $\mathcal{M}$.
(6) Es sei $\mathcal{M}$ eine Menge von endlichen Mengen. Die Menge aller Paare $(A, B) \in \mathcal{M} \times \mathcal{M}$
mit der Eigenschaft, dass A ebenso viele Elemente wie B hat, ist eine Relation in $\mathcal{M}$,
die *Anzahlgleichheitsrelation*.
(7) Die Menge aller Paare (x, y) reeller Zahlen, die der Gleichung $y = x^2$ genügen, ist eine
Relation in $\mathbb{R}$. Dies gilt auch für jede beliebige andere Gleichung mit den Variablen
x, y.
(8) In der Menge aller Geraden der Ebene bilden die Geradenpaare (g, h) mit $g \| h$ („g ist
parallel zu h") eine Relation. Dasselbe gilt für die Geradenpare (g, h) mit $g \perp h$ („g ist
rechtwinklig zu h"). ∎

Die Vielfalt dieser Beispiele zeigt, dass der Begriff der Relation von großer Bedeutung
in der Mathematik ist. Wie in (2) bis (8) handelt es sich dabei meistens um Relationen *in
einer Menge A*, sodass wir uns nun auf diesen Fall beschränken wollen. Zur Unterscheidung verschiedener Typen von Relationen benötigen wir einige Begriffe, die besondere
Eigenschaften von Relationen beschreiben.
    Eine Relation R in einer Menge A heißt

- *reflexiv*, wenn aRa für alle $a \in A$ gilt,
- *antireflexiv*, wenn aRa für *kein* $a \in A$ gilt,
- *symmetrisch*, wenn aus aRb stets bRa folgt,
- *antisymmetrisch* oder *identitiv*, wenn aus aRb und bRa stets $a = b$ folgt,
- *transitiv*, wenn aus aRb *und* bRc stets aRc folgt.

Man beachte, dass *anti*reflexiv nicht das logische Gegenteil von reflexiv bedeutet: Die Relation R ist *nicht reflexiv*, wenn aRa nicht für alle $a \in A$ gilt. Diese Forderung ist schwächer als die Forderung, aRa solle *für alle $a \in A$ nicht* gelten.

Entsprechend ist eine nichtsymmetrische Relation nicht stets *anti*symmetrisch; die Forderung der Antisymmetrie ist stärker.

Ist eine antireflexive Relation auch antisymmetrisch, dann gibt es kein Paar $(a, b) \in A^2$, für das sowohl aRb als auch bRa gilt.

Nun können wir den ersten wichtigen Typ von Relationen vorstellen: Eine Relation R in A, die

reflexiv, symmetrisch und transitiv

ist, nennt man eine *Äquivalenzrelation* in A.

Für $a \in A$ bezeichnen wir dann mit $[a]_R$ die Menge aller $x \in A$ mit xRa, also

$$[a]_R := \{x \in A \mid xRa\},$$

und nennen $[a]_R$ die *Äquivalenzklasse* von A bezüglich der Äquivalenzrelation R mit dem *Vertreter a* (oder auch dem *Repräsentanten a*). Die wichtigsten Eigenschaften von Äquivalenzklassen sind in Satz 2.1 zusammengefasst.

Satz 2.1 *Ist A eine nichtleere Menge und R eine Äquivalenzrelation in A, dann gilt für $a, b \in A$:*

(1) $[a]_R \neq \emptyset$.
(2) $[a]_R = [b]_R \iff$ *es gilt aRb.*
(3) $[a]_R \cap [b]_R = \emptyset \iff$ *es gilt* nicht aRb.
(4) *Die Vereinigungsmenge aller Klassen $[a]_R$ mit $a \in A$ ist A.*

Beweis 2.1 (1) Wegen aRa ist $a \in [a]_R$ für $a \in A$.
(2) Ist $[a]_R = [b]_R$, dann ist $a \in [b]_R$, also aRb. Ist andererseits aRb und $x \in [a]_R$, also xRa, dann gilt aufgrund der Transitivität auch xRb und damit $x \in [b]_R$. Also ist $[a]_R \subseteq [b]_R$. Ebenso folgt $[b]_R \subseteq [a]_R$ und daher $[a]_R = [b]_R$.
(3) Ist $x \in [a]_R \cap [b]_R$, also xRa und xRb, so ist aufgrund der Symmetrie und der Transitivität auch aRb.
(4) Jedes $a \in A$ liegt in genau einer Klasse, nämlich in $[a]_R$. □

Ist in einer Menge A eine Äquivalenzrelation R gegeben, so zerfällt A also bezüglich R in disjunkte Klassen. Ist umgekehrt eine Menge A in disjunkte Klassen zerlegt, dann wird dadurch eine Äquivalenzrelation R in A definiert: Man setze aRb genau dann, wenn a und

b in derselben Klasse liegen. Daher ist eine Klassenzerlegung von A *begrifflich* dasselbe wie eine Äquivalenzrelation in A.

Beispiel 2.4 Die Kongruenz modulo m ist eine Äquivalenzrelation in $\mathbb{Z}$:

- Es ist $a \equiv s \bmod m$ für alle $a \in \mathbb{Z}$.
- Aus $a \equiv b \bmod m$ folgt $b \equiv a \bmod m$.
- Aus $a \equiv b \bmod m$ und $b \equiv c \bmod m$ folgt $a \equiv a \bmod m$.

Die Äquivalenzklassen sind die Restklassen modulo m.   ∎

Beispiel 2.5 In $\mathbb{N}_0 \times \mathbb{N}_0$ wird durch

$$(a_1, a_2) \sim (b_1, b_2) : \Longleftrightarrow a_1 + b_2 = a_2 + b_1$$

eine Äquivalenzrelation definiert, wie man leicht nachrechnen kann:

- Es ist $a_1 + a_2 = a_2 + a_1$ für alle $a_1, a_2 \in \mathbb{N}_0$.
- Aus $a_1 + b_2 = a_2 + b_1$ folgt $b_1 + a_2 = b_2 + a_1$.
- Aus $a_1 + b_2 = a_2 + b_1$ und $b_1 + c_2 = b_2 + c_1$ folgt $a_1 + b_2 + b_1 + c_2 = a_2 + b_1 + b_2 + c_1$ und daraus $a_1 + c_2 = a_2 + c_1$.

Die Äquivalenzklasse $[(a, 0)]$ besteht aus allen Paaren (x_1, x_2) mit $x_1 - x_2 = a$; die Äquivalenzklasse $[(0, a)]$ besteht aus allen Paaren (x_1, x_2) mit $x_2 - x_1 = a$.

In Abschn. 4.1 werden wir sehen, dass diese Äquivalenzklassen „differenzengleicher" Paare den abstrakt aus dem Zahlenbereich $\mathbb{N}_0$ konstruierten *ganzen Zahlen* entsprechen.   ∎

Beispiel 2.6 In $\mathbb{N} \times \mathbb{N}$ wird durch

$$(a_1, a_2) \sim (b_1, b_2) : \Longleftrightarrow a_1 \cdot b_2 = a_2 \cdot b_1$$

eine Äquivalenzrelation definiert, was man wie oben leicht nachrechnen kann.

Die Äquivalenzklasse $[(a, 1)]$ besteht aus allen Paaren (x_1, x_2) mit $x_1 : x_2 = a$; die Äquivalenzklasse $[(1, a)]$ besteht aus allen Paaren (x_1, x_2) mit $x_2 : x_1 = a$.

In Abschn. 4.2 werden wir sehen, dass diese Äquivalenzklassen „quotientengleicher" Paare den abstrakt aus dem Zahlenbereich $\mathbb{N}$ konstruierten *Bruchzahlen* entsprechen. ∎

Beispiel 2.7 In der Geometrie nennt man zwei *Figuren* (Mengen von Punkten) in der Ebene *kongruent*, wenn man die eine durch eine Bewegung (Spiegelung, Verschiebung, Drehung, Schubspiegelung) auf die andere abbilden kann. Die Kongruenz ist eine Äquivalenzrelation in der Menge aller Figuren der Ebene.   ∎

Wir kommen nun zu weiteren wichtigen Typen von Relationen. Eine Relation R in A, die

reflexiv, antisymmetrisch und transitiv

ist, nennt man eine *Ordnungsrelation* in A.

Ordnungsrelationen sind früher schon häufig aufgetreten: Die *Teilbarkeitsrelation* ist eine Ordnungsrelation in $\mathbb{N}$. Die *Kleiner-oder-gleich-Relation* $\leq$ ist eine Ordnungsrelation in $\mathbb{R}$. Die *Inklusionsrelation* $\subseteq$ ist eine Ordnungsrelation in jeder Menge, deren Elemente selbst Mengen sind.

Ersetzt man in der Definition des Begriffs der Ordnungrelation *reflexiv* durch *antireflexiv*, dann erhält man den Begriff der *strengen Ordnungsrelation*. In einer solchen kann nie gleichzeitig aRb und bRa gelten, weil dann aus der Transitivität aRa folgen würde. Also kann man eine strenge Ordnungsrelation als eine *antireflexive, transitive* Relation definieren. Beispiele hierfür sind

- die *echte* Teilbarkeit ($a|b$ und $a \neq b$),
- die *echte* Kleinerbeziehung $<$ ($a \leq b$ und $a \neq b$),
- die *echte* Mengeninklusion $\subset$ ($A \subseteq B$ und $A \neq B$).

Ist R eine Ordnungsrelation (oder eine strenge Ordnungsrelation) in A und gilt für zwei verschiedene Elemente $a, b \in A$ entweder aRb oder bRa, dann nennt man a, b *vergleichbar* bezüglich R, andernfalls *unvergleichbar*. Sind je zwei Elemente aus A stets vergleichbar bezüglich R, hat also die Relation R die *Vergleichbarkeitseigenschaft* (VE), dann nennt man die Ordnungsrelation (oder die strenge Ordnungsrelation) R *linear*. Die Teilbarkeitsrelation in $\mathbb{N}$ ist nicht linear, die $<$-Relation in $\mathbb{R}$ ist dagegen linear.

Abschließend fassen wir in Tab. 2.2 die charakteristischen Eigenschaften der unterschiedlichen Typen von Relationen in einer Menge A zusammen. Verknüpft man gedanklich die Relationsnamen mit einem einprägsamen Beispiel bzw. Gegenbeispiel (s. oben), so kann man ggf. die charakteristischen Eigenschaften eines bestimmten Relationstyps, wenn man sich nicht daran erinnern kann, aus den Eigenschaften der memorierten Beispielrelationen rekonstruieren.

Tab. 2.2 Übersicht verschiedener Typen von Relationen in einer Menge A

Bezeichnung	Charakteristische Eigenschaften
Äquivalenzrelation	Reflexiv, symmetrisch, transitiv
Ordnungsrelation	Reflexiv, antisymmetrisch, transitiv
Strenge Ordnungsrelation	Antireflexiv, transitiv
Lineare Ordnungsrelation	Ordnungsrelation mit (VE)
Strenge lineare Ordnungsrelation	Strenge Ordnungsrelation mit (VE)

Aufgaben

2.21 Bestimme die Eigenschaften der Relation $\{(x, y) \in \mathbb{N}^2 \mid \mathcal{E}(x, y)\}$ in $\mathbb{N}$, wenn $\mathcal{E}(x, y)$ folgende Bedeutung hat:

a) $x \leq y$ b) $|x - y| \leq 100$ c) $2|xy$ d) $2|x + y$
e) x und y haben im 10er-System die gleiche Stellenzahl.
f) x und y enthalten im 10er-System die gleichen Ziffern.
g) x und y enthalten die gleichen Primteiler.
h) x und y haben im 10er-System die gleiche Quersumme.
i) $x^2 + y^2$ ist eine Quadratzahl.   j) $x < y$ und $10|y - x$

2.22 Prüfe, ob eine Ordnungsrelation in jeder Menge von Menschen vorliegt:

a) „x ist höchstens ein Jahr älter als y"
b) „x ist mindestens so alt wie y"
c) „x ist größer als y", wobei die Größe auf 1 mm genau angegeben werden soll.

2.23 Bildet man die Quersumme $Q(n)$ einer natürlichen Zahl n, dann die Quersumme $Q(Q(n))$ von $Q(n)$ usw., so erhält man schließlich eine einstellige Zahl, die wir mit $\overline{Q}(n)$ bezeichnen. Die Relation

$$a \sim b : \Longleftrightarrow \overline{Q}(a) = \overline{Q}(b)$$

ist offensichtlich eine Äquivalenzrelation in $\mathbb{N}$.

a) Nenne die drei kleinsten Zahlen aus jeder Äquivalenzklasse.
b) Aus welchen Zahlen besteht die Klasse $\{n \in \mathbb{N} \mid \overline{Q}(n) = 9\}$?

2.24 Ordnungsrelationen werden häufig in Gestalt von Bäumen dargestellt, etwa als Stammbäume, Artenbäume oder Begriffsbäume (Abb. 2.9).

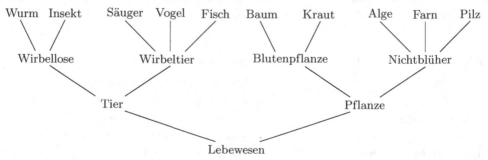

Abb. 2.9 Artenbaum

a) Ordne die Vierecksarten (allgemeines Viereck, Parallelogramm, gerades Trapez, gerades Drachenviereck, Rechteck, Raute, Quadrat) in einem Begriffsbaum.
b) Ordne die Teilmenge $\{1, 2, 3, 4, 5, 6, 7, 8, 9, 10, 11, 12\}$ von $\mathbb{N}$ in einem Baum bezüglich der Teilbarkeitsrelation an.

2.25 Ist R eine Relation in A, dann nennt man die Relation

$$R' := \{(x, y) \in A^2 \mid yRx\}$$

die *Umkehrrelation* von R.

a) Beschreibe die Umkehrrelationen von $x|y$, $x \leq y$, $x < y$ in $\mathbb{N}$.
b) Zeige: Ist R reflexiv, antireflexiv, symmetrisch, antisymmetrisch oder transitiv, dann hat auch R' jeweils diese Eigenschaft.

2.26 Ist R eine Relation in A, dann nennt man die Relation

$$\overline{R} := \{(x, y) \in A^2 \mid \text{es gilt } \textit{nicht } xRy\}$$

die *Komplementärrelation* von R. Die Menge $\overline{R}$ ist also die Komplementärmenge von R in A^2.

a) Beschreibe die Komplementärrelationen von $x|y$, $x \leq y$, $x < y$ in $\mathbb{N}$.
b) Zeige, dass zwischen der Komplementärrelation und der Umkehrrelation (Aufgabe 2.25) folgender Zusammenhang besteht:

$$\overline{(R')} = (\overline{R})'.$$

c) Welche der im Text behandelten Eigenschaften einer Relation übertragen sich auf die Komplementärrelation?

2.5 Abbildungen

Ordnet man *jedem* Element der Menge A *genau ein* Element der Menge B zu, dann nennt man diese eindeutige Zuordnung eine *Abbildung* von A in B. Als Variable für Abbildungen benutzen wir hier kleine griechische Buchstaben. Ist α eine Abbildung von A in B, so schreiben wir

$$\alpha : A \longrightarrow B.$$

Wird bei dieser Abbildung dem Element $a \in A$ das Element $b \in B$ zugeordnet, dann schreiben wir

$$\alpha : a \mapsto b \quad \text{oder auch} \quad b = \alpha(a)\,,$$

je nachdem, ob man sein Hauptaugenmerk auf die Abbildung („Was macht α mit a?") oder auf b („b ist das Element, das bei der Abbildung dem Element a zugeordnet wird.") richten will. In verschiedenen Bereichen der Mathematik benutzt man synonym für *Abbildung* auch die Bezeichnungen *Funktion* oder *Operator*.

Die Menge A nennt man die *Ausgangsmenge*, die *Definitionsmenge* oder den *Definitionsbereich* der Abbildung α, die Menge B nennt man die *Zielmenge*, die *Wertemenge* oder den *Wertebereich* von α.

Beispiel 2.8 Ordnet man jeder natürlichen Zahl ihre Quersumme zu, dann liegt eine Abbildung von $\mathbb{N}$ in $\mathbb{N}$ vor:

$$\alpha : \mathbb{N} \longrightarrow \mathbb{N}$$
$$n \longmapsto Q(n)\,.$$

■

Beispiel 2.9 Ordnet man jeder natürlichen Zahl ihren Rest bei Division durch 7 zu, dann liegt eine Abbildung von $\mathbb{N}$ in $\{0, 1, 2, 3, 4, 5, 6\}$ vor. Um diese wie in Beispiel 2.8 notieren zu können, muss man den *Funktionsterm* der Abbildung finden, also denjenigen Rechenausdruck, mit dem man den Divsionsrest modulo 7 einer natürlichen Zahl n bestimmen kann. Ist aber $n = v \cdot 7 + r$ mit $v, r \in \mathbb{N}_0$ und $0 \leq r < 7$ (Division mit Rest), so ist $\frac{n}{7} - v = \frac{r}{7}$, und man gewinnt den gesuchten Divisionsrest r, indem man die Differenz aus dem Bruch $\frac{n}{7}$ und seinem ganzzahligen Anteil $v = \left[\frac{n}{7}\right]$ (Ganzteilfunktion $[\ ]$; Abschn. 1.7) mit 7 multipliziert. Daher lässt sich die angegebene Abbildung in der Form

$$\beta : \mathbb{N} \longrightarrow \{0, 1, 2, 3, 4, 5, 6\}$$
$$n \longmapsto \left(\frac{n}{7} - \left[\frac{n}{7}\right]\right) \cdot 7$$

notieren.   ■

Beispiel 2.10 Die Bildung des ggT von zwei natürlichen Zahlen kann man als eine Abbildung von $\mathbb{N}^2$ in $\mathbb{N}$ verstehen:

$$\gamma : \mathbb{N}^2 \longrightarrow \mathbb{N}$$
$$(a, b) \longmapsto \mathrm{ggT}(a, b)\,.$$

■

Beispiel 2.11 Bildet man zu zwei natürlichen Zahlen die Summe ihrer Quadrate, so liegt ebenfalls eine Abbildung von $\mathbb{N}^2$ in $\mathbb{N}$ vor:

$$\delta : \quad \mathbb{N}^2 \longrightarrow \mathbb{N}$$
$$(a,b) \longmapsto a^2 + b^2.$$

∎

Bei einer Abbildung $\alpha : A \longrightarrow B$ nennt man für $a \in A$ dasjenige $b \in B$ mit $b = \alpha(a)$ das *Bild* von a unter der Abbildung α. Ist T eine Teilmenge von A, dann heißt die Menge

$$\alpha(T) := \{\alpha(t) \mid t \in T\}$$

die *Bildmenge* von T. Besteht T nur aus einem einzigen Element, so gilt dies natürlich auch für $\alpha(T)$. Ist $b \in B$ und ist $a \in A$ mit $\alpha(a) = b$, dann nennt man a ein *Urbild* von b. Ein jedes Element $a \in A$ besitzt zwar genau ein Bild, ein Element $b \in B$ kann aber *kein* Urbild, *genau ein* Urbild oder *mehrere* Urbilder besitzen. Die Menge

$$\alpha^{-1}(b) := \{a \in A \mid \alpha(a) = b\}$$

heißt *Urbildmenge* von b. Ist allgemeiner S eine Teilmenge von B, dann heißt

$$\alpha^{-1}(S) := \{a \in A \mid \text{es gibt ein } s \in S \text{ mit } \alpha(a) = s\}$$

die *Urbildmenge* von S.

Beispiel 2.12 Für die Abbildung α in Beispiel 2.8 ist

$$\alpha^{-1}(1) = \{1, 10, 100, 1000, \ldots\},$$
$$\alpha^{-1}(2) = \{2, 11, 20, 101, 200, 1001, 2000, \ldots\},$$
$$\alpha^{-1}(3) = \{3, 12, 21, 30, 102, 111, 120, 201, 210, 300, \ldots\}.$$

Für die Abbildung δ aus Beispiel 2.11 ist z. B.

$$\delta^{-1}(1) = \emptyset, \quad \delta^{-1}(2) = \{(1,1)\}, \quad \delta^{-1}(3) = \emptyset, \quad \delta^{-1}(4) = \emptyset,$$
$$\delta^{-1}(5) = \{(1,2),(2,1)\}, \ldots, \delta^{-1}(65) = \{(1,8),(8,1),(4,7),(7,4)\}, \ldots$$

∎

Eine Abbildung kann als eine *spezielle Relation* aufgefasst werden. Man kann nämlich die Abbildung $\alpha : A \longrightarrow B$ als die Menge aller Paare $(a,b) \in A \times B$ mit $b = \alpha(a)$ beschreiben. Diese Relation hat zwei besondere Eigenschaften: *Jedes* Element aus A kommt als erste Koordinate vor („Die Relation ist *linkstotal*"), und es kommt *höchstens einmal* als erste Koordinate vor („Die Relation ist *rechtseindeutig*"). Den Begriff der Abbildung kann man also auf den der Relation zurückführen: Abbildungen von A in B sind linkstotale und rechtseindeutige Relationen zwischen A und B, *jedes* Element von A kommt *genau einmal* als erste Koordinate vor. Der Begriff der Relation seinerseits ist mithilfe des Begriffs der Menge definiert worden. Man kann daran erkennen, dass der Mengenbegriff von grundlegender Bedeutung für einen strengen Aufbau der Mathematik ist.

Eine Abbildung $\alpha : A \longrightarrow B$, bei der verschiedene Elemente von A auch verschiedene Bilder haben, heißt *injektive* Abbildung oder *Injektion*. Formal lässt sich die Injektivität von α durch die Eigenschaft

$$a_1 \neq a_2 \Longrightarrow \alpha(a_1) \neq \alpha(a_2)$$

charakterisieren, was laut Kontrapositionssatz (Abschn. 1.2) zu

$$\alpha(a_1) = \alpha(a_2) \Longrightarrow a_1 = a_2$$

äquivalent ist. Genau dann ist also α injektiv, wenn jedes $b \in B$ *höchstens einmal* als Bild vorkommt, wenn also gilt:

$$|\alpha^{-1}(b)| \leq 1 \text{ für alle } b \in B.$$

Eine Abbildung $\alpha : A \longrightarrow B$, bei der jedes Element von B *mindestens einmal* als Bild vorkommt, heißt *surjektive* Abbildung oder *Surjektion*. Genau dann ist demnach α surjektiv, wenn gilt:

$$|\alpha^{-1}(b)| \geq 1 \text{ für alle } b \in B.$$

Eine Abbildung, die injektiv *und* surjektiv ist, heißt *bijektive* Abbildung oder *Bijektion*. Genau dann ist also α bijektiv, wenn gilt:

$$|\alpha^{-1}(b)| = 1 \text{ für alle } b \in B.$$

Bei einer surjektiven oder bijektiven Abbildung spricht man von einer Abbildung von A *auf* (statt *in*) B. Aus einer injektiven Abbildung kann man leicht eine bijektive Abbildung machen, indem man aus der Zielmenge B alle Elemente entfernt, die nicht als Bild vorkommen.

Bei einer bijektiven Abbildung $\alpha : A \longrightarrow B$ sind die Elemente von A und B *eineindeutig* (*umkehrbar eindeutig*) einander zugeordnet, denn auch *jedes* Element von B ist *genau einem* Element von A (seinem Urbild) zugeordnet: Ist α bijektiv und $\alpha(a) = b$, dann ist $\alpha^{-1}(b) = \{a\}$. In diesem Fall schreiben wir kürzer $\alpha^{-1}(b) = a$ denn durch

$$\alpha^{-1} : B \longrightarrow A,$$

die jedem $b \in B$ sein Urbild unter α zuordnet, ist ebenfalls eine Abbildung gegeben, die man als die *Umkehrabbildung* von α bezeichnet. Daher nennt man eine bijektive Abbildung auch eine *umkehrbare* Abbildung oder (etwas redundant) eine *eindeutig umkehrbare* Abbildung. Natürlich ist auch die Umkehrabbildung α^{-1} einer bijektiven Abbildung α wieder bijektiv, denn diese hat die Umkehrabbildung $(\alpha^{-1})^{-1}$ $= \alpha$.

Wenn also eine bijektive Abbildung zwischen zwei *endlichen* Mengen (d. h. Mengen, die nur endlich viele Elemente enthalten) A und B existiert, dann müssen die Elementenanzahlen von A und von B identisch sein, da sich die Elemente der Mengen A und B umkehrbar eindeutig einander zuordnen lassen. Umgekehrt definiert bei endlichen Mengen $A = \{a_1, \ldots, a_n\}$ und $B = \{b_1, \ldots, b_n\}$ mit jeweils n Elementen offenbar

$$\alpha : A \longrightarrow B$$
$$a_i \longmapsto b_i \quad (i = 1, \ldots, n)$$

eine Bijektion von A auf B. Also gilt:

Genau dann haben zwei endliche Mengen A, B die gleiche Anzahl von Elementen, wenn eine Bijektion von A auf B existiert.

Keine der Abbildungen in Beispiel 2.8 bis 2.11 ist injektiv. Die Abbildungen in Beispiel 2.8 bis 2.10 sind surjektiv, die Abbildung in Beispiel 2.11 ist aber nicht surjektiv.

Wir betrachten nun einige weitere Beispiele, die uns auch später noch begegnen werden.

Beispiel 2.13 Mit S_n bezeichnen wir die Menge aller Bijektionen der Menge $\{1, 2, 3, \ldots, n\}$ auf sich. Eine Abbildung $\alpha \in S_n$ schreibt man in der Form

$$\alpha = \begin{pmatrix} 1 & 2 & 3 & \ldots & n \\ \alpha(1) & \alpha(2) & \alpha(3) & \ldots & \alpha(n) \end{pmatrix}.$$

Da es sich um eine Bijektion handelt, treten in der unteren Zeile dieses Symbols wieder alle Zahlen von 1 bis n auf, wobei aber im Allgemeinen die Reihenfolge geändert ist. Daher nennt man eine solche Abbildung auch eine *Permutation* der Menge $\{1, 2, 3, \ldots, n\}$. Es gibt genau

$$n! := n \cdot (n-1) \cdot (n-2) \cdot \ldots \cdot 2 \cdot 1$$

(„n Fakultät") solche Permutationen, denn für $\alpha(1)$ gibt es n Möglichkeiten, für $\alpha(2)$ gibt es dann jeweils noch $n - 1$ Möglichkeiten, für $\alpha(3)$ gibt es dann jeweils noch $n - 2$ Möglichkeiten usw. Von den Permutationen

$$\alpha_1 = \begin{pmatrix} 1\ 2\ 3\ 4\ 5 \\ 3\ 4\ 1\ 5\ 2 \end{pmatrix} \quad \text{und} \quad \alpha_2 = \begin{pmatrix} 1\ 2\ 3\ 4\ 5 \\ 3\ 5\ 1\ 2\ 4 \end{pmatrix}$$

ist jede die Umkehrabbildung der anderen: α_1 bildet 1 auf 3 ab, α_2 dann 3 wieder auf 1 usw. ∎

Beispiel 2.14 Eine *Kongruenzabbildung* der Ebene auf sich ist eine Abbildung, bei der jede Strecke auf eine gleich lange Strecke abgebildet wird. Kongruenzabbildungen sind z. B. Spiegelungen, Verschiebungen und Drehungen. Diese Abbildungen sind Bijektionen der Ebene auf sich, die in der Geometrie eine große Rolle spielen. ∎

Beispiel 2.15 Es gibt genau zwölf Kongruenzabbildungen, die ein gegebenes regelmäßiges Sechseck auf sich abbilden, nämlich sechs Drehungen um den Mittelpunkt (um 0°, 60°, 120°, 180°, 240°, 300°) und sechs Spiegelungen (an den Symmetrieachsen). Jede solche Abbildung kann als eine Permutation der Ecken des Sechsecks beschrieben werden (Abb. 2.10).

∎

Beispiel 2.16 In der analytischen Geometrie beschreibt man Figuren in der Ebene in einem zweidimensionalen Koordinatensystem, wobei jeder Punkt durch ein Koordinatenpaar (x, y) eindeutig gegeben ist. Durch das Gleichungssystem

$$x' = ax + by$$
$$y' = cx + dy$$

wird jedem Punkt (x, y) ein Punkt (x', y') zugeordnet, die Ebene wird dadurch in sich abgebildet. Ob nun eine Bijektion vorliegt, hängt von den Koeffizienten a, b, c und d ab. Eine Bijektion liegt genau dann vor, wenn das Gleichungssystem für jede Wahl von x', y'

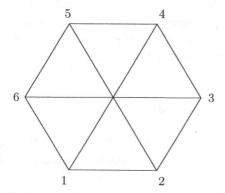

Spiegelung an der Geraden durch 1,4:

$$\sigma = \begin{pmatrix} 1 & 2 & 3 & 4 & 5 & 6 \\ 1 & 6 & 5 & 4 & 3 & 2 \end{pmatrix}$$

Drehung um 60° im Gegenuhrzeigersinn:

$$\delta = \begin{pmatrix} 1 & 2 & 3 & 4 & 5 & 6 \\ 2 & 3 & 4 & 5 & 6 & 1 \end{pmatrix}$$

Abb. 2.10 Deckabbildungen eines regelmäßigen Sechsecks als Permutationen der Ecken

eindeutig nach x, y aufzulösen ist. Multipliziert man die erste Gleichung mit d und die zweite mit b und subtrahiert diese Gleichungen dann, so ergibt sich

$$dx' - by' = (ad - bc) \cdot x.$$

Entsprechend erhält man

$$ay' - cx' = (ad - bc) \cdot y.$$

Diese Gleichungen sind genau dann nach x und y auflösbar, wenn $ad - bc \neq 0$ gilt. Unter dieser Bedingung ist die Abbildung also umkehrbar bzw. bijektiv. ■

Beispiel 2.17 Die Funktion

$$f_1 : \mathbb{R} \longrightarrow \mathbb{R}$$
$$x \longmapsto x^2,$$

deren Graph im Koordinatensystem eine Normalparabel ist, ist weder injektiv noch surjektiv. Wählen wir als Zielmenge aber die Menge $\mathbb{R}_0^+ := \{x \in \mathbb{R} \mid x \geq 0\}$, dann ist die Funktion

$$f_2 : \mathbb{R} \longrightarrow \mathbb{R}_0^+$$
$$x \longmapsto x^2$$

surjektiv. Beschränken wir zusätzlich noch die Ausgangsmenge auf $\mathbb{R}_0^+$, so erhalten wir die bijektive Funktion

$$f_3 : \mathbb{R}_0^+ \longrightarrow \mathbb{R}_0^+$$
$$x \longmapsto x^2,$$

deren Graph dann nur noch der „rechte Ast" der Normalparabel ist.

Die Abbildungsvorschrift $x \longmapsto x^2$ ist den Funktionen f_1, f_2 und f_3 gemeinsam, trotzdem unterscheiden sich die Funktionen hinsichtlich ihrer Eigenschaften, also kann es sich nicht um dieselben Abbildungen handeln. Das zeigt, dass Sprachfiguren wie „Die Funktion $f(x) = x^2 \ldots$", die bisweilen im Schulunterricht nachlässig verwendet werden, mit Vorsicht zu genießen sind! Zur Definition einer Funktion gehört auch die Festlegung von Definitionsmenge und Zielmenge, nicht nur die Angabe der Abbildungsvorschrift. ■

Aufgaben

2.27 Gib für die Abbildung α in Beispiel 2.8 jeweils die fünf kleinsten Zahlen aus den Urbildmengen $\alpha^{-1}(4)$, $\alpha^{-1}(5)$ und $\alpha^{-1}(6)$ an.

2.28   Gib für die Abbildung δ in Beispiel 2.11 die Urbildmengen $\delta^{-1}(n)$ für $n = 10, 11,$ 13, 20, 21, 65 an.

2.29   Welche der folgenden Relationen sind Abbildungen $x \mapsto y$? Nenne ggf. die Definitionsmenge und die Zielmenge.

a) $\{(x, y) \in \mathbb{N}^2 \mid x|y\}$

b) $\{(x, y) \in \mathbb{N}^2 \mid x + y = 100\}$

c) $\{(x, y) \in \mathbb{N}^2 \mid x = 2y\}$

d) $\{(x, y) \in \mathbb{Q}^2 \mid x = 2y\}$

e) $\{(x, y) \in \mathbb{Q}^2 \mid y^2 = x\}$

f) $\{(x, y) \in \mathbb{R}_0^{+2} \mid y^2 = x\}$

2.30   Untersuche, ob folgende Abbildungen injektiv oder/und surjektiv sind.

a) $\alpha : \mathbb{N}_0 \longrightarrow \mathbb{N}_0$ mit $\alpha(n) = n^2$ b) $\alpha : \mathbb{Z} \longrightarrow \mathbb{Z}$ mit $\alpha(z) = 2z - 5$

c) $\alpha : \mathbb{R} \longrightarrow \mathbb{R}$ mit $\alpha(x) = 2^x$ d) $\alpha : \mathbb{R} \longrightarrow \mathbb{R}$ mit $\alpha(x) = x^3 - x$

2.31   Gib jeweils zwei Abbildungen von $\mathbb{N}$ in $\mathbb{N}$ an, die

a) injektiv, aber nicht surjektiv,   b) surjektiv, aber nicht injektiv,   c) bijektiv

sind.

2.32   Schreibe alle Abbildungen aus $\mathcal{S}_3$ auf und ordne jeder Abbildung ihre Umkehrabbildung zu (Beispiel 2.13).

2.33   Gib zu folgenden Abbildungen aus $\mathcal{S}_7$ jeweils die Umkehrabbildung an:

$$\alpha = \begin{pmatrix} 1\,2\,3\,4\,5\,6\,7 \\ 3\,5\,7\,1\,2\,4\,6 \end{pmatrix} \quad \beta = \begin{pmatrix} 1\,2\,3\,4\,5\,6\,7 \\ 7\,6\,5\,4\,3\,2\,1 \end{pmatrix}$$

$$\gamma = \begin{pmatrix} 1\,2\,3\,4\,5\,6\,7 \\ 2\,4\,6\,1\,3\,5\,7 \end{pmatrix} \quad \delta = \begin{pmatrix} 1\,2\,3\,4\,5\,6\,7 \\ 7\,1\,6\,2\,5\,4\,3 \end{pmatrix}$$

2.34   Bezeichne die Ecken eines Rechtecks mit 1, 2, 3, 4 und beschreibe die Deckabbildungen des Rechtecks als Permutationen von $\{1, 2, 3, 4\}$.

2.35   a) Für $n \in \mathbb{N}$ haben wir in Abschn. 1.3 mit V_n die Menge der Vielfachen von n bezeichnet. Gib eine Bijektion von $\mathbb{N}$ auf V_n an.

b) Gib eine Bijektion von $\mathbb{N}$ auf $\mathbb{Z}$ an.

2.36   Eine Abbildung α der Potenzmenge $\mathcal{P}(M)$ einer Menge M in sich sei durch $\alpha :$ $A \mapsto \overline{A}$ definiert, wobei $\overline{A} = M \setminus A$ die Komplementärmenge von A bezüglich M ist. Zeige, dass α eine Bijektion ist.

2.37 Es sei M eine endliche Menge, ferner sei $\mathcal{P}^g(M)$ die Menge der Teilmengen von M mit einer geraden Anzahl von Elementen, $\mathcal{P}^u(M)$ die Menge der Teilmengen von M mit einer ungeraden Anzahl von Elementen sowie a ein fest gewähltes Element aus M. Zeige, dass die Abbildung $\alpha : \mathcal{P}^g(M) \longrightarrow \mathcal{P}^u(M)$ mit der nachfolgend festgelegten Abbildungsvorschrift eine Bijektion ist:

$$\alpha : G \mapsto \begin{cases} G \cup \{a\}, \text{ falls } a \notin G, \\ G \setminus \{a\}, \text{ falls } a \in G \end{cases} \quad \text{für } G \in \mathcal{P}^g(M).$$

Wie lautet die Umkehrabbildung von α?

2.38 Es sei $\alpha : A \longrightarrow B$ eine Abbildung. Zeige:

a) Für je zwei Teilmengen T_1, T_2 von A gilt

$$\alpha(T_1 \cup T_2) = \alpha(T_1) \cup \alpha(T_2),$$

$$\alpha(T_1 \cap T_2) \subseteq \alpha(T_1) \cap \alpha(T_2).$$

b) Für jede Teilmenge T von A ist $T \subseteq \alpha^{-1}(\alpha(T))$.

c) Für jede Teilmenge U von B ist $\alpha(\alpha^{-1}(U)) \subseteq U$.

2.39 a) Wie viele Abbildungen mit der Definitionsmenge $A = \{1, 2, 3\}$ und der Zielmenge $B = \{a, b\}$ gibt es?

b) Warum existiert keine Injektion von $\{1, 2, 3, 4, 5\}$ in $\{a, b, c, d\}$?

c) Warum existiert keine Surjektion von $\{a, b, c, d\}$ auf $\{1, 2, 3, 4, 5\}$?

2.40 Im Jüdischen Krieg (um 70 n. Chr.) kämpfte Josephus als Kommandant einer Berg-festung gegen die Römer. Nach seiner Gefangennahme als einziger Überlebender schloss er sich als Kriegsberichterstatter dem römischen Heer an, nannte sich Flavius Josephus und schrieb das berühmte Buch *Der Jüdische Krieg*, das heute die bedeutendste historische Quelle aus dieser Zeit ist. Eine Legende sagt, Josephus habe mit 39 Kriegern auf der Berg-festung ausgeharrt und sich nicht ergeben wollen. Als die Lage hoffnungslos war, hätten sie den kollektiven Suizid beschlossen, und zwar nach folgendem Verfahren: Es werden die Nummern 1 bis 40 ausgelost. Dann wird der Reihe nach derjenige mit der Nummer 7, 14, 21, 28 usw. getötet, wobei zyklisch weitergezählt wird; nach dem Tod des Kriegers mit der Nummer 35 kommt derjenige mit der Nummer 2, dann (weil Krieger 7 schon tot ist) der-jenige mit der Nummer 10 usw. Die *Josephus-Permutation* beginnt also folgendermaßen:

$$\begin{pmatrix} 1 & 2 & 3 & 4 & 5 & 6 & 7 & 8 & \dots \\ 7 & 14 & 21 & 28 & 35 & 2 & 10 & 18 & \dots \end{pmatrix}.$$

Welche Nummer hatte Josephus gezogen, falls die Legende auf Wahrheit beruht?

2.6   Verkettung von Abbildungen

Sind $\alpha : A \longrightarrow B$ und $\beta : B \longrightarrow C$ zwei Abbildungen, dann ist $\gamma : A \longrightarrow C$ mit

$$\gamma(a) = \beta(\alpha(a))$$

eine Abbildung von A in C (Abb. 2.11):

Man nennt sie die *Hintereinanderschaltung* oder *Verkettung* von α mit β und schreibt dafür $\beta \circ \alpha$ (lies „β nach α"). Es ist also

$$(\beta \circ \alpha)(a) = \beta(\alpha(a)) \text{ für } a \in A.$$

Beispiel 2.18   Es seien

$$\alpha = \begin{pmatrix} 1\ 2\ 3\ 4\ 5 \\ 2\ 4\ 3\ 5\ 1 \end{pmatrix} \quad \text{und} \quad \beta = \begin{pmatrix} 1\ 2\ 3\ 4\ 5 \\ 1\ 5\ 2\ 4\ 3 \end{pmatrix}$$

zwei Bijektionen von $\{1, 2, 3, 4, 5\}$ auf sich (Beispiel 2.13). Dann gilt

$$\alpha \circ \beta : \quad \begin{matrix} 1 \mapsto 1 \mapsto 2 \\ 2 \mapsto 5 \mapsto 1 \\ 3 \mapsto 2 \mapsto 4 \\ 4 \mapsto 4 \mapsto 5 \\ 5 \mapsto 3 \mapsto 3 \end{matrix} \quad \text{und} \quad \beta \circ \alpha : \quad \begin{matrix} 1 \mapsto 2 \mapsto 5 \\ 2 \mapsto 4 \mapsto 4 \\ 3 \mapsto 3 \mapsto 2 \\ 4 \mapsto 5 \mapsto 3 \\ 5 \mapsto 1 \mapsto 1, \end{matrix}$$

also

$$\alpha \circ \beta = \begin{pmatrix} 1\ 2\ 3\ 4\ 5 \\ 2\ 1\ 4\ 5\ 3 \end{pmatrix} \quad \text{und} \quad \beta \circ \alpha = \begin{pmatrix} 1\ 2\ 3\ 4\ 5 \\ 5\ 4\ 2\ 3\ 1 \end{pmatrix}. \quad \blacksquare$$

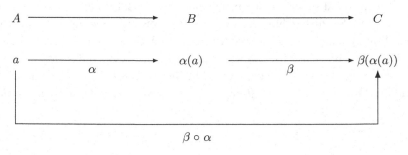

Abb. 2.11   Verkettung von Abbildungen

Beispiel 2.19 Es seien

$$\alpha : \begin{cases} x' = 3x - 2y \\ y' = \ x + 3y \end{cases} \quad \text{und} \quad \beta : \begin{cases} x' = -x + 4y \\ y' = \ 2x + 5y \end{cases}$$

zwei Abbildungen der Koordinatenebene in sich. Wir wollen die Abbildungsgleichungen für $\alpha \circ \beta$ und für $\beta \circ \alpha$ berechnen:

$$\alpha \circ \beta : \begin{cases} x' = 3(-x + 4y) - 2(2x + 5y) = -7x + \ 2y \\ y' = \ (-x + 4y) + 3(2x + 5y) = \ 5x + 19y, \end{cases}$$

$$\beta \circ \alpha : \begin{cases} x' = -(3x - 2y) + 4(x + 3y) = \ x + 14y \\ y' = \ 2(3x - 2y) + 5(x + 3y) = 11x + \ 6y. \end{cases}$$

∎

Beispiel 2.20 Die auf $\mathbb{R}$ definierte Funktion f mit $f(x) = \frac{1}{1+x^2}$ ist die Verkettung der Funktion $g : \mathbb{R} \longrightarrow \mathbb{R}^+$ mit $g(x) = 1 + x^2$ und der Funktion $h : \mathbb{R} \setminus \{0\} \longrightarrow \mathbb{R}$ mit $h(x) = \frac{1}{x}$. Es ist $f(x) = h(g(x))$, also $f = h \circ g$. Für die Funktion $g \circ h$ gilt

$$(g \circ h)(x) = g(h(x)) = 1 + \left(\frac{1}{x} \right)^2 .$$

Die Funktion $g \circ h$ ist im Gegensatz zu $h \circ g$ nur für $x \neq 0$ definiert.   ∎

Die Beispiele zeigen deutlich, dass es beim Verketten von Abbildungen auf die *Reihenfolge* ankommt. Dies ist ohnehin klar, da in der zu Beginn des Abschnitts angegebenen Situation zwar $\beta \circ \alpha$ definiert ist, $\alpha \circ \beta$ aber nur, wenn die Zielmenge C von β eine Teilmenge der Ausgangsmenge A von α ist. Das Verketten von Abbildungen ist also im Allgemeinen nicht kommutativ.

Das Verketten von Abbildungen ist aber *immer assoziativ*, d. h., es gilt für drei Abbildungen $\alpha : A \longrightarrow B$, $\beta : B \longrightarrow C$, $\gamma : C \longrightarrow D$ stets

$$(\gamma \circ \beta) \circ \alpha = \gamma \circ (\beta \circ \alpha).$$

Das folgt sofort aus der Definition des Verkettens: Für jedes $a \in A$ gilt

$$((\gamma \circ \beta) \circ \alpha)(a) = (\gamma \circ \beta)(\alpha(a)) = \gamma(\beta(\alpha(a))),$$
$$(\gamma \circ (\beta \circ \alpha))(a) = \gamma((\beta \circ \alpha)(a)) = \gamma(\beta(\alpha(a))).$$

Unter den Abbildungen einer Menge A *in sich* spielt die *identische Abbildung* id_A, die jedes Element von A auf sich selbst abbildet, eine besondere Rolle. Ist α eine Abbildung von A in B, dann gilt offensichtlich $\mathrm{id}_B \circ \alpha = \alpha = \alpha \circ \mathrm{id}_A$.

Ist α eine Bijektion von A auf B und α^{-1} die Umkehrabbildung, dann gilt

$$\alpha \circ \alpha^{-1} = \mathrm{id}_B \quad \text{und} \quad \alpha^{-1} \circ \alpha = \mathrm{id}_A.$$

Man erkennt leicht, dass die Verkettung zweier Injektionen wieder eine Injektion und die Verkettung zweier Surjektionen wieder eine Surjektion ist; folglich gilt dies auch für Bijektionen. Sind $\alpha : A \longrightarrow B$ und $\beta : B \longrightarrow C$ Bijektionen, dann gilt für die Umkehrung der Verkettung $(\beta \circ \alpha)$:

$$(\beta \circ \alpha)^{-1} = \alpha^{-1} \circ \beta^{-1}.$$

Die Umkehrung einer Verkettung ist demnach die Verkettung der Umkehrungen in umgekehrter Reihenfolge, denn

$$\beta \circ \alpha \circ \alpha^{-1} \circ \beta^{-1} = \mathrm{id}_B \quad \text{und} \quad \alpha^{-1} \circ \beta^{-1} \circ \beta \circ \alpha = \mathrm{id}_A.$$

Aufgaben

2.41 Berechne für die Permutationen α, β in Beispiel 2.18:

a) $\alpha \circ \alpha \circ \beta$ b) $\alpha \circ \beta \circ \alpha$ c) $\beta \circ \alpha \circ \alpha$ d) $\alpha^{-1} \circ \beta^{-1}$

2.42 Bestimme für die Abbildungen α, β in Beispiel 2.19:

a) $\alpha \circ \alpha$ b) $\beta \circ \beta$ c) α^{-1} d) β^{-1}

2.43 Die Funktionen f, g, h mit den Funktionsgleichungen

$$f(x) = x^2, \quad g(x) = 2x + 1, \quad h(x) = \sqrt{x}$$

seien als Abbildungen von $\mathbb{R}_0^+$ (Menge der nichtnegativen reellen Zahlen) in $\mathbb{R}_0^+$ definiert. Bestimme die Funktionsterme folgender Abbildungen:

a) $f \circ g$ b) $f \circ h$ c) $g \circ h$ d) $f \circ g \circ h$ e) $h \circ g \circ f$

2.44 Unter welcher Bedingung für die Spiegelachsen sind zwei Spiegelungen in der Ebene miteinander vertauschbar? Unter welcher Bedingung ist eine Spiegelung mit einer Verschiebung vertauschbar?

2.45 Zeige an einem Beispiel, dass die Verkettung zweier Abbildungen, die beide nicht bijektiv sind, bijektiv sein kann.

2.7   Anzahlformeln für endliche Mengen

Enthält die Menge A nur endlich viele Elemente, dann nennen wir sie *endlich* und bezeichnen die Anzahl ihrer Elemente mit $|A|$. Sind A, B endliche Mengen, so gilt

$$|A \cup B| = |A| + |B| - |A \cap B|,$$

denn in der Summe $|A| + |B|$ werden diejenigen Elemente von $A \cup B$, die auch in $A \cap B$ liegen, doppelt gezählt. Sind A, B, C drei endliche Mengen, dann gilt

$$|A \cup B \cup C| = |A| + |B| + |C| - |A \cap B| - |A \cap C| - |B \cap C| + |A \cap B \cap C|.$$

Dies kann man sich an einem Mengenbild überlegen (Abb. 2.12) oder aus der Formel für *zwei* Mengen herleiten:

$$
\begin{aligned}
|A \cup B \cup C| &= |A \cup B| + |C| - |(A \cup B) \cap C| \\
&= |A \cup B| + |C| - |(A \cap C) \cup (B \cap C)| \\
&= |A| + |B| - |A \cap B| + |C| \\
&\quad - (|A \cap C| + |B \cap C| - |(A \cap C) \cap (B \cap C)|) \\
&= |A| + |B| - |A \cap B| + |C| \\
&\quad - |A \cap C| - |B \cap C| + |A \cap B \cap C|.
\end{aligned}
$$

So fortfahrend erhält man auch eine Formel für die Vereinigungsmenge von n endlichen Mengen, die man mit vollständiger Induktion beweisen kann (Satz 2.2).

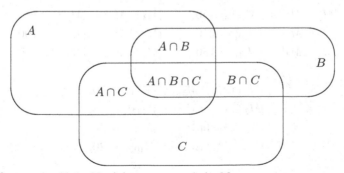

Abb. 2.12 Elementeanzahl der Vereinigungsmenge dreier Mengen

Satz 2.2 *Sind A_1, A_2, $\ldots$, A_n endliche Mengen, dann gilt*

$$|A_1 \cup A_2 \cup A_3 \cup \ldots \cup A_n|$$

$$= (|A_1| + |A_2| + |A_3| + \ldots + |A_n|)$$

$$-(|A_1 \cap A_2| + |A_1 \cap A_3| + \ldots + |A_{n-1} \cap A_n|)$$

$$+(|A_1 \cap A_2 \cap A_3| + \ldots + |A_{n-2} \cap A_{n-1} \cap A_n|)$$

$$- + \ldots$$

$$+(-1)^{n-1}|A_1 \cap A_2 \cap A_3 \cap \ldots \cap A_n|.$$

In der Formel in Satz 2.2 stehen in der ersten Klammer die Elementeanzahlen der n Mengen A_i, sie enthält also n Summanden. In der zweiten Klammer stehen die Elementeanzahlen der Schnittmengen von *je zwei* der Mengen A_i; sie enthält $\frac{n(n-1)}{2}$ Summanden. In der dritten Klammer stehen die Anzahlen der Schnittmengen von *je drei* der Mengen A_i; sie enthält $\frac{n(n-1)(n-2)}{1 \cdot 2 \cdot 3}$ Summanden. Man beachte das von Klammer zu Klammer wechselnde Vorzeichen! Als letzter Summand erscheint die Anzahl in der Schnittmenge *aller* n Mengen, versehen mit einem Minuszeichen, wenn n gerade ist, und mit einem Pluszeichen, wenn n ungerade ist. Die oben angegebenen Summandenanzahlen in den einzelnen Klammern sind *Binomialkoeffizienten*, auf die wir in Abschn. 2.8 eingehen werden. Dort werden wir auch sehen, dass obige Anzahlen $\frac{n(n-1)}{2}$ und $\frac{n(n-1)(n-2)}{1 \cdot 2 \cdot 3}$ korrekt angegeben sind.

Beispiel 2.21 Wir wollen ausrechnen, wie viele der Zahlen von 1 bis 2100 durch 2, durch 3, durch 5 oder durch 7 teilbar sind. Dazu bezeichnen wir mit M_d allgemein die Menge der durch d teilbaren Zahlen aus $\{1, 2, 3, \ldots, 2100\}$. Es gilt

$$|M_2| = 1050, \ |M_3| = 700, \ |M_5| = 420, \ |M_7| = 300,$$

$$|M_2 \cap M_3| = |M_6| = 350, \qquad |M_3 \cap M_5| = |M_{15}| = 140,$$
$$|M_2 \cap M_5| = |M_{10}| = 210, \qquad |M_3 \cap M_7| = |M_{21}| = 100,$$
$$|M_2 \cap M_7| = |M_{14}| = 150, \qquad |M_5 \cap M_7| = |M_{35}| = \ \ 60,$$

$$|M_2 \cap M_3 \cap M_5| = |M_{30}| = 70,$$
$$|M_2 \cap M_3 \cap M_7| = |M_{42}| = 50,$$
$$|M_2 \cap M_5 \cap M_7| = |M_{70}| = 30,$$
$$|M_3 \cap M_5 \cap M_7| = |M_{105}| = 20,$$

$$|M_2 \cap M_3 \cap M_5 \cap M_7| = |M_{210}| = 10.$$

Also ist

$$|M_2 \cup M_3 \cup M_5 \cup M_7| = (1050 + 700 + 420 + 300)$$
$$-(350 + 210 + 150 + 140 + 100 + 60)$$
$$+(70 + 50 + 30 + 20) - 10$$
$$= 2470 - 1010 + 180 - 10 = 1620.$$

Genau 1620 der 2100 Zahlen von 1 bis 2100 sind also durch mindestens eine der Primzahlen 2, 3, 5 oder 7 teilbar. Daraus folgt auch, dass es unterhalb von 2100 höchstens $2100 - 1620 + 4 - 1 = 483$ Primzahlen gibt. ∎

Für zwei endliche Mengen A, B gilt $|A \times B| = |A| \cdot |B|$, woraus sich sofort auch

$$|A_1 \times A_2 \times \ldots \times A_n| = |A_1| \cdot |A_2| \cdot \ldots \cdot |A_n|$$

für n endliche Mengen $A_1, A_2, \ldots, A_n$ ergibt. Als Sonderfall erhält man $|A^n| = |A|^n$ für jede endliche Menge A und jede natürliche Zahl n.

Dies ermöglicht einen neuen Zugang zur Elementeanzahl der Potenzmenge einer endlichen Menge: Denken wir uns die Elemente einer m-elementigen Menge M nummeriert, also $M = \{x_1, x_2, \ldots, x_m\}$, dann kann man jede Teilmenge A von M durch ein m-Tupel aus den Elementen 0 und 1 beschreiben; man wählt als i-te Koordinate 0, wenn $x_i \notin A$, und 1, wenn $x_i \in A$. Dadurch wird eine Abbildung $\alpha : \mathcal{P}(M) \longrightarrow \{0, 1\}^m$ definiert. Jedes m-Tupel aus $\{0, 1\}^m$ definiert aber umgekehrt auch genau eine Teilmenge von M:

$$
\begin{array}{llll}
\text{Menge } M: & x_1\ x_2\ x_3\ x_4\ x_5\ x_6\ x_7 & \ldots x_m \\
 & |\ \ | \qquad\qquad | \\
m\text{−Tupel}: & 0\ \ 1\ \ 1\ \ 0\ \ 0\ \ 0\ \ 1 & \ldots 0 \\
 & \downarrow \downarrow \qquad\qquad \downarrow \\
\text{Teilmenge } A: & x_2\ x_3 \qquad\quad x_7 & \ldots
\end{array}
$$

Folglich ist α eine Bijektion von $\mathcal{P}(M)$ auf $\{0, 1\}^m$, demnach (Abschn. 2.5 vor Beispiel 2.13) müssen beide Mengen gleich viele Elemente haben. Daraus folgt $|\mathcal{P}(M)| = |\{0, 1\}^m| = 2^m$, und wir haben Satz 2.3 bewiesen.

Satz 2.3 *Ist M eine endliche Menge und $\mathcal{P}(M)$ ihre Potenzmenge, dann ist*

$$|\mathcal{P}(M)| = 2^{|M|}.$$

Ist A eine endliche Menge und ist $n \in \mathbb{N}$, so kann jede Abbildung $\alpha : \{1, 2, \ldots, n\} \longrightarrow$ A umkehrbar eindeutig durch ein n-Tupel von Elementen aus A beschrieben werden: Ist α definiert durch

$$1 \mapsto a_1, \quad 2 \mapsto a_2, \ldots, \quad n \mapsto a_n, \quad \text{also} \quad \alpha(i) := a_i \text{ für alle } i = 1, \ldots, n,$$

so lässt sich α mit dem n-Tupel $(a_1, a_2, \ldots, a_n) \in A^n$ identifizieren, und umgekehrt definiert auf diese Weise jedes n-Tupel aus A^n genau eine Abbildung von $\{1, 2, \ldots, n\}$ in A. Die Anzahl der Abbildungen der n-elementigen Menge $\{1, 2, 3, \ldots, n\}$ in die endliche Menge A ist folglich $|A|^n$. Dann ist auch die Anzahl der Abbildungen einer beliebigen n-elementigen Menge B in die Menge A gleich $|A|^n$ bzw. $|A|^{|B|}$. Bezeichnet man die Menge aller Abbildungen von B in A mit A^B, so ist demnach

$$|A^B| = |A|^{|B|}.$$

Damit gilt Satz 2.4.

Satz 2.4 *Sind A und B endliche Mengen, dann gibt es genau $|A|^{|B|}$ verschiedene Abbildungen von B in A.*

(Es muss zugegeben werden, dass man die Bezeichnung A^B für die Menge aller Abbildungen von B in A nur deshalb gewählt hat, weil dann die schöne oben angegebene Formel gilt.)

Zum Zweck einer *mengentheoretischen Grundlegung der Arithmetik* kann man die Addition in $\mathbb{N}$ mit der Vereinigung disjunkter endlicher Mengen *definieren*:

$$|A| + |B| := |A \cup B|, \text{ falls } A \cap B = \emptyset.$$

Möchte man dann die Multiplikation nicht mithilfe mehrfacher Addition, sondern als eigenständige Operation einführen, so *definiert* man

$$|A| \cdot |B| := |A \times B|.$$

Dann kann man aber auch das Potenzieren anstatt als mehrfaches Multiplizieren eigenständig *definieren*:

$$|A|^{|B|} := |A^B|.$$

Die logischen Schwierigkeiten bei einer derartigen Grundlegung der Arithmetik sind aber sehr groß. Sie beginnen mit der Frage, aus welcher „Familie" von Mengen man die Mengen A, B wählt. Sicher nicht aus der „Menge aller Mengen", denn diese „Menge" existiert ebenso wenig wie die in der Russell'schen Antinomie (Abschn. 2.1) aufgetretene Menge. Für den Schulunterricht eignen sich die obigen Mengenbeziehungen zwar zur Veranschaulichung, *nicht aber zur Einführung* der arithmetischen Operationen.

Aufgaben

2.46 Drücke $|\mathcal{P}(A) \times \mathcal{P}(B)|$ und $|\mathcal{P}(A \times B)|$ durch $|A|$ und $|B|$ aus.

2.47 Es sei $|A \cup B| = 8$ und $|A \cap B| = 6$. Welche Möglichkeiten gibt es dann für $|A|$ und $|B|$?

2.48 Wie viele der 3000 Zahlen von 1 bis 3000 sind durch keine der Primzahlen 2, 3 und 5 teilbar?

2.49 In einer Schule mit 725 Schülern, von denen jeder in mindestens einer Fremdsprache unterrichtet wird, lernen

- 599 Schüler Englisch, 414 Schüler Französich, 286 Schüler Latein,
- 212 Schüler Englisch *und* Französisch, aber nicht Latein,
- 110 Schüler Englisch *und* Latein, aber nicht Französisch,
- 87 Schüler *alle drei* Sprachen.

Wie viele Schüler lernen

a) Französisch und Latein, aber nicht Englisch?   b) genau eine Fremdsprache?

c) genau zwei Fremdsprachen?

2.50 In einer Kiste liegen Merkmalsklötze, die sich nach Farbe (schwarz/weiß), Größe (groß/klein) und Form (rund/eckig) unterscheiden. Die Kiste enthält genau 9 kleine eckige, 9 große eckige, 14 schwarze, 6 schwarze eckige und 7 weiße runde Klötze. Wie viele Klötze sind in der Kiste?

2.51 Unter dem Pseudonym Lewis Carroll schrieb der Geistliche und Mathematiker Charles Lutwidge Dodgson (1832–1898) Märchen (z. B. *Alice im Wunderland*) und Bücher zur mathematischen Unterhaltung. In *A Tangled Tale* findet man unter *Knot X* die folgende etwas makabre Aufgabe: Beim Anblick einer Gruppe von Kriegsversehrten fragt Claras Tante: „Say that 70 per cent have lost an eye, 75 per cent an ear, 80 per cent an arm, 85 per cent a leg, that'll do it beautifully. Now, my dear, what percentage, *at least*, must have lost all four?"

2.52 Drücke für endliche Mengen A, B die Elementeanzahl der symmetrischen Differenz $A \star B$ (Aufgabe 2.9) durch $|A|$, $|B|$ und $|A \cap B|$ aus. Drücke für endliche Mengen A, B, C die Anzahl $|A \star B \star C|$ entsprechend aus.

2.53 Die Autokennzeichen in einem Landkreis haben die Form XX–YYY oder X–YYYY, wobei X für einen von 20 Buchstaben und Y für eine Ziffer steht, wobei aber 0 nicht als führende Ziffer auftritt. Wie viele Kennzeichen gibt es insgesamt?

2.54 Wie viele Wörter aus drei Vokalen und vier Konsonanten des deutschen Alphabets mit genau sieben Buchstaben (z. B. *mnoatsi*) kann man bilden, wenn kein Buchstabe doppelt vorkommen darf? (Der Buchstabe Y gehört vereinbarungsgemäß zu den Konsonanten.)

2.55 Beim *Fußballtoto* (13er-Ergebniswette) muss der Spielausgang von 13 Spielen vorausgesagt werden, wobei es die Möglichkeiten 0 (unentschieden), 1 (Sieg der Heimmannschaft), 2 (Sieg der Gastmannschaft) gibt. Wie viele Tippreihen sind möglich? Wie viele „völlig falsche" Tippreihen gibt es?

2.8   Binomialkoeffizienten

Wir beschäftigen uns nun mit weiteren Anzahlfragen, die mit der Potenzmenge einer endlichen Menge zusammenhängen. Es sei M eine Menge mit genau m Elementen und $\mathcal{P}_k(M)$ die Menge der k-elementigen Teilmengen von M. Dabei ist $0 \leq k \leq m$. Wir wollen $|\mathcal{P}_k(M)|$ berechnen und führen zunächst die Bezeichnung

$$\binom{m}{k} := |\mathcal{P}_k(M)| \qquad (\text{„}m \text{ über } k\text{"})$$

ein. Diese Zahlen spielen eine wichtige Rolle in der Wahrscheinlichkeitsrechnung.

Offensichtlich ist $\binom{m}{0} = \binom{m}{m} = 1$, denn es gibt genau eine 0-elementige Teilmenge (nämlich $\emptyset$) und genau eine m-elementige Teilmenge von M (nämlich M selbst). Satz 2.5 gibt an, wie man für $0 < k < m$ die Zahlen $\binom{m}{k}$ berechnen kann.

Satz 2.5 *Für* $0 < k < m$ *gilt*

$$a) \ \binom{m}{k} = \frac{m}{k} \cdot \binom{m-1}{k-1}, \qquad b) \ \binom{m}{k} = \binom{m-1}{k-1} + \binom{m-1}{k}.$$

Beweis 2.5 Im Folgenden sei M eine m-elementige Menge.

a) Es sei N die Anzahl aller Paare (x, A) mit $x \in M$ und $A \in \mathcal{P}_k(M)$, für die $x \in A$ gilt. N kann auf zwei verschiedene Arten zählend bestimmt werden:

(1) Zu jedem festen $A \in \mathcal{P}_k(M)$ gibt es offenbar genau k Paare (x, A) mit $x \in A$, denn A hat genau k Elemente. Da es nun $\binom{m}{k}$ Möglichkeiten gibt, eine Menge $A \in \mathcal{P}_k(M)$ auszuwählen, erhält man $N = k \cdot \binom{m}{k}$.

(2) Zu jedem festen $x \in M$ gibt es genau $\binom{m-1}{k-1}$ Paare (x, A) mit $A \in \mathcal{P}_k(M)$ und $x \in A$, denn zu x muss man aus den übrigen $m - 1$ Elementen der Menge M noch $k - 1$ weitere hinzufügen, um eine k-elementige Teilmenge A von M mit $x \in A$ zu erhalten. Da es aber genau m Möglichkeiten gibt, ein Element $x \in M$ auszuwählen, ergibt sich $N = m \cdot \binom{m-1}{k-1}$.

Nun folgt (a) aus $k \cdot \binom{m}{k} = m \cdot \binom{m-1}{k-1}$.

b) Wir wählen ein festes Element $x_0 \in M$ und unterscheiden die k-elementigen Teilmengen von M danach, ob sie x_0 enthalten oder nicht. Es gibt genau $\binom{m-1}{k-1}$ solche Teilmengen, die x_0 enthalten, denn zu x_0 muss man aus den übrigen $m - 1$ Elementen noch $k - 1$ weitere hinzufügen, um eine k-elementige Teilmenge von M zu erhalten. Ferner gibt es $\binom{m-1}{k}$ solche Teilmengen, die x_0 *nicht* enthalten, denn dann handelt es sich um k-elementige Teilmengen von $M \setminus \{x_0\}$. Insgesamt ergibt sich (b). $\qquad\square$

Die wiederholte Anwendung der Rekursionsformel aus Satz 2.5a ermöglicht die *explizite Berechnung* von $\binom{m}{k}$:

$$
\binom{m}{k} = \frac{m}{k} \cdot \binom{m-1}{k-1} = \frac{m}{k} \cdot \frac{m-1}{k-1} \cdot \binom{m-2}{k-2} = \dots
$$
$$
= \frac{m}{k} \cdot \frac{m-1}{k-1} \cdot \frac{m-2}{k-2} \cdot \dots \cdot \frac{m-k+1}{1} .
$$

Dass sich dabei stets eine ganze Zahl ergibt, wird durch die Definition von $\binom{m}{k}$ als Elementeanzahl einer Menge gewährleistet. Satz 2.5b erlaubt eine *rekursive* Berechnung von $\binom{m}{k}$.

Beispiel 2.22 Durch mehrfache Anwendung von Satz 2.5a erhält man

$$
\binom{49}{6} = \frac{49 \cdot 48 \cdot 47 \cdot 46 \cdot 45 \cdot 44}{6 \cdot 5 \cdot 4 \cdot 3 \cdot 2 \cdot 1} = 49 \cdot 47 \cdot 46 \cdot 3 \cdot 44 = 13\,983\,816.
$$

Nach Satz 2.5b ergibt sich

$$
\binom{49}{6} = \binom{48}{5} + \binom{48}{6} = 1\,712\,304 + 12\,271\,512 = 13\,983\,816.
$$

Man kann also $\binom{49}{6}$ bestimmen, wenn man zuvor $\binom{48}{5}$ und $\binom{48}{6}$ berechnet hat. $\qquad\blacksquare$

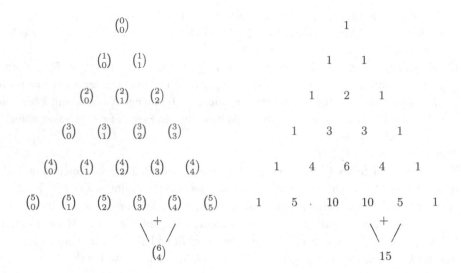

Abb. 2.13 Pascal'sches Dreieck für $\binom{m}{k}$ mit $0 \le k, m \le 5$

Beispiel 2.22 zeigt, dass man mit der Rekursionsformel (b) aus Satz 2.5 nur sehr mühsam an den Wert von $\binom{49}{6}$ kommt. Trotzdem ist diese Formel für kleine Werte von m nützlich, wenn man die Zahlen wie in Abb. 2.13 in Gestalt eines Dreiecks aufschreibt. Dieses Schema, das die sukzessive Berechnung der Zahlen $\binom{m}{k}$ erlaubt, nennt man *Pascal'sches Dreieck*.

Blaise Pascal (1623–1662) war ein berühmter Religionsphilosoph, Physiker und Mathematiker. Als Philosoph bekämpfte er den Rationalismus, wie er etwa von Descartes vertreten wurde. Er hat an vielen Fragen der Physik und Mathematik gearbeitet. Er hat auch eine mechanische Rechenmaschine erfunden. Wesentlichen Anteil hat Pascal an der Entwicklung der Wahrscheinlichkeitsrechnung im 17. Jahrhundert.

Das Pascal'sche Dreieck findet man schon im *Kostbaren Spiegel* des chinesischen Gelehrten Chu-Shih-Chien (um 1300 n. Chr.). Es weist diverse Symmetrien auf; insbesondere ist

$$\binom{m}{m-k} = \binom{m}{k} \text{ für alle } k \text{ mit } 0 \le k \le m.$$

Eine m-elementige Menge besitzt also ebenso viele k-elementige wie $(m-k)$-elementige Teilmengen. Dies erkennt man auch ohne Blick auf das Pascal'sche Dreieck daran, dass jede k-elementige Teilmenge von M eindeutig eine $(m-k)$-elementige Teilmenge von M bestimmt und umgekehrt, nämlich ihre Komplementärmenge in M.

Nun beweisen wir einen wichtigen Satz, den sogenannten *binomischen Lehrsatz*, in dem die Zahlen $\binom{m}{k}$ eine Rolle spielen. Aufgrund dieses Satzes erhalten diese Zahlen dann den Namen *Binomialkoeffizienten.* Der binomische Lehrsatz verallgemeinert die bekannte „binomische Formel" $(a + b)^2 = a^2 + 2ab + b^2$.

Satz 2.6 (Binomischer Lehrsatz) *Für alle* $n \in \mathbb{N}$ *und beliebige Zahlen* a, b *gilt*

$$(a + b)^n = \binom{n}{0} a^n + \binom{n}{1} a^{n-1} b + \binom{n}{2} a^{n-2} b^2 + \ldots$$

$$\ldots + \binom{n}{i} a^{n-i} b^i + \ldots + \binom{n}{n-1} ab^{n-1} + \binom{n}{n} b^n$$

$$= \sum_{i=0}^{n} \binom{n}{i} a^{n-i} b^i .$$

Beweis 2.6 Um beim Ausmultiplizieren der Klammern $(a + b) \cdot (a + b) \cdot \ldots \cdot (a + b)$ das Potenzprodukt $a^{n-i} b^i$ zu erhalten, muss man aus i Klammern den Faktor b wählen, aus den übrigen $n - i$ Klammern den Faktor a. Nummerieren wir die n Klammern mit 1, 2, 3, ..., n, so muss man also aus der Menge $\{1, 2, 3, \ldots, n\}$ eine i-elementige Teilmenge auswählen. Da dies auf genau $\binom{n}{i}$ Arten möglich ist, tritt das Potenzprodukt $a^{n-i} b^i$ in der Summe genau $\binom{n}{i}$-mal auf. $\quad\square$

Beispiel 2.23 Es ist

$$
\begin{aligned}
(a + b)^0 &= 1 \\
(a + b)^1 &= a + b \\
(a + b)^2 &= a^2 + 2ab + b^2 \\
(a + b)^3 &= a^3 + 3a^2 b + 3ab^2 + b^3 \\
(a + b)^4 &= a^4 + 4a^3 b + 6a^2 b^2 + 4ab^3 + b^4 \\
(a + b)^5 &= a^5 + 5a^4 b + 10a^3 b^2 + 10a^2 b^3 + 5ab^4 + b^5
\end{aligned}
$$

Für Zahlen, die nahe bei einer Zehnerpotenz liegen, kann man mithilfe dieser Formeln leicht höhere Potenzen berechnen:

$$103^4 = (100 + 3)^4 = 100^4 + 4 \cdot 100^3 \cdot 3 + 6 \cdot 100^2 \cdot 3^2 + 4 \cdot 100 \cdot 3^3 + 3^4$$

$$= 100\,000\,000 + 12\,000\,000 + 540\,000 + 10\,800 + 81$$

$$= 112\,550\,881 ,$$

$$998^3 = (1000 - 2)^3 = 1000^3 - 3 \cdot 1000^2 \cdot 2 + 3 \cdot 1000 \cdot 2^2 - 2^3$$
$$= 1\,000\,000\,000 - 6\,000\,000 + 12\,000 - 8$$
$$= 994\,011\,992\,.$$

∎

Eine gewisse Ähnlichkeit mit dem Pascal'schen Dreieck hat das von Leibniz angegebene *harmonische Dreieck* für die Stammbrüche, das man auch *Leibniz'sches Dreieck* nennt (Aufgabe 2.70).

Gottfried Wilhelm von Leibniz (1646–1716) war Philosoph, Mathematiker, Physiker, Ingenieur, Jurist, Politiker, Historiker und Sprachforscher. Unabhängig von Newton entwickelte er die Infinitesimalrechnung; er erfand auch eine mechanische Rechenmaschine und leistete wesentliche Beiträge zur mathematischen Logik und zur Kombinatorik. Sein Werk *Dissertatio de arte combinatoria* war der Taufpate der Kombinatorik, also derjenigen mathematischen Disziplin, die sich wie der hier vorliegende Abschnitt mit der „Kunst des Zählens" beschäftigt.

Aufgaben

2.56 Man berechne $|\mathcal{P}_2(\mathcal{P}_3(\{1,\,2,\,3,\,4\}))|$ und $|\mathcal{P}_3(\mathcal{P}_2(\{1,\,2,\,3,\,4\}))|$.

2.57 Berechne die Binomialkoeffizienten $\binom{10}{i}$ für $i = 0,\,1,\,2,\,\ldots,\,10$ nach Satz 2.5a. Bestimme dann $\binom{11}{i}$ für $i = 0,\,1,\,2,\,\ldots,\,11$ gemäß Satz 2.5b.

2.58 Man beweise unter Rückgriff auf die Definition des Binomialkoeffizienten:

a) $\displaystyle\sum_{i=0}^{n} \binom{n}{i} = \binom{n}{0} + \binom{n}{1} + \binom{n}{2} + \binom{n}{3} + \ldots + \binom{n}{n} = 2^n$

b) $\displaystyle\sum_{i=0}^{n} i \cdot \binom{n}{i} = 0 \cdot \binom{n}{0} + 1 \cdot \binom{n}{1} + 2 \cdot \binom{n}{2} + 3 \cdot \binom{n}{3} + \ldots + n \cdot \binom{n}{n} = n \cdot 2^{n-1}$

2.59 Beweise: Für alle $k, n \in \mathbb{N}_0$ gilt

$$\sum_{i=0}^{k} \binom{n+i}{n} = \binom{n}{n} + \binom{n+1}{n} + \binom{n+2}{n} + \binom{n+3}{n} + \ldots + \binom{n+k}{n} = \binom{n+k+1}{n+1}.$$

2.60 Zeige unter Verwendung von Aufgabe 2.59:

a) $\displaystyle\sum_{i=1}^{n} i \cdot (i+1) = 1 \cdot 2 + 2 \cdot 3 + 3 \cdot 4 + \ldots + n \cdot (n+1) = \frac{n(n+1)(n+2)}{3}$

b) $\displaystyle\sum_{i=1}^{n} i \cdot (i+1) \cdot (i+2) = 1 \cdot 2 \cdot 3 + 2 \cdot 3 \cdot 4 + \ldots + n \cdot (n+1) \cdot (n+2) = \frac{n(n+1)(n+2)(n+3)}{4}$

c) Leite aus (a) und (b) die Summenformeln für die Quadrate und Kubikzahlen (Abschn. 1.9) her.

2.61 Zeige, dass $\binom{n}{k} = \frac{n!}{k!(n-k)!}$ für $0 \le k \le n$ gilt. Dabei ist $n!$ („n Fakultät") das Produkt der ersten n natürlichen Zahlen, ferner $0! := 1$.

2.62 Man berechne mithilfe des binomischen Lehrsatzes:

a) $1,01^3$ b) $1,001^4$ c) 97^5 d) $1,99^6$

2.63   a) Auf wie viele Arten kann man 9 Passagiere auf 2 Boote verteilen, wenn das eine Boot noch 4 und das andere noch 5 Plätze frei hat?

b) Auf einer Party sind 5 Damen und 4 Herren zusammen. Auf wie viele Arten lassen sich 3 Tanzpaare bilden?

c) Für 4 Parallelklassen stehen 20 Freikarten zu einer Sportveranstaltung zur Verfügung. Es gibt 10 Interessenten aus Klasse A, je 8 aus den Klassen B, C und 9 aus Klasse D. Wie viele Möglichkeiten gibt es, die Karten zu verteilen, wenn

(1) 20 der 35 Interessenten ausgelost werden?   (2) jede Klasse 5 Freikarten erhält?

2.64 Beweise mithilfe des binomischen Lehrsatzes: Jede endliche nichtleere Menge besitzt ebenso viele Teilmengen mit gerader wie mit ungerader Elementeanzahl.

2.65 Auf einer Kreislinie wähle man n Punkte und zeichne von jedem dieser Punkte zu jedem anderen die Sehne. Wie viele Sehnen sind es? Wie viele Dreiecke mit Ecken auf der Kreislinie entstehen?

2.66 Die Folge der *Fibonacci-Zahlen* $F_0, F_1, F_2, F_3, \ldots$ ist definiert durch

$$F_0 = F_1 = 1, \ F_{n+2} = F_{n+1} + F_n \text{ für } n \in \mathbb{N}_0.$$

Die Fibonacci-Folge beginnt also mit $1, 1, 2, 3, 5, 8, 13, 21, 34, 55, 89, 144, \ldots$ Zeige, dass für alle $k \in \mathbb{N}_0$ gilt:

$$F_{2k} = \sum_{i=0}^{k} \binom{k+i}{k-i} = \binom{k}{k} + \binom{k+1}{k-1} + \binom{k+2}{k-2} + \binom{k+3}{k-3} + \ldots + \binom{2k}{0},$$

$$F_{2k+1} = \sum_{i=0}^{k} \binom{k+i+1}{k-i} = \binom{k+1}{k} + \binom{k+2}{k-1} + \binom{k+3}{k-2} + \ldots + \binom{2k+1}{0}.$$

(Für $k = 0$ müssen sich F_0 und F_1 ergeben; für $k \geq 1$ muss gezeigt werden, dass für die angegebenen Terme die Rekursionsvorschrift der Fibonacci-Zahlen gilt.)

2.67

    a) Beweise: Die Anzahl der verschiedenen Tipps beim Zahlenlotto „6 aus 49" mit genau i „Richtigen" beträgt

$$\binom{6}{i} \cdot \binom{43}{6-i}.$$

    b) Begründe ohne Rechnung die Formel

$$\binom{6}{0}\binom{43}{6} + \binom{6}{1}\binom{43}{5} + \binom{6}{2}\binom{43}{4} + \binom{6}{3}\binom{43}{3} + \binom{6}{4}\binom{43}{2}$$

$$+ \binom{6}{5}\binom{43}{1} + \binom{6}{6}\binom{43}{0} = \binom{49}{6}.$$

2.68   Beweise die Formel

$$\sum_{i=0}^{n} \binom{n}{i}^2 = \binom{n}{0}^2 + \binom{n}{1}^2 + \binom{n}{2}^2 + \ldots + \binom{n}{n}^2 = \binom{2n}{n}$$

durch Abzählen von Wegen in dem Quadratgitter in Abb. 2.14.

    Beachte, dass jeder Weg von der linken unteren zur rechten oberen Ecke durch einen Diagonalpunkt führen muss.

Abb. 2.14 Zu Aufgabe 2.68

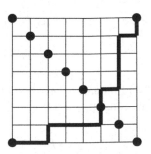

2.69 Beweise die Formel

$$\binom{n}{j}\binom{j}{i} = \binom{n}{i}\binom{n-i}{j-i} \quad \text{für } 0 \le i \le j \le n$$

durch Zählen der Menge $\{(X, Y) \in P_i(M) \times P_j(M) \mid X \subseteq Y\}$ auf zwei verschiedene Arten (Abb. 2.15). Dabei sei $|M| = n$ und $P_i(M)$ die Menge aller i-elementigen Teilmengen von M. Welche Formel ergibt sich für $i = 1$?

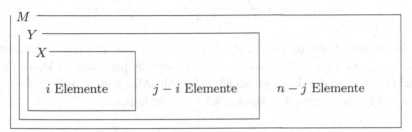

Abb. 2.15 Zu Aufgabe 2.69

2.70 Abb. 2.16 zeigt den Anfang des *harmonischen* oder *Leibniz'schen Dreiecks*.

Abb. 2.16 Leibniz'sches
Dreieck

$$\frac{1}{1}$$

$$\frac{1}{2} \qquad \frac{1}{2}$$

$$\frac{1}{3} \qquad \frac{1}{6} \qquad \frac{1}{3}$$

$$\frac{1}{4} \qquad \frac{1}{12} \qquad \frac{1}{12} \qquad \frac{1}{4}$$

$$\frac{1}{5} \qquad \frac{1}{20} \qquad \frac{1}{30} \qquad \frac{1}{20} \qquad \frac{1}{5}$$

$$\frac{1}{6} \qquad \frac{1}{30} \qquad \frac{1}{60} \qquad \frac{1}{60} \qquad \frac{1}{30} \qquad \frac{1}{6}$$

Hier steht in der Mitte *über* zwei Zahlen deren Summe; beispielsweise ist

$$\frac{1}{20} + \frac{1}{30} = \frac{1}{12}.$$

Ergänze das Leibniz'sche Dreieck um zwei weitere Zeilen.

2.71 Im *Pascal'schen* Dreieck ergibt die Summe der Zahlen längs einer nach links unten laufenden Schräglinie die rechts unter dem letzten Summanden stehende Zahl (Aufgabe 2.59).

Im *Leibniz'schen* Dreieck (Aufgabe 2.70) ergibt die Summe der Zahlen längs einer „unendlich langen" von links unten kommenden Schräglinie die links über dem letzten Summanden stehende Zahl. Beispielsweise ist $\ldots + \frac{1}{20} + \frac{1}{12} + \frac{1}{6} + \frac{1}{2} = 1$.

Dabei handelt es sich natürlich *nicht* um eine Summe im üblichen Sinn (es sind unendlich viele Summanden!), sondern um eine *unendliche Reihe*, für die man mathematisch präzisieren muss, was darunter zu verstehen ist. Dies geschieht in der Analysis; wir wollen uns hier nur klarmachen, dass die durch

$$a_n := \frac{1}{1 \cdot 2} + \frac{1}{2 \cdot 3} + \frac{1}{3 \cdot 4} + \ldots + \frac{1}{n \cdot (n+1)}$$

für $n \in \mathbb{N}$ definierte Folge (a_n) der Zahlen $a_1, a_2, a_3, a_4, \ldots$ die Eigenschaft hat, dass der Abstand von a_n zu 1, also die Größe $|1 - a_n|$, kleiner als jede noch so kleine positive reelle Zahl wird, wenn man nur n genügend groß wählt. (Man sagt dazu, die Folge (a_n) sei *konvergent* mit dem *Grenzwert* 1; Abschn. 4.5.) Begründe dies.

2.9 Abzählen von unendlichen Mengen

Eine *Abzählung* oder *Nummerierung* einer *endlichen* Menge M mit genau n Elementen bedeutet, dass jeder der Nummern oder Plätze 1, 2, 3, $\ldots$, n genau ein Element zugeordnet wird und dass verschiedene Elemente verschiedene Nummern erhalten. Die Menge M besitzt dann genau

$$n! := 1 \cdot 2 \cdot 3 \cdot \ldots \cdot n$$

verschiedene Nummerierungen. (Das Symbol $n!$ liest man „n Fakultät".) Denn

- für Platz 1 gibt es n Möglichkeiten,
- für Platz 2 gibt es dann noch $n - 1$ Möglichkeiten,
- für Platz 3 gibt es dann noch $n - 2$ Möglichkeiten,
  $\vdots$
- für Platz $n - 1$ gibt es dann noch 2 Möglichkeiten,
- für Platz n gibt es dann nur noch eine Möglichkeit.

In Abb. 2.17 sind die Nummerierungen einer vierelementigen Menge in einem Baumdiagramm dargestellt.

Eine Nummerierung oder Abzählung der n-elementigen Menge M ist also eine bijektive Abbildung der Menge $\{1, 2, 3, \ldots, n\}$ auf die Menge M (Abb. 2.18). Die Elemente von M tragen hierbei ihre Nummer als Index.

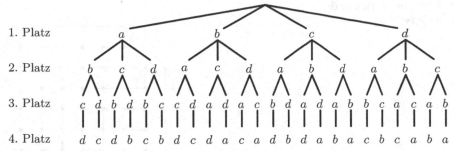

| 1. Platz | | a | | | b | | | c | | | d | |

Abb. 2.17 Nummerierungen der Menge $\{a, b, c, d\}$

Abb. 2.18 Nummerierung
einer n-elementigen Menge

$$1 \longleftrightarrow m_1$$
$$2 \longleftrightarrow m_2$$
$$3 \longleftrightarrow m_3$$
$$\vdots$$
$$n \longleftrightarrow m_n$$

Nun kann man fragen, ob für eine vorgelegte *unendliche* Menge M eine bijektive Abbildung von $\mathbb{N}$ auf M existiert. Dann könnte man nämlich jedem Element von M eine Nummer erteilen, und die Elemente von M wären eindeutig anhand ihrer Nummer zu identifizieren.

Beispiel 2.24 Wir betrachten die Menge $\mathbb{N}^2$, also die Menge aller Gitterpunkte im Koordinatensystem, deren Koordinaten natürliche Zahlen sind.

Dann kann man gemäß Abb. 2.19 eine Nummerierung von $\mathbb{N}^2$ vornehmen. Die Menge $\mathbb{N}^2$ ist also nummerierbar. Die veranschaulichte Nummerierung beginnt folgendermaßen:

$$
\begin{array}{lll}
1 \longleftrightarrow (1,1) & 5 \longleftrightarrow (1,3) & 9 \longleftrightarrow (3,1) \\
2 \longleftrightarrow (2,1) & 6 \longleftrightarrow (2,3) & 10 \longleftrightarrow (4,1) \\
3 \longleftrightarrow (2,2) & 7 \longleftrightarrow (3,3) & 11 \longleftrightarrow (4,2) \\
4 \longleftrightarrow (1,2) & 8 \longleftrightarrow (3,2) & 12 \longleftrightarrow (4,3)
\end{array}
$$

∎

Eine unendliche Menge M heißt *abzählbar* oder *nummerierbar*, wenn eine bijektive Abbildung von $\mathbb{N}$ auf M existiert.

Ist eine unendliche Menge M abzählbar, dann gibt es natürlich unendlich viele Möglichkeiten, eine Abzählung bzw. Nummerierung vorzunehmen. Zum *Nachweis der Abzählbarkeit* genügt aber stets die Angabe *einer einzigen* solchen Abzählung bzw. Nummerierung.

Satz 2.7 *Die Menge $\mathbb{Q}$ der rationalen Zahlen ist abzählbar.*

Abb. 2.19 Nummerierung der
Paarmenge $\mathbb{N}^2$

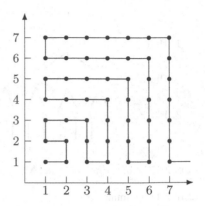

Beweis 2.7 Wir schreiben die rationalen Zahlen als Quotient zweier ganzer Zahlen, wobei
der Nenner positiv ist und Zähler und Nenner teilerfremd sind. Unter der *Höhe* der
rationalen Zahl $\frac{z}{n}$ ($z \in \mathbb{Z}$, $n \in \mathbb{N}$) verstehen wir dann die natürliche Zahl $|z| + n$.
Nun nummerieren wir der Reihe nach die rationalen Zahlen der Höhe 1, der Höhe 2,
der Höhe 3 usw. Da jede rationale Zahl eine endliche Höhe besitzt und da zu jeder Höhe
nur endlich viele rationale Zahlen existieren, erhält jede rationale Zahl auf diese Art genau
eine Nummer:

Höhe 1 : $\frac{0}{1}$	Nummer 1
Höhe 2 : $\frac{-1}{1}$, $\frac{1}{1}$	Nummern 2, 3
Höhe 3 : $\frac{-2}{1}$, $\frac{-1}{2}$, $\frac{1}{2}$, $\frac{2}{1}$	Nummern 4 bis 7
Höhe 4 : $\frac{-3}{1}$, $\frac{-1}{3}$, $\frac{1}{3}$, $\frac{3}{1}$	Nummern 8 bis 11
Höhe 5 : $\frac{-4}{1}$, $\frac{-3}{2}$, $\frac{-2}{3}$, $\frac{-1}{4}$, $\frac{1}{4}$, $\frac{2}{3}$, $\frac{3}{2}$, $\frac{4}{1}$ Nummern 12 bis 19
Höhe 6 : $\frac{-5}{1}$, $\frac{-1}{5}$, $\frac{1}{5}$, $\frac{5}{1}$	Nummern 20 bis 23
usw.	

$\square$

In Aufgabe 2.74 wird ein ähnliches Abzählverfahren für die Menge der *Bruchzahlen*
vorgestellt; dieses stammt von Cantor und heißt *Erstes Cantor'sches Diagonalverfahren*.

Satz 2.8 *Die Menge* $\mathcal{P}(\mathbb{N})$ *ist nicht abzählbar.*

Beweis 2.8 Wir führen einen indirekten Beweis, wollen also die Annahme, die Menge
aller Teilmengen von $\mathbb{N}$ wäre abzählbar, in einen Widerspruch überführen.
Gäbe es eine Nummerierung von $\mathcal{P}(\mathbb{N})$, dann gäbe es eine Folge A_1, A_2, A_3, ... von
Mengen natürlicher Zahlen, in der jede Teilmenge von $\mathbb{N}$ vorkommt. Wir betrachten nun
die Teilmenge A von $\mathbb{N}$, die folgendermaßen definiert ist:

$$n \in A \iff n \notin A_n.$$

Die Menge A besteht also aus allen natürlichen Zahlen, die nicht in der Teilmenge vorkommen, deren Nummer sie sind. Dann gilt

$$A \neq A_n \quad \text{für alle } n \in \mathbb{N}.$$

Dies widerspricht der Annahme, in der Folge A_1, A_2, A_3, … käme *jede* Teilmenge von $\mathbb{N}$ vor.   □

Die Menge der *endlichen* Teilmengen von $\mathbb{N}$ ist abzählbar (Aufgabe 2.77); deshalb folgt aus Satz 2.8, dass schon die Menge der unendlichen Teilmengen von $\mathbb{N}$ nicht abzählbar ist. Dies wollen wir im Beweis von Satz 2.9 verwenden.

Satz 2.9 *Die Menge $\mathbb{R}$ der reellen Zahlen ist nicht abzählbar.*

Beweis 2.9 Wir können uns auf den Nachweis beschränken, dass die reellen Zahlen x mit $0 \leq x < 1$ eine nichtabzählbare Menge bilden, weil dies dann erst recht für $\mathbb{R}$ gilt. Jede solche Zahl denken wir uns in ihrer 2-Bruchentwicklung geschrieben, etwa

$$x = (0,01101010111101001\dots)_2,$$

wobei wir der Eindeutigkeit wegen abbrechende 2-Brüche mit der Periode … $\overline{1}$ schreiben; statt 0,101 schreiben wir also $0,100111111111\dots = 0,100\overline{1}$. Zu jeder solchen Zahl x bilden wir die (unendliche) Menge $A_x \in \mathcal{P}(\mathbb{N})$, die genau dann die Zahl n enthält, wenn auf der n-ten Nachkommastelle von x die Ziffer 1 steht. Zu obigem x gehört also die Menge

$$A_x = \{2, 3, 5, 7, 9, 10, 11, 12, 14, 17, \dots\}.$$

Damit ist eine bijektive Abbildung von $\{x \in \mathbb{R} \mid 0 \leq x < 1\}$ auf die Menge der unendlichen Teilmengen von $\mathbb{N}$ gegeben. Da diese Menge nach der vorangehenden Bemerkung nicht abzählbar ist, ist auch die Menge $\{x \in \mathbb{R} \mid 0 \leq x < 1\}$ nicht abzählbar.   □

Cantor hat einen anderen Beweis für die Nichtabzählbarkeit der Menge der reellen Zahlen gegeben (*Zweites Cantor'sches Diagonalverfahren*): Wären die reellen Zahlen zwischen 0 und 1 abzählbar, so könnte man sie sich als nichtabbrechende Dezimalzahlen in einer (unendlichen) Liste wie in Abb. 2.20 aufgeschrieben denken.

Dabei steht die Ziffer a_{ij} in der i-ten Zahl an der j-ten Stelle. Diese Liste kann aber nicht *alle* reellen Zahlen zwischen 0 und 1 enthalten, denn sie enthält *nicht* die Zahl

$$0, b_1 b_2 b_3 b_4 b_5 b_6 b_7 \dots \text{ mit } b_i \neq a_{ii} \ (i \in \mathbb{N}).$$

Abb. 2.20 Zweites
Cantor'sches
Diagonalverfahren

$$0, \; a_{11} \; a_{12} \; a_{13} \; a_{14} \; a_{15} \; a_{16} \; a_{17} \cdots$$
$$0, \; a_{21} \; a_{22} \; a_{23} \; a_{24} \; a_{25} \; a_{26} \; a_{27} \cdots$$
$$0, \; a_{31} \; a_{32} \; a_{33} \; a_{34} \; a_{35} \; a_{36} \; a_{37} \cdots$$
$$0, \; a_{41} \; a_{42} \; a_{43} \; a_{44} \; a_{45} \; a_{46} \; a_{47} \cdots$$
$$0, \; a_{51} \; a_{52} \; a_{53} \; a_{54} \; a_{55} \; a_{56} \; a_{57} \cdots$$
$$0, \; a_{61} \; a_{62} \; a_{63} \; a_{64} \; a_{65} \; a_{66} \; a_{67} \cdots$$
$$0, \; a_{71} \; a_{72} \; a_{73} \; a_{74} \; a_{75} \; a_{76} \; a_{77} \cdots$$

Eine unendliche Menge, die nicht abzählbar ist, heißt *überabzählbar*. Satz 2.9 besagt demnach, dass die Menge der reellen Zahlen (im Gegensatz zur Menge der rationalen Zahlen) überabzählbar ist.

Reelle Zahlen, die Lösung einer Polynomgleichung der Form

$$a_n x^n + a_{n-1} x^{n-1} + \ldots + a_2 x^2 + a_1 x + a_0 = 0$$

mit ganzzahligen Koeffizienten $a_0, a_1, a_2, \ldots, a_n$ sind, nennt man *algebraisch* (genauer *reell-algebraisch*). Alle rationalen Zahlen sind algebraisch, denn sie genügen einer Gleichung der Form $ax + b = 0$ mit $a, b \in \mathbb{Z}$. Alle Wurzeln aus Bruchzahlen $\frac{a}{b}$ sind algebraisch, denn $\sqrt[n]{\frac{a}{b}}$ ist Lösung der Gleichung $b x^n - a = 0$.

Ein Beispiel für eine nichtalgebraische Zahl ist die Kreiszahl π, was aber schwer zu beweisen ist (Unmöglichkeit der „Quadratur des Kreises"; Abschn. 4.8).

Eine nichtalgebraische Zahl heißt *transzendent*. Satz 2.10 besagt, dass „die meisten" reellen Zahlen transzendent sind, da die algebraischen Zahlen nur eine abzählbare Teilmenge der überabzählbaren Menge der reellen Zahlen bilden. Daher ist es merkwürdig, dass der Nachweis der Transzendenz einer solchen Zahl in der Regel sehr schwer ist.

Satz 2.10 *Die Menge der algebraischen Zahlen ist abzählbar.*

Beweis 2.10 Einem Polynom $a_n x^n + a_{n-1} x^{n-1} + \ldots + a_2 x^2 + a_1 x + a_0$ mit $a_o, a_1, a_2, \ldots, a_n \in \mathbb{Z}$ ordne man als *Höhe* die Zahl

$$n + |a_0| + |a_1| + |a_2| + \ldots + |a_{n-1}| + |a_n|$$

zu. Es gibt nur endlich viele Polynome gegebener Höhe, und jedes Polynom hat nur endlich viele Nullstellen. Man nummeriere nun der Reihe nach die Nullstellen der Polynome der Höhe 2, der Höhe 3, der Höhe 4, ..., wobei man bereits vorher aufgetretene Zahlen überspringe:

Höhe	Polynome	neue reelle Nullstellen	Nummern
2	x	0	1
3	$x \pm 1, 2x, x^2$	± 1	2, 3
4	$x \pm 2, 2x \pm 1, 3x, x^2 \pm 1, x^3$	$\pm 2, \pm \frac{1}{2}$	4, 5, 6, 7
5	$x \pm 3, 2x \pm 2, 3x \pm 1, 4x$	$\pm 3, \pm \frac{1}{3},$	8, 9, 10, 11
	$x^2 \pm 2, 2x^2 \pm 1, 3x^2, x^3 \pm 1, 2x^3, x^4$	$\pm \sqrt{2}, \pm \sqrt{\frac{1}{2}}$	12, 13, 14, 15
$\vdots$	$\vdots$	$\vdots$	$\vdots$

Dabei haben wir den Koeffizienten der höchsten Potenz stets als positiv gewählt, was keine Einschränkung bedeutet.   □

In Abschn. 2.5 haben wir gesehen, dass zwei endliche Mengen genau dann anzahlgleich sind, wenn man sie bijektiv aufeinander abbilden kann. Man nennt nun allgemein zwei (nicht notwendig endliche) Mengen A, B *gleichmächtig*, wenn eine Bijektion von A auf B existiert. Eine unendliche Menge ist demnach genau dann abzählbar, wenn sie gleichmächtig zu $\mathbb{N}$ ist.

Eine Menge B heißt *von höherer Mächtigkeit als* eine Menge A, wenn A gleichmächtig zu einer Teilmenge von B ist, B aber nicht zu einer Teilmenge von A gleichmächtig ist (Abb. 2.21).

Die Mengen $\mathbb{Q}$ und $\mathbb{N}$ sind gleichmächtig; im Sinne der Mächtigkeit gibt es also „gleich viele" rationale wie natürliche Zahlen.

$\mathbb{Q}$ enthält $\mathbb{N}$ als echte Teilmenge, also ist $\mathbb{Q}$ gleichmächtig zu einer echten Teilmenge von $\mathbb{Q}$. So etwas kann bei einer endlichen Menge offensichtlich nicht passieren, eine echte Teilmenge einer endlichen Menge ist immer von geringerer Mächtigkeit. Auf Grundlage dieser Beobachtung kann man bei einem strengen Aufbau der Mathematik *definieren*, wann eine Menge endlich ist, nämlich genau dann, wenn sie zu keiner ihrer echten Teilmengen gleichmächtig ist.

Abb. 2.21 Zum Begriff der Mächtigkeit von Mengen

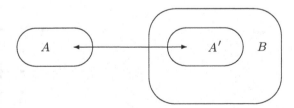

Aufgaben

2.72 Auf wie viele Arten kann man acht Türme so auf ein Schachbrett stellen, dass kein Turm einen anderen „bedroht", dass also in jeder „Zeile" und jeder „Spalte" genau ein Turm steht?

2.73 Abb. 2.22 zeigt eine Nummerierung von $\mathbb{N}^2$. Welche Nummer trägt das Paar $(10, 10)$? Wie heißt das Paar mit der Nummer 100?

Abb. 2.22 Zu Aufgabe 2.73 und 2.74

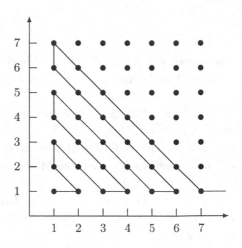

2.74 Beweise anhand von Abb. 2.22 die Abzählbarkeit der Menge $\mathbb{B}$ der Bruchzahlen.

2.75 Abb. 2.23 zeigt eine Nummerierung von $\mathbb{Z}^2$. Welche Nummer trägt das Paar $(6, 7)$? Welches Paar hat die Nummer 99?

Abb. 2.23 Zu Aufgabe 2.75 und 2.76

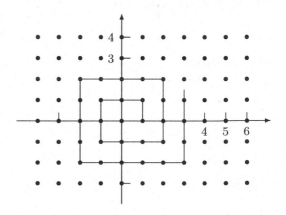

2.76 Beweise anhand von Abb. 2.23 die Abzählbarkeit der Menge $\mathbb{Q}$ der rationalen Zahlen.

2.77 Zeige, dass die Menge der *endlichen* Teilmengen von $\mathbb{N}$ abzählbar ist. Beachte dabei, dass jede endliche Teilmenge von $\mathbb{N}$ eine größte natürliche Zahl enthält.

2.78 Bestimme alle rationalen Zahlen der Höhe 10 (vgl. Beweis von Satz 2.7). Welche Nummern werden im Beweis von Satz 2.7 an diese Zahlen erteilt?

2.79 Bestimme im Beweis von Satz 2.10 die algebraischen Zahlen zu den Polynomen der Höhe 6.

2.80 Eine Nummerierung von $\mathbb{Z}^3$ sei folgendermaßen gegeben: Dem Tripel $(a, b, c) \in \mathbb{Z}^3$ ordne man die *Höhe* $|a| + |b| + |c|$ zu und fasse alle Tripel der Höhe n in einer Menge M_n zusammen. Dann erteile man der Reihe nach Nummern an die Tripel aus M_0, M_1, M_2, M_3, ..., wobei man für M_n also $|M_n|$ Nummern benötigt.

a) Gib M_0, M_1, M_2, M_3 an.
b) Zeige, dass $|M_n| = 4n^2 + 2$ für alle $n \in \mathbb{N}_0$ gilt.
c) Welche Nummern erhalten die Tripel in M_5?

2.81 Beweise, dass für jede Menge A die Potenzmenge $\mathcal{P}(A)$ von höherer Mächtigkeit als A ist. Anleitung: Man nehme an, es gäbe eine Bijektion α von A auf $\mathcal{P}(A)$. Es sei U die Menge aller $a \in A$ mit $a \notin \alpha(a)$. Es gibt ein $x_0 \in A$ mit $\alpha(x_0) = U$. Was folgt aus $x_0 \in U$? Was folgt aus $x_0 \notin U$?

2.82 Zeige, dass $\mathbb{R}$ und das offene Intervall $]0, 1[\subseteq \mathbb{R}$ gleichmächtig sind. Verwende dabei z. B. die Funktion $f : \mathbb{R} \longrightarrow]0, 1[$ mit

$$f : x \mapsto \frac{1}{2}\left(1 + (\operatorname{sgn} x) \cdot \frac{x^2}{1 + x^2}\right) \quad \text{und} \quad \operatorname{sgn} x = \begin{cases} 1 \text{ für } x > 0, \\ 0 \text{ für } x = 0, \\ -1 \text{ für } x < 0. \end{cases}$$

Abb. 2.24 zeigt ein Schaubild von f.

2.83 Jenseits der Galaxis liegt das Hotel *Transfinital*, das über abzählbar-unendlich viele Gästezimmer verfügt. Es ist komplett besetzt.

a) Es erscheinen noch weitere 100 Gäste. Wie kann der Portier auch diesen noch Zimmer zuweisen, wenn die schon anwesenden Gäste einen Umzug in Kauf nehmen?
b) Nun kommt auch noch der intergalaktische Philatelistenverein mit abzählbar-unendlich vielen Mitgliedern zu einer Tagung ins Hotel. Wie kann der Portier auch hier helfen?

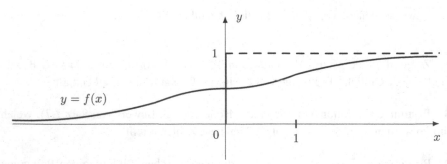

Abb. 2.24 Zu Aufgabe 2.82

c) Nachdem nun das Hotel *Transfinital* wieder komplett belegt ist, passiert eine Kata-
   strophe: Es erscheinen abzählbar-unendlich viele Gruppen von Pauschaltouristen mit
   jeweils abzählbar unendlich vielen Teilnehmern. Aber auch damit wird der Portier
   fertig. Wie bewerkstelligt er dies? Eine Anregung gibt Abb. 2.25.

Abb. 2.25 Zimmerverteilung
im Hotel Transfinital

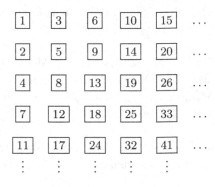

Algebraische Strukturen

3

Übersicht

3.1   Definitionen und grundlegende Eigenschaften

Kaum ein Teilgebiet der Mathematik wird heute frei von algebraischen Begriffen aufgebaut. Die Allgemeinheit dieser Begriffe erlaubt eine Vielzahl von Anwendungen in der Analysis, in der Geometrie und in fast jedem anderen Zweig der reinen und der angewandten Mathematik. Die Algebra ist seit dem 20. Jahrhundert zu einer universellen Sprache geworden, in der man sich in der Mathematik verständigt, und sie dient weit über die Arithmetik hinaus als effektives Handwerkszeug des Mathematikers.

Einer der Schlüsselbegriffe dieser Sprache ist der Begriff der *abstrakten algebraischen Struktur*. Darunter versteht man eine nichtleere Menge M, zusammen mit einer Vorschrift $\star$, die je zwei Elemente x, y der Menge M zu einem jeweils eindeutig bestimmten Element z der Menge M „verknüpft", das man dann mit $z = x \star y$ bezeichnet.

So etwas ist uns schon beim üblichen Rechnen mit Zahlen begegnet, beispielsweise beim Addieren natürlicher Zahlen: Die Additionsvorschrift $\star = +$ verknüpft je zwei natürliche Zahlen $x, y \in \mathbb{N}$ zu ihrer Summe $z = x + y$.

Man könnte versucht sein, diesen Sachverhalt wie in Abb. 3.1 grafisch veranschaulichen zu wollen.

© Springer Verlag Berlin Heidelberg 2016
H. Scheid, W. Schwarz, *Elemente der Arithmetik und Algebra*,
DOI 10.1007/978-3-662-48774-7_3

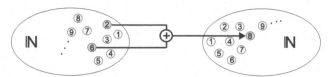

Abb. 3.1 Veranschaulichung des Verknüpfungsbegriffs, erster Versuch

Bei dieser Art der Veranschaulichung ergeben sich aber mehrere Probleme. Einerseits muss es möglich sein, ein Element mit sich selbst zu verknüpfen (im Beispiel oben: man verknüpfe etwa $x = 2$ und $y = 2$ zu ihrer Summe $x + y = 2 + 2 = 4$), und andererseits sollte es nötig sein, bei Verknüpfungen generell zwischen $x \star y$ und $y \star x$ unterscheiden zu können – man wähle etwa in der Menge $M = \mathbb{Z}$ die Subtraktion – als Verknüpfung, dann ist für $x = 3$ und $y = 5$

$$x \star y = 3 - 5 = -2 \in \mathbb{Z}, \quad \text{aber} \quad y \star x = 5 - 3 = 2 \in \mathbb{Z}.$$

Diese Information lässt sich offenbar mit unserem bisherigen Vorverständnis des Begriffs der Verknüpfung nicht übermitteln, wie Abb. 3.2 zeigt.

Wir benötigen eine Präzisierung unserer Vorstellung, die es erlaubt, ein Element von M mehrfach auszuwählen (damit man es mit sich selbst verknüpfen kann) und hinsichtlich der Reihenfolge zu unterscheiden, in der zwei Elemente $x, y \in M$ zur Verknüpfung ausgesucht werden. Zu diesem Zweck betrachten wir *Paare* von Elementen aus M, also die *Produktmenge* $M^2 = M \times M$ (Abschn. 2.3), und assoziieren zu jedem Paar $(x, y) \in M^2$ das Element $z = x \star y$. Für die Subtraktion – in der Menge $\mathbb{Z}$ der ganzen Zahlen stellt sich dies wie in Abb. 3.3 dar.

Abb. 3.3 deutet eine Möglichkeit an, den Verknüpfungsbegriff und den Begriff der algebraischen Struktur mathematisch präzise zu fassen: Eine *Verknüpfung* in einer nichtleeren Menge M ist eine Abbildung

$$\star : M \times M \longrightarrow M.$$

Diese ordnet jedem Paar $(x, y) \in M^2$ ein Element $\star(x, y) = z \in M$ zu; man schreibt dann

$$z = x \star y \quad \text{anstelle von} \quad z = \star(x, y),$$

wobei $\star$ das *Verknüpfungszeichen* sein soll. Kurz spricht man von der Verknüpfung $\star$ in M und nennt das Paar $(M, \star)$ ein *Verknüpfungsgebilde* oder eine *algebraische Struktur*.

Man beachte, dass wir hier nur dann von einer Verknüpfung in M reden, wenn jedem Paar $(x, y) \in M^2$ ein Element aus M, keinesfalls aber ein Element aus irgendeiner anderen Menge zugeordnet wird. Bildet man z. B. in der Potenzmenge $\mathcal{P}(M)$ einer Menge M das kartesische Produkt $X \times Y$ zweier Teilmengen X, Y von M, dann gehört dies nicht zu $\mathcal{P}(M)$; es liegt daher im oben definierten Sinn *keine* Verknüpfung in $\mathcal{P}(M)$ vor. Man kann den Begriff der Verknüpfung aber so verallgemeinern, dass auch der soeben genannte Fall

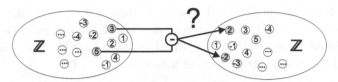

Abb. 3.2 Veranschaulichung des Verknüpfungsbegriffs, zweiter Versuch

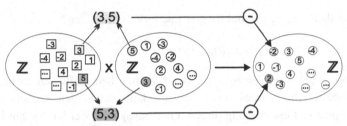

Abb. 3.3 Korrekte Veranschaulichung des Verknüpfungsbegriffs

erfasst ist. Den von uns definierten Begriff der Verknüpfung $\star$ in M würde man dann als eine *innere Verknüpfung* oder auch als eine *binäre Operation* auf M bezeichnen und davon sprechen, dass die Menge M unter der Operation $\star$ *abgeschlossen* ist.

Wir werden uns im Folgenden nur mit solchen inneren Verknüpfungen beschäftigen. Dabei kommt es auch vor, dass auf einer Menge M *zwei* oder mehr Operationen definiert sind, wie etwa im Fall $(\mathbb{Z}, +)$ bzw. $(\mathbb{Z}, \cdot)$. Wenn man sich in dieser Situation auch für das Zusammenspiel der einzelnen Verknüpfungen interessiert, dann studiert man die Eigenschaften *algebraischer Strukturen mit mehreren Verknüpfungen* und notiert diese aufzählend, z. B. in der Form $(\mathbb{Z}, +, \cdot)$.

Was hat man nun davon, einleuchtende Sachverhalte wie das übliche Rechnen mit Zahlen derart abstrakt zu fassen und sich für Verknüpfungsgebilde wie $(\mathbb{N}, +)$, $(\mathbb{Z}, +, \cdot)$ usw. zu interessieren? Die Antwort auf diese Frage kennzeichnet das Wesen der abstrakten Algebra: Man interessiert sich weniger für die konkrete Bedeutung der Elemente einer algebraischen Struktur, sondern in erster Linie für die in ihr herrschenden Regeln und Gesetzmäßigkeiten, die sie möglicherweise mit anderen algebraischen Strukturen gemeinsam hat. Dann wird man solche „gleichgestaltigen" Verknüpfungsgebilde nicht mehr unterscheiden und sie als ein und dieselbe abstrakte algebraische Struktur verstehen. Hat man dann einen Satz über eine solche abstrakte algebraische Struktur bewiesen, dann gilt dieser Satz auch *für alle konkreten Beispiele* dieser Struktur.

Diese fundamentale Denkweise der Algebra haben wir bereits im Zusammenhang mit Primärteilermengen und der Thematik „ggT und kgV" diskutiert (Abschn. 1.4), wo wir Folgendes festgestellt haben: Die Primärteilermenge P_a einer natürlichen Zahl a besteht aus der Menge aller Primzahlpotenzen (einschließlich 1), die a teilen. Jede Zahl bestimmt eindeutig ihre Primärteilermenge, und jede Primärteilermenge gehört auch nur zu einer einzigen Zahl. Die Schnittmenge und die Vereinigungsmenge zweier Primärteilermengen sind wieder Primärteilermengen, und es gilt

$$P_a \cap P_b = P_{\text{ggT}(a,b)} \quad \text{und} \quad P_a \cup P_b = P_{\text{kgV}(a,b)}$$

für alle $a, b \in \mathbb{N}$, wie wir in Abschn. 1.4 gesehen haben. In der Menge aller Primärteiler-mengen „rechnet" man mit $\cap$ und $\cup$ also genauso wie in $\mathbb{N}$ mit ggT und kgV. Jeder Regel in der einen Struktur entspricht also eine Regel in der anderen Struktur. Das sehr leicht einzusehende Distributivgesetz für Mengen liefert für $a, b, c \in \mathbb{N}$

(1) $P_a \cap (P_b \cup P_c) = (P_a \cap P_b) \cup (P_a \cap P_c)$.

Dies kann man dann in eine Formel für ggT und kgV „übersetzen":

(2) $\mathrm{ggT}(a, \mathrm{kgV}(b, c)) = \mathrm{kgV}(\mathrm{ggT}(a, b), \mathrm{ggT}(a, c))$.

Wenn nun Formel (1) bewiesen ist, dann benötigt man keinen Beweis mehr für Formel (2), diese Formel ergibt sich aus der „Gleichartigkeit" der beiden Rechenbereiche. Die mathematisch präzise Beschreibung dieser „Gleichartigkeit" werden wir am Ende dieses Abschnitts vornehmen.

Zunächst aber befassen wir uns mit einigen grundlegenden algebraischen Eigenschaf-ten, die Verknüpfungsgebilde aufweisen können.

Die wichtigste Eigenschaft, die ein Verknüpfungsgebilde haben kann, ist die Assoziativi-tät. Auch wenn wir früher das Kommutativgesetz stets an erster Stelle genannt haben (weil es einfacher hinzuschreiben ist), hat das Assoziativgesetz doch eine größere Bedeutung.

Das Verknüpfungsgebilde $(M, \star)$ heißt *assoziativ*, wenn

$$x \star (y \star z) = (x \star y) \star z \quad \text{für alle } x, y, z \in M$$

gilt. Man sagt dann, in $(M, \star)$ gelte das *Assoziativgesetz*, und bezeichnet die assoziative algebraische Struktur als eine *Halbgruppe*.

Verknüpfungsgebilde, in denen das Assoziativgesetz *nicht* gilt, spielen in der Mathe-matik kaum eine Rolle und wirken meist sehr „konstruiert". Ein Problem nichtassoziativer algebraischer Strukturen $(M, \star)$ besteht darin, dass das Ergebnis der Verknüpfung von *mehr als zwei* Elementen von M nur durch die Spezifizierung der zeitlichen Abfolge der beteiligten binären Operationen festzustellen ist. Eine *binäre* Operation auf M verarbeitet, wie der Name schon andeutet, jeweils nur genau *zwei* Elemente zu einem neuen Element von M. Deshalb können Berechnungen wie $x \star y \star z$ nur schrittweise durch die Gruppierung von Elementen erfolgen: Man könnte zuerst das Element $(x \star y) \in M$ ermitteln und dieses dann mit z zu $(x \star y) \star z$ verknüpfen, oder man könnte x mit $(y \star z)$ zu $x \star (y \star z)$ komponieren. In Halbgruppen ist das Ergebnis dieser beiden Operationen von der vorgenommenen Gruppierung unabhängig, in nichtassoziativen algebraischen Strukturen hängt das Ergebnis von der vorgenommenen Gruppierung ab: So muss man in der Struktur $(\mathbb{Z}, -)$ offenbar zwischen $x - (y - z)$ und $(x - y) - z$ unterscheiden. Tatsächlich interessiert man sich aber nicht wirklich für die Subtraktion in $\mathbb{Z}$ als Verknüpfung, sondern betrachtet die Subtraktion nur in ihrer Rolle als Addition der Gegenzahl in der Struktur $(\mathbb{Z}, +)$, und dieses Verknüpfungsgebilde ist assoziativ.

In einer Halbgruppe $(M, \star)$ kann man n-te Potenzen x^n für Elemente $x \in M$ und natürliche Zahlen $n \in \mathbb{N}$ so erklären, dass sich damit nach den vom Zahlenrechnen bekannten Regeln (*Potenzregeln*) rechnen lässt. Dazu setzen wir für $x \in M$

$$x^1 := x \quad \text{und} \quad x^{n+1} := x^n \star x \, (n \in \mathbb{N})$$

und nennen x^n (lies: „x hoch n") die n-te *Potenz* von x. Man erhält also induktiv

$$x^1 := x, \quad x^2 := x^1 \star x = (x \star x), \quad x^3 := x^2 \star x = ((x \star x) \star x), \ldots,$$

allgemein

$$x^n = ((\ldots (((x \star x) \star x) \star x) \star \ldots x) \star x)$$
$$= \underbrace{x \star x \star x \star x \star \ldots x \star x}_{n-\text{mal}}$$

mit n „Faktoren", wobei man nur deswegen die Klammern weglassen kann, weil in $(M, \star)$ das Assoziativgesetz gilt.

Bei den oben erwähnten Potenzregeln handelt es sich um die in Satz 3.1 genannten Rechengesetze.

Satz 3.1 *Ist das Verknüpfungsgebilde* $(M, \star)$ *assoziativ, dann gilt:*

(1) $x^m \star x^n = x^{m+n}$ *für alle* $x \in M$ *und für alle* $m, n \in \mathbb{N}$,
(2) $(x^m)^n = x^{mn}$ *für alle* $x \in M$ *und für alle* $m, n \in \mathbb{N}$.

Beweis 3.1 Diesen ersten Satz aus dem Gebiet der „abstrakten Algebra" wollen wir ausführlich beweisen. Man achte darauf, dass weder die Elemente von M noch das Verknüpfungszeichen $\star$ irgendeine „konkrete" Bedeutung haben. Da der Begriff der Potenz rekursiv definiert ist, sollte man Aussagen über Potenzen auch entsprechend – d. h. präzise: mithilfe des Prinzips der vollständigen Induktion – beweisen. Beim Beweis von (1) führen wir das Verfahren sehr formal aus, wählen dann aber in (2) eine weniger puristische Darstellung, die nur noch den Kern der Argumentation enthält. Der „naive" Beweis durch Abzählen der „Faktoren" wäre zwar hier möglich, ist aber im Allgemeinen problematisch (Satz 3.2, Regel 3).

Zu (1): Für $n \in \mathbb{N}$ sei $A(n)$ die Aussage: „Für alle $m \in \mathbb{N}$ und alle $x \in M$ gilt $x^m \star x^n = x^{m+n}$."
Die Aussage $A(1)$ ist offenbar wahr, denn für $n = 1$ gilt

$$x^1 = x \quad \text{und} \quad x^{m+1} = x^m \star x = x^m \star x^1$$

für jedes $m \in \mathbb{N}$ (aufgrund der Definition der m-ten Potenz). Wir zeigen nun, dass aus der Gültigkeit von $A(n)$ für ein beliebig, aber fest gewähltes $n \in \mathbb{N}$ die Gültigkeit von $A(n+1)$ folgt:

$$x^m \star x^{n+1} = x^m \star (x^n \star x)$$
$$= (x^m \star x^n) \star x$$
$$= x^{m+n} \star x = x^{(m+n)+1} = x^{m+(n+1)}.$$

Beim Übergang von der ersten zur zweiten Zeile wurde das *Assoziativgesetz* benutzt, beim Schluss von der zweiten auf die dritte Zeile haben wir von der *Induktionsvoraussetzung* (Postulat der Gültigkeit von $A(n)$) Gebrauch gemacht. Nach dem Prinzip der vollständigen Induktion ist damit die Gültigkeit von $A(n)$ für alle $n \in \mathbb{N}$ erwiesen, und die Potenzregel (1) ist verifiziert.

Zu (2): Für jedes $x \in M$ und für beliebiges $m \in \mathbb{N}$ gilt

$$(x^m)^1 = x^m = x^{m \cdot 1}$$

aufgrund der Definition der ersten Potenz, womit die Formel für $n = 1$ bewiesen wäre. Der Schluss von n auf $n + 1$ sieht folgendermaßen aus:

$$(x^m)^{n+1} = (x^m)^n \star x^m = x^{mn} \star x^m = x^{mn+m} = x^{m(n+1)}.$$

Dabei haben wir beim Übergang von $x^{mn} \star x^m$ zu x^{mn+m} von der bereits bewiesenen Regel (1) Gebrauch gemacht.   □

Satz 3.1 besagt, dass wir in einem Verknüpfungsgebilde die genannten Potenzregeln anwenden dürfen, sobald das Assoziativgesetz gilt; wir müssen diese Regeln also nicht für jede konkret vorliegende Halbgruppe beweisen. Das kann man auch wie folgt deuten: Die

Struktur: Halbgruppe $(\mathbb{R}, \cdot)$.	**Struktur:** Halbgruppe $(\mathbb{R}, +)$.
n-te Potenz: $x^n := \underbrace{x \cdot x \cdot \dots \cdot x}_{n-\text{mal}}$	**n-te Potenz:** $nx := \underbrace{x + \dots + x}_{n-\text{mal}}$
Regeln aus Satz 3.1 in dieser Notation:	**Regeln aus Satz 3.1 in dieser Notation:**
(1) $\quad x^m \cdot x^n = x^{m+n}$, (2) $\quad (x^m)^n = x^{mn}$ für alle $x \in \mathbb{R}$ und alle $m, n \in \mathbb{N}$.	(1) $\quad mx + nx = (m+n)x$, (2) $\quad n(mx) = (mn)x$ für alle $x \in \mathbb{R}$ und alle $m, n \in \mathbb{N}$.

Abb. 3.4 Unterschiedliche Bedeutungen der Potenzregeln in verschiedenen Halbgruppen

abstrakten Regeln (1) und (2) in Satz 3.1 besitzen *verschiedene konkrete Interpretationen*, manifestieren sich also in verschiedenen Rechenbereichen auf unterschiedliche Weise. Exemplarisch verdeutlichen wir dies in Abb. 3.4 für die Halbgruppen $(\mathbb{R}, \cdot)$ (Menge der reellen Zahlen bezüglich der Multiplikation) und $(\mathbb{R}, +)$ (Menge der reellen Zahlen bezüglich der Addition).

Mit *einer* Regel der abstrakten Algebra hat man also eine Vielzahl von Regeln in verschiedenen konkreten Rechenbereichen bewiesen.

In Satz 3.1 ist die aus dem Zahlenrechnen bekannte Potenzregel $x^n \star y^n = (x \star y)^n$ nicht aufgeführt. Das liegt daran, dass die Rechenbereiche, aus denen wir diese Potenzregel kennen, eine zusätzliche Eigenschaft haben, die für die Gültigkeit dieser Regel in einer Halbgruppe zusätzlich verlangt werden muss: die Kommutativität.

Das Verknüpfungsgebilde $(M, \star)$ heißt *kommutativ*, wenn

$$x \star y = y \star x \quad \text{für alle } x, y \in M$$

gilt. Man sagt dann, in $(M, \star)$ gelte das *Kommutativgesetz*.

Satz 3.2 *Ist die Struktur $(M, \star)$ assoziativ und kommutativ, dann gilt:*

(3) $x^n \star y^n = (x \star y)^n$ *für alle $x, y \in M$ und für alle $n \in \mathbb{N}$.*

Beweis 3.2 Für $n = 1$ folgt die Behauptung aus der Definition von x^1. Nun schließen wir von n auf $n + 1$:

$$
\begin{aligned}
x^{n+1} \star y^{n+1} &= (x^n \star x) \star (y^n \star y) \\
&= x^n \star (x \star y^n) \star y \quad &\text{(AG)} \\
&= x^n \star (y^n \star x) \star y \quad &\text{(KG)} \\
&= (x^n \star y^n) \star (x \star y) \quad &\text{(AG)} \\
&= (x \star y)^n \star (x \star y) \quad &\text{(I-V)} \\
&= (x \star y)^{n+1}
\end{aligned}
$$

Aufgrund welcher Gegebenheiten die einzelnen Umformungen jeweils möglich sind, ist detailliert aufgeführt: (AG) bezeichnet das Assoziativgesetz, (KG) das Kommutativgesetz und (I-V) die Induktionsvoraussetzung. □

Beispiel 3.1 In den kommutativen Halbgruppen $(\mathbb{R}, \cdot)$ bzw. $(\mathbb{R}, +)$ lauten die der abstrakten Potenzregel (3) entsprechenden Rechenregeln

$$x^n \cdot y^n = (x \cdot y)^n \quad \text{bzw.} \quad nx + ny = n(x + y).$$

■

Beispiel 3.2 Als Exemplar einer nichtkommutativen Halbgruppe, in der Regel (3) nicht gilt, wollen wir das Verknüpfungsgebilde $(\mathcal{S}_3, \circ)$ betrachten. In Abschn. 2.5 haben wir für $n \in \mathbb{N}$ mit $\mathcal{S}_n$ die Menge aller Bijektionen der Menge $\{1, 2, 3, \ldots, n\}$ auf sich bezeichnet, und in Abschn. 2.6 haben wir festgestellt, dass die Verkettung $f \circ g$ bijektiver Abbildungen f, g einer Menge auf sich stets bijektiv ist. Folglich ist die Verkettung $\circ$ eine innere Verknüpfung in der Menge $\mathcal{S}_n$ und $(\mathcal{S}_n, \circ)$ eine algebraische Struktur. Weil zusätzlich die Verkettung von Abbildungen stets assoziativ ist, handelt es sich beim Verknüpfungsgebilde $(\mathcal{S}_n, \circ)$ um eine Halbgruppe. Die Elemente von $\mathcal{S}_3$ sind die Permutationen

$$\text{id} = \begin{pmatrix} 1\,2\,3 \\ 1\,2\,3 \end{pmatrix}, \quad \sigma_1 = \begin{pmatrix} 1\,2\,3 \\ 2\,3\,1 \end{pmatrix}, \quad \sigma_2 = \begin{pmatrix} 1\,2\,3 \\ 3\,1\,2 \end{pmatrix},$$

$$\tau_1 = \begin{pmatrix} 1\,2\,3 \\ 1\,3\,2 \end{pmatrix}, \quad \tau_2 = \begin{pmatrix} 1\,2\,3 \\ 3\,2\,1 \end{pmatrix}, \quad \tau_3 = \begin{pmatrix} 1\,2\,3 \\ 2\,1\,3 \end{pmatrix}.$$

Das Kommutativgesetz ist in $(\mathcal{S}_3, \circ)$ *nicht* gültig, denn es ist

$$\tau_1 \circ \tau_2 = \begin{pmatrix} 1\,2\,3 \\ 2\,3\,1 \end{pmatrix} = \sigma_1, \quad \text{aber} \quad \tau_2 \circ \tau_1 = \begin{pmatrix} 1\,2\,3 \\ 3\,1\,2 \end{pmatrix} = \sigma_2.$$

Deshalb gilt in $(\mathcal{S}_3, \circ)$ auch *nicht* die Potenzregel (3), wovon wir uns durch den Vergleich von $(\tau_1 \circ \tau_2)^2$ mit $\tau_1^2 \circ \tau_2^2$ überzeugen können: Jede der Permutationen τ_i, $1 \leq i \leq 3$, hat genau einen Fixpunkt (d. h. genau ein $x \in \{1, 2, 3\}$ mit $\tau_i(x) = x$) und vertauscht die beiden anderen Elemente. Führt man also ein τ_i zweimal hintereinander aus, entsteht die identische Abbildung, weil hin- und wieder zurückgetauscht wird. Demnach ist

$$\tau_1^2 = \tau_2^2 = \text{id}, \quad \text{also auch} \quad \tau_1^2 \circ \tau_2^2 = \text{id} \circ \text{id} = \text{id},$$

aber

$$(\tau_1 \circ \tau_2)^2 = \sigma_1^2 = \sigma_2 \neq \text{id}.$$

∎

In Beispiel 3.2 haben wir benutzt, dass man die identische Abbildung in $\mathcal{S}_3$ mit einer beliebigen anderen Abbildung in $\mathcal{S}_3$ verketten kann, ohne diese dabei zu verändern. Dieser Sachverhalt ist von allgemeinem algebraischen Interesse und verdient eine eigene Sprachregelung.

Ist $(M, \star)$ eine algebraische Struktur, so nennt man ein Element $e_r \in M$ mit der Eigenschaft

$$x \star e_r = x \text{ für alle } x \in M$$

ein *rechtsneutrales Element* im Verknüpfungsgebilde $(M, \star)$. Entsprechend nennt man ein Element $e_l \in M$ mit

$$e_l \star x = x \text{ für alle } x \in M$$

ein *linksneutrales Element* in $(M, \star)$.

Man kann nicht davon ausgehen, dass Elemente dieser Art stets existieren; ebenso wenig darf man annehmen, dass sie eindeutig bestimmt sind, *wenn* sie existieren. Zur Verdeutlichung betrachten wir einige Beispiele.

Beispiel 3.3 Die Halbgruppe $(\mathbb{N}, +)$ enthält weder ein linksneutrales Element e_l noch ein rechtsneutrales Element e_r, denn die Beziehungen

$$e_l + n = n \quad \text{bzw.} \quad n + e_r = n$$

gelten nur für $e_l = e_r = 0$, aber 0 gehört nicht zu $\mathbb{N}$.   ∎

Beispiel 3.4 In der Menge $M := \{a_1, a_2\}$ seien innere Verknüpfungen $\star_1$, $\star_2$ durch die „Verknüpfungstafeln" in Abb. 3.5 definiert.

Man liest solche Verknüpfungstafeln zeilenweise: Steht in der i-ten Zeile *unter* dem Verknüpfungszeichen $\star$ das Element a_i und in der j-ten Spalte *neben* dem Verknüpfungszeichen das Element a_j, so ist an Position (i, j) in der Tabelle das Element $a_i \star a_j$ eingetragen (Abb. 3.6).

Die oben definierte algebraische Struktur $(M, \star_1)$ besitzt kein rechtsneutrales Element, aber sowohl a_1 als auch a_2 sind linksneutral in $(M, \star_1)$. Umgekehrt sind a_1 und a_2 rechtsneutrale Elemente der Struktur $(M, \star_2)$, die aber kein linksneutrales Element besitzt.   ∎

Abb. 3.5 Verknüpfungstafeln für $\star_1$ und $\star_2$

$\star_1$	a_1	a_2		$\star_2$	a_1	a_2
a_1	a_1	a_2		a_1	a_1	a_1
a_2	a_1	a_2		a_2	a_2	a_2

Abb. 3.6 Aufbau einer Verknüpfungstafel

$\star$	a_1	a_2	$\ldots$	a_j	$\ldots$	a_n
a_1				$\vdots$		
$\vdots$				$\vdots$		
a_i	$\ldots$	$\ldots$		$a_i \star a_j$		
$\vdots$						
a_n						

Wären die Verknüpfungsgebilde kommutativ, dann könnte die soeben beschriebene Situation nicht auftreten, denn ein linksneutrales Element wäre dann automatisch auch rechtsneutral und umgekehrt. Auch ohne die zusätzliche Voraussetzung der Kommutativität muss man glücklicherweise niemals zwischen linksneutralen und rechtsneutralen Elementen unterscheiden, *wenn beide* existieren, sodass man in diesem Fall einfach von einem *neutralen Element* sprechen kann: Ein neutrales Element e einer algebraischen Struktur $(M, \star)$ ist durch die Eigenschaft

$$e \star x = x \star e = x \text{ für alle } x \in M$$

definiert. Darüber hinaus kann eine algebraische Struktur $(M, \star)$ *höchstens ein* neutrales Element besitzen; beides besagt Satz 3.3.

Satz 3.3 *In jedem Verknüpfungsgebilde* $(M, \star)$ *gilt:*

a) *Existiert ein linksneutrales Element und ein rechtsneutrales Element, dann sind diese gleich.*

b) *Es gibt* höchstens ein *neutrales Element.*

Beweis 3.3

a) Es seien $e_l \in M$ linksneutral und $e_r \in M$ rechtsneutral in $(M, \star)$. Dann ist $e_l \star e_r = e_r$, weil e_l linksneutral ist, und $e_l \star e_r = e_l$, weil e_r rechtsneutral ist.

   Also ist $e_l = e_r$.

b) Man schließe wie in (a) für neutrale Elemente e, e' der Struktur $(M, \star)$:

$$e = e \star e' = e'.$$

$\square$

Die Struktur $(\mathbb{R}, +)$ besitzt das neutrale Element 0, die Struktur $(\mathbb{R}, \cdot)$ besitzt das neutrale Element 1. Die Sonderrolle der Zahlen 0 und 1 in Zahlenbereichen besteht also gerade in ihrer Eigenschaft, *die* neutralen Elemente bezüglich der Verknüpfungen $+$ und $\cdot$ zu sein. Beim Verketten von Abbildungen ist die identische Abbildung das neutrale Element.

Dem Begriff der *Gegenzahl* in $(\mathbb{R}, +)$, der *Kehrzahl* in $(\mathbb{R}, \cdot)$ und der *Umkehrabbildung* beim Verketten von Abbildungen entspricht allgemein der Begriff des *inversen Elements* in einem Verknüpfungsgebilde. Notwendig bei der Bildung dieses Begriffs ist die Existenz eines neutralen Elements.

Es sei $(M, \star)$ ein Verknüpfungsgebilde mit dem neutralen Element e, ferner sei $x \in M$. Existiert ein $x_r \in M$ mit

$$x \star x_r = e,$$

dann nennt man x_r ein *rechtsinverses Element* von x. Entsprechend nennt man ein $x_l \in M$ mit

$$x_l \star x = e$$

ein *linksinverses Element* von x. Existiert ein $\overline{x} \in M$ mit

$$\overline{x} \star x = x \star \overline{x} = e,$$

dann bezeichnet man das Element x als *invertierbar* bezüglich $\star$ oder auch *invertierbar* in $(M, \star)$ und nennt $\overline{x}$ ein *inverses Element* von x.

Beispiel 3.5 In $(\mathbb{Z}, +)$ ist jedes Element invertierbar: Invers zu $x \in \mathbb{Z}$ bezüglich $+$ ist $(-x) \in \mathbb{Z}$, denn $x + (-x) = (-x) + x = 0$, und 0 ist das neutrale Element der Struktur $(\mathbb{Z}, +)$. ∎

Beispiel 3.6 In $(\mathbb{Q}, \cdot)$ ist 1 das neutrale Element, und jedes von 0 verschiedene Element ist invertierbar, denn $x \cdot \frac{1}{x} = 1$ für alle $x \in \mathbb{Q} \setminus \{0\}$. In $(\mathbb{N}, \cdot)$ hingegen ist nur das neutrale Element 1 invertierbar, denn $x \cdot \overline{x} = 1$ gilt in $\mathbb{N}$ ausschließlich für $x = \overline{x} = 1$. Allgemein ist in jeder algebraischen Struktur $(M, \star)$ mit neutralem Element e mindestens ein Element invertierbar, nämlich e selbst (wegen $e \star e = e$). ∎

Nun könnte man die Hoffnung haben, dass in jedem Verknüpfungsgebilde $(M, \star)$ mit neutralem Element e eine zu Satz 3.3 analoge Aussage für den Sachverhalt der Invertierbarkeit von Elementen $x \in M$ gültig wäre, dass also jedes $x \in M$ höchstens ein bezüglich $\star$ inverses Element $\overline{x}$ hätte und links- und rechtsinverse Elemente von x im Falle ihrer simultanen Existenz stets gleich wären. Wie Beipiel 3.7 zeigt, trifft dies im Allgemeinen aber nicht zu.

Beispiel 3.7 In der Menge $\mathbb{Q}$ der rationalen Zahlen definiere man eine innere Verknüpfung $\star$ durch

$$a \star b := a + b - 2 \cdot a^2 \cdot b^2,$$

wobei $+, -$ und $\cdot$ die üblichen Rechenoperationen in $\mathbb{Q}$ bezeichnen und unter $x^2 = x \cdot x$ die zweite Potenz von x in der Struktur $(\mathbb{Q}, \cdot)$ verstanden werden soll. Die kommutative Struktur $(\mathbb{Q}, \star)$ hat mit $e := 0$ ein neutrales Element, denn für alle $x \in \mathbb{Q}$ gilt

$$x \star 0 = x + 0 - 2 \cdot x^2 \cdot 0^2 = x.$$

Das Element 1 ist invertierbar, besitzt allerdings mit 1 und $-\frac{1}{2}$ *zwei verschiedene* bezüglich $\star$ inverse Elemente, denn

$$1 \star 1 = 1 + 1 - 2 \cdot 1^2 \cdot 1^2 = 0$$

und

$$(-\frac{1}{2}) \star 1 = -\frac{1}{2} + 1 - 2 \cdot (-\frac{1}{2})^2 \cdot 1 = -\frac{1}{2} + 1 - 2 \cdot \frac{1}{4} = 0.$$

■

Wenn man sich auf die Suche nach algebraischen Eigenschaften macht, die die Struktur $(\mathbb{Q}, \star)$ aus Beispiel 3.7 *nicht* besitzt, so stellt man leicht fest, dass in diesem Verknüpfungsgebilde das Assoziativgesetz nicht gilt. Tatsächlich erweist sich die fehlende Assoziativität der Struktur als verantwortlich dafür, dass ein Analogon zu Satz 3.3 in Beispiel 3.7 nicht gilt: Ist nämlich $(M, \star)$ eine Halbgruppe mit neutralem Element, dann gilt ein perfektes Analogon zu Satz 3.3 für den Sachverhalt der Invertierbarkeit.

Satz 3.4 *In jeder assoziativen algebraischen Struktur* $(M, \star)$ *mit einem neutralen Element* e *gilt für Elemente* $x \in M$:

a) *Besitzt* x *ein links- und ein rechtsinverses Element, dann sind diese gleich.*
b) *Es gibt* höchstens *ein* inverses Element von x.

Beweis 3.4 a) Aus $x_l \star x = x \star x_r = e$ folgt

$$x_l = x_l \star e = x_l \star (x \star x_r) = (x_l \star x) \star x_r = e \star x_r = x_r.$$

Bei der dritten Umformung dieser Gleichungskette haben wir vom Assoziativgesetz Gebrauch gemacht.

b) Sind $\bar{x}$ und x' invers zu x, dann folgt $\bar{x} = x'$ wie in (a), wenn man dort $\bar{x}$ statt x_l und x' statt x_r einsetzt.   □

Man nennt allgemein eine Halbgruppe, die ein neutrales Element besitzt, ein *Monoid*. Ist x ein invertierbares Element eines Monoids, so bezeichnet man das inverse Element von x in der Regel mit x^{-1}, so z. B. in $(\mathbb{R}, \cdot)$. In speziellen Verknüpfungsgebilden sind auch andere Bezeichnungen üblich, wie etwa in $(\mathbb{R}, +)$, wo man das zu x inverse Element üblicherweise in der Form $-x$ schreibt.

Die Wahl der Notationsform x^{-1} ist motiviert durch das Bestreben, für invertierbare Elemente $x \in M$ n-te Potenzen x^n für *ganzzahlige* Exponenten so zu erklären, dass die Potenzregeln auch hierfür ihre Richtigkeit behalten. Zunächst lässt sich beobachten, dass für je zwei invertierbare Elemente x, y eines Monoids $(M, \star)$ stets auch $x \star y$ invertierbar ist und dass

$$(x \star y)^{-1} = y^{-1} \star x^{-1}$$

gilt: Aufgrund des Assoziativgesetzes ist nämlich

$$(x \star y) \star (y^{-1} \star x^{-1}) = x \star (y \star y^{-1}) \star x^{-1}$$
$$= x \star e \star x^{-1} = x \star x^{-1} = e$$

und ebenso

$$(y^{-1} \star x^{-1}) \star (x \star y) = y^{-1} \star (x^{-1} \star x) \star y$$
$$= y^{-1} \star e \star y = y^{-1} \star y = e \,,$$

wenn e das neutrale Element der Struktur $(M, \star)$ bezeichnet. Definiert man nun

$$x^0 := e \quad \text{und} \quad x^{-n} := (x^{-1})^n \quad \text{für} \quad n \in \mathbb{N} \,,$$

so gelten die Potenzregeln (1) und (2) aus Satz 3.1 für invertierbares $x \in M$ auch dann, wenn die Exponenten m, n ganze Zahlen sind (Aufgabe 3.4). Die Regel (3) aus Satz 3.2 gilt im Fall der zusätzlichen Kommutativität des Monoids dann ebenfalls auch für ganzzahlige Exponenten, wenn x und y invertierbar sind (Aufgabe 3.5).

Neben Verknüpfungsgebilden mit *einer* Verknüpfung spielen auch solche mit *zwei* Verknüpfungen eine Rolle: In $\mathbb{R}$ kann man addieren *und* multiplizieren, in $\mathbb{N}$ kann man den ggT *und* das kgV bilden, in der Potenzmenge einer Menge kann man die Schnittmenge *und* die Vereinigungsmenge bilden. In solchen Fällen interessiert man sich nicht nur für die algebraischen Eigenschaften der Strukturen, die durch jeweils eine der Verknüpfungen definiert werden, sondern auch für das Zusammenwirken der beiden Verknüpfungen, insbesondere für das *Distributivgesetz*.

Wir betrachten ein Verknüpfungsgebilde $(M, \star, \diamond)$ mit *zwei* Verknüpfungen $\star$ und $\diamond$, wobei also jeweils $(M, \star)$ und $(M, \diamond)$ Verknüpfungsgebilde mit *einer* Verknüpfung sind. Gilt für alle $x, y, z \in M$

$$x \diamond (y \star z) = (x \diamond y) \star (x \diamond z)$$

bzw. $\quad (y \star z) \diamond x = (y \diamond x) \star (z \diamond x),$

dann nennt man $\diamond$ *linksdistributiv* bzw. *rechtsdistributiv* bezüglich $\star$. Gelten beide Regeln, dann heißt $\diamond$ *distributiv* bezüglich $\star$. Man sagt auch, es gelte das *Distributivgesetz* für $\diamond$ bezüglich $\star$. Ist die Verknüpfung $\diamond$ kommutativ, so muss man natürlich nicht zwischen links- und rechtsdistributiv unterscheiden.

In $(\mathbb{R}, +, \cdot)$ ist die Multiplikation distributiv bezüglich der Addition, die Addition aber nicht distributiv bezüglich der Multiplikation. In der Potenzmenge $\mathcal{P}(M)$ einer Menge M

ist von den Verknüpfungen $\cap$ und $\cup$ jede distributiv bezüglich der anderen (vgl. auch Abschn. 2.1): Für alle A, B, $C \in \mathcal{P}(M)$ gilt

$$A \cap (B \cup C) = (A \cap B) \cup (A \cap C),$$

$$A \cup (B \cap C) = (A \cup B) \cap (A \cup C).$$

Existieren neutrale Elemente bezüglich beider Verknüpfungen $\star$ und $\diamond$, so bezeichnen wir das neutrale Elemente bezüglich $\star$ mit n, dasjenige bezüglich $\diamond$ mit e. (Bei diesen Bezeichnungen denken wir an $(\mathbb{R}, +, \cdot)$ und die neutralen Elemente *N*ull und *E*ins.)

Satz 3.5 *Existieren in* $(M, \star, \diamond)$ *neutrale Elemente n bzw. e, ist ferner jedes Element des Monoids* $(M, \star)$ *invertierbar und gilt das (Links- und Rechts-)Distributivgesetz für* $\diamond$ *bezüglich* $\star$, *dann gilt*

$$n \diamond x = x \diamond n = n \quad \text{für alle } x \in M.$$

Beweis 3.5 Sei $x \in M$ beliebig gewählt und sei $x' \in M$ invers zu x in $(M, \star)$, dann gilt aufgrund der Rechtsdistributivität von $\diamond$ bezüglich $\star$:

$$x \star (n \diamond x) = (e \diamond x) \star (n \diamond x) = (e \star n) \diamond x = e \diamond x = x,$$

und durch die linksseitige Verknüpfung mit x' erhält man

$$n = x' \star x = x' \star (x \star (n \diamond x)) = (x' \star x) \star (n \diamond x) = n \star (n \diamond x) = n \diamond x.$$

Analog ergibt sich $n = x \diamond n$ aus der Linksdistributivität von $\diamond$ bezüglich $\star$. $\square$

In Satz 3.5 wird die bekannte Tatsache verallgemeinert, dass $0 \cdot x = x \cdot 0$ für alle $x \in \mathbb{R}$ gilt. Man beachte aber, dass bei dieser Verallgemeinerung die Forderung der Invertierbarkeit aller Elemente des Monoids $(M, \star)$ *unverzichtbar* ist; davon kann man sich am Beispiel der Struktur $(\mathbb{N}, \max, \max)$ überzeugen. Mit Monoiden, in denen alle Elemente invertierbar sind („Gruppen"), werden wir uns in Abschn. 3.2 ausführlich befassen. Vom weiteren Umgang mit Inversen in $(M, \star, \diamond)$ handelt Aufgabe 3.6.

Beispiel 3.8 (Rechnen mit Ohm'schen Widerständen) Liegt an einem elektrischen Leiter (z. B. einem Draht oder einer Glühbirne) eine elektrische Spannung der Größe U [Volt], dann fließt ein Strom der Stärke I [Ampère], der proportional zu U ist. Der Quotient $R = \dfrac{U}{I}$ heißt Ohm'scher Widerstand des Leiters (gemessen in Ohm $= \dfrac{\text{Volt}}{\text{Ampère}}$). Die Regel $U = R \cdot I$ nennt man *Ohm'sches Gesetz.*

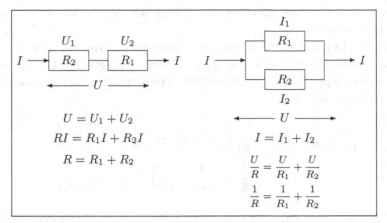

Abb. 3.7 Ohm'sche Widerstände bei Serien- und bei Parallelschaltung

Der Gesamtwiderstand einer aus zwei (oder mehr) einzelnen ohmschen Widerständen bestehenden Schaltung hängt davon ab, ob man die Widerstände seriell oder parallel schaltet (Abb. 3.7):

Schaltet man zwei Widerstände R_1, R_2 hintereinander (in Serie), dann gilt für den Gesamtwiderstand R

$$R = R_1 + R_2.$$

Schaltet man zwei Widerstände R_1, R_2 nebeneinander (parallel), dann gilt für den Gesamtwiderstand R

$$\frac{1}{R} = \frac{1}{R_1} + \frac{1}{R_2},$$

also

$$R = \frac{R_1 \cdot R_2}{R_1 + R_2}.$$

Auf der Menge M der Ohm'schen Widerstände sind demnach zwei Verknüpfungen $+$ und $\odot$ definiert, die festlegen, wie zwei Einzelwiderstände R_1 und R_2 zu einem neuen „Gesamtwiderstand" R zusammengesetzt werden sollen. Die Serienschaltung der Widerstände entspricht deren additiver Verknüpfung $+$, die Parallelschaltung von R_1 und R_2 wird durch die multiplikative Verknüpfung

$$R_1 \odot R_2 := \frac{R_1 \cdot R_2}{R_1 + R_2}$$

beschrieben. Wir wollen nun die algebraischen Eigenschaften des Verknüpfungsgebildes $(M, +, \odot)$ untersuchen.

Die Addition $+$ ist kommutativ und assoziativ. Neutrales Element N ist der Widerstand 0 [Ohm]. Negative Widerstände gibt es nicht, es existieren also keine Inversen bezüglich der Addition. Die Multiplikation $\odot$ ist offensichtlich kommutativ; sie ist auch assoziativ, wie folgende Rechnung zeigt:

$$\frac{1}{(R_1 \odot R_2) \odot R_3} = \frac{1}{R_1 \odot R_2} + \frac{1}{R_3} = \left(\frac{1}{R_1} + \frac{1}{R_2}\right) + \frac{1}{R_3}$$

$$= \frac{1}{R_1} + \left(\frac{1}{R_2} + \frac{1}{R_3}\right) = \frac{1}{R_1 \odot (R_2 \odot R_3)} \,.$$

Daraus folgt sofort $(R_1 \odot R_2) \odot R_3 = R_1 \odot (R_2 \odot R_3)$. Es existiert kein neutrales Element E der Verknüpfung $\odot$, denn

$$R \odot E = R \Rightarrow \frac{RE}{R+E} = R \Rightarrow R = 0 \text{ oder } E = R + E \Rightarrow R = 0.$$

Die Verknüpfung $\odot$ ist nicht distributiv bezüglich der Addition, wie folgendes Beispiel zeigt (Rechnung in Ohm):

$$1 \odot (1+1) = \frac{1 \cdot 2}{1+2} = \frac{2}{3}, \qquad (1 \odot 1) + (1 \odot 1) = \frac{1}{2} + \frac{1}{2} = 1.$$

Die algebraische Struktur $(M, \odot, +)$ dient zur Berechnung der Widerstandswerte elektrischer Schaltungen, bei denen man die Ohm'schen Widerstände der Komponenten kennt: Der Gesamtwiderstand in der in Abb. 3.8 dargestellten Schaltung (Werte in Ohm) ist

$$((2+4) \odot 3) \odot 5 \odot (6+2+2) = 6 \odot 3 \odot 5 \odot 10$$

$$= (6 \odot 3) \odot (5 \odot 10)$$

$$= 2 \odot \frac{10}{3} = \frac{5}{4}.$$

∎

Abb. 3.8 Ohm'sche Schaltung

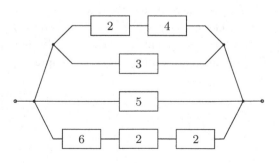

Nun endlich wollen wir die „Gleichartigkeit" algebraischer Strukturen präzisieren, die wir zu Beginn des Abschnitts im Zusammenhang mit Primärteilermengen angesprochen haben.

Wir betrachten dazu zwei algebraische Strukturen $(M_1, \star_1)$ und $(M_2, \star_2)$ sowie eine Abbildung $f : M_1 \longrightarrow M_2$. Ist dann $f(M_1) \subseteq M_2$ die Bildmenge von M_1 unter der Abbildung f, so liegt $f(M_1) \times f(M_1) \subseteq M_2 \times M_2$ im Definitionsbereich der Verknüpfung $\star_2$, und man kann die Frage stellen, ob auch $(f(M_1), \star_2)$ eine algebraische Struktur ist. Dies ist genau dann der Fall, wenn die Verknüpfung $x_2 \star_2 y_2$ von je zwei Elementen $x_2, y_2 \in f(M_1)$ stets wieder ein Element von $f(M_1)$ ist, wofür wir die Sprechweise „$f(M_1)$ ist unter der Operation $\star_2$ abgeschlossen" vereinbart hatten. Die Abgeschlossenheit von $f(M_1)$ unter $\star_2$ kann man aber im Allgemeinen nicht erwarten, wie Beispiel 3.9 zeigt.

Beispiel 3.9 Sind $(M_1, \star_1) = (\mathbb{Z}, +)$, $(M_2, \star_2) = (\mathbb{N}_0, +)$ sowie

$$f : \mathbb{Z} \longrightarrow \mathbb{N}_0 \quad \text{die durch} \quad f(z) := z \cdot z = z^2$$

definierte Abbildung, dann ist die Bildmenge $f(\mathbb{Z})$ die Menge $\{0, 1, 4, 9, 16, \dots\}$ aller Quadratzahlen. Weil aber die Summe zweier Quadratzahlen nur selten wieder eine Quadratzahl ist (vgl. *pythagoreische Tripel*), ist $f(\mathbb{Z})$ unter der Operation $+$ nicht abgeschlossen; daher ist $(f(\mathbb{Z}), +)$ keine algebraische Struktur. ∎

Welche zusätzliche Anforderung könnte man nun an die Abbildung $f : M_1 \longrightarrow M_2$ stellen, damit die Abgeschlossenheit von $f(M_1)$ unter der Operation $\star_2$ sichergestellt wird? Die Verknüpfung $z_2 = x_2 \star_2 y_2$ zweier Bildelemente $x_2, y_2 \in f(M_1)$ soll also ebenfalls immer im Bild von M_1 unter f liegen – man könnte doch verlangen, dass die Verknüpfung $z_1 = x_1 \star_1 y_1$ der Urbilder x_1 von x_2 und y_1 von y_2 ein Urbild von z_2 ist! Dies wäre offenbar dann der Fall, wenn f die Eigenschaft

$$f(x_1 \star_1 y_1) = f(x_1) \star_2 f(y_1) \quad \text{für alle } x_1, y_1 \in M_1$$

hätte, wenn also die Operationen „Verknüpfen" und „Funktionswert bilden" miteinander vertauschbar wären.

Wir verdeutlichen diese Bedingung in Abb. 3.9 durch ein sogenanntes *kommutatives Diagramm* (die Bezeichnung weist darauf hin, dass jeder Weg in Pfeilrichtung durch das Diagramm zum gleichen Resultat führt).

Eine Abbildung $f : M_1 \longrightarrow M_2$ zwischen algebraischen Strukturen $(M_1, \star_1)$ und $(M_2, \star_2)$, die die in Abb. 3.9 verdeutlichte Eigenschaft

$$f(x_1 \star_1 y_1) = f(x_1) \star_2 f(y_1) \quad \text{für alle } x_1, y_1 \in M_1$$

besitzt, nennt man *verknüpfungstreu* oder auch einen *Homomorphismus* von $(M_1, \star_1)$ in $(M_2, \star_2)$. Bei einem *Homomorphismus* von $(M_1, \star_1)$ in $(M_2, \star_2)$ entspricht also die

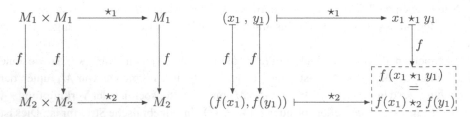

Abb. 3.9 Verknüpfungstreue Abbildung

Gleichung $x_1 \star_1 y_1 = z_1$ in M_1 der Gleichung $f(x_1) \star_2 f(y_1) = f(z_1)$ in M_2. Die Verknüpfungstreue sorgt dafür, dass $f(M_1)$ unter der Operation $\star_2$ abgeschlossen ist.

Das Wort „Homomorphismus" ist aus dem Griechischen abgeleitet (*homos* für „gleich", *morphe* für „Form") und deutet an, dass verknüpfungstreue Abbildungen $f : M_1 \longrightarrow M_2$ zwischen algebraischen Strukturen $(M_1, \star_1)$ und $(M_2, \star_2)$ diverse algebraische Eigenschaften der Struktur $(M_1, \star_1)$ auf die Struktur $(f(M_1), \star_2)$ übertragen. Dies ist natürlich besonders dann interessant, wenn $f(M_1) = M_2$ gilt, d. h., wenn der Homomorphismus $f : M_1 \longrightarrow M_2$ *surjektiv* ist. Einen surjektiven Homomorphismus $f : M_1 \longrightarrow M_2$ zwischen den algebraischen Strukturen $(M_1, \star_1)$ und $(M_2, \star_2)$ nennt man auch einen *Epimorphismus* (vom griechischen *epi* für „über", „auf") von $(M_1, \star_1)$ auf $(M_2, \star_2)$.

Satz 3.6 *Es seien* $(M_1, \star_1)$ *und* $(M_2, \star_2)$ *algebraische Strukturen und* $f : M_1 \longrightarrow M_2$ *ein Epimorphismus von* $(M_1, \star_1)$ *auf* $(M_2, \star_2)$. *Dann gilt:*

a) *Ist* $(M_1, \star_1)$ *assoziativ, dann ist auch* $(M_2, \star_2)$ *assoziativ.*

b) *Ist* $(M_1, \star_1)$ *kommutativ, dann ist auch* $(M_2, \star_2)$ *kommutativ.*

c) *Besitzt* $(M_1, \star_1)$ *ein neutrales Element, dann besitzt auch* $(M_2, \star_2)$ *ein neutrales Element. Genauer gilt: Ist* e_1 *neutral in* $(M_1, \star_1)$, *dann ist* $f(e_1)$ *neutral in* $(M_2, \star_2)$.

d) *Ist* x *ein invertierbares Element von* $(M_1, \star_1)$ *und ist* x^{-1} *invers zu* x, *dann ist auch* $f(x)$ *ein invertierbares Element in* $(M_2, \star_2)$, *und invers zu* $f(x)$ *ist* $(f(x))^{-1} = f(x^{-1}) \in M_2$.

Beweis 3.6 Die aufgelisteten Sachverhalte ergeben sich unmittelbar aus der Verknüpfungstreue von f; trotzdem wollen wir sie beweisen, um den Leser an typische Argumentationsmuster im Zusammenhang mit Homomorphismen zu gewöhnen.

a) Seien x_2, y_2, $z_2 \in M_2$ vorgegeben. Weil f surjektiv ist, gibt es Elemente x_1, y_1 und z_1 in M_1 derart, dass $x_2 = f(x_1)$, $y_2 = f(y_1)$, $z_2 = f(z_1)$ gilt. Dann ist

$$(x_2 \star_2 y_2) \star_2 z_2 = (f(x_1) \star_2 f(y_1)) \star_2 f(z_1)$$

$$= f(x_1 \star_1 y_1) \star_2 f(z_1)$$

$$= f((x_1 \star_1 y_1) \star_1 z_1)$$

$$= f(x_1 \star_1 (y_1 \star_1 z_1)) \qquad \text{(wegen Assoziativgesetz in } (M_1, \star_1))$$

$$= f(x_1) \star_2 f(y_1 \star_1 z_1)$$

$$= f(x_1) \star_2 (f(y_1) \star_2 f(z_1))$$

$$= x_2 \star_2 (y_2 \star_2 z_2) \,.$$

Demnach gilt auch in $(M_2, \star_2)$ das Assoziativgesetz.

b) Seien x_2, $y_2 \in M_2$ vorgegeben und wieder x_1, y_1 in M_1 mit $x_2 = f(x_1)$ und $y_2 = f(y_1)$.
Dann folgt

$$x_2 \star_2 y_2 = f(x_1) \star_2 f(y_1)$$

$$= f(x_1 \star_1 y_1) = f(y_1 \star_1 x_1) \qquad \text{(wegen Kommutativgesetz in } (M_1, \star_1))$$

$$= f(y_1) \star_2 f(x_1) = y_2 \star_2 x_2 \,,$$

also gilt das Kommutativgesetz auch in $(M_2, \star_2)$.

c) Sei e_1 neutral in $(M_1, \star_1)$ und sei $e_2 := f(e_1)$. Für $x_2 \in M_2$ und $x_1 \in M_1$ mit $f(x_1) = x_2$
gilt dann

$$e_2 \star_2 x_2 = f(e_1) \star_2 f(x_1) = f(e_1 \star_1 x_1) = f(x_1) = x_2 \,,$$

wobei wir in der zweiten Gleichung die Verknüpfungstreue von f und in der dritten
Gleichung die Neutralität von e_1 in $(M_1, \star_1)$ benutzt haben. Ebenso erhält man

$$x_2 \star_2 e_2 = f(x_1) \star_2 f(e_1) = f(x_1 \star_1 e_1) = f(x_1) = x_2 \,.$$

Demnach ist e_2 neutrales Element in $(M_2, \star_2)$.

d) Sei x^{-1} invers zu x in $(M_1, \star_1)$. Dann ist laut (c)

$$f(x) \star_2 f(x^{-1}) = f(x \star_1 x^{-1}) = f(e_1) = e_2 \,,$$

wenn e_1 neutral in $(M_1, \star_1)$ und e_2 neutral in $(M_2, \star_2)$ sind. Ebenso ergibt sich

$$f(x^{-1}) \star_2 f(x) = f(x^{-1} \star_1 x) = f(e_1) = e_2 \,,$$

folglich ist $f(x) \in M_2$ invertierbar, und das zu $f(x)$ bezüglich $\star_2$ inverse Element ist
$f(x^{-1})$. $\qquad \square$

Surjektive Homomorphismen übertragen also verschiedene (allerdings nicht alle;
Aufgabe 3.11b) algebraische Eigenschaften der Ausgangsstruktur an die Bildstruktur. Man

kann aber nicht erwarten, dass man algebraische Eigenschaften der Bildstruktur in der Ausgangsstruktur wiederfindet, wie schon einfachste Beispiele zeigen.

Beispiel 3.10 Die beiden kommutativen algebraischen Strukturen $(\mathbb{N}, +)$ und $(\{1\}, \cdot)$ sind signifikant verschieden: $(\{1\}, \cdot)$ ist ein Monoid, in dem jedes Element invertierbar ist, aber die Halbgruppe $(\mathbb{N}, +)$ besitzt nicht einmal ein neutrales Element, sodass von Invertierbarkeit in $(\mathbb{N}, +)$ überhaupt nicht die Rede sein kann. Die Abbildung

$$f : \mathbb{N} \longrightarrow \{1\} \quad \text{mit} \quad f(n) := 1 \ \text{für alle} \ n \in \mathbb{N}$$

ist offenbar surjektiv, ferner ist sie verknüpfungstreu, denn es gilt

$$f(n + m) = 1 = 1 \cdot 1 = f(n) \cdot f(m) \quad \text{für alle} \ n, m \in \mathbb{N}.$$

Also existiert mit f ein Epimorphismus von $(\mathbb{N}, +)$ auf $(\{1\}, \cdot)$, doch die Bildstruktur hat deutlich mehr algebraisch interessante Eigenschaften als die Urbildstruktur. ∎

Will man also algebraische Eigenschaften der Bildstruktur $(M_2, \star_2)$ in der Ausgangsstruktur $(M_1, \star_1)$ wiederfinden, so sollte nicht nur ein Epimorphismus $f : M_1 \longrightarrow M_2$ von $(M_1, \star_1)$ auf $(M_2, \star_2)$, sondern ebenso ein Epimorphismus $g : M_2 \longrightarrow M_1$ von $(M_2, \star_2)$ auf $(M_1, \star_1)$ existieren. Dies ist dann gewährleistet, wenn der Epimorphismus $f : M_1 \longrightarrow M_2$ zusätzlich *injektiv* ist. Dann nämlich ist f surjektiv und injektiv, also bijektiv, und besitzt eine Umkehrabbildung $f^{-1} : M_2 \longrightarrow M_1$. Man überzeugt sich leicht davon, dass mit f auch f^{-1} verknüpfungstreu ist, denn für alle $x_2, y_2 \in M_2$ gilt

$$
\begin{aligned}
f^{-1}(x_2 \star_2 y_2) &= f^{-1}(f(x_1) \star_2 f(y_1)) \\
&= f^{-1}(f(x_1 \star_1 y_1)) = (f^{-1} \circ f)(x_1 \star_1 y_1) \\
&= x_1 \star_1 y_1 \\
&= f^{-1}(x_2) \star_1 f^{-1}(y_2),
\end{aligned}
$$

wobei x_1 das Urbild von x_2 unter f und y_1 das Urbild von y_2 unter f bezeichnen.

Einen injektiven Homomorphismus $f : M_1 \longrightarrow M_2$ von $(M_1, \star_1)$ in $(M_2, \star_2)$ nennt man einen *Monomorphismus*, einen bijektiven Homomorphismus $f : M_1 \longrightarrow M_2$ von $(M_1, \star_1)$ auf $(M_2, \star_2)$ nennt man einen *Isomorphismus*; griechischer Ursprung dieser Bezeichnungen sind die Präfixe *mono* („einzeln") und *iso* („gleich").
Einen strukturierten Überblick über die verschiedenen Homomorphismen bietet Abb. 3.10. Im Spezialfall eines Homomorphismus $f : M_1 \longrightarrow M_1$ des Verknüpfungsgebildes $(M_1, \star_1)$ in sich spricht man von einem *Endomorphismus* der Struktur $(M_1, \star_1)$ (vom griechischen *endo* für „innerhalb"), einen bijektiven Endomorphismus bezeichnet man auch als einen *Automorphismus* der Struktur (vom griechischen *auto* für „selbst").

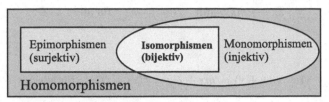

Abb. 3.10 Typen von Homomorphismen

Wenn ein Isomorphismus f von einer algebraischen Struktur $(M_1, \star_1)$ auf eine algebraische Struktur $(M_2, \star_2)$ existiert, dann ist seine Umkehrabbildung f^{-1} ein Isomorphismus von der algebraischen Struktur $(M_2, \star_2)$ auf die algebraische Struktur $(M_1, \star_1)$. Man kann dann in $(M_1, \star_1)$ (abgesehen von den Bezeichnungen und der inhaltlichen Bedeutung der Elemente) genauso rechnen wie in $(M_2, \star_2)$, vom Standpunkt der abstrakten Algebra aus muss man diese beiden algebraischen Strukturen also nicht unterscheiden. Eine algebraische Regel, die in der einen Struktur gilt, gilt dann sofort auch in der anderen. Die durch einen Isomorphismus aufeinander abbildbaren Strukturen $(M_1, \star_1)$ und $(M_2, \star_2)$ nennt man *isomorph* und drückt diesen Sachverhalt in Zeichen durch

$$(M_1, \star_1) \cong (M_2, \star_2)$$

aus. Das Konzept der Isomorphie ist die mathematische Präzisierung der eingangs des Abschnitts erwähnten „Gleichartigkeit" algebraischer Strukturen.

Beispiel 3.11 Es sei $\mathcal{M}$ die Menge aller Primärteilermengen. Dann ist $\alpha : n \mapsto P_n$ ein Isomorphismus von $(\mathbb{N}, \mathrm{ggT})$ auf $(\mathcal{M}, \cap)$ und auch ein Isomorphismus von $(\mathbb{N}, \mathrm{kgV})$ auf $(\mathcal{M}, \cup)$. Es gilt daher

$$(\mathbb{N}, \mathrm{ggT}) \cong (\mathcal{M}, \cap) \quad \text{und} \quad (\mathbb{N}, \mathrm{kgV}) \cong (\mathcal{M}, \cup).$$

Die entsprechenden algebraischen Strukturen mit *zwei* Verknüpfungen sind dann auch isomorph; deshalb gilt

$$(\mathbb{N}, \mathrm{ggT}, \mathrm{kgV}) \cong (\mathcal{M}, \cap, \cup).$$

Diese Isomorphie haben wir schon zu Anfang dieses Abschnitts angesprochen. ∎

Beispiel 3.12 Es seien m eine natürliche Zahl und $m\mathbb{Z} = \{mk \mid k \in \mathbb{Z}\}$ die Menge aller durch m teilbaren ganzen Zahlen. Dann ist $(m\mathbb{Z}, +)$ eine algebraische Struktur, denn die Summe zweier durch m teilbarer Zahlen ist stets wieder durch m teilbar. In der algebraischen Struktur $(\mathbb{Z}, +)$ gelten das Assoziativ- und das Kommutativgesetz, 0 ist neutrales Element der Struktur, und jedes $z \in \mathbb{Z}$ ist bezüglich „+" invertierbar durch $-z$. All diese Eigenschaften hat dann auch die Struktur $(m\mathbb{Z}, +)$, denn durch

$$f : \mathbb{Z} \longrightarrow m\mathbb{Z} \quad \text{mit} \quad f(z) := mz \quad \text{für alle } z \in \mathbb{Z}.$$

ist wegen

$$f(x + y) = m(x + y) = mx + my = f(x) + f(y) \quad \text{für alle } x, y \in \mathbb{Z}$$

eine verknüpfungstreue Abbildung von $(\mathbb{Z}, +)$ in $(m\mathbb{Z}, +)$ gegeben, die sowohl surjektiv (jedes $mz \in m\mathbb{Z}$ besitzt mit $z \in \mathbb{Z}$ ein Urbild unter f) als auch injektiv (aus $mx = my$ folgt wegen $m \neq 0$ auch $x = y$) ist. Die Strukturen $(\mathbb{Z}, +)$ und $(m\mathbb{Z}, +)$ sind also isomorph. ∎

Beispiel 3.13 Es sei $\mathbb{R}^+$ die Menge der positiven reellen Zahlen. Dann ist

$$(\mathbb{R}, +) \cong (\mathbb{R}^+, \cdot),$$

denn durch

$$\alpha : x \mapsto 10^x$$

ist eine Bijektion von $(\mathbb{R}, +)$ auf $(\mathbb{R}^+, \cdot)$ gegeben (das Urbild einer positiven reellen Zahl u ist der Zehnerlogarithmus $\lg u$), die wegen

$$\alpha(x + y) = 10^{x+y} = 10^x \cdot 10^y = \alpha(x) \cdot \alpha(y)$$

auch verknüpfungstreu ist. Die Umkehrabbildung $\lg : x \longmapsto \lg(x)$ ist ein Isomorphismus von $(\mathbb{R}^+, \cdot)$ auf $(\mathbb{R}, +)$, dessen Verknüpfungstreue sich in der Gleichung

$$\lg(x \cdot y) = \lg(x) + \lg(y) \quad \text{für alle } x, y \in \mathbb{R}^+$$

manifestiert. Wählt man statt der Basis 10 eine beliebige andere positive Basis $a \neq 1$, dann ergibt sich durch

$$f : x \longrightarrow a^x \quad \text{für } x \in \mathbb{R}$$

ebenfalls ein Isomorphismus von $(\mathbb{R}, +)$ auf $(\mathbb{R}^+, \cdot)$. Man nennt die Funktion f die *Exponentialfunktion zur Basis a* und bezeichnet sie üblicherweise mit $\exp_a$. Die Umkehrabbildung von $\exp_a$ ist die *Logarithmusfunktion zur Basis a*, die mit $\log_a$ bezeichnet wird.

Aufgaben

3.1 Ist $(\mathbb{N}, \star)$ assoziativ, kommutativ? Gibt es ein neutrales Element?

Welche Elemente sind invertierbar?

a) $x \star y = \mathrm{ggT}(x, y)$ b) $x \star y = \mathrm{kgV}(x, y)$ c) $x \star y = \min(x, y)$

d) $x \star y = \max(x, y)$ e) $x \star y = x^2 + y^2$ f) $x \star y = x^y$

g) $x \star y = x + 2xy + y$ h) $x \star y = (x - y)^2$

3.2 Ist $(\mathbb{R}, \star)$ assoziativ, kommutativ? Gibt es ein neutrales Element? Welche Elemente sind invertierbar?

a) $x \star y = |x + y|$ b) $x \star y = |x| + |y|$ c) $x \star y = \sqrt{x^2 + y^2}$

d) $x \star y = 2xy - x - y + 1$ e) $x \star y = x + y - 2x^2y^2$

3.3 Untersuche die Eigenschaften der folgenden algebraischen Strukturen mit zwei Verknüpfungen:

a) $(\mathbb{N}, \mathrm{ggT}, \cdot)$ b) $(\mathbb{N}, \mathrm{kgV}, +)$ c) $(\mathbb{Z}, \min, \max)$ d) $(\mathbb{Q}, +, \cdot)$

e) $(M, +, \cdot)$ mit M = Menge aller abbrechenden Dezimalzahlen > 0

3.4 Beweise, dass in einem assoziativen Verknüpfungsgebilde $(M, \star)$ mit neutralem Element für ein invertierbares Element x die Potenzregeln (1) und (2) aus Satz 3.1 für alle $m, n \in \mathbb{Z}$ gelten.

3.5 Beweise, dass in einem assoziativen und kommutativen Verknüpfungsgebilde mit neutralem Element für zwei invertierbare Elemente x, y die Potenzregel (3) aus Satz 3.2 für alle $n \in \mathbb{Z}$ gilt.

3.6 $(M, \star, \diamond)$ sei assoziativ in beiden Verknüpfungen und besitze neutrale Elemente n bzw. e. Ferner sei $\diamond$ distributiv bezüglich $\star$. Die Inversen von $x \in M$ bezeichnen wir, sofern sie existieren, mit $-x$ (bezüglich $\star$) und x^{-1} (bezüglich $\diamond$). Beweise:

a) Sind x, y invertierbar bezüglich $\star$, dann gilt dies auch für $x \diamond y$, und es ist

$$(-x) \diamond y = x \diamond (-y) = -(x \diamond y).$$

b) Ist x invertierbar bezüglich beider Verknüpfungen, dann gilt dies auch für die jeweiligen inversen Elemente, und es ist

$$-(x^{-1}) = (-x)^{-1}.$$

3.7 Sei $f : \mathbb{N} \longrightarrow 2\,\mathbb{N}$ definiert durch $f(n) := 2n$, $n \in \mathbb{N}$, wobei $2\,\mathbb{N}$ die Menge der geraden natürlichen Zahlen bezeichne. Man prüfe, ob durch f ein Homomorphismus

a) von $(\mathbb{N}, +)$ in $(2\,\mathbb{N}, +)$,   b) von $(\mathbb{N}, +)$ in $(2\,\mathbb{N}, \cdot)$

gegeben ist.

Abb. 3.11
Widerstandsschaltung zu
Aufgabe 3.8d

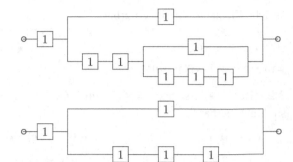

Abb. 3.12
Widerstandsschaltung zu
Aufgabe 3.8e

3.8

a) Eine elektrische Schaltung bestehe aus $52 \cdot 30 = 1560$ Widerständen von 1 Ohm, und zwar sind 52 Serienschaltungen von jeweils 30 Widerständen parallel geschaltet. Welchen Gesamtwiderstand hat die Schaltung?

b) Wie kann man denselben Widerstandswert mit $26 \cdot 15 = 390$ Widerständen erhalten?

c) Ein Widerstand von 1 Ohm werde in Serie geschaltet mit einer Parallelschaltung von 11 Reihenschaltungen von jeweils 15 Widerständen von R Ohm. Welchen Widerstandswert hat diese Schaltung? Wie viele Widerstände werden benötigt?

d) Zeige, dass die Widerstandsschaltung in Abb. 3.11 denselben Widerstand hat wie die Schaltung in (a) und (b).

e) Welchen relativen („prozentualen") Fehler macht man, wenn man die Schaltung in Abb. 3.11 durch die Schaltung in Abb. 3.12 ersetzt?

3.9 Sei $f : M \longrightarrow M$ ein Homomorphismus einer algebraischen Struktur $(M, \star)$ in sich selbst („Endomorphismus" von $(M, \star)$). Zeige, dass die Verkettung $f \circ g$ zweier Endomorphismen von $(M, \star)$ stets wieder ein Endomorphismus von $(M, \star)$ ist.

3.10 Sei $\mathbb{Q}(\sqrt{2}) = \{a + b\sqrt{2} \mid a, b \in \mathbb{Q}\}$. Zeige, dass $\mathbb{Q}(\sqrt{2})$ bezüglich der in $\mathbb{R}$ definierten Addition $+$ abgeschlossen ist und dass durch

$$f : \mathbb{Q}(\sqrt{2}) \longrightarrow \mathbb{Q}(\sqrt{2}) \quad \text{mit} \quad f(a + b\sqrt{2}) := a - b\sqrt{2}$$

ein bijektiver Endomorphismus („Automorphismus") von $(\mathbb{Q}(\sqrt{2}), +)$ gegeben ist.

3.11 Man sagt, in der Halbgruppe $(M, \star)$ gelte die rechtsseitige *Kürzungsregel*, wenn für $x, y, z \in M$ aus $x \star z = y \star z$ stets $x = y$ folgt. Entsprechend ist die linksseitige Kürzungsregel definiert. Gelten sowohl die linksseitige als auch die rechtsseitige Kürzungsregel, dann heißt $(M, \star)$ *regulär*, und man sagt kurz, es gelte die Kürzungsregel.

Beweise für Halbgruppen die folgenden Sachverhalte:

a) Ist jedes Element in $(M, \star)$ invertierbar, dann ist $(M, \star)$ regulär.
b) Ist $(M_1, \star_1)$ regulär und f ein Epimorphismus von $(M_1, \star_1)$ auf $(M_2, \star_2)$, dann ist $(M_2, \star_2)$ nicht notwendig regulär.
c) Ist $(M_1, \star_1) \cong (M_2, \star_2)$, dann sind beide Strukturen regulär oder beide Strukturen nicht regulär.

3.2 Gruppen

In Abschn. 3.1 haben wir gesehen, wie wichtig die Assoziativität einer algebraischen Struktur ist: In Halbgruppen kann man beispielsweise Potenzen definieren, und in Monoiden sind inverse Elemente, falls sie existieren, eindeutig bestimmt. Von besonderem Interesse sind Monoide, in denen *jedes* Element invertierbar ist, wie beispielsweise die Strukturen $(\mathbb{Z}, +)$ (die ganzen Zahlen bezüglich der Addition) oder $(\mathbb{Q}^+, \cdot)$ (die positiven rationalen Zahlen (*Bruchzahlen*) bezüglich der Multiplikation). Man nennt ein Monoid, dessen Elemente sämtlich invertierbar sind, eine *Gruppe*.

Wir führen hier detailliert die Gesamtheit der Eigenschaften auf, die eine algebraische Struktur $(G, \star)$ zu einer Gruppe machen:

Gruppenaxiome

Eine algebraische Struktur $(G, \star)$ wird als eine *Gruppe* bezeichnet, wenn folgende Bedingungen erfüllt sind:

(G 1) In $(G, \star)$ gilt das Assoziativgesetz; es ist also

$$(a \star b) \star c = a \star (b \star c) \quad \text{für alle } a, b, c \in G.$$

(G 2) Die Struktur $(G, \star)$ hat ein neutrales Element; es gibt also ein Element $e \in G$ mit

$$e \star a = a \star e = a \quad \text{für alle } a \in G.$$

(G 3) Jedes Element a von G ist bezüglich $\star$ invertierbar; zu jedem $a \in G$ existiert also ein $a^{-1} \in G$ mit

$$a \star a^{-1} = a^{-1} \star a = e\,.$$

Nach unseren Erkenntnissen aus Abschn. 3.1 ist das neutrale Element e einer Gruppe $(G, \star)$ eindeutig bestimmt, ebenso wie das zu einem Element $a \in G$ inverse Element a^{-1} durch a eindeutig bestimmt ist. Da G mindestens *ein* Element enthalten muss, nämlich das Element e, ist G nicht die leere Menge.

Bisweilen findet sich in der Literatur eine scheinbar allgemeinere Definition des Begriffs der Gruppe: Man verlangt dort in einer Halbgruppe $(G, \star)$ lediglich die Existenz eines *linksneutralen* Elements $e' \in G$ und fordert, dass zu jedem $a \in G$ ein *linksinverses* Element $a' \in G$ mit $a' \star a = e'$ existiert – bereits dann nennt man die Halbgruppe $(G, \star)$ eine Gruppe.

Jede Gruppe im Sinne dieser formal schwächeren Definition ist aber auch eine Gruppe im Sinne der von uns oben angegebenen Definition: Ist nämlich $a' \in G$ mit $a' \circ a = e'$ und ist $(a')'$ das zu a' linksinverse Element in G, so gilt

$$a \star a' = e' \star (a \star a')$$
$$= ((a')' \star a') \star (a \star a')$$
$$= (a')' \star (a' \star a) \star a'$$
$$= (a')' \star e' \star a'$$
$$= (a')' \star (e' \star a')$$
$$= (a')' \star a'$$
$$= e' \,,$$

also ist das zu a linksinverse Element a' gleichzeitig auch rechtsinvers zu a. Dies erlaubt die Folgerung, dass das linksneutrale Element e' auch rechtsneutral in G ist, denn für jedes $a \in G$ ist

$$a \star e' = a \star (a' \star a) = (a \star a') \star a = e' \star a = a \,,$$

wobei a' das zu a linksinverse und deshalb auch rechtsinverse Element aus G bezeichnet.

Die formal schwächere Definition ist also zu der unseren äquivalent: Das linksneutrale Element $e' \in G$ ist in Wahrheit ein neutrales Element in G, und das zu einem Element $a \in G$ linksinverse Element a' ist sogar invers zu a in $(G, \star)$.

Das Konzept der Gruppe ist eine der zentralen strukturellen Denkweisen, die sich in der Algebra des 19. Jahrhunderts entwickelt haben. Aus einem Interesse an konkreten mathematischen Problemen der Gleichungslehre und der Geometrie ging ein selbst- ständiges Interesse an den Techniken hervor, die bei der Erforschung dieser Probleme verwendet wurden. Aus den konkreten Problemkontexten wurden allgemeine Strukturen herausgelöst, die man abstrakt ohne Bezug zu ihren Ursprüngen studieren konnte. Für die Theorie der Gruppen war dieses Abstraktionsniveau um 1870 erreicht, als Camille Jordan (1838–1922) in seinem *Traité des substitutions et des équations algébriques* puristisch in der Sprache der Gruppentheorie Zusammenhänge formulierte, die die Frage beantworteten, welche algebraischen Gleichungen

$$a_n x^n + a_{n-1} x^{n-1} + \ldots + a_2 x^2 + a_1 x + a_0 = 0$$

mithilfe von Wurzelausdrücken lösbar sind und welche nicht (Abschn. 4.8). In Jordans Darstellung spielten die Koeffizienten a_i ($0 \leq i \leq n$) der Gleichungen überhaupt keine Rolle mehr.

Gilt in einer Gruppe $(G, \star)$ das Kommutativgesetz, dann heißt die Gruppe *kommutativ* oder *abelsch*. In einer *abelschen Gruppe* $(G, \star)$ gilt also neben (G 1) bis (G 3) noch *zusätzlich*

(G 4) Für alle $a, b \in G$ ist $a \star b = b \star a$. (Kommutativgesetz)

Die Bezeichnung „abelsch" wurde zu Ehren von Niels Henrik Abel (1802–1829) gewählt, einem sehr bedeutenden norwegischen Mathematiker. Abel hat mithilfe der Gruppentheorie bewiesen, dass eine algebraische Gleichung im Allgemeinen *nicht* durch Wurzelausdrücke zu lösen ist, wenn der Grad n der Gleichung größer ist als 4 (Satz 4.19).

Beispiel 3.14

(1) Die Menge der ganzen Zahlen bezüglich der Addition bildet die kommutative Gruppe $(\mathbb{Z}, +)$.

(2) Beispiele für nichtkommutative Gruppen ergeben sich oft aus Mengen von Abbildungen mit der Verkettung $\circ$ als Verknüpfung: Ist etwa G die Menge aller bijektiven Abbildungen $f : \mathbb{R} \longrightarrow \mathbb{R}$, so definiert die Verkettung zweier Elemente von G wieder eine Bijektion von $\mathbb{R}$ auf sich (Abschn. 2.6), sodass $(G, \circ)$ eine algebraische Struktur ist. Da die Verkettung von Abbildungen stets assoziativ ist, handelt es sich bei $(G, \circ)$ um eine Halbgruppe; diese besitzt mit der identischen Abbildung id : $\mathbb{R} \longrightarrow \mathbb{R}$, definiert durch $\mathrm{id}(x) := x$, ein neutrales Element. Invers zu einer Bijektion $g \in G$ ist deren Umkehrabbildung $g^{-1} \in G$, sodass insgesamt $(G, \circ)$ als eine Gruppe erkannt ist. Diese Gruppe ist aber *nicht* kommutativ: Sind beispielsweise $f, g \in G$ definiert durch $f(x) := 2x$ und $g(x) := x^3$, so gilt $(f \circ g)(x) = 2x^3$, aber $(g \circ f)(x) = (2x)^3 = 8x^3$, folglich ist $f \circ g \neq g \circ f$. ∎

Ist U eine nichtleere Teilmenge von G, die bezüglich der Verknüpfung $\star$ in G abgeschlossen ist, und ist das so entstehende Verknüpfungsgebilde $(U, \star)$ ebenfalls eine Gruppe, dann nennt man $(U, \star)$ eine *Untergruppe* von $(G, \star)$. Genau dann bildet die nichtleere Teilmenge $U \neq \emptyset$ von G eine Untergruppe $(U, \star)$ von $(G, \star)$, wenn gilt:

(i) $a, b \in U \Longrightarrow a \star b \in U$,   (ii) $e \in U$,   (iii) $a \in U \Longrightarrow a^{-1} \in U$.

(Hierbei bezeichnet e das neutrale Element der Gruppe $(G, \star)$ und a^{-1} das zu $a \in U$ in $(G, \star)$ inverse Element.)

Ist nämlich (i) erfüllt, dann ist U unter der Operation „$\star$" abgeschlossen, und $(U, \star)$ ist eine algebraische Struktur. Die Gültigkeit des Assoziativgesetzes in $(U, \star)$ ist automatisch dadurch gesichert, dass es in der umfassenderen Struktur $(G, \star)$ gilt. Bedingung (ii) stellt sicher, dass die Halbgruppe $(U, \star)$ ein neutrales Element besitzt ($e \star a = a \star e = a$ gilt für alle $a \in G$, also insbesondere für alle $a \in U$), und (iii) gewährleistet, dass jedes Element $a \in U$ in $(U, \star)$ invertierbar ist. Ist umgekehrt $(U, \star)$ eine Gruppe, dann ist (i) erfüllt, und es gibt ein Element $\tilde{e} \in U$ mit $a = \tilde{e} \star a$ für alle $a \in U$. Wegen

$$e = \tilde{e} \star \tilde{e}^{-1} = (\tilde{e} \star \tilde{e}) \star \tilde{e}^{-1} = \tilde{e} \star (\tilde{e} \star \tilde{e}^{-1}) = \tilde{e} \star e = \tilde{e}$$

stimmt aber offenbar das neutrale Element $\tilde{e}$ der Untergruppe $(U, \star)$ mit dem neutralen Element e von $(G, \star)$ überein, also gilt $e \in U$. Ist abschließend $a \in U$, $\tilde{a}$ invers zu a in $(U, \star)$ und a^{-1} invers zu a in $(G, \star)$, so gilt

$$\tilde{a} = \tilde{a} \star e = \tilde{a} \star (a \star a^{-1}) = (\tilde{a} \star a) \star a^{-1} = e \star a^{-1} = a^{-1},$$

womit auch (iii) bestätigt wäre.

Man kann die drei Bedingungen (i), (ii), (iii) durch eine einzige ersetzen, wie der auch als „Untergruppenkriterium" bekannte Satz 3.7 besagt.

Satz 3.7 (Untergruppenkriterium) *Genau dann bildet die nichtleere Teilmenge U von G eine Untergruppe von $(G, \star)$, wenn gilt:*

$$(\ast) \quad a, b \in U \Longrightarrow a \star b^{-1} \in U.$$

Beweis 3.7 Aus (i) bis (iii) folgt $(\ast)$, wie man sofort sieht. Wegen $U \neq \emptyset$ existiert mindestens ein Element $a \in U$. Aus $(\ast)$ folgt dann $a \star a^{-1}(= e) \in U$, also (ii). Mit $b \in U$ ist dann nach $(\ast)$ auch $e \star b^{-1}(= b^{-1}) \in U$, demnach gilt (iii). Mit $a, b \in U$ liefert $(\ast)$ dann, dass $a \star (b^{-1})^{-1}(= a \star b) \in U$, folglich gilt auch (i). $\square$

Beispiel 3.15 Die Menge der reellen Zahlen bezüglich der Addition bildet die kommutative Gruppe $(\mathbb{R}, +)$. Die Menge der rationalen Zahlen bildet bezüglich der Addition die Untergruppe $(\mathbb{Q}, +)$ von $(\mathbb{R}, +)$. Die Menge der ganzen Zahlen bezüglich der Addition ist die Untergruppe $(\mathbb{Z}, +)$ von $(\mathbb{Q}, +)$. Die Menge $m\mathbb{Z}$ der durch $m \in \mathbb{N}$ teilbaren ganzen Zahlen bildet wiederum eine Untergruppe von $(\mathbb{Z}, +)$: Für $a, b \in \mathbb{Z}$ gilt gemäß der Teilbarkeitsregeln

$$m \mid a \quad \text{und} \quad m \mid b \quad \Longrightarrow \quad m \mid a - b,$$

dies kann man aber auch in der Form

$$a \in m\mathbb{Z} \quad \text{und} \quad b \in m\mathbb{Z} \quad \Longrightarrow \quad a + (-b) \in m\mathbb{Z}$$

notieren. Also ist für die nichtleere Teilmenge $m\mathbb{Z}$ von $\mathbb{Z}$ das Untergruppenkriterium aus Satz 3.7 erfüllt. ∎

Beispiel 3.16 Die Menge der reellen Zahlen bildet bezüglich der Multiplikation keine Gruppe, da die Zahl 0 kein bezüglich · inverses Element (keine „Kehrzahl") besitzt. Entfernt man aber die Zahl 0 und betrachtet die Menge $\mathbb{R}^* = \mathbb{R} \setminus \{0\}$, so ist $(\mathbb{R}^*, \cdot)$ eine kommutative Gruppe. Diese nennt man zur Unterscheidung von der *additiven Gruppe der reellen Zahlen* $(\mathbb{R}, +)$ die *multiplikative Gruppe der reellen Zahlen* $\neq 0$. Die Menge $\mathbb{Q}^*$ der von 0 verschiedenen rationalen Zahlen bildet bezüglich der Multiplikation eine Untergruppe von $(\mathbb{R}^*, \cdot)$. Die Menge $\mathbb{B}$ der Bruchzahlen bildet ihrerseits eine Untergruppe $(\mathbb{B}, \cdot)$ von $(\mathbb{Q}^*, \cdot)$. Die Menge $(p) := \{p^k \mid k \in \mathbb{Z}\}$ aller Potenzen von $p \in \mathbb{N}$ mit ganzzahligen Exponenten bildet laut Satz 3.7 eine Untergruppe von $(\mathbb{B}, \cdot)$, denn es gilt für $m, n \in \mathbb{Z}$:

$$a = p^m \in (p) \quad \text{und} \quad b = p^n \in (p) \quad \Longrightarrow \quad a \cdot b^{-1} = \frac{a}{b} = p^{m-n} \in (p)$$

∎

Beispiel 3.17 In Abschn. 1.5 haben wir für eine natürliche Zahl m die Menge der Restklassen modulo m mit R_m und die Addition zweier Restklassen mod m mit $+$ bezeichnet. Dann ist $(R_m, +)$ eine kommutative Gruppe mit genau m Elementen, die man die *additive Gruppe der Restklassen* mod m nennt. Neutrales Element in $(R_m, +)$ ist die Klasse $(0 \bmod m) =: [0]_m$, die zu $(a \bmod m) =: [a]_m$ inverse Klasse ist die Klasse $[-a]_m$. ∎

Wir werden im Folgenden beide Notationen für Restklassen mod m benutzen und dabei bisweilen auch auf den Index m in $[a]_m$ verzichten, wenn klar ist, bezüglich welchen Moduls die Restklasse $[a]$ gebildet wird.

Beispiel 3.18 In Abschn. 1.5 haben wir für eine natürliche Zahl m die Multiplikation zweier Restklassen mod m mit · und die Menge der *primen* Restklassen modulo m mit R_m^* bezeichnet. Wir haben festgestellt, dass R_m^* unter der Restklassenmultiplikation · abgeschlossen ist, denn wir haben gezeigt:

Ist $[a] \in R_m^*$ und $[b] \in R_m^*$, also $\text{ggT}(a, m) = \text{ggT}(b, m) = 1$, dann ist auch $\text{ggT}(ab, m) = 1$, also $[a] \cdot [b] \ (= [ab]) \in R_m^*$.

Da für die Multiplikation von Restklassen allgemein das Assoziativgesetz und das Kommutativgesetz gelten und ferner $[1]_m \cdot [a]_m = [a]_m$ für alle $[a]_m \in R_m$ gilt, sind $(R_m, \cdot)$ und $(R_m^*, \cdot)$ kommutative Halbgruppen mit dem neutralen Element $[1]_m \in R_m^* \subset R_m$. In Satz 1.25 haben wir außerdem gezeigt:

> Die Kongruenz $ax \equiv b \bmod m$ ist genau dann lösbar, wenn $\mathrm{ggT}(a, m) \mid b$ gilt. Die Anzahl der Lösungsklassen mod m ist $\mathrm{ggT}(a, m)$.

Auf den Spezialfall $b = 1$ bezogen bedeutet dies: Genau dann besitzt eine Restklasse $[a]_m \in R_m$ eine bezüglich der Restklassenmultiplikation inverse Restklasse $[a]_m^{-1}$, wenn $\mathrm{ggT}(a, m) = 1$ gilt, d. h., wenn $[a]_m$ eine *prime* Restklasse mod m ist. Die zu $[a]_m \in R_m^*$ multiplikativ-inverse Restklasse $[a]_m^{-1}$ gehört offenbar wieder zu R_m^*, denn sonst könnte die Restklassengleichung $[a]_m^{-1} \cdot [x]_m = [1]_m$ keine Lösung haben, aber $[a]_m$ ist eine Lösung.

Im Monoid $(R_m^*, \cdot)$ ist also jedes Element invertierbar, folglich handelt es sich um eine Gruppe, die die *multiplikative Gruppe der primen Restklassen* mod m genannt wird. Diese Gruppe hat genau $\varphi(m)$ Elemente, wobei φ die Euler'sche Funktion bezeichnet: $\varphi(m)$ ist die Anzahl der zu m teilerfremden Zahlen zwischen 1 und m, also die Anzahl der primen Restklassen mod m. ∎

Beispiel 3.19 Bereits früher haben wir mit $\mathcal{S}_n$ die Menge aller Permutationen von $\{1, 2, \ldots, n\}$, also die Menge aller bijektiven Abbildungen der Menge $\{1, 2, \ldots, n\}$ auf sich, bezeichnet und festgestellt, dass die Menge $\mathcal{S}_n$ genau $n!$ Elemente besitzt. In Beispiel 3.2 haben wir erkannt, dass $\mathcal{S}_n$ bezüglich der Verkettung $\circ$ von Abbildungen eine Halbgruppe bildet. Da die identische Abbildung neutrales Element in $(\mathcal{S}_n, \circ)$ ist und jede Bijektion eine Umkehrabbildung besitzt, ist $(\mathcal{S}_n, \circ)$ eine Gruppe; man nennt sie die *symmetrische Gruppe von Grad n*. Wir haben uns schon davon überzeugt, dass diese Gruppe im Allgemeinen nicht kommutativ ist. Man kann sogar leicht zeigen, dass sie nur in den trivialen Fällen $n = 1$ und $n = 2$ kommutativ ist (Aufgabe 3.12). Ist A eine Teilmenge von $\{1, 2, \ldots, n\}$ und $\mathcal{S}_n(A)$ die Menge aller Permutationen von $\{1, 2, \ldots, n\}$, die jedes Element von A auf sich selbst abbilden, so ist $(\mathcal{S}_n(A), \circ)$ eine Untergruppe von $(\mathcal{S}_n, \circ)$. Denn die identische Abbildung gehört zu $\mathcal{S}_n(A)$, folglich ist $\mathcal{S}_n(A)$ nicht leer, und mit $\sigma, \tau \in \mathcal{S}_n(A)$ gilt auch $\sigma \circ \tau^{-1} \in \mathcal{S}_n(A)$. Ist $|A| = k$, dann besitzt $\mathcal{S}_n(A)$ genau $(n - k)!$ Elemente (Aufgabe 3.13). ∎

Beispiel 3.20 Es sei D_n die Menge aller Deckabbildungen eines regelmäßigen n-Ecks, also die Menge aller Kongruenzabbildungen der Ebene, die ein gegebenes regelmäßiges n-Eck auf sich abbilden. (Dabei versteht man unter einer Kongruenzabbildung eine bijektive Abbildung der Ebene auf sich, die *längentreu* ist, d. h. , die eine Strecke stets wieder auf eine gleich lange Strecke abbildet.) Den Fall $n = 6$ haben wir in Beispiel 2.15 untersucht. Es gibt genau $2n$ solcher Abbildungen, nämlich n Spiegelungen (an den n

Symmetrieachsen des regelmäßigen n-Ecks) und n Drehungen (um $\frac{i}{n} \cdot 360°$ für $i = 0, 1, \ldots, n-1$).

Bezeichnet man die Menge aller Kongruenzabbildungen der Ebene mit $\mathcal{B}$, so ist $(\mathcal{B}, \circ)$ eine Gruppe mit dem neutralen Element id, denn die Verkettung von Abbildungen ist immer assoziativ, die Verkettung zweier längentreuer Bijektionen ist bijektiv und längentreu, und die Umkehrabbildung einer längentreuen Bijektion ist stets bijektiv und längentreu. $(\mathcal{B}, \circ)$ heißt die *Gruppe der Kongruenzabbildungen* oder die *Bewegungsgruppe* der Ebene.

In $(\mathcal{B}, \circ)$ bildet $(D_n, \circ)$ eine Untergruppe: D_n ist nicht leer, und sind $\sigma, \tau \in D_n$ zwei Kongruenzabbildungen, die ein gegebenes regelmäßiges n-Eck auf sich abbilden, so gilt dies auch für $\sigma \circ \tau^{-1}$. Diese Untergruppe $(D_n, \circ)$ ist im Allgemeinen nicht kommutativ, wie wir am Beispiel $(D_4, \circ)$ (Gruppe der Deckabbildungen eines Quadrats) zeigen wollen: Spiegelt man *zuerst* an der Geraden a und *danach* an der Geraden b (Abb. 3.13), so ergibt sich eine *Links*drehung um $90°$; verfährt man umgekehrt, dann erhält man eine *Rechts*drehung um $90°$. Die Gruppe $(D_n, \circ)$ heißt *Diedergruppe* vom Grad n (sprich „Dieder…"). Die Drehungen aus D_n bilden eine Untergruppe von $(D_n, \circ)$. Die Spiegelungen aus D_n bilden jedoch keine Untergruppe von $(D_n, \circ)$, denn die Verkettung zweier Spiegelungen an sich schneidenden Achsen ist keine Spiegelung (sondern eine Drehung).

Nummeriert man die Ecken eines regelmäßigen n-Ecks mit $1, 2, \ldots, n$, dann kann man für jede seiner Deckabbildungen feststellen, welche Permutation der Ecken durch diese Deckabbildung hervorgerufen wird, wobei zu zwei verschiedenen Deckabbildungen auch stets zwei verschiedene Permutationen gehören. Damit legt jede Deckabbildung aus D_n genau eine Permutation aus $\mathcal{S}_n$ fest.

Mit der in Abb. 3.13 angegebenen Nummerierung der Ecken des Quadrats kann man die Elemente von D_4 beispielsweise mit folgenden Permutationen identifizieren:

$$\begin{pmatrix} 1\,2\,3\,4 \\ 1\,2\,3\,4 \end{pmatrix}, \quad \begin{pmatrix} 1\,2\,3\,4 \\ 2\,3\,4\,1 \end{pmatrix}, \quad \begin{pmatrix} 1\,2\,3\,4 \\ 3\,4\,2\,1 \end{pmatrix}, \quad \begin{pmatrix} 1\,2\,3\,4 \\ 4\,1\,2\,3 \end{pmatrix},$$

$$\begin{pmatrix} 1\,2\,3\,4 \\ 2\,1\,4\,3 \end{pmatrix}, \quad \begin{pmatrix} 1\,2\,3\,4 \\ 3\,2\,1\,4 \end{pmatrix}, \quad \begin{pmatrix} 1\,2\,3\,4 \\ 4\,3\,2\,1 \end{pmatrix}, \quad \begin{pmatrix} 1\,2\,3\,4 \\ 1\,4\,3\,2 \end{pmatrix}.$$

Abb. 3.13 Diedergruppe D_4

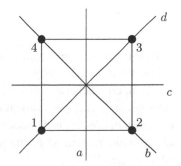

(In der ersten Zeile stehen die Drehungen d_i um $i \cdot 90°$ $(0 \leq i \leq 3)$, in der zweiten Zeile die Spiegelungen σ_a, σ_b, σ_c, σ_d an den Achsen a, b, c, d.)

Die Abbildung $f : D_n \longrightarrow S_n$, die jeder Deckabbildung aus D_n die entsprechende Permutation aus S_n zuordnet, ist also injektiv. Der Verkettung zweier Deckabbildungen d, d' aus D_n entspricht die Verkettung der zugehörigen Permutationen $f(d), f(d')$ in S_n. Deshalb definiert f einen Monomorphismus von $(D_n, \circ)$ in $(S_n, \circ)$. Setzt man $U_n :=$ $f(D_n)$, so erzwingt die Verknüpfungstreue von f die Abgeschlossenheit von U_n unter $\circ$ (Abschn. 3.1), sodass $(U_n, \circ)$ eine algebraische Struktur ist, die mittels f isomorph zur Gruppe $(D_n, \circ)$ ist. Folglich handelt es sich auch bei dem Verknüpfungsgebilde $(U_n, \circ)$ um eine Gruppe, also um eine zu $(D_n, \circ)$ isomorphe Untergruppe von $(S_n, \circ)$. ∎

Beispiel 3.21 In Beispiel 3.20 haben wir bereits die Gruppe $(\mathcal{B}, \circ)$ der Kongruenzabbildungen der Ebene erwähnt, die in der Geometrie eine wichtige Rolle spielt. Bei den Elementen von $\mathcal{B}$ handelt es sich um Spiegelungen, Verschiebungen, Drehungen und Schubspiegelungen. Die Menge $\mathcal{E}$ aller Verschiebungen und Drehungen bildet die Untergruppe $(\mathcal{E}, \circ)$ der *eigentlichen* Kongruenzabbildungen. Die Menge $\mathcal{V}$ der Verschiebungen ihrerseits bildet eine Untergruppe $(\mathcal{V}, \circ)$ der Gruppe $(\mathcal{E}, \circ)$. Dies gilt nicht für die Menge $\mathcal{D}$ aller Drehungen, denn die Verkettung zweier Drehungen mit *verschiedenen* Drehzentren kann eine Verschiebung ergeben, und deshalb ist $\mathcal{D}$ unter der Operation $\circ$ nicht abgeschlossen. Die Gruppe $(\mathcal{V}, \circ)$ der Verschiebungen in der Ebene ist der (geometrische) Ausgangspunkt der *Vektorrechnung*. ∎

Beispiel 3.22 In Beispiel 2.16 haben wir eine bijektive Abbildung α der Koordinatenebene auf sich durch Abbildungsgleichungen der Form

$$x'_1 = a_{11}x_1 + a_{12}x_2 \,,$$
$$x'_2 = a_{21}x_1 + a_{22}x_2$$

definiert. Dabei ist (x'_1, x'_2) der Bildpunkt von (x_1, x_2). Damit diese Abbildung bijektiv ist, muss dieses Gleichungssystem für alle Werte von x'_1, x'_2 eindeutig nach x_1, x_2 aufzulösen sein. Dies ist genau dann der Fall, wenn gilt:

$$a_{11}a_{22} - a_{12}a_{21} \neq 0 \,.$$

Wir betrachten nunmehr ausschließlich Abbildungen, deren Koeffizienten diese Eigenschaften haben. Jede solche Abbildung der Koordinatenebene ist eine affine Abbildung, also z. B. eine Scherung, eine Schrägspiegelung, eine zentrische Streckung, eine Kongruenzabbildung oder eine Verkettung solcher Abbildungen. Für die analytische Geometrie ist es von Interesse, die Abbildungsgleichungen der Verkettung zweier dieser Abbildungen zu bestimmen. Dazu sei β eine weitere Abbildung der Koordinatenebene auf sich mit den Gleichungen

$$x_1' = b_{11}x_1 + b_{12}x_2$$
$$x_2' = b_{21}x_1 + b_{22}x_2 \qquad \text{und} \qquad b_{11}b_{22} - b_{12}b_{21} \neq 0 \, .$$

Die Abbildungsgleichungen von $\alpha \circ \beta$ lauten dann

$$x_1' = a_{11}(b_{11}x_1 + b_{12}x_2) + a_{12}(b_{21}x_1 + b_{22}x_2) \, ,$$
$$x_2' = a_{21}(b_{11}x_1 + b_{12}x_2) + a_{22}(b_{21}x_1 + b_{22}x_2) \, ,$$

also

$$x_1' = (a_{11}b_{11} + a_{12}b_{21})x_1 + (a_{11}b_{12} + a_{12}b_{22}) \, ,$$
$$x_2' = (a_{21}b_{11} + a_{22}b_{21})x_1 + (a_{21}b_{12} + a_{22}b_{22}) \, .$$

Die Abbildungen α und β sind durch die *Matrizen* ihrer Koeffizienten, d. h., durch

$$A = \begin{pmatrix} a_{11} & a_{12} \\ a_{21} & a_{22} \end{pmatrix} \quad \text{und} \quad B = \begin{pmatrix} b_{11} & b_{12} \\ b_{21} & b_{22} \end{pmatrix} ,$$

eindeutig festgelegt. Die Matrix von $\alpha \circ \beta$ bezeichnen wir als das *Produkt* der Matrizen A und B und schreiben dafür AB. Es ist also

$$AB = \begin{pmatrix} a_{11}b_{11} + a_{12}b_{21} & a_{11}b_{12} + a_{12}b_{22} \\ a_{21}b_{11} + a_{22}b_{21} & a_{21}b_{12} + a_{22}b_{22} \end{pmatrix} .$$

Da die bijektiven Abbildungen der Koordinatenebenen auf sich mit Abbildungsgleichungen der betrachteten Form eine Gruppe bilden, gilt dies auch für die Matrizen

$$\begin{pmatrix} a & b \\ c & d \end{pmatrix} \quad \text{mit } a, b, c, d \in \mathbb{R} \text{ und } ad - bc \neq 0$$

bezüglich der oben erklärten Multiplikation. Die geometrischen Eigenschaften affiner Abbildungen kann man nun untersuchen, indem man in der Gruppe ihrer Matrizen rechnet.

■

Beispiel 3.23 In der Potenzmenge $\mathcal{P}(M)$ einer Menge M betrachten wir als Verknüpfung die symmetrische Differenz (Aufgabe 2.9), definiert durch

$$A \star B = (A \cup B) \setminus (A \cap B) \, .$$

$A \star B$ besteht dabei aus genau denjenigen Elementen von M, die zu *genau einer* der beiden Mengen A oder B gehören. Wir wollen zeigen, dass $(\mathcal{P}(M), \star)$ eine kommutative Gruppe ist. Die Kommutativität ist sofort einsehbar. Neutrales Element ist die leere Menge $\emptyset$, denn

$$A \star \emptyset = (A \cup \emptyset) \setminus (A \cap \emptyset) = A \setminus \emptyset = A \quad \text{für alle } A \in \mathcal{P}(M).$$

Jedes Element ist zu sich selbst invers, denn

$$A \star A = (A \cup A) \setminus (A \cap A) = A \setminus A = \emptyset \quad \text{für alle } A \in \mathcal{P}(M).$$

Damit ist nur noch der Nachweis der Assoziativität zu erbringen:

$x \in (A \star B) \star C$

$\qquad \Longleftrightarrow \; x$ gehört zu genau einer der beiden Mengen $A \star B$ oder C

$\qquad \Longleftrightarrow \; x$ gehört zu genau einer der drei Mengen A, B oder C

$\qquad \Longleftrightarrow \; x$ gehört zu genau einer der beiden Mengen A oder $B \star C$

$\qquad \Longleftrightarrow \; x \in A \star (B \star C)\,.$

Da nun $(\mathcal{P}(M), \star)$ die Eigenschaften (G 1) bis (G 4) hat, handelt es sich um eine kommutative Gruppe. $\qquad\blacksquare$

Beispiel 3.24 Ist $(G, \star)$ irgendeine Gruppe, so kann man auch die Produktmenge G^n ($n \in \mathbb{N}$) mit einer Gruppenstruktur versehen, indem man eine Verknüpfung $\star_n$ in der Menge G^n *komponentenweise* mithilfe von $\star$ erklärt:
Man setze dazu für $(a_1, \ldots, a_n)$, $(b_1, \ldots, b_n) \in G^n$

$$(a_1, \ldots, a_n) \star_n (b_1, \ldots, b_n) := (a_1 \star b_1, \ldots, a_n \star b_n)\,.$$

Es ist klar, dass dadurch eine innere Verknüpfung in G^n gegeben ist und dass das Assoziativgesetz gilt, weil dies in jeder Komponente der Fall ist. Wenn e das neutrale Element in $(G, \star)$ bezeichnet, dann ist $(e, \ldots, e)$ neutral in $(G^n, \star_n)$. Invers zu $(a_1, \ldots, a_n) \in G^n$ ist $(a_1^{-1}, \ldots, a_n^{-1}) \in G^n$, wobei für $1 \leq i \leq n$ mit a_i^{-1} das zu a_i inverse Element in $(G, \star)$ bezeichnet werde. Also handelt es sich bei $(G^n, \star_n)$ um eine Gruppe; wenn $(G, \star)$ kommutativ ist, gilt dies auch für $(G^n, \star_n)$.

Es ist in der Mathematik üblich, die Elemente von Produktmengen *spaltenweise* zu notieren, wenn man damit *rechnen* will. In der Gruppe $(\mathbb{R}^2, +_2)$ etwa addiert man in der Form

$$\begin{pmatrix} a_1 \\ a_2 \end{pmatrix} +_2 \begin{pmatrix} b_1 \\ b_2 \end{pmatrix} = \begin{pmatrix} a_1 + b_1 \\ a_2 + b_2 \end{pmatrix}\,.$$

Außerdem ist es üblich, die Verknüpfungen in G^n und in G identisch zu benennen, also auf den Index n in $\star_n$ zu verzichten. Solche Vereinheitlichungen der Notation haben wir auch schon früher vorgenommen, als wir die Addition bzw. die Multiplikation von Restklassen ebenfalls mit $+$ bzw. mit $\cdot$ bezeichnet haben, auch wenn diese Symbole gleichzeitig für das Rechnen mit Zahlen verwendet werden. Man wird also $(\mathbb{R}^2, +_2)$ durch $(\mathbb{R}^2, +)$ ersetzen und die Addition von Elementen aus $\mathbb{R}^2$ wie folgt notieren:

$$\begin{pmatrix} a_1 \\ a_2 \end{pmatrix} + \begin{pmatrix} b_1 \\ b_2 \end{pmatrix} = \begin{pmatrix} a_1 + b_1 \\ a_2 + b_2 \end{pmatrix}.$$

notieren.   ∎

Die vorgestellten Beispiele sollten gezeigt haben, dass der Begriff der Gruppe für viele verschiedene Gebiete der Mathematik von Bedeutung ist. Bevor wir die Einbindung anderer struktureller Konzepte der Algebra in verschiedene Bereiche der Mathematik thematisieren, wollen wir zunächst weitere Erkenntnisse über Gruppen sammeln.

In Beispiel 3.20 haben wir mit der Isomorphie algebraischer Strukturen argumentiert, um in der konkreten Situation des Beispiels zu erkennen, dass das Bild $f(G_1)$ eines injektiven Homomorphismus $f : G_1 \longrightarrow G_2$ zwischen den Gruppen $(G_1, \star_1)$ und $(G_2, \star_2)$ eine Untergruppe von $(G_2, \star_2)$ bildet. Dies ist aber auch ohne die Voraussetzung der Injektivität von f immer richtig, wie Satz 3.8 zeigt.

Satz 3.8 *Seien $(G_1, \star_1)$ und $(G_2, \star_2)$ Gruppen, e_1 sei neutral in G_1, und e_2 sei neutral in G_2. Ist dann $f : G_1 \longrightarrow G_2$ ein Homomorphismus von $(G_1, \star_1)$ in $(G_2, \star_2)$, so gilt:*

a) $\text{Bild} f := f(G_1)$ bildet eine Untergruppe von $(G_2, \star_2)$, und es ist

$$e_2 = f(e_1) \in \text{Bild} f.$$

b) $\text{Kern} f := \{a \in G_1 \mid f(a) = e_2\}$ bildet eine Untergruppe von $(G_1, \star_1)$.
c) Genau dann ist f injektiv, wenn $\text{Kern} f = \{e_1\}$ gilt.

Beweis 3.8 a) Da G_1 als Gruppe nicht leer ist, gilt dies auch für $f(G_1) = \text{Bild} f$. Wegen der Verknüpfungstreue von f ist $(\text{Bild} f, \star_2)$ eine algebraische Struktur, folglich ist f ein Epimorphismus von $(G_1, \star_1)$ auf $(\text{Bild} f, \star_2)$. Laut Satz 3.6 ist dann auch $(\text{Bild} f, \star_2)$ assoziativ, $f(e_1)$ ist neutral in $(\text{Bild} f, \star_2)$ ($\Rightarrow f(e_1) = e_2$, wegen Eindeutigkeit des neutralen Elements!), und jedes $x_2 \in \text{Bild} f$ ist invertierbar, weil jedes Urbild von x_2 in der Gruppe $(G_1, \star_1)$ invertierbar ist. (Genauer weiß man: Ist $x_1 \in G_1$ mit $f(x_1) = x_2$ und x_1^{-1} invers zu x_1 in $(G_1, \star_1)$, dann ist $f(x_1^{-1})$ invers zu $f(x_1) = x_2$ in $(\text{Bild} f, \star_2)$).

Also hat $(\text{Bild} f, \star_2)$ die Gruppeneigenschaften (G 1) bis (G 3), und $(\text{Bild} f, \star_2)$ ist eine Untergruppe von $(G_2, \star_2)$.

b) Sind x, $y \in \text{Kern} f$, so gilt $f(x) = f(y) = e_2$, also auch

$$e_2 = e_2 \star_2 e_2 = f(x) \star_2 f(y) = f(x \star_1 y)$$

und damit $x \star_1 y \in \text{Kern} f$. Damit ist $(\text{Kern} f, \star_1)$ eine algebraische Struktur, in der das Assoziativgesetz gilt, weil es in $(G_1, \star_1)$ gilt. Laut (a) ist $f(e_1) = e_2$, also gehört das neutrale Element der Gruppe $(G_1, \star_1)$ zu $\text{Kern} f$. Ist ferner $x \in \text{Kern} f$ und x^{-1} das zu x inverse Element in $(G_1, \star_1)$, dann gilt $e_1 = x \star_1 x^{-1}$ und deshalb auch

$$e_2 = f(e_1) = f(x \star_1 x^{-1}) = f(x) \star_2 f(x^{-1}) = e_2 \star_2 f(x^{-1}) = f(x^{-1}),$$

womit erkannt wäre, dass mit x auch x^{-1} zu $\text{Kern} f$ gehört. Also hat $(\text{Kern} f, \star_1)$ die Gruppeneigenschaften (G 1) bis (G 3) und bildet eine Untergruppe von $(G_1, \star_1)$.

c) Stets gilt $f(e_1) = e_2$, folglich ist $\{e_1\} \subseteq \text{Kern} f$. Wenn nun f injektiv ist, dann muss für alle $x \in G_1$ mit $x \neq e_1$ auch $f(x) \neq f(e_1) = e_2$ gelten, sodass kein von e_1 verschiedenes Element von G_1 zu $\text{Kern} f$ gehört. Aus der Injektivität von f folgt also $\text{Kern} f = \{e_1\}$. Umgekehrt hat $\text{Kern} f = \{e_1\}$ die Injektivität von f zur Folge: Sind nämlich $a, b \in G_1$ und ist a^{-1} das inverse Element von a in $(G_1, \star_1)$, so ist $f(a) = f(b)$ äquivalent zu

$$e_2 = f(b)^{-1} \star_2 f(b) = f(a)^{-1} \star_2 f(b) = f(a^{-1}) \star_2 f(b) = f(a^{-1} \star_1 b),$$

also $(a^{-1} \star_1 b) \in \text{Kern} f$. Wegen $\text{Kern} f = \{e_1\}$ folgt daraus

$$a = a \star_1 e_1 = a \star_1 (a^{-1} \star_1 b) = (a \star_1 a^{-1}) \star_1 b = e_1 \star_1 b = b.$$

$\square$

Beispiel 3.25 Mithilfe von Satz 3.8 könnte man beispielsweise sofort entscheiden, dass $(m\mathbb{Z}, +)$ für jedes $m \in \mathbb{N}$ eine Untergruppe von $(\mathbb{Z}, +)$ ist, denn offenbar ist $m\mathbb{Z}$ das Bild des Gruppenendomorphismus

$$f : \mathbb{Z} \longrightarrow \mathbb{Z}, \quad f(z) := mz$$

von $(\mathbb{Z}, +)$. Da von f ausschließlich 0 auf 0 abgebildet wird, ist $\text{Kern} f = \{0\}$, demnach f injektiv. Folglich ist $f : \mathbb{Z} \longrightarrow m\mathbb{Z}$ bijektiv, und man erhält $(\mathbb{Z}, +) \cong (m\mathbb{Z}, +)$. Ist $g : \mathbb{Z} \longrightarrow R_m$ der Epimorphismus von $(\mathbb{Z}, +)$ in $(R_m, +)$, der jeder ganzen Zahl z ihre Restklasse $g(z) := [z]_m$ zum Modul m zuordnet, dann gilt offenbar $m\mathbb{Z} = \text{Kern} g$, sodass sich wieder $(m\mathbb{Z}, +)$ als Untergruppe von $(\mathbb{Z}, +)$ ergibt. ∎

Beispiel 3.26 Sei $(G, \star)$ eine Gruppe. Für $a \in G$ setze man

$$\psi_a : \mathbb{Z} \longrightarrow G, \ \psi_a : k \longmapsto a^k,$$

wobei a^k die k-te Potenz von a in $(G, \star)$ bezeichnet. Nach den Potenzregeln gilt

$$\psi_a(m + n) = a^{m+n} = a^m \star a^n = \psi_a(m) \star \psi_a(n).$$

Folglich handelt es sich bei ψ_a um einen Homomorphismus von $(\mathbb{Z}, +)$ in $(G, \star)$. Daher bildet

$$\text{Bild } \psi_a = \{a^k \mid k \in \mathbb{Z}\} = \{\ldots, a^{-3}, a^{-2}, a^{-1}, a^0, a, a^2, a^3, \ldots\}$$

eine Untergruppe von $(G, \star)$; man nennt sie *die von a erzeugte Untergruppe* und bezeichnet sie mit $((a), \star)$.   ∎

Beispiel 3.27 Mit der oben eingeführten Notation ergibt sich $(m\mathbb{Z}, +) = ((m), +)$ als die von m erzeugte Untergruppe von $(\mathbb{Z}, +)$. Allgemein nennt man eine Gruppe $(G, \star)$, die aus den Potenzen eines einzigen Elements $a \in G$ besteht, eine *zyklische Gruppe* und bezeichnet a als ein *erzeugendes Element* der zyklischen Gruppe. Auch $(\mathbb{Z}, +)$ ist eine zyklische Gruppe; erzeugende Elemente sind 1 und -1, denn jede ganze Zahl k ist wegen $k = k \cdot 1 = (-k) \cdot (-1)$ die k-te Potenz von 1 bzw. die $(-k)$-te Potenz von -1 in $(\mathbb{Z}, +)$.   ∎

Im Beweis von Satz 3.8c ist ein zentraler Gedanke enthalten, der die Quelle vieler interessanter Erkenntnisse der Gruppentheorie bildet: Ist $f : G_1 \longrightarrow G_2$ ein Homomorphismus der Gruppe $(G_1, \star_1)$ in die Gruppe $(G_2, \star_2)$ und ist $(U, \star_1)$ die durch $U := \text{Kern} f$ definierte Untergruppe von $(G_1, \star_1)$, so gilt für alle $a, b \in G_1$:

$$f(a) = f(b) \iff a^{-1} \star_1 b \in U \iff \text{es gibt ein } u \in U \text{ mit } b = a \star_1 u.$$

Da nun offenbar durch $a \sim b : \iff f(a) = f(b)$ eine Äquivalenzrelation in G_1 definiert wird, handelt es sich auch bei der durch $a \sim b : \iff a^{-1} \star_1 b \in U$ erklärten Relation um eine Äquivalenzrelation in G_1. Diese Tatsache lässt sich auf beliebige Untergruppen $(U, \star)$ einer jeden Gruppe $(G, \star)$ verallgemeinern: Stets wird durch die *Linkskongruenz bezüglich U*, also durch die Relation

$$a \sim b : \iff \text{es gibt ein } u \in U \text{ mit } a \star u = b,$$

eine Äquivalenzrelation in G definiert:

- Wegen $a \star e = a$ ist $a \sim a$ für alle $a \in G$, demnach ist $\sim$ reflexiv.
- Ist $a \sim b$, d. h., gilt $a \star u = b$ mit $u \in U$, so ist $b \star u^{-1} = a$ mit $u^{-1} \in U$, also $b \sim a$; die Linkskongruenz ist demnach symmetrisch.

- Ist $a \sim b$ und $b \sim c$, d. h., gilt $a \star u = b$ und $b \star v = c$ mit $u, v \in U$, so ist $a \star (u \star v) = c$ mit $u \star v \in U$, also $a \sim c$. Folglich ist $\sim$ transitiv.

Die Äquivalenzklasse, die das Element a enthält, ist

$$aU := \{a \star u \mid u \in U\} \, ;$$

man bezeichnet sie als die *linke Nebenklasse von a bezüglich U*. Entsprechend nennt man $Ua := \{u \star a \mid u \in U\}$ die *rechte Nebenklasse von a bezüglich U*. Rechte Nebenklassen bezüglich U treten als Äquivalenzklassen der *Rechtskongruenz bezüglich U* auf, die durch

$$a \sim b : \Longleftrightarrow \text{ es gibt ein } u \in U \text{ mit } u \star a = b$$

erklärt ist. In einer *kommutativen* Gruppe muss man natürlich nicht zwischen linken und rechten Nebenklassen unterscheiden, im Allgemeinen sind aber die Nebenklassen aU und Ua voneinander verschieden.

Beispiel 3.28 In der symmetrischen Gruppe $(S_3, \circ)$, deren Elemente durch die Permutationen

$$\mathrm{id} = \begin{pmatrix} 1\,2\,3 \\ 1\,2\,3 \end{pmatrix}, \quad \sigma_1 = \begin{pmatrix} 1\,2\,3 \\ 2\,3\,1 \end{pmatrix}, \quad \sigma_2 = \begin{pmatrix} 1\,2\,3 \\ 3\,1\,2 \end{pmatrix},$$

$$\tau_1 = \begin{pmatrix} 1\,2\,3 \\ 1\,3\,2 \end{pmatrix}, \quad \tau_2 = \begin{pmatrix} 1\,2\,3 \\ 3\,2\,1 \end{pmatrix}, \quad \tau_3 = \begin{pmatrix} 1\,2\,3 \\ 2\,1\,3 \end{pmatrix}$$

gegeben sind (Beispiel 3.2), bildet $U := \{\mathrm{id}, \tau_1\}$ eine Untergruppe. Die Linkskongruenz bezüglich U zerlegt S_3 in die Linksnebenklassen

$$\mathrm{id}\, U = \tau_1 U = U \, , \ \tau_2 U = \sigma_2 U = \{\tau_2, \sigma_2\} \, , \ \tau_3 U = \sigma_1 U = \{\tau_3, \sigma_1\} \, ,$$

die Rechtsnebenklassen bezüglich U sind aber durch

$$U\, \mathrm{id} = U\tau_1 = U \, , \ U\tau_2 = U\sigma_1 = \{\tau_2, \sigma_1\} \, , \ U\tau_3 = U\sigma_2 = \{\tau_3, \sigma_2\}$$

gegeben.   ∎

Auch in nichtkommutativen Gruppen gibt es stets Untergruppen, bezüglich derer alle linken Nebenklassen mit allen rechten Nebenklassen übereinstimmen und die deshalb zu einer „normalen" Einteilung der Gruppe in disjunkte Klassen führen. Entsprechend nennt man eine Untergruppe $(N, \star)$ von $(G, \star)$, bezüglich der für *alle* $a \in G$ stets $aN = Na$ gilt, einen *Normalteiler* in $(G, \star)$.

Beispiel 3.29

(1) In jeder Gruppe $(G, \star)$ sind die „trivialen" Untergruppen $(N, \star)$ (mit $N = G$ bzw. $N = \{e\}$) stets Normalteiler, denn für alle $a \in G$ gilt

$$aG = Ga = G \quad \text{bzw.} \quad a\{e\} = \{e\}a = \{a\}.$$

Ferner ist jede Untergruppe einer kommutativen Gruppe ein Normalteiler der Gruppe (klar).

(2) Die von $N := \{\text{id}, \sigma_1, \sigma_2\}$ gebildete nichttriviale Untergruppe von $(S_3, \circ)$ (Bezeichnungen wie in Beispiel 3.28) ist ein Normalteiler, denn es gilt

$$\text{id}\,N = \sigma_1 N = \sigma_2 N = N = N\,\text{id} = N\sigma_1 = N\sigma_2$$

und

$$\tau_1 N = \tau_2 N = \tau_3 N = \{\tau_1, \tau_2, \tau_3\} = N\tau_1 = N\tau_2 = N\tau_3,$$

sodass S_3 sowohl durch die Linkskongruenz als auch durch die Rechtskongruenz bezüglich N in die Nebenklassen $S_3 = N \cup (S_3 \setminus N)$ zerlegt wird. ∎

Eine ganze Klasse von Beispielen für Normalteiler liefert Satz 3.9.

Satz 3.9 *Der Kern eines Gruppenhomomorphismus* $f : G_1 \longrightarrow G_2$ *ist immer ein Normalteiler von* $(G_1, \star_1)$.

Beweis 3.9 Ist f ein Gruppenhomomorphismus der Gruppe $(G_1, \star_1)$ in die Gruppe $(G_2, \star_2)$, so bildet $N := \text{Kern}\,f$ laut Satz 3.8 eine Untergruppe von $(G_1, \star_1)$. Für $a \in G_1$ und die Linksnebenklasse aN gilt dann

$$x \in aN \Rightarrow \text{es gibt ein } n \in N \text{ mit}$$

$$x = a \star_1 n = (a \star_1 n) \star_1 (a^{-1} \star_1 a) = (a \star_1 n \star_1 a^{-1}) \star_1 a$$

$$\Rightarrow x \in Na,$$

denn wegen $f(n) = e_2$ ist

$$f(a \star_1 n \star_1 a^{-1}) = f(a) \star_2 f(n) \star_2 f(a^{-1}) = f(a) \star_2 f(a^{-1}) = f(a \star_1 a^{-1}) = f(e_1) = e_2,$$

also liegt $(a \star_1 n \star_1 a^{-1})$ im Kern von f. Analog ergibt sich $x \in Na \Rightarrow x \in aN$, insgesamt also $Na = aN$ für alle $a \in G_1$.   □

Die durch einen Normalteiler N gegebene „normale" Klasseneinteilung einer Gruppe G in Nebenklassen führt in der Menge G/N der Nebenklassen auf ganz natürliche Weise zu einer Gruppenstruktur: Erklärt man nämlich für Teilmengen A und B einer Gruppe $(G, \star)$ deren *Komplexprodukt* durch

$$A \odot B := \{a \star b \mid a \in A, b \in B\},$$

so ist das Komplexprodukt zweier Nebenklassen $aN, bN \in G/N$ bezüglich eines Normalteilers N in G wieder eine Nebenklasse bezüglich N, und zwar ist

$$aN \odot bN = (\{a\} \odot N) \odot (\{b\} \odot N) = \{a\} \odot (N \odot \{b\}) \odot N = \{a\} \odot Nb \odot N$$

$$= \{a\} \odot bN \odot N = \{a\} \odot \{b\} \odot (N \odot N) = (\{a\} \odot \{b\}) \odot N$$

$$= \{a \star b\} \odot N$$

$$= (a \star b)N.$$

(Das Komplexprodukt ist assoziativ, weil es über die assoziative Verknüpfung $\star$ in G definiert wird. Beim Übergang von der ersten zur zweiten Zeile dieser Rechnung haben wir die Normalteilereigenschaft von N in Form von $Nb = bN$ benutzt; weil N insbesondere eine Untergruppe ist, gilt in der zweiten Zeile $N \odot N = N$.)

Damit wird $(G/N, \odot)$ zu einer Halbgruppe. Mit $eN(= N)$ besitzt diese Halbgruppe ein neutrales Element, denn für alle $aN \in G/N$ gilt

$$eN \odot aN = (e \star a)N = aN \quad \text{und} \quad aN \odot eN = (a \star e)N = aN.$$

Außerdem sind alle Elemente invertierbar: Invers zur Nebenklasse aN ist die Nebenklasse $a^{-1}N$, denn

$$aN \odot a^{-1}N = (a \star a^{-1})N = eN = a^{-1}N \odot aN.$$

Also ist $(G/N, \odot)$ eine Gruppe; man bezeichnet diese Gruppe als die *Faktorgruppe* von G modulo N.
Die Abbildung

$$\rho : G \longrightarrow G/N$$
$$a \longmapsto aN,$$

die jedem $a \in G$ seine Nebenklasse aN zuordnet, ist ein Gruppenhomomorphismus, denn für alle $a, b \in G$ gilt

$$\rho(a \star b) = (a \star b)N = aN \circledast bN = \rho(a) \circledast \rho(b).$$

Dieser Homomorphismus ist offenbar surjektiv; man nennt ihn den *kanonischen Epimorphismus* von G auf G/N. Der Kern von ρ ist N, denn

$$a \in \text{Kern}\, \rho \iff \rho(a) = eN = N \iff aN = N \iff a \in N.$$

In Satz 3.10 fassen wir nun zusammen, was wir über Normalteiler erfahren haben.

Satz 3.10 *Genau dann ist N ein Normalteiler in einer Gruppe $(G_1, \star_1)$, wenn es eine Gruppe $(G_2, \star_2)$ und einen Gruppenhomomorphismus $\rho : G_1 \longrightarrow G_2$ mit $N = \text{Kern}\, \rho$ gibt.*

Beweis 3.10 Dass der Kern eines jeden Gruppenhomomorphismus von G_1 in G_2 ein Normalteiler in G_1 ist, wurde in Satz 3.9 gezeigt. Anschließend haben wir gesehen, dass jeder Normalteiler N einer Gruppe $(G_1, \star_1)$ der Kern des kanonischen Epimorphismus $\rho : G_1 \longrightarrow G_1/N$ in die Faktorgruppe von G_1 modulo N ist. $\qquad\square$

Dieser Zusammenhang eröffnet eine neue Möglichkeit, strukturelle Erkenntnisse über eine Gruppe $(G_2, \star_2)$ zu gewinnen, die als homomorphes Bild einer besser bekannten Gruppe $(G_1, \star_1)$ unter einem Epimorphismus $f : G_1 \longrightarrow G_2$ auftritt: Man betrachtet dazu die Strukturen in der Faktorgruppe $(G_1/\text{Kern}\, f, \circledast)$, denn diese ist zu $(G_2, \star_2)$ isomorph! Dies ist die Kernaussage von Satz 3.11, der oft unter dem Namen *Homomorphiesatz* geführt wird.

Satz 3.11 (Homomorphiesatz) *Es sei $f : G_1 \longrightarrow G_2$ ein Epimorphismus der Gruppe $(G_1, \star_1)$ auf die Gruppe $(G_2, \star_2)$. Dann ist $N := \text{Kern}\, f$ ein Normalteiler in G_1, und die Faktorgruppe $(G_1/N, \circledast)$ ist zur Gruppe $(G_2, \star_2)$ isomorph mittels der Abbildung*

$$g : G_1/N \longrightarrow G_2$$
$$aN \longmapsto f(a),$$

die jeder Nebenklasse $aN \in G_1/N$ das Element $f(a) \in G_2$ zuordnet.

Beweis 3.11 Die Normalteilereigenschaft von $N = \text{Kern}\, f$ ist Bestandteil der Aussage von Satz 3.9. Machen wir uns ein Bild von der Situation (Abb. 3.14).

Gegeben sind ein Gruppenepimorphismus $f : G_1 \longrightarrow G_2$ und der kanonische Epimorphismus $\rho : G_1 \longrightarrow G_1/N$. Behauptet wird, dass es einen Gruppenisomorphismus $g : G_1/N \longrightarrow G_2$ mit $g \circ \rho = f$ gibt. Durch die Bedingung $g \circ \rho = f$ ist die

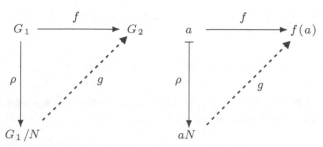

Abb. 3.14 Homomorphiesatz

Abbildungsvorschrift für g eindeutig bestimmt, nämlich

$$g(\rho(a)) = g(aN) = f(a)\,.$$

Zu zeigen bleibt, dass durch $aN \longmapsto f(a)$ tatsächlich eine Abbildung „wohldefiniert" ist und dass diese Abbildung ein Isomorphismus ist.

Die Wohldefiniertheit von g verlangt, dass für $aN = bN$ stets auch $f(a) = f(b)$ gilt; das Bild einer Nebenklasse unter g darf nicht von der Wahl eines Repräsentanten dieser Nebenklasse abhängen. Nun gilt aber $aN = bN$ genau dann, wenn a und b linkskongruent bezüglich N sind, wenn also $a^{-1} \star_1 b \in N$ gilt. Dann bildet aber f das Element $(a^{-1} \star_1 b)$ auf das neutrale Element e_2 der Gruppe G_2 ab, und man erhält:

$$e_2 = f(a^{-1} \star_1 b) = f(a^{-1}) \star_2 f(b) = (f(a))^{-1} \star_2 f(b)\,,$$

sodass $f(b)$ invers zu $(f(a))^{-1}$ ist, woraus $f(b) = f(a)$ folgt. Damit ist g als Abbildung wohldefiniert.

Für $aN, bN \in G_1/N$ ist

$$g(aN \circledast bN) = g((a \star_1 b)N) = f(a \star_1 b) = f(a) \star_2 f(b) = g(aN) \star_2 g(bN)\,,$$

also ist $g : G_1/N \longrightarrow G_2$ ein Homomorphismus.

Zu jedem $a_2 \in G_2$ gibt es ein $a_1 \in G_1$ mit $a_2 = f(a_1)$, denn f ist surjektiv. Wegen $f = g \circ \rho$ gilt aber dann $a_2 = (g \circ \rho)(a_1) = g(\rho(a_1)) = g(a_1 N)$, also ist auch g surjektiv. Genau dann gilt $g(aN) = e_2$, wenn $f(a) = e_2$ gilt, wenn also a im Kern von f liegt. Gleichbedeutend mit $a \in N$ ist aber $aN = N = eN$, und eN ist das neutrale Element der Faktorgruppe G_1/N. Laut Satz 3.8c folgt daraus die Injektivität von g. Damit ist der Homomorphiesatz vollständig bewiesen.   □

Den Homomorphiesatz werden wir später im Zusammenhang mit algebraischen Gleichungen benötigen. Jetzt wollen wir die Konsequenzen der Tatsache untersuchen, dass in einer Gruppe jedes Element invertierbar ist.

Satz 3.12

a) *In einer Gruppe* $(G, \star)$ *sind die Gleichungen*

$$a \star x = b \quad und \quad x \star a = b$$

eindeutig lösbar; die Lösungen sind

$$x = a^{-1} \star b \quad und \quad x = b \star a^{-1}.$$

b) *Jede Gruppe* $(G, \star)$ *ist regulär, d. h., es gelten die Kürzungsregeln*

$$a \star b = a \star c \Rightarrow b = c \quad und \quad b \star a = c \star a \Rightarrow b = c.$$

Beweis 3.12 a) Man erhält die Aussage durch links- bzw. rechtsseitiges Verknüpfen mit a^{-1}:

$$
\begin{aligned}
a \star x = b &\Leftrightarrow a^{-1} \star (a \star x) = a^{-1} \star b & x \star a = b &\Leftrightarrow (x \star a) \star a^{-1} = b \star a^{-1} \\
&\Leftrightarrow \underbrace{(a^{-1} \star a)}_{=e} \star x = a^{-1} \star b & &\Leftrightarrow x \star \underbrace{(a^{-1} \star a)}_{=e} = b \star a^{-1} \\
&\Leftrightarrow e \star x = x = a^{-1} \star b, & &\Leftrightarrow x \star e = x = b \star a^{-1}.
\end{aligned}
$$

b) Auch die Gültigkeit der Kürzungsregeln in jeder Gruppe $(G, \star)$ verifiziert man durch Verknüpfen mit Inversen von links bzw. von rechts:

$$a \star b = a \star c \Rightarrow a^{-1} \star (a \star b) = a^{-1} \star (a \star c) \Rightarrow \underbrace{(a^{-1} \star a)}_{=e} \star b = \underbrace{(a^{-1} \star a)}_{=e} \star c \Rightarrow b = c,$$

ebenso

$$b \star a = c \star a \Rightarrow (b \star a) \star a^{-1} = (c \star a) \star a^{-1} \Rightarrow b \star \underbrace{(a \star a^{-1})}_{=e} = c \star \underbrace{(a \star a^{-1})}_{=e} \Rightarrow b = c.$$

□

Die Regularität einer Gruppe beruht offenbar auf der Existenz inverser Elemente zu den einzelnen Gruppenelementen. Dies legt die Frage nahe, ob in einem Monoid die Voraussetzung der Regularität hinreichend dafür ist, dass alle Elemente invertierbar sind und es sich deshalb um eine Gruppe handelt. Im Allgemeinen ist das nicht der Fall, wie das Monoid $(\mathbb{N}, \cdot)$ zeigt. In einer speziellen Kategorie von Monoiden trifft es aber zu (Satz 3.13).

Satz 3.13 *Es sei $(M, \star)$ ein reguläres Monoid, und die Menge M besitze nur endlich viele Elemente. Dann ist $(M, \star)$ eine Gruppe.*

Beweis 3.13 Sei $M = \{a_1, \dots, a_n\}$ und sei a_1 das neutrale Element in $(M, \star)$. Wir müssen zeigen, dass jedes $a \in M$ invertierbar ist. Sei also $a \in M$; mit der Regularität von $(M, \star)$ erhält man, dass die Elemente

$$a \star a_1, \ a \star a_2, \ \dots, \ a \star a_n \quad \text{und} \quad a_1 \star a, \ a_2 \star a, \ \dots, \ a_n \star a$$

paarweise verschieden sind (aus $a \star a_i = a \star a_j$ bzw. $a_i \star a = a_j \star a$ folgt mit den Kürzungsregeln $a_i = a_j$). Deshalb ist

$$\{a \star a_1, \ a \star a_2, \ \dots, \ a \star a_n\} = M = \{a_1 \star a, \ a_2 \star a, \ \dots, \ a_n \star a\}.$$

Folglich handelt es sich bei einem der Elemente $a \star a_i$, $1 \leq i \leq n$ und bei einem der Elemente $a_j \star a$, $1 \leq j \leq n$ um das neutrale Element $a_1 \in M$. Es gibt demnach in $(M, \star)$ ein zu a rechtsinverses Element a_{i_0} und ein zu a linksinverses Element a_{j_0}; laut Satz 3.4 stimmen diese aber überein und legen das zu a inverse Element $a^{-1} = a_{i_0} = a_{j_0}$ fest.   □

Algebraische Strukturen mit nur endlich vielen Elementen (*endliche* algebraische Strukturen) besitzen also besondere Eigenschaften. Wir beschäftigen uns näher mit *endlichen Gruppen*.

Die Anzahl der Elemente einer endlichen Gruppe $(G, \star)$ nennt man die *Ordnung der Gruppe* und bezeichnet sie mit ord G. Beispielsweise ist

- $(R_m, +)$ eine Gruppe der Ordnung m (Beispiel 3.17),
- $(R_m^*, \cdot)$ eine Gruppe der Ordnung $\varphi(m)$ (Beispiel 3.18),
- $(S_n, \circ)$ eine Gruppe der Ordnung $n!$ (Beispiel 3.19),
- $(D_n, \circ)$ eine Gruppe der Ordnung $2n$ (Beispiel 3.20).

Es ist klar, dass alle Untergruppen einer endlichen Gruppe ebenfalls endlich sind, beispielsweise alle Untergruppen von $(R_{17}, +)$. Aber welche Untergruppen hat $(R_{17}, +)$, und welche Ordnungen haben diese?

Mithilfe des folgenden Satzes, der im Jahr 1771 von Joseph Louis Lagrange (1736–1813) bewiesen wurde und daher *Satz von Lagrange* genannt wird, lässt sich diese Frage ganz leicht beantworten.

Satz 3.14 (Satz von Lagrange) *Ist $(G, \star)$ eine endliche Gruppe und $(U, \star)$ eine Untergruppe von $(G, \star)$, dann ist ord U ein Teiler von ord G.*

Beweis 3.14 Je zwei linke Nebenklassen bezüglich U bestehen aus gleich vielen Elementen, denn die Abbildung $f : aU \longrightarrow bU$ mit $f : a \star u \mapsto b \star u$ ist eine *bijektive* Abbildung zwischen *endlichen* Mengen: Aus $b \star u_1 = b \star u_2$ folgt mit der Kürzungsregel $u_1 = u_2$ und damit $a \star u_1 = a \star u_2$; demnach ist f injektiv. Jedes $bu \in bU$ hat mit $au \in aU$ ein Urbild, also ist f auch surjektiv.

Da aber die Nebenklasse $eU = U$ genau ord U Elemente besitzt, hat demnach *jede* linke Nebenklasse bezüglich U genau ord U Elemente. Ist nun l die Anzahl der Linksnebenklassen, in die G zerfällt, dann gilt $l \cdot$ ord $U =$ ord G und daher ord $U \mid$ ord G.

□

Satz 3.14 liefert sofort die Antwort auf die Frage nach den Untergruppen von $(R_{17}, +)$ und ihren Ordnungen: Weil $17 =$ ord R_{17} eine Primzahl ist und die Ordnung einer jeden Untergruppe von $(R_{17}, +)$ ein Teiler von 17 sein muss, kann $(R_{17}, +)$ nur Untergruppen der Ordnungen 1 bzw. 17 haben. Da jede Untergruppe einer Gruppe das neutrale Element enthalten muss, ist $(\{[0]_{17}\}, +)$ die einzige Untergruppe der Ordnung 1 von $(R_{17}, +)$. Die einzige 17-elementige Teilmenge von R_{17} ist R_{17} selbst, also ist $(R_{17}, +)$ die einzige Untergruppe der Ordnung 17 von $(R_{17}, +)$.

Analog kann man natürlich für *jede* Gruppe von Primzahlordnung argumentieren und den allgemeineren Satz 3.15 herleiten.

Satz 3.15 *Sei $(G, \star)$ eine endliche Gruppe, deren Ordnung eine Primzahl ist. Dann gilt:*

a) *$(G, \star)$ besitzt genau zwei Untergruppen, nämlich die „trivialen" Untergruppen $(\{e\}, \star)$ und $(G, \star)$.*

b) *$(G, \star)$ ist zyklisch.*

Beweis 3.15

a) Ist ord $G = p$, p prim und ist $(U, \star)$ eine Untergruppe von $(G, \star)$, so gilt ord $U = 1$ oder ord $U = p$. Folglich ist $U = \{e\}$ oder $U = G$.

b) Da ord G eine Primzahl ist, besitzt G mindestens zwei Elemente, also existiert ein vom neutralen Element e verschiedenes Element $g \in G$. Ist dann $(\langle g \rangle, \star)$ die von g erzeugte zyklische Untergruppe von $(G, \star)$, so muss wegen $g \neq e$ offenbar $\langle g \rangle \neq \{e\}$ gelten. Gemäß (a) folgt dann $\langle g \rangle = G$, demnach ist $(G, \star)$ zyklisch und besitzt g als erzeugendes Element.

□

Allgemein kann man sich einen Überblick über die Untergruppen einer endlichen Gruppe $(G, \star)$ verschaffen, indem man ein sogenanntes *Untergruppendiagramm* erstellt, das in seinem Aufbau den Teilerdiagrammen aus Abschn. 1.4 ähnelt: Genau dann führt im Untergruppendiagramm für $(G, \star)$ ein aufsteigender Weg von U_1 nach U_2, wenn $(U_1, \star)$ eine Untergruppe von $(U_2, \star)$ ist und $U_1 \subset U_2$ gilt.

In Abb. 3.15 ist die Verknüpfungstafel der Diedergruppe $(D_4, \circ)$ mit den in Beispiel 3.20 gewählten Bezeichnungen für die einzelnen Deckabbildungen des regelmäßigen Vierecks angegeben („Gruppentafel"); ebenso ist das Untergruppendiagramm für $(D_4, \circ)$

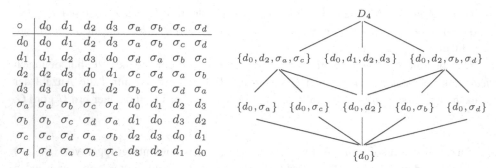

$\circ$	d_0	d_1	d_2	d_3	σ_a	σ_b	σ_c	σ_d
d_0	d_0	d_1	d_2	d_3	σ_a	σ_b	σ_c	σ_d
d_1	d_1	d_2	d_3	d_0	σ_d	σ_a	σ_b	σ_c
d_2	d_2	d_3	d_0	d_1	σ_c	σ_d	σ_a	σ_b
d_3	d_3	d_0	d_1	d_2	σ_b	σ_c	σ_d	σ_a
σ_a	σ_a	σ_b	σ_c	σ_d	d_0	d_1	d_2	d_3
σ_b	σ_b	σ_c	σ_d	σ_a	d_1	d_0	d_3	d_2
σ_c	σ_c	σ_d	σ_a	σ_b	d_2	d_3	d_0	d_1
σ_d	σ_d	σ_a	σ_b	σ_c	d_3	d_2	d_1	d_0

Abb. 3.15 Gruppentafel und Untergruppendiagramm von $(D_4, \circ)$

abgebildet – laut Satz von Lagrange kann es außer den trivialen Untergruppen nur Untergruppen der Ordnungen 2 und 4 von $(D_4, \circ)$ geben.

In einer endlichen Gruppe $(G, \star)$ können für ein Element $a \in G$ die Potenzen a^n ($n \in \mathbb{N}$) nicht alle verschieden sein, weil G nur endlich viele verschiedene Elemente hat. Folglich gibt es zwei verschiedene Exponenten $i, j \in \mathbb{N}$, $i < j$, für die gilt:

$$a^i = a^j, \quad \text{also} \quad e = a^i \star a^{-i} = a^j \star a^{-i} = a^{j-i}.$$

Die Menge $M := \{n \in \mathbb{N} \mid a^n = e\}$ enthält die natürliche Zahl $j - i$, ist demnach eine nichtleere Teilmenge von $\mathbb{N}$ und besitzt als solche (PKE, Prinzip vom kleinsten Element) ein kleinstes Element k. Diese kleinste Zahl $k \in M$ nennt man die *Ordnung des Elements* a und bezeichnet sie mit ord(a). Dies scheint auf den ersten Blick problematisch, weil wir für die von $a \in G$ erzeugte Untergruppe die Bezeichnung $(\langle a \rangle, \star)$ gewählt haben und deren Elementezahl ebenfalls in der Form ord(a) notieren wollen. Es besteht jedoch der in Satz 3.16 dargestellte Zusammenhang.

Satz 3.16 *Sei $(G, \star)$ eine endliche Gruppe, und sei $a \in G$. Dann stimmt die Ordnung k des Elements a mit der Ordnung der von a erzeugten Untergruppe $(\langle a \rangle, \star)$ der Gruppe $(G, \star)$ überein.*
Genauer gilt: Die Elemente $a^0, a^1, \ldots, a^{k-1} \in G$ sind paarweise verschieden, und es ist $\langle a \rangle = \{a^0, a^1, \ldots, a^{k-1}\}$.

Beweis 3.16 Auch wenn die Aussage von Satz 3.16 unmittelbar einsichtig ist, wollen wir sie beweisen.
Da k der *kleinste* natürliche Exponent n mit $a^n = e$ ist, sind die Elemente $a^0, a^1, \ldots, a^{k-1} \in G$ paarweise verschieden (sonst folgt aus $a^i = a^j$ mit $0 \leq i < j \leq k - 1$ wie oben $a^{j-i} = e$ mit $0 < j - i < k$, was der Minimalität von k im Hinblick auf diese Eigenschaft widerspricht). In Beispiel 3.26 haben wir gesehen, dass $\langle a \rangle$ das Bild des durch

$$\psi_a : \mathbb{Z} \longmapsto G, \ \psi_a : m \longmapsto a^m$$

definierten Homomorphismus von $(\mathbb{Z}, +)$ in $(G, \star)$ ist; folglich gilt $\{a^0, a^1, \ldots, a^{k-1}\} \subseteq$ (a). Andererseits gibt es aber wegen $a^k = e$ zu jedem $m \in \mathbb{Z}$ genau ein $r \in \{0, \ldots, k-1\}$ mit $\psi_a(m) = a^r$: Ist nämlich $m = vk + r$ mit $v \in \mathbb{Z}$ und $0 \le r < k$ (Division mit Rest), dann ist

$$\psi_a(m) = a^m = a^{vk+r} = a^{vk} \star a^r = (a^k)^v \star a^r = e^v \star a^r = e \star a^r = a^r.$$

Damit ist $(a) = \text{Bild } \psi_a \subseteq \{a^0, a^1, \ldots, a^{k-1}\} \subseteq (a)$, und insgesamt ergibt sich $(a) = \{a^0, a^1, \ldots, a^{k-1}\}$. $\qquad\square$

Aus Satz 3.14 und Satz 3.16 erhält man sofort den wichtigen Satz 3.17, der ebenfalls auf Lagrange zurückgeht und ein zentrales Resultat der Arithmetik verallgemeinert.

Satz 3.17 *Sei $(G, \star)$ eine endliche Gruppe mit neutralem Element e und sei $a \in G$. Dann gilt:*

a) $\text{ord}(a) \mid \text{ord } G$.
b) $a^{\text{ord } G} = e$.
c) *Für jedes $n \in \mathbb{N}$ mit $a^n = e$ gilt $\text{ord}(a) \mid n$.*

Beweis 3.17
a) Dies ist die Aussage von Satz 3.14, wenn man $\text{ord}(a)$ als Ordnung der von a erzeugten Untergruppe $((a), \star)$ von $(G, \star)$ versteht.
b) Sei $k = \text{ord}(a)$. Nach (a) ist k ein Teiler von $\text{ord } G$; es gibt also ein $\ell \in \mathbb{N}$ mit $\text{ord } G = k \cdot \ell$. Wegen $a^k = e$ erhält man daraus

$$a^{\text{ord } G} = a^{k \cdot \ell} = (a^k)^\ell = e^\ell = e.$$

c) Sei $k = \text{ord}(a)$ und sei $n \in \mathbb{N}$ mit $a^n = e$. Dann gibt es $v \in \mathbb{N}_0$ und $0 \le r < k$ mit $n = vk + r$ (Division mit Rest), und es ist

$$e = a^n = a^{vk+r} = a^{vk} \star a^r = (a^k)^v \star a^r = e^v \star a^r = a^r.$$

Weil aber k der *kleinste* natürliche Exponent m mit $a^m = e$ ist, folgt aus $0 \le r < k$ und $a^r = 0$ zwangsläufig $r = 0$. Demnach ist $n = vk + 0 = vk$, also k ein Teiler von n. $\quad\square$

Wenden wir Satz 3.17 auf die multiplikative Gruppe der primen Restklassen mod m an (Beispiel 3.18), dann ergeben sich Satz 1.22 und Satz 1.23: Für $(G, \star) = (R_m^*, \cdot)$ ist ja ord $G = \text{ord } R_m^* = \varphi(m)$, und laut Satz 3.17b gilt in dieser Situation

$$[a]^{\varphi(m)} = [1] \quad \text{bzw.} \quad a^{\varphi(m)} \equiv 1 \bmod m$$

für jede prime Restklasse $[a] \in R_m^*$. Die in Abschn. 1.5 definierte Ordnung einer primen Restklasse stimmt mit der Ordnung des Elements $[a] \in R_m^*$ überein, sodass Satz 3.17c die Aussage von Satz 1.23 liefert. Deshalb kann man Satz 3.17 im Wesentlichen als die Verallgemeinerung des Satzes von Euler und Fermat auf beliebige endliche Gruppen, insbesondere also auch auf nichtkommutative endliche Gruppen verstehen.

Kommen wir nun noch einmal auf zyklische Gruppen zurück. Ist $(G, \star) = ((a), \star)$ eine zyklische Gruppe mit dem erzeugenden Element a, so kann es sich um eine *endliche* zyklische Gruppe (wie die Gruppe der Deck*drehungen* eines regelmäßigen n-Ecks mit der Linksdrehung um $\frac{1}{n} \cdot 360°$ als erzeugendem Element) oder um eine *unendliche* zyklische Gruppe, d. h. eine Gruppe mit unendlich vielen Elementen (z. B. $(\mathbb{Z}, +)$) handeln. Genau dann ist $((a), \star)$ endlich, wenn es ein $n \in \mathbb{N}$ mit $a^n = e$ gibt; der kleinste natürliche Exponent dieser Art ist $k = \text{ord}\,(a)$.

Demnach ist $((a), \star)$ genau dann unendlich, wenn $a^n \neq e$ für alle $n \in \mathbb{Z} \setminus \{0\}$ gilt, d. h., wenn der Kern des Epimorphismus

$$\psi_a : \mathbb{Z} \longrightarrow (a)\,,\ n \longmapsto a^n$$

durch Kern $\psi_a = \{0\}$ gegeben und damit ψ_a nicht nur surjektiv, sondern auch injektiv ist. Alle unendlichen zyklischen Gruppen sind daher zu $(\mathbb{Z}, +)$ isomorph. Außerdem gilt Satz 3.18.

Satz 3.18

a) *Ist $(G, \star)$ eine zyklische Gruppe, dann sind auch alle Untergruppen von $(G, \star)$ zyklisch.*

b) *Ist $(G, \star)$ eine* endliche *zyklische Gruppe mit* ord $G = k$, *dann gibt es zu jedem $d \in \mathbb{N}$ mit $d \mid k$ eine Untergruppe $(U, \star)$ von $(G, \star)$ mit der Ordnung* ord $U = d$.

Beweis 3.18

a) Sei $(G, \star)$ zyklisch mit erzeugendem Element a, sei ferner $(U, \star)$ eine Untergruppe von $(G, \star)$. Ist $U = \{e\} = \{a^0\}$, dann ist $(U, \star)$ offenbar zyklisch. Ist $U \neq \{a^0\}$, dann gibt es ein $m \in \mathbb{Z} \setminus \{0\}$ mit $a^m \in U$. Weil $(U, \star)$ eine Gruppe ist, liegt auch das zu a^m inverse Element a^{-m} in U. Folglich ist die Menge $M := \{n \in \mathbb{N} \mid a^n \in U\}$ nicht leer und besitzt (PKE) ein kleinstes Element d. Wir beweisen nun, dass a^d ein erzeugendes Element von $(U, \star)$ ist.

Zunächst ist natürlich $(a^d) \subseteq U$, denn als Gruppe muss $(U, \star)$ alle Potenzen des Gruppenelements a^d enthalten. Zum Nachweis von $U \subseteq (a^d)$ geben wir $a^i \in U$ beliebig vor und bestimmen Zahlen $v \in \mathbb{Z}$, $r \in \mathbb{N}_0$, $0 \leq r < d$ mit

$$i = vd + r \quad \text{(Division mit Rest)}.$$

Weil $a^i = (a^d)^v \star a^r$ und $(a^d)^v$ Elemente von U sind, gilt dies auch für das Element $a^r = (a^d)^{-v} \star a^i$. Aus $a^r \in U$ folgt aber $r = 0$, denn sonst wäre $r \in M$ und $r < d$, was nicht sein kann, weil d das *kleinste* Element von M ist. Demnach ist $i = vd + 0 = vd$ und damit $a^i = (a^d)^v \in (a^d)$. Also ist $(U, \star)$ zyklisch mit erzeugendem Element a^d.

b) Sei nun die zyklische Gruppe $(G, \star) = ((a), \star)$ endlich mit ord $G = k$, und sei $d \in \mathbb{N}$ ein Teiler von k. Dann gibt es ein $t \in \mathbb{N}$ mit $k = t \cdot d$. Die Ordnung des Elements a^t ist aber d: Für alle $i \in \{1, \dots, d-1\}$ ist offenbar $(a^t)^i = a^{ti} \neq e$, weil $1 \leq ti < td = k$ für alle $i \in \{1, \dots, d-1\}$ gilt und k der *kleinste* natürliche Exponent n mit $a^n = e$ ist; für $i = d$ jedoch gilt

$$(a^t)^i = (a^t)^d = a^{td} = a^k = e.$$

Also hat auch die von a^t erzeugte zyklische Untergruppe $((a^t), \star)$ die Ordnung d, und es gilt

$$(a^t) = \{a^0, a^t, a^{2t}, \dots, a^{(d-1)t}\}.$$

$\square$

Eine endliche Gruppe der Ordnung n ist genau dann zyklisch, wenn sie ein Element der Ordnung n enthält. Dieses Element ist dann ein erzeugendes Element der Gruppe. Ist eine Gruppe $(G, \star)$ der Ordnung n zyklisch, so existieren genau $\varphi(n)$ erzeugende Elemente, wobei φ die eulersche Funktion bedeutet. Genauer: Ist $G = (a)$, ord $G = n$, so gilt $G = (a^i)$ für $1 \leq i < n$ genau dann, wenn i und n teilerfremd sind (Aufgabe 3.27).

Beispiel 3.30 Die Gruppe der primen Restklassen mod 13 ist zyklisch, ein erzeugendes Element (sogenannte *primitive Restklasse*) ist (2 mod 13):

$$2 \equiv 2\,\mathrm{mod}\,13, \quad 2^2 \equiv 4\,\mathrm{mod}\,13, \quad 2^3 \equiv 8\,\mathrm{mod}\,13, \quad 2^4 \equiv 3\,\mathrm{mod}\,13,$$
$$2^5 \equiv 6\,\mathrm{mod}\,13, \quad 2^6 \equiv 12\,\mathrm{mod}\,13, \quad 2^7 \equiv 11\,\mathrm{mod}\,13, \quad 2^8 \equiv 9\,\mathrm{mod}\,13,$$
$$2^9 \equiv 5\,\mathrm{mod}\,13, \quad 2^{10} \equiv 10\,\mathrm{mod}\,13, \quad 2^{11} \equiv 7\,\mathrm{mod}\,13, \quad 2^{12} \equiv 1\,\mathrm{mod}\,13.$$

Die Restklasse (2 mod 13) hat also die Ordnung $12 = \varphi(13)$, sodass ihre Potenzen alle Restklassen mod 13 ergeben. Außer (2 mod 13) gibt es noch drei weitere erzeugende Elemente (beachte $\varphi(12) = 4$), nämlich diejenigen $(2^i \bmod 13)$ mit $1 \leq i < \varphi(13) = 12$ und ggT $(i, 12) = 1$. Es handelt sich um die primitiven Restklassen

$$[2^5]_{13} = [6]_{13}, \quad [2^7]_{13} = [11]_{13} \quad \text{und} \quad [2^{11}]_{13} = [7]_{13}.$$

■

Jede abstrakte endliche Gruppe lässt sich vollständig durch ihre Gruppentafel beschreiben. („Abstrakt" bedeutet, wie bereits gesagt, dass es nur auf die Struktur der Gruppe, nicht auf die inhaltliche Bedeutung ihrer Elemente und der Verknüpfung ankommt.)

Abb. 3.16 Gruppentafeln der
abstrakten Gruppen der
Ordnungen 1, 2 und 3

$$
\begin{array}{c|c}
 & e \\
\hline
e & e
\end{array}
\qquad
\begin{array}{c|cc}
 & e & a \\
\hline
e & e & a \\
a & a & e
\end{array}
\qquad
\begin{array}{c|ccc}
 & e & a & b \\
\hline
e & e & a & b \\
a & a & b & e \\
b & b & e & a
\end{array}
$$

Abb. 3.17 Abstrakte Gruppen
der Ordnung 4

$$
(1)\;
\begin{array}{c|cccc}
 & e & a & b & c \\
\hline
e & e & a & b & c \\
a & a & b & c & e \\
b & b & c & e & a \\
c & c & e & a & b
\end{array}
\qquad
(2)\;
\begin{array}{c|cccc}
 & e & a & b & c \\
\hline
e & e & a & b & c \\
a & a & e & c & b \\
b & b & c & e & a \\
c & c & b & a & e
\end{array}
$$

Verknüpfungstafeln endlicher *Gruppen* haben einen im Vergleich zu Verknüpfungstafeln allgemeinerer algebraischer Strukturen besonderen Aufbau: Ist $G = \{a_1, a_2, \ldots, a_n\}$ und a_1 neutrales Element der Gruppe $(G, *)$, dann stehen in der ersten Zeile und der ersten Spalte der Gruppentafel wegen $e * a = a * e = a$ für alle $a \in G$ wieder die Elemente von G in derselben Reihenfolge wie in der Eingangszeile bzw. der Eingangsspalte. In *jeder* Zeile und *jeder* Spalte steht jedes Element von G genau einmal, weil in Gruppen die Kürzungsregeln gelten. Genau dann ist die Gruppe kommutativ, wenn die Gruppentafel symmetrisch zu der von links oben nach rechts unten führenden Diagonalen ist.

Im Folgenden werde das neutrale Element einer abstrakten Gruppe wieder mit e bezeichnet. Es gibt jeweils *genau eine* abstrakte Gruppe der Ordnungen 1, 2 und 3; ihre Gruppentafeln sind in Abb. 3.16 angegeben.

Für die abstrakte Gruppe der Ordnung 3 beachte man: Ist $G = \{e, a, b\}$, dann gibt es für die Gruppentafel nur die Möglichkeit in Abb. 3.16, denn die erste Zeile und die erste Spalte sind festgelegt, und $a * b$ kann wegen der Kürzungsregel weder a noch b sein.

Es gibt *genau zwei* abstrakte Gruppen der Ordnung 4. Ist $G = \{e, a, b, c\}$, so sind die in Abb. 3.17 gezeigten Fälle möglich.

Fall (1): Die Gruppe ist zyklisch, erzeugendes Element sei a, also (abgesehen von der Reihenfolge) $b = a^2$, $c = a^3$.

Fall (2): Die Gruppe ist nicht zyklisch, also $a^2 = b^2 = c^2 = e$.

Diese kleinste aller nichtzyklischen Gruppen trägt den Namen *Klein'sche Vierergruppe*, benannt nach Felix Klein (1849–1925), der zu den bedeutendsten Vertretern der Geometrie im 19. Jahrhundert gehörte („Erlanger Programm") und nach seinem Ruf an die Universität Göttingen die Georg-August-Universität zum weltweit bedeutendsten Zentrum für Mathematik und Naturwissenschaften dieser Zeit ausbaute.

Wiederum gibt es *genau eine* abstrakte Gruppe der Ordnung 5, nämlich die zyklische Gruppe dieser Ordnung (Aufgabe 3.15).

Es gibt jedoch *genau zwei* abstrakte Gruppen der Ordnung 6, nämlich die zyklische und eine weitere Gruppe, die z. B. konkret durch die Permutationsgruppe $(S_3, \circ)$ gegeben wird (Aufgabe 3.16). Letztere ist nicht kommutativ, alle Gruppen kleinerer Ordnung sind aber kommutativ.

Aufgaben

3.12 Zeige, dass die Gruppe $(\mathcal{S}_n, \circ)$ für $n \geq 3$ nicht kommutativ ist.

3.13 Bestimme die Ordnung der Gruppe $(\mathcal{S}_n(A), \circ)$ aus Beispiel 3.19 in Abhängigkeit von $|A|$.

3.14 Es sei $(G, \star)$ eine Gruppe. Man definiere in G eine Verknüpfung $\diamond$ durch

$$a \diamond b := a \star b^{-1},$$

wobei b^{-1} das zu b inverse Element bezüglich $\star$ ist. Zeige, dass $(G, \diamond)$ keine besonders schönen Eigenschaften hat. Beschreibe $(G, \diamond)$, falls $(G, \star) = (\mathbb{Z}, +)$ und falls $(G, \star) = (\mathbb{B}, \cdot)$.

3.15 Beweise: Wenn p eine Primzahl ist, gibt es nur eine abstrakte Gruppe der Ordnung p, und diese ist kommutativ.

3.16 Neben der zyklischen Gruppe der Ordnung 6 gibt es eine weitere abstrakte Gruppe der Ordnung 6. Bestimme deren Gruppentafel.
(Wähle als Bezeichnungen der Elemente $1, a, b, c, d, e$, wobei hier 1 das neutrale Element ist.)

3.17 In Beispiel 3.20 haben wir die Diedergruppe $(D_4, \circ)$ betrachtet, zu der wir die Gruppentafel aufgestellt und ein Untergruppendiagramm gezeichnet haben. Man benutze diese Übersicht wie folgt zur Klassifikation von Viereckstypen: Ein „allgemeines" Viereck ist ein Viereck, dessen einzige Deckabbildung die identische Abbildung ist. Ein Parallelogramm ist ein Viereck, das außer der identischen Abbildung noch eine Drehung um $180°$ als Deckabbildung zulässt. So fortfahrend kann man jedem Viereckstyp eine Untergruppe von $(D_4, \circ)$ zuordnen. Gib diese Zuordnung an.

3.18 Beweise, dass eine unendliche zyklische Gruppe genau zwei erzeugende Elemente besitzt und dass diese zueinander invers sind.

3.19 Bestimme alle Untergruppen der Gruppe $(\mathbb{Z}, +)$.

3.20 Für $m \in \mathbb{N}$ sei $(m\mathbb{Z}, +)$ der von m erzeugte Normalteiler von $(\mathbb{Z}, +)$. Gib explizit alle Nebenklassen bezüglich $m\mathbb{Z}$ an und erkläre, was $a\,m\mathbb{Z} = b\,m\mathbb{Z}$ bedeutet und wie man in der Faktorgruppe $\mathbb{Z}/m\mathbb{Z}$ rechnet. Gib dann einen Isomorphismus $g : \mathbb{Z}/m\mathbb{Z} \longrightarrow R_m$ zwischen $\mathbb{Z}/m\mathbb{Z}$ und der additiven Gruppe $(R_m, +)$ der Restklassen mod m an.

3.21 Sei $(R_m, +)$ die additive Gruppe der Restklassen mod m. Bestimme in folgenden Fällen jeweils die kleinsten Untergruppen von $(R_m, +)$, die die Restklasse $(2 \bmod m)$ enthalten:
a) $m = 6$ b) $m = 9$ c) $m = 11$

3.22 Beweise: Haben alle Elemente einer Gruppe (außer dem neutralen Element) die Ordnung 2, dann ist die Gruppe kommutativ.

3.23 a) Beweise: Sind $(U_1, \star)$ und $(U_2, \star)$ Untergruppen der Gruppe $(G, \star)$, dann ist auch $(U_1 \cap U_2, \star)$ eine Untergruppe von $(G, \star)$.
  b) Zeige an einem Beispiel, dass (a) nicht gilt, wenn man $\cap$ durch $\cup$ ersetzt.

3.24 a) Bestimme in Beispiel 3.23 allgemein die Lösung von $A \star X = B$.
  b) Zeige, dass $\{\emptyset, A\}$ für $A \in \mathcal{P}(M)$ eine Untergruppe von $(\mathcal{P}(M), \star)$ ist.
  c) Zeige, dass für alle $A, B \in \mathcal{P}(M)$ die Menge $\{\emptyset, A, B, A \star B\}$ eine Untergruppe von $(\mathcal{P}(M), \star)$ bildet.

3.25 Zeige, dass die folgenden für $x \neq 0$ definierten Funktionen f_1, f_2, f_3, f_4 bezüglich der Verkettung eine Gruppe bilden, und gib die Gruppentafel an:

$$f_1 : x \mapsto x, \; f_2 : x \mapsto -x, \; f_3 : x \mapsto \frac{1}{x}, \; f_4 : x \mapsto -\frac{1}{x}.$$

3.26 Zeige, dass die folgenden sechs für $x \in \mathbb{R} \backslash \{0, 1\}$ definierten Funktionen f_1, f_2, f_3, f_4, f_5, f_6 bezüglich der Verkettung eine Gruppe bilden, und stelle eine Gruppentafel auf:

$$f_1 : x \mapsto x, \; f_2 : x \mapsto 1 - x, \; f_3 : x \mapsto \frac{x-1}{x},$$
$$f_4 : x \mapsto \frac{1}{x}, \; f_5 : x \mapsto \frac{1}{1-x}, \; f_6 : x \mapsto \frac{x}{x-1}.$$

3.27 a) Beweise, dass eine zyklische Gruppe der Ordnung n genau $\varphi(n)$ erzeugende Elemente besitzt, wobei φ die Euler'sche Funktion ist.
  Zeige dazu: Ist $(G, \star)$ zyklisch mit $G = (a)$, ord $G = n$, so gilt $G = (a^i)$ für $1 \leq i < n$ genau dann, wenn i und n teilerfremd sind.
  b) Bestimme die erzeugenden Elemente der primen Restklassengruppe mod 17.
  c) Zeige, dass die prime Restklassengruppe mod 12 nicht zyklisch ist.

3.3 Ringe

In diesem und dem nächsten Abschnitt untersuchen wir algebraische Strukturen mit *zwei* Verknüpfungen; für diese Verknüpfungen schreiben wir $+$ und $\cdot$, ohne dass wir damit notwendigerweise die Addition und Multiplikation von Zahlen meinen. Durch diese Bezeichnungen werden aber im Folgenden die Analogien zum Rechnen mit Zahlen deutlich.

Wir beginnen mit der Struktur des Rings: Eine algebraische Struktur $(R, +, \cdot)$ heißt ein *Ring*, wenn gilt:

Ringaxiome

(R 1) Die Struktur $(R, +)$ ist eine kommutative Gruppe.

(R 2) Die Struktur $(R, \cdot)$ ist assoziativ, also eine Halbgruppe.

(R 3) Die Verknüpfung $\cdot$ ist distributiv bezüglich der Verknüpfung $+$, d. h., für alle $a, b, c \in R$ gilt:

$$a \cdot (b + c) = (a \cdot b) + (a \cdot c) \quad \text{und} \quad (b + c) \cdot a = (b \cdot a) + (c \cdot a).$$

Das algebraische Konzept des Rings wurde Mitte des 19. Jahrhunderts von Richard Dedekind (1831–1916) eingeführt, der das monumentale zahlentheoretische Werk des Carl Friedrich Gauß (1777–1855) strukturalgebraisch umformulierte und dabei weiter ausbaute. Der Name „Ring" geht auf David Hilbert (1862–1943) zurück, der mit seinem *Zahlbericht* (1897) eine unübertreffliche Zusammenfassung des damals aktuellen Wissensstands der algebraischen Zahlentheorie lieferte und dabei Dedekinds innovativen Ideen einen hohen Stellenwert einräumte.

Das neutrale Element von $(R, +)$ bezeichnen wir mit n und nennen es auch das *Nullelement* des Rings. Das bezüglich $+$ zu $a \in R$ inverse Element („Gegenelement von a") bezeichnen wir mit $-a$. In der Literatur findet man im Zusammenhang mit Ringelementen a, b, c oft Schreibweisen wie $ab - c$. Damit ist stets das Element $(a \cdot b) + (-c)$ gemeint; man überträgt also die Vereinbarung „Punktrechnung geht vor Strichrechnung" aus dem Zahlenrechnen auf das Rechnen in Ringen, verzichtet bisweilen auf das Verknüpfungszeichen $\cdot$ und kürzt $x + (-y)$ durch $x - y$ ab.

Die Bedeutung von Bedingung (R 3) lässt sich auch folgendermaßen verstehen: Für jedes feste $a \in R$ sind durch

$$\mu_a : x \longmapsto a \cdot x \quad \text{und} \quad \nu_a : x \longmapsto x \cdot a$$

Abbildungen von R in R gegeben, denn wegen (R 2) ist R unter der Operation $\cdot$ abgeschlossen. Man bezeichnet μ_a als die *Linksmultiplikation* mit a und ν_a als die *Rechtsmultiplikation* mit a. Genau dann sind μ_a und ν_a Endomorphismen der nach (R1) abelschen Gruppe $(R, +)$, wenn für alle $b, c \in R$ stets

$$\mu_a(b + c) = \mu_a(b) + \mu_a(c) \quad \text{bzw.} \quad \nu_a(b + c) = \nu_a(b) + \nu_a(c)$$

gilt, was aber nichts anderes als

$$a \cdot (b + c) = (a \cdot b) + (a \cdot c) \quad \text{bzw.} \quad (b + c) \cdot a = (b \cdot a) + (c \cdot a)$$

bedeutet. Bedingung (R 3) kennzeichnet also die Forderung, dass in Ringen $(R, +, \cdot)$ die Linksmultiplikation und die Rechtsmultiplikation mit Ringelementen $a \in R$ immer Endomorphismen der dem Ring zugrunde liegenden additiven kommutativen Gruppe $(R, +)$ sind.

Diese Sichtweise vereinfacht die Einsicht in die Tatsache, dass für das Rechnen in Ringen die in Satz 3.19 genannten *Vorzeichenregeln* gelten.

Satz 3.19 *Sei* $(R, +, \cdot)$ *ein Ring mit Nullelement n. Dann gilt für alle* $a, b \in R$:

(1) $a \cdot n = n \cdot a = n$

(2) $a \cdot (-b) = (-a) \cdot b = -(a \cdot b)$

(3) $(-a) \cdot (-b) = a \cdot b$

Beweis 3.19 (1) Laut Satz 3.8 bildet jeder Homomorphismus $f : G_1 \longrightarrow G_2$ einer Gruppe $(G_1, \star_1)$ in eine Gruppe $(G_2, \star_2)$ das neutrale Element von $(G_1, \star_1)$ auf das neutrale Element von $(G_2, \star_2)$ ab. Demnach gilt für die oben definierten Endomorphismen μ_a und ν_a der Gruppe $(R, +)$:

$$n = \mu_a(n) = a \cdot n \quad \text{und} \quad n = \nu_a(n) = n \cdot a.$$

(2) Laut Satz 3.6 sind Homomorphismen mit der Bildung von Inversen verträglich; es ist also

$$\mu_a(-b) = -(\mu_a(b)) \quad \text{bzw.} \quad \nu_b(-a) = -(\nu_b(a)),$$

was sich auch in der Form $a \cdot (-b) = -(a \cdot b)$ bzw. $(-a) \cdot b = -(a \cdot b)$ notieren lässt.

(3) Wegen $-(-a) = a$ ergibt sich (3) aus der ersten Gleichung in (2), wenn man dort a durch $-a$ ersetzt. $\qquad\qquad\qquad\qquad\qquad\qquad\qquad\qquad\qquad\qquad\qquad\qquad\quad$ $\square$

Die Kommutativität der additiven Gruppe $(R, +)$ des Rings $(R, +, \cdot)$ stellt sicher, dass es sich auch bei der Abbildung

$$- : R \longrightarrow R, \quad x \longmapsto -x,$$

die jedem Ringelement x sein Gegenelement $-x$ zuordnet, um einen Endomorphismus von $(R, +)$ handelt, denn es ist

$$(x + y) + ((-y) + (-x)) = x + (y + (-y)) + (-x) = x + n + (-x) = x + (-x) = n;$$

folglich ist $(-y) + (-x)$ das Gegenelement von $x + y$, und mit der Kommutativität von $(R, +)$ erhält man

$$-(x + y) = (-y) + (-x) = (-x) + (-y).$$

In gleicher Weise lassen sich noch andere einfache Regeln für das Rechnen in Ringen aufstellen, die an die vertrauten Regeln des Zahlenrechnens erinnern. Man beachte aber, dass an die zweite Verknüpfung $\cdot$ im Ring $(R, +, \cdot)$ außer der Assoziativität keine weiteren Anforderungen gestellt werden, während $(R, +)$ stets eine abelsche Gruppe ist. *Wenn* also ein Ring irgendwelche besonderen algebraischen Eigenschaften haben soll, dann müssen diese besonderen Eigenschaften in der Struktur $(R, \cdot)$ angesiedelt sein.

Ist $(R, \cdot)$ kommutativ, dann heißt der Ring ein *kommutativer Ring*. In kommutativen Ringen muss man offenbar nicht zwischen der Linksmultiplikation μ_a und der Rechtsmultiplikation ν_a mit Elementen $a \in R$ unterscheiden.

Besitzt $(R, \cdot)$ ein neutrales Element, dann bezeichnen wir dieses mit e und nennen es das *Einselement* des Rings. Im Fall $n = e$ gilt $a = e \cdot a = n \cdot a = n$ für alle $a \in R$. Dann besteht also R nur aus dem Nullelement n; man nennt diesen Ring den *Nullring*. Um diesen uninteressanten Fall zu vermeiden, sprechen wir nur dann von $(R, +, \cdot)$ als einem *Ring mit Einselement*, wenn R nicht der Nullring ist und ein Einselement $e \neq n$ in $(R, +, \cdot)$ existiert.

Ist ein Element a eines Rings mit Einselement bezüglich $\cdot$ invertierbar, dann bezeichnen wir das zu a inverse Element (Kehrelement) mit a^{-1}. Wegen

$$n \cdot x = x \cdot n = n \neq e \quad \text{für alle } x \in R$$

ist das Nullelement eines Rings mit Einselement niemals invertierbar bezüglich $\cdot$; man kann bestenfalls hoffen, in $R \setminus \{n\}$ Elemente zu finden, die bezüglich $\cdot$ invertierbar sind. Aber $(R \setminus \{n\}, \cdot)$ ist nicht notwendig eine algebraische Struktur, denn es ist nicht klar, dass $R \setminus \{n\}$ unter der Operation $\cdot$ abgeschlossen ist. Dies ist genau dann der Fall, wenn für alle $a, b \in R$ mit $a \neq n$ und $b \neq n$ auch immer $a \cdot b \neq n$ erfüllt ist.

Damit ist folgende Begriffsbildung motiviert: Ein Element $a \in R$, $a \neq n$ heißt *Nullteiler* im Ring $(R, +, \cdot)$, wenn es ein Ringelement $b \neq n$ gibt, sodass $a \cdot b = n$ gilt. Genau dann ist demnach $(R \setminus \{n\}, \cdot)$ eine algebraische Struktur, wenn der Ring $(R, +, \cdot)$ keine Nullteiler besitzt, wenn er also *nullteilerfrei* ist.

Die Nullteilerfreiheit eines Rings kann man durch die Gültigkeit der *Kürzungsregeln* (Satz 3.20) charakterisieren.

Satz 3.20 *Genau dann ist der Ring $(R, +, \cdot)$ nullteilerfrei, wenn die folgenden Kürzungsregeln gelten:*

(1) Aus $a \cdot b = a \cdot c$ mit $a \neq n$ folgt stets $b = c$.
(2) Aus $b \cdot a = c \cdot a$ mit $a \neq n$ folgt stets $b = c$.

Beweis 3.20 Ist $(R, +, \cdot)$ nullteilerfrei, dann folgt aus $a \cdot b = a \cdot c$ bzw. $a \cdot (b + (-c)) = n$ mit $a \neq n$ sofort $b + (-c) = n$, also $b = c$. Entsprechend folgt aus $b \cdot a = c \cdot a$ bzw. $(b + (-c)) \cdot a = n$ mit $a \neq n$ stets $b + (-c) = n$ und damit wieder $b = c$. Gelten umgekehrt die Regeln (1) und (2), so folgt aus $n = a \cdot b = a \cdot n$ und $a \neq n$ sofort $b = n$, also kann für $a, b \neq n$ niemals $a \cdot b = n$ gelten, womit die Nullteilerfreiheit des Rings gesichert ist.   □

Einen Ring, in dem die Kürzungsregeln gelten, bezeichnet man als *regulär*. Demnach ist die Regularität eines Rings gleichbedeutend mit seiner Nullteilerfreiheit.

In einem nullteilerfreien Ring $(R, +, \cdot)$ kann man sich also für die Eigenschaften der algebraischen Struktur $(R \setminus \{n\}, \cdot)$ interessieren. Wenn $(R \setminus \{n\}, \cdot)$ eine abelsche Gruppe ist, dann nennt man $(R, +, \cdot)$ einen *Körper*. Mit diesen besonderen Ringen werden wir uns in Abschn. 3.4 beschäftigen.

Von besonderem Interesse sind aber schon nullteilerfreie Ringe, die kommutativ sind und ein Einselement $e \neq n$ besitzen. Einen solchen Ring nennt man einen *Integritätsbereich*. Der Name rührt daher, dass die ganzen Zahlen bezüglich der Addition und Multiplikation einen Integritätsbereich $(\mathbb{Z}, +, \cdot)$ bilden. (Das lateinische Wort *integer* wird in der Mathematik im Sinne von „ganz" verwendet; im Englischen heißt *integer* „ganze Zahl".)

Machen wir uns zunächst an einigen Beispielen die Begriffe klar, die bisher eingeführt wurden.

Beispiel 3.31 (1) Das wichtigste Beispiel ist sicherlich der Ring der ganzen Zahlen $(\mathbb{Z}, +, \cdot)$; seine Eigenschaften gaben mehreren besonderen Formen von Ringen ihre Namen. Bekanntlich sind $(\mathbb{Z}, +)$ eine abelsche Gruppe mit dem neutralen Element $0 \in \mathbb{Z}$ und $(\mathbb{Z}, \cdot)$ eine kommutative Halbgruppe mit dem neutralen Element $1 \in \mathbb{Z}$; weiter ist die Multiplikation ganzer Zahlen distributiv bezüglich der Addition ganzer Zahlen. Damit wird $(\mathbb{Z}, +, \cdot)$ zu einem kommutativen Ring mit Einselement. Weil für $a, b \in \mathbb{Z} \setminus \{0\}$ stets $a \cdot b \neq 0$ gilt, ist $(\mathbb{Z}, +, \cdot)$ zusätzlich nullteilerfrei, also insgesamt ein Integritätsbereich. Das Verknüpfungsgebilde $(\mathbb{Z} \setminus \{0\}, \cdot)$ ist eine kommutative Halbgruppe mit dem neutralen Element $1 \in \mathbb{Z}$, aber es handelt sich nicht um eine Gruppe, weil nur die ganzen Zahlen 1 und -1 bezüglich der Multiplikation in $(\mathbb{Z} \setminus \{0\}, \cdot)$ invertierbar sind. Demnach ist zwar $(\mathbb{Z}, +, \cdot)$ ein Integritätsbereich, aber kein Körper.

(2) Ist $2\mathbb{Z}$ die Menge der geraden ganzen Zahlen, dann ist bekanntlich $(2\mathbb{Z}, +)$ eine abelsche Untergruppe von $(\mathbb{Z}, +)$. Ferner ist $2\mathbb{Z}$ unter der Multiplikation abgeschlossen (das Produkt gerader Zahlen ist immer gerade), das Assoziativgesetz und das Kommutativgesetz in $(2\mathbb{Z}, \cdot)$ sowie die Distributivgesetze in $(2\mathbb{Z}, +, \cdot)$ gelten automatisch, weil sie in den umfassenderen Strukturen $(\mathbb{Z}, \cdot)$ bzw. $(\mathbb{Z}, +, \cdot)$ gültig sind. Damit wird $(2\mathbb{Z}, +, \cdot)$ zu einem kommutativen Ring, der aber wegen $1 \notin 2\mathbb{Z}$ kein Einselement besitzt. Weil die Kürzungsregeln in der umfassenden Struktur $(\mathbb{Z}, +, \cdot)$ gelten, sind sie auch in $(2\mathbb{Z}, +, \cdot)$ gültig. Damit ist der Ring $(2\mathbb{Z}, +, \cdot)$ nullteilerfrei.   ∎

Beispiel 3.32 Sei R die Menge aller Funktionen $f : \mathbb{R} \longrightarrow \mathbb{R}$. Wir erklären in R *punktweise* eine Addition und eine Multiplikation, indem wir die Summe $(f + g)$ bzw. das Produkt $(f \cdot g)$ zweier Funktionen $f, g \in R$ durch

$$(f + g) : x \longmapsto f(x) + g(x) \quad \text{bzw.} \quad (f \cdot g) : x \longmapsto f(x)g(x)$$

definieren. Dann ist $(R, +)$ eine abelsche Gruppe, deren neutrales Element die Funktion n mit $n(x) = 0$ für alle $x \in \mathbb{R}$ ist (*Nullfunktion*). Invers zu $f \in R$ bezüglich $+$ ist die Funktion $-f$ mit $(-f)(x) = -f(x)$ für alle $x \in \mathbb{R}$. Die Struktur $(R, \cdot)$ ist eine kommutative Halbgruppe mit neutralem Element e, das durch die Funktion $e : x \longmapsto 1$ gegeben ist. Die Gültigkeit des Assoziativgesetzes und des Kommutativgesetzes in den Verknüpfungsgebilden $(R, +)$ und $(R, \cdot)$ ergibt sich durch die punktweise Definition der Operationen $+$ und $\cdot$ aus der Gültigkeit dieser Gesetze in $(\mathbb{R}, +, \cdot)$, ebenso wie die Distributivität von $\cdot$ bezüglich $+$. Der Ring $(R, +, \cdot)$ ist nicht nullteilerfrei, denn die Funktionen

$$f : x \longmapsto \begin{cases} 0 \text{ für } x \neq 0, \\ 1 \text{ für } x = 0, \end{cases} \quad \text{und} \quad g : x \longmapsto \begin{cases} 0 \text{ für } x \neq 1, \\ 1 \text{ für } x = 1, \end{cases}$$

sind beide von der Nullfunktion verschieden, trotzdem ist $f \cdot g = n$. Invertierbar ist eine Funktion in $(R, \cdot)$ genau dann, wenn sie keine Nullstellen besitzt; die Inverse einer solchen Funktion f ist $f^{-1} = \dfrac{1}{f} : x \longmapsto \dfrac{1}{f(x)}$. ∎

Beispiel 3.33 Die in Beispiel 3.32 vorgeführte Konstruktion eines Funktionenrings lässt sich auf folgende Weise verallgemeinern: Gegeben sind eine nichtleere Menge D und ein Ring $(R, +, \cdot)$. Definiert man dann in der Menge $\mathrm{Abb}(D, R)$ aller Abbildungen von D in R eine Addition $\oplus$ und eine Multiplikation $\odot$ *punktweise* mithilfe der entsprechenden Operationen in $(R, +, \cdot)$, also

$$(f \oplus g) : x \longmapsto f(x) + g(x) \quad \text{bzw.} \quad (f \odot g) : x \longmapsto f(x) \cdot g(x),$$

so ist $(\mathrm{Abb}(D, R), \oplus, \odot)$ ein Ring. ∎

Beispiel 3.34 Sei $(A, \star)$ eine abelsche Gruppe und sei $\mathrm{End}(A)$ die Menge aller Endomorphismen von A. Man definiere in $\mathrm{End}(A)$ punktweise mithilfe von $\star$ eine Addition durch

$$(f + g) : A \longrightarrow A, \ (f + g) : x \longmapsto f(x) \star g(x);$$

dann ist $(\mathrm{End}(A), +)$ eine abelsche Gruppe:

(1) Sind $f, g \in \mathrm{End}(A)$, so gilt für alle $x, y \in A$:

$$(f + g)(x \star y) = f(x \star y) \star g(x \star y)$$

$$= (f(x) \star f(y)) \star (g(x) \star g(y))$$

$$= f(x) \star (f(y) \star g(x)) \star g(y)$$

$$= f(x) \star (g(x) \star f(y)) \star g(y)$$

$$= (f(x) \star g(x)) \star (f(y) \star g(y))$$

$$= (f + g)(x) \star (f + g)(y) \,.$$

Folglich ist mit $f, g \in \text{End}(A)$ stets auch $(f + g) \in \text{End}(A)$, also ist $(\text{End}(A), +)$ eine algebraische Struktur. (Man beachte, dass wir zum Nachweis in der vierten Gleichung die *Kommutativität* der Gruppe $(A, \star)$ benutzen mussten!)

(2) Weil das Kommutativgesetz und das Assoziativgesetz in $(A, \star)$ gelten und die Addition in $\text{End}(A)$ punktweise mithilfe von $\star$ erklärt ist, gelten diese Gesetze auch in $(\text{End}(A), +)$.

(3) Ist e_A das neutrale Element der Gruppe $(A, \star)$, so ist durch $n : A \longrightarrow A$ mit $n(x) := e_A$ für alle $x \in A$ ein Endomorphismus von $(A, \star)$ gegeben, denn es ist

$$n(x \star y) = e_A = e_A \star e_A = n(x) \star n(y) \quad \text{für alle } x, y \in A \,.$$

Dieser Endomorphismus n ist das neutrale Element in $(\text{End}(A), +)$, denn für alle $f \in \text{End}(A)$ und für alle $x \in A$ gilt

$$(n + f)(x) = n(x) \star f(x) = e_A \star f(x) = f(x) = f(x) \star e_A = f(x) \star n(x) = (f + n)(x) \,.$$

Demnach ist $f + n = n + f = f$ für alle $f \in \text{End}(A)$.

(4) Ist $f \in \text{End}(A)$, so gilt dies auch für die Abbildung

$$(-f) : A \longrightarrow A \quad \text{mit} \quad (-f) : x \longmapsto (f(x))^{-1} \,,$$

wobei mit a^{-1} das inverse Element von a in $(A, \star)$ bezeichnet sei, denn für alle $x, y \in A$ ist

$$(-f)(x \star y) = (f(x \star y))^{-1} = (f(x) \star f(y))^{-1}$$

$$= (f(y))^{-1} \star (f(x))^{-1} = (f(x))^{-1} \star (f(y))^{-1}$$

$$= (-f)(x) \star (-f)(y) \,.$$

(Wieder erfordert der Nachweis der Verknüpfungstreue von $(-f)$ die Kommutativität der Gruppe $(A, \star)$.)

Dieses $(-f)$ ist invers zu f in $(\text{End}(A), +)$, denn für alle $x \in A$ ist

$$((-f)+f)(x) = (-f)(x) \star f(x) = (f(x))^{-1} \star f(x) = e_A,$$

also ist $(-f)+f = n$ und wegen der Kommutativität von $(\mathrm{End}(A), +)$ auch $f+(-f) = n$.

Wir haben bereits gesehen, dass $\mathrm{End}(A)$ bezüglich der Verkettung $\circ$ von Abbildungen abgeschlossen ist; ebenso wissen wir, dass die Verkettung von Abbildungen stets assoziativ ist. Definiert man also in $\mathrm{End}(A)$ eine Multiplikation $\cdot$ durch $\circ$, dann ist $(\mathrm{End}(A), \cdot)$ eine Halbgruppe. Die Distributivgesetze sind in $(\mathrm{End}(A), +, \cdot)$ ebenfalls gültig, denn für alle $f, g, h \in \mathrm{End}(A)$ und für alle $x \in A$ ist

$$
\begin{aligned}
(f \cdot (g + h))(x) = (f \circ (g + h))(x) &= f((g + h)(x)) \\
&= f(g(x) \star h(x)) \\
&= f(g(x)) \star f(h(x)) = (f \circ g)(x) \star (f \circ h)(x) \\
&= (f \cdot g)(x) \star (f \cdot h)(x) \\
&= (f \cdot g + f \cdot h)(x).
\end{aligned}
$$

Demnach gilt $f \cdot (g + h) = (f \cdot g) + (f \cdot h)$. Die Gültigkeit des zweiten Distributivgesetzes bestätigt man analog.

Man nennt $(\mathrm{End}(A), +, \cdot)$ den *Endomorphismenring* der abelschen Gruppe $(A, \star)$. Dieser ist im Allgemeinen nicht kommutativ (weil die Verkettung von Abbildungen in der Regel nicht kommutativ ist), besitzt aber ein Einselement in Gestalt von $e = \mathrm{id}_A$. Invertierbar bezüglich $\cdot$ sind genau die bijektiven Endomorphismen, also die *Automorphismen* von A. ∎

Beispiel 3.35 Die Menge R_m der Restklassen modulo m bildet bezüglich der Restklassenaddition und -multiplikation einen kommutativen Ring mit dem Einselement $[1]$. Ist m zusammengesetzt, dann ist der Ring $(R_m, +, \cdot)$ nicht nullteilerfrei: Aus $m = ab$ mit $1 < a, b < m$ folgt $[a], [b] \neq [0]$, aber

$$[a] \cdot [b] = [ab] = [m] = [0].$$

Ist jedoch $m = p$, wobei p eine Primzahl ist, dann ist der Ring nullteilerfrei: Aus $[a] \cdot [b] = [0]$ bzw. $ab \equiv 0 \bmod p$ folgt $p|ab$, also $p|a$ oder $p|b$, und damit $[a] = [0]$ oder $[b] = [0]$. Diese Argumentation ist arithmetischer Art, wir könnten aber auch unter Rückgriff auf unsere bisherigen Kenntnisse algebraisch argumentieren: Wir wissen bereits, dass für jedes m die algebraische Struktur $(R_m^*, \cdot)$ eine kommutative Gruppe ist („Gruppe der primen Restklassen mod m"). Ist m eine Primzahl, so gilt $R_m^* = R_m \setminus \{[0]\}$; damit wird $(R_m, +, \cdot)$ nicht nur zu einem Integritätsbereich, sondern sogar zu einem Körper. Der *Restklassenring* $(R_m, +, \cdot)$ ist *endlich*, er besteht aus m Elementen. ∎

Beispiel 3.36 Es sei $\mathcal{M}$ die Menge aller Matrizen

$$\begin{pmatrix} a_{11} & a_{12} \\ a_{21} & a_{22} \end{pmatrix} \quad \text{mit } a_{11},\, a_{12},\, a_{21},\, a_{22} \in \mathbb{R}.$$

Wir definieren eine Addition von Matrizen aus $\mathcal{M}$ durch

$$\begin{pmatrix} a_{11} & a_{12} \\ a_{21} & a_{22} \end{pmatrix} + \begin{pmatrix} b_{11} & b_{12} \\ b_{21} & b_{22} \end{pmatrix} = \begin{pmatrix} a_{11}+b_{11} & a_{12}+b_{12} \\ a_{21}+b_{21} & a_{22}+b_{22} \end{pmatrix}.$$

Matrizen werden also *koordinatenweise* addiert. Ferner definieren wir eine Multiplikation von Matrizen wie in Beispiel 3.22:

$$\begin{pmatrix} a_{11} & a_{12} \\ a_{21} & a_{22} \end{pmatrix} \cdot \begin{pmatrix} b_{11} & b_{12} \\ b_{21} & b_{22} \end{pmatrix} = \begin{pmatrix} a_{11}b_{11}+a_{12}b_{21} & a_{11}b_{12}+a_{12}b_{22} \\ a_{21}b_{11}+a_{22}b_{21} & a_{21}b_{12}+a_{22}b_{22} \end{pmatrix}.$$

Dass $(\mathcal{M}, +)$ eine kommutative Gruppe ist, folgt sofort aus dem Rechnen mit reellen Zahlen. Das Nullelement ist die *Nullmatrix* $\begin{pmatrix} 0 & 0 \\ 0 & 0 \end{pmatrix}$; das Gegenelement zu einer Matrix entsteht durch Umkehren der Vorzeichen der Koordinaten:

$$-\begin{pmatrix} a_{11} & a_{12} \\ a_{21} & a_{22} \end{pmatrix} = \begin{pmatrix} -a_{11} & -a_{12} \\ -a_{21} & -a_{22} \end{pmatrix}.$$

Die Assoziativität der *Multiplikation* ist unter Bezug auf obige Definition sehr mühsam nachzurechnen; sie ergibt sich aber einfach aus der Tatsache, dass das Multiplizieren von Matrizen dem Verketten von Abbildungen entspricht (Beispiel 3.22) und das Verketten eine assoziative Verknüpfung ist. Die Gültigkeit des Distributivgesetzes ergibt sich wieder aus der Gültigkeit dieses Gesetzes in $(\mathbb{R}, +, \cdot)$.

Es existiert ein Einselement, nämlich die *Einheitsmatrix* $\begin{pmatrix} 1 & 0 \\ 0 & 1 \end{pmatrix}$. Insgesamt ergibt sich also, dass $(\mathcal{M}, +, \cdot)$ ein Ring mit Einselement ist. Dieser Ring ist nicht kommutativ, denn z. B. ist

$$\begin{pmatrix} 1 & 0 \\ 1 & 1 \end{pmatrix} \cdot \begin{pmatrix} 0 & 1 \\ 1 & 0 \end{pmatrix} = \begin{pmatrix} 0 & 1 \\ 1 & 1 \end{pmatrix} \neq \begin{pmatrix} 1 & 1 \\ 1 & 0 \end{pmatrix} = \begin{pmatrix} 0 & 1 \\ 1 & 0 \end{pmatrix} \cdot \begin{pmatrix} 1 & 0 \\ 1 & 1 \end{pmatrix}.$$

Der Matrizenring ist nicht nullteilerfrei, wie folgendes Beispiel zeigt:

$$\begin{pmatrix} 1 & 0 \\ 0 & 0 \end{pmatrix} \cdot \begin{pmatrix} 0 & 0 \\ 1 & 0 \end{pmatrix} = \begin{pmatrix} 0 & 0 \\ 0 & 0 \end{pmatrix}.$$

Wir wollen untersuchen, unter welcher Bedingung die Matrix $\begin{pmatrix} a\,b \\ c\,d \end{pmatrix}$ bezüglich der Multiplikation invertierbar, wann also die Gleichung

$$\begin{pmatrix} a\,b \\ c\,d \end{pmatrix} \cdot \begin{pmatrix} w\,x \\ y\,z \end{pmatrix} = \begin{pmatrix} 1\,0 \\ 0\,1 \end{pmatrix}$$

lösbar ist. Dieser Matrizengleichung entsprechen vier lineare Gleichungen, und zwar zwei für w, y und zwei für x, z:

$$\begin{array}{lcl} aw + by = 1 & & ax + bz = 1 \\ cw + dy = 0 & \text{und} & cx + dz = 0. \end{array}$$

Jedes dieser linearen Gleichungssysteme ist genau dann eindeutig lösbar, wenn $ad - bc \neq 0$ gilt. Es ergibt sich dann

$$w = \frac{d}{ad - bc}, \; x = \frac{-b}{ad - bc}, \; y = \frac{-c}{ad - bc}, \; z = \frac{a}{ad - bc}$$

und damit

$$\begin{pmatrix} a\,b \\ c\,d \end{pmatrix}^{-1} = \frac{1}{ad - bc} \cdot \begin{pmatrix} d\,-b \\ -c\;\;a \end{pmatrix}.$$

Der Faktor vor der letzten Matrix soll bedeuten, dass jede Zahl in der Matrix damit zu multiplizieren ist. ∎

Beispiel 3.37 Ein *Polynom* über $\mathbb{R}$ in der Variablen x ist ein Term der Form

$$a_n x^n + a_{n-1} x^{n-1} + \ldots + a_2 x^2 + a_1 x + a_0$$

mit $a_0, a_1, a_2, \ldots, a_{n-1}, a_n \in \mathbb{R}$. Die Zahlen a_i heißen die *Koeffizienten* des Polynoms. Ist $a_n \neq 0$, dann liegt ein Polynom vom *Grad n* vor. Zwei Polynome werden addiert, indem man die Koeffizienten gleicher Potenzen von x addiert. Zwei Polynome werden gemäß den Rechenregeln in $\mathbb{R}$ multipliziert, wobei man die Variable x wie eine reelle Zahl behandelt. Ist etwa

$$p(x) = 2x^2 + x - 5 \quad \text{und} \quad q(x) = 4x^3 - 3x^2 + 9x - 1,$$

dann ist $p(x) + q(x) = 4x^3 - x^2 + 10x - 6$ und

$$p(x) \cdot q(x) = (2x^2 + x - 5) \cdot (4x^3 - 3x^2 + 9x - 1)$$

$$
= \begin{cases}
8x^5 - 6x^4 + 18x^3 - 2x^2 \\
\quad\quad + 4x^4 - 3x^3 + 9x^2 - x \\
\quad\quad\quad\quad - 20x^3 + 15x^2 - 45x + 5
\end{cases}
$$

$$
= 8x^5 - 2x^4 - 5x^3 + 22x^2 - 46x + 5.
$$

Mit Polynomen rechnet man also ähnlich wie beim schriftlichen Rechnen mit natürlichen Zahlen im 10er-System. Die Menge aller Polynome über $\mathbb{R}$ mit der Variablen x bezeichnet man mit $\mathbb{R}[x]$.

Aus den Regeln für das Rechnen in $\mathbb{R}$ folgt, dass $(\mathbb{R}[x], +, \cdot)$ ein kommutativer Ring ist. Das Nullelement ist das *Nullpolynom* (alle Koeffizienten 0); das Gegenpolynom $-p(x)$ eines Polynoms $p(x)$ erhält man, indem man bei allen Koeffizienten das Vorzeichen ändert. Es existiert ein Einselement, nämlich das Polynom 1 ($a_0 = 1$, alle anderen Koeffizienten 0). Die vom Nullpolynom verschiedenen Polynome vom Grad 0 (also die „konstanten" Polynome) sind invertierbar bezüglich der Multiplikation. Es gibt keine Nullteiler, denn das Produkt eines Polynoms vom Grad m mit einem solchen vom Grad n ist ein Polynom vom Grad $m + n$, also nicht das Nullpolynom.

Insgesamt ist damit $(\mathbb{R}[x], +, \cdot)$ als Identitätsbereich erkannt. In diesem kann man wie im Integritätsbereich der ganzen Zahlen eine *Division mit Rest* erklären: Zu zwei Polynomen $p(x)$, $q(x)$ existieren Polynome $v(x)$, $r(x)$ mit

$$
p(x) = v(x)q(x) + r(x),
$$

wobei der Grad von $r(x)$ kleiner als der Grad von $q(x)$ ist. Wenn $r(x)$ das Nullpolynom ist, dann ist $p(x)$ durch $q(x)$ teilbar, und man schreibt $q(x)|p(x)$.

Wir wollen die Division mit Rest, die sich ähnlich wie bei natürlichen Zahlen ergibt, am Beispiel $p(x) = 3x^2 + 2x - 1$; $q(x) = 5x - 3$ vorführen:

$$
3x^2 + 2x - 1 \quad = (5x - 3) \cdot \left(\frac{3}{5}x + \frac{19}{25}\right) + \frac{32}{25}
$$

$$
\underline{3x^2 - \frac{9}{5}x}
$$

$$
\frac{19}{5}x - 1
$$

$$
\underline{\frac{19}{5}x - \frac{57}{25}}
$$

$$
\frac{32}{25}
$$

Es ergibt sich

$$p(x) = \left(\frac{3}{5}x + \frac{19}{25}\right) \cdot q(x) + \frac{32}{25} \quad \text{bzw.} \quad p(x) : q(x) = \frac{3}{5}x + \frac{19}{25} \quad \text{Rest} \quad \frac{32}{25}.$$

∎

Allgemein nennt man einen Integritätsbereich $(R, +, \cdot)$, in dem man eine „vernünftige" Division mit Rest erklären kann, einen *euklidischen Ring*. Was dabei „vernünftig" bedeuten soll, lässt sich aus den Eigenschaften der Division mit Rest in den Ringen $(\mathbb{Z}, +, \cdot)$ und $(\mathbb{R}[x], +, \cdot)$ abstrahieren:

(E) Es gebe eine Abbildung $d : R \longrightarrow \mathbb{N}_0$ mit $d(n) = 0$, sodass gilt:
Für alle $a, b \in R$ mit $a \neq n$ gibt es Elemente $q, r \in R$ mit

$$b = q \cdot a + r \quad \text{mit} \quad r = n \text{ oder } d(r) < d(a).$$

Ein euklidischer Ring ist also ein Integritätsbereich $(R, +, \cdot)$ mit der Eigenschaft (E); die Funktion d nennt man eine *euklidische Bewertungsfunktion* auf R. Bewertungsfunktion im euklidischen Ring $(\mathbb{Z}, +, \cdot)$ ist

$$d : \mathbb{Z} \longrightarrow \mathbb{N}_0 \quad \text{mit} \quad d(z) := |z|,$$

Bewertungsfunktion im euklidischen Ring $(\mathbb{R}[x], +, \cdot)$ ist die Funktion d, die jedem Polynom f seinen Grad $d(f) \in \mathbb{N}_0$ zuordnet.

In *jedem* Integritätsbereich $(R, +, \cdot)$ kann man aber den Begriff der (restlosen) Teilbarkeit wie für ganze Zahlen definieren: Für $a, b \in R$ gilt $a|b$ genau dann, wenn ein $c \in R$ mit $c \cdot a = b$ existiert.

Im Integritätsbereich der ganzen Zahlen folgt aus $a|b$ und $b|a$, dass $a = b$ oder $a = -b$ ist. Allgemein gilt in einem Integritätsbereich $(R, +, \cdot)$ (Aufgabe 3.33): Ist $a|b$ und $b|a$, dann ist $a = \varepsilon \cdot b$, wobei ε ein Teiler des Einselements e ist. In einem kommutativen Ring mit Einselement e nennt man die Teiler von e *Einheiten* des Rings. Genau dann ist ε eine Einheit, wenn es zu ε bezüglich der Multiplikation ein inverses Element gibt. Denn beides bedeutet, dass ein $\varepsilon' \in R$ mit $\varepsilon \cdot \varepsilon' = e$ existiert.

Die Einheiten von $(\mathbb{Z}, +, \cdot)$ sind 1 und -1; die Einheiten von $(R_m, +, \cdot)$ sind die primen Restklassen mod m; die Einheiten von $(\mathcal{M}, +, \cdot)$ sind die Matrizen

$$\begin{pmatrix} a & b \\ c & d \end{pmatrix} \text{ mit } ad - bc \neq 0;$$

die Einheiten von $(\mathbb{R}[x], +, \cdot)$ sind die vom Nullpolynom verschiedenen Polynome vom Grad 0 (Aufgabe 3.34).

Wir wissen bereits, dass die Menge R_m^* der Einheiten im Ring $(R_m, +, \cdot)$ bezüglich der Multiplikation eine Gruppe bildet. Diese Aussage gilt allgemein für die Einheiten eines jeden Rings mit Einselement (Satz 3.21).

Satz 3.21 *Ist* $(R, +, \cdot)$ *ein Ring mit Einselement und* $E \subset R$ *die Menge seiner Einheiten, dann ist* $(E, \cdot)$ *eine Gruppe.*

Beweis 3.21 Offenbar liegt wegen $e \cdot e = e$ das Einselement des Rings in E. Das Produkt zweier Einheiten $a, b \in E$ ist wieder eine Einheit, denn sind a^{-1}, b^{-1} invers zu a, b bezüglich $\cdot$, dann ist

$$(a \cdot b) \cdot (b^{-1} \cdot a^{-1}) = a \cdot (b \cdot b^{-1}) \cdot a^{-1} = a \cdot e \cdot a^{-1} = a \cdot a^{-1} = e,$$

also ist $(a \cdot b)$ invertierbar und $(b^{-1} \cdot a^{-1})$ invers zu $(a \cdot b)$. Ist $a \in E$ und a^{-1} invers zu a bezüglich $\cdot$, so ist auch $a^{-1} \in E$ und besitzt a als inverses Element. Weil das Assoziativgesetz in der umfassenderen Struktur $(R, \cdot)$ gilt, gilt es auch in $(E, \cdot)$, also ist $(E, \cdot)$ eine Halbgruppe mit neutralem Element e, in der jedes Element invertierbar ist. Folglich ist $(E, \cdot)$ eine Gruppe. □

Man bezeichnet die Gruppe $(E, \cdot)$ als die *Einheitengruppe* des Rings $(R, +, \cdot)$.

In Abschn. 3.2 haben wir *Untergruppen* untersucht, also Teilmengen $U \subseteq G$ einer Gruppe $(G, \star)$, die bezüglich der in $(G, \star)$ definierten Verknüpfung $\star$ selbst wieder eine Gruppe $(U, \star)$ bildeten. Dieses Konzept algebraischer „Unterstukturen" überträgt sich in natürlicher Weise auf die Kategorie der Ringe.

Ist $(R, +, \cdot)$ ein Ring und ist U eine nichtleere Teilmenge von R, die bezüglich der in R definierten Operationen $+$ und $\cdot$ abgeschlossen ist, und ist das so entstehende Verknüpfungsgebilde $(U, +, \cdot)$ ebenfalls ein Ring, dann nennt man $(U, +, \cdot)$ einen *Unterring* oder einen *Teilring* von $(R, +, \cdot)$ und entsprechend $(R, +, \cdot)$ einen *Oberring* von $(U, +, \cdot)$. Für die Klärung der Frage, ob eine gegebene Teilmenge $U \subseteq R$ eines Rings $(R, +, \cdot)$ mit den in R erklärten Verknüpfungen einen Teilring bildet, muss man nicht jede einzelne definierende Eigenschaft eines Rings verifizieren, weil sich manche Eigenschaften der umfassenderen Struktur auf die Unterstruktur übertragen. Wie schon in der Kategorie der Gruppen, gibt es auch für Ringe ein Unterstrukturkriterium; es gilt Satz 3.22.

Satz 3.22 (Unterringkriterium) *Genau dann bildet die nichtleere Teilmenge U von R einen Teilring von* $(R, +, \cdot)$, *wenn gilt:*

(i) Für alle $a, b \in U$ ist $a + (-b) \in U$.
(ii) Für alle $a, b \in U$ ist $a \cdot b \in U$.

Beweis 3.22 Bedingung (i) ist laut Satz 3.7 notwendig und hinreichend dafür, dass $(U, +)$ eine (abelsche) Untergruppe der (abelschen) Gruppe $(R, +)$ ist. Bedingung (ii) ist notwendig und hinreichend dafür, dass $(U, \cdot)$ eine algebraische Struktur ist. Weil das Assoziativgesetz in $(R, \cdot)$ gilt, gilt es auch in $(U, \cdot)$, ebenso vererbt sich die Gültigkeit der Distributivgesetze in R an die Unterstruktur $(U, +, \cdot)$. □

Beispiel 3.38

(1) $(\mathbb{Z}, +, \cdot)$ ist ein Teilring von $(\mathbb{Q}, +, \cdot)$, der seinerseits ein Unterring von $(\mathbb{R}, +, \cdot)$ ist. $(2\,\mathbb{Z}, +, \cdot)$ ist ein Unterring von $(\mathbb{Z}, +, \cdot)$, denn das Produkt zweier gerader Zahlen ist gerade ($\Rightarrow$ (ii) erfüllt), und wir wissen bereits, dass $(2\,\mathbb{Z}, +)$ eine abelsche Untergruppe von $(\mathbb{Z}, +)$ ist ($\Rightarrow$ (i) erfüllt).

(2) Ist $U := \{[0]_4, [2]_4\} \subset R_4$, dann bildet U einen Teilring des Restklassenrings $(R_4, +, \cdot)$, denn

$$[0]_4 + [-0]_4 = [2]_4 + [-2]_4 = [0]_4 \in R_4 \,,$$

$$[0]_4 + [-2]_4 = [-2]_4 = [2]_4 \in R_4 \,,$$

$$[2]_4 + [-0]_4 = [2]_4 \in R_4 \,,$$

also ist (i) erfüllt. Weiter gilt

$$[0]_4 \cdot [0]_4 = [2]_4 \cdot [2]_4 = [0]_4 \cdot [2]_4 = [2]_4 \cdot [0]_4 = [0]_4 \,,$$

womit auch Bedingung (ii) des Unterringkriteriums erfüllt ist. ∎

Weitere Beispiele für Unterringe ergeben sich aus dem Kern und dem Bild von Homomorphismen zwischen Ringen, wobei zu beachten ist, dass solche Abbildungen *bezüglich beider Operationen verknüpfungstreu* sein müssen. Man nennt also eine Abbildung $\alpha :$ $R_1 \longrightarrow R_2$ einen Homomorphismus des Rings $(R_1, +_1, \cdot_1)$ in den Ring $(R_2, +_2, \cdot_2)$, wenn für alle $x, y \in R_1$ stets

(H 1) $\alpha(x +_1 y) = \alpha(x) +_2 \alpha(y)$ **und** **(H 2)** $\alpha(x \cdot_1 y) = \alpha(x) \cdot_2 \alpha(y)$

gilt. Man beachte, dass wegen (H 1) jeder Ringhomomorphismus $\alpha : R_1 \longrightarrow R_2$ insbesondere einen Gruppenhomomorphismus von der dem Ring R_1 zugrunde liegenden abelschen Gruppe $(R_1, +_1)$ in die dem Ring R_2 zugrunde liegende abelsche Gruppe $(R_2, +_2)$ definiert. Insofern bietet es sich an, die für Homomorphismen zwischen algebraischen Strukturen mit *einer* Verknüpfung eingeführten Begriffe (Kern, Bild, Mono-, Epi-, Iso-, Endo- und Automorphismus) auch für Ringhomomorphismen zu übernehmen. Völlig analog zur Situation bei Gruppen ergibt sich Satz 3.23.

Satz 3.23 *Seien $(R_1, +_1, \cdot_1)$ und $(R_2, +_2, \cdot_2)$ Ringe mit den Nullelementen $n_1 \in R_1$ und $n_2 \in R_2$, und sei $\alpha : R_1 \longrightarrow R_2$ ein Ringhomomorphismus von $(R_1, +_1, \cdot_1)$ in $(R_2, +_2, \cdot_2)$. Dann gilt:*

a) Bild $\alpha := \alpha(R_1)$ bildet einen Unterring von $(R_2, +_2, \cdot_2)$, und es gilt

$$n_2 = \alpha(n_1) \in \text{Bild}\,\alpha \,.$$

b) Kern $\alpha := \{a \in R_1 \mid \alpha(a) = n_2\}$ *bildet einen Unterring von* $(R_1, +_1, \cdot_1)$.
c) *Genau dann ist* α *injektiv, wenn* Kern $\alpha = \{n_1\}$ *gilt.*

Beweis 3.23 Dass Kern α bzw. Bild α bezüglich der Addition abelsche Untergruppen der den Ringen R_1 bzw. R_2 unterliegenden kommutativen, additiven Gruppen sind, dass $\alpha(n_1) = n_2$ gilt und dass sich die Injektivität von α an der Bedingung Kern $\alpha = \{n_1\}$ festmachen lässt, ergibt sich sofort aus Satz 3.8. Im Hinblick auf Satz 3.22 muss lediglich noch gezeigt werden, dass Kern α bzw. Bild α bezüglich der Multiplikation in R_1 bzw. in R_2 abgeschlossen sind.

Dazu seien zunächst $a, b \in$ Kern α. Offenbar gilt dann

$$\alpha(a \cdot_1 b) = \alpha(a) \cdot_2 \alpha(b) = n_2 \cdot_2 n_2 = n_2 \,,$$

folglich gehört auch $(a \cdot_1 b)$ zu Kern α. Sind $a_2, b_2 \in$ Bild α, dann gibt es $a_1, b_1 \in R_1$ mit $\alpha(a_1) = a_2$, $\alpha(b_1) = b_2$. Für das Element $(a_1 \cdot_1 b_1) \in R_1$ gilt dann:

$$(a_2 \cdot_2 b_2) = \alpha(a_1) \cdot_2 \alpha(b_1) = \alpha(a_1 \cdot_1 b_1) \,,$$

also liegt auch $(a_2 \cdot b_2)$ in Bild α. $\square$

Beispiel 3.39
(1) Durch $\alpha : \mathbb{Z} \longrightarrow R_m$ mit $\alpha(z) := [z]_m$ ist ein Ringhomomorphismus von $(\mathbb{Z}, +, \cdot)$ in den Restklassenring $(R_m, +, \cdot)$ gegeben, denn für alle $a, b \in \mathbb{Z}$ gilt

$$\alpha(a + b) = [a + b]_m = [a]_m + [b]_m = \alpha(a) + \alpha(b)$$

und

$$\alpha(a \cdot b) = [a \cdot b]_m = [a]_m \cdot [b]_m = \alpha(a) \cdot \alpha(b) \,.$$

Der Kern von α ist die Menge aller durch m teilbaren ganzen Zahlen; demnach bildet Kern $\alpha = m \mathbb{Z}$ den Unterring $(m \mathbb{Z}, +, \cdot)$ von $(\mathbb{Z}, +, \cdot)$. Weil α surjektiv ist, gilt $R_m =$ Bild α, also handelt es sich bei dem von Bild α gebildeten Teilring von $(R_m, +, \cdot)$ um $(R_m, +, \cdot)$ selbst.
(2) Die Abbildung $\psi : \mathbb{Q} \longrightarrow \mathbb{Q}[x]$ mit $\psi(q) := q$ ordnet jeder rationalen Zahl q das durch q gegebene Polynom vom Grad 0 in $\mathbb{Q}[x]$ zu; dadurch wird ein Homomorphismus des Rings $(\mathbb{Q}, +, \cdot)$ in den Polynomring $(\mathbb{Q}[x], +, \cdot)$ definiert. Offenbar wird nur $q = 0$ auf das Nullpolynom abgebildet, also ist Kern $\psi = \{0\}$ und bildet den trivialen Unterring $(\{0\}, +, \cdot)$ von $(\mathbb{Q}, +, \cdot)$. Bild ψ besteht aus allen Polynomen vom Grad 0; diese bilden einen zu $(\mathbb{Q}, +, \cdot)$ isomorphen Unterring von $(\mathbb{Q}[x], +, \cdot)$, denn wegen Kern $\psi = \{0\}$ ist ψ injektiv.
(3) Wie wir gesehen haben, sind die abelschen Gruppen $(\mathbb{Z}, +)$ und $(2 \mathbb{Z}, +)$ isomorph mittels des Gruppenisomorphismus $\beta : \mathbb{Z} \longrightarrow 2 \mathbb{Z}$ mit $\beta(z) := 2z$. Die Ringe $(\mathbb{Z}, +, \cdot)$ und $(2 \mathbb{Z}, +, \cdot)$ können jedoch nicht isomorph sein, denn der Ring der ganzen Zahlen ist ein Integritätsbereich, während der Ring der geraden ganzen

Zahlen kein Einselement besitzt. Daraus folgt offenbar, dass der oben definierte Gruppenhomomorphismus β *kein* Ringhomomorphismus ist. Elementar wird dies durch die Beobachtung

$$\beta(a \cdot b) = 2ab, \quad \text{aber} \quad \beta(a) \cdot \beta(b) = 2a \cdot 2b = 4ab,$$

bestätigt, denn für $ab \neq 0$ ist stets $2ab \neq 4ab$.   ∎

Man kann sich nun allgemein fragen, ob Ringhomomorphismen $\alpha : R_1 \longrightarrow R_2$ besondere algebraische Eigenschaften des Rings $(R_1, +_1, \cdot_1)$ an den Unterring (Bild $\alpha, +_2, \cdot_2$) des Rings $(R_2, +_2, \cdot_2)$ übertragen. Für den „trivialen" Ringhomomorphismus, der jedes $a \in R_1$ auf das Nullelement n_2 im Ring $(R_2, +_2, \cdot_2)$ abbildet, ergibt sich als Bildstruktur der „Nullring" $(\{n_2\}, +_2, \cdot_2)$, und dieser ist uninteressant, egal wie speziell der Urbildring $(R_1, +_1, \cdot_1)$ gewesen sein mag. Ist aber $\alpha : R_1 \longrightarrow R_2$ ein nichttrivialer Ringhomomorphismus des Integritätsbereichs $(R_1, +_1, \cdot_1)$ in den Integritätsbereich $(R_2, +_2, \cdot_2)$, dann ist dessen Unterring (Bild $\alpha, +_2, \cdot_2$) ebenfalls ein Integritätsbereich, und $\alpha(e_1)$ ist sein Einselement (Aufgabe 3.36).

So wie der Kern eines Gruppenhomomorphismus einen speziellen Typ von Untergruppen bildet (einen *Normalteiler*), ist auch der vom Kern eines Ringhomomorphismus $\alpha : R_1 \longrightarrow R_2$ gebildete Unterring ein Teilring der besonderen Art, der einen eigenen Namen verdient. Man nennt einen Unterring $(\mathcal{I}, +, \cdot)$ des Rings $(R, +, \cdot)$ ein *Ideal* in R, wenn gilt:

(ID) Für alle $a \in R$ und alle $x \in \mathcal{I}$ ist stets $a \cdot x \in \mathcal{I}$ und $x \cdot a \in \mathcal{I}$.

Der Name verweist auf den Ursprung dieser Strukturen in der Zahlentheorie, als Ernst Eduard Kummer (1810–1893) bei der Erforschung von Ausdrücken der Form $ax^2 + bxy + cy^2$, $a, b, c \in \mathbb{Z}$ (*binäre quadratische Formen*) auf „ideale" (komplexe) Zahlen stieß und Richard Dedekind dieses Konzept der „idealen Zahlen" zur Theorie der Ideale in Ringen ausbaute.

Die einen Unterring $\mathcal{I} \subseteq R$ als ein Ideal ausweisende Eigenschaft (ID) ist stärker als die bloße Abgeschlossenheit von $\mathcal{I}$ bezüglich der Multiplikation: Verlangt wird, dass die Links- und die Rechtsmultiplikation eines jeden $x \in \mathcal{I}$ *mit allen Elementen des Rings R* (und nicht nur mit den Elementen aus $\mathcal{I}$!) stets wieder in $\mathcal{I}$ liegt. Diese stärkere Forderung ist aber notwendig und hinreichend dafür, dass Ideale in der Theorie der Ringe genau die Rolle spielen können, die Normalteiler in der Theorie der Gruppen spielen, dass man also *Faktorringe* modulo eines Ideals bilden kann.

Bevor wir uns mit dieser Thematik beschäftigen, wollen wir aber einige Beispiele betrachten.

Beispiel 3.40 (1) Der Kern eines Ringhomomorphismus $\alpha : R_1 \longrightarrow R_2$ bildet stets ein Ideal in R_1 (Aufgabe 3.35). Deshalb ist nach (1) in Beispiel 3.39 der Unterring $(m\mathbb{Z}, +, \cdot)$ ein Ideal im Ring $(\mathbb{Z}, +, \cdot)$; dabei lässt sich $m\mathbb{Z}$ in der Form $\{m \cdot z \mid z \in \mathbb{Z}\} =: \langle m \rangle$ notieren.

(2) Der Sachverhalt aus (1) lässt sich verallgemeinern: In jedem kommutativen(!) Ring $(R, +, \cdot)$ ist für ein beliebiges $a \in R$ durch

$$\langle a \rangle := \{a \cdot r \mid r \in R\} = \{r \cdot a \mid r \in R\}$$

ein Ideal gegeben, denn $\langle a \rangle$ bildet als Bild des Gruppenhomomorphismus $\mu_a : R \longrightarrow R$ mit $\mu_a(r) := a \cdot r$ (Linksmultiplikation mit a) eine abelsche Untergruppe $(\langle a \rangle, +)$ der abelschen Gruppe $(R, +)$, und für alle $s \in R$ und alle $x = (r \cdot a) \in \langle a \rangle$ gilt

$$s \cdot x = s \cdot (r \cdot a) = (s \cdot r) \cdot a \in \langle a \rangle \, .$$

(Insbesondere folgt daraus, dass $\langle a \rangle$ unter der Ringmultiplikation in R abgeschlossen und damit auch Bedingung (ii) des Unterringkriteriums erfüllt ist.)

Man nennt ein Ideal vom Typ $(\langle a \rangle, +, \cdot)$ in einem kommutativen Ring $(R, +, \cdot)$ ein *Hauptideal* in R und bezeichnet a als ein *erzeugendes Element* des Hauptideals.

(3) Auch die von endlich vielen Ringelementen $a_1, \ldots, a_n \in R$ erzeugten Mengen

$$\langle a_1, \ldots, a_n \rangle := \{r_1 \cdot a_1 + \cdots + r_n \cdot a_n \mid r_1, \ldots, r_n \in R\}$$

bilden ein Ideal im kommutativen Ring $(R, +, \cdot)$ (Aufgabe 3.35), das sogenannte *von* $a_1, \ldots, a_n$ *erzeugte Ideal* in R.

(4) Die Ideale $(m \mathbb{Z}, +, \cdot)$ sind also von $m \in \mathbb{Z}$ erzeugte Hauptideale im Ring der ganzen Zahlen; andererseits wissen wir schon, dass *alle* Ideale in $(\mathbb{Z}, +, \cdot)$ diese Form haben: Jeder Unterring $(U, +, \cdot)$ von $(\mathbb{Z}, +, \cdot)$ definiert insbesondere eine abelsche Untergruppe $(U, +)$ der abelschen Gruppe $(\mathbb{Z}, +)$; weil aber $(\mathbb{Z}, +)$ zyklisch ist, gilt dies auch für $(U, +)$ (Satz 3.18). Ist $m \in \mathbb{Z}$ ein erzeugendes Element dieser zyklischen Untergruppe $(U, +)$, dann gilt offenbar $U = m \mathbb{Z}$. ∎

Man nennt einen Integritätsbereich, in dem jedes Ideal ein Hauptideal ist, einen *Hauptidealring*; demnach ist $(\mathbb{Z}, +, \cdot)$ ein Hauptidealring. Mithilfe der in euklidischen Ringen definierten Division mit Rest kann man nun beweisen, dass allgemein *jeder* euklidische Ring ein Hauptidealring ist. Daraus folgt insbesondere, dass es sich auch bei dem Polynomring $(\mathbb{R}[x], +, \cdot)$ um einen Hauptidealring handelt.

Satz 3.24 *Jeder euklidische Ring ist ein Hauptidealring.*

Beweis 3.24 Sei $(R, +, \cdot)$ ein euklidischer Ring mit der euklidischen Bewertungsfunktion $d : R \longrightarrow \mathbb{N}_0$. Wir müssen zeigen, dass jedes Ideal in R ein erzeugendes Element besitzt. Sei dazu $(\mathcal{I}, +, \cdot)$ ein von $\mathcal{I} \subseteq R$ gebildetes Ideal in $(R, +, \cdot)$. Ist $\mathcal{I} = \{n\}$, dann ist $(\mathcal{I}, +, \cdot)$ der Nullring, und es gilt $\mathcal{I} = \{n\} = \{r \cdot n \mid r \in R\} = \langle n \rangle$. Im nichttrivialen Fall enthält $\mathcal{I}$ ein vom Nullelement n des Rings verschiedenes Element, dann aber ist $\mathcal{I} \setminus \{n\}$ nicht leer und somit $M := \{d(x) \mid x \in \mathcal{I} \setminus \{n\}\}$ eine nichtleere Teilmenge von $\mathbb{N}_0$, die ein kleinstes Element m besitzt. Man wähle nun $a \in \mathcal{I} \setminus \{n\}$ derart, dass $d(a) = m$ gilt. Dieses a ist ein erzeugendes Element des Ideals $\mathcal{I}$, denn:

Weil $\mathcal{I}$ als Ideal unter der Multiplikation mit Elementen aus R abgeschlossen ist, folgt aus $a \in \mathcal{I}$ sofort $\{r \cdot a \mid r \in R\} = \langle a \rangle \subseteq \mathcal{I}$. Ist umgekehrt $x \in \mathcal{I}$ beliebig, so existieren zu $a \neq n$ Ringelemente $q, r \in R$ derart, dass

$$x = q \cdot a + r \quad \text{mit} \quad r = n \text{ oder } d(r) < d(a)$$

gilt. Nun beachte man, dass wegen $x \in \mathcal{I}$ und $q \cdot a \in \mathcal{I}$ auch $r = x - q \cdot a$ ein Element von $\mathcal{I}$ ist; deshalb kommt $d(r) < d(a)$ nicht infrage, denn nach Wahl von a ist $d(a) = m$ minimal. Es folgt $r = n$ und damit $x = q \cdot a \in \langle a \rangle$. Da $x \in \mathcal{I}$ beliebig gewählt war, ergibt sich $\mathcal{I} \subseteq \langle a \rangle$, insgesamt also $\mathcal{I} = \langle a \rangle$. $\qquad\square$

Um die Begrifflichkeiten noch einmal zu verdeutlichen, betrachten wir einen bekannten Sachverhalt der Arithmetik vor dem Hintergrund der Thematik „Euklidische Ringe – Hauptidealringe". Die Menge

$$\{r_1 \cdot a_1 + r_2 \cdot a_2 \mid r_1, r_2 \in \mathbb{Z}\}$$

aller Vielfachensummen der Zahlen $a_1, a_2 \in \mathbb{N}$ ist das von a_1 und a_2 erzeugte Ideal $\langle a_1, a_2 \rangle$ im Ring $(\mathbb{Z}, +, \cdot)$. Da dieser ein Hauptidealring ist, gibt es ein $g \in \mathbb{Z}$ mit $\langle g \rangle = \langle a_1, a_2 \rangle$. Im Beweis von Satz 3.24 wird ein erzeugendes Element des Hauptideals explizit konstruiert. Man betrachte die euklidische Bewertungsfunktion d im Ring und wähle ein vom Nullelement verschiedenes Element g des Ideals aus, für das d ihr Minimum annimmt – dieses g erzeugt das Hauptideal.

Die Bewertungsfunktion im euklidischen Ring $(\mathbb{Z}, +, \cdot)$ ist die Betragsfunktion d : $x \longmapsto |x|$. Ein erzeugendes Element g des Hauptideals $\langle g \rangle = \langle a_1, a_2 \rangle$ ist also durch die Bedingung

$$|g| = \min\{|x| \mid x \in \langle a_1, a_2 \rangle \setminus \{0\}\}$$

festgelegt, sodass mit g auch die Gegenzahl $-g$ ein erzeugendes Element des Ideals $\langle a_1, a_2 \rangle$ ist. Es gibt demnach ein $d \in \mathbb{N}$ mit

$$\langle d \rangle = \langle a_1, a_2 \rangle .$$

Insbesondere gehören die Zahlen a_1, a_2 zum von d erzeugten Hauptideal $\langle d \rangle$; es gibt also ganze Zahlen c_1, c_2 mit $a_1 = c_1 \cdot d$, $a_2 = c_2 \cdot d$. Anders formuliert: $d|a_1$, $d|a_2$, also ist d ein gemeinsamer Teiler von a_1 und a_2. Für jeden anderen gemeinsamen Teiler t der Zahlen a_1, a_2 gilt aber $t|r_1 \cdot a_1 + r_2 \cdot a_2$ für alle $r_1, r_2 \in \mathbb{Z}$, also wegen $\langle d \rangle = \langle a_1, a_2 \rangle$ auch $t|d$.

Damit ist d der ggT von a_1 und a_2, und die Gleichung $\langle d \rangle = \langle a_1, a_2 \rangle$ besagt, dass die Menge aller Vielfachensummen von a_1, a_2 genau die Vielfachenmenge V_d von $d = \mathrm{ggT}(a_1, a_2)$ ist (Abschn. 1.3).

Dieser Zusammenhang mag als Hinweis darauf gelten, dass *ein* Aspekt der Theorie der Integritätsbereiche die Verallgemeinerung der Teilbarkeitslehre der ganzen Zahlen ist. Diese Thematik wollen wir aber nicht weiter vertiefen; stattdessen kommen wir zum Abschluss dieses Abschnitts noch auf *Faktorringe* zu sprechen.

Ist $\mathcal{I} \subseteq R$ ein Ideal im Ring $(R, +, \cdot)$, so ist insbesondere $(\mathcal{I}, +)$ eine abelsche Untergruppe und damit ein Normalteiler in der additiven Gruppe $(R, +)$ des Rings. Damit wird die Menge

$$R/\mathcal{I} = \{\{a\} \oplus \mathcal{I} \mid a \in R\}$$

der Nebenklassen bezüglich $\mathcal{I}$ zu einer additiven abelschen Gruppe, wenn man die Addition in $R/\mathcal{I}$ durch die der Addition in R zugehörige Komplexaddition

$$(\{a\} \oplus \mathcal{I}) \oplus (\{b\} \oplus \mathcal{I}) := \{a + b\} \oplus \mathcal{I}$$

erklärt. Diese Notation für Nebenklassen ist zugegebenermaßen umständlich, soll aber Verwechselungen mit den Ringoperationen vorbeugen. Mithilfe der Ringmultiplikation $\cdot$ bzw. des zugehörigen Komplexprodukts $\odot$ soll nun auch eine *Multiplikation* von Nebenklassen bezüglich $\mathcal{I}$ erklärt werden; dazu setze man

$$(\{a\} \oplus \mathcal{I}) \odot (\{b\} \oplus \mathcal{I}) := \{a \cdot b\} \oplus \mathcal{I}.$$

Zwar kann man nicht erwarten, dass das Komplexprodukt zweier Nebenklassen bezüglich $\mathcal{I}$ stets wieder eine Nebenklasse bezüglich $\mathcal{I}$ ist, aber die einen Teilring als Ideal ausweisende Eigenschaft (ID) sorgt dafür, dass das Komplexprodukt der Nebenklassen $\{a\} \oplus \mathcal{I}$ und $\{b\} \oplus \mathcal{I}$ immer in der Nebenklasse $\{a \cdot b\} \oplus \mathcal{I}$ *enthalten* ist. Für $a + i_1 \in \{a\} \oplus \mathcal{I}$ und $b + i_2 \in \{b\} \oplus \mathcal{I}$ gilt nämlich

$$(a + i_1) \cdot (b + i_2) = a \cdot b + (a \cdot i_2 + i_1 \cdot b + i_1 \cdot i_2) \in \{a \cdot b\} \oplus \mathcal{I},$$

denn wegen (∗) liegen die Elemente $a i_2$, $b i_1$, $i_1 i_2$ und damit auch ihre Summe im Ideal $\mathcal{I}$. Mehr braucht man aber nicht, um die Produktnebenklasse zweier Nebenklassen festzulegen; ferner übertragen sich das Assoziativgesetz der Multiplikation und das Distributivgesetz vom Ring $(R, +, \cdot)$ auf die Struktur $(R/\mathcal{I}, \oplus, \odot)$.

Damit wird $(R/\mathcal{I}, \oplus, \odot)$ zu einem Ring, den man den *Faktorring* von R modulo $\mathcal{I}$ nennt. Der kanonische Epimorphismus $\rho : R \longrightarrow R/\mathcal{I}$ der additiven Gruppe $(R, +)$ auf die additive Gruppe $(R/\mathcal{I}, \oplus)$ ist sogar ein Ringepimorphismus von R auf $R/\mathcal{I}$, denn für alle $a, b \in R$ gilt

$$\rho(a \cdot b) = \{a \cdot b\} \oplus \mathcal{I} = (\{a\} \oplus \mathcal{I}) \odot (\{b\} \oplus \mathcal{I}) = \rho(a) \odot \rho(b).$$

Der Kern dieses Ringepimorphismus ist, wie wir bereits aus den entsprechenden Resultaten im Zusammenhang mit Faktorgruppen wissen, das Ideal $\mathcal{I}$.

Völlig analog zu den Erkenntnissen für Faktorgruppen ergibt sich daraus Satz 3.25.

Satz 3.25

a) *Genau dann ist $\mathcal{I}$ ein Ideal im Ring $(R_1, +_1, \cdot_1)$, wenn es einen Ring $(R, +, \cdot)$ und einen Ringhomomorphismus $\rho : R_1 \longrightarrow R$ mit $\mathcal{I} = $ Kern ρ gibt.*

b) *Ist $f : R_1 \longrightarrow R_2$ ein Ringepimorphismus von $(R_1, +_1, \cdot_1)$ auf $(R_2, +_2, \cdot_2)$, so ist $\mathcal{I} :=$ Kern$f$ ein Ideal in R_1; der Faktorring $(R_1/\mathcal{I}, \oplus, \odot)$ ist isomorph zu $(R_2, +_2, \cdot_2)$ mittels des Ringisomorphismus*

$$g : \quad R_1/\mathcal{I} \longrightarrow R_2$$
$$\{a\} \oplus \mathcal{I} \longmapsto f(a) .$$

Beweis 3.25 Zu zeigen bleibt allein die Verknüpfungstreue von g bezüglich der Ringmultiplikation. Sind aber $x := \{a\} \oplus \mathcal{I}$ und $y := \{b\} \oplus \mathcal{I}$ in $R_1/\mathcal{I}$, so gilt

$$g(x \odot y) = g(\{a \cdot_1 b\} \oplus \mathcal{I}) = f(a \cdot_1 b) = f(a) \cdot_2 f(b) = g(x) \cdot_2 g(y) .$$

□

Aufgaben

3.28 Es sei p eine Primzahl. Zeige, dass im Ring der Restklassen mod$p$ jede von $[0]$ verschiedene Restklasse bezüglich der Restklassenmultiplikation invertierbar ist. Betrachte dazu für $[a] \in R_p$ die Produkte $[i] \cdot [a]$ mit $i = 1, 2, \ldots, p - 1$.

3.29 Bestimme alle Matrizen $\begin{pmatrix} a & b \\ c & d \end{pmatrix}$ mit $\begin{pmatrix} a & b \\ c & d \end{pmatrix} \cdot \begin{pmatrix} 1 & 0 \\ 0 & 0 \end{pmatrix} = \begin{pmatrix} 0 & 0 \\ 0 & 0 \end{pmatrix}$.

3.30 Die Menge aller Matrizen der Form $\begin{pmatrix} a & -b \\ b & a \end{pmatrix}$ mit $a, b \in \mathbb{R}$ bildet einen Teilring $(\mathcal{C}, +, \cdot)$ des Matrizenrings $(\mathcal{M}, +, \cdot)$, die Summe und das Produkt zweier solcher Matrizen sind nämlich wieder von der gleichen Form. Weise dies nach. Zeige ferner: $(\mathcal{C}, +, \cdot)$ ist kommutativ, und jede von der Nullmatrix verschiedene Matrix ist in $\mathcal{C}$ invertierbar bezüglich der Multiplikation.

3.31 Bestimme Polynome $v(x)$ und $r(x)$ mit $p(x) = v(x)q(x) + r(x)$, wobei der Grad von $r(x)$ kleiner als der Grad von $q(x)$ ist.

a) $p(x) = 7x^3 + 6x^2 + 5x + 4, \quad q(x) = x + 3$
b) $p(x) = 5x^5 + 11x^4 + x^3 - 7x^2 + 3x - 8, \quad q(x) = 5x^2 + x - 1$

3.32 Durch $p(x) \equiv q(x) \bmod (x^2 + 1)$ ist eine Äquivalenzrelation im Integritätsbereich $\mathbb{Z}[x]$ gegeben.

a) Zeige, dass $5x^3 + 7x^2 + 9x + 8 \equiv 4x + 1 \bmod (x^2 + 1)$.

b) Zeige, dass $x^n + 1 \equiv 2 \bmod (x^2 + 1)$, falls $n \equiv 0 \bmod 4$.
   Was ergibt sich für $n \equiv 1, 2, 3 \bmod 4$?

3.33 Beweise: In einem Integritätsbereich gilt genau dann $a|b$ und $b|a$, wenn $a = \varepsilon \cdot b$, wobei ε eine Einheit ist.

3.34 Bestimme alle Einheiten von $(\mathbb{Z}, +, \cdot)$, $(R_m, +, \cdot)$, $(\mathcal{M}, +, \cdot)$, $(\mathbb{R}[x], +, \cdot)$.

3.35 a) Man zeige, dass der Kern eines Ringhomomorphismus $\alpha : R_1 \longrightarrow R_2$ ein Ideal im Ring $(R_1, +, \cdot)$ bildet.

   b) Sei $(R, +, \cdot)$ ein kommutativer Ring, und seien $a_1, \ldots, a_n \in R$. Zeige:
   $\langle a_1, \ldots, a_n \rangle := \{r_1 \cdot a_1 + \cdots + r_n \cdot a_n \mid r_1, \ldots, r_n \in R\}$ bildet ein Ideal in R.

   c) Für $D \neq \emptyset$ und einen Ring $(R, +, \cdot)$ sei $(\mathrm{Abb}\,(D, R), \oplus, \odot)$ der Funktionenring aus Beispiel 3.33. Zeige, dass für jede nichtleere Teilmenge $A \subseteq D$ die Menge $\mathcal{I}_A := \{f \in \mathrm{Abb}\,(D, R) \mid f(x) = n$ für alle $x \in A\}$ (wobei n das Nullelement in R bezeichnet) ein Ideal im Ring $(\mathrm{Abb}\,(D, R), \oplus, \odot)$ bildet.

3.36 Sind $(R_1, +_1, \cdot_1)$ und $(R_2, +_2, \cdot_2)$ Integritätsbereiche und ist $\alpha : R_1 \longrightarrow R_2$ ein nichttrivialer Ringhomomorphismus, dann ist $(\mathrm{Bild}\,\alpha, +_2, \cdot_2)$ ebenfalls ein Integritätsbereich, und $\alpha(e_1)$ ist sein Einselement. Beweise dies.

3.37 Die Menge aller Zahlen $a + b\sqrt{2}$ mit $a, b \in \mathbb{Z}$ bezeichnet man mit $\mathbb{Z}(\sqrt{2})$.

a) Zeige, dass genau dann $a + b\sqrt{2} = 0$ gilt, wenn $a = b = 0$ ist.

b) Zeige, dass $(\mathbb{Z}(\sqrt{2}), +, \cdot)$ ein Integritätsbereich ist.

c) Zeige, dass $a + b\sqrt{2}$ genau dann eine Einheit in diesem Integritätsbereich ist, wenn $|a^2 - 2b^2| = 1$ gilt.

d) Eine Lösung der Gleichung $a^2 - 2b^2 = 1$ ist $(a, b) = (1, 0)$; eine andere Lösung ist $(a, b) = (3, 2)$. Bestimme eine weitere Lösung mit natürlichen Zahlen. (Hinweis: Prüfe für $b = 3, 4, 5, \ldots$, ob $2b^2 + 1$ ein Quadrat ist.)

e) Eine Lösung der Gleichung $a^2 - 2b^2 = -1$ ist $(a, b) = (1, 1)$; eine andere Lösung ist $(a, b) = (7, 5)$. Bestimme eine weitere Lösung mit natürlichen Zahlen. (Hinweis: Prüfe für $b = 6, 7, 8, \ldots$, ob $2b^2 - 1$ ein Quadrat ist.)

3.38 Zeige, dass der Ring der Matrizen $\begin{pmatrix} a & 2b \\ b & a \end{pmatrix}$ $(a, b \in \mathbb{Z})$ isomorph zum Ring $(\mathbb{Z}(\sqrt{2}), +, \cdot)$ aus Aufgabe 3.37 ist.

3.4   Körper

Der algebraischen Struktur des *Körpers* begegnet man in der Mathematik in den unterschiedlichsten Zusammenhängen. Daher ist es nicht überraschend, dass es eine Vielzahl von Möglichkeiten gibt, eine algebraische Struktur $(K, +, \cdot)$ als einen Körper zu charakterisieren. Will man etwa die *Regeln* betonen, nach denen man in Körpern rechnet (wie im *Körper* $(\mathbb{R}, +, \cdot)$ *der reellen Zahlen* oder im *Körper* $(\mathbb{Q}, +, \cdot)$ *der rationalen Zahlen*), dann liegt folgende Charakterisierung eines Körpers nahe: Eine algebraische Stuktur $(K, +, \cdot)$ mit zwei Verknüpfungen $+$ und $\cdot$, die wir „Addition" und „Multiplikation" nennen, heißt ein *Körper*, wenn gilt:

Körperaxiome (Version 1)

(K 1) $a + (b + c) = (a + b) + c$ für alle $a, b, c \in K$.

(Assoziativgesetz der Addition)

(K 2) $a + b = b + a$ für alle $a, b \in K$.

(Kommutativgesetz der Addition)

(K 3) Es gibt ein $n \in K$ mit $a + n = a$ für alle $a \in K$.

(Existenz eines neutralen Elements bezüglich der Addition)

(K 4) Für jedes $a \in K$ existiert ein Element $-a \in K$ mit $a + (-a) = n$.

(Invertierbarkeit bezüglich der Addition)

(K 5) $a \cdot (b \cdot c) = (a \cdot b) \cdot c$ für alle $a, b, c \in K$.

(Assoziativgesetz der Multiplikation)

(K 6) $a \cdot b = b \cdot a$ für alle $a, b \in K$.

(Kommutativgesetz der Multiplikation)

(K 7) Es gibt ein $e \in K$ mit $a \cdot e = a$ für alle $a \in K$.

(Existenz eines neutralen Elements bezüglich der Multiplikation)

(K 8) Für jedes $a \in K$ mit $a \neq n$ existiert ein $a^{-1} \in K$ mit $a \cdot a^{-1} = e$.

(Invertierbarkeit bezüglich der Multiplikation)

(K 9) $a \cdot (b + c) = a \cdot b + a \cdot c$ für alle $a, b, c \in K$.

(Distributivgesetz)

Die bezüglich der einzelnen Rechenoperationen neutralen Elemente in den Körpern $(\mathbb{R}, +, \cdot)$ und $(\mathbb{Q}, +, \cdot)$ sind $n = 0$ und $e = 1$.

Einzelne der in (K 1) bis (K 9) aufgeführten Rechenregeln trifft man auch bei der Beschreibung einfacherer algebraischer Strukturen wieder. Daher könnte man Körper auch als eine spezielle Kategorie von Ringen verstehen und dies folgendermaßen axiomatisch beschreiben: Eine algebraische Struktur $(K, +, \cdot)$ heißt ein *Körper*, wenn gilt:

Körperaxiome (Version 2)

(K 1) Die Struktur $(K, +, \cdot)$ ist ein kommutativer Ring mit Einselement.

(K 2) Die Struktur $(K^*, \cdot)$ ist eine Gruppe.

(Hierbei bezeichnet $K^* = K \setminus \{n\}$ die Menge der vom Nullelement verschiedenen

Ringelemente.)

Wie wir in Abschn. 3.3 gesehen haben, ist die Abgeschlossenheit von K^* unter der Operation $\cdot$ gleichbedeutend mit der Regularität bzw. mit der Nullteilerfreiheit des Rings $(K, +, \cdot)$.

Demzufolge lässt sich ein Körper auch als ein Integritätsbereich $(K, +, \cdot)$ definieren, dessen Einheitengruppe durch $(K^*, \cdot)$ gegeben ist.

Betrachten wir nun einige von $(\mathbb{R}, +, \cdot)$ und $(\mathbb{Q}, +, \cdot)$ verschiedene Beispiele für Körper.

Beispiel 3.41 Es sei $\mathcal{C}$ die Menge der Matrizen

$$\begin{pmatrix} a & -b \\ b & a \end{pmatrix} \text{ mit } a, b \in \mathbb{R}.$$

Man kann leicht zeigen, dass $(\mathcal{C}, +, \cdot)$ ein kommutativer Teilring des Matrizenrings $(\mathcal{M}, +, \cdot)$ ist, wobei M die Menge aller (2,2)-Matrizen mit Koordinaten aus $\mathbb{R}$ bedeutet. Dieser Teilring enthält die Nullmatrix und die Einheitsmatrix, und jede von der Nullmatrix verschiedene Matrix ist bezüglich der Multiplikation in $\mathcal{C}$ invertierbar:

$$\begin{pmatrix} a & -b \\ b & a \end{pmatrix} \cdot \begin{pmatrix} x & -y \\ y & x \end{pmatrix} = \begin{pmatrix} 1 & 0 \\ 0 & 1 \end{pmatrix}$$

bedeutet dasselbe wie

$$\begin{array}{ll} ax - by = 1 & \quad -ay - bx = 0 \\ bx + ay = 0 & \quad -by + ax = 1. \end{array}$$

$$\text{und}$$

Die beiden Gleichungssysteme sind äquivalent; ihre Lösung ist

$$x = \frac{a}{a^2 + b^2}, \quad y = \frac{-b}{a^2 + b^2}.$$

Es ergibt sich also für $a^2 + b^2 \neq 0$

$$\begin{pmatrix} a & -b \\ b & a \end{pmatrix}^{-1} = \frac{1}{a^2 + b^2} \begin{pmatrix} a & b \\ -b & a \end{pmatrix},$$

wobei der Faktor vor der Matrix bedeutet, dass jeder Eintrag der Matrix mit diesem Faktor zu multiplizieren ist. Es zeigt sich also, dass $(\mathcal{C}, +, \cdot)$ ein Körper ist. Dies ist der *Körper der komplexen Zahlen*, mit dem wir uns in Abschn. 4.7 noch eingehender beschäftigen werden.

Mit den Matrizen $\begin{pmatrix} u & 0 \\ 0 & u \end{pmatrix}$ rechnet man wie mit reellen Zahlen: Es ist

$$(1) \quad \begin{pmatrix} u & 0 \\ 0 & u \end{pmatrix} + \begin{pmatrix} v & 0 \\ 0 & v \end{pmatrix} = \begin{pmatrix} u+v & 0 \\ 0 & u+v \end{pmatrix},$$

$$(2) \quad \begin{pmatrix} u & 0 \\ 0 & u \end{pmatrix} \cdot \begin{pmatrix} v & 0 \\ 0 & v \end{pmatrix} = \begin{pmatrix} u \cdot v & 0 \\ 0 & u \cdot v \end{pmatrix}.$$

Die Bedingungen (1) und (2) charakterisieren die Verknüpfungstreue der Abbildung

$$\varphi : \mathbb{R} \longrightarrow \mathcal{C}, \quad \varphi : u \longmapsto \begin{pmatrix} u & 0 \\ 0 & u \end{pmatrix}$$

bezüglich beider Operationen. Daher handelt es sich bei φ um einen Ringhomomorphismus von $(\mathbb{R}, +, \cdot)$ in $(\mathcal{C}, +, \cdot)$ mit

$$\text{Bild}\,\varphi = \left\{ \begin{pmatrix} u & 0 \\ 0 & u \end{pmatrix} \mid u \in \mathbb{R} \right\}, \quad \text{Kern}\,\varphi = \left\{ u \in \mathbb{R} \mid \varphi(u) = \begin{pmatrix} 0 & 0 \\ 0 & 0 \end{pmatrix} \right\} = \{0\}.$$

Wegen Kern $\varphi = \{0\}$ ist φ injektiv, also bildet Bild φ einen zum Körper der reellen Zahlen isomorphen Teilkörper von $(\mathcal{C}, +, \cdot)$.

Man nennt den Isomorphismus $\varphi : \mathbb{R} \longrightarrow \text{Bild}\,\varphi \subset \mathcal{C}$ eine *Einbettung* des Körpers der reellen Zahlen in den Körper der komplexen Zahlen, identifiziert $(\mathbb{R}, +, \cdot)$ mit $(\text{Bild}\,\varphi, +, \cdot)$ und versteht dann $\mathbb{R}$ als Teilmenge von $\mathcal{C}$. Dieser Sichtweise werden wir in Kap. 4 ständig begegnen. ■

Beispiel 3.42 Mit $\mathbb{Q}(\sqrt{7})$ werde die durch

$$\mathbb{Q}(\sqrt{7}) := \{x \in \mathbb{R} \mid \text{es gibt } a, b \in \mathbb{Q} \text{ mit } x = a + b\sqrt{7}\} = \{a + b\sqrt{7} \mid a, b \in \mathbb{Q}\}$$

definierte Teilmenge der reellen Zahlen bezeichnet. Für $x_1 = a_1 + b_1\sqrt{7}$, $x_2 = a_2 + b_2\sqrt{7} \in \mathbb{Q}(\sqrt{7})$ gilt gemäß der im Körper $(\mathbb{R}, +, \cdot)$ gültigen Rechengesetze:

$$x_1 + (-x_2) = (a_1 + b_1\sqrt{7}) - (a_2 + b_2\sqrt{7}) = (a_1 - a_2) + (b_1 - b_2)\sqrt{7},$$

$$x_1 \cdot x_2 = (a_1 + b_1\sqrt{7}) \cdot (a_2 + b_2\sqrt{7}) = (a_1 a_2 + 7b_1 b_2) + (a_1 b_2 + b_1 a_2)\sqrt{7}.$$

Weil mit $a_1, a_2, b_1, b_2 \in \mathbb{Q}$ aber auch $(a_1 - a_2)$, $(b_1 - b_2)$, $(a_1 a_2 + 7b_1 b_2)$ und $(a_1 b_2 + b_1 a_2)$ in $\mathbb{Q}$ liegen, sind offenbar für alle $x_1, x_2 \in \mathbb{Q}(\sqrt{7})$ auch

$$x_1 + (-x_2) \in \mathbb{Q}(\sqrt{7}) \quad \text{und} \quad x_1 \cdot x_2 \in \mathbb{Q}(\sqrt{7}),$$

sodass man mit dem Unterringkriterium (Satz 3.22) darauf schließen kann, dass $(\mathbb{Q}(\sqrt{7}), +, \cdot)$ ein Teilring von $(\mathbb{R}, +, \cdot)$ ist.

Dieser Teilring ist ein Integritätsbereich, denn die Regularität und die Kommutativität der umfassenderen Struktur $(\mathbb{R}, +, \cdot)$ übertragen sich auf die Teilstruktur $(\mathbb{Q}(\sqrt{7}), +, \cdot)$, und das Einselement 1 des Rings $(\mathbb{R}, +, \cdot)$ liegt wegen $1 = 1 + 0 \cdot \sqrt{7}$ in $\mathbb{Q}(\sqrt{7})$.

Jedes Element $x \neq 0$ ist in $\mathbb{Q}(\sqrt{7})$ bezüglich $\cdot$ invertierbar, denn ist $\dfrac{1}{x}$ das zu $x = a + b\sqrt{7} \neq 0$ inverse Element in $(\mathbb{R} \setminus \{0\}, \cdot)$, dann gilt

$$\frac{1}{x} = \frac{1}{a + b\sqrt{7}} = \frac{a - b\sqrt{7}}{a^2 - 7b^2} = \frac{a}{a^2 - 7b^2} + \frac{-b}{a^2 - 7b^2}\sqrt{7},$$

und diese Zahl gehört zu $\mathbb{Q}(\sqrt{7})$.

(Man beachte dabei, dass für rationale a, b die Gleichung

$$0 = a^2 - 7b^2 = (a + b\sqrt{7}) \cdot (a - b\sqrt{7})$$

nur für $a = b = 0$ erfüllbar ist, denn $\sqrt{7} \notin \mathbb{Q}$.)

Damit ist insgesamt gezeigt, dass es sich bei $(\mathbb{Q}(\sqrt{7}), +, \cdot)$ um einen Teilkörper des Körpers $(\mathbb{R}, +, \cdot)$ handelt.

Sei nun $(\mathcal{M}, +, \cdot)$ der Matrizenring aller (2,2)-Matrizen mit Koordinaten aus $\mathbb{R}$ und sei $\varphi : \mathbb{Q}(\sqrt{7}) \longrightarrow \mathcal{M}$ die durch

$$\varphi(a + b\sqrt{7}) := \begin{pmatrix} a & 7b \\ b & a \end{pmatrix}$$

definierte Abbildung. Dann gilt für alle $x_1 = a_1 + b_1\sqrt{7}$, $x_2 = a_2 + b_2\sqrt{7} \in \mathbb{Q}(\sqrt{7})$:

$$\varphi(x_1 + x_2) = \varphi((a_1 + a_2) + (b_1 + b_2)\sqrt{7})$$

$$= \begin{pmatrix} a_1 + a_2 & 7(b_1 + b_2) \\ b_1 + b_2 & a_1 + a_2 \end{pmatrix} = \begin{pmatrix} a_1 & 7b_1 \\ b_1 & a_1 \end{pmatrix} + \begin{pmatrix} a_2 & 7b_2 \\ b_2 & a_2 \end{pmatrix}$$

$$= \varphi(x_1) + \varphi(x_2)$$

und

$$\varphi(x_1 \cdot x_2) = \varphi((a_1 a_2 + 7b_1 b_2) + (a_1 b_2 + b_1 a_2)\sqrt{7})$$

$$= \begin{pmatrix} a_1 a_2 + 7b_1 b_2 & 7(a_1 b_2 + b_1 a_2) \\ (a_1 b_2 + b_1 a_2) & a_1 a_2 + 7b_1 b_2 \end{pmatrix} = \begin{pmatrix} a_1 & 7b_1 \\ b_1 & a_1 \end{pmatrix} \cdot \begin{pmatrix} a_2 & 7b_2 \\ b_2 & a_2 \end{pmatrix}$$

$$= \varphi(x_1) \cdot \varphi(x_2).$$

Daher handelt es sich bei φ um einen Ringhomomorphismus von $(\mathbb{Q}(\sqrt{7}), +, \cdot)$ in $(\mathcal{M}, +, \cdot)$ mit

$$\text{Bild}\,\varphi = \left\{ \begin{pmatrix} a & 7b \\ b & a \end{pmatrix} \mid a, b \in \mathbb{Q} \right\}, \quad \text{Kern}\,\varphi = \left\{ 0 + 0 \cdot \sqrt{7} \right\} = \{0\}.$$

Wegen $\text{Kern}\,\varphi = \{0\}$ ist φ injektiv, also bildet $\text{Bild}\,\varphi$ einen zum Körper $(\mathbb{Q}(\sqrt{7}), +, \cdot)$ isomorphen Teilkörper von $(\mathcal{M}, +, \cdot)$. ∎

Die für den Nachweis der Körpereigenschaften von $(\mathbb{Q}(\sqrt{7}), +, \cdot)$ verwendete Argumentation lässt sich allgemein für $\mathbb{Q}(\sqrt{d}) := \{a + b\sqrt{d} \mid a, b \in \mathbb{Q}\}$ durchführen, wenn $d > 1$ eine natürliche Zahl, dabei aber keine Quadratzahl ist (Aufgabe 3.41). Stets erhält man in diesen Fällen einen Körper, der den Körper der rationalen Zahlen enthält und seinerseits ein Teilkörper von $(\mathbb{R}, +, \cdot)$ ist.

Allgemein nennt man einen Körper $(K_2, +, \cdot)$, der den Teilkörper $(K_1, +, \cdot)$ enthält, eine *Körpererweiterung* von K_1 und beschreibt diesen Sachverhalt kurz mit $K_2 : K_1$. Sind $K_2 : L$ und $L : K_1$ Körpererweiterungen, dann nennt man $(L, +, \cdot)$ einen *Zwischenkörper* der Körpererweiterung $K_2 : K_1$. In der oben näher beschriebenen Situation bildet also $\mathbb{Q}(\sqrt{d})$ stets einen Zwischenkörper der Körpererweiterung $\mathbb{R} : \mathbb{Q}$.

Beispiel 3.43 Sind $p(x)$ und $q(x)$ Polynome mit reellen Koeffizienten, wobei $q(x)$ nicht das Nullpolynom sein soll, dann nennt man die Funktion

$$f : x \longmapsto \frac{p(x)}{q(x)}$$

eine *rationale Funktion*. Ihr Definitionsbereich ist $\mathbb{R} \setminus N_q$, wobei N_q die Menge aller Nullstellen des Nennerpolynoms $q(x)$ ist. In der Menge $\mathcal{R}$ aller rationalen Funktionen definiere man mithilfe der Addition und der Multiplikation im Polynomring $(\mathbb{R}[x], +, \cdot)$ eine Addition und eine Multiplikation durch

$$\frac{p_1(x)}{q_1(x)} + \frac{p_2(x)}{q_2(x)} := \frac{p_1(x) \cdot q_2(x) + p_2(x) \cdot q_1(x)}{q_1(x) \cdot q_2(x)} \; ; \quad \frac{p_1(x)}{q_1(x)} \cdot \frac{p_2(x)}{q_2(x)} := \frac{p_1(x) \cdot p_2(x)}{q_1(x) \cdot q_2(x)} .$$

Mit diesen Operationen wird $(\mathcal{R}, +, \cdot)$ zu einem Integritätsbereich, dessen Nullelement das Nullpolynom $n(x) = 0$ und dessen Einselement das Polynom $e(x) = 1$ sind. Weil aber mit $x \longmapsto \frac{p(x)}{q(x)}$ für $p(x) \neq n(x)$ auch $x \longmapsto \frac{q(x)}{p(x)}$ eine rationale Funktion ist und offenbar $\frac{p(x)}{q(x)} \cdot \frac{q(x)}{p(x)} = e(x)$ gilt, ist $\mathcal{R}^* = \mathcal{R} \setminus \{n(x)\}$ die Menge der Einheiten im Integritätsbereich $(\mathcal{R}, +, \cdot)$, bei dem es sich deshalb um einen Körper handelt. Man nennt $(\mathcal{R}, +, \cdot)$ den *Körper der rationalen Funktionen*. ∎

Der Körper der rationalen Funktionen entsteht durch „Quotientenbildung" aus dem Integritätsbereich $(\mathbb{R}[x], +, \cdot)$, so wie auch der Körper der rationalen Zahlen durch Quotientenbildung aus dem Integritätsbereich $(\mathbb{Z}, +, \cdot)$ entsteht. Hierbei handelt es sich um ein allgemeines Konstruktionsprinzip, nämlich die Konstruktion des *Quotientenkörpers* zu einem vorgegebenen Integritätsbereich: Der Körper der rationalen Zahlen ist der Quotientenkörper des Rings der ganzen Zahlen, und der Körper der rationalen Funktionen ist der Quotientenkörper des Polynomrings $(\mathbb{R}[x], +, \cdot)$.

Beispiel 3.44 Wie wir in Beispiel 3.35 gesehen haben, ist der Restklassenring $(R_m, +, \cdot)$ stets ein kommutativer Ring mit Einselement, der genau dann nullteilerfrei ist, wenn der Modul m eine Primzahl ist. Ist p eine Primzahl, so besitzt jede Restklasse in $R_p \setminus \{[0]\}$ eine bezüglich der Multiplikation inverse Restklasse: Für $[a] \neq [0]$ sind die $p - 1$ Produkte

$$[1] \cdot [a], \quad [2] \cdot [a], \quad \dots, \quad [p - 1] \cdot [a]$$

aufgrund der Kürzungsregel (Nullteilerfreiheit ist gleichbedeutend mit Regularität!) paarweise voneinander verschieden, stellen also wieder alle $p - 1$ von [0] verschiedenen Restklassen dar. Da insbesondere die Restklasse [1] unter diesen Produkten vorkommen muss, existiert eine Restklasse [b] mit $[b] \cdot [a] = [1]$. Der Ring $(R_p, +, \cdot)$ ist also ein *Körper*, wenn p eine Primzahl ist. Dieser besteht im Gegensatz zu den bisher behandelten Beispielen nur aus endlich vielen (nämlich p) Elementen; Körper mit dieser Eigenschaft nennt man *endliche Körper*. Für Primzahlen p wird der endliche Körper $(R_p, +, \cdot)$ auch

Galois-Feld p genannt und mit GF(p) bezeichnet. „Feld" ist ein Synonym für „Körper"; in der englischsprachigen Literatur bezeichnet man einen Körper mit *field*. ∎

Der französische Mathematiker Évariste Galois (1811–1832), der im Alter von 20 Jahren bei einem (politisch motivierten) Duell starb, hat wohl als Erster die fundamentale Bedeutung der modernen Strukturtheorie für die Algebra, insbesondere für die Auflösung algebraischer Gleichungen, erkannt. Die Anwendung der Gruppentheorie auf dieses Problem trägt den Namen *Galois-Theorie*.

In der ebenen *Koordinatengeometrie* G_2K zu einem Körper K wird ein *Punkt P* durch ein Paar $(a, b) \in K^2$ beschrieben, eine *Gerade g* durch die Lösungsmenge einer linearen Gleichung $ux + vy = w$ mit gegebenen Elementen $u, v, w \in K$, wobei u und v nicht beide das Nullelement sein dürfen. Man schreibt

$$P(a, b) \quad \text{und} \quad g : ux + vy = w,$$

um den Punkt P bzw. die Gerade g anzugeben. Gilt mit diesen Bezeichnungen

$$ua + vb = w,$$

dann schreibt man $P \in g$ und sagt: „P inzidiert mit g" oder „g inzidiert mit P" bzw. „P liegt auf g" oder „g geht durch P".

Ist $K = \mathbb{R}$, dann handelt es sich um die bekannten Begriffe aus der analytischen Geometrie. Ist aber $K = R_p$ ($= \text{GF}(p)$), dann entsteht eine neuartige Geometrie. In dieser *endlichen* Geometrie $G_2 R_p$ existieren genau p^2 Punkte, denn für die beiden Koordinaten eines Punkts hat man jeweils p Möglichkeiten.

Zwei Gleichungen $u_1 x + v_1 y = w_1$ und $u_2 x + v_2 y = w_2$ mit $(u_i, v_i, w_i \in R_p)$ stellen die gleiche Gerade dar, wenn die eine durch Multiplikation mit einem vom Nullelement verschiedenen Element in die andere übergeht, wenn also ein $t \neq 0$ existiert mit $u_2 = t u_1, v_2 = t v_1, w_2 = t w_1$. (Die Variablen stehen dabei überall für Restklassen mod p, einfachheitshalber schreiben wir aber keine eckigen Klammern und verzichten auch auf den Malpunkt.) Damit kann man jede Gerade $g : ux + vy = w$ $((u, v) \neq (0, 0))$

- im Fall $w = 0$ in der Form $\quad ux + vy = 0 \quad$ schreiben,
- im Fall $w \neq 0$ in der Form $\quad ux + vy = 1 \quad$ schreiben.

Wie viele Geraden in der Koordinatengeometrie zum Körper R_p gibt es nun?

Eine Antwort auf diese Frage erhält man mit einer Technik, die als das *Prinzip des doppelten Zählens* bekannt ist. Will man Informationen über eine endliche Anzahl a gewinnen, so zähle man eine geeignete endliche Menge M, bei der a von Bedeutung ist, auf zwei verschiedene Arten ab. Weil die Elementezahl $|M|$ der Menge M nicht von der Art des Zählens abhängt, erhält man mit jeder der Zählarten eine Gleichung für $|M|$ und daraus durch Gleichsetzen eine Bestimmungsgleichung für a.

In der hier vorliegenden Situation zähle man die *Inzidenzen*, also die Elementezahl der Menge

$$M := \{(P, g) \mid P \text{ ist Punkt in } G_2R_p \,,\, g \text{ ist Gerade in } G_2R_p \text{ und } P \in g\}\,.$$

Jede Gerade inzidiert mit genau p Punkten. Denn wählt man in obigen Gleichungen im Fall $u \neq 0$ bzw. im Fall $v \neq 0$ für y bzw. für x einen der p möglichen Werte, dann ist x bzw. y durch die Geradengleichung eindeutig bestimmt. Daraus folgt für die Anzahl der Elemente von M:

$$(1) \qquad |M| = p \cdot \text{ Anzahl der Geraden}$$

Jeder Punkt $P(a, b)$ inzidiert mit genau $p + 1$ Geraden. Denn für $(a, b) = (0, 0)$ inzidiert P genau mit den $p + 1$ Geraden der Form $ux + vy = 0$, für $(a, b) \neq (0, 0)$ inzidiert P genau mit p Geraden der Form $ux + vy = 1$ und einer Geraden der Form $ux + vy = 0$ (Aufgabe 3.48). Mit dieser Information kann man die Anzahl der Elemente von M durch

$$(2) \qquad |M| = (p + 1) \cdot \text{ Anzahl der Punkte} = (p + 1) \cdot p^2$$

berechnen. Setzt man nun die $|M|$ bestimmenden Terme in den Gleichungen (1) und (2) gleich, so erhält man eine Bestimmungsgleichung für die gesuchte Anzahl a der Geraden in der Koordinatengeometrie G_2R_p, nämlich

$$p \cdot \text{ Anzahl der Geraden} = (p + 1) \cdot p^2.$$

Daraus ergibt sich, dass in G_2R_p genau $p(p + 1)$ Geraden existieren.
Abb. 3.18 veranschaulicht die Situation für den Fall $p = 2$ („Vier-Punkte-Geometrie"):
Für $p = 2$ gibt es genau vier Punkte, nämlich $P(0, 0)$, $Q(1, 0)$, $R(0, 1)$, $S(1, 1)$, und genau sechs Geraden, nämlich diejenigen mit den Gleichungen

Abb. 3.18
Vier-Punkte-Geometrie

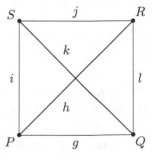

$$g : y = 0, \quad h : x = 0, \quad i : x + y = 0,$$
$$j : y = 1, \quad k : x = 1, \quad l : x + y = 1.$$

(Beim Überprüfen, ob die Punkte und Geraden in Abb. 3.18 richtig eingetragen sind, beachte man, dass in R_2 die Beziehung $1 + 1 = 0$ gilt.)

Aufgaben

3.39 Als Variable für komplexe Zahlen (also Elemente aus $\mathbb{C}$) benutzen wir hier kleine griechische Buchstaben. Löse folgende quadratische Gleichungen in $\mathbb{C}$:

a) $\alpha^2 + 2\alpha + 3 = 0$ b) $\alpha^2 - 5\alpha + 8 = 0$

3.40 Mit G bezeichnen wir die Menge der komplexen Zahlen mit ganzzahligen Koordinaten. Eine solche Zahl heißt eine *ganze Gauß'sche Zahl*. Zur Bezeichnung von Variablen für komplexe Zahlen benutzen wir kleine griechische Buchstaben. Gilt $\alpha \cdot \beta = \gamma$ für $\alpha, \beta, \gamma \in G$, dann sind α, β *Teiler* von γ, und man schreibt $\alpha|\gamma$ und $\beta|\gamma$. Zur Abkürzung setzen wir im Folgenden

$$1 := \begin{pmatrix} 1 & 0 \\ 0 & 1 \end{pmatrix}, \quad -1 := \begin{pmatrix} -1 & 0 \\ 0 & -1 \end{pmatrix}, \quad i := \begin{pmatrix} 0 & -1 \\ 1 & 0 \end{pmatrix}, \quad -i := \begin{pmatrix} 0 & 1 \\ -1 & 0 \end{pmatrix}.$$

a) Zeige, dass jede ganze Gauß'sche Zahl durch 1, -1, i, $-i$ teilbar ist.
b) Zeige: Gilt $\alpha|\beta$ für $\alpha, \beta \in G$, dann sind auch $-\alpha$, $i\alpha$, $-i\alpha$ Teiler von β.
c) Die ganze Gauß'sche Zahl $1 + i$ besitzt genau acht verschiedene Teiler. Zeichne diese in einer Gauß'schen Zahlenebene (Abschn. 4.7).
d) Eine ganze Gauß'sche Zahl π heißt eine *Gauß'sche Primzahl*, wenn π nur die acht Teiler 1, -1, i, $-i$, π, $-\pi$, $i\pi$, $-i\pi$ besitzt. Zeige, dass $1 + 2i$ eine Gauß'sche Primzahl ist.
e) Für $a, b \in \mathbb{Z}$ sei $a^2 + b^2$ eine Primzahl. Zeige, dass dann $a + bi$ eine Gauß'sche Primzahl ist.

3.41 Die natürliche Zahl $d > 1$ sei keine Quadratzahl. Die Menge $\mathbb{Q}(\sqrt{d})$ sei definiert durch $\mathbb{Q}(\sqrt{d}) := \{a + b\sqrt{d} \mid a, b \in \mathbb{Q}\}$. Zeige, dass $\mathbb{Q}(\sqrt{d})$ einen Teilkörper von $(\mathbb{R}, +, \cdot)$ bildet, der zu einem Teilkörper des Matrizenrings $(\mathcal{M}, +, \cdot)$ isomorph ist.

3.42 Es sei $(\mathcal{R}, +, \cdot)$ der Körper der rationalen Funktionen. Man gebe einen Ringhomomorphismus $\varphi : \mathbb{R}[x] \longrightarrow \mathcal{R}$ an, der den Polynomring $(\mathbb{R}[x], +, \cdot)$ in den Körper $(\mathcal{R}, +, \cdot)$ einbettet.

3.43 Zeige, dass die Menge G aus Aufgabe 3.40 einen Integritätsbereich im Körper der komplexen Zahlen bildet („Ring der ganzen Gauß'schen Zahlen"). Verifiziere dann, dass durch die Funktion

$$d : G \longrightarrow \mathbb{N}_0 \, , \quad d : \begin{pmatrix} a & -b \\ b & a \end{pmatrix} \longmapsto a^2 + b^2$$

eine euklidische Bewertungsfunktion („Norm") auf $(G, +, \cdot)$ gegeben ist, mit der der Ring der ganzen Gauß'schen Zahlen zum euklidischen Ring wird. (Hinweis: Die Division $\alpha \cdot \beta^{-1}$ lässt sich für $\beta \neq 0 \in G$ im Körper $(\mathcal{C}, +, \cdot)$ ohne Rest durchführen. Nähere den Quotienten durch ein γ aus G so an, dass der Fehler der Näherung („Divisionsrest") kleinere Norm als β hat.)

3.44 Man untersuche die Lösbarkeit der quadratischen Gleichungen

a) $x^2 = 6$,   b) $2x^2 + 4x + 5 = 0$

im Körper GF(7) und bestimme ggf. alle Lösungen.

3.45 Bestimme in der Koordinatengeometrie zum Körper R_3 die Koordinaten der neun Punkte und die Gleichungen der zwölf Geraden.

3.46 Bestimme in der Koordinatengeometrie zum Körper R_5

a) den Schnittpunkt von $g : 2x - y = 1$ und $h : x + 3y = 2$,
b) die Verbindungsgerade von $P(2, 1)$ und $Q(4, 3)$.

3.47 Bestimme in der Koordinatengeometrie zum Körper R_7 alle Punkte auf der Geraden $g : x + 5y = 2$ und alle Geraden durch den Punkt $P(2, 6)$.

3.48 Man betrachte im Folgenden die Koordinatengeometrie zum Körper R_p.

a) Zeige, dass genau $p + 1$ verschiedene Geraden der Form $ux + vy = 0$ $((u, v) \neq (0, 0))$ existieren.
b) Zeige, dass genau $p^2 - 1$ verschiedene Geraden der Form $ux + vy = 1$ $((u, v) \neq (0, 0))$ existieren.
c) Welche Gleichung hat die Gerade durch (0,0) und (0,1)?
d) In welchem Punkt schneiden sich die Geraden

$$g : x + y = 0 \quad \text{und} \quad h : x - y = 2 \, ?$$

3.5 Vektorräume

In vielen Bereichen der Mathematik treten kommutative Gruppen $(V, +)$ auf, für deren Elemente neben der Verknüpfung $+$ eine *Vervielfachung mit Zahlenfaktoren* definiert ist, wobei diese Zahlen aus einem Körper stammen. Wir betrachten hier nur die Vervielfachung mit *reellen Zahlen*. Zur besseren Unterscheidung schreiben wir Variable aus V in der Form $\vec{a}$, $\vec{b}$, $\vec{c}$, ... und Variable aus $\mathbb{R}$ stets ohne Pfeil.

Ist V eine nichtleere Menge, $+$ eine additive Verknüpfung (Addition) in V und bezeichnet $r\vec{a} \in V$ die Vervielfachung des Elements $\vec{a} \in V$ mit der reellen Zahl r, dann nennen wir $(V, +, \mathbb{R})$ einen *Vektorraum* (genauer: $\mathbb{R}$-*Vektorraum*), wenn gilt:

Vektorraumaxiome

(V 1) Die Struktur $(V, +)$ ist eine kommutative Gruppe.

(V 2) $r(\vec{a} + \vec{b}) = r\vec{a} + r\vec{b}$ für alle $r \in \mathbb{R}$ und alle $\vec{a}, \vec{b} \in V$.

(V 3) $(r + s)\vec{a} = r\vec{a} + s\vec{a}$ für alle $r, s \in \mathbb{R}$ und alle $\vec{a} \in V$.

(V 4) $r(s\vec{a}) = (rs)\vec{a}$ für alle $r, s \in \mathbb{R}$ und alle $\vec{a} \in V$.

(V 5) $1\vec{a} = \vec{a}$ für alle $\vec{a} \in V$.

Die beiden Distributivgesetze (V 2) und (V 3) stellen sicher, dass die Operation des Vervielfachens einerseits mit der Addition in V und andererseits mit der Addition in $\mathbb{R}$ verträglich ist; (V 4) regelt die Verträglichkeit des Vervielfachens mit der Multiplikation reeller Zahlen. Die etwas seltsame Regel (V 5) sorgt dafür, dass man mit der Definition $r\vec{a} = \vec{o}$ für alle $r \in \mathbb{R}$ und alle $\vec{a} \in V$ *keinen* Vektorraum erhält; dabei soll $\vec{o}$ das neutrale Element von $(V, +)$ sein. Wir nennen die Elemente von V dann *Vektoren*; das neutrale Element $\vec{o}$ von $(V, +)$ heißt *Nullvektor*, und das zu einem Vektor $\vec{v} \in V$ inverse Element der Gruppe $(V, +)$ wird der *Gegenvektor* von $\vec{v}$ genannt und mit $-\vec{v}$ bezeichnet.

Die Motivation für diese Schreibweise wird im Zusammenhang mit den Axiomen (V 2) bis (V 5) verständlich: Zusammen mit passenden Notationen stellen die Verträglichkeitsaxiome sicher, dass man mit Vektoren *formal* wie mit Zahlen rechnen kann (Aufgabe 3.49 und 3.50). Es sei noch einmal ausdrücklich darauf hingewiesen, dass die Vervielfachung mit Zahlenfaktoren *keine* innere Verknüpfung in der Menge V ist – eine solche wäre ja eine Abbildung $\star : V \times V \longrightarrow V$ (Abschn. 3.1).

Bei der *Vervielfachung* von Vektoren eines $\mathbb{R}$-Vektorraums handelt es sich aber um eine Abbildung von $\mathbb{R} \times V$ in V, die einer Zahl $r \in \mathbb{R}$ und einem Vektor $\vec{v} \in V$ den Vektor $r\vec{v}$, also das r-fache des Vektors $\vec{v}$ zuordnet. Man spricht in diesem Zusammenhang von einer *Operation der Menge $\mathbb{R}$ auf der Menge V*.

Beispiel 3.45 *Verschiebungen* der Ebene kann man durch Pfeile (Verschiebungspfeile) darstellen, wobei parallele, gleich lange und gleichgerichtete Pfeile zur gleichen

Abb. 3.19 Kommutativität
der Vektoraddition

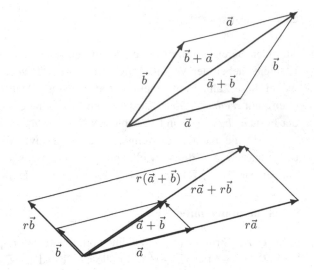

Abb. 3.20 Zu
Vektorraumaxiom (V 2)

Verschiebung gehören. Verschiebungen bezeichnen wir mit $\vec{a}$, $\vec{b}$, $\vec{c}$, … und nennen sie auch *Verschiebungsvektoren* oder kürzer *Vektoren*. (In diesem Zusammenhang versteht man auch die gewählte allgemeine Bezeichnung „Vektor" und die Kennzeichnung der Variablen mit einem Pfeil.) Die *Verkettung von Verschiebungen* ergibt sich dann durch Aneinandersetzen der zugehörigen Verschiebungspfeile; wir bezeichnen die Verkettung von $\vec{a}$ und $\vec{b}$ als *Vektoraddition* und notieren sie in der Form $\vec{a} + \vec{b}$. Entsprechend wird $\vec{a} + \vec{b}$ als die *Summe* von $\vec{a}$ und $\vec{b}$ bezeichnet.

Wie Abb. 3.19 zeigt, gilt $\vec{a} + \vec{b} = \vec{b} + \vec{a}$ für alle Verschiebungsvektoren $\vec{a}, \vec{b}$; die Vektoraddition ist also *kommutativ*.

Ist $\vec{v}$ ein Verschiebungsvektor und r eine reelle Zahl, dann ist $r\vec{v}$ ein Verschiebungsvektor, dessen Pfeil parallel zu dem von $\vec{v}$ ist, die $|r|$-fache Länge hat und zu dem Pfeil von $\vec{v}$ gleich- oder entgegengesetzt gerichtet ist, je nachdem, ob r positiv oder negativ ist. Abb. 3.20 veranschaulicht Axiom (V 2) für positive $r \in \mathbb{R}$.

∎

Beispiel 3.46 Wie wir in Beispiel 3.24 gesehen haben, bildet $\mathbb{R}^2$ mit der komponentenweise definierten Addition

$$\begin{pmatrix} a_1 \\ a_2 \end{pmatrix} + \begin{pmatrix} b_1 \\ b_2 \end{pmatrix} := \begin{pmatrix} a_1 + b_1 \\ a_2 + b_2 \end{pmatrix}$$

eine abelsche Gruppe. Zusätzlich erklären wir auf $\mathbb{R}^2$ eine Vervielfachung mit reellen Zahlen durch

$$r \begin{pmatrix} a_1 \\ a_2 \end{pmatrix} := \begin{pmatrix} ra_1 \\ ra_2 \end{pmatrix}.$$

Damit wird $(\mathbb{R}^2, +, \mathbb{R})$ zu einem reellen Vektorraum.

Ist ein Koordinatensystem in der Ebene gegeben, dann kann man die Verschiebungsvektoren aus Beispiel 3.45 durch Zahlenpaare darstellen und das Rechnen mit Verschiebungen durch das Rechnen im Vektorraum $\mathbb{R}^2$ ersetzen. ∎

In gleicher Weise kann man statt mit Paaren mit n-Tupeln reeller Zahlen rechnen und erhält so den Vektorraum $\mathbb{R}^n$. Eine Matrix des Matrizenrings $(\mathcal{M}, +, \cdot)$ aus Beispiel 3.36 kann man als Vektor aus $\mathbb{R}^4$ verstehen, der nicht als Zahlen*spalte*, sondern als Zahlen*quadrat* geschrieben ist. Die zugehörige Vervielfachung einer Matrix mit reellen Zahlen r besteht dann in der Multiplikation jeder Komponente der Matrix mit dem Faktor r.

Beispiel 3.47 Wir verallgemeinern den Begriff des magischen Quadrats (Abschn. 1.11) zum Begriff des *Zahlenquadrats*. Ein Zahlenquadrat der Ordnung n ist ein quadratisches Schema aus n^2 beliebigen Zahlen, bei dem die Summe der Elemente in jeder Zeile, jeder Spalte und in den Diagonalen stets den gleichen Wert ergibt. Beispielsweise sind

$$\begin{pmatrix} 0,7 & 0,6 & 0,5 \\ 0,4 & 0,6 & 0,8 \\ 0,7 & 0,6 & 0,5 \end{pmatrix}, \quad \begin{pmatrix} 5 & 16 & 12 \\ 18 & 11 & 4 \\ 10 & 6 & 17 \end{pmatrix}, \quad \begin{pmatrix} 1 & 2 & 0 \\ 0 & 1 & 2 \\ 2 & 0 & 1 \end{pmatrix}, \quad \begin{pmatrix} 3 & 8 & 1 \\ 2 & 4 & 6 \\ 7 & 0 & 5 \end{pmatrix}$$

Zahlenquadrate der Ordnung 3 (Zeilensumme = Spaltensumme = Diagonalensumme = 1,8 bzw. 33 bzw. 3 bzw. 12). Die Addition und die Vervielfachung von Zahlenquadraten der Ordnung n erfolgt wie bei n^2-Tupeln koordinatenweise (Beispiel 3.46). Sind A, B Zahlenquadrate der Ordnung n mit der Zeilen- bzw. Spaltensumme $\sigma(A)$, $\sigma(B)$, dann ist $rA + sB$ für $r, s \in \mathbb{R}$ ein Zahlenquadrat der Ordnung n mit der Zeilen-, Spalten- und Diagonalensumme $r \cdot \sigma(A) + s \cdot \sigma(B)$. ∎

Beispiel 3.48 Die Menge aller Folgen (a_n) reeller Zahlen ist bezüglich der Addition und Vervielfachung mit reellen Zahlen ein Vektorraum. Dabei sind die Addition und die Vervielfachung definiert durch

$$(a_n) + (b_n) := (a_n + b_n) \quad \text{und} \quad r(a_n) := (ra_n).$$

∎

Beispiel 3.49 Die Menge aller auf dem Intervall $[a, b] \subseteq \mathbb{R}$ definierten Funktionen ist bezüglich der Addition und der Vervielfachung mit reellen Zahlen ein Vektorraum. Dabei sind die Addition und die Vervielfachung definiert durch

$$(f + g)(x) := f(x) + g(x) \quad \text{und} \quad (rf)(x) = r \cdot f(x).$$

∎

Das schon in der Kategorie der Gruppen und der Ringe aufgetretene Konzept algebraischer Unterstrukturen findet man auch im Bereich der Vektorräume wieder: Ist $(V, +, \mathbb{R})$ ein Vektorraum und ist U eine nichtleere Teilmenge von V, die bezüglich der in V definierten Addition $+$ und der Operation des Vervielfachens von Vektoren mit reellen Zahlen selbst einen Vektorraum bildet, dann nennt man $(U, +, \mathbb{R})$ einen *Untervektorraum* von $(V, +, \mathbb{R})$. Wieder gibt es ein bequemes Kriterium, mit dem man feststellen kann, ob eine Teilmenge eines Vektorraums $(V, +, \mathbb{R})$ einen Untervektorraum von V bildet (Satz 3.26).

Satz 3.26 (Untervektorraumkriterium) *Genau dann bildet die nichtleere Teilmenge U von V einen Untervektorraum von $(V, +, \mathbb{R})$, wenn gilt:*

(i) *Für alle $\vec{a}$, $\vec{b} \in U$ ist $\vec{a} + \vec{b} \in U$.*
(ii) *Für alle $\vec{a} \in U$ und alle $r \in \mathbb{R}$ ist $r\vec{a} \in U$.*

Beweis 3.26 Falls $(U, +, \mathbb{R})$ ein Untervektorraum von $(V, +, \mathbb{R})$ ist, sind natürlich die Bedingungen (i) und (ii) erfüllt. Umgekehrt folgt zunächst aus (ii), dass für jeden Vektor $\vec{b} \in U$ auch dessen Gegenvektor $-\vec{b} = (-1)\vec{b}$ (Aufgabe 3.50) zu U gehört. Wegen (i) ist dann für alle $\vec{a}$, $\vec{b} \in U$ auch $\vec{a} + (-\vec{b}) = \vec{a} - \vec{b} \in U$; damit ist laut Satz 3.7 $(U, +)$ eine (abelsche) Untergruppe der (abelschen) Gruppe $(V, +)$. Weil die Verträglichkeitsaxiome (V 2) bis (V 5) für alle Vektoren aus V gelten, sind sie natürlich auch für alle Vektoren aus $U \subseteq V$ gültig.   □

Beispiel 3.50 (1) Im Vektorraum $(V, +, \mathbb{R})$ aller reellen Zahlenfolgen aus Beispiel 3.48 sei $U \subseteq V$ die Menge aller *konvergenten* Folgen (Aufgabe 2.71; siehe auch Abschn. 4.5). Dann bildet U einen Untervektorraum von V, denn für zwei konvergente Folgen (a_n), $(b_n) \in U$ ist auch deren Summenfolge $(a_n + b_n)$ konvergent, ebenso wie die Folge (ra_n) für jedes $r \in \mathbb{R}$ konvergent ist. Beides besagen die sogenannten *Grenzwertsätze* für konvergente Zahlenfolgen, die Gegenstand der *Analysis* sind.

(2) Im Vektorraum $(\mathbb{R}^3, +, \mathbb{R})$ betrachten wir die Menge U aller Vektoren $\vec{a} = \begin{pmatrix} a_1 \\ a_2 \\ a_3 \end{pmatrix}$

mit $a_3 = 0$. Dann bildet U einen Untervektorraum von $\mathbb{R}^3$, denn für alle $\vec{a} = \begin{pmatrix} a_1 \\ a_2 \\ 0 \end{pmatrix}$, $\vec{b} = \begin{pmatrix} b_1 \\ b_2 \\ 0 \end{pmatrix} \in U$ und für alle $r \in \mathbb{R}$ gilt

$$\begin{pmatrix} a_1 \\ a_2 \\ 0 \end{pmatrix} + \begin{pmatrix} b_1 \\ b_2 \\ 0 \end{pmatrix} = \begin{pmatrix} a_1 + b_1 \\ a_2 + b_2 \\ 0 \end{pmatrix} \in U \quad \text{und} \quad r\begin{pmatrix} a_1 \\ a_2 \\ 0 \end{pmatrix} = \begin{pmatrix} r \cdot a_1 \\ r \cdot a_2 \\ 0 \end{pmatrix} \in U.$$

Dieser Untervektorraum U von $\mathbb{R}^3$ kann mit dem Vektorraum $\mathbb{R}^2$ identifiziert werden. Zu diesem Zweck erklärt man *Vektorraumhomomorphismen*, also solche Abbildungen $f : V \longrightarrow W$ zwischen Vektorräumen, die bezüglich der Addition und der Vervielfachung von Vektoren verknüpfungs- bzw. operationstreu sind, für die also

$$f(\vec{a} + \vec{b}) = f(\vec{a}) + f(\vec{b}) \quad \text{und} \quad f(r\vec{a}) = rf(\vec{a})$$

für alle $\vec{a}, \vec{b} \in V$ und für alle $r \in \mathbb{R}$ gilt. Durch

$$f : U \longrightarrow \mathbb{R}^2 \quad \text{mit} \quad f : \begin{pmatrix} a_1 \\ a_2 \\ 0 \end{pmatrix} \longmapsto \begin{pmatrix} a_1 \\ a_2 \end{pmatrix}$$

ist dann ein bijektiver Vektorraumhomomorphismus („Vektorraumisomorphismus") gegeben; die Vektorräume U und $\mathbb{R}^2$ sind isomorph. ∎

Üblicherweise bezeichnet man Vektorraumhomomorphismen als *lineare Abbildungen* zwischen Vektorräumen. Die Theorie der Vektorräume und ihrer linearen Abbildungen bildet den Kern der *Linearen Algebra*, einer relativ jungen mathematischen Disziplin, die sich im 19. Jahrhundert im Spannungsfeld von Algebra und Geometrie entwickelt hat. Im Rahmen dieses Buchs können wir nicht näher auf die Theorie der linearen Abbildungen eingehen, sondern verweisen dazu auf unser Lehrbuch Elemente der Linearen Algebra und Analysis.

Kombiniert man die Bedingungen (i) und (ii) aus dem Untervektorraumkriterium (Satz 3.26), so wird man auf die Idee gebracht, Vektorsummen vom Typ $r_1\vec{a}_1 + r_2\vec{a}_2$ zu betrachten, allgemeiner: Vektorsummen dieser Art mit n Summanden zu studieren. Sind $\vec{a}_1, \vec{a}_2, \ldots, \vec{a}_n$ vorgegebene Vektoren eines Vektorraums $(V, +, \mathbb{R})$, dann nennt man einen jeden Vektor $\vec{a} \in V$ von der Form

$$\vec{a} = r_1\vec{a}_1 + r_2\vec{a}_2 + \cdots + r_n\vec{a}_n \quad \text{mit } r_1, \ldots, r_n \in \mathbb{R}$$

eine *Linearkombination* der Vektoren $\vec{a}_1, \vec{a}_2, \ldots, \vec{a}_n$. Zur Vereinfachung der Notation verwenden wir auch für Summen von *Vektoren* das in Abschn. 1.9 eingeführte Summenzeichen, denn es spielt für den dort erklärten Formalismus keine Rolle, ob es sich um Summen von *Zahlen* oder um Summen von anderen Objekten handelt. Wir bedienen uns also der Kurzschreibweise

$$r_1\vec{a}_1 + r_2\vec{a}_2 + \cdots + r_n\vec{a}_n =: \sum_{i=1}^{n} r_i\vec{a}_i.$$

Im Hinblick auf Satz 3.26 kann es kaum überraschen, dass die Menge $\langle \vec{a}_1, \vec{a}_2, \ldots, \vec{a}_n \rangle$ aller Linearkombinationen von $\vec{a}_1, \vec{a}_2, \ldots, \vec{a}_n$ einen Untervektorraum von V bildet (Satz 3.27).

Satz 3.27 *Sind Vektoren* $\vec{a}_1, \vec{a}_2, \ldots, \vec{a}_n$ *eines Vektorraums* $(V, +, \mathbb{R})$ *vorgegeben, dann bildet die Menge* $\langle \vec{a}_1, \vec{a}_2, \ldots, \vec{a}_n \rangle$ *ihrer Linearkombinationen stets einen Untervektorraum von* $(V, +, \mathbb{R})$.

Beweis 3.27 Für Vektoren $\vec{a} = \sum\limits_{i=1}^{n} r_i \vec{a}_i$, $\vec{b} = \sum\limits_{i=1}^{n} s_i \vec{a}_i \in \langle \vec{a}_1, \vec{a}_2, \ldots, \vec{a}_n \rangle$ und Zahlen $t \in \mathbb{R}$ liegen die Vektoren

$$\vec{a} + \vec{b} = \sum_{i=1}^{n} r_i \vec{a}_i + \sum_{i=1}^{n} s_i \vec{a}_i = \sum_{i=1}^{n} (r_i + s_i) \vec{a}_i \quad \text{sowie} \quad t\vec{a} = t \sum_{i=1}^{n} r_i \vec{a}_i = \sum_{i=1}^{n} (t \cdot r_i) \vec{a}_i$$

offenbar wieder in $\langle \vec{a}_1, \vec{a}_2, \ldots, \vec{a}_n \rangle$. Demnach handelt es sich laut Satz 3.26 bei der Menge aller Linearkombinationen von $\vec{a}_1, \vec{a}_2, \ldots, \vec{a}_n$ um einen Untervektorraum von $(V, +, \mathbb{R})$.

$\square$

Man nennt $\langle \vec{a}_1, \vec{a}_2, \ldots, \vec{a}_n \rangle$ den *von den Vektoren* $\vec{a}_1, \ldots, \vec{a}_n$ *erzeugten* Untervektorraum von V oder das *Erzeugnis* von $\vec{a}_1, \ldots, \vec{a}_n$. Dies ist der kleinste Untervektorraum von $(V, +, \mathbb{R})$, der die Vektoren $\vec{a}_1, \ldots, \vec{a}_n$ enthält.

Von besonderem Interesse ist dabei der Fall $\langle \vec{a}_1, \vec{a}_2, \ldots, \vec{a}_n \rangle = V$: In dieser Situation ist offenbar jeder Vektor aus V durch eine geeignete Linearkombination der Vektoren $\vec{a}_1, \ldots, \vec{a}_n$ darstellbar. Man nennt dann die Menge $E := \{ \vec{a}_1, \ldots, \vec{a}_n \}$ ein *Erzeugendensystem* des Vektorraums $(V, +, \mathbb{R})$ oder spricht einfach davon, dass $\vec{a}_1, \ldots, \vec{a}_n$ ein Erzeugendensystem von V bilden.

Beispiel 3.51

(1) Ein Erzeugendensystem des Vektorraums $\mathbb{R}^2$ ist offenbar durch die Vektoren

$$\vec{a}_1 = \begin{pmatrix} 1 \\ 0 \end{pmatrix} , \; \vec{a}_2 = \begin{pmatrix} 1 \\ 1 \end{pmatrix} , \; \vec{a}_3 = \begin{pmatrix} 1 \\ -1 \end{pmatrix}$$

gegeben, denn jeder Vektor $\vec{v} = \begin{pmatrix} v_1 \\ v_2 \end{pmatrix} \in \mathbb{R}^2$ lässt sich als Linearkombination von $\vec{a}_1, \ldots, \vec{a}_3$ darstellen – etwa in der Form

$$\begin{pmatrix} v_1 \\ v_2 \end{pmatrix} = v_1 \begin{pmatrix} 1 \\ 0 \end{pmatrix} + \frac{v_2}{2} \begin{pmatrix} 1 \\ 1 \end{pmatrix} - \frac{v_2}{2} \begin{pmatrix} 1 \\ -1 \end{pmatrix} = v_1 \vec{a}_1 + \frac{v_2}{2} \vec{a}_2 - \frac{v_2}{2} \vec{a}_3 .$$

(2) Sei $(V, +, \mathbb{R})$ der Vektorraum aller Funktionen $f : \mathbb{R} \longrightarrow \mathbb{R}$ mit der in Beispiel 3.49 definierten Addition und Vervielfachung. Für $n \in \mathbb{N}$ sei $P_n \subset V$ die Menge aller Polynome vom Grad $\leq n$. Dann ist $(P_n, +, \mathbb{R})$ ein Untervektorraum von $(V, +, \mathbb{R})$. Seien nun $\vec{a}_0, \ldots, \vec{a}_n \in P_n$ definiert durch

$$\vec{a}_k := f_k \quad \text{mit} \quad f_k(x) = x^k \quad \text{für alle } x \in \mathbb{R}, \ 0 \leq k \leq n.$$

Dann ist $\{\vec{a}_0, \ldots, \vec{a}_n\}$ ein Erzeugendensystem von P_n: Ist nämlich $f \in P_n$ ein Polynom vom Grad $\leq n$, dann gibt es Zahlen $c_0, \ldots, c_n \in \mathbb{R}$ mit

$$f(x) = c_0 + c_1 x + c_2 x^2 + \cdots + c_n x^n \quad \text{für alle } x \in \mathbb{R}.$$

Offenbar ist dann

$$f(x) = \sum_{k=0}^{n} c_k f_k(x) \quad \text{für alle } x \in \mathbb{R},$$

das Polynom f lässt sich also in der Form $f = \sum_{k=0}^{n} c_k \vec{a}_k$ als Linearkombination der Vektoren $\vec{a}_0, \ldots, \vec{a}_n$ darstellen. ∎

Ein *wesentlicher* (!) Unterschied der Situationen (1) und (2) aus Beispiel 3.51 besteht darin, dass das Erzeugendensystem in (1) überflüssige Vektoren enthält, während man in (2) auf keinen der Vektoren verzichten kann. In (2) wäre nämlich der von den Vektoren $\vec{a}_0, \ldots, \vec{a}_{k-1}, \vec{a}_{k+1}, \ldots, \vec{a}_n$ erzeugte Untervektorraum von V *nicht* ganz P_n: Der Verzicht auf $\vec{a}_k$ bewirkt, dass sich alle Polynome $f \in P_n$ mit $f(x) = c_0 + c_1 x + \cdots + c_n x^n$ und $c_k \neq 0$ *nicht* als Linearkombination der verbleibenden Vektoren $\vec{a}_0, \ldots, \vec{a}_{k-1}, \vec{a}_{k+1}, \ldots, \vec{a}_n$ darstellen lassen. In Situation (1) hingegen bildet jede Auswahl von zwei der drei Vektoren $\vec{a}_1, \vec{a}_2, \vec{a}_3$ immer noch ein Erzeugendensystem von $\mathbb{R}^2$. Der Grund dafür ist darin zu sehen, dass die Vektoren $\vec{a}_1, \vec{a}_2, \vec{a}_3$ in (1) *nicht linear unabhängig* sind, womit wir zu einem der fundamentalen Begriffe in der Theorie der Vektorräume kommen.

Man nennt Vektoren $\vec{v}_1, \ldots, \vec{v}_n$ eines Vektorraums $(V, +, \mathbb{R})$ *linear unabhängig*, wenn sich der Nullvektor $\vec{o} \in V$ ausschließlich in der Form $\vec{o} = 0\,\vec{v}_1 + 0\,\vec{v}_2 + \cdots + 0\,\vec{v}_n$ als Linearkombination der Vektoren $\vec{v}_1, \ldots, \vec{v}_n$ darstellen lässt, wenn also gilt:

$$\vec{o} = \sum_{k=1}^{n} r_k \vec{v}_k \implies r_1 = r_2 = \cdots = r_n = 0.$$

Sind Vektoren $\vec{v}_1$, ... , $\vec{v}_n$ nicht linear unabhängig, so nennt man sie *linear abhängig*; in dieser Situation gibt es stets eine Linearkombination $\vec{o} = \sum\limits_{k=1}^{n} s_k\,\vec{v}_k$ des Nullvektors, sodass *mindestens einer* der Koeffizienten $s_k \in \mathbb{R}$ ungleich null ist („eine *nichttriviale* Linearkombination des Nullvektors aus $\vec{v}_1$, ... , $\vec{v}_n$").

Für die Vektoren $\vec{a}_1$, $\vec{a}_2$, $\vec{a}_3$ aus (1) in Beispiel 3.51 gilt beispielsweise:

$$2\vec{a}_1 - \vec{a}_2 - \vec{a}_3 = \begin{pmatrix} 2 \\ 0 \end{pmatrix} - \begin{pmatrix} 1 \\ 1 \end{pmatrix} - \begin{pmatrix} 1 \\ -1 \end{pmatrix} = \begin{pmatrix} 2-1-1 \\ 0-1+1 \end{pmatrix} = \begin{pmatrix} 0 \\ 0 \end{pmatrix} = \vec{o}.$$

Löst man diese Gleichung nach einem der Vektoren $\vec{a}_1$, $\vec{a}_2$, $\vec{a}_3$ auf, dann erhält man eine Darstellung dieses Vektors als Linearkombination der beiden anderen – jede Linearkombination aus allen drei Vektoren lässt sich also durch eine Linearkombination von zwei dieser drei Vektoren ersetzen.

Allgemein gilt: Ist $\{\vec{a}_1, \ldots, \vec{a}_n\}$ ein Erzeugendensystem des Vektorraums V und sind die Vektoren $\vec{a}_1, \ldots, \vec{a}_n$ linear abhängig, dann lässt sich mindestens einer dieser Vektoren als Linearkombination der anderen darstellen und ist daher im Erzeugendensystem überflüssig.

Man kann demnach aus einem Erzeugendensystem so lange überflüssige Vektoren entfernen, wie die verbleibenden Vektoren immer noch ein Erzeugendensystem bilden, aber linear abhängig sind. Sind die nach Entfernung verbleibenden Vektoren eines Erzeugendensystems linear unabhängig, dann hat man ein „minimales" Erzeugendensystem von V gefunden, das keine überflüssigen Vektoren mehr enthält. Man nennt ein solches minimales Erzeugendensystem aus linear unabhängigen Vektoren eine *Basis* von V.

Man kann beweisen, dass jeder Vektorraum eine Basis besitzt und dass je zwei Basen eines bestimmten Vektorraums V aus gleich vielen Basisvektoren bestehen – diese gemeinsame Anzahl bezeichnet man als die *Dimension* des Vektorraums V, wobei auch die Dimension ∞ auftreten kann: Beispielsweise ist der Vektorraum aller Polynome unendlichdimensional, denn er wird erzeugt von allen Monomen

$$\vec{a}_k := f_k \quad \text{mit} \quad f_k(x) = x^k \quad \text{für alle } x \in \mathbb{R} , \ k \in \mathbb{N}_0 ,$$

und keiner der erzeugenden Vektoren ist verzichtbar, sodass es sich um ein minimales Erzeugendensystem handelt.

(Die Verallgemeinerung des Begriffs der linearen Unabhängigkeit auf unendlich viele Vektoren ist ebenfalls möglich; in diesem verallgemeinerten Sinn wären die Vektoren $\vec{a}_k$, $k \in \mathbb{N}_0$ linear unabhängig.)

Der Vektorraum $\mathbb{R}^n$ ist n-dimensional ($n \in \mathbb{N}$), seine „Standardbasis" ist gegeben durch

$$\vec{e}_1 = \begin{pmatrix} 1 \\ 0 \\ 0 \\ \vdots \\ 0 \\ 0 \end{pmatrix}, \ \vec{e}_2 = \begin{pmatrix} 0 \\ 1 \\ 0 \\ \vdots \\ 0 \\ 0 \end{pmatrix}, \ \ldots, \vec{e}_{n-1} = \begin{pmatrix} 0 \\ 0 \\ \vdots \\ 0 \\ 1 \\ 0 \end{pmatrix}, \ \vec{e}_n = \begin{pmatrix} 0 \\ 0 \\ 0 \\ \vdots \\ 0 \\ 1 \end{pmatrix},$$

wobei der i-te Basisvektor $\vec{e}_i$ in der i-ten Komponente eine 1 aufweist und ansonsten aus lauter Nullen besteht.

Wir können im Rahmen dieses Buchs nicht näher auf die angedeuteten Zusammenhänge eingehen, denn sie sind durchaus anspruchsvoll und bilden das Fundament der Linearen Algebra. Im ersten Drittel des 20. Jahrhunderts wurde die Vektorraumterminologie in viele andere Bereiche der Mathematik eingeführt; allgemein hat sich die Theorie der Vektorräume als ein extrem nützliches mathematisches Werkzeug erwiesen.

Aufgaben

3.49 Es sei $(V, +, \mathbb{R})$ ein Vektorraum, $\vec{o}$ sei der Nullvektor. Beweise:
a) $0\vec{a} = \vec{o}$ für alle $\vec{a} \in V$ b) $r\vec{o} = \vec{o}$ für alle $r \in \mathbb{R}$

3.50 Es sei $(V, +, \mathbb{R})$ ein Vektorraum. Den Gegenvektor zu $\vec{a} \in V$ bezeichnen wir mit $-\vec{a}$; statt $\vec{a} + (-\vec{b})$ schreiben wir kürzer $\vec{a} - \vec{b}$. Beweise:

a) $-(r\vec{a}) = (-r)\vec{a} = r(-\vec{a})$ für alle $r \in \mathbb{R}$ und alle $\vec{a} \in V$
b) $r(\vec{a} - \vec{b}) = r\vec{a} - r\vec{b}$ für alle $r \in \mathbb{R}$ und alle $\vec{a}, \vec{b} \in V$
c) $(r - s)\vec{a} = r\vec{a} - s\vec{a}$ für alle $r, s \in \mathbb{R}$ und alle $\vec{a} \in V$

3.51 Jedes Zahlenquadrat der Ordnung 3 lässt sich als Linearkombination der Zahlenquadrate

$$A = \begin{pmatrix} 2 & 0 & 1 \\ 0 & 1 & 2 \\ 1 & 2 & 0 \end{pmatrix}, \quad B = \begin{pmatrix} 1 & 0 & 2 \\ 2 & 1 & 0 \\ 0 & 2 & 1 \end{pmatrix}, \quad C = \begin{pmatrix} 0 & 2 & 1 \\ 2 & 1 & 0 \\ 1 & 0 & 2 \end{pmatrix}$$

darstellen, also in der Form $rA + sB + tC$ mit $r, s, t \in \mathbb{R}$. Bestimme die Koeffizienten r, s, t für das Zahlenquadrat

$$D = \begin{pmatrix} 3 & 8 & 1 \\ 2 & 4 & 6 \\ 7 & 0 & 5 \end{pmatrix} .$$

3.52 Gegeben seien im Vektorraum $\mathbb{R}^3$ die Vektoren

$$\vec{a}_1 = \begin{pmatrix} 1 \\ 0 \\ 1 \end{pmatrix} , \ \vec{a}_2 = \begin{pmatrix} 1 \\ 1 \\ 1 \end{pmatrix} , \ \vec{a}_3 = \begin{pmatrix} 1 \\ 1 \\ 0 \end{pmatrix} , \ \vec{a}_4 = \begin{pmatrix} 0 \\ 1 \\ 0 \end{pmatrix} .$$

a) Zeige, dass die Vektoren $\vec{a}_1, \ldots, \vec{a}_4$ linear abhängig sind.

b) Wähle aus $\vec{a}_1, \ldots, \vec{a}_4$ eine Basis von $\mathbb{R}^3$; stelle den vierten Vektor als Linearkombination der gewählten Basisvektoren dar.

3.53 Die Lösungstripel der Gleichung $2x_1 + 5x_2 - 7x_3 = 0$ in $\mathbb{R}^3$ bilden einen Untervektorraum U von $\mathbb{R}^3$. Bestimme eine Basis von U. Drücke die Lösung $(10; 3; 5)$ als Linearkombination der angegebenen Basisvektoren aus.

3.54 Die Menge U der Lösungen einer homogenen linearen Gleichung

$$a_1 x_1 + \cdots + a_n x_n = 0 , \quad (a_1, \ldots, a_n) \neq (0, \ldots, 0)$$

in $\mathbb{R}^n$ bildet einen $(n - 1)$-dimensionalen Untervektorraum von $\mathbb{R}^n$ (Beweis?). Was kann man über die Menge der Lösungen eines Gleichungssystems aus zwei solcher Gleichungen sagen?

3.6   Verbände

Die algebraische Struktur, der wir uns nun zuwenden, umfasst das Rechnen mit

- Mengen bezüglich der Operationen $\cap$ und $\cup$,
- natürlichen Zahlen bezüglich der Operationen ggT und kgV,
- reellen Zahlen bezüglich der Operationen min und max

und viele andere Beispiele. Diese Struktur findet man auch in der Aussagenlogik, wenn man die logischen Verknüpfungen „und", „oder" sowie den Operator „nicht" betrachtet. Auch hierfür gibt es „Rechenregeln"; beispielsweise bedeutet das Gegenteil von „die Sonne scheint, *oder* es regnet" dasselbe wie „die Sonne scheint nicht, *und* es regnet nicht".

Interessant an den zu betrachtenden Strukturen ist auch, dass sie auf natürliche Weise *eine Ordnungsrelation definieren* und umgekehrt *mithilfe einer Ordnungsrelation definiert werden* können: Die Verknüpfungen $\cap$ und $\cup$ in einer Menge von Mengen sind mit der Mengeninklusion $\subseteq$ verbunden, die Verknüpfungen ggT und kgV in einer Menge natürlicher Zahlen mit der Teilbarkeitsrelation | und die Verknüpfungen min und max in einer Menge reeller Zahlen mit der Relation $\leq$.

In einer Menge L seien zwei Verknüpfungen definiert, die wir in Anlehnung an $\cap$ und $\cup$ mit $\wedge$ und $\vee$ bezeichnen. Man nennt $(L, \wedge, \vee)$ einen *Verband*, wenn gilt:

Verbandsaxiome

(Vb 1) Die Verknüpfungen $\wedge$ und $\vee$ sind assoziativ und kommutativ.

(Vb 2) Es gelten die Absorptionsgesetze (Verschmelzungsgesetze)

$$a \wedge (a \vee b) = a \quad \text{und} \quad a \vee (a \wedge b) = a \quad \text{für alle} \quad a, b \in L.$$

Der Verband $(L, \wedge, \vee)$ heißt *distributiv*, wenn die *Distributivgesetze*

$$a \wedge (b \vee c) = (a \wedge b) \vee (a \wedge c) \text{ für alle } a, b, c \in L,$$
$$a \vee (b \wedge c) = (a \vee b) \wedge (a \vee b) \text{ für alle } a, b, c \in L$$

gelten. Gibt es ein Element $n \in L$ mit

$$n \wedge a = n \quad \text{und} \quad n \vee a = a \quad \text{für alle } a \in L,$$

dann heißt n ein *kleinstes Element* oder *Nullelement* von $(L, \wedge, \vee)$. Gibt es ein Element $e \in L$ mit

$$e \wedge a = a \quad \text{und} \quad e \vee a = e \quad \text{für alle } a \in L,$$

so heißt e ein *größtes Element* oder *Einselement* von $(L, \wedge, \vee)$. Ein Verband $(L, \wedge, \vee)$ mit Nullelement und Einselement heißt *komplementär*, wenn für jedes $a \in L$ ein $b \in L$ existiert, sodass gilt:

$$a \wedge b = n \quad \text{und} \quad a \vee b = e.$$

In diesem Fall nennt man a ein zu b *komplementäres Element* und umgekehrt. Ein komplementäres Element zu einem gegebenen Element ist, falls es existiert, im Allgemeinen nicht eindeutig bestimmt.

Beispiel 3.52 Ist $\mathcal{P}(M)$ die Potenzmenge einer Menge M, dann ist $(\mathcal{P}(M), \cap, \cup)$ ein distributiver Verband. Dies besagen gerade die in Abschn. 3.1 festgestellten Regeln der Mengenalgebra: Es gibt ein Nullelement, nämlich $\emptyset$, und ein Einselement, nämlich M. Der Verband ist komplementär, das zu $A \in L$ (eindeutig bestimmte) komplementäre Element ist die Komplementärmenge $\overline{A} = M \setminus A$.   ∎

Beispiel 3.53 Offensichtlich ist $(\mathbb{N}, \text{ggT}, \text{kgV})$ ein distributiver Verband (Abschn. 1.3 und 3.1). Es existiert ein Nullelement, nämlich 1, aber kein größtes Element.   ∎

Beispiel 3.54 Ist T_a die Teilermenge der natürlichen Zahl a, dann ist $(T_a, \text{ggT}, \text{kgV})$ ein distributiver Verband mit dem kleinsten Element 1 und dem größten Element a. Ist a durch das Quadrat einer Primzahl p teilbar, dann ist dieser Verband nicht komplementär. Denn es gibt kein $d \in T_a$ mit $\text{ggT}(p, d) = 1$ und $\text{kgV}(p, d) = a$, weil die erste Bedingung $p \nmid d$ und die zweite Bedingung $p^2 | d$ erzwingen würde. Ist aber a quadratfrei, dann ist der Verband komplementär; das (eindeutig bestimmte) Komplement zu einem $d \in T_a$ ist der Komplementärteiler $\frac{a}{d}$. Hätten nämlich d und $\frac{a}{d}$ einen gemeinsamen Primteiler p, so wäre p^2 ein Teiler von $a = d \cdot \frac{a}{d}$, was aber wegen der Quadratfreiheit von a ausgeschlossen ist. Es gilt dann also

$$\text{ggT}\left(d, \frac{a}{d}\right) = 1 \quad \text{und} \quad \text{kgV}\left(d, \frac{a}{d}\right) = \frac{d \cdot \frac{a}{d}}{\text{ggT}\left(d, \frac{a}{d}\right)} = a.$$

∎

Beispiel 3.55 In $\mathbb{R}$ entsteht mit den Verknüpfungen $a \wedge b = \min(a, b)$ und $a \vee b = \max(a, b)$ ein distributiver Verband $(\mathbb{R}, \min, \max)$. Dieser besitzt weder ein Nullelement noch ein Einselement. Betrachten wir nur das Intervall $[0, 1] \subseteq \mathbb{R}$, dann besitzt der Verband $([0, 1], \min, \max)$ das Nullelement 0 und das Einselement 1. Dieser Verband ist nicht komplementär, denn $\min(a, b) = 0$ und $\max(a, b) = 1$ gilt nur, falls eine der beiden Zahlen a, b den Wert 0 und die andere den Wert 1 hat. Auch $(\mathbb{N}, \min, \max)$ ist ein Verband; dieser besitzt ein Nullelement (nämlich 1), aber kein Einselement.   ∎

Die Verbände $([0, 1], \min, \max)$ und $(\mathbb{N}, \min, \max)$ in Beispiel 3.55 sind *Teilverbände* von $(\mathbb{R}, \min, \max)$. Ebenso ist der Verband $(T_a, \text{ggT}, \text{kgV})$ in Beispiel 3.54 ein Teilverband des Verbands $(\mathbb{N}, \text{ggT}, \text{kgV})$ in Beispiel 3.53.

Beispiel 3.56 Die Menge L bestehe aus einer Ebene $\mathcal{E}$, allen Geraden dieser Ebene, allen Punkten dieser Ebene und der leeren Menge. Für $a, b \in L$ sei

- $a \wedge b$ die Schnittmenge von a und b,
- $a \vee b$ das „kleinstmögliche" Gebilde aus L, das a und b enthält.

Das „kleinstmögliche Gebilde" aus L, das zwei verschiedene Punkte P, Q enthält, ist die Verbindungsgerade von P und Q (und nicht etwa die Menge $\{P, Q\}$; diese gehört überhaupt nicht zu L). Das „kleinstmögliche Gebilde" aus L, das zwei verschiedene Geraden g, h enthält, ist die Ebene $\mathcal{E}$ (und nicht etwa die Menge $\{g, h\}$; diese ist überhaupt kein Element von L).

Ist a ein Punkt, eine Gerade, die leere Menge oder $\mathcal{E}$, dann gilt

$$a \wedge a = a \vee a = a, \ a \wedge \emptyset = \emptyset, \ a \vee \emptyset = a, \ a \wedge \mathcal{E} = a, \ a \vee \mathcal{E} = \mathcal{E}.$$

Sind P, Q verschiedene Punkte und g, h verschiedene Geraden, dann gilt:

$$P \wedge Q = \emptyset \qquad P \vee Q = \text{Gerade durch } P \text{ und } Q$$

$$P \wedge g = \begin{cases} P, \text{ falls } P \text{ auf } g \text{ liegt} \\ \emptyset \text{ sonst} \end{cases} \qquad P \vee g = \begin{cases} g, \text{ falls } P \text{ auf } g \text{ liegt} \\ \mathcal{E} \text{ sonst} \end{cases}$$

$$g \wedge h = \begin{cases} S, \text{ falls sich } g \text{ und } h \text{ im Punkt } S \text{ schneiden} \\ \emptyset, \text{ falls } g \text{ und } h \text{ parallel sind} \end{cases} \qquad g \vee h = \mathcal{E}$$

$(L, \wedge, \vee)$ ist ein Verband mit dem Nullelement $\emptyset$ und dem Einselement $\mathcal{E}$. Der Verband ist nicht distributiv, wie in Abb. 3.21 veranschaulicht wird. In der abgebildeten Situation gilt nämlich

$$(g \vee P) \wedge h = h, \qquad \text{aber} \qquad (g \wedge h) \vee (P \wedge h) = S \vee \emptyset = S.$$

Komplementär zu einem Punkt P ist jede Gerade, die nicht durch P geht. Komplementär zu einer Geraden g ist jeder Punkt, der nicht auf g liegt. ∎

Beispiel 3.57 Es sei L die Menge aller *linearen Mannigfaltigkeiten* in $\mathbb{R}^n$; darunter versteht man die Nebenklassen (Komplexaddition!)

$$\{\vec{a} + U \mid \vec{a} \in \mathbb{R}^n, \ U \text{ Untervektorraum von } \mathbb{R}^n\}$$

Abb. 3.21 Nichtdistributivität des Verbands aus Beispiel 3.56

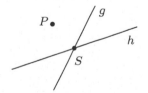

bezüglich der Untervektorräume $U \subseteq \mathbb{R}^n$. Eine lineare Mannigfaltigkeit kann als die Lösungsmenge eines linearen Gleichungssystems über $\mathbb{R}^n$ verstanden werden. Die Schnittmenge zweier linearer Mannigfaltigkeiten L_1 und L_2 ist wieder eine solche; sie ist die Lösungsmenge des linearen Gleichungssystems, das durch Zusammenfügen zweier Systeme entsteht, die L_1 bzw. L_2 definieren; wir bezeichnen sie mit $L_1 \wedge L_2$. Die Vereinigungsmenge $L_1 \cup L_2$ ist im Allgemeinen keine lineare Mannigfaltigkeit; die kleinste lineare Mannigfaltigkeit, die $L_1 \cup L_2$ enthält, wird die *lineare Hülle* von $L_1 \cup L_2$ genannt und mit $L_1 \vee L_2$ bezeichnet. Es ist

$$(\vec{a} + U) \vee (\vec{b} + V) = \vec{a} + \langle \vec{b} - \vec{a} \rangle + (U + V).$$

Man erhält einen komplementären Verband mit dem kleinsten Element $\emptyset$ und dem größten Element $\mathbb{R}^3$. Dieser Verband hat wie der in Beispiel 3.56 zwei Schönheitsfehler: Er ist *nicht distributiv*, und die Komplemente sind *nicht eindeutig bestimmt*. In Satz 3.29 werden wir sehen, dass in einem distributiven komplementären Verband die Komplemente eindeutig bestimmt sind, dass die genannten Schönheitsfehler also zusammenhängen. ∎

Beispiel 3.58 Für Untergruppen U, V einer Gruppe G ist $U \cap V$ wieder eine Untergruppe von G, aber $U \cup V$ im Allgemeinen nicht. Setzen wir aber

$$U \wedge V := U \cap V$$

sowie

$$U \vee V := \text{kleinste Untergruppe von } G, \text{ die } U \cup V \text{ enthält},$$

dann bildet die Menge der Untergruppen von G mit den Verknüpfungen $\wedge$ und $\vee$ einen Verband, den sogenannten *Untergruppenverband* von G.
In Abb. 3.22 ist der Untergruppenverband einer zyklischen Gruppe $(G, \star) = (\langle a \rangle, \star)$ mit dem erzeugenden Element a und genau zwölf Elementen, also z. B. $(G, \star) = (\mathcal{R}_{12}, +)$ mit $a \in \mathbb{Z}$ und $\mathrm{ggT}(a, 12) = 1$, in Gestalt eines Untergruppendiagramms dargestellt.

Abb. 3.22
Untergruppenverband

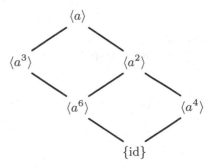

Abb. 3.23 Diedergruppe D_4

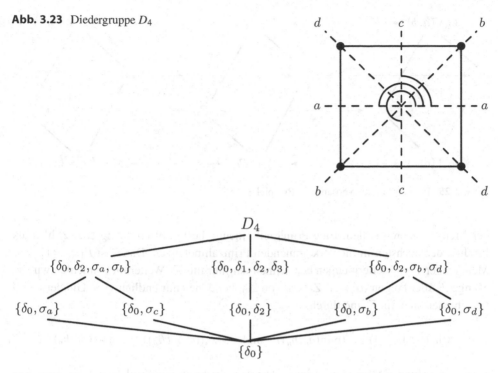

Abb. 3.24 Untergruppenverband der Diedergruppe D_4

Ähnlich kann man zu jeder algebraischen Struktur den Verband der Unterstrukturen betrachten. ■

Beispiel 3.59 Die Diedergruppe D_4 (Beispiel 3.20 sowie Abb. 3.15) besteht aus den Drehungen $\delta_0, \delta_1, \delta_2, \delta_3$ und den Achsenspiegelungen $\sigma_a, \sigma_b, \sigma_c, \sigma_d$ (Abb. 3.23).

In Abb. 3.24 ist ein Untergruppendiagramm gezeichnet, das den Untergruppenverband beschreibt. Der Verband ist komplementär, die Komplemente sind aber nicht eindeutig bestimmt; beispielsweise besitzt die Untergruppe $\{\delta_0, \sigma_a\}$ fünf verschiedene Komplemente. Nach Satz 3.29 folgt daraus, dass der Verband nicht distributiv sein kann.

■

Verknüpfungstreue Abbildungen (...morphismen) von *Verbänden* sind wie bei anderen algebraischen Strukturen erklärt. Wir betrachten hier lediglich ein Beispiel für Verbands*isomorphismen* bzw. für isomorphe Verbände.

Beispiel 3.60 In Abschn. 1.3 haben wir mit P_a die Primärteilermenge von $a \in \mathbb{N}$ bezeichnet. Eine Primärteilermenge besteht aus 1 und endlich vielen Potenzen von Primzahlen, wobei für eine Primzahl p mit p^m auch alle Potenzen p^k mit $k \leq m$ zu

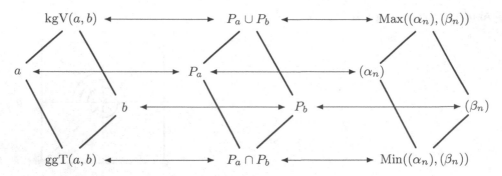

Abb. 3.25 Isomorphie der Verbände in Beispiel 3.60

der Menge gehören sollen. Eine Primärteilermenge bestimmt eindeutig eine Zahl a als Produkt der höchsten in ihr vorkommenden Primzahlpotenzen. Dabei ist $P_1 = \{1\}$. Die Menge aller Primärteilermengen bezeichnen wir hier mit $\mathcal{P}$. Weiterhin betrachten wir die Menge $\mathcal{F}$ aller Folgen (α_n) aus Zahlen von $\mathbb{N}_0$, bei denen nur endlich viele Glieder von 0 verschieden sind. In $\mathcal{F}$ sind durch

$$\text{Min}\left((\alpha_n), (\beta_n)\right) := (\min(a_n, b_n)) \quad \text{und} \quad \text{Max}\left((\alpha_n), (\beta_n)\right) := (\max(a_n, b_n))$$

zwei Verküpfungen Min, Max definiert. Die drei algebraischen Strukturen

$$(\mathbb{N}, \text{ggT}, \text{kgV})\,, \quad (\mathcal{P}, \cap, \cup)\,, \quad (\mathcal{F}, \text{Min}, \text{Max})$$

sind isomorph. Die bijektive Zuordnung ist durch $a \longleftrightarrow P_a \longleftrightarrow (\alpha_n)$ gegeben, wobei (α_n) die Exponentenfolge in der kanonischen Primfaktorzerlegung von a bedeutet (Abb. 3.25). ∎

Als Beispiel für das Rechnen in Verbänden beweisen wir in Satz 3.28 zwei Formeln, die in den Verbänden in obigen Beispielen nahezu trivial sind, in einem „abstrakten" Verband aber eines Beweises bedürfen. Danach gehen wir auf den zu Beginn des Abschnitts erwähnten Zusammenhang zwischen Verbänden und Ordnungsrelationen ein.

Satz 3.28 *Ist* $(L, \wedge, \vee)$ *ein Verband, dann gilt für alle* $a \in L$

$$a \wedge a = a \quad \text{und} \quad a \vee a = a.$$

Beweis 3.28 Aus den Absorptionsgesetzen folgt für jedes $a \in L$

$$a \wedge a = a \wedge (a \vee (a \wedge x)) = a \quad \text{und} \quad a \vee a = a \vee (a \wedge (a \vee x)) = a,$$

wobei x ein beliebiges Element aus L sein darf. □

Satz 3.29 *In einem distributiven komplementären Verband* $(L, \wedge, \vee)$ *besitzt jedes Element genau ein Komplement.*

Beweis 3.29 Es sei n das Nullelement und e das Einselement des Verbands, ferner $a \in Ł$. Es seien weiterhin a' und a'' Komplemente von a, also $a \wedge a' = a \wedge a'' = n$ und $a \vee a' = a \vee a'' = e$. Dann gilt

$$a' = a' \wedge n = a' \wedge (a \vee a'') = (a' \vee a) \wedge (a' \vee a'') = e \wedge (a' \vee a'') = a' \vee a''.$$

Vertauscht man in dieser Rechnung a' und a'', so ergibt sich $a'' = a'' \vee a'$. Wegen $a' \vee a'' = a'' \vee a'$ folgt $a' = a''$. □

Satz 3.30 *Ist* $(L, \wedge, \vee)$ *ein Verband, dann wird durch*

$$a \leq b : \Longleftrightarrow a \wedge b = a \qquad (a, b \in L)$$

eine Ordnungsrelation in L definiert.
Dieselbe Ordnungsrelation ergibt sich auch mit

$$a \leq b : \Longleftrightarrow a \vee b = b.$$

Beweis 3.30 Zunächst betrachten wir die Relation $a \leq b : \Longleftrightarrow a \wedge b = a$.

1) Es gilt $a \leq a$ für alle $a \in L$, denn es ist $a \wedge a = a$ für alle $a \in L$; die Relation ist also reflexiv.
2) Ist $a \leq b$ und $b \leq a$, also $a \wedge b = a$ und $b \wedge a = b$, so folgt $a = b$; die Relation ist also antisymmetrisch.
3) Ist $a \leq b$ und $b \leq c$, also $a \wedge b = a$ und $b \wedge c = b$, dann folgt

$$a = a \wedge b = a \wedge (b \wedge c) = (a \wedge b) \wedge c = a \wedge c, \quad \text{also } a \leq c,$$

die Relation ist also auch transitiv. Demnach handelt es sich um eine Ordnungsrelation.

Unter Verwendung der Absorptionsgesetze lässt sich leicht zeigen, dass genau dann $a \wedge b = a$ gilt, wenn $a \vee b = b$ gilt:

Aus $a \wedge b = a$ folgt $a \vee b = (a \wedge b) \vee b = b$; aus $a \vee b = b$ folgt $a \wedge b = a \wedge (a \vee b) = a$.

Also sind beide oben genannten Relationen identisch. □

Wir haben in Satz 3.30 die Ordnungsrelation mit $\leq$ bezeichnet, ohne damit aber die „Kleiner-oder-gleich-Relation" in einem Zahlenbereich zu meinen. Wer diese Doppeldeutigkeit nicht schätzt, erfinde eine geeignete Rune.

Die Diagramme von Verbänden in Abb. 3.22 und 3.24 sind also als Ordnungsdiagramme zu verstehen: In Beispiel 3.52 erhält man gemäß Satz 3.30 die *Inklusionsrelation*, denn es gilt genau dann $A \subseteq B$, wenn $A \cap B = A$ (bzw. $A \cup B = B$).

In Beispiel 3.53 und 3.54 erhält man gemäß Satz 3.30 die *Teilbarkeitsrelation*, denn es gilt genau dann $a|b$, wenn $\mathrm{ggT}(a, b) = a$ (bzw. $\mathrm{kgV}(a, b) = b$).

In Beispiel 3.55 erhält man die *Kleiner-oder-gleich-Relation*, denn es gilt genau dann $a \leq b$, wenn $\min(a, b) = a$ (bzw. $\max(a, b) = b$).

Von Satz 3.30 gilt auch die Umkehrung in dem Sinne, dass eine Ordnungsrelation eine Verbandsstruktur „induziert", falls diese Ordnungsrelation eine gewisse spezielle Eigenschaft besitzt. Ist nämlich in einer Menge L eine Ordnungsrelation $\leq$ definiert, und existiert für je zwei Elemente $a, b \in L$ genau ein Element $d \in L$ mit

$$d \leq a \text{ und } d \leq b \quad \text{sowie} \quad t \leq d \text{ für alle } t \in L \text{ mit } t \leq a \text{ und } t \leq b,$$

existiert ferner genau ein Element $v \in L$ mit

$$a \leq v \text{ und } b \leq v \quad \text{sowie} \quad v \leq w \text{ für alle } w \in L \text{ mit } a \leq w \text{ und } b \leq w,$$

und setzt man $a \wedge b := d$ und $a \vee b := v$, dann ist $(L, \wedge, \vee)$ ein Verband.

Auf den Beweis dieser Behauptungen wollen wir verzichten (obwohl er nicht schwer ist), wir erinnern nur an folgende Beispiele:

- Die Inklusionsrelation für Mengen induziert die Verbandsstruktur mit $\cap$ und $\cup$. Denn $A \cap B$ ist die umfassendste Menge, die in A und in B enthalten ist; $A \cup B$ ist die kleinste Menge, die A und B enthält.
- Die Teilbarkeitsrelation für natürliche Zahlen induziert die Verbandsstruktur mit ggT und kgV. Denn $\mathrm{ggT}(a, b)$ ist die größte Zahl, die a und b teilt, und $\mathrm{kgV}(a, b)$ ist die kleinste Zahl, die von a und von b geteilt wird.
- Die Kleiner-oder-gleich-Relation für reelle Zahlen induziert die Verbandsstruktur mit min und max, denn $\min(a, b)$ ist die größte Zahl, die $\leq a$ und $\leq b$ ist, und $\max(a, b)$ ist die kleinste Zahl, die $\geq a$ und $\geq b$ ist.

Ein distributiver komplementärer Verband wie z. B. der Teilmengenverband einer Menge heißt eine *Boole'sche Algebra*. Solche Algebren spielen in der mathematischen Logik eine Rolle. Die Verbandsoperationen sind dabei die logischen Verknüpfungen „und", „oder" von Aussagen oder Aussageformen, der Komplementbildung entspricht die logische Negation („nicht"). Der britische Mathematiker George Boole (1815–1864) schuf eine „Algebra der Logik", aus der sich Teile der mathematischen Logik entwickelten. Seine Arbeiten gehören zu den Grundlagen der Informatik.

Abb. 3.26
Teilmengenverband der Menge
{1, 2, 3}

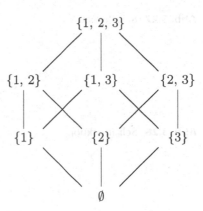

Aufgaben

3.55 Es sei a eine natürliche Zahl. Man betrachte die Aussagen

A: $a \equiv 1 \bmod 8$, B: $2|a$ und $4 \nmid a$, C: a ist eine Quadratzahl.

Für welche $a \in \mathbb{N}$ sind die folgenden Aussagen wahr?
a) $A \wedge B$ b) $B \wedge C$ c) $C \wedge A$ d) $A \vee B$ e) $B \vee C$ f) $C \vee A$

(Dabei bedeuten $\wedge$ das logische „und", $\vee$ das logische „oder", also das „oder" im nichtausschließenden Sinn).

3.56 Den Teilmengenverband einer endlichen Menge M kann man in einem Ordnungs-diagramm (Teilmengendiagramm) darstellen. Abb. 3.26 zeigt das Teilmengendiagramm von {1, 2, 3}. Zeichne ein solches Diagramm für {1, 2, 3, 4}.

3.57 a) Für welche natürlichen Zahlen hat deren Teilerdiagramm dieselbe Gestalt wie das Teilmengendiagramm in Abb. 3.26?
   b) Für welche natürlichen Zahlen a ist ist der Verband $(T_a, \text{ggT}, \text{kgV})$ isomorph zum Teilmengenverband einer endlichen Menge?

3.58 Für welche natürlichen Zahlen a ist der Teilerverband $(T_a, \text{ggT}, \text{kgV})$ isomorph zu einem Verband $(M, \min, \max)$ mit $M \subset \mathbb{N}$?

3.59 Es sei $(L, \wedge, \vee)$ ein Verband. Zeige, dass für alle $a, b \in L$ genau dann $a \wedge b = a \vee b$ gilt, wenn $a = b$ ist.

3.60 Beweise die Gültigkeit der Verbandsgesetze in Beispiel 3.57. Beschreibe die im Verband aus Beispiel 3.57 induzierte Ordnungsrelation.

Abb. 3.27 Schaltungen

$$\begin{array}{c|cc} \wedge & 0 & 1 \\ \hline 0 & 0 & 0 \\ 1 & 0 & 1 \end{array} \qquad \begin{array}{c|cc} \vee & 0 & 1 \\ \hline 0 & 0 & 1 \\ 1 & 1 & 1 \end{array}$$

Abb. 3.28 Schaltfunktion

$$\begin{array}{ccc|c} a & b & c & f \\ \hline 0 & 0 & 0 & 0 \\ 0 & 0 & 1 & 0 \\ 0 & 1 & 0 & 0 \\ 0 & 1 & 1 & 1 \\ 1 & 0 & 0 & 0 \\ 1 & 0 & 1 & 1 \\ 1 & 1 & 0 & 0 \\ 1 & 1 & 1 & 1 \end{array}$$

3.61 Es sei $L = \{0, 1\}$. Mit den Verknüpfungen $\wedge$ und $\vee$ aus den Verknüpfungstafeln in Abb. 3.27 ist $(L, \wedge, \vee)$ ein (zweielementiger) Verband. Deutet man 0 und 1 als Zustände elektrischer Schalter (offen, geschlossen), dann realisiert man $\wedge$ durch eine Serienschaltung und $\vee$ durch eine Parallelschaltung (Abb. 3.27).

a) In L^n definiere man Verknüpfungen $\wedge$ und $\vee$ komponentenweise:

$$(a_1, \ldots, a_n) \wedge (b_1, \ldots, b_n) := (a_1 \wedge b_1, \ldots a_n \wedge b_n)$$

und

$$(a_1, \ldots, a_n) \vee (b_1, \ldots, b_n) := (a_1 \vee b_1, \ldots a_n \vee b_n).$$

Zeige, dass $(L^n, \wedge, \vee)$ eine Boole'sche Algebra ist.

b) In der *Schaltalgebra* betrachtet man Funktionen $f : L^n \rightarrow L$, die man durch Verbindung binärer Schaltungen realisieren kann. Abb. 3.28 zeigt eine Wertetabelle und ein Schaltbild für die Funktion f mit

$$f(a, b, c) = (a \vee b) \wedge c.$$

Beschreibe ebenso die Funktion g mit

$$g(a, b, c) = (a \wedge b) \vee c.$$

Zahlenbereichserweiterungen

4

Übersicht

4.1   Die ganzen Zahlen

Die Erweiterung des Bereichs $\mathbb{N}$ der *natürlichen* Zahlen 1, 2, 3, 4, ... zum Bereich $\mathbb{Z}$ der *ganzen* Zahlen $..., -3, -2, -1, 0, +1, +2, +3, ...$ wird in der Praxis durch das *Rechnen* bzw. *Verschieben* auf *Skalen* (Höhenskala, Temperaturskala, Kontostandsskala usw.) nahegelegt. Eine mathematische Motivation zur Einführung der ganzen Zahlen ist der Wunsch, jeder linearen Gleichung $a + x = b$ zu einer Lösung zu verhelfen. Bei einer *Konstruktion* der ganzen Zahlen mithilfe der natürlichen Zahlen geht man daher von den beiden folgenden Beobachtungen aus:

(1) Auf einer Skala für $\mathbb{N}_0$ gehören zur *Verschiebung* +6 (6 addieren, um 6 Einheiten nach rechts verschieben; Abb. 4.1) die *Zahlenpaare*

$$(0, 6), (1, 7), (2, 8), (3, 9), (4, 10), ...$$

Zur Verschiebung -6 (6 subtrahieren, um 6 Einheiten nach links verschieben) gehören dann die Zahlenpaare

© Springer Verlag Berlin Heidelberg 2016
H. Scheid, W. Schwarz, *Elemente der Arithmetik und Algebra*,
DOI 10.1007/978-3-662-48774-7_4

Abb. 4.1 Verschiebung auf
einer Skala für $\mathbb{N}_0$

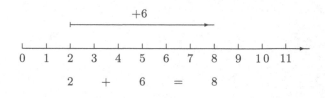

$$(6,0), (7,1), (8,2), (9,3), (10,4), \ldots$$

(2) Die Gleichung $a + 6 = b$ hat als Lösungen (a, b) die Zahlenpaare

$$(0,6), (1,7), (2,8), (3,9), (4,10), \ldots;$$

die Gleichung $a - 6 = b$ hat als Lösungen (a, b) die Zahlenpaare

$$(6,0), (7,1), (8,2), (9,3), (10,4), \ldots$$

Wenn man die ganzen Zahlen bereits *kennt*, kann man demnach

- der ganzen Zahl   **+ 6**   die Paarmenge $\{(0,6), (1,7), (2,8), (3,9), \ldots\}$,
- der ganzen Zahl   **− 6**   die Paarmenge $\{(6,0), (7,1), (8,2), (9,3), \ldots\}$

zuordnen. Umgekehrt kann man nun die ganzen Zahlen als solche Paarmengen *definieren* und damit den Bereich der ganzen Zahlen ohne Zuhilfenahme anschaulicher Elemente „abstrakt" *konstruieren*, wenn man den Bereich der natürlichen Zahlen als bekannt voraussetzt.

Für ein derart abstraktes Vorgehen, wie es typisch für die gesamte Mathematik ist, gibt es eine „klassische" und eine „moderne" Rechtfertigung.

- Die *klassische Rechtfertigung* besteht darin, dass bei mathematischen Schlüssen Antinomien (Widersprüche) und Paradoxien (scheinbare Widersprüche) auftreten können, wenn man anschauliche und „exakte" Argumentationsweisen miteinander vermischt. Ferner sind komplexe mathematische Zusammenhänge in der Regel nur auf einer sehr abstrakten Ebene voll zu erfassen und zu begründen.
- Die *moderne Rechtfertigung* besteht darin, dass man Mathematik auch mithilfe eines Computers betreiben möchte, dieser aber nichts „anschauen" kann und über keine mathematische „Intuition" verfügt. Möchte man beispielsweise einen Computer dazu bewegen, ein lineares Gleichungssystem mit Bruchzahlen statt mit Dezimalzahlen zu lösen, so muss man ihm erst klarmachen, was ein Bruch ist. Es bleibt dann nichts anderes übrig, als ihm den Bruch als „Klasse äquivalenter Paare natürlicher Zahlen" zu erklären (Abschn. 4.2), da er mit dem Teilen von Torten nichts anfangen kann.

Wir konstruieren nun, ausgehend von $\mathbb{N}_0$ und den Verknüpfungen $+, \cdot$ sowie den Relationen $<, \mid$ in diesem Zahlenbereich, die *ganzen Zahlen* mit den entsprechenden

Verknüpfungen und Relationen. Dazu betrachten wir die Menge aller Paare von Zahlen aus $\mathbb{N}_0$, also das kartesische Produkt (Abschn. 2.3)

$$\mathbb{N}_0 \times \mathbb{N}_0 = \{(x_1, x_2) \mid x_1, x_2 \in \mathbb{N}_0\}.$$

Wir nennen zwei Elemente (x_1, x_2), $(y_1, y_2) \in \mathbb{N}_0 \times \mathbb{N}_0$ *äquivalent* und schreiben $(x_1, x_2) \sim (y_1, y_2)$, wenn $x_2 - x_1 = y_2 - y_1$ oder $x_1 - x_2 = y_1 - y_2$ gilt, wenn die Zahlenpaare also „differenzengleich" sind. Die genannten Differenzen dürfen nicht negativ sein, da wir ja bisher – *vor* der Konstruktion von $\mathbb{Z}$ – nur in $\mathbb{N}_0$ rechnen können; deshalb das „oder" in der Definition der Relation.

Diesen Schönheitsfehler beseitigen wir durch die folgende Definition, die dasselbe besagt, dabei zwar weniger intuitiv die Differenzengleichheit verdeutlicht, dafür aber begrifflich exakt und kürzer ist:

$$(x_1, x_2) \sim (y_1, y_2) \; :\Longleftrightarrow \; x_1 + y_2 = x_2 + y_1 \,.$$

Für die Relation $\sim$ gelten folgende Regeln (vgl. auch Beispiel 2.5):

(1) Es ist $(x_1, x_2) \sim (x_1, x_2)$ für alle $(x_1, x_2) \in \mathbb{N}_0 \times \mathbb{N}_0$.
(2) Aus $(x_1, x_2) \sim (y_1, y_2)$ folgt $(y_1, y_2) \sim (x_1, x_2)$.
(3) Aus $(x_1, x_2) \sim (y_1, y_2)$ und $(y_1, y_2) \sim (z_1, z_2)$ folgt $(x_1, x_2) \sim (z_1, z_2)$.

Dies ergibt sich leicht aus den Regeln der Addition in $\mathbb{N}_0$ (Aufgabe 4.1). Es handelt sich demnach bei $\sim$ um eine *Äquivalenzrelation* in der Menge $\mathbb{N}_0 \times \mathbb{N}_0$, und wir können jedem Paar $(x_1, x_2) \in \mathbb{N}_0 \times \mathbb{N}_0$ seine *Äquivalenzklasse*

$$[(x_1, x_2)] := \{(u_1, u_2) \in \mathbb{N}_0 \times \mathbb{N}_0 \mid (u_1, u_2) \sim (x_1, x_2)\}$$

zuordnen, also die Menge aller Paare, die äquivalent zu (x_1, x_2) sind (Abschn. 2.4). Dadurch wird eine *Klasseneinteilung* von $\mathbb{N}_0 \times \mathbb{N}_0$ im Sinne von Satz 2.1 bewirkt: Die Vereinigungsmenge aller Mengen $[(x_1, x_2)]$ ist $\mathbb{N}_0 \times \mathbb{N}_0$, und je zwei dieser Mengen sind gleich oder elementefremd. Insbesondere gilt

$$[(x_1, x_2)] = [(y_1, y_2)] \; \Longleftrightarrow \; (x_1, x_2) \sim (y_1, y_2).$$

Zwei *Klassen* $[(x_1, x_2)]$ und $[(y_1, y_2)]$ sind also genau dann gleich, wenn ihre *Vertreter* (x_1, x_2) und (y_1, y_2) äquivalent sind.

Tab. 4.1 zeigt einige Klassen und jeweils einige ihrer Vertreter:

Wir bezeichnen jetzt eine jede Klasse $[(x_1, x_2)]$ als eine *ganze Zahl* und führen für die Menge der ganzen Zahlen (also die Menge aller Klassen) das Symbol $\mathbb{Z}$ ein.

In $\mathbb{Z}$ definieren wir nun eine Addition $+$, die man „anschaulich" als die Hintereinanderausführung von Verschiebungen an einer Skala interpretieren könnte:

$$[(x_1, x_2)] + [(y_1, y_2)] := [(x_1 + y_1, x_2 + y_2)] \,.$$

Tab. 4.1 Äquivalenzklassen
und Vertreter der
Differenzengleichheitsrelation

	[(2,0)]	[(1,0)]	[(0,0)]	[(0,1)]	[(0,2)]	
…	(2,0)	(1,0)	(0,0)	(0,1)	(0,2)	…
…	(3,1)	(2,1)	(1,1)	(1,2)	(1,3)	…
…	(4,2)	(3,2)	(2,2)	(2,3)	(2,4)	…
…	(5,3)	(4,3)	(3,3)	(3,4)	(3,5)	…
…	(6,4)	(5,4)	(4,4)	(4,5)	(4,6)	…
	⋮	⋮	⋮	⋮	⋮	

Das Pluszeichen auf der rechten Seite ist dabei das „alte" Pluszeichen in $\mathbb{N}_0$. Diese Definition ist natürlich nur dann zulässig, wenn sich als Summe zweier Klassen *unabhängig von den gewählten Vertretern* immer dieselbe Klasse ergibt, wenn also gilt:

$$[(x_1, x_2)] = [(x_1', x_2')] \quad \text{und} \quad [(y_1, y_2)] = [(y_1', y_2')]$$
$$\implies [(x_1, x_2)] + [(y_1, y_2)] = [(x_1', x_2')] + [(y_1', y_2')].$$

Dies ist in der Tat der Fall:

$$(x_1, x_2) \sim (x_1', x_2') \quad \text{und} \quad (y_1, y_2) \sim (y_1', y_2')$$
$$\implies x_1 + x_2' = x_2 + x_1' \quad \text{und} \quad y_1 + y_2' = y_2 + y_1'$$
$$\implies x_1 + y_1 + x_2' + y_2' = x_2 + y_2 + x_1' + y_1'$$
$$\implies (x_1 + y_1, x_2 + y_2) \sim (x_1' + y_1', x_2' + y_2').$$

Jetzt kann man nachweisen, dass für die Addition in $\mathbb{Z}$ wie für die Addition in $\mathbb{N}_0$ das Kommutativgesetz und das Assoziativgesetz gelten (Aufgabe 4.3). Neutrales Element bezüglich der Addition ist die Klasse [(0,0)], die aus allen Paaren (a, a) mit gleichen Koordinaten besteht.

Anders als in $\mathbb{N}_0$ besitzt aber in $\mathbb{Z}$ jedes Element bezüglich der Addition ein *inverses* Element:

$$[(x_1, x_2)] + [(x_2, x_1)] = [(x_1 + x_2, x_1 + x_2)] = [(0, 0)].$$

Insgesamt ist damit $(\mathbb{Z}, +)$ eine abelsche Gruppe.

Nun soll in $\mathbb{Z}$ eine Multiplikation · definiert werden. Kennt man bereits die ganzen Zahlen, so wird man bei der folgenden Definition an die Formel $(x_2 - x_1)(y_2 - y_1) = (x_1 y_1 + x_2 y_2) - (x_1 y_2 + x_2 y_1)$ denken:

$$[(x_1, x_2)] \cdot [(y_1, y_2)] := [(x_1 y_2 + x_2 y_1, x_1 y_1 + x_2 y_2)].$$

Zunächst ist nachzuweisen, dass diese Verknüpfungsdefinition zulässig ist, dass sie also *unabhängig von den gewählten Vertretern* stets zum gleichen Ergebnis führt. Diesen

Nachweis überlassen wir ebenso wie den Beweis des Kommutativgesetzes, des Assoziativgesetzes und des Distributivgesetzes dem Leser (Aufgaben 4.4 und 4.5). Neutrales Element der Multiplikation ist offensichtlich die Klasse $[(0,1)]$. Demnach handelt es sich bei der Struktur $(\mathbb{Z}, +, \cdot)$ um einen kommutativen Ring mit Einselement.

Mit den ganzen Zahlen der Form $[(0, a)]$ $(a \in \mathbb{N}_0)$ rechnet man wie in $\mathbb{N}_0$:

$$[(0, a)] + [(0, b)] = [(0, a + b)],$$
$$[(0, a)] \cdot [(0, b)] = [(0, a \cdot b)].$$

Die Zuordnung $a \mapsto [(0, a)]$ ist eine umkehrbare („eineindeutige") Abbildung von $\mathbb{N}_0$ in eine Teilmenge von $\mathbb{Z}$, bei welcher der Summe und dem Produkt in $\mathbb{N}_0$ wieder die Summe und das Produkt in $\mathbb{Z}$ entsprechen (die Abbildung ist „verknüpfungstreu"). Daher können wir auf den Zahlenbereich $\mathbb{N}_0$ jetzt verzichten und stattdessen die Menge der ganzen Zahlen $[(0, a)]$ mit $a \in \mathbb{N}_0$ benutzen. Wir schreiben nun für $a \in \mathbb{N}$

$$+a \text{ statt } [(0, a)] \quad \text{und} \quad -a \text{ statt } [(a, 0)]$$

und nennen die Zahlen $+a$ *positiv*, die Zahlen $-a$ *negativ*. Statt $[(0,0)]$ schreiben wir einfach 0; diese Zahl ist weder positiv noch negativ. Da wir die *positiven* ganzen Zahlen mit den *natürlichen* Zahlen identifizieren können, schreiben wir dabei statt $+a$ in der Regel einfach wieder a. Im Sinne dieser Vereinbarungen ist also

$$6 = +6 = [(0, 6)] = \{(0, 6), (1, 7), (2, 8), (3, 9), \ldots\},$$
$$-6 = [(6, 0)] = \{(6, 0), (7, 1), (8, 2), (9, 3), \ldots\}.$$

Ist $u + u' = 0$ für $u \in \mathbb{Z}$, dann nennt man u' die *Gegenzahl* von u und bezeichnet sie mit $-u$. Statt $u + (-v)$ schreiben wir kürzer $u - v$. Subtraktion einer ganzen Zahl bedeutet also Addition ihrer Gegenzahl.

Man beachte, dass damit das *Minuszeichen* in drei verschiedenen Bedeutungen verwendet wird, nämlich

- zur Bezeichnung einer negativen Zahl,
- zur Bezeichnung der Gegenzahl,
- zur Bezeichnung der Subtraktion.

Die Gleichung $a + x = b$ hat in $\mathbb{Z}$ die Lösung $b - a$, denn

$$a + (b - a) = a + (b + (-a)) = (a + (-a)) + b = 0 + b = b.$$

Schließlich übertragen wir die *Kleinerrelation* und die *Teilbarkeitsrelation* von $\mathbb{N}_0$ auf $\mathbb{Z}$, indem wir für $u, v \in \mathbb{Z}$ definieren:

$$u < v : \iff \text{es gibt ein positives } w \in \mathbb{Z} \text{ mit } u + w = v,$$

$$u|v : \iff \text{es gibt ein } w \in \mathbb{Z} \text{ mit } u \cdot w = v.$$

Die Relationen $>$, $\leq$, $\geq$ übertragen sich dann in naheliegender Weise. Insbesondere bedeutet $u > 0$ dasselbe wie „u ist positiv".

Die weiteren Eigenschaften des Bereichs der ganzen Zahlen, z. B. die Kürzungsregeln (Aufgabe 4.6) und die Monotoniegesetze (Aufgabe 4.7) der Addition und der Multiplikation, können im Rahmen obiger Konstruktion leicht bewiesen werden.

Aufgaben

4.1 Beweise, dass die oben definierte Relation $\sim$ eine Äquivalenzrelation ist. Bestätige dazu die oben genannten Regeln (1), (2) und (3) und begründe die einzelnen Schritte anhand der Rechenregeln in $\mathbb{N}_0$.

4.2 Begründe anhand der Regeln (1), (2) und (3), dass durch die oben eingeführte Äquivalenz von Paaren eine Klasseneinteilung von $\mathbb{N}_0 \times \mathbb{N}_0$ erzeugt wird.

4.3 Beweise, dass in $\mathbb{Z}$ das Kommutativgesetz und das Assoziativgesetz der Addition gelten.

4.4 Beweise, dass die oben angegebene Definition der Multiplikation in $\mathbb{Z}$ zulässig ist (Unabhängigkeit von den Vertretern).

4.5 Beweise das Kommutativgesetz und das Assoziativgesetz der Multiplikation sowie das Distributivgesetz in $\mathbb{Z}$.

4.6 Beweise die Kürzungsregeln in $\mathbb{Z}$:
$$a + b = a + c \implies b = c \qquad a \cdot b = a \cdot c \text{ und } a \neq 0 \implies b = c$$

4.7 Beweise die Monotoniegesetze in $\mathbb{Z}$:
$$a + b < a + c \implies b < c \qquad a \cdot b < a \cdot c \text{ und } a > 0 \implies b < c$$

4.8 Bei der Multiplikation ganzer Zahlen merken sich Schüler gerne das angegebene Schema (Abb. 4.2) zur Erleichterung des Umgangs mit Vorzeichen. Begründe dieses Schema im Rahmen der obigen Konstruktion der ganzen Zahlen.

Abb. 4.2 Vorzeichenschema
für die Multiplikation in $\mathbb{Z}$

mal	plus	minus
plus	plus	minus
minus	minus	plus

4.9 $(\mathbb{Z}, +, \cdot)$ ist ein Integritätsbereich (Abschn. 3.3). Ein Element x aus einem Integritätsbereich heißt *unzerlegbar*, wenn x keine Einheit ist und wenn bei jeder Darstellung von x als Produkt von zwei Elementen des Integritätsbereichs ein Faktor eine Einheit ist. Welche Elemente von $(\mathbb{Z}, +, \cdot)$ sind unzerlegbar?

4.2 Die Bruchzahlen

Die Erweiterung des Bereichs $\mathbb{N}$ der *natürlichen* Zahlen 1, 2, 3, ... zum Bereich $\mathbb{B}$ der *Bruchzahlen* $\dfrac{m}{n}$ $(m, n \in \mathbb{N})$ wird in der Praxis durch das *Vervielfachen* und *Teilen* von *Größen* (also von Längen, Gewichten, Geldbeträgen usw.) nahegelegt. Eine mathematische Motivation zur Einführung der Bruchzahlen ist der Wunsch, jeder linearen Gleichung $a \cdot x = b$ zu einer Lösung zu verhelfen bzw. jede Division ausführen zu können. Bei einer *Konstruktion* der Bruchzahlen mithilfe der natürlichen Zahlen geht man daher von den beiden folgenden Beobachtungen aus:

(1) Auf einer Skala für $\mathbb{N}$ gehören zur Operation $(\cdot 2)(: 3)$ (verdoppeln und dann durch 3 teilen; Abb. 4.3) die *Zahlenpaare*

$$(3, 2), (6, 4), (9, 6), (12, 8), (15, 10), \ldots$$

Zur Operation $(\cdot 3)(: 2)$ (Verdreifachen und dann durch 2 teilen) gehören die Zahlenpaare

$$(2, 3), (4, 6), (6, 9), (8, 12), (10, 15), \ldots$$

(2) Die Gleichung $a \cdot 2 : 3 = b$ hat als Lösungen (a, b) die Zahlenpaare

$$(3, 2), (6, 4), (9, 6), (12, 8), (15, 10), \ldots ;$$

die Gleichung $a \cdot 3 : 2 = b$ hat als Lösungen (a, b) die Zahlenpaare

$$(2, 3), \ (4, 6), \ (6, 9), \ (8, 12), (10, 15), \ldots$$

Abb. 4.3 Vervielfachen und Teilen auf einer Skala für $\mathbb{N}$

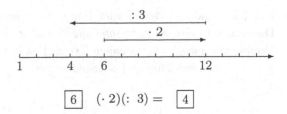

Wenn man die Bruchzahlen bereits *kennt*, dann kann man also

- der Bruchzahl $\dfrac{2}{3}$ die Paarmenge $\{(3,2),\ (6,4),\ (9,6),\ (12,8),\ \dots\}$,

- der Bruchzahl $\dfrac{3}{2}$ die Paarmenge $\{(2,3),\ (4,6),\ (6,9),\ (8,12),\ \dots\}$

zuordnen. Man beachte dabei, dass die *erste* Koordinate des Paares dem Nenner und die *zweite* Koordinate dem Zähler des Bruchs entspricht. Umgekehrt kann man nun die Bruchzahlen als solche Paarmengen *definieren* und damit den Bereich der Bruchzahlen ohne Zuhilfenahme anschaulicher Elemente „abstrakt" *konstruieren*, wenn man den Bereich der natürlichen Zahlen als bekannt voraussetzt.

Dazu betrachten wir die Menge aller Paare von Zahlen aus $\mathbb{N}$, also die Menge

$$\mathbb{N} \times \mathbb{N} = \{(x_1, x_2) \mid x_1, x_2 \in \mathbb{N}\}.$$

Wir nennen zwei Elemente (x_1, x_2), $(y_1, y_2) \in \mathbb{N} \times \mathbb{N}$ *äquivalent* und schreiben $(x_1, x_2) \sim (y_1, y_2)$, wenn sie „proportional" oder „quotientengleich" sind. Da wir in $\mathbb{N}$ nicht allgemein von Quotienten reden dürfen, müssen wir diese „anschauliche" Erklärung durch eine exakte Definition ersetzen:

$$(x_1, x_2) \sim (y_1, y_2) : \iff x_1 \cdot y_2 = x_2 \cdot y_1.$$

Für die Relation $\sim$ gelten folgende Regeln (vgl. auch Beispiel 2.6):

(1) Es ist $(x_1, x_2) \sim (x_1, x_2)$ für alle $(x_1, x_2) \in \mathbb{N} \times \mathbb{N}$.
(2) Aus $(x_1, x_2) \sim (y_1, y_2)$ folgt $(y_1, y_2) \sim (x_1, x_2)$.
(3) Aus $(x_1, x_2) \sim (y_1, y_2)$ und $(y_1, y_2) \sim (z_1, z_2)$ folgt $(x_1, x_2) \sim (z_1, z_2)$.

Dies ergibt sich leicht aus den Regeln der Multiplikation in $\mathbb{N}$ (Aufgabe 4.10). Es handelt sich demnach bei $\sim$ um eine *Äquivalenzrelation* in der Menge $\mathbb{N} \times \mathbb{N}$, und wir können jedem Paar $(x_1, x_2) \in \mathbb{N} \times \mathbb{N}$ seine *Äquivalenzklasse*

$$[(x_1, x_2)] := \{(u_1, u_2) \in \mathbb{N} \times \mathbb{N} \mid (u_1, u_2) \sim (x_1, x_2)\}$$

zuordnen, also die Menge aller Paare, die äquivalent zu (x_1, x_2) sind (Abschn. 2.4). Dadurch wird eine *Klasseneinteilung* von $\mathbb{N} \times \mathbb{N}$ im Sinne von Satz 2.1 bewirkt: Die Vereinigungsmenge aller Mengen $[(x_1, x_2)]$ ist $\mathbb{N} \times \mathbb{N}$, und je zwei dieser Mengen sind gleich oder elementefremd. Insbesondere gilt

$$[(x_1, x_2)] = [(y_1, y_2)] \iff (x_1, x_2) \sim (y_1, y_2).$$

Tab. 4.2 Äquivalenzklassen
und Vertreter der
Quotientengleichheitsrelation

...	[(3,2)]	[(2,1)]	[(1,1)]	[(1,2)]	[(2,3)]	...
...	(3,2)	(2,1)	(1,1)	(1,2)	(2,3)	...
...	(6,4)	(4,2)	(2,2)	(2,4)	(4,6)	...
...	(9,6)	(6,3)	(3,3)	(3,6)	(6,9)	...
...	(12,8)	(8,4)	(4,4)	(4,8)	(8,12)	...
...	(15,10)	(10,5)	(5,5)	(5,10)	(10,15)	...
	⋮	⋮	⋮	⋮	⋮	

Zwei *Klassen* $[(x_1, x_2)]$ und $[(y_1, y_2)]$ sind also genau dann gleich, wenn ihre *Vertreter* (x_1, x_2) und (y_1, y_2) äquivalent sind.

Tab. 4.2 zeigt einige Klassen und jeweils einige ihrer Vertreter.

Wir bezeichnen jetzt eine jede Klasse $[(x_1, x_2)]$ als eine *Bruchzahl* und führen für die Menge der Bruchzahlen (also die Menge aller Klassen) das Symbol $\mathbb{B}$ ein.

Nun definieren wir eine Multiplikation · in $\mathbb{B}$, die man „anschaulich" als die Hintereinanderausführung von Operatoren auf einem Größenbereich (s. oben) interpretieren könnte:

$$[(x_1, x_2)] \cdot [(y_1, y_2)] := [(x_1 \cdot y_1, x_2 \cdot y_2)].$$

Das Malzeichen auf der rechten Seite ist dabei das „alte" Malzeichen in $\mathbb{N}$. Diese Definition ist natürlich nur dann zulässig, wenn sich als Produkt zweier Klassen *unabhängig von den gewählten Vertretern* immer dieselbe Klasse ergibt, wenn also gilt:

$$[(x_1, x_2)] = [(x_1', x_2')] \quad \text{und} \quad [(y_1, y_2)] = [(y_1', y_2')]$$
$$\implies [(x_1, x_2)] \cdot [(y_1, y_2)] = [(x_1', x_2')] \cdot [(y_1', y_2')].$$

Dies ist in der Tat der Fall:

$$(x_1, x_2) \sim (x_1', x_2') \quad \text{und} \quad (y_1, y_2) \sim (y_1', y_2')$$
$$\implies x_1 \cdot x_2' = x_2 \cdot x_1' \quad \text{und} \quad y_1 \cdot y_2' = y_2 \cdot y_1'$$
$$\implies x_1 \cdot y_1 \cdot x_2' \cdot y_2' = x_2 \cdot y_2 \cdot x_1' \cdot y_1'$$
$$\implies (x_1 \cdot y_1, x_2 \cdot y_2) \sim (x_1' \cdot y_1', x_2' \cdot y_2').$$

Jetzt kann man nachweisen, dass für die Multiplikation in $\mathbb{B}$ wie für die Multiplikation in $\mathbb{N}$ das Kommutativgesetz und das Assoziativgesetz gelten (Aufgabe 4.12). Neutrales Element bezüglich der Multiplikation ist die Klasse $[(1,1)]$, die aus allen Paaren (a, a) mit gleichen Koordinaten besteht.

Anders als in $\mathbb{N}$ besitzt aber in $\mathbb{B}$ jedes Element bezüglich der Multiplikation ein inverses Element:

$$[(x_1, x_2)] \cdot [(x_2, x_1)] = [(x_1 \cdot x_2, x_1 \cdot x_2)] = [(1, 1)].$$

Nun soll in $\mathbb{B}$ eine Addition $+$ definiert werden. Kennt man bereits die Bruchzahlen, so wird man bei der folgenden Definition an die Additionsformel $\dfrac{x_2}{x_1} + \dfrac{y_2}{y_1} = \dfrac{x_2 y_1 + x_1 y_2}{x_1 y_1}$ denken:

$$[(x_1, x_2)] + [(y_1, y_2)] := [(x_1 y_1, x_1 y_2 + x_2 y_1)].$$

Zunächst ist nachzuweisen, dass diese Verknüpfungsdefinition zulässig ist, dass sie also *unabhängig von den gewählten Vertretern* stets zum gleichen Ergebnis führt. Diesen Nachweis überlassen wir ebenso wie den Beweis des Kommutativgesetzes, des Assoziativgesetzes und des Distributivgesetzes dem Leser (Aufgabe 4.13 und 4.14).

Mit den Bruchzahlen der Form $[(1, a)]$ ($a \in \mathbb{N}$) rechnet man wie in $\mathbb{N}$:

$$[(1, a)] \cdot [(1, b)] = [(1, a \cdot b)],$$

$$[(1, a)] + [(1, b)] = [(1, a + b)].$$

Die Zuordnung $a \mapsto [(1, a)]$ ist eine umkehrbare („eineindeutige") Abbildung von $\mathbb{N}$ in eine Teilmenge von $\mathbb{B}$, die verknüpfungstreu ist, bei der also der Summe und dem Produkt in $\mathbb{N}$ wieder die Summe und das Produkt in $\mathbb{B}$ entsprechen. Daher können wir auf den Zahlenbereich $\mathbb{N}$ jetzt verzichten und stattdessen die Menge der Bruchzahlen $[(1, a)]$ mit $a \in \mathbb{N}$ benutzen. Wir schreiben nun für $n, z \in \mathbb{N}$

$$\frac{z}{n} \quad \text{statt} \quad [(n, z)]$$

und nennen z den *Zähler* und n den *Nenner* dieser Bruchzahl. Man beachte, dass man zwischen (n, z) und $[(n, z)]$ unterscheiden muss, eigentlich also nur von Zähler und Nenner des *Vertreters* der Bruchzahl reden darf. Den Vertreter einer Bruchzahl nennt man dann *Bruch*, muss also, wenn man es genau nimmt, zwischen Bruch (= Vertreter) und Bruchzahl (= Klasse von Brüchen) unterscheiden. Man beachte also stets:

$$\frac{z_1}{n_1} = \frac{z_2}{n_2} \iff z_1 n_2 = z_2 n_1.$$

Da wir die Bruchzahl $\dfrac{z}{1}$ mit der natürlichen Zahl z identifizieren können, schreiben wir dabei statt $\dfrac{z}{1}$ in der Regel einfach wieder z.

Ist $u \cdot u' = 1$ für $u, u' \in \mathbb{B}$, dann nennt man u' die *Kehrzahl* von u und bezeichnet sie mit $\dfrac{1}{u}$. Statt $u \cdot \dfrac{1}{v}$ schreiben wir kürzer $\dfrac{u}{v}$. Division durch eine Bruchzahl bedeutet also Multiplikation mit ihrer Kehrzahl. Man beachte, dass damit der *Bruchstrich* in drei verschiedenen Bedeutungen verwendet wird, nämlich

- zur Bezeichnung einer Bruchzahl,
- zur Bezeichnung der Kehrzahl,
- zur Bezeichnung der Division.

Die Gleichung $a \cdot x = b$ hat mit diesen Bezeichnungen in $\mathbb{B}$ die Lösung $\dfrac{b}{a}$.

Schließlich übertragen wir die Kleinerrelation $<$ von $\mathbb{N}$ auf $\mathbb{B}$, indem wir für $\dfrac{a}{b}, \dfrac{c}{d} \in \mathbb{B}$ definieren:

$$\frac{a}{b} < \frac{c}{d} : \Longleftrightarrow ad < bc.$$

Die Teilbarkeitsrelation hat keinen Sinn in $\mathbb{B}$, weil jede Bruchzahl durch jede andere Bruchzahl teilbar ist.

Die weiteren Eigenschaften des Bereichs der Bruchzahlen wie z. B. die Kürzungsregeln (Aufgabe 4.15) und die Monotoniegesetze (Aufgabe 4.16) der Addition und der Multiplikation können im Rahmen obiger Konstruktion leicht bewiesen werden.

Beim Rechnen mit Bruchzahlen benötigt man oft folgende Eigenschaft: Zu jeder (noch so kleinen) Bruchzahl ε und jeder (noch so großen) Bruchzahl μ existiert eine Bruchzahl α mit

$$\alpha \cdot \varepsilon > \mu.$$

Dies sieht man folgendermaßen ein: Ist $\varepsilon = \dfrac{e_1}{e_2}$ und $\mu = \dfrac{m_1}{m_2}$, so wähle man $\alpha = \dfrac{a_1}{a_2}$ mit $a_1 > e_2 m_1$ und $a_2 = e_1 m_2$. Dann ist nämlich

$$a_1 e_1 m_2 = a_1 a_2 > e_2 m_1 a_2, \quad \text{also} \quad \frac{a_1 e_1}{a_2 e_2} > \frac{m_1}{m_2}.$$

Aufgrund dieser Eigenschaft nennt man den Bereich der Bruchzahlen *archimedisch angeordnet*. Archimedes von Syrakus (287–212 v. Chr.) hat diese Eigenschaft der Zahlen bei seinen geometrischen Berechnungen sehr häufig verwendet.

Aufgaben

4.10 Beweise die obigen Regeln (1), (2) und (3) für die Relation $\sim$ und begründe die einzelnen Schritte anhand der Rechenregeln in $\mathbb{N}$.

4.11 Begründe anhand der Regeln (1), (2) und (3), dass die oben eingeführte Äquivalenz von Zahlenpaaren eine Klasseneinteilung in $\mathbb{N} \times \mathbb{N}$ erzeugt.

4.12 Beweise die Kommutativität und Assoziativität der Multiplikation in $\mathbb{B}$.

4.13 Beweise, dass die oben angegebene Definition der Addition in $\mathbb{B}$ zulässig ist (Unabhängigkeit von den Vertretern).

4.14 Beweise das Kommutativgesetz und das Assoziativgesetz der Addition sowie das Distributivgesetz für Bruchzahlen.

4.15 Beweise die Kürzungsregeln in $\mathbb{B}$:

$$a \cdot b = a \cdot c \Longrightarrow b = c \qquad a + b = a + c \Longrightarrow b = c$$

4.16 Beweise die Monotoniegesetze in $\mathbb{B}$:

$$a \cdot b < a \cdot c \Longrightarrow b < c \qquad a + b < a + c \Longrightarrow b < c$$

4.17

a) Zeige, dass zwischen zwei Bruchzahlen stets unendlich viele weitere Bruchzahlen liegen.
b) Ordnet man die Bruchzahlen auf dem Zahlenstrahl an, dann entsteht keine Lücke, in jedem noch so kleinen Intervall liegt eine Bruchzahl. Begründe dies mithilfe von (a).

4.18 Beweise: Zu jeder (noch so kleinen) Bruchzahl ε und jeder (noch so großen) Bruchzahl K gibt es eine Bruchzahl δ mit $K\delta < \varepsilon$.

4.19 Die Gleichung $x^2 + y^2 = 13^2$ hat in $\mathbb{N} \times \mathbb{N}$ die Lösungen $(5,12)$ und $(12,5)$ (Abschn. 1.8, pythagoreische Tripel). Bestimme einige weitere Lösungen in $\mathbb{B} \times \mathbb{B}$. (Hinweis: Suche zunächst pythagoreische Tripel mit der „Hypotenuse" $13r$ ($r \equiv 1 \bmod 4$).)

4.20 Es gilt $1 + 2^4 + 2^9 = 23^2$.

a) Zeige, dass $(4, 23)$ die einzige Lösung der Gleichung

$$1 + 2^x + 2^{2x+1} = y^2$$

in $\mathbb{N} \times \mathbb{N}$ ist. (Hinweis: Unterscheide für $y = 2m + 1$, ob $2 | m$ oder $2 \nmid m$.)
b) Welche weiteren Lösungen hat obige Gleichung in $\mathbb{Z} \times \mathbb{Z}$ und in $\mathbb{Z} \times \mathbb{B}$? (Hinweis: Ein gekürzter Bruch ist nur dann ein Quadrat, wenn Zähler und Nenner Quadrate sind.)

4.3 Stammbruchsummen und Kettenbrüche

Neben der Dezimalbruchdarstellung gibt es noch weitere Darstellungsformen von Brüchen, die von historischem Interesse sind. Wir betrachten hier die Darstellung als *Summe von Stammbrüchen* und die *Kettenbruchentwicklung*; die zuletzt genannte werden wir anschließend auch für *irrationale* positive Zahlen behandeln.

Im alten Ägypten verwendete man zum Rechnen mit Bruchzahlen keineswegs die Dezimalbruchdarstellung, sondern man stellte (echte) Brüche als Summe von *paarweise verschiedenen* Stammbrüchen dar:

$$\frac{2}{3} = \frac{1}{2} + \frac{1}{6}, \quad \frac{3}{4} = \frac{1}{2} + \frac{1}{4}, \qquad \frac{5}{6} = \frac{1}{2} + \frac{1}{3},$$

$$\frac{2}{5} = \frac{1}{3} + \frac{1}{15}, \quad \frac{3}{5} = \frac{1}{2} + \frac{1}{10}, \qquad \frac{4}{5} = \frac{1}{2} + \frac{1}{5} + \frac{1}{10},$$

$$\frac{2}{7} = \frac{1}{4} + \frac{1}{28}, \quad \frac{3}{7} = \frac{1}{3} + \frac{1}{11} + \frac{1}{231} \quad \text{usw.}$$

Bei der Addition von Bruchzahlen in dieser Form tritt offenbar immer wieder die Aufgabe auf, einen Bruch der Form $\frac{1}{n} + \frac{1}{n} = \frac{2}{n}$ als Summe von zwei verschiedenen Stammbrüchen darzustellen. Ägyptische Tempelschüler hatten daher eine $\frac{2}{n}$-Tafel auswendig zu lernen. Eine solche Tafel ist uns in dem berühmten *Papyrus Rhind* aus der Zeit um 1700 v. Chr. überliefert, den der schottische Ägyptologe Henry Rhind im Jahr 1858 einem Grabräuber abkaufte und dem Britischen Museum in London vermachte. Die Tafel in diesem „Rechenbuch des Ahmes" geht bis $\frac{2}{101}$.

Eine Darstellung eines echten Bruchs als eine Summe paarweise verschiedener Stammbrüche wollen wir eine *ägyptische Darstellung* nennen. Das größte Ärgernis für einen Mathematiker bei dieser Art der Darstellung von Bruchzahlen ist die Tatsache, dass die Darstellung *nicht eindeutig* ist:

$$\frac{2}{3} \;=\; \frac{1}{2} + \frac{1}{6} \;=\; \frac{1}{2} + \frac{1}{8} + \frac{1}{24} \;=\; \frac{1}{2} + \frac{1}{8} + \frac{1}{32} + \frac{1}{96} \;=\; \dots$$

Auch wenn man eine *kleinstmögliche Anzahl von Summanden* fordert, ist die Darstellung nicht eindeutig:

$$\frac{3}{7} \;=\; \frac{1}{3} + \frac{1}{11} + \frac{1}{231} \;=\; \frac{1}{4} + \frac{1}{7} + \frac{1}{28}.$$

An dieser Stelle haben wir stillschweigend vorausgesetzt, dass eine ägyptische Darstellung von $\frac{3}{7}$ mit nur *zwei* verschiedenen Stammbruchsummanden nicht möglich ist. Davon kann man sich leicht mittels einer Fallunterscheidung für

$$a, b \in \mathbb{N} \quad \text{mit} \quad 2 < a < b \quad \text{und} \quad \frac{1}{a} + \frac{1}{b} = \frac{3}{7}$$

überzeugen: Für $a \geq 6$ kann es keine Lösungen geben, denn bereits $\frac{1}{6} + \frac{1}{7} < \frac{3}{7}$. Zu jedem $a \in \{3, 4, 5\}$ gibt es aber nur wenige $b \in \mathbb{N}$ mit $\frac{1}{a} + \frac{1}{b} \geq \frac{3}{7}$, und alle diese Kandidaten liefern keine Lösungen.

Es gibt aber auch ein leicht zu beweisendes Kriterium für die Existenz ägyptischer Darstellungen mit *zwei* Stammbruchsummanden, das wir verwenden könnten (Satz 4.1).

Satz 4.1 *Sei* $\alpha = \frac{z}{n}$ *ein echter Bruch, also* $0 < \frac{z}{n} < 1$, $z, n \in \mathbb{N}$. *Genau dann ist* α *als Summe zweier verschiedener Stammbrüche darstellbar, wenn gilt:*

Es gibt $a, b \in \mathbb{N}$, $a \neq b$ *derart, dass* $z|(n + a)$ *und* $z|(n + b)$ *und* $n^2 = ab$.

Beweis 4.1 Hat α eine ägyptische Darstellung mit zwei Stammbruchsummanden, so gibt es natürliche Zahlen $x, y \in \mathbb{N}$, $x \neq y$ mit

$$\frac{z}{n} = \frac{1}{x} + \frac{1}{y}.$$

Setzt man nun $a := zx - n$ und $b := zy - n$, dann sind a, b ganze Zahlen, für die wegen $x \neq y$ auch $a \neq b$ gilt. Wegen

$$\frac{z}{n} > \frac{1}{x} \quad \text{und} \quad \frac{z}{n} > \frac{1}{y} \quad \text{folgt aber} \quad x > \frac{n}{z} \quad \text{und} \quad y > \frac{n}{z},$$

also $zx > n$ und $zy > n$, weshalb es sich bei a und b um *positive* ganze Zahlen, d. h. um *natürliche* Zahlen, handelt. Da $n + a = zx$ und $n + b = zy$, sind auch die Teilbarkeitsbedingungen $z|(n + a)$ und $z|(n + b)$ erfüllt. Schließlich ist

$$\frac{z}{n} = \frac{1}{x} + \frac{1}{y} = \frac{x + y}{xy} \quad \text{gleichbedeutend mit} \quad zxy = n(x+y) \quad \text{bzw.} \quad zxy - n(x+y) = 0,$$

und daraus ergibt sich

$$a \cdot b = (zx - n) \cdot (zy - n) = z^2xy - zxn - zyn + n^2$$
$$= z(zxy - n(x + y)) + n^2 = z \cdot 0 + n^2 = n^2.$$

Gibt es umgekehrt natürliche Zahlen a, b mit den oben genannten Eigenschaften, so setze man

$$x := \frac{n + a}{z} \quad \text{und} \quad y := \frac{n + b}{z}.$$

Wegen $z|(n + a)$ und $z|(n + b)$ sind $x, y \in \mathbb{N}$, und wegen $a \neq b$ ist auch $x \neq y$. Ferner gilt:

$$\frac{1}{x} + \frac{1}{y} = \frac{z}{n+a} + \frac{z}{n+b}$$

$$= \frac{z(n+b) + z(n+a)}{(n+a)(n+b)}$$

$$= \frac{z(2n+a+b)}{n^2 + na + nb + ab}$$

$$= \frac{z(2n+a+b)}{2n^2 + na + nb} \qquad (\text{wegen } ab = n^2)$$

$$= \frac{z(2n+a+b)}{n(2n+a+b)} = \frac{z}{n},$$

also besitzt α eine ägyptische Darstellung mit zwei Stammbruchsummanden. $\square$

Für echte Brüche der Form $\frac{z}{7}$ gibt es folglich dann und nur dann eine ägyptische Darstellung mit zwei Stammbruchsummanden, wenn für zwei verschiedene natürliche Zahlen a und b mit $ab = 49$ die Teilbarkeitsbedingungen $z|(7+a)$ und $z|(7+b)$ erfüllbar sind. Wegen $T_{49} = \{1, 7, 49\}$ muss $\{a, b\} = \{1, 49\}$ gelten, also besitzen genau diejenigen echten Brüche $\frac{z}{7}$ ägyptische Darstellungen mit zwei Stammbruchsummanden, für die $z|8$ und $z|56$ gilt. Dies ist der Fall für $z = 1$, $z = 2$ und $z = 4$, *nicht* aber für $z = 3$, $z = 5$ und $z = 6$. Der konstruktive Beweis von Satz 4.1 liefert auch passende Darstellungen, nämlich

$$\frac{1}{7} = \frac{1}{8} + \frac{1}{56}, \qquad \frac{2}{7} = \frac{1}{4} + \frac{1}{28}, \qquad \frac{4}{7} = \frac{1}{2} + \frac{1}{14}.$$

Wie aber kann man allgemein ägyptische Darstellungen von echten Brüchen gewinnen? Eine Möglichkeit besteht darin, von einem vorgegebenen echten Bruch zunächst den größten darin enthaltenen Stammbruch abzuspalten, dann den Rest erneut so zu verarbeiten usw. Dieser Algorithmus steht in Fibonaccis *Liber abbaci* und wird daher oft *Stammbruchalgorithmus von Fibonacci* genannt. Man muss sich nur überlegen, wie man den größten in einem echten Bruch enthaltenen Stammbruch *finden* kann, dann ergibt sich die gesuchte ägyptische Darstellung ganz automatisch.

Ist $\alpha = \frac{z}{n}$ ein vollständig gekürzter Bruch mit $1 < z < n$ und ist $n = v \cdot z + r$ mit $v, r \in \mathbb{N}$ und $0 < r < z$ (Division von n durch z mit Rest, wobei der Divisionsrest 0 nicht auftreten kann, weil der Bruch vollständig gekürzt ist), so erhält man den größten in α enthaltenen Stammbruch offenbar dadurch, dass man von $\frac{z}{n}$ zu $\frac{z}{n'}$ mit $n' = n + (z - r)$ übergeht, denn dann ist

$$\frac{z}{n'} = \frac{z}{n + (z - r)} = \frac{z}{(v+1)z} = \frac{1}{v+1} \quad \text{und} \quad \frac{1}{v+1} < \alpha < \frac{1}{v} = \frac{z}{vz + 0}.$$

Man muss also nur den Nenner auf das nächstgrößere Vielfache des Zählers vergrößern, um den größten Stammbruch abzuspalten. Der Zähler des dann noch verbleibenden Rests $\frac{z}{n} - \frac{z}{n'}$ in dessen Darstellung als vollständig gekürzter Bruch ist *kleiner* als z, denn

$$\frac{z}{n} - \frac{z}{n'} = \frac{z}{n} - \frac{1}{v+1} = \frac{(v+1)z - n}{n(v+1)} = \frac{z + (vz - n)}{n(v+1)} = \frac{z - r}{n(v+1)},$$

und nach vollständigem Kürzen wird der Zähler höchstens noch kleiner als $z - r < z$.

Das bedeutet, dass nach endlich vielen Schritten der sukzessiven Abspaltung des größtmöglichen Stammbruchs im Rahmen des Fibonacci-Algorithmus ein Restbruch mit dem Zähler 1, also ein *Stammbruch*, übrig bleiben muss. Dann hat man eine Stammbruchsummendarstellung von α gefunden, und der Algorithmus bricht ab.

Beispiel 4.1 Eine ägyptische Darstellung von $\frac{5}{13}$ soll mit dem Fibonacci-Algorithmus ermittelt werden. Es ist

$$\frac{5}{13} = \frac{5}{15} + \left(\frac{5}{13} - \frac{5}{15}\right) \qquad \text{(Nenner von } 13 = 2 \cdot 5 + 3 \text{ auf } 3 \cdot 5 = 15 \text{ vergrößern)}$$

$$= \frac{1}{3} + \left(\frac{5}{13} - \frac{1}{3}\right) \qquad \text{(kürzen)}$$

$$= \frac{1}{3} + \frac{2}{39} \qquad \text{(Rest als vollständig gekürzten Bruch notieren)}$$

$$= \frac{1}{3} + \frac{2}{40} + \left(\frac{2}{39} - \frac{2}{40}\right) \qquad \text{(Vergrößerung des Nenners von 39 auf 40)}$$

$$= \frac{1}{3} + \frac{1}{20} + \left(\frac{2}{39} - \frac{1}{20}\right) \qquad \text{(kürzen)}$$

$$= \frac{1}{3} + \frac{1}{20} + \frac{1}{780} \qquad \text{(Rest als vollständig gekürzten Bruch notieren)}$$

∎

In gleicher Weise würde man mit dem Fibonacci-Algorithmus die ägyptische Darstellung

$$\frac{4}{17} = \frac{1}{5} + \frac{1}{29} + \frac{1}{1233} + \frac{1}{3\,039\,345}$$

des Bruchs $\alpha = \frac{4}{17}$ gewinnen; es ist aber auch

$$\frac{4}{17} = \frac{1}{6} + \frac{1}{15} + \frac{1}{510},$$

woran man sieht, dass der Stammbruchalgorithmus von Fibonacci nicht unbedingt eine ägyptische Darstellung mit der *kleinstmöglichen* Anzahl von Stammbruchsummanden liefert.

Man kann zeigen, dass für jedes $k \in \mathbb{N}$ eine Bruchzahl existiert, für deren ägyptische Darstellung *mindestens* k Stammbrüche benötigt werden.

Andererseits ist die folgende *Vermutung* geäußert worden: Für alle echten Brüche mit einem festen Zähler z existiert eine nur von z abhängige Konstante n_0, sodass es eine ägyptische Darstellung mit *höchstens drei* Summanden gibt, sobald der Nenner größer als n_0 ist.

Für $z = 2$ ist dies sicher richtig, denn es gilt

$$\frac{2}{n} = \frac{1}{a} + \frac{1}{an} \quad \text{mit } a = \frac{n+1}{2} \text{ für } n > 2 \text{ und } 2 \nmid n.$$

Für $z = 3$ ist die Vermutung ebenfalls richtig, denn es gilt

$$\frac{3}{n} = \frac{1}{a} + \frac{1}{an} \quad \text{mit } a = \frac{n+1}{3} \text{ für } n > 3 \text{ und } n \equiv 2 \bmod 3,$$

$$\frac{3}{n} = \frac{1}{a} + \frac{2}{an} \quad \text{mit } a = \frac{n+2}{3} \text{ für } n > 3 \text{ und } n \equiv 1 \bmod 3.$$

Im letzten Fall ist $\dfrac{2}{an}$ ein Stammbruch, falls $2|an$, und eine Summe von zwei Stammbrüchen, falls $2 \nmid an$.

Schon für $z = 4$ ist obige Vermutung trotz großer Bemühungen namhafter Mathematiker unseres Wissens bis heute (2015) nicht bewiesen, allerdings konnte man inzwischen bestätigen, dass man für alle Nenner bis $n \approx 10^{14}$ mit höchstens drei Stammbruchsummanden auskommt.

Es würde genügen, die Vermutung für den Fall, dass der Nenner eine Primzahl ist, zu beweisen, denn

$$\text{aus} \quad \frac{4}{p} = \frac{1}{a} + \frac{1}{b} + \ldots \quad \text{folgt} \quad \frac{4}{mp} = \frac{1}{ma} + \frac{1}{mb} + \ldots$$

für $m \in \mathbb{N}$. Für Primzahlen p mit $p \equiv 3 \bmod 4$ kommt man sogar mit *zwei* Summanden aus:

$$\frac{4}{p} = \frac{1}{a} + \frac{1}{ap} \quad \text{mit } a = \frac{p+1}{4}.$$

Mehr als zwei Summanden benötigt man also höchstens dann, wenn der Nenner keinen Primteiler p mit $p \equiv 3 \bmod 4$ enthält.

Auf Fibonacci geht auch die folgende Formel zurück, die bei gewissen Nennern eine ägyptische Darstellung mit *drei* Summanden liefert:

Es sei $\frac{z}{n}$ ein vollständig gekürzter echter Bruch, und es sei $n = rs$ mit $r, s \in \mathbb{N}$, $r < z$ und $n \equiv -1 \bmod (z - r)$. Dann ist $n = q(z - r) - 1$ mit $q \in \mathbb{N}$, und man erhält

$$\frac{z}{n} = \frac{z}{q(z-r)-1} = \frac{1}{q} + \frac{qz - q(z-r) + 1}{q(q(z-r)-1)} = \frac{1}{q} + \frac{qr+1}{qn} = \frac{1}{q} + \frac{1}{s} + \frac{1}{qn}.$$

Beispiel 4.2 Es sei $\frac{z}{n} = \frac{4}{17}$ und $r = 1$, $s = 17$. Es gilt $17 \equiv -1 \bmod 3$; obige Formel darf demnach verwendet werden. Wegen $17 = 6 \cdot 3 - 1$ ist $q = 6$, und es ergibt sich

$$\frac{4}{17} = \frac{1}{6} + \frac{1}{17} + \frac{1}{102}.$$

∎

Beispiel 4.3 Es sei $\frac{z}{n} = \frac{7}{39}$ und $r = 3$, $s = 13$. Es gilt $39 \equiv -1 \bmod 4$. Wegen $39 = 10 \cdot 4 - 1$ ist $q = 10$, also folgt

$$\frac{7}{39} = \frac{1}{10} + \frac{1}{13} + \frac{1}{390}.$$

∎

Beeinflusst durch das babylonische 60er-System hat man in der Antike solche Stammbruchsummendarstellungen besonders geschätzt, bei denen möglichst viele der Nenner Teiler von 60 waren. Man fand etwa $\frac{4}{17} = \frac{1}{6} + \frac{1}{15} + \frac{1}{510}$ schöner als die Darstellung $\frac{4}{17} = \frac{1}{6} + \frac{1}{17} + \frac{1}{102}$. Natürlich lässt sich der unschöne Faktor 17 nicht in allen Nennern vermeiden, denn er steckt ja schließlich im Hauptnenner der Stammbruchsumme.

Außer der Dezimalbruchdarstellung (oder allgemeiner b-Bruchdarstellung) und der ägyptischen Darstellung gibt es noch eine weitere interessante Möglichkeit der Darstellung von Bruchzahlen, die sogenannte *Kettenbruchdarstellung*. Diese ergibt sich aus dem euklidischen Algorithmus (Abschn. 1.3).

Sind $a, b \in \mathbb{N}$ mit $a \neq b$ und $\mathrm{ggT}(a, b) = 1$ gegeben, so liefert der euklidische Algorithmus für a und b die folgende Kette von Divisionen mit Rest:

$$
\begin{aligned}
a &= v_0 \cdot b + r_1 && \text{mit } v_0 \in \mathbb{N}_0 \text{ und } 0 < r_1 < b \\
b &= v_1 \cdot r_1 + r_2 && \text{mit } v_1 \in \mathbb{N} \text{ und } 0 < r_2 < r_1 \\
r_1 &= v_2 \cdot r_2 + r_3 && \text{mit } v_2 \in \mathbb{N} \text{ und } 0 < r_3 < r_2 \\
&\vdots && \vdots \\
r_{n-3} &= v_{n-2} \cdot r_{n-2} + r_{n-1} && \text{mit } v_{n-2} \in \mathbb{N} \text{ und } 0 < r_{n-1} < r_{n-2} \\
r_{n-2} &= v_{n-1} \cdot r_{n-1} + r_n && \text{mit } v_{n-1} \in \mathbb{N} \text{ und } 0 < r_n = 1 < r_{n-1} \\
r_{n-1} &= v_n \cdot 1 + 0 && \text{mit } v_n \in \mathbb{N}
\end{aligned}
$$

(Man beachte, dass der letzte von 0 verschiedene Divisionsrest in dieser Kette den ggT der Zahlen a und b angibt, dass also $r_n = 1$ gelten muss.)

Notiert man nun die einzelnen Divisionen mit Rest in *divisiver Schreibweise* (Abschn. 1.2) und ersetzt dabei jeden Quotienten $z : n$ durch den Bruch $\frac{z}{n}$, so erhält man:

$$\frac{a}{b} = v_0 \;+\; \frac{r_1}{b} \quad \text{mit } v_0 \;\in \mathbb{N}_0 \text{ und } 0 < r_1 \;< b$$

$$\frac{b}{r_1} = v_1 \;+\; \frac{r_2}{r_1} \quad \text{mit } v_1 \;\in \mathbb{N} \text{ und } 0 < r_2 \;< r_1$$

$$\frac{r_1}{r_2} = v_2 \;+\; \frac{r_3}{r_2} \quad \text{mit } v_2 \;\in \mathbb{N} \text{ und } 0 < r_3 \;< r_2$$

$$\vdots \qquad\qquad \vdots$$

$$\frac{r_{n-3}}{r_{n-2}} = v_{n-2} + \frac{r_{n-1}}{r_{n-2}} \quad \text{mit } v_{n-2} \in \mathbb{N} \text{ und } 0 < r_{n-1} < r_{n-2}$$

$$\frac{r_{n-2}}{r_{n-1}} = v_{n-1} + \frac{1}{r_{n-1}} \quad \text{mit } v_{n-1} \in \mathbb{N} \text{ und } 0 < 1 \;< r_{n-1}$$

$$\frac{r_{n-1}}{1} = v_n \qquad\qquad \text{mit } v_n \;\in \mathbb{N}$$

Dabei ist $v_n > 1$, denn $0 < r_n = 1 < r_{n-1}$.

Man erkennt, dass in Zeile i dieser Gleichungskette der links vom Gleichheitszeichen stehende Bruch in seinen *ganzzahligen Anteil* (angegeben durch das jeweilige v_i) und seinen *gebrochenen Anteil* (angegeben durch $\frac{r_1}{b}$ für $i = 0$ bzw. durch $\frac{r_{i+1}}{r_i}$ für $i \geq 1$) zerlegt wird. Dabei ist der in der $(i + 1)$-ten Zeile zerlegte Bruch jeweils die *Kehrzahl* des gebrochenen Anteils des in der i-ten Zeile zerlegten Bruchs, also

$$\frac{b}{r_1} = \frac{1}{\frac{r_1}{b}}, \quad \frac{r_1}{r_2} = \frac{1}{\frac{r_2}{r_1}}, \quad \frac{r_2}{r_3} = \frac{1}{\frac{r_3}{r_2}}, \quad \dots$$

Ersetzt man nun von oben nach unten einen jeden gebrochenen Anteil der i-ten Zeile durch die Kehrzahl des in der $(i + 1)$-ten Zeile zerlegten Bruchs, so ergibt sich

$$\frac{a}{b} = v_0 + \frac{r_1}{b} = v_0 + \frac{1}{\frac{b}{r_1}} = v_0 + \cfrac{1}{v_1 + \cfrac{r_2}{r_1}} = v_0 + \cfrac{1}{v_1 + \cfrac{1}{\frac{r_1}{r_2}}} = v_0 + \cfrac{1}{v_1 + \cfrac{1}{v_2 + \cfrac{r_3}{r_2}}} = \cdots,$$

und am Ende erhält man die Darstellung

$$\frac{a}{b} = v_0 + \cfrac{1}{v_1 + \cfrac{1}{v_2 + \cfrac{1}{\ddots + \cfrac{1}{v_{n-2} + \cfrac{1}{v_{n-1} + \cfrac{1}{v_n}}}}}}$$

Diese nennt man die *Kettenbruchdarstellung* von $\frac{a}{b}$ und schreibt dafür kurz

$$\frac{a}{b} = [v_0,\ v_1,\ v_2,\ \ldots,\ v_n].$$

Das Objekt $[v_0,\ v_1,\ v_2,\ \ldots,\ v_n]$ nennt man einen *endlichen* oder einen *abbrechenden Kettenbruch*; die Zahlen $v_0 \in \mathbb{N}_0$ und $v_1, \ldots, v_n$ bezeichnet man als die *Ziffern* des Kettenbruchs. Damit die Kettenbruchdarstellung einer Bruchzahl *eindeutig* ist, muss man verbieten, dass als letzte Ziffer 1 gewählt werden darf, denn wegen $v + 1 = v + \frac{1}{1}$ könnte man sonst die durch $[v_0,\ v_1,\ v_2,\ \ldots,\ v_{n-1},\ 1]$ definierte Bruchzahl α auch in der Form $\alpha = [v_0,\ v_1,\ v_2,\ \ldots,\ v_{n-1} + 1]$ als Kettenbruch darstellen. (Man beachte, dass im euklidischen Algorithmus mit den oben gewählten Bezeichnungen nie $v_n = 1$ gelten kann, da in diesem Fall der Algorithmus schon einen Schritt früher abgebrochen wäre.) Hat also die Bruchzahl α die Kettenbruchdarstellungen

$$\alpha = [v_0,\ v_1,\ v_2,\ \ldots,\ v_\ell] = [w_0,\ w_1,\ w_2,\ \ldots,\ w_m] \quad \text{mit } v_\ell \neq 1 \text{ und } w_m \neq 1,$$

so gilt $m = \ell$ und $v_i = w_i$ für alle $i = 0, \ldots, \ell$.

Beispiel 4.4 Die Kettenbruchdarstellung von $\alpha = \frac{64}{29}$ soll bestimmt werden. Wir führen den euklidischen Algorithmus für die Zahlen $a = 64$ und $b = 29$ durch und wählen die divisive Notationsform mit Brüchen:

$$\frac{64}{29} = 2 + \frac{6}{29},$$
$$\frac{29}{6} = 4 + \frac{5}{6},$$
$$\frac{6}{5} = 1 + \frac{1}{5},$$
$$\frac{5}{1} = 5 + 0.$$

Dann sind die Ziffern der Kettenbruchdarstellung von α durch die ganzzahligen Anteile der links von den Gleichheitszeichen notierten Brüche gegeben, und es gilt

$$\alpha = [2, 4, 1, 5] = 2 + \cfrac{1}{4 + \cfrac{1}{1 + \cfrac{1}{5}}}$$

Das sukzessive Abspalten ganzzahliger Anteile, das der euklidische Algorithmus leistet, lässt sich natürlich auch mit den Mitteln der Bruchrechnung bewerkstelligen, allerdings ist dies mit deutlich höherem Schreibaufwand verbunden:

$$\frac{64}{29} = 2 + \frac{6}{29} = 2 + \cfrac{1}{\cfrac{29}{6}}$$

$$= 2 + \cfrac{1}{4 + \cfrac{5}{6}} \qquad = 2 + \cfrac{1}{4 + \cfrac{1}{\cfrac{6}{5}}}$$

$$= 2 + \cfrac{1}{4 + \cfrac{1}{1 + \cfrac{1}{5}}}$$

$\blacksquare$

Die Theorie der Kettenbrüche entwickelte sich aus dem Bedürfnis, Brüche mit großem Zähler und Nenner durch einfachere Brüche anzunähern. Hat man für eine Bruchzahl α deren Kettenbruchdarstellung $\alpha = [v_0, v_1, \ldots, v_n]$ ermittelt, so kann man offenbar α dadurch approximieren, dass man für $k < n$ nur die Ziffern $v_0, \ldots, v_k$ der Kettenbruchdarstellung von α berücksichtigt und die anderen Ziffern weglässt. Man nennt für $0 \le k \le n$ den Kettenbruch $\alpha^{(k)} := [v_0, v_1, \ldots, v_k]$ den k-ten *Näherungsbruch* von $\alpha = [v_0, v_1, \ldots, v_n]$. Für $k = n$ ergibt sich dann $\alpha^{(n)} = \alpha$, und für $k < n$ wird α durch $\alpha^{(k)}$ nur angenähert. Wie gut diese Näherung ist, werden wir später untersuchen. Dann werden wir auch feststellen, dass Zähler und Nenner der „echten" Näherungsbrüche ($k < n$), wenn man diese als vollständig gekürzte gewöhnliche Brüche notiert, kleiner als Zähler und Nenner von α sind, solange die Kettenbruchdarstellung von α mindestens drei Ziffern hat.

Im 17. Jahrhundert stand der Astronom Christian Huygens (1629–1695) vor der Aufgabe, ein Zahnradmodell des damals bekannten Teils unseres Sonnensystems zu bauen. Dabei sollte gelten:

$$\frac{\text{Zahnanzahl von Zahnrad 1}}{\text{Zahnanzahl von Zahnrad 2}} = \frac{\text{Umlaufzeit von Planet 1}}{\text{Umlaufzeit von Planet 2}}$$

Sind die Umlaufzeiten der Planeten recht genau gemessen, dann kann rechts ein Bruch mit sehr großem Zähler und Nenner stehen, sodass sehr große Zahnanzahlen benötigt würden. Schnell stößt man dann beim Zahnradbau an die Grenzen der technischen Realisierbarkeit, und dann muss man sich mit einer Näherung begnügen. Soll etwa $\frac{1355}{946}$ „hinreichend gut" durch einen Bruch angenähert werden, bei dem Zähler und Nenner aus technischen Gründen kleiner als 100 sein müssen, so betrachtet man die Näherungsbrüche von

$$\frac{1355}{946} = [1, 2, 3, 5, 8, 3].$$

Der dritte Näherungsbruch $[1, 2, 3, 5] = \frac{53}{37}$ erweist sich als geeignet: Zähler und Nenner sind kleiner als 100, und es ist

$$\left|\frac{1355}{946} - \frac{53}{37}\right| = \frac{3}{35\,002} < \frac{1}{10\,000}.$$

Für eine Approximation gleicher Qualität durch einen Dezimalbruch hätten wir den Nenner 10 000 benötigt, so aber kommt man mit dem Nenner 37 aus.

Für die Bewegung des Saturn bezüglich der Erde musste Huygens das Verhältnis 77 708 431 : 2 640 858 betrachten. Es ist

$$\alpha = \frac{77\,708\,431}{2\,640\,858}$$

$$= [29, 2, 2, 1, 5, 1, 4, 1, 1, 2, 1, 6, 1, 10, 2, 2, 3] = [v_0, v_1, v_2, \ldots, v_{16}].$$

Huygens wählte den dritten Näherungsbruch

$$\alpha^{(3)} = [v_0, v_1, v_2, v_3] \, (= [29, 2, 2, 1]) = [29, 2, 3] = \frac{206}{7}.$$

Der relative Fehler dieser Näherung liegt nur bei etwa 0,01 %.

Auch zur Festlegung der Schaltjahre (Abschn. 1.10) kann man Kettenbruchnäherungen verwenden. Die Umlaufzeit der Erde um die Sonne ist recht genau

$$365\text{d } 5\text{h } 48\text{m } 45,8\text{s} = \left(365 + \frac{104\,629}{432\,000}\right)\text{d}.$$

Es gilt

$$\frac{104\,629}{432\,000} = [0, 4, 7, 1, 3, 6, 2, 1, 170].$$

Wählt man den nullten Näherungsbruch [0] = 0, so führt man keine Schaltjahre ein; dies war im alten Ägypten der Fall, es wurde dafür aber in großen Abständen das Jahr gleich um mehrere Tage verlängert. Wählt man den ersten Näherungsbruch

$$[0, 4] = \frac{1}{4},$$

so führt man alle vier Jahre ein Schaltjahr mit 366 Tagen ein, wie es der von Caesar im Jahr 46 v. Chr. eingeführte *julianische Kalender* tat. Dieser Näherungsbruch ist etwas zu groß, sodass die Jahreszeit bereits im 16. Jahrhundert dem Kalender um zehn Tage vorauseilte. Würde man den dritten Näherungsbruch

$$[0, 4, 7, 1] = \frac{8}{33} = \frac{1}{4} - \frac{1}{132}$$

benutzen, dann müsste man alle 132 Jahre den Schalttag ausfallen lassen. Der von Papst Gregor XIII. im Jahr 1582 eingeführte und noch heute gültige *gregorianische Kalender* berücksichtigt den fünften Näherungsbruch

$$[0, 4, 7, 1, 3, 6] = \frac{194}{801} \approx \frac{194}{800} = \frac{1}{4} - \frac{6}{800}.$$

In 800 Jahren lässt man sechs Schaltjahre ausfallen, und zwar wurde dies für die Jahre festgesetzt, deren Jahreszahl durch 100, nicht aber durch 400 teilbar ist.

Bei der Einteilung des Jahres in Monate muss man die Zeit $M = 29,53059$ Tage für eine Mondperiode (von Neumond zu Neumond) mit der Länge eines Jahres (einer Sonnenperiode) $S = 365,24220$ Tage vergleichen. Die ersten Näherungsbrüche für $\frac{M}{S}$ sind

$$\frac{1}{12}, \frac{2}{25}, \frac{3}{37}, \frac{8}{99}, \frac{11}{136}, \frac{19}{235}, \frac{334}{4139}, \cdots$$

Im alten Ägypten begnügte man sich mit dem ersten Näherungsbruch: Man teilte das Jahr in zwölf Monate zu je 30 Tagen ein und fügte dann noch fünf Feiertage hinzu. Meton von Athen schlug um 430 v. Chr. vor, 19 Jahre zu insgesamt 235 Monaten zu einer Zeitperiode zusammenzufassen, und zwar zwölf Jahre zu zwölf Monaten und sieben Jahre zu 13 Monaten. Diese Regelung entspricht dem sechsten Näherungsbruch; sie tritt noch heute bei der jüdischen Zeitrechnung auf.

Interessanter als die Approximation rationaler Zahlen ist die Approximation positiver *irrationaler* Zahlen (Abschn. 1.4 und 4.6) durch abbrechende Kettenbrüche, denn ein endlicher Kettenbruch stellt stets eine nichtnegative *rationale* Zahl dar. (Und umgekehrt: Jede nichtnegative rationale Zahl hat eine Darstellung als abbrechender Kettenbruch, wie wir oben gesehen haben.)

Ausgangspunkt unserer Überlegungen ist die Frage, ob und ggf. wie man eine positive *irrationale* Zahl in einen (dann notwendig *nichtabbrechenden*) Kettenbruch entwickeln kann. Die Antwort auf diese Frage können wir weiter oben ablesen, wo wir analysiert haben, dass der euklidische Algorithmus in divisiver Schreibweise, der die Ziffern der abbrechenden Kettenbruchdarstellung einer positiven *rationalen* Zahl liefert, systematisch *ganzzahlige Anteile* gewisser (rationaler) Zahlen z abspaltet (dies sind dann die Ziffern der Kettenbruchdarstellung) und dann die von 0 verschiedenen *gebrochenen Anteile* dieser Zahlen z durch *Kehrzahlbildung* in (rationale) Zahlen > 1 verwandelt, die im nächsten Schritt des Algorithmus analog weiterverarbeitet werden, so lange, bis kein gebrochener Anteil mehr übrig ist.

Die Aktionen des algorithmischen *Abspaltens ganzzahliger Anteile* und des *Weiterverarbeitens der Kehrzahlen der gebrochenen Anteile* können wir natürlich auch *ohne* den euklidischen Algorithmus und deshalb auch für *irrationale* positive Zahlen durchführen. Hierzu müssen wir die *Ganzteilfunktion* (Abschn. 1.7) benutzen, die jeder reellen Zahl x die größte ganze Zahl $\leq x$ zuordnet. Diese Funktion wird mithilfe der *Gauß-Klammer* $[\cdot]$ notiert, der ganzzahlige Anteil von x wird also mit $[x]$ bezeichnet. (Es besteht sicher keine Gefahr der Verwechselung, wenn auch Kettenbrüche in Zifferndarstellung mit eckigen Klammern geschrieben werden.) Der wesentliche Unterschied bei der Verarbeitung *irrationaler* Zahlen besteht darin, dass nach der Abspaltung des ganzzahligen Anteils $[x]$ von einer positiven *irrationalen* Zahl x stets noch ein von 0 verschiedener gebrochener Anteil $0 < (x - [x]) < 1$ übrig bleibt, denn der Fall $(x - [x]) = 0$ entspräche der Ganzzahligkeit von x. Daher kann das Abspalten ganzzahliger Anteile nicht abbrechen, Kettenbruchdarstellungen irrationaler Zahlen enthalten unendlich viele Ziffern.

Wir notieren nun ausführlich die Schrittfolge des Kettenbruchalgorithmus zur Ermittlung der Kettenbruchentwicklung einer *irrationalen* Zahl $\alpha_0 > 0$:

$$\alpha_0 = [\alpha_0] + (\alpha_0 - [\alpha_0]) =: a_0 + \tfrac{1}{\alpha_1} \quad \text{mit } a_0 := [\alpha_0] \in \mathbb{N}_0 \, , \, \alpha_1 \;\; = \tfrac{1}{\alpha_0 - a_0} > 1$$

$$\alpha_1 = [\alpha_1] + (\alpha_1 - [\alpha_1]) =: a_1 + \tfrac{1}{\alpha_2} \quad \text{mit } a_1 := [\alpha_1] \in \mathbb{N}, \;\; \alpha_2 \;\; = \tfrac{1}{\alpha_1 - a_1} > 1$$

$$\alpha_2 = [\alpha_2] + (\alpha_2 - [\alpha_2]) =: a_2 + \tfrac{1}{\alpha_3} \quad \text{mit } a_2 := [\alpha_2] \in \mathbb{N}, \;\; \alpha_3 \;\; = \tfrac{1}{\alpha_2 - a_2} > 1$$

$$\vdots \qquad\qquad \vdots \qquad\qquad \vdots$$

$$\alpha_j = [\alpha_j] + (\alpha_j - [\alpha_j]) =: a_j + \tfrac{1}{\alpha_{j+1}} \quad \text{mit } a_j := [\alpha_j] \in \mathbb{N}, \;\; \alpha_{j+1} = \tfrac{1}{\alpha_j - a_j} > 1$$

$$\vdots \qquad\qquad \vdots \qquad\qquad \vdots$$

Ersetzt man nun von oben nach unten fortlaufend α_i durch $a_i + \tfrac{1}{\alpha_{i+1}}$, so erhält man

$$\alpha_0 = a_0 + \cfrac{1}{\alpha_1} = a_0 + \cfrac{1}{a_1 + \cfrac{1}{\alpha_2}} = a_0 + \cfrac{1}{a_1 + \cfrac{1}{a_2 + \cfrac{1}{\alpha_3}}} = a_0 + \cfrac{1}{a_1 + \cfrac{1}{a_2 + \cfrac{1}{a_3 + \cfrac{1}{\alpha_4}}}} = \ldots$$

und damit die nichtabbrechende Kettenbruchentwicklung der positiven irrationalen Zahl α_0. Auch für diese verwendet man die *Ziffernschreibweise*

$$\alpha_0 = [a_0,\, a_1,\, a_2,\, a_3,\, \ldots,\, a_j,\, a_{j+1},\, \ldots].$$

Die Folge $\left(\alpha_0^{(k)}\right)$ der k-ten Näherungsbrüche $\alpha_0^{(k)} = [a_0, a_1, \ldots, a_k]$ $(k \in \mathbb{N}_0)$ von α_0 liefert dann die oben gesuchten Näherungen der positiven irrationalen Zahl α_0 durch abbrechende Kettenbrüche.

Beispielsweise erhält man mit dem Kettenbruchalgorithmus für die Kreiszahl π die Kettenbruchdarstellung

$$\pi = [3,\, 7,\, 15,\, 1,\, 292,\, 1,\, 1,\, 1,\, 2,\, 1,\, 4,\, 1,\, 2,\, 14,\, 16,\, 13,\, 11,\, 1,\, 1,\, 3,\, 1,\, 1,\, 1,\, 5,\, \ldots].$$

(Man beachte, dass man die Ziffern sehr schnell mit ganz einfachen Taschenrechnern berechnen kann, wenn man sukzessive die a_i und die α_i gemäß der im Kettenbruchalgorithmus festgelegten Rechenvorschriften bestimmt: Wird im Display die Zahl α_i als Dezimalbruch angezeigt, dann notiert man die Zahl vor dem Komma als a_i, subtrahiert a_i, lässt sich die Differenz anzeigen und bildet deren Kehrzahl mit der $1/x$-Taste, um α_{i+1} zu erhalten, usw.)

Die ersten Näherungsbrüche von π wären demnach

$$\pi^{(0)} = [3] = 3, \quad \pi^{(1)} = [3,\, 7] = 3 + \frac{1}{7} = \frac{22}{7}, \quad \pi^{(2)} = [3,\, 7,\, 15] = 3 + \cfrac{1}{7 + \cfrac{1}{15}} = \frac{333}{106},$$

$$\pi^{(3)} \,(= [3,\, 7,\, 15,\, 1]) = [3,\, 7,\, 16] = 3 + \cfrac{1}{7 + \cfrac{1}{16}} = \frac{355}{113},$$

$$\pi^{(4)} = [3,\, 7,\, 15,\, 1,\, 292] = 3 + \cfrac{1}{7 + \cfrac{1}{15 + \cfrac{1}{1 + \cfrac{1}{292}}}} = \frac{103\,993}{33\,102},$$

wobei spätestens nach der Berechnung von $\pi^{(4)}$ klargeworden sein sollte, dass man eine geschicktere Methode zur Berechnung der k-ten Näherungsbrüche eines Kettenbruchs finden muss – dazu später mehr. Dass der Aufwand lohnend sein könnte, erkennt man daran, dass bereits $\pi^{(4)}$ in Dezimalbruchdarstellung auf acht Nachkommastellen mit der Dezimalbruchentwicklung von π übereinstimmt.

Die Näherungsbrüche $\pi^{(1)} = \dfrac{22}{7}$ ($\approx 3,1428571$)   und $\pi^{(3)} = \dfrac{355}{113}$ ($\approx 3,1415929$) waren im 3. Jahrhundert n. Chr. dem Chinesen Tsu-Chung-Chih bekannt und wurden unter Benutzung dem Kreis ein- und umbeschriebener Polygone ermittelt. Der Näherungsbruch $\pi^{(2)} = \dfrac{333}{106}$ ist bereits von Ptolemäus (etwa 85–165 n. Chr.) benutzt worden. Allerdings hatte schon Archimedes um 250 v. Chr. bessere Näherungen erzielt.

Bei der Kettenbruchentwicklung von π entsteht die für einen Mathematiker eher unbefriedigende Situation, dass nicht klar ist, wie es an der Stelle … mit den Ziffern weitergeht; es kommen noch unendlich viele Ziffern, aber man weiß a priori nicht, wie diese aussehen. Es gibt aber auch irrationale Zahlen, bei denen man sich einen kompletten Überblick über *alle* Ziffern der nichtabbrechenden Kettenbruchentwicklung verschaffen kann, wie wir nun am Beispiel der Kettenbruchentwicklung von $\sqrt{2}$ sehen werden.

Beispiel 4.5 Es ist $[\sqrt{2}] = 1$, denn $1^2 < 2 < 2^2$. Die 0-te Ziffer der Kettenbruchentwicklung von $\alpha_0 := \sqrt{2}$ ist also $a_0 = 1$, und die Aufspaltung von $\sqrt{2}$ in ganzzahligen und gebrochenen Anteil ist durch

$$\sqrt{2} = 1 + (\sqrt{2} - 1) =: a_0 + \frac{1}{\alpha_1} \quad \text{mit} \quad a_0 = 1 \text{ und } \alpha_1 = \frac{1}{\sqrt{2} - 1}$$

gegeben. Zur Bestimmung der 1-ten Ziffer a_1 der Kettenbruchentwicklung von $\sqrt{2}$ muss nun der ganzzahlige Anteil von α_1 ermittelt werden: Es ist

$$\alpha_1 = \frac{1}{\sqrt{2} - 1} = \frac{1 \cdot \left(\sqrt{2} + 1\right)}{\left(\sqrt{2} + 1\right)\left(\sqrt{2} - 1\right)} = \sqrt{2} + 1.$$

Demnach ist $a_1 = [\sqrt{2} + 1] = 2$, und man erhält

$$\alpha_1 = 2 + \left((\sqrt{2} + 1) - 2\right) = 2 + (\sqrt{2} - 1) =: a_1 + \frac{1}{\alpha_2} \quad \text{mit} \quad a_1 = 2 \text{ und } \alpha_2 = \frac{1}{\sqrt{2} - 1}.$$

Die entscheidende Beobachtung ist nun, dass $\alpha_2 = \alpha_1$ gilt. Demzufolge muss die Aufspaltung von α_2 in ganzzahligen und gebrochenen Anteil mit der von α_1 übereinstimmen, und man kann ohne weitere Rechnung

$$\alpha_2 =: a_2 + \frac{1}{\alpha_3} \quad \text{mit} \quad a_2 = 2 \text{ und } \alpha_3 = \frac{1}{\sqrt{2}-1}$$

notieren. Wieder ist $\alpha_3 = \alpha_1$ und daher

$$\alpha_3 =: a_3 + \frac{1}{\alpha_4} \quad \text{mit} \quad a_3 = 2 \text{ und } \alpha_4 = \frac{1}{\sqrt{2}-1}.$$

Identische Aufspaltungen ergeben sich dann analog für $\alpha_4, \alpha_5, \alpha_6, \ldots$ Für alle $i \geq 1$ ist demnach $a_i = 2$, somit kennt man *alle* Ziffern der nichtabbrechenden Kettenbruchentwicklung von $\sqrt{2}$ und kann notieren:

$$\sqrt{2} = [1, 2, 2, 2, 2, \ldots] =: [1, \overline{2}].$$

■

Die abkürzende Schreibweise unter Verwendung des *Periodenstrichs* lässt schon erahnen, dass wir einen *nichtabbrechenden* Kettenbruch als einen *periodischen* Kettenbruch bezeichnen wollen, wenn sich ab irgendeiner i-ten Ziffer eine bestimmte Ziffernfolge permanent wiederholt. Wie im Fall von Dezimalbrüchen vereinbart man, dass $i \geq 1$ mit dieser Eigenschaft *minimal* und die sich wiederholende Ziffernfolge *möglichst kurz* gewählt werden sollen (Abschn. 1.7); die kürzeste aller sich von der i-ten Ziffer aus wiederholenden Ziffernfolgen bezeichnet man dann als die *Periode* der periodischen Kettenbruchentwicklung und markiert diese mit einem Periodenstrich.

Ist also beispielsweise $\alpha_0 = [3, 2, 4, 5, 4, 5, 4, 5, 4, 5, 4, 5, \ldots]$, so schreibt man dafür

$$\alpha_0 = [3, 2, \overline{4, 5}], \quad \text{aber } nicht \quad \alpha_0 = [3, 2, \overline{4, 5, 4, 5}] \text{ oder } \alpha_0 = [3, 2, 4, \overline{5, 4}].$$

Eine *periodische* Kettenbruchentwicklung ergibt sich stets dann, wenn man bei der Durchführung des Kettenbruchalgorithmus für eine positive irrationale Zahl α_0 (mit den Bezeichnungen, die wir oben in der Beschreibung des Algorithmus verwendet haben) irgendwann auf ein α_k ($k \in \mathbb{N}$) trifft, das mit einem der α_i für $0 \leq i < k$ übereinstimmt. Ist k in dieser Hinsicht minimal gewählt (was man erreicht, wenn man den Kettenbruchalgorithmus abbricht, sobald man *erstmals* auf ein solches α_k stößt), dann ist die Ziffernfolge $a_i \ldots a_{k-1}$ die Periode der Darstellung. In Beispiel 4.5 galt $k = 2$ und $i = 1$, wegen $k - 1 = i$ bestand die Periode also nur aus *einer* Ziffer, nämlich a_1. Wir betrachten ein weiteres Beispiel, überlassen aber die Umformungen der Wurzelterme dem Leser (eine gute Übung, Stichwort: „Nenner durch Erweitern rational machen") und notieren daher nur die Ergebnisse.

Beispiel 4.6 Die Kettenbruchentwicklung der positiven irrationalen Zahl $\alpha_0 = 1 + \frac{\sqrt{3}}{4}$ soll durchgeführt werden. Wir beginnen mit dem ersten Schritt des Kettenbruchalgorithmus:

$$\alpha_0 = 1 + \frac{\sqrt{3}}{4} =: a_0 + \frac{1}{\alpha_1} \quad \text{mit} \quad a_0 = 1 \text{ und } \alpha_1 = \frac{4}{\sqrt{3}} = \frac{4}{3}\sqrt{3} > 1.$$

Wegen $\alpha_1 \neq \alpha_0$ ist der nächste Schritt des Algorithmus (Aufspaltung von α_1 in ganzzahligen und gebrochenen Anteil) zu vollziehen:

$$\alpha_1 = 2 + \left(\frac{4}{3}\sqrt{3} - 2\right) =: a_1 + \frac{1}{\alpha_2} \quad \text{mit} \quad a_1 = 2 \text{ und } \alpha_2 = \frac{1}{\frac{4}{3}\sqrt{3} - 2} = \sqrt{3} + \frac{3}{2} > 1.$$

Da auch α_2 nicht mit α_0 oder α_1 übereinstimmt, müssen wir den nächsten Schritt des Algorithmus erledigen:

$$\alpha_2 = 3 + \left(\left(\sqrt{3} + \frac{3}{2}\right) - 3\right) = 3 + \left(\sqrt{3} - \frac{3}{2}\right) =: a_2 + \frac{1}{\alpha_3}$$

$$\text{mit} \quad a_2 = 3 \quad \text{und} \quad \alpha_3 = \frac{1}{\sqrt{3} - \frac{3}{2}} = \frac{4}{3}\sqrt{3} + 2 > 1.$$

Auch α_3 stimmt mit keinem der α_i für $0 \leq i < 3$ überein, also fahren wir im Algorithmus fort:

$$\alpha_3 = 4 + \left(\left(\frac{4}{3}\sqrt{3} + 2\right) - 4\right) = 4 + \left(\frac{4}{3}\sqrt{3} - 2\right) =: a_3 + \frac{1}{\alpha_4}$$

$$\text{mit} \quad a_3 = 4 \quad \text{und} \quad \alpha_4 = \frac{1}{\left(\frac{4}{3}\sqrt{3} - 2\right)} = \alpha_2!$$

Mit α_4 ist also erstmals ein α_k gefunden, das mit einem der α_i für $0 \leq i < k$ übereinstimmt, nämlich mit α_2. Demnach muss sich in der Kettenbruchentwicklung von α_0 die Ziffernfolge a_2, a_3 periodisch wiederholen, und wir können

$$\alpha_0 = 1 + \frac{\sqrt{3}}{4} = [1, 2, \overline{3, 4}]$$

als periodische Kettenbruchentwicklung der Zahl α_0 notieren.   ∎

In Beispiel 4.5 und 4.6 haben sich periodische Kettenbruchentwicklungen ergeben, bei der Kettenbruchentwicklung von π jedoch nicht. Das wirft die Frage auf, ob man einer positiven irrationalen Zahl a priori ansehen kann, ob deren Kettenbruchentwicklung periodisch sein muss oder nicht. In der Tat ist das möglich, wie Satz 4.2 besagt, der auf Euler und Lagrange zurückgeht. Auf einen Beweis dieses Satzes müssen wir hier aber verzichten.

Satz 4.2 *Die Kettenbruchentwicklung einer positiven irrationalen Zahl α_0 ist genau dann periodisch, wenn α_0 Lösung einer quadratischen Gleichung $ux^2 + vx + w = 0$ mit ganzzahligen Koeffizienten $u, v, w \in \mathbb{Z}$ ist, wenn also α_0 von folgender Form ist:*

$$\alpha_0 = \frac{a \pm b\sqrt{d}}{c} \quad mit \quad a, b, c, d \in \mathbb{Z},\ d > 0,\ d\ keine\ Quadratzahl.$$

Solange man es mit irrationalen Zahlen der in Satz 4.2 genannten Form zu tun hat, lohnt sich Durchhaltevermögen bei der Ausführung des Kettenbruchalgorithmus – man wird auf ein α_k stoßen, das mit einem α_i für $i < k$ übereinstimmt, und dann hat man *alle* Ziffern der nichtabbrechenden, aber periodischen Kettenbruchdarstellung der Zahl gefunden.

Sehen wir uns noch einige Klassen von Beispielen für periodische Kettenbruchentwicklungen an.

Beispiel 4.7 Die periodischen Kettenbruchentwicklungen der Zahlen $\alpha_0 := \sqrt{n^2 + 1}$, $n \in \mathbb{N}$:

$$\alpha_0 = \sqrt{n^2 + 1} = n + \left(\sqrt{n^2 + 1} - n \right) =: a_0 + \frac{1}{\alpha_1} \quad mit \quad a_0 = n \text{ und}$$

$$\alpha_1 = \frac{1}{\sqrt{n^2 + 1} - n} = \frac{\sqrt{n^2 + 1} + n}{\left(\sqrt{n^2 + 1} - n \right)\left(\sqrt{n^2 + 1} + n \right)} = \sqrt{n^2 + 1} + n > 1.$$

Wegen $\alpha_1 \neq \alpha_0$ berechnet man

$$\alpha_1 = \sqrt{n^2 + 1} + n = 2n + \left(\left(\sqrt{n^2 + 1} + n \right) - 2n \right) = 2n + \left(\sqrt{n^2 + 1} - n \right)$$

$$=: a_1 + \frac{1}{\alpha_2} \quad mit \quad a_1 = 2n \quad und \quad \alpha_2 = \frac{1}{\sqrt{n^2 + 1} - n} = \alpha_1.$$

Da nun $\alpha_2 = \alpha_1$ gilt, wiederholt sich $a_1 = 2n$ periodisch, und es ist

$$\sqrt{n^2 + 1} = [n, \overline{2n}].$$

Für $n = 1, 2, 3, \ldots$ ergibt sich

$$\sqrt{2} = [1, \overline{2}], \ \sqrt{5} = [2, \overline{4}], \ \sqrt{10} = [3, \overline{6}], \ \sqrt{17} = [4, \overline{8}], \sqrt{26} = [5, \overline{10}], \ldots$$

$$\blacksquare$$

Beispiel 4.8 Die periodischen Kettenbruchentwicklungen der Zahlen $\alpha_0 := \sqrt{n^2 + 2n}$, $n \in \mathbb{N}$:

$$\alpha_0 = \sqrt{n^2 + 2n} = n + \left(\sqrt{n^2 + 2n} - n\right) =: a_0 + \frac{1}{\alpha_1} \quad \text{mit} \quad a_0 = n \text{ und}$$

$$\alpha_1 = \frac{1}{\sqrt{n^2 + 2n} - n} = \frac{\sqrt{n^2 + 2n} + n}{\left(\sqrt{n^2 + 2n} - n\right)\left(\sqrt{n^2 + 2n} + n\right)} = \frac{\sqrt{n^2 + 2n} + n}{2n} > 1.$$

Wegen $\alpha_1 \neq \alpha_0$ berechnet man

$$\alpha_1 = \frac{\sqrt{n^2 + 2n} + n}{2n} = 1 + \left(\frac{\sqrt{n^2 + 2n} + n}{2n} - 1\right) = 1 + \frac{\sqrt{n^2 + 2n} - n}{2n}$$

$$=: a_1 + \frac{1}{\alpha_2} \quad \text{mit} \quad a_1 = 1 \quad \text{und} \quad \alpha_2 = \frac{2n}{\sqrt{n^2 + 2n} - n}.$$

Wegen $\alpha_2 \neq \alpha_1$ und $\alpha_2 \neq \alpha_0$ berechnet man

$$\alpha_2 = \frac{2n}{\sqrt{n^2 + 2n} - n} = 2n + \left(\frac{2n}{\sqrt{n^2 + 2n} - n} - 2n\right) = 2n + \left(\sqrt{n^2 + 2n} - n\right)$$

$$=: a_2 + \frac{1}{\alpha_3} \quad \text{mit} \quad a_2 = 2n \quad \text{und} \quad \alpha_3 = \frac{1}{\sqrt{n^2 + 2n} - n} = \alpha_1.$$

Da nun $\alpha_3 = \alpha_1$ gilt, wiederholt sich die Ziffernfolge $a_1, a_2 = 1, 2n$ periodisch, und es ist

$$\sqrt{n^2 + 2n} = [n, \overline{1, 2n}].$$

Für $n = 1, 2, 3, \ldots$ ergibt sich

$$\sqrt{3} = [1, \overline{1, 2}], \ \sqrt{8} = [2, \overline{1, 4}], \ \sqrt{15} = [3, \overline{1, 6}],$$
$$\sqrt{24} = [4, \overline{1, 8}], \sqrt{35} = [5, \overline{1, 10}], \ldots$$

$$\blacksquare$$

Umgekehrt kann man sich nun fragen, wie man einen periodischen Kettenbruch in eine Zahl mit der Darstellung $\frac{a \pm b \sqrt{d}}{c}$ wie in Satz 4.2 umrechnen kann. Das ist aber recht einfach und erfordert lediglich den sicheren Umgang mit Bruchtermen und quadratischen Gleichungen. Hat die periodische Kettenbruchentwicklung von α_0 die Form

$$\alpha_0 = [a_0, a_1 \ldots, a_{i-1}, \overline{a_i, a_{i+1}, \ldots, a_{k-1}}],$$

so kann bei der Durchführung des Kettenbruchalgorithmus für α_0 erstmals im k-ten Schritt bei der Aufspaltung von α_{k-1} in

$$\alpha_{k-1} = a_{k-1} + (\alpha_{k-1} - a_{k-1}) =: a_{k-1} + \frac{1}{\alpha_k}$$

festgestellt werden, dass α_k mit einem früheren α_j übereinstimmt, und zwar mit α_i, denn dann ist $\overline{a_i, a_{i+1}, \ldots, a_{k-1}}$ die Periode der Kettenbruchdarstellung. Setzt man nun nacheinander für $j = i, \ldots, k-1$ die Terme $\alpha_j = a_j + \frac{1}{\alpha_{j+1}}$ ineinander ein und berücksichtigt $\alpha_k = \alpha_i$, so ergibt sich

$$\alpha_i = a_i + \cfrac{1}{a_{i+1} + \cfrac{1}{a_{i+2} + \cfrac{1}{\ddots + \cfrac{1}{a_{k-2} + \cfrac{1}{a_{k-1} + \cfrac{1}{\alpha_i}}}}}}$$

Dies ist eine Gleichung für α_i, die sich nach einigen Umformungen der Bruchterme als eine quadratische Gleichung in Normalform notieren lässt, deren positive Lösung α_i ist. Hat man α_i bestimmt, kann man sukzessive auch $\alpha_{i-1}, \ldots, \alpha_0$ ermitteln, indem man die Gleichungen $\alpha_{j-1} = a_{j-1} + \frac{1}{\alpha_j}$ für $j = i, i-1, \ldots, 2, 1$ löst.

Beispiel 4.9 Eine positive irrationale Zahl α_0 hat die periodische Kettenbruchentwicklung $\alpha_0 = [2, \overline{3, 2}]$. Dann ist (mit den im Kettenbruchalgorithmus verwendeten Bezeichnungen)

$$\alpha_1 = \alpha_3, \quad \text{also} \quad \alpha_1 = 3 + \cfrac{1}{2 + \cfrac{1}{\alpha_1}} = 3 + \frac{\alpha_1}{2\alpha_1 + 1} = \frac{7\alpha_1 + 3}{2\alpha_1 + 1}.$$

Demnach ist α_1 die positive Lösung der Bruchgleichung $x = \dfrac{7x + 3}{2x + 1}$ bzw. (Äquivalenzumformung für $x \neq -\frac{1}{2}$) der quadratischen Gleichung

$$x^2 - 3x - \frac{3}{2} = 0 \, .$$

Die positive Lösung dieser quadratischen Gleichung ergibt sich zu

$$\alpha_1 = \frac{3}{2} + \sqrt{\frac{15}{4}} = \frac{3 + \sqrt{15}}{2} \, .$$

Aus $\alpha_0 = a_0 + \frac{1}{\alpha_1}$ erhält man dann

$$\alpha_0 = 2 + \frac{2}{3 + \sqrt{15}} = 2 + \frac{2\left(\sqrt{15} - 3\right)}{6} = \frac{3 + \sqrt{15}}{3} \, .$$

■

Beispiel 4.10 Ein besonders interessanter Kettenbruch ist durch $\alpha_0 = [1, 1, 1, 1, 1, \ldots]$ $= [1, \overline{1}]$ gegeben. Hier wiederholt sich die Ziffer $a_0 = 1$ periodisch, mit den im Kettenbruchalgorithmus gewählten Bezeichnungen gilt also $\alpha_0 = \alpha_1$ und deshalb $\alpha_0 = 1 + \frac{1}{\alpha_0}$. Daher ist α_0 die positive Lösung der für $x \neq 0$ äquivalenten Gleichungen

$$x = 1 + \frac{1}{x} = \frac{x + 1}{x} \quad \text{bzw.} \quad x^2 - x - 1 = 0,$$

die sich zu $\alpha_0 = \frac{1}{2}\left(\sqrt{5} + 1\right)$ ergibt.

Diese Zahl beschreibt als Lösung der Verhältnisgleichung $x : 1 = (x + 1) : x$ ein Teilungsverhältnis, und zwar dasjenige, bei dem eine Größe so in zwei unterschiedlich große Teile zerlegt wird (größerer Teil: *Major* ; kleinerer Teil: *Minor*), dass das *Ganze* zu seinem größeren Teil in demselben Verhältnis steht wie der größere Teil zum kleineren Teil. Man bezeichnet dieses Teilungsverhältnis als den *goldenen Schnitt*. Man kann die Proportionen des goldenen Schnitts in vielen berühmten Werken aus Kunst und Architektur entdecken, aber auch in der Natur finden sie sich wieder, z. B. bei der Gruppierung von Blättern mancher Pflanzen.

Wenn man weiß, dass der periodische Kettenbruch $[1, \overline{1}]$ die Zahl $\frac{1}{2}\left(\sqrt{5} + 1\right)$ darstellt, dann führt die Subtraktion von 1 sofort auf

$$\frac{1}{2}\left(\sqrt{5} - 1\right) = [0, \overline{1}].$$

Hätte man $\alpha_0 := [0, \overline{1}]$ vor dem Hintergrund des Kettenbruchalgorithmus analysieren wollen, so hätte sich die Gleichung $\alpha_2 = \alpha_1$ und damit $\alpha_1 = 1 + \frac{1}{\alpha_1}$ ergeben. Man hätte dann wie oben α_1 als positive Lösung der Gleichung $x = 1 + \frac{1}{x}$ ermittelt, also

$\alpha_1 = \frac{1}{2}\left(\sqrt{5}+1\right)$, und hätte dann α_0 aus der Gleichung $\alpha_0 = 0 + \frac{1}{\alpha_1}$ bestimmt. Dies zeigt, dass

$$[0, \overline{1}] = \frac{1}{2}\left(\sqrt{5}-1\right) = \frac{1}{\frac{1}{2}\left(\sqrt{5}+1\right)}$$

gilt – $[0, \overline{1}]$ ist die Kettenbruchentwicklung der Zahl $\frac{1}{2}\left(\sqrt{5}-1\right)$, und diese beschreibt als *Kehrzahl* von $\frac{1}{2}\left(\sqrt{5}+1\right)$ das Verhältnis von *Minor zu Major* bei einer Teilung im Verhältnis des goldenen Schnitts.

∎

Weitere interessante Entdeckungen werden durch das Studium der k-ten Näherungsbrüche von $\alpha_0 := [0, \overline{1}]$ ermöglicht. Die Folge der Näherungsbrüche beginnt mit

$$\frac{0}{1}, \frac{1}{1}, \frac{1}{2}, \frac{2}{3}, \frac{3}{5}, \frac{5}{8}, \frac{8}{13}, \frac{13}{21}, \frac{21}{34}, \frac{34}{55}, \frac{55}{89}, \frac{89}{144}, \frac{144}{233}, \frac{233}{377}, \ldots$$

in Zählern und Nennern der Näherungsbrüche ist die Zahlenfolge

$$1, 1, 2, 3, 5, 8, 13, 21, 34, 55, 89, 144, 233, 377, \ldots$$

abgebildet. Diese Folge hat ein besonders einfaches Bildungsgesetz: Bezeichnen wir das n-te Glied dieser Folge mit F_n, dann gilt

$$F_1 = F_2 = 1 \quad \text{und} \quad F_{n+2} = F_{n+1} + F_n \ (n \in \mathbb{N}).$$

Diese Folge heißt *Fibonacci-Folge* oder Folge der *Fibonacci-Zahlen*. Die Bezeichnung rührt daher, dass in Fibonaccis *Liber abbaci* unter der Überschrift „Quot paria coniculorum in uno anno ex uno pario germinentur" sinngemäß folgende Aufgabe steht:

Wie viele Kaninchenpaare stammen am Ende eines Jahres von einem Kaninchenpaar ab, wenn jedes Paar jeden Monat ein neues Paar gebiert, welches selbst vom zweiten Monat an Nachkommen hat?

Bei sorgfältiger Modellierung der Situation (kein Kaninchenpaar geht z. B. durch Tod verloren usw.) könnte man beispielsweise festlegen, dass man in Monat 1 mit einem Paar neugeborener, noch nicht geschlechtsreifer Kaninchen startet, die in Monat 2 noch keinen Nachwuchs haben, aber in Monat 3 ein neues Kaninchenpärchen in die Welt setzen. Dies würde dazu führen, dass die Anzahlen F_n der Kaninchenpaare in den Monaten $n = 1, 2, 3$ durch $F_1 = F_2 = 1$ und $F_3 = 2 = F_1 + F_2$ gegeben wären. Allgemein ist die Anzahl der Kaninchenpaare im Monat $n + 2$ durch $F_{n+2} = F_{n+1} + F_n \ (n \geq 1)$ gegeben, denn in Monat $n + 2$ leben die F_{n+1} Kaninchenpaare, die schon in Monat $n + 1$ gelebt haben, und hinzu kommen F_n neugeborene Kaninchenpaare, die von den F_n Kaninchenpaaren zur

Welt gebracht werden, die schon in Monat n gelebt haben und deshalb in Monat $(n + 2)$ Nachwuchs haben.

Die Lösung wäre demnach $F_{12} = 144$; Fibonacci hat in seinem Buch jedoch $F_{14} = 377$ als Lösung angegeben. Dies ist darauf zurückzuführen, dass er bei seiner Erklärung nicht ganz konsequent davon ausging, dass das *erste* vorhandene Kaninchenpaar bereits am Ende des *ersten* Monats Junge bekäme und deshalb schon in Monat 1 zwei Kaninchenpärchen vorhanden wären. Da also Fibonacci mit F_3 bei Monat 1 in den Rechenprozess einstieg, kam er in seiner Zählung bis F_{14} in Monat 12.

Es hat sich herausgestellt, dass die Fibonacci-Folge und viele ähnlich rekursiv definierte Folgen nicht nur in der Mathematik, sondern auch in den Naturwissenschaften von Interesse sind. Einige überraschende Eigenschaften der Fibonacci-Zahlen sollen in den Aufgaben bewiesen werden.

Die für uns momentan wichtigste Erkenntnis ist aber die, dass offenbar – zumindest im Fall $\alpha_0 = [0, \overline{1}]$ – die Folge der Näherungsbrüche eines Kettenbruchs *rekursiv* berechnet werden kann! Man muss dann *nicht* bei der Berechnung der k-ten Näherungsbrüche für jedes einzelne k von Neuem mit – zunehmend aufwendigen (s. oben: Näherungsbrüche von π) – Bruchrechenoperationen agieren, sondern kann auf bereits vorher errechnete Näherungsbrüche zurückgreifen. Dabei sollte es natürlich nicht von Bedeutung sein, dass die Ziffern eines Kettenbruchs *ganzzahlig* sind; es geht einfach darum, Bruchterme von der Bauart eines Kettenbruchs, also Terme der Form

$$[x_0, x_1, x_2, x_3, \ldots, x_n] := x_0 + \cfrac{1}{x_1 + \cfrac{1}{x_2 + \cfrac{1}{\ddots + \cfrac{1}{x_{n-2} + \cfrac{1}{x_{n-1} + \cfrac{1}{x_n}}}}}}$$

mit reellen Zahlen $x_0 \geq 0$ und $x_i > 0$ für alle $i \in \mathbb{N}$, rekursiv zu berechnen. Hat man dann Rekursionsformeln für die Berechnung solcher „verallgemeinerten Kettenbrüche" gefunden, dann gelten diese insbesondere auch für verallgemeinerte Kettenbrüche mit ganzzahligen Ziffern, also für gewöhnliche Kettenbrüche.

Untersuchen wir also die „Näherungsbrüche" (es handelt sich hier *nicht* um Quotienten natürlicher Zahlen, also gewöhnliche Brüche, sondern um nichtnegative reelle Zahlen, die mit einem Bruchterm dargestellt werden) eines verallgemeinerten Kettenbruchs $\beta = [x_0, x_1, x_2, x_3, \ldots]$. Offenbar gilt

$$\beta^{(0)} = [x_0] = \frac{x_0}{1} \quad \text{und} \quad \beta^{(1)} = [x_0, x_1] = x_0 + \frac{1}{x_1} = \frac{x_1 \cdot x_0 + 1}{x_1},$$

womit der 0-te und der 1-te Näherungsbruch eines verallgemeinerten Kettenbruchs ermittelt wären. Nun ist

$$\beta^{(2)} = [x_0, x_1, x_2] = x_0 + \cfrac{1}{x_1 + \cfrac{1}{x_2}}$$

$$= x_0 + \cfrac{x_2}{x_2 \cdot x_1 + 1}$$

$$= \frac{x_2 \cdot (x_1 x_0 + 1) + x_0}{x_2 \cdot x_1 + 1},$$

und man erkennt, dass Zähler und Nenner des $\beta^{(2)}$ darstellenden Bruchterms aus den Zählern und Nennern der $\beta^{(1)}$ und $\beta^{(0)}$ darstellenden Bruchterme gewonnen werden können. Allgemeiner gilt Satz 4.3.

Satz 4.3 *Es sei* $\beta = [x_0, x_1, x_2, x_3, \ldots]$ *ein verallgemeinerter Kettenbruch, und für* $k \in \mathbb{N}_0$ *sei* $\beta^{(k)} := [x_0, x_1, \ldots, x_k]$. *Definiert man dann*

$$P_0 := x_0, \; P_1 := x_1 x_0 + 1, \; P_k := x_k P_{k-1} + P_{k-2} \; \text{für } k \in \mathbb{N}, \, k > 2,$$
$$Q_0 := 1, \; Q_1 := x_1, \qquad Q_k := x_k Q_{k-1} + Q_{k-2} \; \text{für } k \in \mathbb{N}, \, k \geq 2,$$

so gilt für alle k:

$$\beta^{(k)} = [x_0, x_1, \ldots, x_k] = \frac{P_k}{Q_k}.$$

Beweis 4.3 Wir haben oben schon nachgerechnet, dass $\beta^{(0)} = \frac{P_0}{Q_0}$ und $\beta_1 = \frac{P_1}{Q_1}$ gilt. Also bleibt nur noch zu zeigen, dass die angegebene Formel für alle $k \geq 2$ richtig ist; dies können wir nun mittels vollständiger Induktion beweisen.

Für $k = 2$ haben wir die Gültigkeit der Formel schon bestätigt (s. oben). Ist ein beliebiger verallgemeinerter Kettenbruch gegeben, so kann man seinen *zweiten* Näherungsbruch offenbar in der angegebenen Weise bestimmen. Wir setzen nun voraus, dass man für irgendein $k \geq 2$ den k-ten Näherungsbruch eines verallgemeinerten Kettenbruchs wie oben dargestellt rekursiv berechnen kann. Zu zeigen ist, dass dies dann auch für den $(k + 1)$-ten Näherungsbruch möglich ist.

Der entscheidende Punkt in unserer Argumentation ist nun, dass man in der Kategorie der *verallgemeinerten* Kettenbrüche jeden Kettenbruch mit $k + 2$ Ziffern auch als einen Kettenbruch mit $k + 1$ Ziffern schreiben kann, denn es ist

$$[x_0, x_1, \ldots, x_k, x_{k+1}] = \left[x_0, x_1, \ldots, x_k + \frac{1}{x_{k+1}}\right] =: [y_0, y_1, \ldots, y_k]$$

mit

$$x_i = y_i \quad \text{für} \quad 0 \le i \le k - 1 \quad \text{und} \quad y_k = x_k + \frac{1}{x_{k+1}}.$$

(Für gewöhnliche Kettenbrüche geht das *nicht*, denn für $x_k, x_{k+1} \in \mathbb{N}$ ist $x_k + \dfrac{1}{x_{k+1}}$ ausschließlich für $x_{k+1} = 1$ ganzzahlig. Deshalb muss man sich, wenn man Rekursionsformeln für Kettenbrüche mittels vollständiger Induktion beweisen will, in den Bereich der verallgemeinerten Kettenbrüche begeben, so wie wir es getan haben.)

Da nun aber die ersten k Ziffern beider verallgemeinerten Kettenbrüche übereinstimmen, gilt dies auch für die zugehörigen Terme P_i und Q_i, $0 \le i \le k - 1$, und man erhält für $\alpha^{(k+1)}$:

$$\alpha^{(k+1)} = [x_0, x_1, \ldots, x_k, x_{k+1}] = [y_0, y_1, \ldots, y_k]$$

$$= \frac{y_k P_{k-1} + P_{k-2}}{y_k Q_{k-1} + Q_{k-2}}$$

$$= \frac{\left(x_k + \frac{1}{x_{k+1}}\right) P_{k-1} + P_{k-2}}{\left(x_k + \frac{1}{x_{k+1}}\right) Q_{k-1} + Q_{k-2}}$$

$$= \frac{x_{k+1}\left(x_k P_{k-1} + P_{k-2}\right) + P_{k-1}}{x_{k+1}\left(x_k Q_{k-1} + Q_{k-2}\right) + Q_{k-1}}$$

$$= \frac{x_{k+1} P_k + P_{k-1}}{x_{k+1} Q_k + Q_{k-1}} = \frac{P_{k+1}}{Q_{k+1}}.$$

Aus der Gültigkeit der Formel für ein $k \ge 2$ ergibt sich also auch die Gültigkeit der Formel für $(k + 1)$, womit der Induktionsbeweis abgeschlossen ist. $\square$

Ab sofort beschäftigen wir uns wieder mit gewöhnlichen Kettenbrüchen mit ganzzahligen Ziffern. Die in Satz 4.3 bewiesenen Formeln zur rekursiven Berechnung der Näherungsbrüche behalten natürlich ihre Gültigkeit, sodass wir nunmehr in der Lage sind, Zähler und Nenner aller Näherungsbrüche eines Kettenbruchs $\alpha = [a_0, a_1, a_2, a_3, a_4, a_5, \ldots]$ in einem Berechnungsschema einzutragen (Abb. 4.4).

Die fett gedruckten Teile im Berechnungsschema kann man vorab ausfüllen (Laufindex, Ziffern des Kettenbruchs, P_0, P_1, Q_0, Q_1), denn diese sind explizit festgelegt. Danach ergänzt man von links nach rechts fortlaufend die Spalten, bis man (im Falle eines

k	0	1	2	3	4	5	
a_k	a_0	a_1	a_2	a_3	a_4	a_5	$\ldots$
P_k	a_0	$a_1 a_0 + 1$	$a_2 P_1 + P_0$	$a_3 P_2 + P_1$	$a_4 P_3 + P_2$	$a_5 P_4 + P_3$	$\ldots$
Q_k	1	a_1	$a_2 Q_1 + Q_0$	$a_3 Q_2 + Q_1$	$a_4 Q_3 + Q_2$	$a_5 Q_4 + Q_3$	$\ldots$

Abb. 4.4 Schema zur rekursiven Berechnung von Näherungsbrüchen

abbrechenden Kettenbruchs) die Spalte der letzten Ziffer erreicht hat oder bis man (im Falle eines nichtabbrechenden Kettenbruchs) eine bestimmte Anzahl von Näherungsbrüchen berechnet hat. Die einzelnen Näherungsbrüche lassen sich dann in der Form $\alpha^{(k)} = \frac{P_k}{Q_k}$ notieren.

Beispiel 4.11 Wir wollen die Näherungsbrüche von $\alpha = [1, 2, 3, 5, 8, 13]$ bestimmen. Dazu tragen wir die explizit gegebenen oder berechenbaren Daten in das Berechnungsschema ein:

k	0	1	2	3	4	5
a_k	1	2	3	5	8	13
P_k	1	3				
Q_k	1	2				

Als Nächstes können wir $P_2 = a_2 \cdot P_1 + P_0 = 3 \cdot 3 + 1 = 10$ und $Q_2 = a_2 \cdot Q_1 + Q_0 = 3 \cdot 2 + 1 = 7$ bestimmen und die für P_2 und Q_2 berechneten Werte in die Spalte mit dem Laufindex $k = 2$ eintragen:

k	0	1	2	3	4	5
a_k	1	2	3	5	8	13
P_k	1	3	10			
Q_k	1	2	7			

Anschließend ergänzen wir die Spalte unter $k = 3$ mit $P_3 = a_3 \cdot P_2 + P_1 = 5 \cdot 10 + 3 = 53$ und $Q_3 = a_3 \cdot Q_2 + Q_1 = 5 \cdot 7 + 2 = 37$, berechnen dann gemäß der Rekursionsformeln P_4 und Q_4 und abschließend P_5 und Q_5. Das komplett ausgefüllte Schema sieht dann wie folgt aus:

k	0	1	2	3	4	5
a_k	1	2	3	5	8	13
P_k	1	3	10	53	434	5695
Q_k	1	2	7	37	303	3976

Die Näherungsbrüche von α sind dann

$$\alpha^{(0)} = \frac{1}{1},\ \alpha^{(1)} = \frac{3}{2},\ \alpha^{(2)} = \frac{10}{7},\ \alpha^{(3)} = \frac{53}{37},\ \alpha^{(4)} = \frac{434}{303},\ \alpha^{(5)} = \frac{5695}{3976},$$

insbesondere ist

$$\alpha = [1,\, 2,\, 3,\, 5,\, 8,\, 13] = \alpha^{(5)} = \frac{5695}{3976}.$$

∎

Sieht man sich die Zähler und die Nenner der Näherungsbrüche in Beispiel 4.11 genauer an, so kann man Folgendes beobachten:

- Es ist ggT $(P_k, Q_k) = 1$ für alle k; die Näherungsbrüche $\alpha^{(k)} = \frac{P_k}{Q_k}$ sind also vollständig gekürzt.
- Für alle $k \geq 2$ ist $P_k < P_{k+1}$ und $Q_k < Q_{k+1}$.

Dass diese Eigenschaften nicht nur im betrachteten Beispiel, sondern *allgemein* gelten, lässt sich aus den Rekursionsformeln zur Berechnung der Näherungszähler P_k und der Näherungsnenner Q_k herleiten; damit wir uns nicht hinsichtlich der verfügbaren Ziffern Gedanken machen müssen, sehen wir uns die Näherungsbrüche eines nichtabbrechenden Kettenbruchs $\alpha = [a_0, a_1, a_2, a_3, \ldots]$ an.

Für beliebiges $k \in \mathbb{N}$ ist dann

$$\begin{aligned}
|P_{k+1}Q_k - P_kQ_{k+1}| &= |(a_{k+1}P_k + P_{k-1})\,Q_k - P_k\,(a_{k+1}Q_k + Q_{k-1})| \\
&= |P_{k-1}Q_k - P_kQ_{k-1}| \\
&= |P_kQ_{k-1} - P_{k-1}Q_k|,
\end{aligned}$$

und wenn man jetzt analog für $|P_kQ_{k-1} - P_{k-1}Q_k|$ argumentiert, dann für den Term $|P_{k-1}Q_{k-2} - P_{k-2}Q_{k-1}|$ usw., erhält man schließlich

$$|P_{k+1}Q_k - P_kQ_{k+1}| = |P_1Q_0 - P_0Q_1| = |(a_1a_0 + 1) \cdot 1 - a_1a_0| = 1.$$

Jeder gemeinsame Teiler von P_k und Q_k ist also auch ein Teiler von 1, daher gilt ggT $(P_k, Q_k) = 1$ für alle $k \in \mathbb{N}$. Wegen $Q_0 = 1$ sind offenbar auch P_0 und Q_0 teilerfremd, also sind alle Näherungsbrüche $\alpha^{(k)} = \frac{P_k}{Q_k}$ vollständig gekürzt.

Da alle Ziffern a_k für $k \geq 2$ der Menge der natürlichen Zahlen entstammen, ist $a_{k+1}P_k + P_{k-1} \geq P_k + P_{k-1}$; demnach ist ein jedes P_{k+1} mindestens so groß wie die Summe aus P_k und P_{k-1}. Da aber alle i-ten Näherungszähler für $i \geq 1$ positiv sind, muss $P_{k+1} > P_k$ gelten, sobald $k \geq 2$ ist. Analog argumentiert man für die Näherungsnenner, um $Q_{k+1} > Q_k$ für alle $k \geq 2$ zu erhalten.

Die Folge $\left(\frac{P_k}{Q_k}\right)$ der k-ten Näherungsbrüche eines Bruchs α liefert also eine Möglichkeit, den Bruch α durch Brüche mit *kleineren* Zählern und *kleineren* Nennern zu approximieren, solange die Kettenbruchentwicklung von α mindestens drei Ziffern hat. Genau dies haben wir zu Beginn unserer Beschäftigung mit Kettenbrüchen behauptet, bevor wir auf die Entstehungsgeschichte der Kettenbruchentwicklung (Planetenmodell von Huygens) eingegangen sind.

Dort haben wir auch versprochen, Aussagen darüber zu machen, wie gut ein Näherungsbruch $\alpha^{(k)}$ den Kettenbruch α annähert. Mit diesbezüglichen Überlegungen werden wir den Abschnitt über Kettenbrüche nun beenden.

Man kann zeigen, dass für die Näherungsbrüche eines nichtabbrechenden Kettenbruchs α die Ungleichungskette

$$\alpha^{(0)} < \alpha^{(2)} < \alpha^{(4)} < \cdots < \alpha < \cdots < \alpha^{(5)} < \alpha^{(3)} < \alpha^{(1)}$$

gilt. Ist $\alpha = [a_0, a_1, \ldots, a_n]$ ein abbrechender Kettenbruch, dann ist

$$\alpha^{(0)} < \alpha^{(2)} < \cdots < \alpha^{(n)} = \alpha < \alpha^{(n-1)} < \alpha^{(n-3)} < \cdots < \alpha^{(3)} < \alpha^{(1)},$$

falls n *gerade* ist, und für *ungerades* n gilt

$$\alpha^{(0)} < \alpha^{(2)} < \cdots < \alpha^{(n-1)} < \alpha = \alpha^{(n)} < \alpha^{(n-2)} < \cdots < \alpha^{(3)} < \alpha^{(1)}.$$

Der Näherungsfehler bei der Approximation eines Kettenbruchs α durch einen echten Näherungsbruch $\alpha^{(k)}$ ist also kleiner oder gleich dem Abstand von $\alpha^{(k)}$ zu $\alpha^{(k+1)}$, und dieser lässt sich abschätzen durch

$$\left|\alpha^{(k+1)} - \alpha^{(k)}\right| = \left|\frac{P_{k+1}}{Q_{k+1}} - \frac{P_k}{Q_k}\right| = \frac{|P_{k+1}Q_k - P_kQ_{k+1}|}{Q_{k+1}Q_k} = \frac{1}{Q_{k+1}Q_k} \leq \frac{1}{Q_k^2}.$$

Beispiel 4.12 Die positive irrationale Zahl $\alpha = \sqrt{17}$ soll durch den vierten Näherungsbruch ihrer Kettenbruchentwicklung approximiert werden. Wie groß ist der Näherungsfehler höchstens?

Es ist $\alpha = [4, \overline{8}]$ (Beispiel 4.7), und wir berechnen die Näherungsbrüche $\alpha^{(k)}$ für $0 \leq k \leq 4$ mit dem oben bereitgestellten Berechnungsschema:

k	0	1	2	3	4
a_k	4	8	8	8	8
P_k	4	33	268	2177	17 684
Q_k	1	8	65	528	4289

Man erhält $\alpha^{(4)} = \frac{17\,684}{4289}$ als vierten Näherungsbruch von $\sqrt{17}$, und der Näherungsfehler bei der Annäherung von $\sqrt{17}$ durch $\frac{17\,684}{4289}$ lässt sich durch

$$\left| \sqrt{17} - \frac{17\,684}{4289} \right| \leq \frac{1}{4289^2} = \frac{1}{18\,395\,521}$$

nach oben abschätzen. Der relative Näherungsfehler ist dann $\leq 0,0000013\,\%$.   ∎

Aufgaben

4.21 Bestimme für $\frac{z}{11}$ mit $2 \leq z \leq 10$ ägyptische Darstellungen mit möglichst wenigen Summanden.

4.22 Stelle $\frac{367}{512}$ als Summe von verschiedenen Stammbrüchen dar, deren Nenner 2er-Potenzen sind.

4.23 Stelle $\frac{3}{7}$ als Summe von genau $2k+3$ verschiedenen Stammbrüchen dar, von denen $2k$ als Nenner eine Potenz von 2 haben.

4.24 Zeige, dass der Stammbruchalgorithmus von Fibonacci für $\frac{z}{n}$ höchstens z Summanden liefert. Zeige, dass sich für $n \equiv 1 \bmod (z!)$ *genau* z Summanden ergeben. Bestimme für $z = 5$ und $n = 5! + 1$ eine ägyptische Darstellung mit weniger als fünf Summanden.

4.25 Entschlüssele die in Abb. 4.5 angegebene altägyptische Rechentafel (Papyrus Rhind), die wir hier in unserer Ziffernschreibweise notiert haben.

4.26 Erkläre das folgende im alten Ägypten benutzte Verfahren zur Addition von Stammbrüchen:

$$\overline{3} \; + \; \overline{4} \; + \; \overline{8} \; + \overline{9} + \; \overline{10} \; + \; \overline{30} \; + \; \overline{40} \; + \overline{45}$$
$$15 \quad 11 + \overline{4} \quad 5 + \overline{2} + \overline{8} \quad 5 \quad 4 + \overline{2} \quad 1 + \overline{2} \quad 1 + \overline{8} \quad 1$$

$$43 + \overline{2} + \overline{2} + \overline{2} + \overline{4} + \overline{8} + \overline{8}$$

$$1 \qquad (\longleftarrow \text{Resultat})$$

Abb. 4.5 Rechentafel aus dem Papyrus Rhind

3	5	7	9	11	13	15	17	...
2	3	4	6	6	8	10	12	...
6	15	28	18	66	52	30	51	...
					104		68	...

4.27 Verwandle in einen gewöhnlichen („normalen") Bruch:
a) $[0, 1, 2, 3]$ b) $[2, 1, 5, 1, 7]$ c) $[1, 4, 2, 17, 3]$ d) $[1, 10, 100, 10, 1]$

4.28 Bestimme die Kettenbruchdarstellung für:
a) $\dfrac{4}{17}$ b) $3{,}15$ c) $\dfrac{27}{19}$ d) $\dfrac{213}{313}$ e) $\dfrac{1}{4} + \dfrac{1}{9} + \dfrac{1}{25}$

4.29 Bestimme eine quadratische Gleichung, die die Lösung α_0 hat.
a) $\alpha_0 = [1, \overline{3}]$ b) $\alpha_0 = [2, \overline{1, 2}]$ c) $\alpha_0 = [0, \overline{1, 3, 4}]$

4.30

a) Schreibe die Quadratwurzeln $\sqrt{3}$, $\sqrt{6}$, $\sqrt{11}$, $\sqrt{18}$ als Kettenbruch.
b) Schreibe allgemein $\sqrt{n^2 + 2}$ als Kettenbruch.

4.31 Bestimme Näherungsbrüche $\dfrac{p}{q}$ und $\dfrac{r}{s}$ des Kettenbruchs von α mit möglichst kleinen Nennern, sodass $\dfrac{p}{q} < \alpha < \dfrac{r}{s}$ und $\left| \dfrac{r}{s} - \dfrac{p}{q} \right| < 10^{-3}$ gilt.

a) $\alpha = \dfrac{1735}{341}$ b) $\alpha = \dfrac{57\,313}{112\,771}$ c) $\alpha = 3 + \sqrt{2}$ d) $\alpha = 2 + 3\sqrt{11}$

4.32

a) Für die Fibonacci-Zahlen gilt

$$F_n F_{n+2} - F_{n+1}^2 = (-1)^{n-1}$$

für alle $n \in \mathbb{N}$. Beweise diese Behauptung mit vollständiger Induktion.
b) Für $n = 2k - 1$ ergibt sich aus (a) die Formel

$$F_{2k}^2 = F_{2k-1} F_{2k+1} - 1.$$

Auf dieser Formel beruht der bekannte geometrische Trugschluss, man könne ein Quadrat der Kantenlänge 8 (allgemein F_{2k}) in ein flächeninhaltsgleiches Rechteck mit den Kantenlängen 5 und 13 (allgemein F_{2k-1} und F_{2k+1}) verwandeln (Abb. 4.6). Fertige hierzu eine Zeichnung an.

4.33 Sind $m, n \in \mathbb{N}$ mit $m > 1$, so gilt: $(\ast)$ $F_{m+n} = F_{m-1} F_n + F_m F_{n+1}$. Beweise mithilfe von $(\ast)$ folgende Eigenschaften der Fibonacci-Zahlen:

a) Für alle $m, n \in \mathbb{N}$ ist F_{mn} durch F_m teilbar.
b) Für alle $n \in \mathbb{N}$ ist $\mathrm{ggT}(F_n, F_{n+1}) = 1$.

Abb. 4.6   Zu Aufgabe 4.32

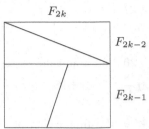

Abb. 4.7   Zu Aufgabe 4.34

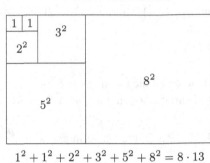

$$1^2 + 1^2 + 2^2 + 3^2 + 5^2 + 8^2 = 8 \cdot 13$$

c) Ist $\mathrm{ggT}(m, n) = d$, dann ist $\mathrm{ggT}(F_m, F_n) = F_d$.

d) Für alle $n \in \mathbb{N}$ gilt $F_1 + F_2 + \ldots + F_n = F_{n+2} - 1$.

4.34   In Abb. 4.7 ist eine Eigenschaft der Fibonacci-Zahlen an einem Beispiel dargestellt. Gib diese allgemein an und beweise sie.

4.35   Es seien x_1, x_2 die Lösungen der quadratischen Gleichung $x^2 - x - 1 = 0$, und es sei $x_1 > 0 > x_2$. Ferner sei

$$\Phi_n = \frac{x_1^n - x_2^n}{x_1 - x_2} \quad (n \in \mathbb{N}).$$

Zeige, dass $\Phi_n = F_n$ ($n \in \mathbb{N}$), dass es sich bei der Folge $\Phi_1, \Phi_2, \Phi_3, \ldots$ also um die Folge der Fibonacci-Zahlen handelt.

4.4   Die rationalen Zahlen

Die Konstruktion der Zahlenbereiche $\mathbb{Z}$ und $\mathbb{B}$ in Abschn. 4.1 und 4.2 zeigen viele Ähnlichkeiten; bei der Konstruktion von $\mathbb{Z}$ hat man zunächst die Umkehrbarkeit der Addition im Auge, bei der Konstruktion von $\mathbb{B}$ die Umkehrbarkeit der Multiplikation. Die Konstruktion von $\mathbb{Z}$ aus $\mathbb{N}_0$ kann man nun auf $\mathbb{B}$ bzw. auf $\mathbb{B}_0 := \mathbb{B} \cup \{0\}$ übertragen und

Abb. 4.8 Konstruktionen
von $\mathbb{Q}$

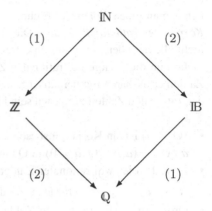

gelangt so zum Bereich $\mathbb{Q}$ der *rationalen Zahlen*. Man kann aber auch die Konstruktion
von $\mathbb{B}$ aus $\mathbb{N}$ auf $\mathbb{Z}$ übertragen und gelangt so ebenfalls zu $\mathbb{Q}$.

In Abb. 4.8 sind die mit (1) gekennzeichneten Schritte prinzipiell gleich: Man betrachtet
Klassen „differenzengleicher" Paare im Ausgangsbereich, definiert eine Addition und
dann eine Multiplikation.

Die mit (2) gekennzeichneten Schritte sind ebenfalls prinzipiell gleich; man betrachtet
Klassen „quotientengleicher" Paare im Ausgangsbereich, definiert eine Multiplikation und
dann eine Addition.

Diese Überlegungen könnten den Eindruck erwecken, als seien die Addition und die
Multiplikation völlig gleichberechtigte Verknüpfungen im Bereich der rationalen Zahlen,
zumal für beide Verknüpfungen das Kommutativgesetz und das Assoziativgesetz gelten,
neutrale Elemente (0 bzw. 1) und inverse Elemente (Gegenzahl, Kehrzahl) existieren. Die
Symmetrie wird aber durch das Distributivgesetz gestört:

$$\text{Es gilt}\quad a \cdot (b + c) = a \cdot b + a \cdot c, \quad \text{aber } \textit{nicht} \quad a + b \cdot c = (a + b) \cdot (a + c).$$

Auch bezüglich der inversen Elemente liegt eine Unsymmetrie vor: *Jede* rationale Zahl a
hat eine Gegenzahl $-a$, aber nur im Fall $a \neq 0$ hat a eine Kehrzahl $\frac{1}{a}$.

Im Bereich $\mathbb{Q}$ der rationalen Zahlen gelten folgende Regeln („Gesetze"):

- Kommutativgesetze der Addition und der Multiplikation
- Assoziativgesetze der Addition und der Multiplikation
- Distributivgesetz (der Multiplikation bezüglich der Addition)
- Existenz neutraler Elemente bezüglich der Addition (0) und der Multiplikation (1)
- Existenz inverser Elemente bezüglich der Addition (Gegenzahl) und bezüglich der
  Multiplikation (Kehrzahl), wobei aber 0 keine Kehrzahl hat

Einen Bereich von Zahlen oder anderen „mathematischen Objekten", in dem eine „Addition" und eine „Multiplikation" definiert sind, wobei die oben genannten Gesetze gelten,

nennt man einen *Körper* (Abschn. 3.4). Man spricht daher beim Zahlenbereich $\mathbb{Q}$ vom *Körper der rationalen Zahlen*. Die Zahlenbereiche $\mathbb{N}$, $\mathbb{Z}$ und $\mathbb{B}$ sind keine Körper, da nicht alle der oben aufgeführten Gesetze in diesen Bereichen gelten.

Ist nun die Menge der rationalen Zahlen „ausreichend" zur Beschreibung aller durch Zahlen erfassbaren mathematischen Begriffe? Viele Gründe sprechen dafür, dass man mit den rationalen Zahlen zufrieden sein könnte:

- $(\mathbb{Q}, +, \cdot)$ ist ein Körper, insbesondere sind alle Gleichungen $a + x = b$ $(a, b \in \mathbb{Q})$ und $a \cdot x = b$ $(a, b \in \mathbb{Q}, a \neq 0)$ in $\mathbb{Q}$ eindeutig lösbar.
- Zwischen je zwei rationalen Zahlen liegt eine weitere rationale Zahl; es gilt beispielsweise $a < \dfrac{a+b}{2} < b$ für je zwei rationale Zahlen a, b mit $a < b$.
- Ordnet man die rationalen Zahlen in bekannter Weise auf der Zahlengeraden an, dann liegen auf jeder noch so kleinen Strecke Punkte, die einer rationalen Zahl entsprechen. Die Menge der rationalen Zahlen hat in diesem Sinne keine „Lücken" auf der Zahlengeraden; sie ist „dicht" auf der Zahlengeraden.

In der Mathematik trifft man aber auf Sachverhalte, die sich *nicht* durch rationale Zahlen beschreiben lassen:

- Das Verhältnis der Länge der Diagonalen zur Seite eines Quadrats ist eine „Zahl" d, deren Quadrat 2 ist (und wir schreiben $d = \sqrt{2}$). Nun ist leicht zu zeigen, dass d keine rationale Zahl sein kann (Satz 1.15, Beispiel 4.5). Man kann d lediglich durch eine Folge rationaler Zahlen approximieren, etwa $\dfrac{3}{2}, \dfrac{7}{5}, \dfrac{17}{12}, \ldots$
- Der Kreis mit der Gleichung $x^2 + y^2 = 1$ schneidet die Gerade mit der Gleichung $y = x$ in zwei Punkten, deren Koordinaten nicht rational sind.
- Die rationale Zahlenfolge $x_1, x_2, x_3, \ldots$ mit $x_1 = 1$ und $x_{n+1} = \dfrac{1}{2}\left(x_n + \dfrac{2}{x_n}\right)$ konvergiert gegen den Grenzwert $\sqrt{2}$ (Heron-Verfahren zur Berechnung von $\sqrt{2}$). Die Folge hat also einen Grenzwert, dieser ist aber keine rationale Zahl.
- Wenn man die durch $x \mapsto x^3 - 6x^2 + 3$ $(x \in \mathbb{Q})$ gegebene Funktion auf $\mathbb{Q}$ mit Werten in $\mathbb{Q}$ in einem kartesischen Koordinatensystem als Kurve darstellt, dann schneidet diese Kurve offenbar die x-Achse. Es gibt aber keine rationale Zahl a mit $a^3 - 6a^2 + 3 = 0$. Wäre nämlich

$$a = \frac{r}{s} \text{ mit } r, s \in \mathbb{Z}, \ s \neq 0, \ \text{ggT}(r, s) = 1 \text{ und } a^3 - 6a^2 + 3 = 0,$$

dann wäre $r^3 + 6r^2 s + 3s^3 = 0$, also $3 | r^3$ und somit $3 | r$, woraus sich dann $3 | s$ ergibt, was der Teilerfremdheit von r und s widerspricht.

- Das Verhältnis der Länge einer Kreislinie zum Kreisdurchmesser bezeichnet man mit π. Diese *Kreiszahl* ist nicht rational (was aber nicht einfach zu beweisen ist). Man benutzt (Abschn. 4.3) die Approximationen

$$\pi \approx 3 \quad \text{oder besser} \quad \pi \approx \frac{22}{7} \quad \text{oder noch besser} \quad \pi \approx \frac{333}{106}.$$

- Rationale Zahlen haben eine abbrechende oder periodische Dezimalbruchdarstellung. Man kann sich aber auch nichtperiodische Dezimalbrüche ausdenken, und diese würde man auch gerne als Zahlen akzeptieren. Ist etwa $3,1415926\ldots$ ein solcher Dezimalbruch, dann kann man ihn durch eine Folge von rationalen Zahlen annähern, z. B. durch

$$3; \quad 3,1; \quad 3,14; \quad 3,141; \quad 3,1415; \quad \ldots$$

Um die genannten Defizite des Körpers der rationalen Zahlen zu beheben, erweitert man diesen zum Körper der *reellen* Zahlen (Abschn. 4.6). Grundlegend bei diesem Erweiterungsprozess sind *Folgen* rationaler Zahlen, mit denen wir uns in Abschn. 4.5 näher beschäftigen wollen.

Auch im Körper der reellen Zahlen ist nicht jede quadratische (oder allgemeiner „algebraische") Gleichung lösbar. Beispielsweise hat die Gleichung $x^2 + 1 = 0$ keine reellen Lösungen, da das Quadrat einer reellen Zahl niemals negativ ist. Erweitert man aber den Körper der reellen Zahlen zum *Körper* $\mathbb{C}$ *der komplexen Zahlen*, dann ist dieser Mangel behoben. Die Einführung der komplexen Zahlen (Abschn. 4.7) mutet zunächst wie eine mathematische Spielerei an, es gibt aber viele Anwendungsbereiche der Mathematik (z. B. Physik, Elektrotechnik), in denen die Arbeit ohne komplexe Zahlen sehr viel härter wäre.

Aufgaben

4.36 Für $a, b \in \mathbb{Q}$ mit $b > a > 0$ gilt $a^2 < ab$. Es folgt $a^2 - b^2 < ab - b^2$ und damit $(a + b)(a - b) < b(a - b)$. Kürzen liefert $a + b < b$ und damit $a < 0$. Wo steckt der Fehler?

4.37 Gib die Lösungen der folgenden Gleichung an, wenn als Grundmenge der Reihe nach $\mathbb{N}, \mathbb{Z}, \mathbb{B}, und \mathbb{Q}$ gewählt werden:
a) $2x^2 + 6 = 14$ b) $8x^2 + 3 = 5$ c) $2x^2 - 5x + 3 = 0$ d) $x^2 + 2x - 5 = 0$

4.38 Zeige, dass die Gleichung $x^2 = 5$ keine rationale Lösung hat.

4.39 Zeige, dass $x^4 - 6x^3 + 10x^2 - 8x + 12 = 0$ keine rationale Lösung hat.

4.40 Zeige, dass die Menge aller Zahlen $a + b\sqrt{13}$ mit $a, b \in \mathbb{Q}$ bezüglich der Addition und Multiplikation einen Körper bildet.

4.41 Zeige, dass die Menge der irrationalen Zahlen bezüglich der Addition und bezüglich der Multiplikation nicht abgeschlossen ist, dass also die Summe und das Produkt irrationaler Zahlen rational sein können.

4.5   Folgen rationaler Zahlen

Eine grundlegende Rolle bei der Konstruktion des Körpers der reellen Zahlen (Abschn. 4.6) spielen *Folgen rationaler Zahlen*; darunter versteht man Abbildungen $f : \mathbb{N} \to \mathbb{Q}$. Eine Folge f heißt *konvergent* in $\mathbb{Q}$, wenn es ein $a \in \mathbb{Q}$ mit der folgenden Eigenschaft gibt: Für jedes $\varepsilon \in \mathbb{Q}$ mit $\varepsilon > 0$ gibt es ein $n \in \mathbb{N}$, sodass

$$|a - f(i)| < \varepsilon \quad \text{für alle } i \in \mathbb{N} \text{ mit } i > n.$$

Die rationale Zahl a heißt dann *Grenzwert* der Folge f, und man sagt, die Folge f *konvergiert gegen a*.

Anschaulich bedeutet die Konvergenz der Folge f gegen a, dass sich die Folgenglieder $f(i)$ ab einem gewissen Index n, der von f und ε abhängt, um weniger als ε von a unterscheiden. Dabei darf ε einen beliebig kleinen positiven Wert annehmen. Die Glieder der Folge nähern sich also in dem oben präzisierten Sinn mit wachsendem Folgenindex i immer stärker dem Wert a, müssen ihn aber nie erreichen.

Beispiel 4.13 Für $i \in \mathbb{N}$ sei $f(i) = \dfrac{2i^2}{i^2 + 1}$. Einsetzen großer Werte für i lässt vermuten, dass die Folge f gegen 2 konvergiert. Es ist

$$|2 - f(i)| = \left| 2 - \frac{2i^2}{i^2 + 1} \right| = \left| \frac{2i^2 + 2 - 2i^2}{i^2 + 1} \right| = \left| \frac{2}{i^2 + 1} \right|,$$

also gilt mit einer (als sehr klein zu denkenden) positiven Zahl ε

$$|2 - f(i)| < \varepsilon \iff \frac{2}{i^2 + 1} < \varepsilon \iff i^2 > \frac{2 - \varepsilon}{\varepsilon}.$$

Ist nun n eine natürliche Zahl mit $n^2 > \dfrac{2}{\varepsilon}$, dann ist auch $n^2 > \dfrac{2 - \varepsilon}{\varepsilon}$, und man erhält

$$|2 - f(i)| < \varepsilon \quad \text{für alle } i \in \mathbb{N} \text{ mit } i > n.$$

Damit ist gezeigt, dass 2 der Grenzwert der Folge f ist: Egal wie klein ein Abstand $\varepsilon > 0$ auch vorgegeben werden mag, stets findet man einen Index n derart, dass alle Folgenglieder $f(i)$ mit $i > n$ einen Abstand von der Zahl 2 haben, der noch *kleiner* ist als ε. Für $\varepsilon = 10^{-3}$ kann man z. B. $n = 50$ wählen, denn

$$50^2 = 2500 > 2000 = \frac{2}{10^{-3}};$$

für $\varepsilon = 10^{-6}$ käme man z. B. mit $n = 2000$ aus, denn

$$2000^2 = 4 \cdot 10^6 > 2 \cdot 10^6 = \frac{2}{10^{-6}}.$$

∎

Satz 4.4 garantiert, dass eine Folge *höchstens einen* Grenzwert besitzen kann, dass der Grenzwert einer konvergenten Folge also eindeutig bestimmt ist.

Satz 4.4 *Eine konvergente Folge besitzt* genau einen *Grenzwert.*

Beweis 4.4 Sind a_1 und a_2 Grenzwerte der konvergenten Folge f, dann existieren für ein beliebig klein vorgegebenes $\varepsilon > 0$ Zahlen $n_1, n_2 \in \mathbb{N}$ derart, dass

$$|a_1 - f(i)| < \varepsilon \text{ für } i > n_1 \quad \text{und} \quad |a_2 - f(i)| < \varepsilon \text{ für } i > n_2.$$

Ist nun $n := \max(n_1, n_2)$ und $i > n$, dann ist sowohl $i > n_1$ als auch $i > n_2$, und man erhält

$$\begin{aligned} |a_1 - a_2| &= |(a_1 - f(i)) - (a_2 - f(i))| \\ &\leq |a_1 - f(i)| + |a_2 - f(i)| < \varepsilon + \varepsilon = 2\varepsilon. \end{aligned}$$

Dabei haben wir von der *Dreiecksungleichung* $|a + b| \leq |a| + |b|$ Gebrauch gemacht. Da $|a_1 - a_2| < 2\varepsilon$ für *jedes* $\varepsilon > 0$ gelten muss, egal wie klein man es auch wählt, folgt notwendigerweise $a_1 = a_2$. □

Eine Folge f heißt *beschränkt*, wenn eine Zahl $S > 0$ derart existiert, dass

$$|f(i)| \leq S \quad \text{für alle } i \in \mathbb{N}.$$

Satz 4.5 *Eine konvergente Folge ist beschränkt.*

Beweis 4.5 Hat die Folge f den Grenzwert a, dann existiert ein $n_1 \in \mathbb{N}$ mit $|a - f(i)| < 1$, also $|f(i)| < |a| + 1$ für alle i mit $i > n_1$. Setzt man

$$S := \max(|f(1)|, |f(2)|, \dots, |f(n_1)|, |a| + 1),$$

dann ist also $|f(i)| \leq S$ für alle $i \in \mathbb{N}$. □

Wir haben hier nicht betont, dass es sich um Folgen *rationaler* Zahlen handeln soll. Nach Einführung der reellen Zahlen wird man sehen, dass sowohl die Definition als auch der Satz für reelle Zahlen in gleicher Weise zu formulieren sind. Dasselbe trifft auf die nun folgende Definition zu: Eine Folge f heißt *Fundamentalfolge* oder *Cauchy-Folge*, wenn für jedes $\varepsilon > 0$ ein $n \in \mathbb{N}$ derart existiert, dass

$$|f(i) - f(j)| < \varepsilon \quad \text{für alle } i, j \in \mathbb{N} \text{ mit } i, j > n.$$

Augustin Louis Cauchy (1789–1857), einer der vielseitigsten Mathematiker und Physiker des 19. Jahrhunderts, reformierte die Analysis durch Formalisierung und Präzisierung ihrer Begriffe und Methoden. Bereits im Alter von 27 Jahren war er Mitglied der *Académie des sciences* und Professor an der *École polytechnique* in Paris.

Eine Fundamentalfolge zeichnet sich – anschaulich gesprochen – dadurch aus, dass sich ihre Glieder ab einem genügend groß gewählten Folgenindex n nur noch um weniger als ε unterscheiden können. Dabei hängt n außer von f davon ab, wie klein die Zahl ε gewählt wird.

Jede konvergente Folge ist eine Fundamentalfolge, denn aus $|a - f(i)| < \varepsilon$ für alle $i \in \mathbb{N}$ mit $i > n$ folgt

$$|f(i) - f(j)| = |(f(i) - a) + (a - f(j))| \leq |a - f(i)| + |a - f(j)| < 2\varepsilon$$

für alle $i, j \in \mathbb{N}$ mit $i, j > n$. Aber umgekehrt ist nicht jede Fundamentalfolge in $\mathbb{Q}$ auch konvergent in $\mathbb{Q}$. Dies zeigt Beispiel 4.14.

Beispiel 4.14 Die Folge f sei *rekursiv definiert* durch

$$f(1) := 1 \quad \text{und} \quad f(n+1) := \frac{1}{2}f(n) + \frac{1}{f(n)} \text{ für } n \in \mathbb{N}.$$

In Tab. 4.3 sind die ersten Werte der Folge berechnet.

Zunächst zeigen wir, dass die Folge f^2, also die Folge mit den Gliedern $(f(n))^2$, den Grenzwert 2 hat:

Einerseits gilt für $n \geq 2$

Tab. 4.3 Wertetabelle zur Folge f

n	$f(n)$
1	1
2	$\frac{1}{2} + 1 = \frac{3}{2} = 1,5$
3	$\frac{3}{4} + \frac{2}{3} = \frac{17}{12} = 1,4166666\ldots$
4	$\frac{17}{24} + \frac{12}{17} = \frac{577}{408} = 1,4142156\ldots$
5	$\frac{577}{816} + \frac{408}{577} = \frac{665\,857}{470\,832} = 1,4142135\ldots$

$$(f(n))^2 = \left(\frac{1}{2}f(n-1) + \frac{1}{f(n-1)}\right)^2 \geq 4 \cdot \frac{1}{2}f(n-1) \cdot \frac{1}{f(n-1)} = 2,$$

denn für positive rationale Zahlen x, y ist stets

$$(x+y)^2 = (x-y)^2 + 4xy \geq 4xy,$$

und alle Glieder der Folge sind positive rationale Zahlen.

Andererseits gilt für $n \geq 2$

$$(f(n))^2 \leq 2 + \frac{1}{2^n},$$

wie man mittels vollständiger Induktion beweisen kann (Beispiel 5.6).

Aus $2 \leq (f(n))^2 \leq 2 + \frac{1}{2^n}$ für $n \geq 2$ folgt jedoch, dass f^2 gegen 2 konvergiert, weil die Folge mit den Gliedern $\frac{1}{2^n}$ den Grenzwert 0 hat.

Nun zeigen wir, dass f eine Fundamentalfolge ist. Wir wissen bereits, dass f^2 eine solche ist, weil jede konvergente Folge eine Fundamentalfolge ist. Für jedes $\varepsilon > 0$ existiert also ein $n \in \mathbb{N}$ derart, dass

$$|(f(i))^2 - (f(j))^2| < \varepsilon \quad \text{für alle } i, j \in \mathbb{N} \text{ mit } i, j > n.$$

Wegen $f(i) > 1$ für alle $i \in \mathbb{N}$ folgt für alle $i, j > n$

$$\begin{aligned} |f(i) - f(j)| &\leq 2 \cdot |f(i) - f(j)| \\ &\leq (f(i) + f(j))|f(i) - f(j)| = |(f(i))^2 - (f(j))^2| < \varepsilon. \end{aligned}$$

Dies bedeutet, dass f eine Fundamentalfolge ist.

Abschließend zeigen wir, dass f keinen Grenzwert in $\mathbb{Q}$ besitzt: Hätte f den Grenzwert a, dann hätte f^2 den Grenzwert a^2, es wäre also $a^2 = 2$. Wir wissen aber, dass keine rationale Zahl a mit $a^2 = 2$ existiert (s. oben). ∎

Beispiel 4.15 Die Folge f mit $f(n) = 1 + \frac{1}{1!} + \frac{1}{2!} + \ldots + \frac{1}{n!}$ ist eine Fundamentalfolge. Denn für $m > n$ gilt

$$\begin{aligned} f(m) - f(n) &= \frac{1}{(n+1)!} + \frac{1}{(n+2)!} + \ldots + \frac{1}{m!} \\ &< \frac{1}{n!}\left(1 + \frac{1}{n} + \frac{1}{n^2} + \ldots + \frac{1}{n^{n-m-1}}\right) \\ &< \frac{1}{n!} \cdot \frac{1}{1 - \frac{1}{n}} < \frac{2}{n!}. \end{aligned}$$

Für hinreichend großes n und $m > n$ ist also $|f(m) - f(n)|$ beliebig klein.

Die Folge konvergiert nicht in $\mathbb{Q}$, sie konvergiert aber im Körper $\mathbb{R}$ der reellen Zahlen. Ihr Grenzwert ist die bekannte (irrationale) Euler'sche Zahl e.   ∎

Satz 4.6 *Jede Fundamentalfolge ist beschränkt.*

Beweis 4.6 Es sei f eine Fundamentalfolge. Dann existiert ein $n_0 \in \mathbb{N}$ mit $|f(i) - f(j)| < 1$ für alle $i, j \in \mathbb{N}$ mit $i, j \geq n_0$, insbesondere also

$$|f(i) - f(n_0)| < 1 \quad \text{für alle} \quad i \in \mathbb{N} \quad \text{mit} \quad i \geq n_0.$$

Also gilt für alle $i \in \mathbb{N}$ mit $i \geq n_0$

$$\begin{aligned}
|f(i)| &= |f(i) - f(n_0) + f(n_0)| \\
&\leq |f(i) - f(n_0)| + |f(n_0)| < 1 + |f(n_0)|.
\end{aligned}$$

Somit ist für *alle* $i \in \mathbb{N}$

$$|f(i)| \leq \max \big(|f(1)|, |f(2)|, \dots, |f(n_0 - 1)|, 1 + |f(n_0)| \big).$$

□

Die *Umkehrung* dieses Satzes gilt *nicht*, denn nicht jede beschränkte Folge ist eine Fundamentalfolge, wie das Beispiel der Folge f mit $f(n) = (-1)^n$ zeigt.

In Abschn. 4.6 werden wir die Konstruktion der reellen Zahlen zu dem Zweck vornehmen, *jeder* Fundamentalfolge zu einem Grenzwert zu verhelfen. Dazu müssen wir aber noch einiges über das Rechnen mit Fundamentalfolgen lernen.

In der Menge $\mathcal{A}$ aller Folgen rationaler Zahlen definieren wir eine Addition und eine Multiplikation: Für $f_1, f_2 \in \mathcal{A}$ und $n \in \mathbb{N}$ sei

$$(f_1 + f_2)(n) := f_1(n) + f_2(n) ; \qquad (f_1 \cdot f_2)(n) := f_1(n) \cdot f_2(n).$$

Satz 4.7 $(\mathcal{A}, +, \cdot)$ *ist ein kommutativer Ring mit Einselement.*

Beweis 4.7 Die Ringeigenschaften ergeben sich sofort aus den entprechenden Regeln für das Rechnen mit rationalen Zahlen. Nullement $\underline{0}$ und Einselement $\underline{1}$ sind durch

$$\underline{0}(n) = 0 \quad \text{bzw.} \quad \underline{1}(n) = 1 \quad \text{für alle } n \in \mathbb{N}$$

definiert. Die additive Inverse der Folge f ist $-f$ mit $(-f)(n) = -f(n)$.

Die multiplikative Inverse f^{-1} einer Folge f existiert nur, wenn $f(n) \neq 0$ für alle $n \in \mathbb{N}$; in diesem Falle ist $f^{-1}(n) = \dfrac{1}{f(n)}$ $(n \in \mathbb{N})$. $\qquad\qquad\qquad\qquad\qquad$ $\square$

Satz 4.8 *Die Menge $\mathcal{F}$ der Fundamentalfolgen rationaler Zahlen bildet bezüglich der Addition und der Multiplikation einen kommutativen Ring mit Einselement, $(\mathcal{F}, +, \cdot)$ ist also ein Teilring von $(\mathcal{A}, +, \cdot)$.*

Beweis 4.8 Dass $\underline{0}$ und $\underline{1}$ Fundamentalfolgen sind und dass mit f auch $-f$ eine solche ist, liegt auf der Hand. Im Hinblick auf das Unterringkriterium (Satz 3.22) ist daher lediglich zu zeigen, dass die Summe und das Produkt zweier Folgen aus $\mathcal{F}$ wieder zu $\mathcal{F}$ gehören.

Für $f_1, f_2 \in \mathcal{F}$ und $\varepsilon > 0$ existieren $n_1, n_2 \in \mathbb{N}$ mit

$$|f_1(i) - f_1(j)| < \varepsilon \text{ für } i, j > n_1 \quad \text{und} \quad |f_2(i) - f_2(j)| < \varepsilon \text{ für } i, j > n_2.$$

Dann gilt für alle $i, j \in \mathbb{N}$ mit $i, j > \max(n_1, n_2)$

$$\begin{aligned}
|(f_1 + f_2)(i) - (f_1 + f_2)(j)| &= |f_1(i) - f_1(j) + f_2(i) - f_2(j)| \\
&\leq |f_1(i) - f_1(j)| + |f_2(i) - f_2(j)| \\
&< \varepsilon + \varepsilon = 2\varepsilon.
\end{aligned}$$

Da mit ε auch 2ε beliebig klein gemacht werden kann, folgt $f_1 + f_2 \in \mathcal{F}$. Ferner gilt

$$\begin{aligned}
|(f_1 f_2)(i) - (f_1 f_2)(j)| &= |f_1(i)f_2(i) - f_1(j)f_2(j)| \\
&= |f_1(i)f_2(i) - f_1(i)f_2(j) + f_1(i)f_2(j) - f_1(j)f_2(j)| \\
&= |f_1(i)(f_2(i) - f_2(j)) + f_2(j)(f_1(i) - f_1(j))| \\
&\leq |f_1(i)||f_2(i) - f_2(j)| + |f_2(j)||f_1(i) - f_1(j)|.
\end{aligned}$$

Da Fundamentalfolgen beschränkt sind, existieren positive Zahlen S_1, S_2 mit

$$|f_1(n)| < S_1 \quad \text{und} \quad |f_2(n)| < S_2 \quad \text{für alle } n \in \mathbb{N}.$$

Also gilt für alle $i, j \in \mathbb{N}$ mit $i, j > \max(n_1, n_2)$

$$|(f_1 f_2)(i) - (f_1 f_2)(j)| < S_1 \varepsilon + S_2 \varepsilon = (S_1 + S_2)\varepsilon.$$

Da mit ε auch die Zahl $(S_1 + S_2)\varepsilon$ beliebig klein gemacht werden kann, ergibt sich $f_1 f_2 \in \mathcal{F}$. $\qquad\qquad\qquad\qquad\qquad$ $\square$

Satz 4.9 *Die Menge $\mathcal{C}$ der konvergenten Folgen rationaler Zahlen bildet bezüglich der Addition und der Multiplikation einen kommutativen Ring mit Einselement, $(\mathcal{C}, +, \cdot)$ ist also ein Teilring von $(\mathcal{F}, +, \cdot)$.*

Beweis 4.9 Dass $\underline{0}$ und $\underline{1}$ konvergente Folgen sind und dass mit f auch $-f$ eine solche ist, liegt auf der Hand. Es bleibt daher im Hinblick auf Satz 3.22 lediglich zu zeigen, dass die Summe und das Produkt zweier Folgen aus C wieder zu C gehören.

Für $f_1, f_2 \in C$ existieren rationale Zahlen a_1, a_2 derart, dass für jedes $\varepsilon > 0$ natürliche Zahlen $n_1, n_2 \in \mathbb{N}$ existieren mit $|a_1 - f_1(i)| < \varepsilon$ für $i > n_1$ und $|a_2 - f_2(i)| < \varepsilon$ für $i > n_2$. Dann gilt für alle $i \in \mathbb{N}$ mit $i > \max(n_1, n_2)$

$$
\begin{aligned}
|(a_1 + a_2) - (f_1 + f_2)(i)| &= |(a_1 - f_1(i)) + (a_2 - f_2(i))| \\
&\leq |a_1 - f_1(i)| + |a_2 - f_2(i)| < \varepsilon + \varepsilon = 2\varepsilon.
\end{aligned}
$$

Da mit ε auch 2ε beliebig klein wird, folgt $f_1 + f_2 \in C$. Ferner gilt

$$
\begin{aligned}
|a_1 a_2 - (f_1 f_2)(i)| &= |a_1 a_2 - f_1(i) f_2(i)| \\
&= |a_1 a_2 - a_1 f_2(i) + a_1 f_2(i) - f_1(i) f_2(i)| \\
&= |a_1 (a_2 - f_2(i)) + f_2(i)(a_1 - f_1(i))| \\
&\leq |a_1| |a_2 - f_2(i)| + |f_2(i)| |a_1 - f_1(i)|.
\end{aligned}
$$

Da konvergente Folgen beschränkt sind, existiert eine positive Zahl S mit $|f_2(n)| < S$ für alle $n \in \mathbb{N}$. Also gilt für alle $i \in \mathbb{N}$ mit $i \geq \max(n_1, n_2)$

$$
|a_1 a_2 - (f_1 f_2)(i)| < |a_1| \varepsilon + S\varepsilon = (|a_1| + S)\varepsilon.
$$

Da mit ε auch $(|a_1| + S)\varepsilon$ beliebig klein gemacht werden kann, folgt $f_1 f_2 \in C$. $\square$

Im Beweis von Satz 4.9 haben wir gesehen, dass die Summe bzw. das Produkt zweier konvergenter Folgen gegen die Summe bzw. das Produkt der Grenzwerte der beiden Folgen konvergiert.

Eine konvergente Folge mit dem Grenzwert 0 nennt man eine *Nullfolge*. Summen, Differenzen und Produkte von Nullfolgen sind offenbar wieder Nullfolgen, sodass man mit dem Unterringkriterium (Satz 3.22) auf die Gültigkeit von Satz 4.10 schließen kann.

Satz 4.10 *Die Menge $\mathcal{N}$ der Nullfolgen rationaler Zahlen bildet einen Teilring des Rings der konvergenten Folgen.*

Offensichtlich ist das Produkt einer Nullfolge und einer beschränkten Folge wieder eine Nullfolge. Die Nullfolgen bilden deshalb ein Ideal (Abschn. 3.3) im Ring der beschränkten Folgen. Insgesamt haben wir folgende Ringe von Folgen betrachtet:

- $(\mathcal{A}, +, \cdot)$: Ring der Folgen rationaler Zahlen
- $(\mathcal{F}, +, \cdot)$: Ring der Fundamentalfolgen rationaler Zahlen

- $(\mathcal{C}, +, \cdot)$: Ring der konvergenten Folgen rationaler Zahlen
- $(\mathcal{N}, +, \cdot)$: Ring der Nullfolgen rationaler Zahlen

Dabei gilt $\mathcal{N} \subset \mathcal{C} \subset \mathcal{F} \subset \mathcal{A}$.

Aufgaben

4.42 Beweise, dass die Zahlen $\sqrt[3]{5}$, $\sqrt[6]{14}$, $\log_{10} 7$, $\log_{13} 25$ nicht rational sind.

4.43 Für $a \in \mathbb{Q}$ definiert man den *Betrag* $|a|$ durch $\quad |a| = \begin{cases} a, \text{ wenn } a \geq 0, \\ -a, \text{ wenn } a < 0. \end{cases}$

Begründe, dass für alle $a, b \in \mathbb{Q}$ gilt:

(1) $|a \cdot b| = |a| \cdot |b|$ (2) $||a| - |b|| \leq |a + b| \leq |a| + |b|$

(Die letzte Ungleichung heißt *Dreiecksungleichung*.)

4.44 Ist die Folge f mit dem angegebenen Term konvergent in $\mathbb{Q}$?

a) $f(n) = \dfrac{n}{n+1}$ b) $f(n) = \dfrac{n^2 - 1}{2n + 7}$ c) $f(n) = \dfrac{2n^3 - 5}{n + n^3}$

d) $f(n) = \dfrac{(n+1)^3 - n^3}{n^2}$ e) $f(n) = \dfrac{1}{1 \cdot 2} + \dfrac{1}{2 \cdot 3} + \dfrac{1}{3 \cdot 4} + \ldots + \dfrac{1}{n(n+1)}$

f) $f(n) = 1 + \dfrac{1}{2} + \dfrac{1}{3} + \ldots + \dfrac{1}{n}$ (Zeige, dass $f(2^k) > \dfrac{k}{2}$ für $k \in \mathbb{N}$.)

4.45 Ist f mit $f(n) = \dfrac{1}{1^2} + \dfrac{1}{2^2} + \dfrac{1}{3^2} \ldots + \dfrac{1}{n^2}$ eine Fundamentalfolge?

4.46 Zeige, dass *keine* Fundamentalfolge vorliegt:

a) $f(n) = \dfrac{n^2 + 1}{n + 1}$ b) $f(n) = \dfrac{n}{7} - \left[\dfrac{n}{7}\right]$ c) $f(n) = \dfrac{n - [\sqrt{n}]^2}{2\sqrt{n} + 1}$

($[x]$ = Ganzteil von x. In (c) benutzen wir schon Wurzeln, obwohl wir uns eigentlich hier auf Folgen *rationaler* Zahlen beschränken wollten.)

4.47 Zeige: Ist f eine beschränkte Folge und gilt $f(n) < f(n + 1)$ für alle $n \in \mathbb{N}$, dann ist f eine Fundamentalfolge.

4.48 Zeige, dass der Ring der Nullfolgen (und damit auch der Ring aller Folgen rationaler Zahlen) nicht nullteilerfrei ist, dass also Nullfolgen f, g mit $f \neq \underline{0}$, $g \neq \underline{0}$ und $f \cdot g = \underline{0}$ existieren.

4.49 Es sei F_n die n-te Fibonacci-Zahl, also $F_1 = F_2 = 1, F_3 = 2, F_4 = 3$ usw., allgemein $F_{n+2} = F_{n+1} + F_n$ für $n \geq 1$. Zeige, dass die Folge $f : n \mapsto \dfrac{F_{n+1}}{F_n}$ eine

Fundamentalfolge ist. Zeige auch, dass $1,6 \leq f(n) \leq 1,625$ für $n \geq 5$. (Hinweis: Für $m > n$ gilt $F_n F_{m+1} - F_{n+1} F_m = (-1)^{n-1} F_{m-n}$, wie man mit vollständiger Induktion beweisen kann.)

4.50   Zeige, dass die Folge f mit $f(1) := 1$ und $f(n+1) := \frac{1}{2} f(n) + \frac{c}{f(n)}$ mit $c \in \mathbb{N}$ eine Fundamentalfolge ist. Für welche Werte von c ist f konvergent in $\mathbb{Q}$? (Hinweis: Untersuche zunächst die Folge f^2.)

4.51   Zeige: Ist f eine Fundamentalfolge und $f - g$ eine Nullfolge, dann ist auch g eine Fundamentalfolge.

4.6   Die reellen Zahlen

Reelle Zahlen definiert man so, wie man auch in der Praxis mit ihnen rechnet: Man approximiert sie durch rationale Zahlen (z. B. abbrechende Dezimalbrüche). Treibt man dabei die Genauigkeit immer weiter, so muss man eine Folge rationaler Zahlen konstruieren, die sich der betrachteten reellen Zahl nähern.

Reelle Zahlen kann man z. B. mit *Fundamentalfolgen*, aber auch mit *Intervallschachtelungen* in $\mathbb{Q}$ definieren. Eine Intervallschachtelung in $\mathbb{Q}$ ist ein Paar (f, g) rationaler Folgen, wobei $g - f$ eine Nullfolge ist und

$$f(i) \leq f(i+1) < g(j+1) \leq g(j) \quad \text{für alle } i, j \in \mathbb{N}$$

gilt (Abb. 4.9).

Liegt eine Intervallschachtelung (f, g) vor, dann sind f und g Fundamentalfolgen, was leicht einzusehen ist.

Gibt es eine rationale Zahl a mit $f(i) \leq a \leq g(i)$ für alle $i \in \mathbb{N}$, dann nennt man a den *Kern* der Intervallschachtelung (f, g). Genau dann besitzt die Intervallschachtelung einen Kern a, wenn die Fundamentalfolgen f, g den Grenzwert a besitzen.

Mithilfe einer Fundamentalfolge f kann man eine Intervallschachtelung konstruieren, bei der jedes Intervall *alle bis auf endlich viele* Folgenglieder enthält, wobei es möglich ist, dass die Anzahl der endlich vielen Ausnahmen 0 ist.

Weil nämlich f als Fundamentalfolge *beschränkt* ist, gibt es ein rationales Intervall I_0, das alle Glieder von f enthält. Zerlegt man I_0 in drei gleich lange Intervalle, dann

Abb. 4.9 Intervallschachtelung in $\mathbb{Q}$

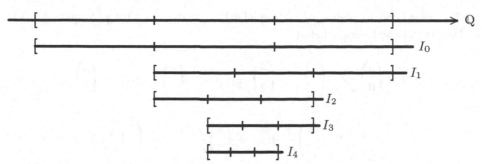

Abb. 4.10 Konstruktion einer Intervallschachtelung mithilfe einer Fundamentalfolge

enthält das erste oder das letzte dieser Teilintervalle nur endlich viele Folgenglieder (möglicherweise sogar keines). Dieses Intervall lässt man weg und erhält ein Intervall I_1, das alle bis auf endlich viele Glieder der Folge f enthält. Mit I_1 verfährt man ebenso und erhält ein Intervall I_2, in dem alle bis auf endlich viele Glieder der Folge f liegen. So fortfahrend ergibt sich eine Intervallschachtelung $I_0, I_1, I_2, I_3, \ldots$, wobei jedes Intervall alle bis auf endlich viele Glieder der Folge f enthält (Abb. 4.10).

Es sollen nun die reellen Zahlen mithilfe von Fundamentalfolgen *definiert* werden; wir gehen dabei davon aus, dass wir den Körper der rationalen Zahlen kennen, aber noch nicht wissen, was eine reelle Zahl ist.

Wie in Abschn. 4.5 bezeichnen wir mit $\mathcal{F}$ die Menge der Fundamentalfolgen und mit $\mathcal{N}$ die Menge der Nullfolgen rationaler Zahlen. In $\mathcal{F}$ definieren wir eine Äquivalenzrelation $\sim$ durch

$$f \sim g : \Longleftrightarrow f - g \in \mathcal{N}.$$

Die Äquivalenzklasse, die f enthält, bezeichnen wir mit $[f]$, und die Menge der Äquivalenzklassen, in die $\mathcal{F}$ zerfällt, bezeichnen wir mit $\mathbb{R}$. Eine jede Äquivalenzklasse nennen wir eine *reelle Zahl*; $\mathbb{R}$ ist folglich die *Menge der reellen Zahlen*. Dass es sich bei dieser Relation um eine Äquivalenzrelation handelt, folgt sofort aus den Gruppeneigenschaften von $(\mathcal{N}, +)$ (Aufgabe 4.52).

Es ist oft sehr mühsam, die Äquivalenz zweier Fundamentalfolgen zu beweisen. Wir zeigen dies am Beispiel zweier Folgen, die von besonderer Bedeutung sind, da ihr gemeinsamer (reeller) Grenzwert die bekannte Euler'sche Zahl e ist.

Beispiel 4.16 Wir wollen zeigen, dass die Folgen f und g mit

$$f(n) = 1 + \frac{1}{1!} + \frac{1}{2!} + \frac{1}{3!} \ldots + \frac{1}{n!} \quad \text{und} \quad g(n) = \left(1 + \frac{1}{n}\right)^n$$

äquivalent sind.

(Da f eine Fundamentalfolge ist (Beispiel 4.15), gilt dies auch für g (Aufgabe 4.51).)
Der binomische Lehrsatz liefert

$$g(n) = \binom{n}{0}\frac{1}{n^0} + \binom{n}{1}\frac{1}{n} + \binom{n}{2}\frac{1}{n^2} + \ldots + \binom{n}{i}\frac{1}{n^i} + \ldots + \binom{n}{n}\frac{1}{n^n}$$

$$= 1 + 1 + \binom{n}{2}\frac{1}{n^2} + \ldots + \binom{n}{i}\frac{1}{n^i} + \ldots + \binom{n}{n}\frac{1}{n^n}.$$

Für $2 \le i \le n$ ist

$$\binom{n}{i}\frac{1}{n^i} = \frac{1}{i!}\cdot\frac{n}{n}\cdot\frac{n-1}{n}\cdot\frac{n-2}{n}\cdot\ldots\cdot\frac{n-(i-1)}{n}$$

$$> \frac{1}{i!}\left(1 - \frac{i-1}{n}\right)^i$$

$$> \frac{1}{i!}\left(1 - \frac{(i-1)i}{n}\right) = \frac{1}{i!} - \frac{1}{(i-2)!}\cdot\frac{1}{n}.$$

(Dabei haben wir beim Übergang von der zweiten zur dritten Zeile die Ungleichung

$$(1-x)^k > 1 - kx \quad \text{für } 0 < x < 1 \text{ und alle } k \in \mathbb{N} \text{ mit } k \ge 2$$

benutzt, die man mittels vollständiger Induktion beweisen kann (Beispiel 5.5).)
Für $n \ge 2$ erhält man dann

$$0 < f(n) - g(n) < \left(\frac{1}{0!} + \frac{1}{1!} + \frac{1}{2!} + \ldots + \frac{1}{(n-2)!}\right)\cdot\frac{1}{n} < 3\cdot\frac{1}{n}.$$

(Man beachte dabei, dass sich wegen $2^{n-1} < n!$ für $n \ge 3$ die folgende Ungleichung ergibt:

$$f(n) < 1 + 1 + \frac{1}{2} + \frac{1}{4} + \ldots + \frac{1}{2^n} < 1 + 1 + 1 = 3 \text{ .})$$

Für hinreichend großes n wird also $|f(n)-g(n)|$ beliebig klein, d. h., $f-g$ ist eine Nullfolge,
die Folgen f und g sind äquivalent. ∎

Satz 4.11 *Die Äquivalenzrelation $\sim$ ist mit den Verknüpfungen $+$ und $\cdot$ in $\mathcal{F}$ verträglich.*

Beweis 4.11 Es sei $f_1 \sim g_1$ und $f_2 \sim g_2$, also $f_1 - g_1 \in \mathcal{N}$ und $f_2 - g_2 \in \mathcal{N}$. Dann gilt
wegen der Ringeigenschaften von $(\mathcal{N}, +, \cdot)$

$$(f_1 - g_1) + (f_2 - g_2) = (f_1 + f_2) - (g_1 + g_2) \in \mathcal{N},$$
$$f_1(f_2 - g_2) + (f_1 - g_1)g_2 = f_1f_2 - g_1g_2 \in \mathcal{N},$$

also $f_1 + f_2 \sim g_1 + g_2$ und $f_1f_2 \sim g_1g_2$.   □

Aufgrund von Satz 4.11 sind auf folgende Weise Verknüpfungen $\oplus$ und $\odot$ in $\mathbb{R}$ definiert:

$$[f_1] \oplus [f_2] := [f_1 + f_2], \qquad [f_1] \odot [f_2] := [f_1 \cdot f_2].$$

$(\mathbb{R}, \oplus, \odot)$ ist die *Faktorstruktur* von $(\mathcal{F}, +, \cdot)$ bezüglich der Äquivalenzrelation $\sim$. Aus Abschn. 3.3 wissen wir, welche der Eigenschaften von $(\mathcal{F}, +, \cdot)$ sich auf die Faktorstruktur $(\mathbb{R}, \oplus, \odot)$ übertragen. Wir können also feststellen: $(\mathbb{R}, \oplus, \odot)$ ist ein kommutativer Ring mit dem Einselement $[\underline{1}]$; das Nullelement ist $[\underline{0}] = \mathcal{N}$. Darüber hinaus gilt sogar Satz 4.12.

Satz 4.12 $(\mathbb{R}, \oplus, \odot)$ *ist ein Körper.*

Beweis 4.12 Es verbleibt lediglich die Invertierbarkeit aller vom Nullelement verschiedenen Elemente bezüglich der Multiplikation zu zeigen. Es sei also $\alpha \in \mathbb{R}$ und $\alpha \neq \mathcal{N}$. Wir wollen zeigen, dass eine reelle Zahl α' mit $\alpha \cdot \alpha' = [\underline{1}]$ existiert. Ist $\alpha = [f]$, ist also f eine Fundamentalfolge, dann gilt: Für jedes $\varepsilon \in \mathbb{Q}$ mit $\varepsilon > 0$ gibt es ein $n \in \mathbb{N}$, sodass

$$|f(i) - f(j)| < \varepsilon \quad \text{für } i, j > n.$$

Ist darüber hinaus $\alpha \neq [\underline{0}]$, also f keine Nullfolge, dann existiert ein $r \in \mathbb{Q}$ mit $r > 0$, sodass man zu jedem $n \in \mathbb{N}$ ein $i_0 \in \mathbb{N}$ mit $i_0 > n$ findet, für das

$$|f(i_0)| > r$$

gilt. (Wäre dies nicht der Fall, so wäre $|f(i)| \leq r$ für jedes $r > 0$ und alle $i > n$, dann wäre aber f eine Nullfolge.) Wählt man nun oben $\varepsilon = \dfrac{r}{2}$ und $j = i_0$, so folgt

$$|f(i) - f(i_0)| < \frac{r}{2} \quad \text{für } i > n,$$

also $|f(i_0)| - |f(i)| < \dfrac{r}{2}$ und somit

$$|f(i)| > |f(i_0)| - \frac{r}{2} > r - \frac{r}{2} = \frac{r}{2} > 0 \quad \text{für } i > n.$$

Wir definieren nun eine Folge f' durch

$$f'(i) := \begin{cases} 1 & \text{für } i \leq n, \\ \dfrac{1}{f(i)} & \text{für } i > n. \end{cases}$$

Dann ist $(ff')(i) = 1$ für $i > n$, also $[f] \cdot [f'] = [\underline{1}]$, und f' ist eine Fundamentalfolge:

$$|f'(i) - f'(j)| = \left| \frac{f(i) - f(j)}{f(i)f(j)} \right| < \frac{|f(i) - f(j)|}{\left(\frac{r}{2}\right)^2} < \frac{4\varepsilon}{r^2} \quad \text{für } i, j > i_0 > n.$$

Da mit ε auch $\frac{4\varepsilon}{r^2}$ beliebig klein gemacht werden kann, folgt $f' \in \mathcal{F}$. $\qquad\square$

Zur Vorbereitung der nächsten Definition benötigen wir Satz 4.13.

Satz 4.13 *Es seien f und g äquivalente Folgen aus $\mathcal{F}$. Wenn ein $r \in \mathbb{Q}$ mit $r > 0$ sowie ein $m \in \mathbb{N}$ existieren mit $f(i) \geq r$ für alle $i > m$, dann existieren auch ein $s \in \mathbb{Q}$ mit $s > 0$ sowie ein $n \in \mathbb{N}$ mit $g(i) \geq s$ für alle $i > n$. Ferner existiert ein $h \in \mathcal{F}$ mit $h \sim f$ und $h(n) \geq r$ für alle $n \in \mathbb{N}$.*

Beweis 4.13 Aus $|f(i) - g(i)| < \varepsilon$ folgt $g(i) > f(i) - \varepsilon$ und $f(i) > g(i) - \varepsilon$ und daraus der erste Teil der Behauptung. Die Folge h definiere man durch

$$h(i) := r \text{ für } i \leq m, \quad h(i) = f(i) \text{ für } i > m.$$

$$\square$$

Ein $\alpha \in \mathbb{R}$ heißt *positiv*, wenn ein $r \in \mathbb{Q}$ mit $r > 0$ und ein $f \in \alpha$ existieren mit

$$f(n) \geq r \quad \text{für alle } n \in \mathbb{N}.$$

In $\mathbb{R}$ sei ferner eine Relation $\lessgtr$ definiert durch

$$[f] \lessgtr [g] : \Longleftrightarrow [g - f] \text{ positiv}.$$

Die Relation $\lessgtr$ ist eine strenge lineare Ordnungsrelation in $\mathbb{R}$ (Aufgabe 4.53), für die dieselben Monotoniegesetze (Verträglichkeitsbedingungen) wie für $<$ im Bereich der rationalen Zahlen gelten (Aufgabe 4.54). Damit ist $(\mathbb{R}, \oplus, \odot)$ ein *angeordneter* Körper. Er enthält ein isomorphes und ordnungstreues Bild des angeordneten Körpers der rationalen Zahlen, wie wir nun in Satz 4.14 beweisen werden.

Satz 4.14 *Der angeordnete Körper $(\mathbb{Q}, +, \cdot, <)$ der rationalen Zahlen lässt sich isomorph und ordnungstreu in den angeordneten Körper $(\mathbb{R}, \oplus, \odot, \lessgtr)$ der reellen Zahlen einbetten.*

Beweis 4.14 Für $a \in \mathbb{Q}$ sei f_a die konstante Folge mit dem Wert a, also $f_a(n) = a$ für alle $n \in \mathbb{N}$. Genau dann gilt $f \sim f_a$ für eine Folge f, wenn f gegen a konvergiert (Aufgabe 4.55). Es sei $\overline{\mathbb{R}}$ die Menge aller reellen Zahlen $[f_a]$ mit $a \in \mathbb{Q}$. Dann ist $(\overline{\mathbb{R}}, \oplus, \odot, \leqslant)$ ein angeordneter Teilkörper von $(\mathbb{R}, \oplus, \odot, \leqslant)$ und

$$\varphi : \mathbb{Q} \to \overline{\mathbb{R}} \quad \text{mit} \quad \varphi(a) = [f_a]$$

eine Bijektion von $\mathbb{Q}$ auf $\overline{\mathbb{R}}$. Es gilt weiterhin

$$\varphi(a + b) = [f_{a+b}] = [f_a + f_b] = [f_a] \oplus [f_b] = \varphi(a) \oplus \varphi(b),$$
$$\varphi(a \cdot b) = [f_{a \cdot b}] = [f_a \cdot f_b] = [f_a] \odot [f_b] = \varphi(a) \odot \varphi(b)$$

und offensichtlich auch

$$\varphi(a) \leqslant \varphi(b) \iff a < b.$$

□

Wir verzichten nun auf die Menge $\mathbb{Q}$ der rationalen Zahlen und benutzen stattdessen die Teilmenge $\overline{\mathbb{R}}$ von $\mathbb{R}$, deren Elemente wir wieder „rationale Zahlen" nennen. Damit haben wir die in $\mathbb{Q}$ benutzten Symbole wieder zur Verfügung und können die Schreibweisen in $\mathbb{R}$ durch folgende Notationen vereinfachen:

$$+, \cdot, < \quad \text{für} \oplus, \odot, \leqslant \quad \text{und} \quad a \text{ für } [f_a] \quad \text{sowie} \quad \mathbb{Q} \text{ für } \overline{\mathbb{R}}.$$

Die Menge der rationalen Zahlen ist nun also eine Teilmenge der Menge der reellen Zahlen.

In jeder noch so kleinen „Umgebung" einer reellen Zahl liegt eine rationale Zahl, was Satz 4.15 etwas präziser zum Ausdruck bringen soll.

Satz 4.15 *Zu jeder reellen Zahl α und jedem $\varepsilon \in \mathbb{Q}$ mit $\varepsilon > 0$ existiert eine rationale Zahl a mit $|a - \alpha| < \varepsilon$.*

Beweis 4.15 Ist $\alpha = [f]$ mit $f \in \mathcal{F}$, dann existiert zu $\varepsilon > 0$ ein $n \in \mathbb{N}$ mit

$$|f(i) - f(j)| < \varepsilon \quad \text{für alle } i, j \in \mathbb{N} \text{ mit } i, j > n.$$

Mit $a := f(n + 1)$ gilt also

$$|a - f(j)| < \varepsilon \text{ für alle } j > n.$$

Folglich ist $\varepsilon - |a - \alpha|$ positiv, also $|a - \alpha| < \varepsilon$. □

Der Körper der reellen Zahlen ist wie der Körper der rationalen Zahlen *archimedisch* angeordnet, was sich sofort aus Satz 4.15 ergibt.

Jetzt können wir uns der Frage zuwenden, ob der angeordnete Körper der reellen Zahlen dem angeordneten Körper der rationalen Zahlen insofern überlegen ist, als in ihm jede Fundamentalfolge konvergiert.

Die Begriffe *Folge*, *Fundamentalfolge* und *konvergente Folge* sind in $\mathbb{R}$ analog zu den entsprechenden Begriffen in $\mathbb{Q}$ definiert; wir müssen diese Definitionen hier nicht wiederholen. Es gilt auch wie in $\mathbb{Q}$, dass jede konvergente Folge eine Fundamentalfolge und dass jede Fundamentalfolge beschränkt ist.

In der Tat gilt aber in $\mathbb{R}$ zusätzlich der in Satz 4.16 formulierte Sachverhalt.

Satz 4.16 *Eine Folge reeller Zahlen konvergiert genau dann in $\mathbb{R}$, wenn sie eine Fundamentalfolge ist.*

Beweis 4.16 Ist f eine Fundamentalfolge reeller Zahlen, dann gibt es nach Satz 4.15 eine Folge f' rationaler Zahlen mit

$$|f(i) - f'(i)| < \frac{1}{i} \quad \text{für alle } i \in \mathbb{N}.$$

Die Folge f' ist wieder eine Fundamentalfolge, denn aus $|f(i) - f(j)| < \varepsilon$ für $i, j > n$ folgt

$$|f'(i) - f'(j)| = |(f'(i) - f(i)) + (f(j) - f'(j)) + (f(i) - f(j))|$$
$$= |f'(i) - f(i)| + |f(j) - f'(j)| + |f(i) - f(j)|$$
$$< \frac{1}{i} + \frac{1}{j} + \varepsilon$$

für $i, j > n$, und durch geeignete Wahl von ε und n ist dieser Term beliebig klein zu machen. Mit $\alpha := [f']$ ist nun

$$|\alpha - f(i)| = |\alpha - f'(i) + f'(i) - f(i)| < |\alpha - f'(i)| + \frac{1}{i}.$$

Da $|\alpha - f'(i)|$ für hinreichend großes i beliebig klein wird (Aufgabe 4.56), konvergiert die Folge f gegen α. □

Aufgrund von Satz 4.16 können wir nun eine Folge reeller Zahlen auf Konvergenz untersuchen, ohne ihren Grenzwert vorher schon zu kennen. Handelt es sich um eine Fundamentalfolge, dann *muss* sie gegen eine reelle Zahl konvergieren, und man kann diese reelle Zahl als den Grenzwert dieser Folge *definieren*. Da äquivalente Fundamentalfolgen den gleichen Grenzwert haben, gibt es stets verschiedene Möglichkeiten, eine reelle Zahl als Grenzwert einer Folge zu definieren. Beispielsweise sind die Folgen f und g mit

Abb. 4.11 Die Euler'sche
Zahl

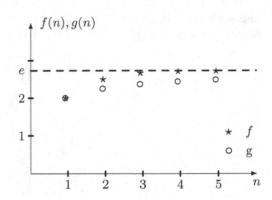

$$f(n) := 1 + \frac{1}{1!} + \frac{1}{2!} + \ldots + \frac{1}{n!} \quad \text{und} \quad g(n) := \left(1 + \frac{1}{n}\right)^n$$

verschiedene, aber äquivalente Fundamentalfolgen (Beispiel 4.16), haben also den gleichen Grenzwert (Abb. 4.11). Die Folge f nähert sich dem Grenzwert aber schneller als die Folge g. Dieser Grenzwert e ist die bekannte *Euler'sche Zahl* $e = 2,71828182845904523536\ldots$

Aufgaben

4.52 Beweise, dass die in der Definition vor Beispiel 4.16 eingeführte Relation eine Äquivalenzrelation in $\mathcal{F}$ ist.

4.53 Beweise, dass die in der Definition vor Satz 4.14 eingeführte Relation eine strenge Ordnungrelation in $\mathbb{R}$ ist.

4.54

a) Beweise für $\alpha, \beta, \gamma, \delta \in \mathbb{R}$:

- Aus $\alpha \oslash \beta$ und $\gamma \oslash \delta$ folgt $\alpha \oplus \gamma \oslash \beta \oplus \delta$.
- Aus $\alpha \oslash \beta$ und $\gamma \oslash \delta$ folgt $\alpha \odot \gamma \oslash \beta \odot \delta$, falls $\alpha, \beta, \gamma, \delta$ positiv sind.

b) Für $\alpha, \beta \in \mathbb{R}$ sei $\alpha \oslash \beta :\iff \alpha = \beta$ oder $\alpha \oslash \beta$.
Beweise für $\alpha, \beta \in \mathbb{R}$:

- Aus $\alpha \oslash \beta$ folgt $\alpha \oplus \gamma \oslash \beta \oplus \gamma$ für alle $\gamma \in \mathbb{R}$.
- Aus $\alpha \oslash \beta$ folgt $\alpha \odot \gamma \oslash \beta \odot \gamma$ für alle *positiven* $\gamma \in \mathbb{R}$.

Abb. 4.12 Euler-Mascheroni-Konstante (Aufgabe 4.57)

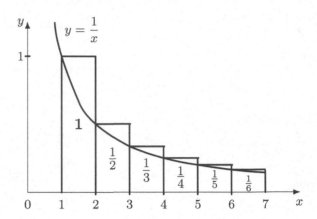

4.55   Es sei $a \in \mathbb{Q}$ und $f_a(n) = a$ für alle $n \in \mathbb{N}$. Zeige, dass genau dann $f \sim f_a$ gilt, wenn f gegen a konvergiert.

4.56   Die Folge f sei definiert durch $f(1) := 1, \quad f(n+1) := 1 + \dfrac{1}{f(n)}.$

a) Zeige, dass f eine Fundamentalfolge ist.
b) Es sei α der Grenzwert von f. Zeige, dass $\alpha^2 - \alpha - 1 = 0$ ist. (Bemerkung: α beschreibt dann den *goldenen Schnitt*; Beispiel 4.10.)

4.57   Die Folge f sei definiert durch

$$f(n) := 1 + \frac{1}{2} + \frac{1}{3} + \ldots + \frac{1}{n} - \int\limits_{1}^{n+1} \frac{1}{x}\,\mathrm{d}x.$$

a) Zeige, dass $0 < f(n) < 1$ für alle $n \in \mathbb{N}$ (Abb. 4.12).
b) Zeige, dass f eine Fundamentalfolge ist.

Der Grenzwert $C = 0,5772156\ldots$ dieser Folge heißt *Euler-Mascheroni-Konstante* (nach Leonhard Euler (1707–1783) und Lorenzo Mascheroni (1750–1800)); man weiß bis heute nicht, ob C eine rationale oder eine irrationale Zahl ist.

4.7   Die komplexen Zahlen

Die Menge $\mathbb{C}$ der komplexen Zahlen haben wir bereits in Beispiel 3.41 betrachtet und wollen dies kurz rekapitulieren. Es ist $\mathcal{C}$ die Menge der Matrizen

$$\begin{pmatrix} a & -b \\ b & a \end{pmatrix} \text{ mit } a, b \in \mathbb{R}.$$

Die Struktur $(\mathcal{C}, +, \cdot)$ ist ein kommutativer Teilring des Matrizenrings $(\mathcal{M}, +, \cdot)$; dieser enthält die Nullmatrix und die Einheitsmatrix, und jede von der Nullmatrix verschiedene Matrix ist bezüglich der Multiplikation in $\mathcal{C}$ invertierbar: Für $a^2 + b^2 \neq 0$ ist

$$\begin{pmatrix} a & -b \\ b & a \end{pmatrix}^{-1} = \frac{1}{a^2 + b^2} \begin{pmatrix} a & b \\ -b & a \end{pmatrix}.$$

Damit ist $(\mathcal{C}, +, \cdot)$ ein Körper.

Da die Matrizen aus $\mathcal{C}$ schon durch *zwei* Zahlen bestimmt sind, kann man die Elemente von $\mathcal{C}$ auch einfach als Zahlenpaare (a, b) schreiben. Die Addition der Paare ist dann durch

$$(a, b) + (c, d) = (a + c, b + d)$$

definiert, die Multiplikation wegen

$$\begin{pmatrix} a & -b \\ b & a \end{pmatrix} \cdot \begin{pmatrix} c & -d \\ d & c \end{pmatrix} = \begin{pmatrix} ac - bd & -(ad + bc) \\ ad + bc & ac - bd \end{pmatrix}$$

durch

$$(a, b) \cdot (c, d) = (ac - bd, ad + bc).$$

Das Nullelement ist das Paar $(0,0)$, das Einselement das Paar $(1,0)$. Es gilt allgemein

$$(a, b) = (a, 0) + (0, b) = (a, 0) + (b, 0) \cdot (0, 1) = (a, 0) + (0, 1) \cdot (b, 0),$$

wie man leicht nachrechnet. Mit den Paaren $(a, 0)$ rechnet man wie mit reellen Zahlen: Es ist

$$(a, 0) + (b, 0) = (a + b, 0) \quad \text{und} \quad (a, 0) \cdot (b, 0) = (ab, 0).$$

Diese speziellen Paare bilden also einen Teilkörper von $(\mathcal{C}, +, \cdot)$, der zum Körper der reellen Zahlen isomorph ist. Schreiben wir a, b statt $(a, 0)$, $(b, 0)$ und kürzen $(0,1)$ mit i ab, dann ist

$$(a, b) = a + b \cdot i = a + i \cdot b.$$

Abb. 4.13 Die komplexe
Zahlenebene

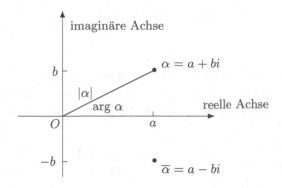

Beim Rechnen mit diesen Ausdrücken nach obigen Körpergesetzen ist zu beachten:

$$i^2 = (0,1) \cdot (0,1) = (-1,0) = -1$$

Man nennt $(\mathcal{C}, +, \cdot)$ den *Körper der komplexen Zahlen* und schreibt meistens $\mathbb{C}$ statt $\mathcal{C}$. Ist

$$\alpha = a + bi \quad \text{bzw.} \quad \alpha = a + ib \ (a, b \in \mathbb{R})$$

eine komplexe Zahl, dann nennt man

$$a = \mathrm{Re}(\alpha) \text{ den } \textit{Realteil} \text{ von } \alpha, \qquad b = \mathrm{Im}(\alpha) \text{ den } \textit{Imaginärteil} \text{ von } \alpha.$$

Jede komplexe Zahl α lässt sich also in der Form

$$\alpha = \mathrm{Re}(\alpha) + \mathrm{Im}(\alpha) \cdot i \quad \text{bzw.} \quad \alpha = \mathrm{Re}(\alpha) + i \cdot \mathrm{Im}(\alpha)$$

notieren, wobei die erste Schreibweise die Sicht betont, dass $\mathcal{C}$ ein $\mathbb{R}$-Vektorraum ist, dessen Elemente als Linearkombinationen der Basisvektoren $(1,0) = 1$ und $(0,1) = i$ angegeben werden können. Die zweite Notationsform ist, zumindest im Bereich der Analysis mit komplexen Veränderlichen, die vorrangig verwendete Darstellung.

Ist $\mathrm{Im}(\alpha) = 0$, dann nennt man die komplexe Zahl α *reell*; ist $\mathrm{Re}(\alpha) = 0$, dann heißt α *imaginär*. Die imaginäre Zahl i nennt man auch die *imaginäre Einheit*.

Die komplexen Zahlen kann man in einer Zahlenebene darstellen, die *Gauß'sche Zahlenebene* oder auch *komplexe Zahlenebene* heißt (Abb. 4.13).

Die Entfernung der Zahl α von Nullpunkt nennt man den *Betrag* von α und bezeichnet diesen mit $|\alpha|$; es gilt für $\alpha = a + bi$ nach dem Satz von Pythagoras

$$|\alpha| = \sqrt{a^2 + b^2}.$$

Die zu α bezüglich der reellen Achse spiegelbildlich liegende Zahl (Abb. 4.13) nennt man die zu α *konjugierte* Zahl oder die zu α *konjugiert-komplexe* Zahl und bezeichnet sie mit $\overline{\alpha}$. Es ist also $\overline{a + bi} = a - bi$. Wegen

$$\alpha \cdot \overline{\alpha} = (a + bi) \cdot (a - bi) = a^2 - (bi)^2 = a^2 - i^2 b^2 = a^2 + b^2$$

ergeben sich elegante Darstellungen des Betrags und der Kehrzahl von α: Offenbar ist

$$\alpha \cdot \overline{\alpha} = |\alpha|^2 \quad bzw. \quad |\alpha| = \sqrt{\alpha \cdot \overline{\alpha}},$$

und für $\alpha \neq 0$ erhält man

$$\alpha^{-1} = \frac{\overline{\alpha}}{|\alpha|^2} = \frac{1}{\alpha}.$$

Eine komplexe Zahl $\alpha \neq 0$ kann man durch ihren Betrag $|\alpha|$ und den Winkel zwischen der reellen Achse und der Strecke $O\alpha$ beschreiben; diesen Winkel nennt man das *Argument* von α und bezeichnet dieses mit $\arg \alpha$ (Abb. 4.13).

Es gilt $\tan(\arg \alpha) = \frac{b}{a}$, also $\arg \alpha = \arctan \frac{b}{a}$, wobei arctan die Umkehrfunktion von tan ist. Sind umgekehrt $r = |\alpha|$ und $\varphi = \arg \alpha$ gegeben, dann gilt

$$\mathrm{Re}(\alpha) = r \cos \varphi \quad \text{und} \quad \mathrm{Im}(\alpha) = r \sin \varphi, \quad \text{also} \quad \alpha = r \cdot (\cos \varphi + i \sin \varphi).$$

Ist $\beta = s \cdot (\cos \psi + i \sin \psi)$ eine weitere komplexe Zahl, dann ist

$$\alpha \cdot \beta = rs \cdot (\cos \varphi \cos \psi - \sin \varphi \sin \psi + i(\cos \varphi \sin \psi + \sin \varphi \cos \psi)).$$

Aufgrund der Additionstheoreme der Funktionen sin und cos ergibt sich

$$\alpha \cdot \beta = rs \cdot (\cos(\varphi + \psi) + i \sin(\varphi + \psi)).$$

Zwei komplexe Zahlen werden also multipliziert, indem man ihre Beträge multipliziert und ihre Argumente (Winkel) addiert.

Das Addieren komplexer Zahlen kann als das Verketten zweier Verschiebungen, das Multiplizieren kann als Verketten zweier Drehstreckungen gedeutet werden (Abb. 4.14). Man erkennt daran, dass man den Körper der komplexen Zahlen zur Behandlung geometrischer Probleme in der Ebene benutzen kann.

Eine wichtige Anwendung finden komplexe Zahlen auch in der Physik und in der Elektrotechnik, sodass es sich bei der Einführung dieser Zahlen keineswegs um ein mathematisches Glasperlenspiel handelt. Komplexe Zahlen tauchten in einer noch sehr unpräzisen Form im 16. Jahrhundert auf, als italienische Rechenmeister sie als Hilfsmittel zum Lösen von algebraischen Gleichungen dritten und vierten Grades verwendeten

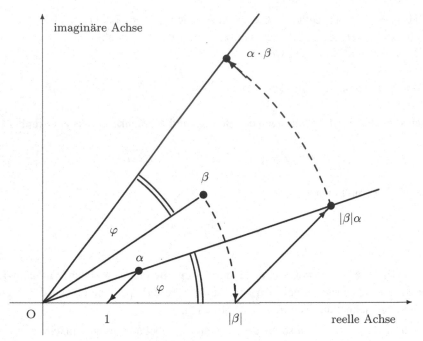

Abb. 4.14 Geometrische Deutung der Multiplikation komplexer Zahlen

(Abschn. 4.8). Erst Gauß hat eine einwandfreie Definition komplexer Zahlen als Paare reeller Zahlen angegeben.

Im Körper der reellen Zahlen hat eine quadratische Gleichung

$$x^2 + px + q = 0$$

bekanntlich nicht immer eine Lösung. Die Lösungsformel

$$x_{1/2} = -\frac{p}{2} \pm \sqrt{\left(\frac{p}{2}\right)^2 - q}$$

ist in der Menge der *reellen* Zahlen für $\left(\frac{p}{2}\right)^2 - q < 0$ nicht anwendbar, weil das Quadrat einer reellen Zahl nicht negativ sein kann, sodass Quadratwurzeln nur aus nichtnegativen Zahlen gezogen werden können. Dies ist bei komplexen Zahlen anders; hier hat die Gleichung

$$\xi^2 = \alpha$$

für *jede* komplexe Zahl α Lösungen in $\mathbb{C}$, und zwar genau eine für $\alpha = 0$ (nämlich $\xi = 0$) und genau zwei für $\alpha \neq 0$: Die komplexen Quadratwurzeln aus α sind die komplexen

Abb. 4.15
Ordnungsdiagramm der
wichtigsten Zahlenbereiche

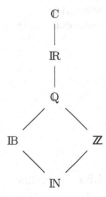

Zahlen mit dem Betrag $\sqrt{|\alpha|}$ und den Argumenten $\frac{1}{2} \cdot \arg\alpha$ bzw. $\frac{1}{2} \cdot \arg\alpha + 180°$. Insbesondere ist

$$\sqrt{-1} = \pm i \quad \text{und} \quad \sqrt{-a} = \pm i\sqrt{a} \text{ für } a \in \mathbb{R} \text{ mit } a > 0.$$

Nicht nur quadratische Gleichungen, sondern *alle* algebraischen Gleichungen

$$a_n x^n + a_{n-1} x^{n-1} + \ldots + a_2 x^2 + a_1 x + a_0 = 0 \quad (a_0, a_1, \ldots, a_n \in \mathbb{C})$$

sind in $\mathbb{C}$ lösbar. Diesen „Hauptsatz der Algebra" werden wir in Abschn. 4.8 beweisen.

Nachdem wir nun den Körper der komplexen Zahlen vorgestellt haben, kennen wir die für die Mathematik wichtigsten Zahlenbereiche. Das Ordnungsdiagramm in Abb. 4.15 zeigt, welcher Bereich als Teilbereich des anderen zu verstehen ist.

Dabei ist

- $\mathbb{N}$ die Menge der natürlichen Zahlen,
- $\mathbb{Z}$ die Menge der ganzen Zahlen,
- $\mathbb{B}$ die Menge der Bruchzahlen,
- $\mathbb{Q}$ die Menge der rationalen Zahlen,
- $\mathbb{R}$ die Menge der reellen Zahlen,
- $\mathbb{C}$ die Menge der komplexen Zahlen.

Aufgaben

4.58   Berechne und stelle in der Form $a + bi$, $a, b \in \mathbb{R}$ dar:
a) $(2 + 3i) \cdot (5 - 9i)$ b) $(1 + i)^2 + (1 - i)^2$ c) $(2 + i)^4$

Abb. 4.16
Dreiecksungleichung

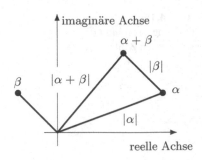

4.59 Berechne die Kehrzahl der folgenden komplexen Zahl:
a) $1 + i$ b) $3 + 5i$ c) $-7i$ d) $(2 - i)^2$ e) $(1 + i)^4$

4.60 Berechne $|\alpha|$ und $\arg \alpha$.
a) $1 + i$ b) $2 - i$ c) $3 + 4i$ d) $17 + 4i$ e) $-5i$

4.61 Beweise, dass für alle $\alpha, \beta \in \mathbb{C}$ gilt:

$$\overline{\alpha + \beta} = \overline{\alpha} + \overline{\beta}, \qquad \overline{\alpha \cdot \beta} = \overline{\alpha} \cdot \overline{\beta}.$$

4.62 Beweise, dass für alle $\alpha, \beta \in \mathbb{C}$ gilt:

$$|\alpha \cdot \beta| = |\alpha| \cdot |\beta|, \qquad |\alpha + \beta| \leq |\alpha| + |\beta|.$$

(Die Ungleichung $|\alpha + \beta| \leq |\alpha| + |\beta|$ heißt *Dreiecksungleichung* (Abb. 4.16).)

4.63 Löse die quadratische Gleichung in $\mathbb{C}$:
a) $x^2 + 2x + 3 = 0$ b) $x^2 - 5x + 8 = 0$

4.64 Für komplexe Zahlen gilt $(\alpha\overline{\alpha}) \cdot (\beta\overline{\beta}) = (\alpha\beta) \cdot \overline{(\alpha\beta)}$. Begründe dies und leite daraus die Formel von Fibonacci (vgl. Zwei-Quadrate-Satz in Abschn. 1.8) her:

$$(a^2 + b^2)(c^2 + d^2) = (ac - bd)^2 + (ad + bc)^2.$$

4.65

a) Zeige, dass die komplexen Zahlen der Form $a + b\sqrt{-2}$ mit $a, b \in \mathbb{Z}$ einen Integritätsbereich bilden, also einen nullteilerfreien kommutativen Ring mit Einselement.
b) Den Ring in (a) bezeichnen wir mit $\mathbb{Z}(\sqrt{-2})$. In diesem Ring definiert man wie in $\mathbb{Z}$ die
   Teilbarkeit: Für $\alpha, \beta \in \mathbb{Z}(\sqrt{-2})$ gilt genau dann $\alpha | \beta$, wenn ein $\gamma \in \mathbb{Z}(\sqrt{-2})$ existiert
   mit $\alpha \cdot \gamma = \beta$. Zeige: $2 + \sqrt{-2}$ ist ein Teiler von $6 + 9\sqrt{-2}$.

c) Zeige, dass $1 + \sqrt{-2}$, $1 + 3\sqrt{-2}$, $3 + \sqrt{-2}$, $3 + 2\sqrt{-2}$ und $3 + 4\sqrt{-2}$ „Primzahlen" in $\mathbb{Z}(\sqrt{-2})$ sind. Dabei heißt eine Zahl $\alpha \in \mathbb{Z}(\sqrt{-2})$ eine Primzahl, wenn sie nur durch $1, -1, i, -i, \alpha, -\alpha, i\alpha$ oder $-i\alpha$ teilbar ist. Ist $\alpha\bar{\alpha}$ eine (natürliche) Primzahl, dann ist α eine Primzahl in $\mathbb{Z}(\sqrt{-2})$.

4.66 Die Matrizen der Form $\begin{pmatrix} \alpha & -\bar{\beta} \\ \beta & \bar{\alpha} \end{pmatrix}$ mit $\alpha, \beta \in \mathbb{C}$ bilden bezüglich der Matrizenaddition und -multiplikation eine algebraische Struktur $(H, +, \cdot)$, die allen Körpergesetzen mit Ausnahme der Kommutativität der Multiplikation genügt. Weise dies nach. Zeige ferner, dass $(H, +, \cdot)$ ein isomorphes Bild des Körpers der komplexen Zahlen enthält.

4.8 Wurzeln und algebraische Gleichungen

Die Gleichung $z^n = 1$ mit $n \in \mathbb{N}$ hat in $\mathbb{R}$ genau zwei Lösungen $(+1, -1)$, wenn n gerade ist, und genau eine Lösung $(+1)$, wenn n ungerade ist. Dagegen hat diese Gleichung in $\mathbb{C}$ genau n Lösungen, die man die *n-ten Einheitswurzeln* nennt. Ist

$$\zeta = \cos\frac{2\pi}{n} + i\sin\frac{2\pi}{n},$$

dann sind $1, \zeta, \zeta^2, \ldots, \zeta^{n-1}$ die n-ten Einheitswurzeln (Abb. 4.17).

Abb. 4.17 Die n-ten Einheitswurzeln

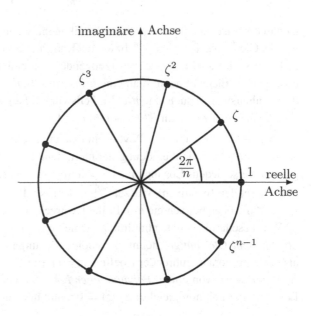

Die zweiten Einheitswurzeln sind 1 und -1; die dritten Einheitswurzeln sind die Lösungen von

$$z^3 - 1 = (z-1)(z^2 + z + 1) = 0,$$

also $1, \zeta$ und ζ^2 mit $\zeta = \dfrac{-1 + i\sqrt{3}}{2}$.

Die vierten Einheitswurzeln sind die Lösungen von

$$z^4 - 1 = (z-1)(z+1)(z^2 + 1) = 0,$$

also $1, i, i^2$ und i^3 bzw. $1, i, -1$ und $-i$.

Die fünften Einheitswurzeln sind die Lösungen von

$$z^5 - 1 = (z-1)(z^4 + z^3 + z^2 + z + 1) = 0.$$

Hier ist (Aufgabe 4.67)

$$\zeta = \cos\frac{2\pi}{5} + i\sin\frac{2\pi}{5} = \frac{-1+\sqrt{5}}{4} + i\,\frac{\sqrt{10+2\sqrt{5}}}{4}.$$

Die n-ten Einheitswurzeln bilden bezüglich der Multiplikation eine zyklische Gruppe der Ordnung n. Ein erzeugendes Element ist

$$\cdot\,\zeta = \cos\frac{2\pi}{n} + i\sin\frac{2\pi}{n}.$$

Genau dann ist auch ζ^k ein erzeugendes Element, wenn $\mathrm{ggT}(k,n) = 1$; denn genau dann ist die Gleichung $(\zeta^k)^x = \zeta^m$ bzw. die Kongruenz $kx \equiv m \bmod n$ für jedes $m \in \mathbb{N}$ lösbar. Es gibt also genau $\varphi(n)$ erzeugende Elemente (φ Euler-Funktion). Ein solches erzeugendes Element nennt man eine *primitive n-te Einheitswurzel*. Ist $d|n$, dann ist eine d-te Einheitswurzel auch eine n-te Einheitswurzel. Ist $\mathrm{ggT}(k,n) = d > 1$, dann ist ζ^k eine $\dfrac{n}{d}$-te Einheitswurzel, denn $(\zeta^k)^{\frac{n}{d}} = (\zeta^n)^{\frac{k}{d}} = 1$.

Für $c \in \mathbb{C}$, $c \neq 0$ und $n \in \mathbb{N}$ versteht man unter $\sqrt[n]{c}$ eine Lösung der Gleichung $z^n = c$. Damit ist $\sqrt[n]{c}$ aber nicht eindeutig definiert, denn die Gleichung $z^n = c$ besitzt für $c \neq 0$ genau n verschiedene Lösungen: Ist $c = |c|(\cos\alpha + i\sin\alpha)$ und $\gamma = \sqrt[n]{|c|}(\cos\frac{\alpha}{n} + i\sin\frac{\alpha}{n})$ mit der reellen (positiven) Wurzel $\sqrt[n]{|c|}$, dann sind $\gamma, \gamma\zeta, \gamma\zeta^2, \ldots, \gamma\zeta^{n-1}$ die Lösungen, wobei ζ die oben betrachtete n-te Einheitswurzel ist (Abb. 4.18).

Wir beschäftigen uns nun mit allgemeineren Polynomgleichungen, die man auch *algebraische Gleichungen* nennt. Polynomgleichungen setzen wir im Folgenden meistens als normiert voraus (führender Koeffizient = 1). Bei einem Polynom mit Koeffizienten aus K sprechen wir von einem *Polynom über K* bzw. einer *Polynomgleichung über K*. Eine Lösung einer Polynomgleichung $p(z) = 0$ nennt man auch eine *Nullstelle* von p.

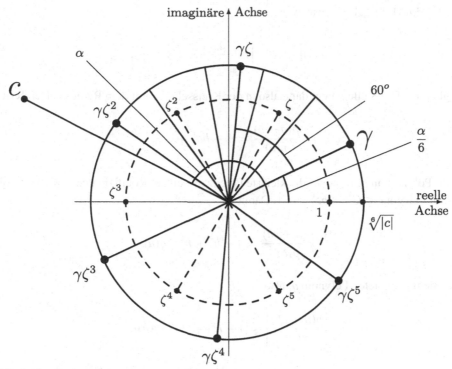

Abb. 4.18 Die sechsten Wurzeln aus c

Satz 4.17 trägt den Namen *Hauptsatz der Algebra*. Er besagt nicht nur, dass *jede* algebraische Gleichung

$$z^n + a_{n-1}z^{n-1} \ldots + a_1 z + a_0 = 0 \quad \text{mit} \quad a_0, a_1, \ldots, a_{n-1} \in \mathbb{C}$$

in $\mathbb{C}$ eine Lösung besitzt, es folgt aus ihm sogar, dass jede solche Gleichung vom Grad n in genau n Linearfaktoren $z-z_1$, $z-z_2$, $\ldots$, $z-z_n$ zu zerlegen ist. Dies besagt insbesondere, dass eine algebraische Gleichung vom Grad n genau n Lösungen besitzt, wenn man diese entsprechend ihrer Vielfachheit zählt.

Satz 4.17 (Hauptsatz der Algebra) *Es sei* $p(z) = z^n + a_{n-1}z^{n-1} \ldots + a_1 z + a_0$ *ein Polynom über* $\mathbb{C}$ *vom Grad* $n > 0$, *also* $a_0, a_1, \ldots, a_{n-1} \in \mathbb{C}$, *und* z *eine Variable für komplexe Zahlen. Dann besitzt die algebraische Gleichung* $p(z) = 0$ *eine Lösung in* $\mathbb{C}$.

Beweis 4.17 In der abgeschlossenen Kreisscheibe $\{z \in \mathbb{C} \mid |z| \leq r\}$ besitzt die Menge der Werte $|p(z)|$ ein Minimum; das lernt man in der Analysis. Dieses Minimum werde an der Stelle a angenommen. Ist $p(a) = 0$, dann ist der Satz bewiesen. Die Annahme $p(a) \neq 0$ führt aber zu einem Widerspruch: Ist $p(a) \neq 0$, dann wählen wir r so groß, dass

$|p(z)| > |p(a)|$ für $|z| > r$, was wegen

$$|p(z)| = |z|^n \cdot \left| 1 + \frac{a_{n-1}}{z} + \ldots + \frac{a_0}{z^n} \right|$$

möglich ist. Die Stelle a liegt dann also in der Kreisscheibe mit dem Radius r. Der Term

$$\frac{p(a+h)}{p(a)} = 1 + bh^k + \ldots$$

ist ein Polynom in h, wobei h^k die kleinste Potenz mit einem Koeffizienten $b \neq 0$ sein soll. Es gibt nun ein $c \in \mathbb{C}$ mit $bc^k = -1$. Damit ist

$$\frac{p(a+ch)}{p(a)} = 1 - h^k + h^{k+1}q(h)$$

mit einem geeigneten Polynom q, also

$$\left| \frac{p(a+ch)}{p(a)} \right| \leq |1 - h^k| + |h^{k+1}q(h)|.$$

Man wählt nun h reell mit $0 < h < 1$ so, dass $|1 - h^k| = 1 - h^k$ und $h|q(h)| < 1$. Dann ist

$$\left| \frac{p(a+ch)}{p(a)} \right| \leq 1 - h^k(1 - h|q(h)|) < 1.$$

Damit ergibt sich ein Widerspruch: An der Stelle $a + ch$ nimmt $|p(z)|$ einen kleineren Wert an als an der Stelle a. Damit ist Satz 4.17 bewiesen.

$\square$

Ist für obiges Polynom $p(a) = 0$, dann ist $p(z) = (z - a)q(z)$ mit einem Polynom q vom Grad $n - 1$; denn Division mit Rest ergibt zunächst $p(z) = (z - a)q(z) + r$ mit $r \in \mathbb{C}$, wegen $p(a) = r$ ist dabei aber $r = 0$.

Die mehrfache Wiederholung dieses Arguments für die Polynome kleineren Grads, die sich bei der Division mit Rest ergeben, führt schließlich auf

$$p(z) = (z - z_1) \cdot (z - z_2) \cdot \ldots \cdot (z - z_n),$$

wobei $z_1, z_2, \ldots, z_n$ die (nicht notwendigerweise verschiedenen) Lösungen von $p(z) = 0$ sind. Insbesondere sieht man, dass die Gleichung $p(z) = 0$ genau n Lösungen hat, wenn man mehrfache Lösungen mit ihrer Vielfachheit zählt. Löst man in dem Produkt von Linearfaktoren die Klammern auf, dann ergibt sich durch Koeffizientenvergleich:

$$z_1 + z_2 + \ldots + z_n = -a_{n-1}$$
$$z_1 z_2 + z_1 z_3 + \ldots + z_{n-1} z_n = a_{n-2}$$
$$z_1 z_2 z_3 + z_1 z_2 z_4 + \ldots + z_{n-2} z_{n-1} z_n = -a_{n-3}$$
$$\vdots$$
$$z_1 z_2 z_3 \ldots z_n = (-1)^n a_0$$

Die dabei auftretenden Terme in $z_1, z_2, \ldots, z_n$ sind symmetrisch: Bei jeder Permutation der Variablen $z_1, z_2, \ldots, z_n$ bleiben sie fest. Man spricht von den *elementarsymmetrischen Funktionen* in n Variablen.

Durch die Gültigkeit des Hauptsatzes unterscheidet sich der Körper $\mathbb{C}$ der komplexen Zahlen *wesentlich* vom Körper $\mathbb{R}$ der reellen Zahlen. Es existieren zahlreiche Beweise für den Hauptsatz der Algebra; allein Gauß hat diesen Satz auf vier verschiedene Arten bewiesen.

Hat ein Polynom $p(z)$ über $\mathbb{R}$ außer reellen auch komplexe Nullstellen, dann ist für jede komplexe Nullstelle α auch die konjugierte Zahl $\overline{\alpha}$ eine Nullstelle, denn für reelle Koeffizienten a_i gilt $\overline{a_i} = a_i$ und daher $p(\overline{\alpha}) = \overline{p(\alpha)}$. Wegen

$$(z - \alpha)(z - \overline{\alpha}) = z^2 - (\alpha + \overline{\alpha})z + \alpha\overline{\alpha} = z^2 + az + b \quad \text{mit } a, b \in \mathbb{R}$$

kann man $p(z)$ in $\mathbb{R}$ aufgrund des Hauptsatzes in Linearfaktoren und quadratische Faktoren zerlegen.

Die Lösungen z_1, z_2 der quadratischen Gleichung $z^2 + pz + q = 0$ gewinnt man z. B. folgendermaßen: Aus $z_1 + z_2 = -p$ und $z_1 z_2 = q$ folgt

$$(z_1 - z_2)^2 = (z_1 + z_2)^2 - 4 z_1 z_2 = p^2 - 4q =: D,$$

also $z_1 - z_2 = \pm\sqrt{D}$. Da es auf die Reihenfolge der Lösungen z_1, z_2 nicht ankommt, setzen wir $z_1 - z_2 = \sqrt{D}$. Das lineare Gleichungssystem $\left\{ \begin{array}{l} z_1 + z_2 = -p \\ z_1 - z_2 = \sqrt{D} \end{array} \right\}$ hat die Lösungen

$$z_1 = \frac{-p + \sqrt{D}}{2}, \qquad z_2 = \frac{-p - \sqrt{D}}{2}.$$

Stammen die Koeffizienten p, q aus $\mathbb{Q}$, so liegen die Lösungen nur dann ebenfalls in $\mathbb{Q}$, wenn D eine (rationale) Quadratzahl ist. Andernfalls liegen die Lösungen im Körper $\mathbb{Q}(\sqrt{D})$, der aus allen Zahlen der Form $a + b\sqrt{D}$ mit $a, b \in \mathbb{Q}$ besteht (Aufgabe 4.68).

Die kubische Gleichung $z^3 + az^2 + bz + c = 0$ lässt sich so umformen, dass das quadratische Glied verschwindet: Wegen $\left(z + \frac{a}{3} \right)^3 = z^3 + az^2 + \ldots$ wähle man $z + \frac{a}{3}$ als neue Gleichungsvariable; dann erhält die Gleichung die Form

$$z^3 + pz + q = 0.$$

Der Sonderfall $p = 0$ bereitet keine Schwierigkeiten: Im Fall $z^3 - 1 = 0$ sind die Lösungen die dritten Einheitswurzeln $1, \zeta, \zeta^2$ (s. oben). Im Fall $z^3 - c = 0$ mit $c \neq 0$ sind die Lösungen die dritten Wurzeln aus c.

Ist dabei $c = r^3$ die dritte Potenz einer rationalen Zahl, dann sind $r, r\zeta, r\zeta^2$ die Lösungen. Sie liegen im Körper $\mathbb{Q}(\zeta) = \{a + b\zeta \mid a, b \in \mathbb{Q}\}$. Ist aber c nicht die dritte Potenz einer rationalen Zahl, also $\sqrt[3]{c} = \gamma \notin \mathbb{Q}$, dann ist $\gamma \notin \mathbb{Q}(\zeta)$. Wäre nämlich $\sqrt[3]{c} = a + b\zeta$ $(a, b \in \mathbb{Q})$, so wäre $c = a^3 + 3a^2 b\zeta + 3ab^2\zeta^2 + b^3$, wegen $\zeta^2 = -\zeta - 1$ also $3ab(a - b)\zeta = 3ab^2 + c - a^3 - b^3$. Wegen $\zeta \notin \mathbb{Q}$ müsste dann $a = 0$ oder $b = 0$ oder $a = b$ sein, woraus $c = b^3$ oder $c = a^3$ oder $c = -a^3 = (-a)^3$ folgt. Es wäre also c die dritte Potenz einer rationalen Zahl.

Die Lösungen liegen für $\gamma \notin \mathbb{Q}$ im Körper $\mathbb{Q}(\zeta, \gamma)$, dem kleinsten Teilkörper von $\mathbb{C}$, der $\mathbb{Q}$, ζ und γ enthält. Die Körper $\mathbb{Q}(\sqrt{D})$, $\mathbb{Q}(\zeta)$ und $\mathbb{Q}(\zeta, \gamma)$ sind Beispiele für *Körpererweiterungen* von $\mathbb{Q}$. Mit dem Begriff der Körpererweiterung werden wir uns weiter unten eingehender beschäftigen.

Im *allgemeinen* Fall der kubischen Gleichung $z^3 + pz + q = 0$ kann man sich an dem oben beschriebenen Verfahren zum Lösen quadratischer Gleichungen orientieren, wo man mit den Termen $z_1 + z_2$ und $z_1 - z_2$ operiert hat. Man macht den Ansatz

$$
\begin{aligned}
u &= z_1 + z_2 + z_3, \\
v &= z_1 + \zeta z_2 + \zeta^2 z_3, \\
w &= z_1 + \zeta^2 z_2 + \zeta z_3,
\end{aligned}
$$

wobei z_1, z_2, z_3 die gesuchten Lösungen und $1, \zeta, \zeta^2$ die dritten Einheitswurzeln sind. Wenn man u, v, w bestimmen kann, ergibt sich wegen $1 + \zeta + \zeta^2 = 0$

$$
z_1 = \frac{1}{3}(u + v + w), \quad z_2 = \frac{1}{3}(u + \zeta^2 v + \zeta w), \quad z_3 = \frac{1}{3}(u + \zeta v + \zeta^2 w)
$$

bzw. wegen $u = 0$

$$
z_1 = \frac{1}{3}(v + w), \quad z_2 = \frac{1}{3}(\zeta^2 v + \zeta w), \quad z_3 = \frac{1}{3}(\zeta v + \zeta^2 w).
$$

Setzt man z_1 in die kubische Gleichung ein, so ergibt sich zunächst

$$
\left(\frac{v}{3}\right)^3 + \left(\frac{w}{3}\right)^3 + (vw + 3p)\frac{v + w}{9} + q = 0.
$$

Setzt man z_2 oder z_3 ein, so erhält man dabei statt $\dfrac{v + w}{9}$ die Terme $\dfrac{\zeta^2 v + \zeta w}{9}$ bzw. $\dfrac{\zeta v + \zeta^2 w}{9}$. Nun sind die Koeffizienten („Vorzeichen") $1, \zeta, \zeta^2$ in der Definition von u, v, w gerade so gewählt, dass $vw + 3p = 0$ ist:

$$vw = z_1^2 + z_2^2 + z_3^2 - z_1 z_2 - z_2 z_3 - z_3 z_1$$
$$= (z_1 + z_2 + z_3)^2 - 3(z_1 z_2 + z_2 z_3 + z_3 z_1) = -3p.$$

Es folgt

$$\left(\frac{v}{3}\right)^3 + \left(\frac{w}{3}\right)^3 + q = 0 \quad \text{bzw.} \quad \left(\frac{v}{3}\right)^3 - \left(\frac{p}{v}\right)^3 + q = 0.$$

Multiplikation mit $\left(\frac{v}{3}\right)^3$ ergibt folgende quadratische Gleichung in $\left(\frac{v}{3}\right)^3$:

$$\left(\left(\frac{v}{3}\right)^3\right)^2 + q\left(\frac{v}{3}\right)^3 - \left(\frac{p}{3}\right)^3 = 0.$$

Auch $\left(\frac{w}{3}\right)^3$ muss aus Symmetriegründen dieser Gleichung genügen. Es ergibt sich

$$\left(\frac{v}{3}\right)^3 = -\frac{q}{2} + \sqrt{\left(\frac{q}{2}\right)^2 + \left(\frac{p}{3}\right)^3}, \quad \left(\frac{w}{3}\right)^3 = -\frac{q}{2} - \sqrt{\left(\frac{q}{2}\right)^2 + \left(\frac{p}{3}\right)^3}.$$

(Eine Vertauschung von v und w bedeutet nur eine Vertauschung von z_2 und z_3.) Die Lösungen der kubischen Gleichung sind also durch folgende Formeln gegeben:

Lösungen der Gleichung $z^3 + pz + q = 0$ (cardanische Formeln)

$$z_1 = \sqrt[3]{-\frac{q}{2} + \sqrt{\left(\frac{q}{2}\right)^2 + \left(\frac{p}{3}\right)^3}} + \sqrt[3]{-\frac{q}{2} - \sqrt{\left(\frac{q}{2}\right)^2 + \left(\frac{p}{3}\right)^3}}$$

$$z_2 = \zeta^2 \sqrt[3]{-\frac{q}{2} + \sqrt{\left(\frac{q}{2}\right)^2 + \left(\frac{p}{3}\right)^3}} + \zeta \sqrt[3]{-\frac{q}{2} - \sqrt{\left(\frac{q}{2}\right)^2 + \left(\frac{p}{3}\right)^3}}$$

$$z_3 = \zeta \sqrt[3]{-\frac{q}{2} + \sqrt{\left(\frac{q}{2}\right)^2 + \left(\frac{p}{3}\right)^3}} + \zeta^2 \sqrt[3]{-\frac{q}{2} - \sqrt{\left(\frac{q}{2}\right)^2 + \left(\frac{p}{3}\right)^3}}$$

Dies sind die *cardanischen Formeln*, benannt nach Girolamo Cardano (1501–1576), italienischer Arzt, Mathematiker und Naturforscher; nach ihm ist auch die für den Maschinenbau wichtige cardanische Aufhängung benannt. Cardano befasste sich auch mit Lösungsmethoden für algebraische Gleichungen vierten Grades (s. unten).

Ist $\left(\frac{q}{2}\right)^2 + \left(\frac{p}{3}\right)^3 < 0$, dann ergeben sich stets drei reelle Lösungen, weil dann die Summanden in den cardanischen Formeln zueinander konjugiert sind. Obwohl die Lösungen also in diesem Fall reell sind, benötigt man zu ihrer Darstellung mit Wurzeln die komplexen Zahlen! Im Fall $p = 0$ ergeben sich wieder die oben schon genannten Lösungen $\sqrt[3]{-q}$, $\zeta\sqrt[3]{-q}$, $\zeta^2\sqrt[3]{-q}$.

Die Lösungen von $z^3 + pz + q = 0$ mit $p, q \in \mathbb{Q}$ liegen in einem Teilkörper von $\mathbb{C}$, der neben $\mathbb{Q}$ die Zahlen

$$\zeta = \frac{-1 + i\sqrt{3}}{2}, \quad \beta = \sqrt{\left(\frac{q}{2}\right)^2 + \left(\frac{p}{3}\right)^3}, \quad \gamma = \sqrt[3]{-\frac{q}{2} + \beta}, \quad \delta = \sqrt[3]{-\frac{q}{2} - \beta}$$

enthalten muss. Wegen $\beta = \gamma^3 + \frac{q}{2}$ und $\gamma\delta = \frac{p}{3}$ genügt die Forderung, dass dieser Körper ζ und γ enthält; β und δ gehören dann aufgrund der Körpergesetze von alleine dazu.

Beispiel 4.17 Für die kubische Gleichung $z^3 - 3z - 1 = 0$ ergibt sich

$$-\frac{q}{2} \pm \sqrt{\left(\frac{q}{2}\right)^2 + \left(\frac{p}{3}\right)^3} = \frac{1 \pm i\sqrt{3}}{2} = \cos\frac{\pi}{3} \pm i\sin\frac{\pi}{3}.$$

Die reelle Lösung ist

$$x_1 = \left(\cos\frac{\pi}{9} + i\sin\frac{\pi}{9}\right) + \left(\cos\frac{\pi}{9} - i\sin\frac{\pi}{9}\right) = 2\cos\frac{\pi}{9}.$$

∎

Beispiel 4.18 Die kubische Gleichung $z^3 - 7z + 6 = 0$ hat die Lösungen 1, 2 und -3 (denn $(z - 1)(z - 2)(z + 3) = z^3 - 7z + 6$). Es ist äußerst kompliziert, diese Lösungen aus den cardanischen Formeln zu gewinnen. Man erhält

$$z_1 = \sqrt[3]{-3 + \frac{10}{9}\sqrt{-3}} + \sqrt[3]{-3 - \frac{10}{9}\sqrt{-3}}.$$

Es ist $\sqrt[3]{-3 \pm \frac{10}{9}\sqrt{-3}} = -\frac{3}{2} \pm \frac{1}{6}\sqrt{-3}$ (was aber nicht leicht zu sehen ist), also ist $z_1 = -3$. Damit ergibt sich $z_2 = 1$ und $z_3 = 2$. Um also die reellen Lösungen 1, 2 und -3 zu finden, muss man bei Verwendung der cardanischen Formeln einen riesigen Umweg durch den Körper der komplexen Zahlen machen. Dies zeigt, dass die cardanischen Formeln eher von theoretischem als von praktischem Wert sind. ∎

Eine Gleichung vierten Grades kann allgemein gegeben werden als

$$z^4 + pz^2 + qz + r = 0.$$

(Hat die Gleichung zunächst die Form $z^4 + az^3 + bz^2 + cz + d = 0$, so ersetze man die Variable z durch $z + \frac{1}{4}$.) Eine erste Lösungsmethode wurde von Ludovico Ferrari (1522–1565, italienischer Mathematiker, Schüler von Cardano) angegeben; in der Folgezeit wurden aber noch verschiedene andere Lösungsmethoden entwickelt, von denen wir drei hier skizzieren möchten:

• **Methode von Descartes:** Mit einer Hilfsgröße a ist

$$(z^2 + a)^2 = z^4 + 2az^2 + a^2 = -pz^2 - qz - r + 2az^2 + a^2$$
$$= (2a - p)z^2 - qz + (a^2 - r).$$

Nun wähle man a so, dass $(2a-p)z^2 - qz + (a^2 - r)$ die Form $A(z+B)^2$ hat, dass dieses Polynom also eine doppelte Nullstelle hat. Genau dann hat die quadratische Gleichung $uz^2 + vz + w = 0$ eine doppelte Lösung, wenn die Diskriminante $v^2 - 4uw$ den Wert 0 hat. Es muss daher

$$q^2 - 4(2a - p)(a^2 - r) = 0$$

gelten; a muss eine Lösung dieser kubischen Gleichung sein. Nun kann man z aus $(z^2 + a)^2 = A(z + B)^2$ berechnen $\left(\text{mit } A = 2a - p \text{ und } B = -\dfrac{q}{2(2a - p)}\right)$.

• **Methode von André Marie Ampère** (1775–1836, französischer Physiker und Mathematiker): Sind z_1, z_2, z_3, z_4 die Lösungen von $z^4 + pz^2 + qz + r = 0$, dann ist

$$
\begin{aligned}
z_1 + z_2 + z_3 + z_4 &= 0, \\
z_1z_2 + z_1z_3 + z_1z_4 + z_2z_3 + z_2z_4 + z_3z_4 &= p, \\
z_1z_2z_3 + z_1z_2z_4 + z_1z_3z_4 + z_2z_3z_4 &= -q, \\
z_1z_2z_3z_4 &= r.
\end{aligned}
$$

Setzt man $y = z_1 + z_2$ (also $z_3 + z_4 = -y$), so ist

$$
\begin{aligned}
p + y^2 &= z_1(z_1 + z_2 + z_3 + z_4) + z_2(z_1 + z_2 + z_3 + z_4) + z_1z_2 + z_3z_4 \\
&= z_1z_2 + z_3z_4, \\
-q &= (z_1z_2 - z_3z_4)(z_3 + z_4) + (z_1 + z_2 + z_3 + z_4)z_3z_4 \\
&= (z_1z_2 - z_3z_4)(z_3 + z_4),
\end{aligned}
$$

also $z_1z_2 + z_3z_4 = p + y^2$ und $(z_1z_2 - z_3z_4)y = q$, und damit

$$4z_1z_2z_3z_4 \cdot y^2 = ((z_1z_2 + z_3z_4)y)^2 - ((z_1z_2 - z_3z_4)y)^2 = (py + y^3)^2 - q^2,$$

folglich

$$(py + y^3)^2 - 4ry^2 - q^2 = 0.$$

Dies ist eine kubische Gleichung für y^2. Ihre Lösungen seien u^2, v^2, w^2. Aus

$$z_1 + z_2 = u \quad \text{und } 2z_1z_2 = p + u^2 + qu^{-1},$$
$$z_3 + z_4 = -u \text{ und } 2z_3z_4 = p + u^2 - qu^{-1}$$

ergeben sich zwei Lösungen (z_1, z_2) bzw. zwei Lösungen (z_3, z_4). Dasselbe gilt mit v und w statt u mit vertauschten Werten von z_1, z_2, z_3, z_4; denn setzt man oben $y = z_2 + z_3$ oder $y = z_1 + z_4$, so ergibt sich dieselbe kubische Gleichung, also $z_1 + z_3 = v$ bzw. $z_1 + z_4 = w$ usw. Dies führt aber auf keine neuen Lösungen der Ausgangsgleichung.

• **Methode von Euler:** Es seien u, v, w zunächst beliebige Parameter. Für $z = u + v + w$ und $P = u^2 + v^2 + w^2$ gilt

$$(z^2 - P)^2 = 4(u^2v^2 + v^2w^2 + w^2u^2) + 8(u + v + w)uvw,$$

mit $Q = u^2v^2 + v^2w^2 + w^2u^2$ und $R = (uvw)^2$, also

$$(z^2 - P)^2 = 4Q + 8\sqrt{R}\, z \quad \text{bzw.} \quad z^4 - 2Pz^2 - 8\sqrt{R}\, z + P^2 - 4Q = 0.$$

Koeffizientenvergleich mit der Ausgangsgleichung liefert die Werte von P, Q, R:

$$P = -\frac{p}{2}, \quad \sqrt{R} = -\frac{q}{8}, \quad Q = \frac{p^2 - 4r}{16}.$$

Nun sind u^2, v^2, w^2 die Lösungen der kubischen Gleichung $y^3 - Py^2 + Qy - R = 0$. Hat diese Gleichung die Lösungen y_1, y_2, y_3, so ist

$$u = \pm\sqrt{y_1}, \quad v = \pm\sqrt{y_2}, \quad w = \pm\sqrt{y_3}.$$

In Abhängigkeit vom Vorzeichen von $\sqrt{R} = -\frac{q}{8}$ $(= \sqrt{y_1} \cdot \sqrt{y_2} \cdot \sqrt{y_3})$ gibt es für die Wahl der Vorzeichen in dem Tripel (u, v, w) vier Möglichkeiten. Die Lösungen sind folglich:

$$z_1 = -\sqrt{y_1} - \sqrt{y_2} - \sqrt{y_3},$$
$$z_2 = -\sqrt{y_1} + \sqrt{y_2} + \sqrt{y_3},$$
$$z_3 = +\sqrt{y_1} - \sqrt{y_2} + \sqrt{y_3},$$
$$z_4 = +\sqrt{y_1} + \sqrt{y_2} - \sqrt{y_3}.$$

Die Lösungen von Gleichungen zweiten, dritten und vierten Grades setzen sich also aus Wurzelausdrücken zusammen, und sie unterscheiden sich nur durch die Vorzeichen bei den Quadratwurzeln und die Faktoren ζ (dritte Einheitswurzel) bei den dritten Wurzeln, d. h., nur durch die Vorzeichen, wenn man auch die Faktoren $1, \zeta, \zeta^2$ bei den dritten Wurzeln als Vorzeichen versteht. In einem Körper, der alle beteiligten Wurzeln enthält, ist die Änderung des Vorzeichens einer Wurzel eine Abbildung des Körpers in sich, die offenbar die Lösungen der untersuchten Gleichung vertauscht (permutiert). Diesen Zusammenhang wollen wir näher untersuchen.

Ist K ein Teilkörper von $\mathbb{C}$ und $\alpha \in \mathbb{C} \setminus K$, dann bezeichnet man mit $K(\alpha)$ den *kleinsten* Teilkörper von $\mathbb{C}$, der K und α enthält. Man nennt $K(\alpha)$ einen *Erweiterungskörper* von K und sagt, $K(\alpha)$ entstehe aus K durch *Adjunktion* des Elements α. Im Fall $\alpha \in K$ ist dabei natürlich $K(\alpha) = K$.

Adjungiert man ein weiteres Element $\beta \in \mathbb{C} \setminus K(\alpha)$, so entsteht der Erweiterungskörper $K(\alpha)(\beta)$, wofür man auch $K(\alpha, \beta)$ schreibt. Adjungiert man Elemente zu K, die algebraischen Gleichungen über K genügen, so spricht man von einer *algebraischen* Erweiterung. Adjungiert man ein Element, das keiner solchen algebraischen Gleichung genügt, so spricht man von einer *transzendenten* Erweiterung.

Beispiel 4.19 $\mathbb{Q}(\sqrt{2}, \sqrt{3})$ ist eine algebraische Erweiterung von $\mathbb{Q}$, aber auch eine solche von $\mathbb{Q}(\sqrt{2})$ und von $\mathbb{Q}(\sqrt{3})$. Jedes Element von $\mathbb{Q}(\sqrt{2}, \sqrt{3})$ lässt sich in der Form $a + b\sqrt{2} + c\sqrt{3} + d\sqrt{6}$ mit $a, b, c, d \in \mathbb{Q}$ schreiben. Für Summen und Produkte von Elementen der Form $(a + b\sqrt{2}) + c\sqrt{3}$ ist das klar, und für die Kehrzahlen solcher Elemente gilt

$$\frac{1}{(a + b\sqrt{2}) + (c + d\sqrt{2})\sqrt{3}} = \frac{(a + b\sqrt{2}) - (c + d\sqrt{2})\sqrt{3}}{(a + b\sqrt{2})^2 - 3(c + d\sqrt{2})^2}$$

$$= \frac{((a + b\sqrt{2}) - (c + d\sqrt{2})\sqrt{3}) \cdot ((a^2 + 2b^2 - 3c^2 - 6d^2) - (2ab - 6cd)\sqrt{2}))}{(a^2 + 2b^2 - 3c^2 - 6d^2)^2 - 2(2ab - 6cd)^2}.$$

∎

Beispiel 4.20 $\mathbb{Q}(\pi)$ (π Kreiszahl) ist eine transzendente Erweiterung von $\mathbb{Q}$, denn π genügt keiner algebraischen Gleichung mit rationalen Koeffizienten. Der Beweis ist sehr schwer und wurde erst 1892 von Ferdinand Lindemann (1852–1939) erbracht. Aus der Transzendenz von π folgt die Unmöglichkeit der *Quadratur des Kreises*. ∎

Beispiel 4.21 Ist z eine Variable, so ist $\mathbb{Q}(z)$ eine transzendente Erweiterung, die aus allen rationalen Termen $\dfrac{a_r z^r + \ldots + a_1 z + a_0}{b_s z^s + \ldots + b_1 z + b_0}$ mit rationalen Koeffizienten $a_0, \ldots, a_r, b_0, \ldots, b_s$ besteht. Entsprechend ist $\mathbb{Q}(z_1, z_2, \ldots, z_n)$ durch alle rationalen Terme in den Variablen $z_1, \ldots, z_n$ gegeben. ∎

Die Lösungen einer algebraischen Gleichung über $\mathbb{Q}$ vom Grad ≤ 4 liegen jeweils in einem Erweiterungskörper von $\mathbb{Q}$, der durch (endlich viele) aufeinanderfolgende Adjunktionen von Wurzeln (Radikale, Lösungen von Gleichungen $z^n = c$) ensteht.

Einen Körper $K(\alpha_1, \alpha_2, \ldots, \alpha_n)$, bei dem α_1 eine Wurzel aus einem Element aus K ist und α_i eine Wurzel aus einem Element von $K(\alpha_1, \alpha_2, \ldots, \alpha_{i-1})$ $(i = 2, \ldots, n)$, nennt man eine *Radikalerweiterung* des Körpers K.

Beispiel 4.22 Für die Lösungen z_1, z_2 der quadratischen Gleichung $z^2 + pz + q = 0$ mit $p, q \in \mathbb{Q}$ gilt

$$\mathbb{Q}(z_1, z_2) = \mathbb{Q}(\sqrt{p^2 - 4q}) = \mathbb{Q}(\sqrt{(z_1 + z_2)^2 - 4z_1 z_2}) = \mathbb{Q}(z_1 - z_2).$$

(Beachte, dass $(z_1 + z_2)^2 - 4z_1 z_2 = (z_1 - z_2)^2$.)

Für $p, q \notin \mathbb{Q}$ muss man dabei $\mathbb{Q}$ durch $K = \mathbb{Q}(p, q) = \mathbb{Q}(z_1 + z_2, z_1 z_2)$ ersetzen. Hier ist jedenfalls $K(z_1, z_2)$ eine Radikalerweiterung von K, nämlich $K(z_1, z_2) = K(\sqrt{(z_1 + z_2)^2 - 4z_1 z_2})$. Möchte man die „allgemeine" quadratische Gleichung über $\mathbb{Q}$ betrachten, so muss man p, q und z_1, z_2 als Variable ansehen und $K(\sqrt{(z_1 + z_2)^2 - 4z_1 z_2})$ als Radikalerweiterung von $K = \mathbb{Q}(z_1 + z_2, z_1 z_2)$ verstehen. ∎

Beispiel 4.23 Für die Lösungen z_1, z_2, z_3 der kubischen Gleichung $z^3 + pz + q = 0$ mit $p, q \in \mathbb{Q}$ ist $\mathbb{Q}(z_1, z_2, z_3)$ *keine* Radikalerweiterung, denn die Lösungen sind ja keine Wurzeln, sondern *Summen* aus Wurzeln. Dagegen ist $\mathbb{Q}(\zeta, \beta, \gamma, \delta)$ mit

$$\beta = \sqrt{\left(\frac{q}{2}\right)^2 + \left(\frac{p}{3}\right)^3}, \quad \gamma = \sqrt[3]{-\frac{q}{2} + \beta}, \quad \delta = \sqrt[3]{-\frac{q}{2} - \beta}$$

eine Radikalerweiterung von $\mathbb{Q}$, die $\mathbb{Q}(z_1, z_2, z_3)$ enthält. Für $p, q \notin \mathbb{Q}$ muss man dabei $\mathbb{Q}$ durch $K = \mathbb{Q}(p, q) = \mathbb{Q}(z_1 z_2 + z_1 z_3 + z_2 z_3, z_1 z_2 z_3)$ ersetzen. Wegen $\gamma = \dfrac{\zeta z_1 - z_2}{\zeta - \zeta^2}$ sowie $\gamma \delta = \dfrac{p}{3}$ und $\beta = \gamma^3 + \dfrac{q}{2}$ ist $K(\zeta, \beta, \gamma, \delta) = K(\zeta, z_1, z_2, z_3)$. Die Lösungen von $z^3 + pz + q = 0$ liegen also in der Radikalerweiterung $K(\zeta, z_1, z_2, z_3)$ von K. ∎

Als Zusammenfassung der obigen Überlegungen können wir Satz 4.18 festhalten.

Satz 4.18 *Die Lösungen von algebraischen Gleichungen mit rationalen Koeffizienten vom Grad ≤ 4 liegen alle in Radikalerweiterungen von $\mathbb{Q}$. Diese Gleichungen sind daher mithilfe von Wurzeltermen lösbar.*

Es ist verständlich, dass sich viele Mathematiker mit der Frage beschäftigt haben, ob und wie man eine algebraische Gleichung von fünftem oder höherem Grad mit Wurzeltermen lösen kann. Im frühen 19. Jahrhundert konnte man endlich diese Frage beantworten, wobei der junge französische Mathematiker Évariste Galois (1811–1832) und der junge norwegische Mathematiker Niels Henrik Abel (1802–1829) eine wichtige Rolle spielten. Die grundlegende Idee bestand (wie bereits angedeutet) darin, diejenigen Abbildungen eines Zahlenkörpers in sich zu studieren, die Permutationen der Lösungen einer gegebenen algebraischen Gleichung bewirken. Es handelt sich um bestimmte Automorphismen dieser Körper, die bezüglich der Verkettung eine Gruppe bilden. Aus den Eigenschaften dieser Gruppe kann man dann Rückschlüsse auf die Lösbarkeit der betrachteten algebraischen Gleichung durch Radikale ziehen. Es stellte sich heraus, dass eine algebraische Gleichung von fünftem oder höherem Grad im Allgemeinen *nicht* durch Radikale lösbar ist, was wir nun mit Satz 4.19, dem *Satz von Abel*, zeigen wollen.

Satz 4.19 (Satz von Abel) *Ist $n \geq 5$ und sind $z_1, z_2, \ldots, z_n$ die Lösungen einer vorgegebenen algebraischen Gleichung vom Grad $n \geq 5$ mit rationalen Koeffizienten, dann gibt es im Allgemeinen keine Radikalerweiterung E von $\mathbb{Q}$ mit $\mathbb{Q}(z_1, z_2, \ldots, z_n) \subseteq E$.*

Der Beweis dieses Satzes erfordert einige Vorbereitungen.

Da wir die *allgemeine* algebraische Gleichung vom Grad n untersuchen möchten, betrachten wir ihre Koeffizienten $a_0, a_1, \ldots a_{n-1}$ und ihre Lösungen $z_1, z_2, \ldots, z_n$ als Variable, wobei die elementarsymmetrischen Funktionen in den Lösungen bis auf das Vorzeichen die Koeffizienten ergeben (s. oben):

$$
\begin{aligned}
z_1 + z_2 + \ldots + z_n &= -a_{n-1} \\
z_1 z_2 + z_1 z_3 + \ldots + z_{n-1} z_n &= a_{n-2} \\
z_1 z_2 z_3 + z_1 z_2 z_4 + \ldots + z_{n-2} z_{n-1} z_n &= -a_{n-3} \\
&\vdots \\
z_1 z_2 z_3 \ldots z_n &= (-1)^n a_0
\end{aligned}
$$

Der Körper $K = \mathbb{Q}(a_0, a_1, \ldots, a_{n-1})$ enthält dann die Koeffizienten der betrachteten Gleichung. Für eine Radikalerweiterung $E = K(\varrho_1, \varrho_2, \ldots, \varrho_k)$ von K, die $z_1, z_2, \ldots, z_n$ enthält und somit auch eine Radikalerweiterung von $K(z_1, z_2, \ldots, z_n)$ ist, kann man folgende Eigenschaften voraussetzen:

(1) Alle Wurzelexponenten sind Primzahlen; ist dies nicht der Fall, so ersetze man die Adjunktion einer Wurzel durch mehrere aufeinanderfolgende Adjunktionen von Wurzeln mit Primzahlexponenten $\left(\text{z. B. } \sqrt[15]{a} = \sqrt[3]{\sqrt[5]{a}} \right)$.
(2) Ist ϱ_i eine p-te Wurzel, aber keine p-te Einheitswurzel, so sollen die p-ten Einheitswurzeln bereits in $K(\varrho_1, \ldots, \varrho_{i-1})$ liegen. Vor der Adjunktion einer Wurzel aus a mit $a \neq 1$ adjungiere man also erst die entsprechenden Einheitswurzeln.
(3) Ist π eine Permutation der Lösungen $z_1, z_2, \ldots, z_n$, dann enthält E selbstverständlich für jede rationale Funktion r mit $r(z_1, z_2, \ldots, z_n)$ auch

$$r(\pi(z_1), \pi(z_2), \ldots, \pi(z_n)),$$

weil E ein Körper ist. Ist nun w ein Wurzelterm und ist $w(z_1, z_2, \ldots, z_n)$ bei der Bildung von E adjungiert worden, dann soll auch $\eta = w(\pi(z_1), \pi(z_2), \ldots, \pi(z_n))$ zu E gehören; ist dies nicht der Fall, so adjungiere man η, ersetze also E durch $E(\eta)$. Man beachte, dass es nur endlich viele Permutationen π gibt und dass nur endlich viele Wurzelterme w betrachtet werden müssen, da E ja durch *endlich viele* Adjunktionen entstanden ist.

Der Erweiterungskörper $K(z_1, z_2, \ldots, z_n)$ ist symmetrisch in folgendem Sinn: Für jede Permutation π von $z_1, z_2, \ldots, z_n$ ist die Abbildung σ_π mit

$$\sigma_\pi(r(z_1, z_2, \ldots, z_n)) = r(\pi(z_1), \pi(z_2), \ldots, \pi(z_n)) \text{ für jede rationale Funktion } r$$

ein Automorphismus von $K(z_1, z_2, \ldots, z_n)$, bei dem die Elemente von K fest bleiben. Denn die Koeffizienten der betrachteten algebraischen Gleichung sind symmetrische Funktionen von $z_1, z_2, \ldots, z_n$, bleiben also fest. Durch (3) wird garantiert, dass auch E diese Symmetrieeigenschaft hat: Für jede Permutation π von $z_1, z_2, \ldots, z_n$ ist die Abbildung σ_π mit

$$\sigma_\pi(r(z_1, z_2, \ldots, z_n, \ldots)) = r(\pi(z_1), \pi(z_2), \ldots, \pi(z_n), \ldots)$$

für jede rationale Funktion r in $z_1, z_2, \ldots, z_n$ *und den weiterhin adjungierten Wurzelausdrücken in diesen Variablen* ein Automorphismus von E, bei welchem die Elemente von K fest bleiben.

Sind A, B zwei Körper mit $A \subseteq B$, so bilden die Automorphismen von B, die A elementweise festlassen, eine Gruppe. Diese nennt man die *Galois-Gruppe* von B bezüglich A; wir bezeichnen sie mit $\mathbf{G}(B : A)$.

Ist speziell E ein Erweiterungskörper von $\mathbb{Q}$, dann lassen *alle* Automorphismen σ von E die Elemente von $\mathbb{Q}$ fest: Wegen $\sigma(a) = \sigma(a + 0) = \sigma(a) + \sigma(0)$ ist $\sigma(0) = 0$. Wegen $\sigma(1) = \sigma(1 \cdot 1) = \sigma(1) \cdot \sigma(1)$ und $\sigma(1) \neq \sigma(0)$ ist $\sigma(1) = 1$. Für $n \in \mathbb{N}$ ist daher $\sigma(n) = \sigma(1 + 1 + \ldots + 1) = n \cdot \sigma(1) = n$ und $0 = \sigma(n + (-n)) = \sigma(n) + \sigma(-n)$, also $\sigma(-n) = -n$. Daraus folgt schließlich $\sigma\left(\frac{a}{b}\right) = \frac{a}{b}$ für alle $a, b \in \mathbb{Z}$ mit $b \neq 0$. Insbesondere besitzt der Körper der rationalen Zahlen als *einzigen* Automorphismus die identische Abbildung.

Die Galois-Gruppe $\mathbf{G}(E : \mathbb{Q})$ besteht also aus *allen* Automorphismen von E; den Zusatz „die $\mathbb{Q}$ elementweise fest lassen" kann man entbehren, da die Elemente von $\mathbb{Q}$ ohnehin alle auf sich abgebildet werden.

Beispiel 4.24 Der Körper $\mathbb{Q}(\sqrt{2})$ besitzt außer der identischen Abbildung den durch $a + b\sqrt{2} \mapsto a - b\sqrt{2}$ festgelegten Automorphismus und keinen weiteren: Ist σ ein solcher

Automorphismus, dann ist $\sigma(a + b\sqrt{2}) = a + b\sigma(\sqrt{2})$ (wegen $\sigma(a) = a, \sigma(b) = b$); wegen $(\sigma(\sqrt{2}))^2 = \sigma((\sqrt{2})^2) = \sigma(2) = 2$ kann aber $\sigma(\sqrt{2})$ nur die Werte $\sqrt{2}$ oder $-\sqrt{2}$ annehmen. Die Galois-Gruppe $\mathbf{G}(\mathbb{Q}(\sqrt{2}) : \mathbb{Q})$ hat demnach die Ordnung 2. ∎

Beispiel 4.25 Der Körper $\mathbb{Q}(\sqrt[3]{2})$ besitzt keinen von der Identität verschiedenen Automorphismus: Wäre σ ein solcher, so wäre wegen $(\sigma(\sqrt[3]{2}))^3 = \sigma((\sqrt[3]{2})^3) = \sigma(2) = 2$ notwendigerweise $\sigma(\sqrt[3]{2}) = \sqrt[3]{2}$, weil $\mathbb{Q}(\sqrt[3]{2})$ keine andere dritte Wurzel aus 2 enthält.

Dagegen besitzt $\mathbb{Q}(\zeta, \sqrt[3]{2})$ mit einer primitiven dritten Einheitswurzel ζ die folgenden Automorphismen:

$$\sigma_1 : \begin{cases} \zeta \mapsto \zeta \\ \sqrt[3]{2} \mapsto \sqrt[3]{2} \end{cases}, \qquad \sigma_2 : \begin{cases} \zeta \mapsto \zeta \\ \sqrt[3]{2} \mapsto \zeta\sqrt[3]{2} \end{cases}, \qquad \sigma_3 : \begin{cases} \zeta \mapsto \zeta \\ \sqrt[3]{2} \mapsto \zeta^2\sqrt[3]{2} \end{cases},$$

$$\sigma_4 : \begin{cases} \zeta \mapsto \zeta^2 \\ \sqrt[3]{2} \mapsto \sqrt[3]{2} \end{cases}, \qquad \sigma_5 : \begin{cases} \zeta \mapsto \zeta^2 \\ \sqrt[3]{2} \mapsto \zeta\sqrt[3]{2} \end{cases}, \qquad \sigma_6 : \begin{cases} \zeta \mapsto \zeta^2 \\ \sqrt[3]{2} \mapsto \zeta^2\sqrt[3]{2} \end{cases}.$$

Denn ζ muss auf eine primitive dritte Einheitswurzel und $\sqrt[3]{2}$ auf eine Lösung von $z^3 - 2 = 0$ abgebildet werden. Diese Automorphismen bewirken der Reihe nach die folgenden Permutationen der Lösungen $z_1 = \sqrt[3]{2}, z_2 = \zeta\sqrt[3]{2}, z_3 = \zeta^2\sqrt[3]{2}$ der Gleichung $z^3 - 2 = 0$:

$$\begin{pmatrix} z_1 \ z_2 \ z_3 \\ z_1 \ z_2 \ z_3 \end{pmatrix} = \text{id}, \qquad \begin{pmatrix} z_1 \ z_2 \ z_3 \\ z_2 \ z_3 \ z_1 \end{pmatrix} = (z_1 \ z_2 \ z_3), \qquad \begin{pmatrix} z_1 \ z_2 \ z_3 \\ z_3 \ z_1 \ z_2 \end{pmatrix} = (z_1 \ z_3 \ z_2),$$

$$\begin{pmatrix} z_1 \ z_2 \ z_3 \\ z_1 \ z_3 \ z_2 \end{pmatrix} = (z_2 \ z_3), \qquad \begin{pmatrix} z_1 \ z_2 \ z_3 \\ z_2 \ z_1 \ z_3 \end{pmatrix} = (z_1 \ z_2), \qquad \begin{pmatrix} z_1 \ z_2 \ z_3 \\ z_3 \ z_2 \ z_1 \end{pmatrix} = (z_1 \ z_3).$$

Dabei sind auch die *Zyklendarstellungen* der Permutationen angegeben: Der Zyklus $(a \ b \ c \ \ldots \ r \ s)$ bedeutet, dass a auf b, b auf c, $\ldots$, r auf s und s wieder auf a abgebildet werden; die nicht erwähnten Elemente bleiben fest.

Die Galois-Gruppe $\mathbf{G}(\mathbb{Q}(\zeta, \sqrt[3]{2}) : \mathbb{Q})$ hat demnach die Ordnung 6. Sie ist isomorph zur symmetrischen Gruppe $\mathcal{S}_3$. ∎

Beispiel 4.26 Der Körper $\mathbb{Q}(\sqrt{2}, i\sqrt{3})$ ist der kleinste Körper, der die Lösungen

$$z_1 = \sqrt{2} + i\sqrt{3}, \quad z_2 = -\sqrt{2} + i\sqrt{3}, \quad z_3 = \sqrt{2} - i\sqrt{3}, \quad z_4 = -\sqrt{2} - i\sqrt{3}$$

der Gleichung $z^4 + 2z^2 + 25 = 0$ enthält (Aufgabe 4.74). Er besitzt einschließlich der identischen Abbildung die vier durch den Vorzeichenwechsel bei den Wurzeln festgelegten Automorphismen:

$$\sigma_1 : \sqrt{2} \mapsto \quad \sqrt{2}, \; i\sqrt{3} \mapsto \quad i\sqrt{3},$$
$$\sigma_2 : \sqrt{2} \mapsto -\sqrt{2}, \; i\sqrt{3} \mapsto \quad i\sqrt{3},$$
$$\sigma_3 : \sqrt{2} \mapsto \quad \sqrt{2}, \; i\sqrt{3} \mapsto -i\sqrt{3},$$
$$\sigma_4 : \sqrt{2} \mapsto -\sqrt{2}, \; i\sqrt{3} \mapsto -i\sqrt{3}.$$

Diese bewirken der Reihe nach folgende Permutationen der Lösungen (in Zyklendarstellung):

$$\text{id}, \quad (z_1 \, z_2)(z_3 \, z_4), \quad (z_1 \, z_3)(z_2 \, z_4), \quad (z_1 \, z_4)(z_2 \, z_3).$$

Die Galois-Gruppe $\mathbf{G}(\mathbb{Q}(\sqrt{2}, i\sqrt{3}) : \mathbb{Q})$ hat also die Ordnung 4. Sie ist isomorph zur Klein'schen Vierergruppe, denn alle Elemente außer id haben die Ordnung 2. ∎

Beispiel 4.27 Die Lösungen der Gleichung $z^n - 7 = 0$ liegen in $\mathbb{Q}(\zeta, \sqrt[n]{7})$, wobei ζ eine primitive n-te Einheitswurzel ist. Die Automorphismen, die $\mathbb{Q}(\zeta)$ elementweise fest lassen, sind durch

$$\sqrt[n]{7} \mapsto \zeta^k \sqrt[n]{7} \quad (k = 0, 1, \ldots, n-1)$$

gegeben, denn $\sqrt[n]{7}$ muss wieder auf eine Lösung von $z^n - 7 = 0$ abgebildet werden. Man beachte, dass $(\zeta \sqrt[n]{7})^m \in \mathbb{Q}(\zeta)$ nur für $m|n$ gelten kann. Es ist leicht nachzuprüfen, dass für drei Polynome p, q, r über $\mathbb{Q}(\zeta)$ aus

$$p(\sqrt[n]{7}) + q(\sqrt[n]{7}) = r(\sqrt[n]{7}) \text{ bzw. } p(\sqrt[n]{7}) \cdot q(\sqrt[n]{7}) = r(\sqrt[n]{7})$$

stets folgt:

$$p(\zeta \sqrt[n]{7}) + q(\zeta \sqrt[n]{7}) = r(\zeta \sqrt[n]{7}) \text{ bzw. } p(\zeta \sqrt[n]{7}) \cdot q(\zeta \sqrt[n]{7}) = r(\zeta \sqrt[n]{7}).$$

Die Gruppe $\mathbf{G}(\mathbb{Q}(\zeta, \sqrt[n]{7}) : \mathbb{Q}(\zeta))$ ist eine zyklische Gruppe der Ordnung n, denn die n-ten Einheitswurzeln bilden bezüglich der Multiplikation eine solche. ∎

Beispiel 4.28 Die Lösungen $z_1, z_2, \ldots, z_n$ der allgemeinen Gleichung n-ten Grades über $\mathbb{Q}$ bilden den Erweiterungskörper $\mathbb{Q}(z_1, z_2, \ldots, z_n)$ von $\mathbb{Q}$. Die Galois-Gruppe dieser Erweiterung besteht aus den durch die Permutationen der Lösungen erzeugten Automorphismen, ist also isomorph zur symmetrischen Gruppe $\mathcal{S}_n$. ∎

Weitere Hilfsmittel zum Beweis des Satzes von Abel stellen wir nun in Hilfssatz 4.20 zusammen.

Satz 4.20 (Hilfssatz) *Es sei $K(\varrho)$ eine Radikalerweiterung von K mit $\varrho^p \in K$ (p Primzahl), und es sei E eine Erweiterung von $K(\varrho)$, also $K \subseteq K(\varrho) \subseteq E$. Ist ϱ keine p-te Einheitswurzel, dann sollen die p-ten Einheitswurzeln bereits in K liegen.*
   Unter diesen Voraussetzungen gilt:

a) $\mathbf{G}(E : K(\varrho))$ *ist Normalteiler von* $\mathbf{G}(E : K)$.
b) Die Faktorgruppe $\mathbf{G}(E : K)/\mathbf{G}(E : K(\varrho))$ *ist kommutativ.*
c) Für alle $\sigma, \tau \in \mathbf{G}(E : K)$ *ist* $\sigma^{-1}\tau^{-1}\sigma\tau \in \mathbf{G}(E : K(\varrho))$.

Beweis 4.20 a) Jeder Automorphismus $\sigma \in \mathbf{G}(E : K)$ bildet $K(\varrho)$ in sich selbst ab, denn:

- Ist ϱ eine p-te Einheitswurzel, dann ist $(\sigma(\varrho))^p = \sigma(\varrho^p) = \sigma(1) = 1$, also ist $\sigma(\varrho)$ eine p-te Einheitswurzel und gehört damit zu $K(\varrho)$.
- Ist ϱ keine p-te Einheitswurzel, dann ist $(\sigma(\varrho))^p = \sigma(\varrho^p) = \varrho^p$ (wegen $\varrho^p \in K$), also $\sigma(\varrho) = \zeta\varrho$ mit einer p-ten Einheitswurzel ζ. Wegen $\zeta \in K \subseteq K(\varrho)$ folgt $\sigma(\varrho) \in K(\varrho)$.

Für $\sigma \in \mathbf{G}(E : K)$ sei $\sigma|_{K(\varrho)}$ die Restriktion (Beschränkung) von σ auf $K(\varrho)$. Dann ist $\sigma|_{K(\varrho)}$ ein Automorphismus von $K(\varrho)$, weil $K(\varrho)$ in sich abgebildet wird, wie wir soeben gezeigt haben. Weil dabei K elementweise fest bleibt, gehört $\sigma|_{K(\varrho)}$ zu $\mathbf{G}(K(\varrho) : K)$. Ein $\sigma \in \mathbf{G}(E : K)$ lässt genau dann $K(\varrho)$ *elementweise* fest, wenn die Restriktion $\sigma|_{K(\varrho)}$ die identische Abbildung ist. Die Restriktionsoperation $|_{K(\varrho)}$ bildet also die Galois-Gruppe $\mathbf{G}(E : K)$ auf die Galois-Gruppe $\mathbf{G}(K(\varrho) : K)$ ab, wobei $\mathbf{G}(E : K(\varrho))$ der Kern ist. Dies ist ein Homomorphismus, denn für alle $\sigma, \tau \in \mathbf{G}(E : K)$ gilt offensichtlich $(\sigma\tau)|_{K(\varrho)} = \sigma|_{K(\varrho)}\tau|_{K(\varrho)}$. Daher ist $\mathbf{G}(E : K(\varrho))$ als Kern eines Homomorphismus nach dem Homomorphiesatz für Gruppen (Satz 3.11) ein Normalteiler von $\mathbf{G}(E : K)$.

b) Die Faktorgruppe $\mathbf{G}(E : K)/\mathbf{G}(E : K(\varrho))$ ist isomorph zu $\mathbf{G}(K(\varrho) : K)$: Für $\sigma \in \mathbf{G}(E : K)$ ordne man der Nebenklasse $\sigma\mathbf{G}(E : K(\varrho))$ den Automorphismus $\sigma|_{K(\varrho)}$ zu, der auf $K(\varrho)$ operiert und K elementweise fest lässt (Abb. 4.19).

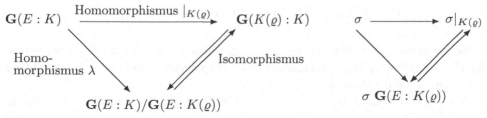

Abb. 4.19 Zum Beweis von Hilfssatz 4.20

Die Gruppe $\mathbf{G}(K(\varrho) : K)$ ist aber offenbar kommutativ: Jedes τ $(= \sigma|_{K(\varrho)})$ $\in$ $\mathbf{G}(K(\varrho) : K)$ ist durch

- $\tau(\varrho) = \varrho^r$, falls ϱ eine p-te Einheitswurzel ist,
- $\tau(\varrho) = \zeta^r\varrho$, falls ϱ keine p-te Einheitswurzel, aber ζ eine solche ist,

festgelegt. Wegen

$$(\varrho^r)^s = \varrho^{rs} = (\varrho^s)^r \text{ bzw. } \zeta^s(\zeta^r\varrho) = \zeta^{r+s}\varrho = \zeta^r(\zeta^s\varrho)$$

sind solche Automorphismen offensichtlich vertauschbar.

c) Weil $\mathbf{G}(E : K(\varrho))$ der Kern eines Homomorphismus λ von $\mathbf{G}(E : K)$ auf die kommutative Gruppe $\mathbf{G}(E : K)/\mathbf{G}(E : K(\varrho))$ ist, gilt für alle $\sigma, \tau \in \mathbf{G}(E : K)$

$$\lambda(\sigma^{-1}\tau^{-1}\sigma\tau) = \lambda(\sigma^{-1})\lambda(\tau^{-1})\lambda(\sigma)\lambda(\tau)$$

$$= \lambda(\sigma^{-1})\lambda(\sigma)\lambda(\tau^{-1})\lambda(\tau) = \lambda(\sigma^{-1}\sigma)\lambda(\tau^{-1}\tau) = \mathrm{id},$$

wobei id das neutrale Element von $\mathbf{G}(E : K)/\mathbf{G}(E : K(\varrho))$ ist.   □

Nach diesen Vorbereitungen können wir jetzt den Satz von Abel (Satz 4.19) beweisen.

Beweis 4.19 (Satz von Abel) Es seien $z_1, z_2, \ldots, z_n$ Variable für die Lösungen einer algebraischen Gleichung, deren Koeffizienten in einem Körper K liegen. Ferner sei $E = K(\varrho_1, \varrho_2, \ldots, \varrho_k)$ eine Radikalerweiterung von K und $K(z_1, z_2, \ldots, z_n) \subseteq E$. Die Anzahl k der Erweiterungsschritte ist dabei nicht wichtig, insbesondere stört es nicht weiter, wenn ein Erweiterungsschritt „trivial" ist, weil die betrachtete Wurzel bereits im vorangehenden Körper liegt. Ist $F_i = K(\varrho_1, \ldots, \varrho_i)$, so gilt

$$K = F_0 \subseteq F_1 \subseteq F_2 \subseteq \ldots \subseteq F_k = E.$$

Die Galois-Gruppe $G = \mathbf{G}(E : K)$ enthält aufgrund der Eigenschaft (3) (s. oben, hinter Satz 4.19) zu jeder Permutation π von $z_1, z_2, \ldots, z_n$ eine Abbildung σ_π mit

$$\sigma_\pi(r(z_1, z_2, \ldots, z_n, \ldots)) = r(\pi(z_1), \pi(z_2), \ldots, \pi(z_n), \ldots),$$

wobei r eine rationale Funktion von $z_1, z_2, \ldots, z_n$ und den weiteren adjungierten Radikalen ist. Die Abbildung σ_π ist offensichtlich ein Automorphismus von E; die Umkehrabbildung ist $\sigma_{\pi'}$, wobei π' die Umkehrung von π ist.

Setzt man $G_i = \mathbf{G}(E : F_i)$ $(i = 0, 1, 2, \ldots, k)$, dann ergibt sich folgende Untergruppenkette:

$$\{\mathrm{id}\} = G_k \leq \ldots \leq G_2 \leq G_1 \leq G_0 = G,$$

denn die Automorphismen von E, die alle Elemente von F_i fest lassen, lassen auch alle Elemente von F_{i-1} fest. In dieser Untergruppenkette ist nach Hilfssatz 4.20 die Gruppe G_i ein Normalteiler von G_{i-1}, und die Faktorgruppe G_{i-1}/G_i ist kommutativ $(i = 1, 2, \ldots, n)$. Nach Hilfssatz 4.20c gilt dann für alle $\sigma, \tau \in G_{i-1}$

$$\sigma^{-1}\tau^{-1}\sigma\tau \in G_i.$$

Die Gruppe $G\ (= G_0)$ enthält nun zu jedem 3-Zyklus $(z_a\ z_b\ z_c)$ (also $z_a \mapsto z_b \mapsto z_c \mapsto z_a$) einen Automorphismus, der diese Permutation bewirkt. Ist dies für G_{i-1} der Fall, dann auch für G_i, falls $n \geq 5$, denn für die Permutationen von $\{1, 2, 3, 4, 5\}$ gilt

$$(1\quad 2\quad 3) = (1\quad 4\quad 3)\,(2\quad 5\quad 3)\,(1\quad 3\quad 4)\,(2\quad 3\quad 5)$$
$$= (1\quad 3\quad 4)^{-1}\,(2\quad 3\quad 5)^{-1}\,(1\quad 3\quad 4)\,(2\quad 3\quad 5),$$

wobei unter $(1\quad 2\quad 3)$ usw. wieder 3-Zyklen zu verstehen sind (Abb. 4.20).

Also enthält auch G_k einen von der Identität verschiedenen Automorphismus; es ist aber $G_k = \{\mathrm{id}\}$, sodass sich ein Widerspruch ergibt.

Damit haben wir den Satz von Abel bewiesen: Für $n \geq 5$ ist $K(z_1, z_2, \ldots, z_n)$ nicht in einer Radikalerweiterung von K enthalten, insbesondere liegen die Lösungen einer algebraischen Gleichung von Grad ≥ 5 über $\mathbb{Q}$ im Allgemeinen nicht in einer Radikalerweiterung von $\mathbb{Q}$.   □

Seit dem Altertum beschäftigte man sich mit der Frage, welche geometrischen Konstruktionen allein mit Zirkel und Lineal auszuführen sind. Durch die Kopplung dieser geometrischen Fragestellungen an die algebraische Theorie der Körpererweiterungen ab dem 19. Jahrhundert wurde es möglich, die bis dahin ungelösten „klassischen" Probleme der Geometrie erfolgreich zu bearbeiten. Die Grundidee der Verbindung von

Abb. 4.20 3-Zyklen

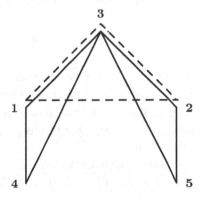

Geometrie und Algebra ist dabei die folgende: Die Koordinaten gegebener Punkte in der Gauß'schen Zahlenebene sollen in einem Körper K liegen. Ein neuer Punkt soll durch eine Konstruktion mit Zirkel und Lineal zustande kommen; er ergibt sich also als Schnittpunkt zweier Geraden, einer Geraden und eines Kreises oder zweier Kreise. In all diesen Fällen sind quadratische Gleichungen zu lösen, die Koordinaten des neuen Punkts liegen also in $K(\varrho)$, wobei ϱ die Quadratwurzel aus einem Element von K ist (oder schon zu K gehört).

Sehen wir uns nun vor diesem Hintergrund die klassischen Probleme der Geometrie an.

Beim schwierigsten Problem, der *Quadratur des Kreises*, geht es um die Konstruktion einer Strecke der Länge $\sqrt{\pi}$, ausgehend von einer Strecke der Länge 1. Erst um 1900 konnte bewiesen werden, dass die Kreiszahl π keiner algebraischen Gleichung über $\mathbb{Q}$ genügt, dass die Quadratur des Kreises also nicht möglich ist (Beispiel 4.20).

Beim *delischen Problem* oder Problem der *Kubusverdopplung* wird gefragt, ob ein Würfel zu konstruieren ist, dessen Volumen das Doppelte des Volumens eines gegebenen Würfels beträgt. Die Sage berichtet, die Einwohner von Delos hätten das Apollon-Orakel befragt, wie sie die Pest in ihrer Gemeinde besiegen könnten. Das Orakel empfahl, einen würfelförmigen Altar zu konstruieren, der genau das doppelte Volumen des bereits vorhandenen ebenfalls würfelförmigen Altars im Apollon-Tempel habe. Beim delischen Problem ist die Gleichung $z^3 = 2$ zu lösen. Die Lösungen sind die dritten Wurzeln aus 2. Diese liegen nicht in $K = \mathbb{Q}(\sqrt{-3})$ und in keiner Radikalerweiterung $K(\varrho_1, \varrho_2, \ldots, \varrho_n)$ von K mit Quadratwurzeln $\varrho_1, \varrho_2, \ldots, \varrho_n$, die Kubusverdopplung ist also nicht mit Zirkel und Lineal zu bewerkstelligen.

Dies kann man folgendermaßen einsehen: Aus $(a + b\sqrt{-3})^3 = 2$ mit $a, b \in \mathbb{Q}$ folgt $(a^3 - 9ab^2) + (3a^2b - 3b^3)\sqrt{-3} = 2$, also $3a^2b - 3b^3 = 0$ und $a^3 - 9ab^2 = 2$. Daraus ergibt sich

$$b = 0 \text{ und } a^3 = 2 \qquad \text{oder} \qquad a^2 = b^2 \text{ und } -8a^3 = 2,$$

beides ist aber für $a \in \mathbb{Q}$ nicht möglich, also liegen die dritten Wurzeln aus 2 *nicht* in $K = \mathbb{Q}(\sqrt{-3})$.

Mit $\varrho_n = \sqrt{c}$ und $c \in L = K(\varrho_1, \varrho_2, \ldots, \varrho_{n-1})$ sei $(a + b\sqrt{c})^3 = 2$ mit $a, b \in L$. Ist $\sqrt{c} \notin L$, dann folgt $3a^2b + b^3c = 0$ und $a^3 + 3ab^2c = 2$. Daraus ergibt sich

$$b = 0 \text{ und } a^3 = 2 \qquad \text{oder} \qquad 3a^2 + b^2c = 0 \text{ und } -8a^3 = 2.$$

Im Fall $a^3 = 2$ wäre die Gleichung $z^3 = 2$ bereits in L lösbar. Im Fall $3a^2 + b^2c = 0$ läge $\sqrt{c} = \frac{a}{b}\sqrt{-3}$ bereits in L, man könnte also auf die Erweiterung mit $\sqrt{c}$ verzichten. In gleicher Weise findet man, dass man auf die Erweiterungen mit $\varrho_{n-1}, \ldots, \varrho_2, \varrho_1$ verzichten könnte. Wir haben aber bereits gesehen, dass die Lösungen von $z^3 = 2$ nicht in $K = \mathbb{Q}(\sqrt{-3})$ liegen.

Beim Problem der *Winkeldreiteilung* oder *Winkeltrisektion* geht es darum, einen Winkel mit Zirkel und Lineal in drei gleich große Winkel zu zerlegen. Bei einigen speziellen

Winkeln geht das, im Allgemeinen aber nicht. Wir wollen dies für einen Winkel von 60°
zeigen.

Eine sechste Einheitswurzel ist $\zeta = \dfrac{1 + \sqrt{-3}}{2}$, eine 18-te Einheitswurzel müsste also
der Gleichung $z^3 = \zeta$ genügen. Diese Gleichung hat in $\mathbb{Q}(\sqrt{-3})$ keine Lösung: Aus $(a +$
$b\sqrt{-3})^3 = \dfrac{1 + \sqrt{-3}}{2}$ mit $a, b \in \mathbb{Q}$ folgt

$$a^3 - 9ab^2 = \frac{1}{2} \quad \text{und} \quad 3a^2b - 3b^3 = \frac{1}{2}.$$

Schreibt man $a = \dfrac{u}{w}$ und $b = \dfrac{v}{w}$ mit $u, v, w \in \mathbb{Z}$ und $\mathrm{ggT}(u, v, w) = 1$, dann folgt

$$2(u^3 - 9uv^2) = w^3 \quad \text{und} \quad 2(3u^2v - 3v^3) = w^3.$$

Daraus ergibt sich, dass w durch 3 teilbar ist, woraus folgt, dass auch u und v durch 3 teilbar
sein müssen. Dies widerspricht der Teilerfremdheit von u, v, w, also hat die Gleichung
$z^3 = \zeta$ *keine* Lösung in $\mathbb{Q}(\sqrt{-3})$.

Die Gleichung $z^3 = \zeta$ hat aber auch keine Lösung in einer Erweiterung
$K(\varrho_1, \varrho_2, \ldots, \varrho_n)$ von $K = \mathbb{Q}(\sqrt{-3})$ mit Quadratwurzeln ϱ_i ($i = 1, 2, \ldots, n$): Ist
nämlich $\varrho_n = \sqrt{c}$ und $(a + b\sqrt{c})^3 = \zeta$ mit $a, b, c \in L := K(\varrho_1, \varrho_2, \ldots, \varrho_{n-1})$, dann folgt

$$a^3 + 3ab^2c + (3a^2b + b^3c)\sqrt{c} = \zeta.$$

Ist $b = 0$ oder $\sqrt{c} \in L$, dann ist die Gleichung $z^3 = \zeta$ bereits in L lösbar. Andernfalls
folgt $3a^2b + b^3c = 0$ (weil sonst $\sqrt{c} \in L$) und damit $a^3 + 3ab^2c = \zeta$. Daraus erhält man
$b^2c = -3a^2$ und $-8a^3 = \zeta$; folglich wäre $-2a$ eine Lösung der Gleichung, und diese liegt
in L. Man könnte deshalb auf die Erweiterung mit $\varrho_n = \sqrt{c}$ verzichten. Wiederholung
dieser Argumentation zeigt, dass eine Lösung schon in K liegen müsste; das haben wir
oben aber schon ausgeschlossen.

Beim Problem der *Konstruktion eines regelmäßigen n-Ecks* oder beim Problem der
Kreisteilung mit Zirkel und Lineal geht es um die Frage, für welche n die n-ten
Einheitswurzeln in der Gauß'schen Zahlenebene Real- und Imaginärteile haben, die nur
aus (ineinandergeschachtelten) Quadratwurzeln aufgebaut sind. Um diese beantworten zu
können, müssen wir die Theorie der algebraischen Körpererweiterungen noch etwas weiter
ausbauen.

Es sei $K(\alpha)$ eine algebraische Körpererweiterung von K. Ein Polynom über K von
minimalem Grad mit der Nullstelle α heißt *Minimalpolynom* von α über K. Den Grad
des Minimalpolynoms einer Körpererweiterung $K(\alpha)$ nennt man dann den *Grad* der
Körpererweiterung.

Es ist keine Beschränkung der Allgemeinheit, ein Minimalpolynom stets mit dem
führenden Koeffizienten 1 zu schreiben. Ein Polynom mit führendem Koeffizienten 1

nennt man *normiert*. Das Minimalpolynom ist dann *eindeutig bestimmt*, denn für zwei verschiedene normierte Minimalpolynome $p(z) = z^n + \ldots$ und $q(z) = z^n + \ldots$ wäre auch $p - q$ ein Polynom mit der Nullstelle α, hätte aber einen geringeren Grad als p. Ferner ist das Minimalpolynom *irreduzibel* (unzerlegbar) im Ring der Polynome über K, denn wäre es ein Produkt, hätte einer der Faktoren die Nullstelle α.

Ist α Lösung einer algebraischen Gleichung vom Grad n über K, dann besteht $K(\alpha)$ aus allen komplexen Zahlen der Form $\dfrac{r(\alpha)}{s(\alpha)}$, wobei r, s Polynome über K vom Grad $\leq n - 1$ sind und natürlich $s(\alpha) \neq 0$ sein muss. $K(\alpha)$ entsteht also durch Anwenden der vier Grundrechenarten auf α und die Elemente von K. Ist p das Minimalpolynom von α über K, dann gibt es zu obigem Polynom s ein Polynom t mit

$$s(z)t(z) \equiv 1 \bmod p(z), \quad \text{also} \quad s(z)t(z) = 1 + u(z)p(z)$$

mit einem Polynom u über K. Weil p irreduzibel ist, muss nämlich s zu p teilerfremd sein, sodass der euklidische Algorithmus für s, p die Polynome t und u liefert (Abschn. 3.3). Dann ist

$$\frac{r(\alpha)}{s(\alpha)} = \frac{r(\alpha)t(\alpha)}{1 + u(\alpha)p(\alpha)} = r(\alpha)t(\alpha);$$

jedes Element aus $K(\alpha)$ ist demnach als Polynom in α vom Grad $< n$ darzustellen (Division von $r(z)t(z)$ durch $p(z)$ mit Rest!).

Den Körper $K(\alpha)$ mit dem Grad n über K kann man als einen n-dimensionalen Vektorraum über K verstehen, eine Basis ist $\{1, \alpha, \alpha^2, \ldots, \alpha^{n-1}\}$.

Beispiel 4.29 Für $\alpha = \sqrt{2} + i\sqrt{3}$ gilt $\alpha^2 + 1 = 2i\sqrt{6}$, also $\alpha^4 + 2\alpha^2 + 25 = 0$. Das Minimalpolynom von α über $\mathbb{Q}$ ist also $z^4 + 2z^2 + 25$. Die vier Nullstellen des Minimalpolynoms sind $\pm\alpha, \pm\overline{\alpha}$, wie man durch Einsetzen sofort bestätigt. Diese Zahlen $\pm\overline{\alpha}$ gehören ebenfalls zu $\mathbb{Q}(\alpha)$ (Aufgabe 4.74).

Den Term $\dfrac{\alpha + 1}{\alpha^2 - 2}$ kann man folgendermaßen in der Basis $\{1, \alpha, \alpha^2\alpha^3\}$ darstellen: Wegen $(z^2 - 2)(z^2 + 4) = (z^4 + 2z^2 + 25) - 33$ ist

$$\frac{\alpha + 1}{\alpha^2 - 2} = \frac{(\alpha + 1)(\alpha^2 + 4)}{(\alpha^2 - 2)(\alpha^2 + 4)} = \frac{\alpha^3 + \alpha^2 + 4\alpha + 4}{(\alpha^4 + 2\alpha^2 + 25) - 33} = -\frac{1}{33}(\alpha^3 + \alpha^2 + 4\alpha + 4).$$

Es gilt $\mathbb{Q}(\alpha) = \mathbb{Q}(\sqrt{2}, i\sqrt{3}) = \mathbb{Q}(\sqrt{2})(i\sqrt{3})$. Daher ist auch $\{1, \sqrt{2}, i\sqrt{3}, i\sqrt{6}\}$ eine Basis von $\mathbb{Q}(\alpha)$; dieser Körper besteht folglich aus allen Zahlen der Form

$$(a + b\sqrt{2}) + (c + d\sqrt{2})i\sqrt{3} = a + b\sqrt{2} + ci\sqrt{3} + di\sqrt{6} \quad (a, b, c, d \in \mathbb{Q}).$$

■

Beispiel 4.30

a) Ist ζ eine Lösung von $z^2+z+1 = 0$, so ist ζ auch eine Lösung von $(z-1)\cdot(z^2+z+1) = 0$ bzw. eine Lösung von $z^3-1 = 0$, also ist ζ eine dritte Einheitswurzel. Daher ist $Q(\zeta) = \{a + b\zeta \mid a, b \in \mathbb{Q}\}$. Es liegt eine Körpererweiterung vom Grad 2 vor. Der Körper $\mathbb{Q}(\zeta)$ enthält auch die andere Lösung ζ^2 von $z^2 + z + 1 = 0$; dieses Polynom zerfällt folglich über $\mathbb{Q}(\zeta)$ in Linearfaktoren: $z^2 + z + 1 = (z - \zeta)(z - \zeta^2)$.

b) Ist ζ eine sechste primitive Einheitswurzel, dann ist ζ wegen

$$z^6 - 1 = (z^3 - 1)(z^3 + 1) = (z^3 - 1)(z + 1)(z^2 - z + 1)$$

eine Lösung von $z^2 - z + 1 = 0$. Der Körper $\mathbb{Q}(\zeta)$ ist eine Erweiterung vom Grad 2 über $\mathbb{Q}$ mit der Basis $\{1, \zeta\}$. Für $a, b \in \mathbb{Q}$ gilt, wie man leicht nachrechnet,

$$\frac{1}{a + b\zeta} = \frac{a + b - b\zeta}{a^2 + ab + b^2} = u + v\zeta \text{ mit } u, v \in \mathbb{Q}.$$

∎

Beispiel 4.31 Ist ζ eine Lösung von $z^4 + z^3 + z^2 + z + 1 = 0$, also eine fünfte Einheitswurzel, so ist $Q(\zeta) = \{a + b\zeta + c\zeta^2 + d\zeta^3 \mid a, b, c, d \in \mathbb{Q}\}$. Hier handelt es sich um eine Körpererweiterung vom Grad 4.

Den Term $\dfrac{\zeta^2 - 5}{\zeta^3 + \zeta}$ kann man wegen $z^4 + z^3 + z^2 + z + 1 = (z^3 + z)(z + 1) + 1$ folgendermaßen in der Basis $\{1, \zeta, \zeta^2, \zeta^3\}$ darstellen:

$$\frac{\zeta^2 - 5}{\zeta^3 + \zeta} = \frac{(\zeta^2 - 5)(\zeta + 1)}{(\zeta^3 + \zeta)(\zeta + 1)} = \frac{\zeta^3 + \zeta^2 - 5\zeta - 5}{(\zeta^4 + \zeta^3 + \zeta^2 + \zeta + 1) - 1} = -\zeta^3 - \zeta^2 + 5\zeta + 5.$$

∎

Satz 4.21 *Ist ζ eine primitive n-te Einheitswurzel, dann ist $\mathbb{Q}(\zeta)$ eine Erweiterung von $\mathbb{Q}$ vom Grad $\varphi(n)$, wobei φ die Euler-Funktion ist.*

Beweis 4.21 Das sogenannte *Kreisteilungspolynom*

$$\Phi_n(z) = \prod_{\substack{k=1 \\ \mathrm{ggT}(k,n)=1}}^{n} (z - \zeta^k)$$

hat den Grad $\varphi(n)$. (Das Produktzeichen Π bedeutet, dass man das Produkt der angegebenen Faktoren mit den unter dem Produktzeichen angegebenen Bedingungen bildet.) $\Phi_n(z)$

$$z^{12} - 1 = (z - 1)(z + 1)(z^2 + z + 1)(z^2 + 1)(z^2 - z + 1)(z^4 - z^2 + 1)$$

$$\uparrow \qquad \uparrow \qquad \uparrow \qquad \uparrow \qquad \uparrow \qquad \uparrow$$

$$\Phi_1(z) \quad \Phi_2(z) \quad \Phi_3(z) \qquad \Phi_4(z) \qquad \Phi_6(z) \qquad \Phi_{12}(z)$$

Abb. 4.21 Kreisteilungspolynome $\Phi_d(z)$ für $d|12$

ist ein Polynom über $\mathbb{Z}$, wie man induktiv zeigt: Es gilt

$$x^n - 1 = \prod_{d|n} \Phi_d(z).$$

Dabei ist $\Phi_d(z)$ das Produkt der $(z - \zeta^m)$ mit $\mathrm{ggT}(m, n) = \dfrac{n}{d}$, also das Produkt der Terme $z - \zeta^m$, bei denen ζ^m eine primitive d-te Einheitswurzel ist. Abb. 4.21 zeigt die Kreisteilungspolynome $\Phi_d(z)$ für $d|12$.

Sind nun alle $\Phi_d(z)$ für $d < n$ Polynome über $\mathbb{Z}$, dann gilt dies auch für $\Phi_n(z)$. Denn die Division mit Rest von $z^n - 1$ durch das Produkt der Polynome $\Phi_d(z)$ für $d < n$ führt nicht aus dem Ring der Polynome über $\mathbb{Z}$ hinaus, weil alle $\Phi_d(z)$ normiert sind.

Ferner ist $\Phi_n(z)$ irreduzibel. Angenommen, es wäre $z^n - 1 = f(z)g(z)$ mit einem irreduziblen normierten Polynom f und einem weiteren normierten Polynom g über $\mathbb{Z}$, und es wäre $f(\zeta) = 0$ für eine primitive n-te Einheitswurzel ζ. (Beachte, dass ein Polynom über $\mathbb{Z}$, das in Polynome über $\mathbb{Q}$ zerlegbar ist, bereits in Polynome über $\mathbb{Z}$ zerlegt werden kann.)

Ist $f(\zeta^k) \neq 0$ für ein k mit $\mathrm{ggT}(k, n) = 1$, dann ist $g(\zeta^k) = 0$. Die beiden normierten Polynome $f(z)$ und $g(z^k)$ haben die gemeinsame Nullstelle ζ und sind daher nicht teilerfremd, da eine Vielfachensummendarstellung ihres ggT nicht ein Element aus $\mathbb{Q}$ ergeben kann. Weil f irreduzibel ist, gilt $f(z)|g(z^k)$ und daher $g(z^k) = f(z)h(z)$ mit einem normierten Polynon h über $\mathbb{Z}$. Nun soll obige Annahme $f(\zeta^k) \neq 0$ zum Widerspruch geführt werden. Es genügt, dies für die Primteiler von k zu tun, also (allgemeiner) für eine Primzahl p mit $p \nmid n$. Dazu betrachten wir alle Polynome modulo p, d. h., die Koeffizienten sind Restklassen mod p, und es gilt $z^p \equiv z \bmod p$. Wir betrachten also Polynome über dem Körper $\mathbb{F}_p$ der primen Restklassen mod p. Es gilt dann

$$z^n - 1 \equiv f(z)g(z) \bmod p \quad \text{und} \quad g(z)^p \equiv g(z^p) \equiv f(z)h(z) \bmod p.$$

Ist $j(z)$ ein irreduzibler Faktor von $f(z)$ über $\mathbb{F}_p$, dann gilt $j(z)|g(z)^p$ und somit $j(z)|g(z)$ über $\mathbb{F}_p$. Es folgt $(j(z))^2|f(z)g(z)$ und damit auch $(j(z))^2|z^n - 1$ über $\mathbb{F}_p$. Das Polynom $z^n - 1$ hat in $\mathbb{F}_p$ aber nur einfache Nullstellen, denn wegen $p \nmid n$ ist $(z^n - 1)' = nz^{n-1} \neq 0$ über $\mathbb{F}_p$. Also kann $z^n - 1$ nicht durch das Quadrat eines Polynoms vom Grad > 0 teilbar sein. Es ergibt sich also ein Widerspruch und somit $f(\zeta^p) = 0$ bzw. schließlich $f(\zeta^k) = 0$.

Ein Polynom mit der Nullstelle ζ hat also auch die Nullstellen ζ^k mit ggT$(k, n) = 1$; das Kreisteilungspolynom $\Phi_n(z)$ ist somit irreduzibel. $\square$

Ist ζ eine primitive Einheitswurzel, dann ist jeder Automorphismus von $\mathbb{Q}(\zeta)$ durch eine Abbildung der Form $\zeta \mapsto \zeta^k$ mit ggT$(k, n) = 1$ gegeben. (Man beachte, dass für ggT$(k, n) = d > 1$ *kein* Automorphismus vorliegt, weil 1 und $\zeta^{\frac{n}{d}}$ ($\neq 1$) beide auf 1 abgebildet werden: $(\zeta^{\frac{n}{d}})^k = (\zeta^{\frac{k}{d}})^n = 1$.)

Die Galois-Gruppe $\mathbf{G}(\mathbb{Q}(\zeta) : \mathbb{Q})$ ist isomorph zur Gruppe der primen Restklassen mod n, hat also die Ordnung $\varphi(n)$ (φ Euler-Funktion).

Satz 4.22 *Entsteht K aus $\mathbb{Q}$ durch m sukzessive algebraische Erweiterungen der Grade $n_1, \ldots, n_m$, dann ist der Grad von K über $\mathbb{Q}$ gleich $n_1 \cdot \ldots \cdot n_m$.*

Beweis 4.22 Es seien K, L, M drei Körper mit $K \subseteq L \subseteq M$. Ist L eine algebraische Erweiterung von K mit der Basis $\{\alpha_1, \ldots, \alpha_l\}$ und M eine algebraische Erweiterung von L mit der Basis $\{\beta_1, \ldots, \beta_m\}$, dann bilden die $l \cdot m$ Produkte $\alpha_1 \beta_1, \ldots, \alpha_l \beta_m$ eine Basis der Erweiterung M von K. $\square$

Jetzt können wir versuchen, die Frage nach der Konstruierbarkeit regelmäßiger n-Ecke zu beantworten.

Ist das regelmäßige n-Eck mit Zirkel und Lineal zu konstruieren, dann kann die Körpererweiterung $\mathbb{Q}(\zeta)$ von $\mathbb{Q}$ durch aufeinanderfolgende quadratische Erweiterungen ausgeführt werden. In diesem Fall ist $\varphi(n)$ eine Zweierpotenz. Wegen $\varphi(p^k) = p^{k-1}(p-1)$ und der Multiplikativität von φ ist dies genau dann der Fall, wenn

$$n = 2^l p_1 p_2 \cdot \ldots \cdot p_m,$$

wobei die p_i verschiedene Primzahlen der Form $2^r + 1$ sind. Die Primzahlen p_i müssen daher Fermat'sche Primahlen sein (Abschn. 1.2), also Primzahlen der Form

$$p = 2^{2^k} + 1.$$

Man kennt bis heute (2015) nur fünf solche Primzahlen, nämlich 3, 5, 17, 257 und 65 537. *Nicht* mit Zirkel und Lineal zu konstruieren sind demnach insbesondere die regelmäßigen n-Ecke für $n = 7, 9, 11, 13, 14, 18, 19, 21, \ldots$

Ist umgekehrt n von obiger Form, dann lässt sich das regelmäßige n-Eck mit Zirkel und Lineal konstruieren. Es genügt, dies für den Fall, dass n eine Fermat'sche Primzahl ist, zu beweisen. Ist nämlich $n = 2^{2^k} + 1$ eine Primzahl, dann ist die Galois-Gruppe $\mathbf{G}(\mathbb{Q}(\zeta) : \mathbb{Q})$ (ζ primitive n-te Einheitswurzel) eine zyklische Gruppe der Ordnung 2^{2^k}, enthält also eine Kette von zyklischen Untergruppen der Ordnungen $1, 2, 2^2, 2^3, \ldots 2^{2^k}$:

$$\{\text{id}\} = G_0 < G_1 < G_2 < \ldots < G_{2^k} = \mathbf{G}(\mathbb{Q}(\zeta) : \mathbb{Q}).$$

Nach dem *Hauptsatz der Galois-Theorie*, den wir hier aber nicht bewiesen haben, existiert dann eine Kette von Erweiterungskörpern

$$\mathbb{Q} = K_0 < K_1 < K_2 < \ldots < K_{2^k} = \mathbb{Q}(\zeta),$$

wobei K_{i+1} eine quadratische Erweiterung von K_i ist ($i = 0, 1, \ldots, 2^k - 1$). Daher ist ζ mit Zirkel und Lineal konstruierbar.

   Bemerkung: Jetzt können wir auch das Problem der Kubusverdopplung und das Problem der Winkeldreiteilung eleganter lösen: Die Kubusverdopplung ist mit Zirkel und Lineal nicht möglich, denn $\mathbb{Q}(\sqrt[3]{2})$ ist eine Erweiterung von $\mathbb{Q}$ vom Grad 3, und 3 ist keine Zweierpotenz. Die Dreiteilung eines Winkels von 60° mit Zirkel und Lineal ist nicht möglich, denn $\mathbb{Q}(\sqrt[3]{\zeta})$ (mit einer primitiven sechsten Einheitswurzel ζ) ist eine Erweiterung von $\mathbb{Q}$ vom Grad 6, und 6 ist keine Zweierpotenz. Man beachte auch: Ist ein regelmäßiges n-Eck nicht mit Zirkel und Lineal konstruierbar, dann ist ein Winkel der Größe $\dfrac{6\pi}{n}$ nicht mit Zirkel und Lineal dreizuteilen.

Aufgaben

4.67

a) Zeige, dass für die fünfte Einheitswurzel

$$\zeta = \cos\frac{2\pi}{5} + i\sin\frac{2\pi}{5}$$

gilt:

$$\zeta = \frac{-1 + \sqrt{5}}{4} + i\,\frac{\sqrt{10 + 2\sqrt{5}}}{4}.$$

Hinweis: Zeige zuerst, dass in einem regelmäßigen Fünfeck das Verhältnis von Diagonalenlänge zu Seitenlänge den Wert $\dfrac{1 + \sqrt{5}}{2}$ hat (Verhältniszahl des goldenen Schnitts; Abschn. 4.3). Zeige dann für $\zeta = x + iy$ die Beziehung

$$\frac{4y}{1 + \sqrt{5}} = \sqrt{2 - 2x}$$

und berechne daraus x, y (Abb. 4.22).

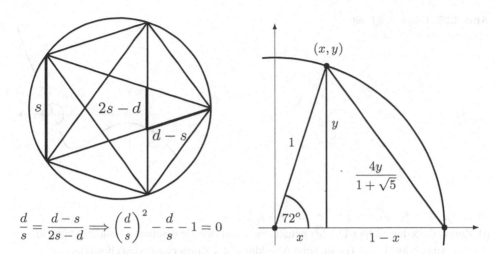

$$\frac{d}{s} = \frac{d-s}{2s-d} \implies \left(\frac{d}{s}\right)^2 - \frac{d}{s} - 1 = 0$$

Abb. 4.22 Regelmäßiges Fünfeck und fünfte Einheitswurzeln

b) Bestätige für $\zeta = \cos\dfrac{2\pi}{n} + i\sin\dfrac{2\pi}{n}$:

$$n = 6: \quad \zeta = \frac{1}{2} + \frac{i}{2}\sqrt{3}$$

$$n = 8: \quad \zeta = \frac{1}{2}\sqrt{2} + \frac{i}{2}\sqrt{2}$$

$$n = 10: \quad \zeta = \sqrt{\frac{3 + \sqrt{5}}{8}} + i\sqrt{\frac{5 - \sqrt{5}}{8}}$$

$$n = 12: \quad \zeta = \frac{1}{2}\sqrt{3} + \frac{i}{2}$$

Im Fall $n = 10$ beachte:

$$\cos\frac{\varphi}{2} = \sqrt{\frac{1 + \cos\varphi}{2}}, \quad \sin\frac{\varphi}{2} = \sqrt{\frac{1 - \cos\varphi}{2}}.$$

4.68 Zerlege die Polynome $x^5 - 1, x^6 - 1, x^8 - 1, x^{10} - 1$ über $\mathbb{R}$ in lineare und quadratische Faktoren.

4.69

a) Bestimme die Lösungen von $z^4 + 1 = 0$ und von $z^7 + 1 = 0$.
b) Drücke die Zahlen $\sqrt[n]{-1}$ durch $(2n)$-te Einheitswurzeln aus.

4.70 Es sei d eine ganze Zahl, aber keine Quadratzahl. Mit $\mathbb{Q}(\sqrt{d})$ bezeichnet man den kleinsten Teilkörper von $\mathbb{C}$, der $\mathbb{Q}$ und $\sqrt{d}$ enthält.

Abb. 4.23 Graph von f mit
$f(x) = x^3 + ax^2 + bx + c$

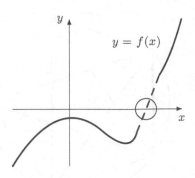

a) Zeige, dass $\mathbb{Q}(\sqrt{d}) = \{a + b\sqrt{d} \mid a, b \in \mathbb{Q}\}$.
b) Zeige, dass der Körper $\mathbb{Q}(\sqrt{d})$ genau einen von der identischen Abbildung verschiedenen Automorphismus (isomorphe Abbildung des Körpers auf sich) besitzt.

4.71 Es sei $\mathbb{Q}(\zeta)$ der kleinste Teilkörper von $\mathbb{C}$, der $\mathbb{Q}$ und die primitive dritte Einheitswurzel ζ enthält. Zeige, dass $\mathbb{Q}(\zeta) = \{a + b\zeta \mid a, b \in \mathbb{Q}\}$. Zeige ferner, dass $\mathbb{Q}(\zeta) = \mathbb{Q}(i\sqrt{3})$. Welche Automorphismen besitzt der Körper $\mathbb{Q}(\zeta)$?

4.72 Bestimme die Lösungen von $z^4 + (1 + i)z^3 + 2iz^2 - (2 - 2i)z - 4 = 0$.

Beschreibe für die Lösungen z_1, z_2, z_3, z_4 den Körper $\mathbb{Q}(z_1, z_2, z_3, z_4)$. (Hinweis: Man berechne zuerst die Potenzen von $1 + i$.)

4.73 Eine kubische Gleichung mit reellen Koeffizienten besitzt stets mindestens *eine* reelle Lösung. Denn ein Term der Form $x^3 + ax^2 + bx + c$ hat für Werte x von hinreichend großem Betrag dasselbe Vorzeichen wie x, und die Funktion

$$x \mapsto x^3 + ax^2 + bx + c$$

ist stetig (Abb. 4.23). Zeige, dass die beiden anderen Lösungen entweder ebenfalls reell oder konjugiert-komplex sind.

4.74

a) Zeige, dass $\pm\sqrt{2} \pm i\sqrt{3}$ der Gleichung $z^4 + 2z^2 + 25 = 0$ genügen.
b) Zeige, dass das Polynom $z^4 + 2z^2 + 25$ irreduzibel über $\mathbb{Q}$ ist.
c) Zeige, dass $\overline{\alpha} \in \mathbb{Q}(\alpha)$ für $\alpha = \sqrt{2} + i\sqrt{3}$. (Hinweis: $\overline{\alpha} = -\frac{1}{5}(2\alpha + \alpha^3)$.)
d) Löst man $z^4 + 2z^2 + 25 = 0$ mit der Lösungsformel für quadratische Gleichungen, dann erhält man die Lösungen $\pm\sqrt{-1 \pm 2i\sqrt{6}}$. Schreibe diese in der Form $x + iy$ mit $x, y \in \mathbb{R}$.

Abb. 4.24 Zu Aufgabe 4.75

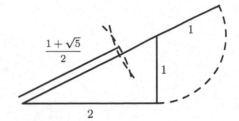

4.75 Konstruiere ein regelmäßiges 15-Eck mit Zirkel und Lineal. (Es genügt, einen Winkel von 24° zu konstruieren.) (Hinweis: Eine Strecke der Länge $\dfrac{1+\sqrt{5}}{2}$ konstruiert man mit dem Satz von Pythagoras; Abb. 4.24.)

4.76 Zeige, dass Winkel der Größe 120°, 60°, 43, 2°, 40°, 30°, 21, 6°, 20°, 15° nicht mit Zirkel und Lineal dreigeteilt werden können.

Axiomatische Grundlagen

5

Übersicht

5.1 Axiomatische Fundierung der Arithmetik der natürlichen Zahlen

Der Beweis einer mathematischen Aussage besteht darin, dass man sie mithilfe logischer Schlüsse auf bereits bewiesene Aussagen zurückführt. Dabei stößt man schließlich auf „grundlegende" Aussagen, die man *ohne Beweis* zu akzeptieren bereit ist. Begriffe der Mathematik definiert man mithilfe anderer bereits zuvor definierter Begriffe, wobei man ebenfalls schließlich auf „grundlegende" Begriffe stößt, die man *nicht* definiert hat. Diese „undefinierten Grundbegriffe" treten in der Regel gemeinsam mit „unbewiesenen Grundaussagen" auf. Jede mathematische Theorie basiert somit auf einem System von undefinierten Grundbegriffen und unbewiesenen Grundaussagen; die Aussagen der Theorie sind also nur „relativ" wahr. Konkret: Sie sind wahr bezüglich des genannten Systems von Grundbegriffen und Grundaussagen. Dieses Fundament einer mathematischen Theorie müsste man stets genau beschreiben, auch wenn es nur auf einem „allgemeinen Konsens" beruht, denn Unklarheiten bezüglich dieses Fundaments können zu Paradoxien (scheinbaren Widersprüchen) führen. Von besonderer Bedeutung wird dieses Fundament, wenn man Methoden der automatischen Informationsverarbeitung für mathematische Zwecke nutzen möchte.

Eine „unbewiesene Grundaussage" einer mathematischen Theorie nennt man ein *Axiom*; dieses aus dem Griechischen stammende Wort könnte übersetzt werden mit „was für wichtig erachtet wird". In den Axiomen treten unbewiesene Grundbegriffe auf,

© Springer Verlag Berlin Heidelberg 2016

H. Scheid, W. Schwarz, *Elemente der Arithmetik und Algebra*,

DOI 10.1007/978-3-662-48774-7_5

die in gewisser Weise durch die Axiome *implizit* definiert werden; denn die Axiome zeigen, wie man mit diesen Grundbegriffen umzugehen hat. Ferner können in einem Axiomensystem (Gesamtheit von Axiomen und Grundbegriffen) Begriffe aus anderen mathematischen Theorien auftreten. Im Folgenden werden wir ein Axiomensystem der Arithmetik angeben, in dem die Begriffe und Sätze der Mengenlehre benutzt werden. Bei jedem Aufbau einer mathematischen Theorie benutzt man logische Schlüsse, arbeitet also auf der Grundlage eines Axiomensystems der formalen Logik.

Ein Axiomensystem muss *widerspruchsfrei* sein; man darf also aus den Axiomen nicht eine Aussage und zugleich ihr logisches Gegenteil herleiten können. Ferner sollte ein Axiomensystem *unabhängig* sein, d. h., kein Axiom sollte aus der Menge der übrigen Axiome (als „Satz") herleitbar sein. Ein Axiomensystem für eine bestimmte mathematische Theorie sollte nach Möglichkeit *vollständig* sein, was bedeutet, dass möglichst *jede* wahre Aussage („Satz") der Theorie aus den Axiomen herleitbar sein sollte.
(Seit 1931 weiß man, dass dies allgemein für Axiomensysteme zu Theorien, die ähnlich umfangreich wie die Arithmetik sind, nicht möglich ist, wie der Mathematiker und Logiker Kurt Gödel (1906–1978) mit seinen berühmten „Unvollständigkeitssätzen" gezeigt hat. Gödel erkannte, dass man *Aussagen über* zahlentheoretische Aussagen als *zahlentheoretische Aussagen* codieren konnte, und damit gelang es ihm zu zeigen, dass es *wahre* zahlentheoretische Aussagen gibt, die aus einem widerspruchsfreien Axiomensystem nicht deduziert werden können.)

Das Rechnen mit rationalen, reellen und komplexen Zahlen haben wir auf das Rechnen mit natürlichen Zahlen zurückgeführt. Ein Axiomensystem der Arithmetik muss also den Begriff der natürlichen Zahl und den Umgang mit diesen Zahlen festlegen. Ein sehr bekanntes Axiomensystem der Arithmetik stammt von Giuseppe Peano (1858–1932). Es knüpft an die anschauliche Vorstellung an, dass man die natürliche Zahl $n + 1$ als diejenige Zahl versteht, die „nach n kommt".

Peano-Axiome

Es sei $\mathbb{N}$ eine Menge und 1 ein Objekt, ferner f eine auf $\mathbb{N}$ definierte Abbildung. Für $\mathbb{N}$, 1 und f gilt:

(P 1) $1 \in \mathbb{N}$.

(P 2)   Ist $x \in \mathbb{N}$, dann ist auch $f(x) \in \mathbb{N}$.

(P 3)   Ist $x \in \mathbb{N}$, dann ist $f(x) \neq 1$.

(P 4)   Ist $x, y \in \mathbb{N}$ und $x \neq y$, dann ist auch $f(x) \neq f(y)$.

(P 5)   Ist $A \subseteq \mathbb{N}$ und $1 \in A$, und folgt aus $x \in A$ stets $f(x) \in A$, dann ist $A = \mathbb{N}$.

Man bezeichnet die Elemente von $\mathbb{N}$ als *natürliche Zahlen* und nennt $f(x)$ den *Nachfolger* der natürlichen Zahl x.

Axiom (P 1) besagt, dass $\mathbb{N}$ nicht leer ist. Axiom (P 2) bedeutet, dass f eine Abbildung von $\mathbb{N}$ in $\mathbb{N}$ ist. Axiom (P 3) legt fest, dass 1 nicht Nachfolger einer natürlichen Zahl ist, und Axiom (P 4) besagt, dass die Abbildung f injektiv ist.

Axiom (P 5) heißt *Induktionsaxiom*; es beinhaltet das *Prinzip der vollständigen Induktion*. Dieses besagt: Wenn eine Teilmenge A von $\mathbb{N}$ die natürliche Zahl 1 enthält und mit jeder natürlichen Zahl auch deren Nachfolger, dann ist $A = \mathbb{N}$. Wir haben schon mehrfach Gebrauch davon gemacht und Aussagen über natürliche Zahlen mittels vollständiger Induktion bewiesen; in Abschn. 5.2 werden wir uns noch einmal gründlich mit dieser Beweismethode befassen.

Zuvor aber wollen wir nun zeigen, wie man die *Arithmetik der natürlichen Zahlen* auf dem Peano'schen Axiomensystem aufbaut.

Satz 5.1 *Für jedes $x \in \mathbb{N}$ gilt $x \neq f(x)$; keine natürliche Zahl stimmt also mit ihrem Nachfolger überein.*

Beweis 5.1 Man betrachte die Menge $A = \{x \in \mathbb{N} \mid x \neq f(x)\}$. Nach (P 1) und (P 3) ist $1 \in \mathbb{N}$ und $1 \neq f(1)$, daher ist $1 \in A$. Aus $k \in A$ folgt $k \in \mathbb{N}$ und $k \neq f(k)$, nach (P 4) also $f(k) \neq f(f(k))$, wegen (P 2) damit $f(k) \in A$. Axiom (P 5) liefert dann $A = \mathbb{N}$. □

Satz 5.2 *Jede von 1 verschiedene natürliche Zahl ist Nachfolger einer natürlichen Zahl.*

Beweis 5.2 Für die Menge

$$A = \{1\} \cup \{x \in \mathbb{N} \mid \text{es gibt ein } z \in \mathbb{N} \text{ mit } x = f(z)\}$$

gilt $1 \in A$. Mit $k \in A$ ist auch $f(k) \in A$, denn $f(k)$ ist Nachfolger einer natürlichen Zahl. Aus (P 5) folgt daher $A = \mathbb{N}$. □

Aufgrund von Satz 5.2 ist durch die Vorschriften

(1) $\alpha(x, 1) := f(x)$ für alle $x \in \mathbb{N}$,
(2) $\alpha(x, f(y)) := f(\alpha(x, y))$ für alle $x, y \in \mathbb{N}$

eine Abbildung $\alpha : \mathbb{N} \times \mathbb{N} \longrightarrow \mathbb{N}$ definiert.
Wir nennen α die *Addition* in $\mathbb{N}$ und bezeichnen $\alpha(x, y)$ als die *Summe* von x und y. Die so definierte Addition hat die in Satz 5.3 genannten Eigenschaften.

Satz 5.3 *Für alle $x, y \in \mathbb{N}$ gilt:*

(3) $\alpha(1, x) = f(x)$,
(4) $\alpha(f(x), y) = f(\alpha(x, y))$.

Beweis 5.3 Zu (3):   Es sei

$$A = \{x \in \mathbb{N} \mid \alpha(1, x) = f(x)\}.$$

Wegen $\alpha(1, 1) = f(1)$ (vgl. (1)) ist $1 \in A$. Ist $k \in A$, also $\alpha(1, k) = f(k)$, so ist $\alpha(1, f(k)) = f(\alpha(1, k)) = f(f(k))$ (vgl. (2)) und damit $f(k) \in A$. Axiom (P 5) liefert nun $A = \mathbb{N}$, womit (3) bewiesen ist.

Zu (4):   Für festes $x \in \mathbb{N}$ betrachten wir nun die Menge

$$B = \{y \in \mathbb{N} \mid \alpha(f(x), y) = f(\alpha(x, y))\}.$$

Es gilt $1 \in B$, denn nach (1) ist $\alpha(f(x), 1) = f(f(x)) = f(\alpha(x, 1))$. Ist $k \in B$, dann gilt nach (2)

$$\alpha(f(x), f(k)) = f(\alpha(f(x), k)) = f(f(\alpha(x, k))) = f(\alpha(x, f(k))),$$

also $f(k) \in B$ und nach (P 5) daher $B = \mathbb{N}$.

□

Wir führen nun die *Schreibweise* $x + y$ für $\alpha(x, y)$ ein. Aufgrund von (1) und (3) ist dann für alle $x \in \mathbb{N}$

$$x + 1 = f(x) = 1 + x.$$

Damit ergibt sich aus (2) und (4) für alle $x, y \in \mathbb{N}$:

$$x + (y + 1) = (x + y) + 1 = 1 + (x + y),$$
$$(x + 1) + y = (x + y) + 1 = 1 + (x + y).$$

Daraus lassen sich einige Eigenschaften der algebraischen Struktur $(\mathbb{N}, +)$ ableiten (Satz 5.4).

Satz 5.4 *Die algebraische Struktur* $(\mathbb{N}, +)$ *ist kommutativ (a) und assoziativ (b), und es gelten die Kürzungsregeln (c); es handelt sich bei* $(\mathbb{N}, +)$ *also um eine reguläre kommutative Halbgruppe.*

Beweis 5.4 a) Zum Beweis der Kommutativität der Struktur $(\mathbb{N}, +)$ betrachten wir die Menge

$$A = \{y \in \mathbb{N} \mid y + x = x + y \text{ für alle } x \in \mathbb{N}\}.$$

Es gilt $1 \in \mathbb{N}$, denn $x + 1 = 1 + x$ für alle $x \in \mathbb{N}$. Ist $k \in A$, also $k + x = x + k$ für alle $x \in \mathbb{N}$, dann ist

$$(k + 1) + x = (k + x) + 1 = (x + k) + 1 = x + (k + 1) \quad \text{für alle } x \in \mathbb{N},$$

daher auch $k + 1 \in A$. Aus (P 5) folgt daher $A = \mathbb{N}$.

b) Zum Beweis der Assoziativität von $(\mathbb{N}, +)$ betrachten wir die Menge

$$A = \{z \in \mathbb{N} \mid (x + y) + z = x + (y + z) \text{ für alle } x, y \in \mathbb{N}\}.$$

Es gilt $1 \in A$, denn $(x + y) + 1 = x + (y + 1)$. Ist $k \in A$, also $(x + y) + k = x + (y + k)$ für alle $x, y \in \mathbb{N}$, so ist

$$(x + y) + (k + 1) = ((x + y) + k) + 1 = (x + (y + k)) + 1 = x + (y + (k + 1)),$$

demnach $k + 1 \in A$. Es folgt $A = \mathbb{N}$ aufgrund von Axiom (P 5).

c) Zum Nachweis der Regularität der Struktur $(\mathbb{N}, +)$ genügt es, die rechtsseitige Kürzungsregel zu beweisen, denn $(\mathbb{N}, +)$ ist kommutativ. Dazu betrachten wir die Menge

$$A = \{z \in \mathbb{N} \mid x + z = y + z \Longrightarrow x = y \text{ für alle } x, y \in \mathbb{N}\}.$$

Es gilt $1 \in A$, denn nach (P 4) folgt aus $x + 1 = y + 1$ auch $x = y$. Es sei $k \in A$; man kann aus $x + k = y + k$ also auf $x = y$ schließen. Aus $x + (k + 1) = y + (k + 1)$ bzw. $(x + k) + 1 = (y + k) + 1$ folgt nach (P 4) die Gleichung $y + k = x + k$ und somit $x = y$. Folglich gilt $k + 1 \in A$ und daher nach (P 5) $A = \mathbb{N}$.

□

In $\mathbb{N}$ definiere man nun eine Relation $<$ durch

$$x < y :\Longleftrightarrow \text{es gibt ein } x' \in \mathbb{N} \text{ mit } x + x' = y.$$

Einige charakteristische Eigenschaften dieser Relation fassen wir in Satz 5.5 und 5.6 zusammen.

Satz 5.5 *a) Es gilt $x < x$ für kein $x \in \mathbb{N}$; die Relation $<$ ist antireflexiv.*
b) Es gilt für $x, y \in \mathbb{N}$ höchstens eine der Beziehungen $x < y$ oder $y < x$.
c) Gilt $x < y$ und $y < z$, dann gilt $x < z$; die Relation $<$ ist transitiv.

Beweis 5.5 a) Wäre $x < x$ für ein $x \in \mathbb{N}$, also $x + x' = x$ mit einem $x' \in \mathbb{N}$, so folgte $x + x' + 1 = x + 1$, aufgrund der Kürzungsregel daher $f(x') = x' + 1 = 1$, was aber dem Axiom (P 3) widerspricht.

b) Gäbe es $x, y \in \mathbb{N}$ mit $x < y$ *und* $y < x$, folglich $x + x' = y$ und $y + y' = x$ für geeignete $x', y' \in \mathbb{N}$, so wäre $x + x' + y' = x$ und daher $x < x$, was wegen (a) (Antireflexivität der Relation) nicht sein kann.

c) Aus $x + x' = y$ *und* $y + y' = z$ folgt $x + x' + y' = z$; demnach folgt aus $x < y$ *und* $y < z$ stets $x < z$.

$\square$

Satz 5.6 *a) Für alle $x \in \mathbb{N}$ mit $x \neq 1$ ist $1 < x$.*

b) Stets gilt für $x, y \in \mathbb{N}$ mit $x \neq y$ mindestens eine der Beziehungen

$$x < y \quad oder \quad 'y < x.$$

Beweis 5.6 a) Die Menge $A = \{1\} \cup \{x \in \mathbb{N} \mid 1 < x\}$ enthält die natürliche Zahl 1. Ist $k \in A$, also $1 < k$, so ist wegen $k < k + 1$ nach Satz 5.5c auch $1 < k + 1$, also $k + 1 \in A$. Nach (P 5) ist dann $A = \mathbb{N}$.

b) Für $x = 1$ oder $y = 1$ folgt die Behauptung aus (a). Für $x, y \neq 1$ verwenden wir Satz 5.2: In der Folge 1, $1 + 1$, $1 + 1 + 1$, ... kommt jede der beiden natürlichen Zahlen x, y genau einmal vor. Erscheint in dieser Folge x vor y, dann ist $x < y$, andernfalls ist $y < x$.

$\square$

Satz 5.5b und 5.6b fasst man folgendermaßen zusammen: Für beliebige Zahlen $x, y \in \mathbb{N}$ gilt stets *genau eine* der Beziehungen

$$x < y, \quad x = y, \quad y < x.$$

Diese Aussage nennt man das *Trichotomiegesetz*. Insgesamt ist nun die Relation $<$ als eine *strenge lineare Ordnungsrelation* in der Menge $\mathbb{N}$ identifiziert.

In Satz 5.7 und 5.8 wird die Verträglichkeit der $<$-Relation mit der in $\mathbb{N}$ einge-führten Addition festgestellt. Anschließend definieren wir eine *Multiplikation* $\cdot$ in $\mathbb{N}$ und untersuchen die algebraischen Eigenschaften der Strukturen $(\mathbb{N}, \cdot)$ und $(\mathbb{N}, + \cdot)$ (Satz 5.9, 5.10 und 5.11). Die Beweise dieser Sätze beruhen auf ähnlichen Überlegungen wie die zuvor durchgeführten Beweise, sodass wir sie dem Leser als Übungsaufgaben überlassen möchten (Aufgabe 5.1 und 5.2).

Satz 5.7 *Die Relation $<$ ist verträglich mit der Addition in $\mathbb{N}$, d. h., es gilt:*

$$Aus \quad x_1 < x_2 \quad und \quad y_1 < y_2 \quad folgt\ stets \quad x_1 + y_1 < x_2 + y_2.$$

Satz 5.8 *Es gilt das Monotoniegesetz der Addition, d. h., für alle $x, y \in \mathbb{N}$ gilt:*
$$x < y \iff x + z < y + z \quad für\ alle \quad z \in \mathbb{N}.$$

Aufgrund von Satz 5.2 ist durch die Vorschriften

(5) $\mu(x, 1) := x$ für alle $x \in \mathbb{N}$,
(6) $\mu(x, f(y)) = \mu(x, y + 1) := \mu(x, y) + x$ für alle $x, y \in \mathbb{N}$

eine Abbildung $\alpha : \mathbb{N} \times \mathbb{N} \longrightarrow \mathbb{N}$ definiert.
Wir nennen α die *Multiplikation* in $\mathbb{N}$ und bezeichnen $\mu(x, y)$ als das *Produkt* von x und y. Diese Definition der Multiplikation entspricht der Auffassung der Multiplikation als fortgesetzte Addition. Es lassen sich die in Satz 5.9 genannten Eigenschaften feststellen.

Satz 5.9 *Für alle $x, y \in \mathbb{N}$ gilt:*

(7) $\mu(1, x) = x$ für alle $x \in \mathbb{N}$,
(8) $\mu(x + 1, y) = \mu(x, y) + y$.

Wir führen nun die *Schreibweise $x \cdot y$* für $\mu(x, y)$ ein. Aufgrund von (5) und (7) ist dann

$$x \cdot 1 = x = 1 \cdot x \quad \text{für alle} \quad x \in \mathbb{N}.$$

Damit ergibt sich aus (6) und (8) für alle $x, y \in \mathbb{N}$

$$x \cdot (y + 1) = x \cdot y + x \quad \text{und} \quad (x + 1) \cdot y = x \cdot y + y.$$

Daraus lassen sich einige Eigenschaften der algebraischen Strukturen $(\mathbb{N}, +)$ und $(\mathbb{N}, +, \cdot)$ ableiten (Aufgabe 5.2).

Satz 5.10 *Die algebraische Struktur $(\mathbb{N}, \cdot)$ besitzt mit $e = 1$ ein neutrales Element, sie ist kommutativ und assoziativ, und es gelten die Kürzungsregeln. Bei $(\mathbb{N}, \cdot)$ handelt es sich also um ein reguläres kommutatives Monoid.*
Satz 5.11 *In $(\mathbb{N}, +, \cdot)$ gilt das Distributivgesetz.*

Insgesamt ist damit die Struktur $(\mathbb{N}, +, \cdot)$ als ein kommutativer Halbring mit Einselement 1 identifiziert.
Satz 5.12 und 5.13 stellen die Verträglichkeit der $<$-Relation mit der in $\mathbb{N}$ eingeführten Multiplikation fest. Wir werden *diese* Sätze beweisen, weil wir den Nachweis der entsprechenden Sätze für die Addition dem Leser überlassen haben.

Satz 5.12 *Die Relation $<$ ist verträglich mit der Multiplikation in $\mathbb{N}$, d. h., es gilt:*

$$\text{Aus} \quad x_1 < x_2 \quad \text{und} \quad y_1 < y_2 \quad \text{folgt stets} \quad x_1 \cdot y_1 < x_2 \cdot y_2.$$

Beweis 5.12 Gilt $x_1 < x_2$ und $y_1 < y_2$, so existieren nach Definition der $<$-Relation Elemente $x_1', y_1' \in \mathbb{N}$ mit $x_1 + x_1' = x_2$ und $y_1 + y_1' = y_2$. Mithilfe von Satz 5.10 und 5.11 folgt daraus

$$(x_1 + x_1') \cdot (y_1 + y_1') = x_1 \cdot y_1 + x_1 \cdot y_1' + x_1' \cdot y_1 + x_1' \cdot y_1' = x_2 \cdot y_2,$$

folglich

$$x_1 \cdot y_1 + (x_1 \cdot y_1' + x_1' \cdot y_1 + x_1' \cdot y_1') = x_2 \cdot y_2.$$

Wegen $x_1 \cdot y_1' + x_1' \cdot y_1 + x_1' \cdot y_1' \in \mathbb{N}$ gilt per definitionem $x_1 \cdot y_1 < x_2 \cdot y_2$. $\square$

Satz 5.13 *Es gilt das Monotoniegesetz der Multiplikation, d. h., für alle $x, y \in \mathbb{N}$ gilt:*

$$x < y \Longleftrightarrow x \cdot z < y \cdot z \quad \textit{für alle} \quad z \in \mathbb{N}.$$

Beweis 5.13 Ist $x < y$, so existiert ein $x' \in \mathbb{N}$ mit $x + x' = y$. Daraus folgt mithilfe des Distributivgesetzes für beliebiges $z \in \mathbb{N}$:

$$y \cdot z = (x + x') \cdot z = x \cdot z + x' \cdot z.$$

Wegen $x' \cdot z \in \mathbb{N}$ schließt man auf $x \cdot z < y \cdot z$.

Gilt andererseits $x \cdot z < y \cdot z$, so führt die Annahme $x \not< y$ aufgrund des Trichotomiegesetzes zum Widerspruch: Wäre $x = y$, so müsste auch $x \cdot z = y \cdot z$ sein, und wäre $y < x$, so müsste $y \cdot z < x \cdot z$ gelten. $\square$

In $\mathbb{N}$ definiere man nun eine Relation | durch

$$x|y :\Longleftrightarrow \text{ es gibt ein } x' \in \mathbb{N} \text{ mit } x \cdot x' = y.$$

Einige Eigenschaften dieser Relation fassen wir in Satz 5.14, 5.15 und 5.16 zusammen.

Satz 5.14

a) *Es gilt $1|x$ und $x|x$ für alle $x \in \mathbb{N}$.*
b) *Aus $x|y$ und $y|x$ folgt $x = y$.*
c) *Gilt $x|y$ und $y|z$, dann gilt $x|z$.*

Satz 5.15 *Die Relation | ist verträglich mit der Multiplikation in $\mathbb{N}$, d. h., es gilt:*

$$\textit{Aus} \quad x_1|x_2 \quad \textit{und} \quad y_1|y_2 \quad \textit{folgt stets} \quad x_1 \cdot y_1|x_2 \cdot y_2.$$

Satz 5.16 *Für alle* $x, y \in \mathbb{N}$ *gilt:*

$$x \mid y \iff x \cdot z \mid y \cdot z \text{ für alle } z \in \mathbb{N}.$$

Beweise von Satz 5.14, 5.15 und 5.16 haben wir schon im Rahmen der *Teilbarkeitslehre* in Kap. 1 geführt. Wir haben somit „bekanntes Gelände" erreicht. Der nächste Schritt im Aufbau der Arithmetik betrifft die Einbeziehung der Zahl 0 sowie die Einführung der Subtraktion und der Division, was wir hier nicht ausführen, sondern dem Leser als Übung überlassen wollen (Aufgabe 5.3 und 5.4). Wir fahren mit der Bereitstellung der Division mit Rest und der Zifferndarstellung fort, deren Existenz wir in Kap. 1 nicht weiter problematisiert haben.

Es sei $\mathbb{N}_0 := \mathbb{N} \cup \{0\}$. Die Relationen $\leq$ und $>$ seien in üblicher Weise definiert, ebenfalls die Differenz zweier natürlicher Zahlen sowie die Potenz einer natürlichen Zahl. Satz 5.17 und 5.18 sind grundlegend für die Division mit Rest und die Zifferndarstellung natürlicher Zahlen.

Satz 5.17 *Ist $a \in \mathbb{N}$, so gibt es für jedes $x \in \mathbb{N}_0$ ein $n \in \mathbb{N}_0$ mit*

$$n \cdot a \leq x < (n + 1) \cdot a.$$

Beweis 5.17 Offensichtlich ist $0 \cdot a \leq 0 < (0 + 1) \cdot a$, sodass die Behauptung nur noch für $x \in \mathbb{N}$ bewiesen werden muss. Dazu setzen wir

$$A = \{x \in \mathbb{N} \mid \text{es gibt ein } n \in \mathbb{N}_0 \text{ mit } n \cdot a \leq x < (n + 1) \cdot a\}.$$

Es ist $1 \in A$, denn

$$1 \cdot a \leq 1 < (1 + 1) \cdot a \quad \text{für } a = 1, \qquad 0 \cdot a \leq 1 < (0 + 1) \cdot a \quad \text{für } a > 1.$$

Es sei $k \in A$, es gebe also ein $n \in \mathbb{N}$ mit $n \cdot a \leq k < (n + 1) \cdot a$. Dann ist

$$n \cdot a \leq k + 1 < (n + 1) \cdot a \quad \text{oder} \quad (n + 1) \cdot a \leq k + 1 < (n + 1 + 1) \cdot a.$$

Aus $k \in A$ folgt also $k + 1 \in A$, sodass insgesamt im Hinblick auf (P 5) $A = \mathbb{N}$ gilt. $\square$

Satz 5.18 *Ist $b \in \mathbb{N}$ und $b \neq 1$, dann gibt es für jedes $x \in \mathbb{N}$ ein $n \in \mathbb{N}_0$ mit*

$$b^n \leq x < b^{n+1}.$$

Beweis 5.18 Wir betrachten die Menge

$$A = \{x \in \mathbb{N} \mid \text{es gibt ein } n \in \mathbb{N}_0 \text{ mit } b^n \leq x < b^{n+1}\}.$$

Es ist $1 \in A$, denn $b^0 = 1 < b^{0+1} = b$. Es sei $k \in A$, es gebe also ein $n \in \mathbb{N}_0$ mit $b^n \leq k < b^{n+1}$. Dann ist $k + 1 \leq b^{n+1}$ und daher $b^n \leq k + 1 < b^{n+1}$, oder es ist $b^{n+1} = k + 1 < b^{n+2}$. Stets ist aber $k + 1 \in A$, wenn $k \in A$. Insgesamt folgt im Hinblick auf (P 5) $A = \mathbb{N}$. □

Satz 5.19 (Existenz und Eindeutigkeit der Division mit Rest) *Für je zwei natürliche Zahlen a und x gibt es eine Darstellung der Form*

$$x = n \cdot a + r \quad \text{mit} \quad n, r \in \mathbb{N}_0 \quad \text{und} \quad 0 \leq r < a,$$

wobei n und r durch a und x eindeutig bestimmt sind.

Beweis 5.19 Nach Satz 5.17 existiert ein $n \in \mathbb{N}_0$ mit

$$n \cdot a = n \cdot a + 0 \leq x < (n + 1) \cdot a = n \cdot a + a.$$

Folglich ist $x = n \cdot a + r$ mit $r \in \mathbb{N}_0$, $0 \leq r < a$, und wir müssen nur noch die Eindeutigkeit dieser Darstellung zeigen.
Dazu seien

$$x = n_1 \cdot a + r_1 \text{ mit } n_1, r_1 \in \mathbb{N}_0 \text{ und } 0 \leq r_1 < a,$$
$$x = n_2 \cdot a + r_2 \text{ mit } n_2, r_2 \in \mathbb{N}_0 \text{ und } 0 \leq r_2 < a,$$

und ohne Beschränkung der Allgemeinheit gelte $n_2 \leq n_1$ (sonst benenne man die Variablen um). Wäre $n_2 < n_1$, dann wäre $1 \leq (n_1 - n_2)$, also

$$a = 1 \cdot a \leq (n_1 - n_2) \cdot a = r_2 - r_1 < a,$$

im Widerspruch zur Antireflexivität der $<$-Relation. Daher gilt $n_2 = n_1$ und folglich auch $r_2 = r_1$. □

Satz 5.20 (Existenz und Eindeutigkeit der Zifferndarstellung) *Es sei b eine natürliche Zahl mit $b > 1$. Dann gibt es für jedes $x \in \mathbb{N}$ ein $n \in \mathbb{N}_0$ und Zahlen $x_0, x_1, \ldots, x_n \in \mathbb{N}_0$ mit $0 \leq x_j < b$ für alle $j = 0, 1, \ldots, n$ und $x_n \geq 1$, sodass*

$$x = x_0 + x_1 \cdot b + x_2 \cdot b^2 + \ldots + x_{n-1} \cdot b^{n-1} + x_n \cdot b^n$$

gilt. Die Zahlen n und x_j ($j = 0, 1, \ldots, n$) sind dabei durch x eindeutig bestimmt.

Beweis 5.20 Man bestimme n gemäß Satz 5.18 aus $b^n \leq x < b^{n+1}$ und dann x_n und r_n gemäß Satz 5.19 aus

$$x = x_n b^n + r_n \quad \text{mit} \quad 1 \leq x_n < b \quad \text{und} \quad 0 \leq r_n < b^n.$$

Die Division von r_n durch b^{n-1} mit Rest liefert dann

$$r_n = x_{n-1} b^{n-1} + r_{n-1} \quad \text{mit} \quad 0 \leq x_{n-1} < b \quad \text{und} \quad 0 \leq r_{n-1} < b^{n-1}.$$

Nun führen wir die Division von r_{n-1} durch b^{n-2} mit Rest aus usw., bis wir am Ende

$$r_3 = x_2 b^2 + r_2 \text{ mit } 0 \leq x_2 < b \text{ und } 0 \leq r_2 < b^2,$$
$$r_2 = x_1 b^1 + r_1 \text{ mit } 0 \leq x_1 < b \text{ und } 0 \leq r_1 < b^1,$$
$$r_1 = x_0 b^0 \qquad \text{mit } 0 \leq x_0 < b$$

erhalten. Setzt man alle Gleichungen ineinander ein, so ergibt sich eine Darstellung der behaupteten Art.

Zum Beweis der Eindeutigkeit betrachten wir die Menge

$$A = \{x \in \mathbb{N} \mid \text{alle } y \in \mathbb{N} \text{ mit } y \leq x \text{ haben eine eindeutige Darstellung}\};$$

dabei soll „Darstellung" genauer „Zifferndarstellung zur Basis b" bedeuten. Offensichtlich ist $1 \in A$. Es sei $k \in A$; jede natürliche Zahl y mit $y \leq k$ besitze also eine eindeutige Darstellung. Nun seien

$$k + 1 = x_0 + x_1 \cdot b + x_2 \cdot b^2 + \ldots + x_{m-1} \cdot b^{m-1} + x_m \cdot b^m,$$
$$k + 1 = y_0 + y_1 \cdot b + y_2 \cdot b^2 + \ldots + y_{n-1} \cdot b^{n-1} + y_n \cdot b^n$$

zwei Darstellungen von $k + 1$. Dann ist

$$0 = (x_0 - y_0) + ((x_1 + x_2 \cdot b + \ldots + x_m \cdot b^{m-1}) - (y_1 + y_2 \cdot b + \ldots + y_n \cdot b^{n-1})) \cdot b.$$

Es ist keine Beschränkung der Allgemeinheit, $y_0 \leq x_0$ anzunehmen. Wegen $b|0$ ergibt sich $b \mid x_0 - y_0$, was wegen $0 \leq x_0 - y_0 < b$ auf $x_0 - y_0 = 0$ führt. Daraus folgt

$$x_1 + x_2 \cdot b + \ldots + x_m \cdot b^{m-1} = y_1 + y_2 \cdot b + \ldots + y_n \cdot b^{n-1}.$$

Dies ist die Zifferndarstellung einer Zahl y mit $y \leq k$. Wegen $k \in A$ ist daher $m = n$ und $x_j = y_j$ ($j = 1, \ldots, n$), was zusammen mit $x_0 = y_0$ die Eindeutigkeit der Darstellung von $k + 1$ liefert. Es ist also $k + 1 \in A$. Daher gilt $A = \mathbb{N}$. □

Mit der Division mit Rest und der *b*-adischen Zifferndarstellung haben wir nun aus den Peano-Axiomen sämtliches grundlegendes Handwerkszeug für einen Aufbau der Arithmetik gewonnen, wie wir ihn in den ersten vier Kapiteln vorgenommen haben.

Aufgaben

5.1 Beweise Satz 5.7 bis 5.9.

5.2 Beweise Satz 5.10 und 5.11.

5.3 Für das Element $0 \notin \mathbb{N}$ gelte

$$a + 0 = 0 + a = a \text{ für alle } a \in \mathbb{N}.$$

In $(\mathbb{N} \cup \{0\}, +, \cdot)$ sollen außer der Kürzungsregel der Multiplikation für den Faktor 0 dieselben Gesetze wie in $(\mathbb{N}, +, \cdot)$ gelten. Zeige, dass dann gilt:

$$a \cdot 0 = 0 \cdot a = 0 \text{ für alle } a \in \mathbb{N}.$$

5.4

a) Es sei $x < y$. Zeige, dass die Zahl x' mit $x + x' = y$ durch x und y eindeutig bestimmt ist. (Man schreibt dann $x' = y - x$.)
b) Es sei $x | y$. Zeige, dass die Zahl x' mit $x \cdot x' = y$ durch x und y eindeutig bestimmt ist. (Man schreibt dann $x' = y : x$.)

5.2   Vollständige Induktion und Wohlordnungsprinzip

Wir haben in den vorigen Kapiteln mehrfach ein Beweisverfahren verwendet, das auf dem Induktionsaxiom (P 5) beruht und mit *Beweis durch vollständige Induktion* bezeichnet wird. Dabei haben wir bewusst auf allzu viel Formalismus verzichtet – diese Beweismethode reflektiert den *Charakter der natürlichen Zahlen* und wurde schon vor Jahrhunderten verwendet, lange bevor es eine *axiomatische Beschreibung* des Zahlenbereichs $\mathbb{N}$ gab. Der erste bekannte Beweis durch vollständige Induktion stammt von Franciscus Maurolicus (1494–1575), Abt von Messina und renommierter Geometer des 16. Jahrhunderts, der in seinem 1575 veröffentlichten Buch *Arithmeticorum Libri Duo* mittels vollständiger Induktion bewies, dass die *n*-ten Quadratzahlen sich als Summen der ersten *n* ungeraden Zahlen ergeben. Die Darstellung der Methode war jedoch etwas knapp. Später hat Blaise Pascal das Beweisverfahren der vollständigen Induktion in seinem 1654 ausgearbeiteten, aber erst 1665 erschienenen *Traité du triangle arithmétique* hoffähig gemacht. Pascal bewies mittels vollständiger Induktion eine Formel über die Summe von Binomialkoeffizienten, aus der er das heute nach ihm benannte Dreieck (Abschn. 2.8) entwickelte. Die Bezeichnung „vollständige Induktion" wurde damals aber noch nicht verwendet, sie geht auf Augustus de Morgan (1806–1871) zurück, der 1838 in London eine wissenschaftliche Abhandlung mit dem Titel *Induction (Mathematics)* veröffentlichte.

Bevor wir nun die Beweismethode der vollständigen Induktion – diesmal *mit* passenden Formalismen – aus dem Induktionsaxiom entwickeln und diverse Varianten an zahlreichen Beispielen erläutern, wollen wir zunächst die *Idee* herausarbeiten, die hinter allen Induktionsbeweisen steckt.

Bewiesen werden soll eine *Allaussage* über natürliche Zahlen, also eine Aussage vom Typ:

(∗)   „Für alle $n \in \mathbb{N}$ gilt $A(n)$."

Dabei ist $A(n)$ eine sog. *Aussageform* über der Menge $\mathbb{N}$, d. h., ein sprachliches Gebilde, das zu einer *Aussage* wird, wenn man für die Variable n eine natürliche Zahl einsetzt.

(Ist etwa $A(n)$ definiert durch $6|n$, so ist dies *keine* Aussage, weil darunter nur solche sinnvollen Sprachfiguren verstanden werden, denen man grundsätzlich genau einen der Wahrheitswerte „wahr" oder „falsch" zuschreiben kann. Ob jedoch $6|n$ wahr ist oder nicht, lässt sich nicht entscheiden, solange nicht klar ist, was n ist. Setzt man aber nun für n konkrete natürliche Zahlen ein, dann entstehen Aussagen: $A(12)$ wäre die *wahre* Aussage „$6|12$", $A(17)$ wäre die *falsche* Aussage „$6|17$" usw.)

Zum Beweis der Allaussage (∗) muss verifiziert werden, dass

$A(1)$ gilt, $A(2)$ gilt, $A(3)$ gilt, $A(4)$ gilt, $A(5)$ gilt, $A(7)$ gilt, $A(8)$ gilt, ...,

und dies erscheint schwierig vor dem Hintergrund, dass es *unendlich viele* natürliche Zahlen gibt – im beschränkten Zeitintervall der Existenz menschlichen Lebens könnte die Menschheit nur für *endlich* viele natürliche Zahlen n nachweisen, dass $A(n)$ wahr ist.

Der Charme der vollständigen Induktion liegt nun darin, dass man mit *endlich* vielen Argumenten *unendlich viele* Wahrheiten sichern kann. Ein passendes Bild dafür ist der *Dominoeffekt*: Man stelle sich eine unendlich lange Reihe hintereinander aufgestellter Dominosteine vor. Wenn man die Gewissheit haben möchte, dass man *alle* Dominosteine umkippen kann (auch wenn man das in seiner endlichen Lebensspanne nicht miterleben wird), dann muss man sich nur von *zwei* Gegebenheiten überzeugen:

(1) Es ist sichergestellt, dass *der erste* Dominostein umgekippt wird.
(2) Es ist sichergestellt, dass *ein jeder* Dominostein, der umgekippt wird, seinerseits *den nächsten* Dominostein in der Reihe umwirft.

Dann nämlich fällt wegen (1) der erste Dominostein und wirft wegen (2) den zweiten Dominostein um. Weil der zweite Dominostein umgekippt wird, bringt er wegen (2) auch den dritten Dominostein zu Fall, dieser wiederum wegen (2) den vierten, der vierte wegen (2) dann den fünften, der fünfte den sechsten usw.

Entsprechend kann man die Allaussage (∗) in *zwei* Schritten beweisen:

(1) Man überzeuge sich davon, dass $A(1)$ wahr ist.
(2) Man stelle sicher, dass für *jedes beliebige* $n \in \mathbb{N}$ gilt:

$$\textbf{Wenn } A(n) \text{ wahr ist, } \textbf{dann} \text{ ist auch } A(n+1) \text{ wahr.}$$

Weil wegen (1) $A(1)$ wahr ist, ist gemäß (2) auch $A(2)$ wahr. Aus der Gültigkeit von $A(2)$ ergibt sich mit (2), dass $A(3)$ wahr ist. Weil $A(3)$ gilt, gilt wegen (2) auch $A(4)$, daher wegen (2) auch $A(5)$ usw.

Folgende Dinge sind zu beachten:

• Man muss stets *beide* Beweisschritte ausführen!
• Es geht in (2) *nicht* darum, die Gültigkeit von $A(n+1)$ für beliebiges $n \in \mathbb{N}$ zu beweisen – wenn man das kann, braucht man keine vollständige Induktion. Es geht nur darum, die Gültigkeit von $A(n+1)$ aus der Gültigkeit von $A(n)$ zu *folgern*, also die Wahrheit von $A(n+1)$ *unter Verwendung der Voraussetzung*, dass $A(n)$ wahr ist, zu zeigen!
• In (2) ist der Nachweis $A(n) \Rightarrow A(n+1)$ für *beliebige* $n \in \mathbb{N}$ zu führen, man darf keine zusätzlichen Voraussetzungen an n machen!

(Um im Bild der Dominosteine zu bleiben: Was nützt es, die Steine so aufzubauen, dass jeder kippende Stein den nächsten umwirft, wenn man den *ersten* Dominostein nicht umkippt? Was hat man davon, nur *bei ganz bestimmten* Dominosteinen dafür zu sorgen, dass sie den nächsten Stein umwerfen, wenn sie selbst umgekippt werden?)

Verwendet man aber das Verfahren korrekt, dann kann man sicher sein, auf diese Weise die Allaussage (∗) bewiesen zu haben. Axiomatisch abgesichert wird dies durch das Induktionsaxiom (P 5), wie man leicht sieht.

Es sei $M := \{n \in \mathbb{N} | A(n) \text{ ist wahr}\}$. Um die Allaussage (∗) zu beweisen, muss gezeigt werden, dass $M = \mathbb{N}$ gilt. Gemäß (P 5) ist dies erfüllt, wenn die Menge M die beiden folgenden Eigenschaften hat:

(1) $1 \in M$.
(2) Aus $n \in M$ folgt stets $n+1 \in M$.

(1) ist aber gleichbedeutend mit „$A(1)$ ist wahr", und (2) ist gleichbedeutend mit „Wenn $A(n)$ wahr ist, ist stets auch $A(n+1)$ wahr". Genau dies wird aber durch die beiden oben

genannten (und der Bedeutungsgleichheit wegen ebenfalls mit (1) und (2) bezeichneten) Beweisschritte festgestellt.

Beweisschritt (1) nennt man den *Induktionsanfang*, Beweisschritt (2) wird als *Induktionsschluss* oder *Induktionsschritt* bezeichnet. Im Induktionsschluss wird die *Induktionsvoraussetzung* gemacht, dass $A(n)$ für irgendein beliebiges $n \in \mathbb{N}$ wahr ist, sodann die *Induktionsbehauptung* formuliert, dass unter der Induktionsvoraussetzung auch $A(n + 1)$ gilt, und dann die Gültigkeit von $A(n + 1)$ unter der Induktionsvoraussetzung bestätigt. Hat man die Schritte (1) und (2) komplett durchlaufen, ist die Allaussage $(*)$ „nach dem Prinzip der vollständigen Induktion" (PVI) bewiesen.

Der äußere Rahmen für Induktionsbeweise ist also starr festgelegt, das Beweisverfahren folgt vorgezeichneten Bahnen. Die größte Schwierigkeit besteht in der Regel darin herauszufinden, wie man im Induktionsschritt die Induktionsvoraussetzung ausnutzen kann. Ein Kollege hat in diesem Zusammenhang einmal davon gesprochen, man müsse den *Induktionsschlüssel* finden; dieses schöne Wortspiel trifft den Kern der Sache, und wir werden die Sprechweise im Folgenden verwenden. In Abhängigkeit vom Typ der Aussageform $A(n)$ gibt es manchmal Standard-Induktionsschlüssel, die zum Erfolg führen. Dies werden wir jetzt an einigen Beispielen demonstrieren.

Beispiel 5.1 Man beweise durch vollständige Induktion die folgende

Behauptung: Für alle $n \in \mathbb{N}$ ist $\sum_{i=1}^{n}(2i - 1) = n^2$.

(1) Induktionsanfang:

Für $n = 1$ ist die Summenformel richtig, denn es ist

$$\sum_{i=1}^{1}(2i - 1) = 2 \cdot 1 - 1 = 1 = 1^2.$$

(2) Induktionsschluss:

Für irgendein $n \in \mathbb{N}$ gelte $\sum_{i=1}^{n}(2i - 1) = n^2$ (Induktionsvoraussetzung).

Zu zeigen ist (Induktionsbehauptung): Dann gilt auch $\sum_{i=1}^{n+1}(2i - 1) = (n + 1)^2$.

Es ist aber

$$\sum_{i=1}^{n+1}(2i - 1) = \sum_{i=1}^{n}(2i - 1) + (2(n + 1) - 1),$$

und nach Induktionsvoraussetzung lässt sich $\sum_{i=1}^{n}(2i - 1)$ durch n^2 ersetzen. Es folgt

$$\sum_{i=1}^{n+1}(2i-1) = n^2 + (2(n+1)-1) = n^2 + 2n + 1 = (n+1)^2,$$

womit der Induktionsschritt vollzogen wäre. Nach dem Prinzip der vollständigen Induktion ist damit der Beweis der Behauptung erbracht.   ∎

Der Induktionsschlüssel zum Beweis von Summenformeln ist die *Aufteilung* einer Summe $\sum_{i=1}^{n+1} a_i$ in die beiden Summanden $\sum_{i=1}^{n} a_i$ und a_{n+1}, die wegen der Assoziativität der Addition natürlicher Zahlen möglich ist. Dadurch erhalten wir Zugriff auf die Induktionsvoraussetzung, gemäß der wir den ersten Summanden nun umformen können.

Diese Aufteilungstechnik funktioniert grundsätzlich bei allen Objekten, die rekursiv definiert werden können, also bei Summen, Produkten, Potenzen, Zahlenfolgen usw.; allerdings kann es *nach* Ausnutzung der Induktionsvoraussetzung noch unterschiedlich aufwendig sein, den Induktionsschritt abzuschließen.

Beispiel 5.2 Man beweise durch vollständige Induktion die folgende
Behauptung: Für alle $n \in \mathbb{N}$ ist $9 \mid 10^n - 1$.

(1) Induktionsanfang:
   Für $n = 1$ ist die Teilbarkeitsaussage richtig, denn es ist

$$10^1 - 1 = 10 - 1 = 9, \text{ und es gilt } 9 \mid 9.$$

(2) Induktionsschluss:
   Für irgendein $n \in \mathbb{N}$ gelte $9 \mid 10^n - 1$ (Induktionsvoraussetzung).

Zu zeigen ist (Induktionsbehauptung): Dann gilt auch $9 \mid 10^{n+1} - 1$.
   Es ist aber

$$10^{n+1} - 1 = 10 \cdot 10^n - 1 = 9 \cdot 10^n + (10^n - 1),$$

und nach Induktionsvoraussetzung ist der Summand $(10^n - 1)$ durch 9 teilbar. Weil auch der Summand $9 \cdot 10^n$ durch 9 teilbar ist, folgt gemäß der Summenregel der Teilbarkeit (Teilbarkeitsregel 5 aus Abschn. 1.2) schließlich

$$9 \mid 10^{n+1} - 1,$$

womit der Induktionsschritt vollzogen wäre. Nach dem Prinzip der vollständigen Induktion ist damit der Beweis der Behauptung erbracht.   ∎

In Beispiel 5.2 bleibt nach Abspaltung des Terms $(10^n - 1)$ nichts weiter zu tun, der Induktionsschluss ist quasi vollzogen. Dieses Phänomen tritt beim Beweis von Teilbarkeitsaussagen mittels vollständiger Induktion häufig auf; trotzdem liefert die Methode in der Regel nicht die elegantesten Beweise. So könnte man z. B. wesentlich einfacher argumentieren:

$$10 \equiv 1 \bmod 9, \text{ also } 10^n \equiv 1^n \equiv 1 \bmod 9 \text{ für alle } n \in \mathbb{N},$$

woraus sofort die Behauptung folgt.

In Beispiel 5.3 (Beweis der *Bernoulli-Ungleichung*, benannt nach Johann Bernoulli (1667–1748), dem Lehrer Eulers an der Baseler Universität) ist nach Ausnutzung der Induktionsvoraussetzung noch ein wenig Kreativität gefragt.

Beispiel 5.3 Man beweise durch vollständige Induktion die folgende
Behauptung: Ist $x \in \mathbb{R}$, $x \geq -1$, so gilt für alle $n \in \mathbb{N}$: $(1 + x)^n \geq 1 + n \cdot x$.

(1) Induktionsanfang:
Für $n = 1$ ist die Ungleichung richtig, denn es ist

$$(1 + x)^1 = 1 + x = 1 + 1 \cdot x \geq 1 + 1 \cdot x.$$

(2) Induktionsschluss:
Für irgendein $n \in \mathbb{N}$ gelte $(1 + x)^n \geq 1 + n \cdot x$ (Induktionsvoraussetzung).

Zu zeigen ist (Induktionsbehauptung): Dann gilt auch $(1 + x)^{n+1} \geq 1 + (n + 1) \cdot x$.
Es ist aber

$$(1 + x)^{n+1} = (1 + x) \cdot (1 + x)^n \geq (1 + x) \cdot (1 + n \cdot x),$$

wobei hier entscheidend die Nichtnegativität des Faktors $(1 + x)$ eingeht und wir bei der Abschätzung von $(1 + x)^n$ die Induktionsvoraussetzung verwendet haben. Es folgt

$$(1 + x)^{n+1} \geq 1 + n \cdot x + x + n \cdot x^2 = 1 + (n + 1) \cdot x + n \cdot x^2 \geq 1 + (n + 1) \cdot x,$$

denn das Weglassen des nichtnegativen Summanden $n \cdot x^2$ kann die Summe nicht vergrößern. Damit ist der Induktionsschritt vollzogen und nach (PVI) der Beweis der Behauptung erbracht.   ∎

Der von uns in den Beispielen verwendete Formalismus scheint übertrieben, aber er soll dabei helfen, Verfahrenssicherheit zu gewinnen, und er soll einige *Varianten* der vollständigen Induktion verständlich zu machen. (Hat sich am Ende die gewünschte Sicherheit eingestellt, kann man leicht wieder auf die Formalia verzichten.)

Zunächst ist klar, dass man auch im Zahlenbereich $\mathbb{N}_0$ Induktionsbeweise führen kann, denn auch $\mathbb{N}_0$ lässt sich durch die Peano-Axiome charakterisieren, wenn man 0 als natürliche Zahl festsetzt und in unserer in Abschn. 5.1 angegebenen Version der Peano-Axiome jeweils 1 durch 0 ersetzt. (So hat es übrigens Peano selbst in seinen späteren Arbeiten gemacht, und es entspricht auch der DIN-Norm, die Menge $\{0, 1, 2, 3, 4, \dots\}$ als die Menge der natürlichen Zahlen zu verstehen. Wir wollen aber hier bei den von uns eingeführten Bezeichnungen bleiben.) Man muss dann nur den Induktionsanfang für $n = 0$ führen und die Induktionsvoraussetzung für irgendein $n \in \mathbb{N}_0$ machen, der Rest bleibt unverändert. Zur Verdeutlichung führen wir einen Induktionsbeweis der Summenformel für die endliche *geometrische Reihe*.

Beispiel 5.4 Man beweise durch vollständige Induktion die folgende

Behauptung: Ist $x \in \mathbb{R}$, $x \neq 1$, so gilt für alle $n \in \mathbb{N}_0$: $\displaystyle\sum_{i=0}^{n} x^i = \frac{1 - x^{n+1}}{1 - x}$.

(1) Induktionsanfang:

Für $n = 0$ ist die Formel richtig, denn für $x \neq 1$ ist

$$\sum_{i=0}^{0} x^i = x^0 = 1 = \frac{1 - x}{1 - x} = \frac{1 - x^{0+1}}{1 - x}.$$

(2) Induktionsschluss:

Für irgendein $n \in \mathbb{N}_0$ gelte $\displaystyle\sum_{i=0}^{n} x^i = \frac{1 - x^{n+1}}{1 - x}$ (Induktionsvoraussetzung).

Zu zeigen ist (Induktionsbehauptung): Dann gilt auch $\displaystyle\sum_{i=0}^{n+1} x^i = \frac{1 - x^{n+2}}{1 - x}$.

Es ist aber

$$\sum_{i=0}^{n+1} x^i = \sum_{i=0}^{n} x^i + x^{n+1},$$

und nach Induktionsvoraussetzung lässt sich $\displaystyle\sum_{i=0}^{n} x^i$ durch $\dfrac{1 - x^{n+1}}{1 - x}$ ersetzen. Es folgt

$$\sum_{i=0}^{n+1} x^i = \frac{1 - x^{n+1}}{1 - x} + \frac{(1 - x) \cdot x^{n+1}}{1 - x} = \frac{1 - x^{n+2}}{1 - x},$$

womit der Induktionsschritt vollzogen wäre. Nach dem Prinzip der vollständigen Induktion ist damit der Beweis der Behauptung erbracht. ■

Man kann mittels vollständiger Induktion auch Allaussagen beweisen, die erst ab einem bestimmten $n_0 \in \mathbb{N}_0$ gültig sind. Will man zeigen, dass $A(n)$ für alle $n \in \mathbb{N}_0$ mit $n \geq n_0$ gilt, so muss man im Induktionsanfang für $n = n_0$ argumentieren und die Induktionsvoraussetzung für irgendein $n \in \mathbb{N}_0$ mit $n \geq n_0$ machen. Ist dann der Induktionsschritt vollzogen, so ist die Gültigkeit von $A(n)$ für alle $n \in \mathbb{N}_0$, $n \geq n_0$ gezeigt, denn diese Allaussage ist gleichbedeutend mit

$$\text{„Es gilt } A(n + n_0) \text{ für alle } n \in \mathbb{N}_0\text{“},$$

und der Induktionsbeweis dafür stellt im Induktionsanfang ($n = 0$) die Gültigkeit von $A(0 + n_0) = A(n_0)$ sicher, während die Induktionsvoraussetzung die Gültigkeit von $A(n + n_0)$ für irgendein $n \in \mathbb{N}_0$, also die Gültigkeit von $A(n)$ für irgendein $n \geq n_0$, postuliert.

Wir führen nun zwei solche Induktionsbeweise für Sachverhalte vor, die wir in Abschn. 4.5 und 4.6 verwendet haben, deren Beweise wir aber seinerzeit aufgeschoben hatten.

Beispiel 5.5 Man beweise durch vollständige Induktion die folgende
Behauptung: Ist $x \in \mathbb{R}$, $0 < x < 1$, so gilt für alle $n \geq 2$, $n \in \mathbb{N}$: $(1 - x)^n > 1 - n \cdot x$.

(1) Induktionsanfang:
Für $n = 2$ ist die Ungleichung richtig, denn wegen $x \neq 0$ ist $x^2 > 0$ und daher

$$(1 - x)^2 = 1 - 2x + x^2 > 1 - 2 \cdot x.$$

(2) Induktionsschluss:
Für irgendein $n \in \mathbb{N}$ mit $n \geq 2$ gelte $(1 - x)^n > 1 - n \cdot x$ (Induktionsvoraussetzung).

Zu zeigen ist (Induktionsbehauptung): Dann gilt auch $(1 - x)^{n+1} > 1 - (n + 1) \cdot x$.
Es ist aber

$$(1 - x)^{n+1} = (1 - x) \cdot (1 - x)^n > (1 - x) \cdot (1 - n \cdot x),$$

wobei hier entscheidend die Positivität des Faktors $(1 - x)$ eingeht und wir bei der Abschätzung von $(1 - x)^n$ die Induktionsvoraussetzung verwendet haben. Es folgt

$$(1 - x)^{n+1} > 1 - n \cdot x - x + n \cdot x^2 = 1 - (n + 1) \cdot x + n \cdot x^2 > 1 - (n + 1) \cdot x,$$

denn das Weglassen des positiven Summanden $n \cdot x^2$ verkleinert die Summe. Damit ist der Induktionsschritt vollzogen und nach (PVI) der Beweis der Behauptung erbracht. ∎

Beispiel 5.6 Die Folge f sei rekursiv definiert durch

$$f(1) := 1; \quad f(n+1) := \frac{1}{2}f(n) + \frac{1}{f(n)} \text{ für } n \in \mathbb{N}.$$

In Beispiel 4.14 haben wir bereits festgestellt, dass $(f(n))^2 \geq 2$ für alle $n \in \mathbb{N}$ mit $n \geq 2$ gilt.

Man beweise nun durch vollständige Induktion die folgende

Behauptung: Für alle $n \in \mathbb{N}$ mit $n \geq 2$ gilt: $(f(n))^2 \leq 2 + \dfrac{1}{2^n}$.

(1) Induktionsanfang:

Für $n = 2$ ist die Ungleichung richtig, denn es ist

$$f(2) = \frac{1}{2}f(1) + \frac{1}{f(1)} = \frac{1}{2} + 1 = \frac{3}{2},$$

also folgt

$$(f(2))^2 = \frac{9}{4} = 2 + \frac{1}{4} \leq 2 + \frac{1}{2^2}.$$

(2) Induktionsschluss:

Für irgendein $n \in \mathbb{N}$ mit $n \geq 2$ gelte $(f(n))^2 \leq 2 + \dfrac{1}{2^n}$ (Induktionsvoraussetzung).

Zu zeigen ist (Induktionsbehauptung): Dann gilt auch $(f(n+1))^2 \leq 2 + \dfrac{1}{2^{n+1}}$.
Es ist aber

$$(f(n+1))^2 = \left(\frac{1}{2}f(n) + \frac{1}{f(n)} \right)^2 = \frac{1}{4}(f(n))^2 + 1 + \frac{1}{(f(n))^2},$$

und weil $(f(n))^2 \geq 2$ für alle $n \geq 2$, $n \in \mathbb{N}$ gilt und die Induktionsvoraussetzung eine obere Abschätzung für $(f(n))^2$ liefert, ergibt sich

$$(f(n+1))^2 \leq \frac{1}{4}\left(2 + \frac{1}{2^n} \right) + 1 + \frac{1}{2} = 2 + \frac{1}{4} \cdot \frac{1}{2^n} \leq 2 + \frac{1}{2} \cdot \frac{1}{2^n} = 2 + \frac{1}{2^{n+1}}.$$

Damit ist der Induktionsschritt vollzogen und nach (PVI) der Beweis der Behauptung erbracht.   ∎

In Beispiel 5.6 wurde der Induktionsschlüssel durch die rekursive Definition der Folge f geliefert. $f(n+1)$ ließ sich mithilfe von $f(n)$ beschreiben, und für $f(n)$ konnten wir nach

Induktionsvoraussetzung mit $(f(n))^2 \leq 2 + \dfrac{1}{2^n}$ argumentieren. Was aber wäre passiert, wenn $f(n + 1)$ rekursiv durch $f(n)$ *und* $f(n - 1)$ festgelegt gewesen wäre, so wie es beispielsweise bei der Folge der Fibonacci-Zahlen der Fall ist? Hätten wir zusätzlich im Induktionsschritt auch voraussetzen dürfen, es gelte $(f(n - 1))^2 \leq 2 + \dfrac{1}{2^{n-1}}$?

Das ist in der Tat möglich, wie man folgendermaßen einsehen kann: Die Allaussage „Für alle $n \in \mathbb{N}_0$ mit $n \geq n_0$ gilt $A(n)$" soll bewiesen werden. Sei nun $B(n)$ die Aussageform

$$\text{„}A(k) \text{ gilt für alle } k \in \mathbb{N}_0 \text{ mit } n_0 \leq k \leq n.\text{"}$$

Gelingt jetzt mittels vollständiger Induktion der Nachweis, dass $B(n)$ für alle $n \in \mathbb{N}_0$ mit $n \geq n_0$ gilt, dann ist offenbar auch $A(n)$ für alle $n \geq n_0$, $n \in \mathbb{N}_0$ gültig. Dazu sind der Induktionsanfang (1) und der Induktionsschritt (2) auszuführen:

(1) Im Induktionsanfang muss man sicherstellen, dass $B(n_0)$ gilt. $B(n_0)$ besagt aber „$A(k)$ gilt für alle $k \in \mathbb{N}_0$ mit $n_0 \leq k \leq n_0$"; da jedoch $\{k \in \mathbb{N}_0 \mid n_0 \leq k \leq n_0\} = \{n_0\}$ gilt, ist $B(n_0)$ genau dann wahr, wenn $A(n_0)$ wahr ist.

Daher kann man sich im Induktionsanfang einfach davon überzeugen, dass $A(n_0)$ gilt.

(2) Im Induktionsschritt ist zunächst die Induktionsvoraussetzung zu machen, für irgendein $n \in \mathbb{N}_0$ mit $n \geq n_0$ gelte $B(n)$. Nach Definition von $B(n)$ ist dies aber gleichbedeutend mit der Gültigkeit von $A(n_0)$, $A(n_0 + 1)$, $\ldots$, $A(n)$ für irgendein $n \in \mathbb{N}_0$ mit $n \geq n_0$.

Man darf also als Induktionsvoraussetzung formulieren:

$$\text{„Für irgendein } n \geq n_0, \ n \in \mathbb{N}_0 \text{ gelte } A(k) \text{ für alle } k \in \mathbb{N}_0 \text{ mit } n_0 \leq k \leq n.\text{"}$$

Anschließend muss aus der Gültigkeit von $B(n)$ auf die Gültigkeit von $B(n+1)$ geschlossen werden; es muss also gezeigt werden, dass unter der Induktionsvoraussetzung gilt: $A(k)$ ist wahr für alle $k \in \mathbb{N}_0$ mit $n_0 \leq k \leq n + 1$. Da aber die Gültigkeit von $A(k)$ für alle $k \in \mathbb{N}_0$ mit $n_0 \leq k \leq n$ bereits vorausgesetzt ist, muss nur noch $A(n + 1)$ verifiziert werden, dann ist die Gültigkeit von $B(n + 1)$ bestätigt!

Wir können also unser Beweisschema für Induktionsbeweise von Allaussagen der Form „Für alle $n \in \mathbb{N}_0$ mit $n \geq n_0$ gilt $A(n)$" dahingehend variieren, dass wir die Induktionsvoraussetzung

$$\text{„Für irgendein } n \in \mathbb{N}_0 \text{ mit } n \geq n_0 \text{ gelte } A(n)\text{"}$$

durch die *formal stärkere* Induktionsvoraussetzung

$$\text{„Für irgendein } n \in \mathbb{N}_0 \text{ mit } n \geq n_0 \text{ gelte } A(k) \text{ für alle } k \in \mathbb{N}_0 \text{ mit } n_0 \leq k \leq n\text{"}$$

ersetzen und die anderen Positionen unverändert beibehalten. Es gibt zahlreiche Situationen, in denen diese Variante eingesetzt wird (z. B. beim Beweis des Fundamentalsatzes der elementaren Zahlentheorie (Satz 1.12); wir haben in Abschn. 1.4 aber den Umweg über eine Aussageform vom Typ $B(n)$ wie oben genommen).

Bei einigen Anwendungen dieser Variante muss man auch den *Induktionsanfang* verändern, nämlich dann, wenn Aussagen über rekursiv definierte Objekte bewiesen werden sollen und die Rekursionsformeln auf *mehr als ein* Vorgängerobjekt zurückgreifen. Wir verdeutlichen dies in einem Induktionsbeweis für die *Binet'sche Formel*, die *explizite* Darstellungen der Fibonacci-Zahlen angibt und einen weiteren Zusammenhang zwischen dem Teilverhältnis des goldenen Schnitts und der Fibonacci-Folge aufzeigt. Benannt ist diese Formel nach dem französischen Mathematiker Jacques Philippe Binet (1786–1856), obwohl sie schon von Abraham de Moivre (1667–1754) entdeckt und von Nikolaus Bernoulli (1687–1759) bewiesen worden sein soll.

Beispiel 5.7 Für $n \in \mathbb{N}$ bezeichne F_n die n-te Fibonacci-Zahl, wobei (Abschn. 4.3) die Folge der Fibonacci-Zahlen rekursiv durch

$$F_1 = F_2 = 1 \quad \text{und} \quad F_n = F_{n-1} + F_{n-2} \quad (n \geq 3, \, n \in \mathbb{N})$$

definiert ist. Seien ferner

$$\tau_1 := \frac{1 + \sqrt{5}}{2} \quad \text{und} \quad \tau_2 := -\frac{1}{\tau_1} = \frac{1 - \sqrt{5}}{2},$$

also τ_1 das Teilungsverhältnis *Major : Minor* und $|\tau_2|$ das Verhältnis *Minor : Major* bei einer Teilung im Verhältnis des goldenen Schnitts (vgl. Abschn. 4.3).
Man beweise nun durch vollständige Induktion die folgende
Behauptung: Für alle $n \in \mathbb{N}$ gilt: $F_n = \dfrac{\tau_1^n - \tau_2^n}{\sqrt{5}}$.

(1) Induktionsanfang:
   Für $n = 1$ und $n = 2$ ist die Formel richtig, denn es ist

$$\frac{\tau_1^1 - \tau_2^1}{\sqrt{5}} = \frac{1 + \sqrt{5} - (1 - \sqrt{5})}{2\sqrt{5}} = \frac{2\sqrt{5}}{2\sqrt{5}} = 1 = F_1$$

und

$$\frac{\tau_1^2 - \tau_2^2}{\sqrt{5}} = \frac{(\tau_1 + \tau_2) \cdot (\tau_1 - \tau_2)}{\sqrt{5}}$$
$$= (\tau_1 + \tau_2) \cdot \frac{\tau_1^1 - \tau_2^1}{\sqrt{5}} = (\tau_1 + \tau_2) \cdot F_1 = \frac{(1 + \sqrt{5}) + (1 - \sqrt{5})}{2} = 1 = F_2.$$

(2) Induktionsschluss:

Für irgendein $n \in \mathbb{N}$ mit $n \geq 2$ gelte

$$F_k = \frac{\tau_1^k - \tau_2^k}{\sqrt{5}} \quad \text{für alle } k \in \mathbb{N} \text{ mit } k \leq n \qquad \text{(Induktionsvoraussetzung)}.$$

Zu zeigen ist (Induktionsbehauptung): Dann gilt auch $F_{n+1} = \dfrac{\tau_1^{n+1} - \tau_2^{n+1}}{\sqrt{5}}$.

Es ist aber

$$F_{n+1} = F_n + F_{n-1},$$

denn wegen $n \geq 2$ ist $n+1 \geq 3$, sodass für die Berechnung von F_{n+1} die Rekursionsformel zur Verfügung steht. (Für $n = 1$ hätte man $F_{n+1} = F_2$ *nicht* rekursiv bestimmen können, deshalb mussten wir auch den Fall $n = 2$ im Induktionsanfang erledigen!)

Weil nun aber laut Induktionsvoraussetzung für F_n *und* für F_{n-1} die expliziten Darstellungen gemäß der Binet'schen Formel gelten, können wir schließen:

$$
\begin{aligned}
F_{n+1} &= \frac{\tau_1^n - \tau_2^n}{\sqrt{5}} + \frac{\tau_1^{n-1} - \tau_2^{n-1}}{\sqrt{5}} \\
&= \frac{1}{\sqrt{5}} \left(\tau_1^n + \tau_1^{n-1} - \left(\tau_2^n + \tau_2^{n-1} \right) \right) \\
&= \frac{1}{\sqrt{5}} \left(\tau_1^n \cdot \left(1 + \frac{1}{\tau_1} \right) - \tau_2^n \cdot \left(1 + \frac{1}{\tau_2} \right) \right) \\
&= \frac{1}{\sqrt{5}} \left(\tau_1^n \cdot (1 - \tau_2) - \tau_2^n \cdot (1 - \tau_1) \right) \\
&= \frac{1}{\sqrt{5}} \left(\tau_1^n \cdot \tau_1 - \tau_2^n \cdot \tau_2 \right) = \frac{\tau_1^{n+1} - \tau_2^{n+1}}{\sqrt{5}},
\end{aligned}
$$

wobei wir die im Induktionsanfang nachgerechnete Beziehung $\tau_1 + \tau_2 = 1$ verwendet haben. Damit ist der Induktionsschritt vollzogen und nach (PVI) der Beweis der Behauptung erbracht. ∎

Wir haben in den behandelten Beispielen die gängigsten Varianten der Beweisform „Beweis durch vollständige Induktion" kennengelernt, und wir haben gesehen, dass alle diese Varianten durch das Peano-Axiom (P 5), das sogenannte Induktionsaxiom, axiomatisch fundiert sind. Wir haben auch verdeutlicht, dass die in (P 5) beschriebene Eigenschaft der Natur der natürlichen Zahlen entspricht; gleichwohl muss man feststellen, dass das in (P 5) formulierte *Induktionsprinzip* komplizierter aufgebaut ist als die anderen Peano-Axiome. Man könnte also darüber nachdenken, ob (P 5) durch ein anderes Axiom zu ersetzen wäre, das weniger kompliziert und deshalb vielleicht als unbewiesene Grundaussage „einsichtiger" ist. Tatsächlich haben wir in den einführenden Kapiteln mehrfach mit einem Sachverhalt argumentiert, der so unmittelbar einsichtig ist, dass wir ihn nicht hinterfragt haben:

<blockquote>Jede nichtleere Teilmenge von $\mathbb{N}$ besitzt ein kleinstes Element.</blockquote>

Diese auch als *Wohlordnungsprinzip* oder *Prinzip vom kleinsten Element* (*PKE*) bekannte Eigenschaft der natürlichen Zahlen ist logisch gleichwertig zum Induktionsprinzip – akzeptiert man eines der Prinzipien als *Axiom*, dann kann man die Gültigkeit des anderen Prinzips *beweisen*.

Satz 5.21 *Induktionsprinzip und Wohlordnungsprinzip sind logisch äquivalent.*

Beweis 5.21 (I) Es gelte das Induktionsprinzip; dann können wir für die folgende Allaussage einen Beweis mittels vollständiger Induktion versuchen:

($*$)   „Für alle $n \in \mathbb{N}$ gilt: Ist $M \subseteq \mathbb{N}$ und $n \in M$, dann besitzt M ein kleinstes Element."

Gelingt der Beweis, dann ist auch (PKE) bewiesen, denn ist irgendeine nichtleere Teilmenge M von $\mathbb{N}$ vorgegeben, so enthält diese mindestens eine natürliche Zahl n als Element, und wegen $n \in M$ besitzt dann M laut ($*$) ein kleinstes Element.

(1) Induktionsanfang:
   Für $n = 1$ ist alles richtig, denn ist $M \subseteq \mathbb{N}$ und $1 \in M$, dann ist 1 das kleinste Element von M, weil 1 die kleinste aller natürlichen Zahlen ist.
(2) Induktionsschluss:
   Für irgendein $n \in \mathbb{N}$ gelte: Ist $M \subseteq \mathbb{N}$ und $n \in M$, dann besitzt M ein kleinstes Element (Induktionsvoraussetzung).

Zu zeigen ist (Induktionsbehauptung): Dann gilt auch: Ist $M \subseteq \mathbb{N}$ und $n + 1 \in M$, dann besitzt M ein kleinstes Element.

Sei also $M \subseteq \mathbb{N}$ eine Teilmenge von $\mathbb{N}$, die die Zahl $n + 1$ enthält. Ist auch $n \in M$, dann besitzt laut Induktionsvoraussetzung die Menge M ein kleinstes Element. Ist $n \notin M$, dann betrachte man die Menge $M' := M \cup \{n\}$. Wegen $n \in M'$ besitzt M' nach Induktionsvoraussetzung ein kleinstes Element; dieses sei die Zahl $m \in \mathbb{N}$.

Ist $m \in M$, dann ist m wegen $M \subset M'$ natürlich auch das kleinste Element von M. Ist $m \notin M$, dann muss nach Konstruktion von M' offenbar $m = n$ gelten, und es ist $k > n$ für alle $k \in M$. Dann ist aber $k \geq n + 1$ für alle $k \in M$, und weil $n + 1$ zu M gehört, ist dann $n + 1$ das kleinste Element von M.

Damit ist der Induktionsschritt vollzogen und der Beweis der Aussage ($*$) nach (PVI) erbracht.

(II) Es gelte das Wohlordnungsprinzip, und es sei A eine Teilmenge von $\mathbb{N}$ mit den Eigenschaften

(1) $1 \in A$

(2) $n \in A \Rightarrow (n+1) \in A$

Zum Beweis der Gültigkeit des Induktionsprinzips ist zu zeigen: $A = \mathbb{N}$.
Wir führen den Beweis indirekt und nehmen an, es wäre $A \neq \mathbb{N}$. Dann ist die Menge

$$M := \{n \in \mathbb{N} \mid n \notin A\} \subset \mathbb{N}$$

nicht leer und besitzt gemäß (PKE) ein kleinstes Element $n_0 \in M$. Weil $1 \in A$, aber $n_0 \notin A$,
ist $n_0 > 1$, also $n_0 - 1 \in \mathbb{N}$. Weil n_0 das kleinste Element von M ist, kann $n_0 - 1$ nicht in
M liegen, also muss $n_0 - 1 \in A$ gelten. Nach Eigenschaft (2) der Menge A muss dann aber
auch $(n_0 - 1) + 1 = n_0$ in A liegen, was jedoch dem Sachverhalt $n_0 \in M$ widerspricht.

Damit ist $A = \mathbb{N}$ bewiesen, und das Induktionsprinzip ist gültig. $\qquad\square$

Die im obigen Beweis demonstrierte Art der Verwendung des Wohlordnungsprinzips
ist typisch, in den meisten Fällen wird es im Rahmen einer indirekten Beweisführung
eingesetzt. Dazu zum Abschluss noch Beispiel 5.8 mit mehrfacher Anwendung von (PKE).

Beispiel 5.8 Man beweise, dass für alle $n \in \mathbb{N}$ gilt: Jedes Produkt von n aufeinanderfolgenden natürlichen Zahlen ist durch $n!$ teilbar.

Wir führen den Beweis indirekt und nehmen an, es gebe ein $n \in \mathbb{N}$ und ein Produkt
von n aufeinanderfolgenden natürlichen Zahlen $k+1, k+2, \ldots, k+n$ derart, dass $n!$ kein
Teiler von $(k+1) \cdot (k+2) \cdot \ldots \cdot (k+n)$ ist.

Nach (PKE) gibt es eine kleinste Zahl $n \in \mathbb{N}$ mit dieser Eigenschaft, dies sei die Zahl
n_0. Klar ist, dass $n_0 \geq 3$ gilt, denn *jede* natürliche Zahl ist durch $1!$ teilbar, und das Produkt
zweier aufeinanderfolgender natürlicher Zahlen ist stets gerade, also durch $2!$ teilbar.

Nach Definition von n_0 gibt es mindestens ein $k \in \mathbb{N}_0$ derart, dass das Produkt $(k+1) \cdot$
$(k+2) \cdot \ldots \cdot (k+n_0)$ nicht durch $n_0!$ teilbar ist; $k = 0$ kommt dafür aber nicht infrage,
weil $1 \cdot 2 \cdot \ldots \cdot n_0 = n_0!$ eben doch durch $n_0!$ teilbar ist. Daher gibt es wegen (PKE) eine
kleinste Zahl $k \in \mathbb{N}$ mit dieser Eigenschaft, und diese sei k_0.

Wir betrachten nun das nicht durch $n_0!$ teilbare Produkt

$$(k_0 + 1) \cdot (k_0 + 2) \cdot \ldots \cdot (k_0 + n_0 - 1) \cdot (k_0 + n_0)$$

$$= (k_0 \cdot (k_0 + 1) \cdot \ldots \cdot (k_0 + n_0 - 1)) + ((k_0 + 1) \cdot (k_0 + 2) \cdot \ldots \cdot (k_0 + n_0 - 1) \cdot n_0) \, .$$

Der erste Summand $(k_0 \cdot (k_0 + 1) \cdot \ldots \cdot (k_0 + n_0 - 1))$ ist durch $n_0!$ teilbar, denn er lässt
sich in der Form

$$((k_0 - 1) + 1) \cdot ((k_0 - 1) + 2) \cdot \ldots \cdot ((k_0 - 1) + n_0)$$

notieren, und k_0 ist die *kleinste* aller natürlichen Zahlen k, für die $(k + 1) \cdot (k + 2) \cdot \ldots \cdot$ $(k + n_0)$ *nicht* durch n_0! teilbar ist. (Der Fall $k_0 = 1$ bereitet keine Probleme: Zwar ist dann $(k_0 - 1) = 0 \notin \mathbb{N}$, aber dennoch ist $1 \cdot 2 \cdot \ldots \cdot n_0 = n_0$! durch n_0! teilbar.)

Der zweite Summand $((k_0 + 1) \cdot (k_0 + 2) \cdot \ldots \cdot (k_0 + n_0 - 1) \cdot n_0)$ ist ebenfalls durch n_0! teilbar, denn nach Definition von n_0 ist das Produkt $(k_0 + 1) \cdot (k_0 + 2) \cdot \ldots \cdot (k_0 + n_0 - 1)$ von $n_0 - 1$ aufeinanderfolgenden natürlichen Zahlen durch $(n_0 - 1)$! teilbar und deshalb das n_0-fache dieses Produkts durch n_0! teilbar.

Also ist auch $(k_0 + 1) \cdot (k_0 + 2) \cdot \ldots \cdot (k_0 + n_0 - 1) \cdot (k_0 + n_0)$ als Summe zweier durch n_0! teilbarer Summanden durch n_0! teilbar, und unsere Annahme ist zum Widerspruch geführt. ∎

Wie bei Beweisen mittels vollständiger Induktion gilt auch bei Beweisen mithilfe des Wohlordnungsprinzips, dass es oftmals elegantere Beweise gibt. In Beispiel 5.8 hätte man etwa mit Binomialkoeffizienten argumentieren können, um die Darstellung

$$(k + 1) \cdot (k + 2) \cdot \ldots \cdot (k + n) = \frac{(k + n)!}{k!} = \binom{k + n}{k} \cdot n!$$

zu gewinnen, der man die Teilbarkeit des Produkts durch n! sofort ansehen kann.

Aufgaben

5.5 Beweise mittels vollständiger Induktion, dass für alle $n \in \mathbb{N}$ gilt:
a) $4 \mid (5^n + 7)$ b) $8 \mid (5^{2n} - 3^{2n})$ c) $6 \mid (a^{2n+1} - a)$ $(a \in \mathbb{N})$

5.6 Beweise mittels vollständiger Induktion:

a) Für alle $n \in \mathbb{N}$ gilt: $\sum_{i=1}^{n} (-1)^{i-1} \cdot i^2 = (-1)^{n-1} \cdot \dfrac{n \cdot (n + 1)}{2}$.

b) Für alle $n \in \mathbb{N}$ gilt: $\sum_{i=1}^{n} \dfrac{1}{(4i - 3) \cdot (4i + 1)} = \dfrac{4}{4n + 1}$.

c) Für alle $n \in \mathbb{N}_0$ gilt: $\sum_{i=0}^{n} i \cdot i! = (n + 1)! - 1$.

5.7 Beweise mittels vollständiger Induktion (zur Definition des Produktzeichens vgl. auch Satz 4.21):

a) Für alle $n \in \mathbb{N}$ gilt:

$$\prod_{i=1}^{n} 4^i := 4^1 \cdot 4^2 \cdot \ldots \cdot 4^n = 2^{n \cdot (n+1)} .$$

b) Für alle $n \in \mathbb{N}$ mit $n \geq 2$ gilt:

$$\prod_{i=n+1}^{2n} \left(1 + \frac{1}{i}\right) := \left(1 + \frac{1}{n+1}\right) \cdot \left(1 + \frac{1}{n+2}\right) \cdot \ldots \cdot \left(1 + \frac{1}{2n}\right) = 2 - \frac{1}{n+1}.$$

5.8 Beweise mittels vollständiger Induktion die Gültigkeit folgender Ungleichungen:

a) $n^2 > 2n + 1$ für alle $n \in \mathbb{N}$ mit $n \geq 3$ b) $2^n > n^2$ für alle $n \in \mathbb{N}$ mit $n \geq 5$
c) $(1 + x)^n \leq 1 + (2^n - 1) \cdot x$ für alle $n \in \mathbb{N}$ und alle $x \in \mathbb{R}$ mit $0 \leq x \leq 1$

5.9 Beweise mittels vollständiger Induktion: Für jede natürliche Zahl n gibt es n aufeinanderfolgende natürliche Zahlen, von denen keine eine Primzahlpotenz ist.

5.10 Wo steckt der Fehler in folgendem Beweis?
Wir „beweisen", dass auf allen Bankkarten zur Benutzung eines Geldautomaten derselbe PIN-Code eingetragen ist. Wir formulieren dazu die Aussage so, dass sie einem Induktionsbeweis zugänglich wird:

„Für alle $n \in \mathbb{N}$ gilt: Wählt man aus der Menge aller Bankkarten n Bankkarten aus, so sind die PIN-Codes dieser n Bankkarten identisch."

(1) Induktionsanfang:
Für $n = 1$ ist die Aussage richtig, denn *eine* Bankkarte kann nicht zwei verschiedene PIN-Codes haben.
(2) Induktionsschluss:
Für irgendein $n \in \mathbb{N}$ gelte: Die PIN-Codes von n beliebig gewählten Bankkarten sind identisch (Induktionsvoraussetzung).

Zu zeigen ist (Induktionsbehauptung): Dann sind auch die PIN-Codes von $n + 1$ beliebig gewählten Bankkarten identisch.
    Seien also die Bankkarten $B_1, \ldots, B_{n+1}$ vorgelegt. Nach Induktionsvoraussetzung sind die PIN-Codes der Karten $B_1, \ldots, B_n$ identisch, ebenso die PIN-Codes der Bankkarten $B_2, \ldots, B_{n+1}$, denn es handelt sich dabei jeweils um n Karten. Folglich hat B_{n+1} denselben PIN-Code wie B_n und damit auch denselben wie $B_1, \ldots, B_n$. Damit ist der Induktionsschritt vollzogen, und der Beweis der Aussage (PVI) erbracht. Wir können also die überflüssigen PIN-Codes abschaffen.

5.11 Für $n \in \mathbb{N}$ bezeichne F_n die n-te Fibonacci-Zahl, und für $n \in \mathbb{N}_0$ sei a_n definiert durch $a_n := \dfrac{F_{n+2}}{F_{n+1}}$. Man beweise mittels vollständiger Induktion:

a) Für alle $n \in \mathbb{N}_0$ gilt: $a_{2n} < a_{2n+2}$.   b) Für alle $n \in \mathbb{N}_0$ gilt: $a_{2n+1} > a_{2n+3}$.

Lösungen der Aufgaben

1 Arithmetik

1.1 a) $2 \cdot 3 + 4 \cdot 5 + 6 = 32$ b) $2 \cdot 3 + 4 \cdot (5 + 6) = 50$ c) $2 \cdot (3 + 4) \cdot 5 + 6 = 76$
d) $2 \cdot (3 + 4) \cdot (5 + 6) = 154$

1.2 a) $(a + b)^2 = a^2 + 2ab + b^2$; $105^2 = 10\,000 + 1\,000 + 25 = 11\,025$
b) $(a+b)^3 = a^3 + 3a^2b + 3ab^2 + b^3$; $102^3 = 1\,000\,000 + 60\,000 + 1\,200 + 8 =$
$1\,061\,208$
c) $(a+b+c)^2 = a^2 + b^2 + c^2 + 2ab + 2ac + 2bc$; $111^2 = 10\,000 + \ldots = 12\,321$

1.3 $a \cdot b - (a + b) = (a - 1) \cdot (b - 1) - 1$

1.4 a) Falsch   b) Richtig   c) Falsch   d) Richtig

1.5 $(2^3)^2 = 8^2 = 64$; $2^{(3^2)} = 2^9 = 512$.

1.6 a) Wegen $2^x > x^2$ für $x > 4$ nur $x = 1, 2, 3, 4$ ausprobieren; Lösungen: 2, 4
b) Wegen $3^x > x^3$ für $x > 3$ nur $x = 1, 2, 3$ ausprobieren; keine Lösung $\neq 3$

1.7 a) 27, 30 (größte Zahlen) unten in der Mitte   b) Aus $a + 3(a + 1) + 3(a + 2) + (a + 3) = 100$ folgt $8a + 12 = 100$, also $a = 11$ c) Untere Reihe: 14, 15, 9, 4, 56

1.8 a) $(x, y) = (2, 3), (4, 1), (2, 5)$ b) $(5 + x)(5 + y) = 10(x + y) + (5 - x)(5 - y)$
c) $(15 + x)(15 + y) = 200 + 20(x + y) + (5 - x)(5 - y)$

1.9 a) Es gilt $abcabc = 1001 \cdot abc$ und $1001 = 7 \cdot 11 \cdot 13$.
b) Es gilt $abcdabcd = 10001 \cdot abcd$ und $10001 = 73 \cdot 137$.

1.10 a) Richtig: $b = ua, c = va \Rightarrow bc = (uv)a^2$ b) Falsch: $6|12, 12 = 3 \cdot 4$, aber $6 \nmid 3, 6 \nmid 4$ c) Richtig: Aus $b = ua, c = va$ folgt $3b + 5c = (3u + 5v)a$.

1.11 $2^{256} - 1 = (2^{128} - 1)(2^{128} + 1) = (2^{64} - 1)(2^{64} + 1)(2^{128} + 1) = \ldots = (2^2 - 1)(2^2 + 1)(2^4 + 1)(2^8 + 1)(2^{16} + 1)(2^{32} + 1)(2^{64} + 1)(2^{128} + 1)$

1.12 a) $(10a + b) + 4(a + 5b) = 7(2a + 3b)$ b) $(10a + b) + 3(a + 4b) = 13(a + b)$

1.13 a) $n^2 - n = (n - 1)n$; von zwei aufeinanderfolgenden Zahlen ist eine gerade.
b) $n^3 - n = (n - 1)n(n + 1)$; einer der Faktoren ist durch 3 teilbar.
c) $n^4 - n^2 = (n - 1)n^2(n + 1)$; ist n ungerade, dann sind $(n - 1), (n + 1)$ gerade.

1.14 a) $a_1 = 7$; $a_{n+1} - a_n = 7 \cdot 2^{3n}$; aus $7|a_n$ und $7|(a_{n+1} - a_n)$ folgt $7|a_{n+1}$.
b) (1) $3|1 + 2$; $(n + 1)^3 + 2(n + 1) - (n^3 + 2n) = 3(n^2 + n)$
(2) $8|9^2 + 7$; $3^{2(n+1)} + 7 - (3^{2n} + 7) = 8 \cdot 3^{2n}$

© Springer Verlag Berlin Heidelberg 2016
H. Scheid, W. Schwarz, *Elemente der Arithmetik und Algebra*,
DOI 10.1007/978-3-662-48774-7

(3) $9|10+192+5$; $10^{n+1}+3\cdot4^{n+3}+5-(10^n+3\cdot4^{n+2}+5) = 9\cdot(10^n+4^{n+2})$

(4) $24|5^2-1$; $5^{2(n+1)}-1-(5^{2n}-1) = 24\cdot5^{2n}$

(5) $6|1+11$; $(n+1)^3+11(n+1)-(n^3+11n) = 3n(n+1)+12$

(6) $852-1 = 23\cdot37$; $852^{n+1}-1-(852^n-1) = 851\cdot852^n$

1.15 a) Für alle nicht durch 5 teilbaren n: Prüfe $n=1,2,3,4$.

b) $n^4+4 = n^4+4n^2+4-4n^2 = (n^2+2)^2-(2n)^2 = (n^2+2+2n)(n^2+2-2n)$

1.16 $(2n+1)^2 = 8\cdot\frac{n(n+1)}{2}+1 = 8k+1$; $(8k+1)^2 = 16(4k+1)+1$

1.17 a) $(9n+a)^2$ hat denselben 9er-Rest wie a^2, und $0^2,1^2,2^2,3^2,4^2,5^2,6^2,7^2,8^2$ haben der Reihe nach die 9er-Reste 0, 1, 4, 0, 7, 7, 0, 4, 1.

b) Die Reste der drei Quadrate bei Division durch 9 sind, abgesehen von der Reihenfolge, 0,0,0 oder 1,4,4 oder 1,1,7 oder 4,7,7, da ihre Summe durch 9 teilbar sein muss.

1.18 Ist $111\ldots111\cdot9 = 999\ldots999 = 10^k-1$ ein Quadrat, so von der Form $4n+1$. Wegen $4|10^k$ für $k\geq2$ ist aber $10^k = 4n+2$ nur für $k=1$ möglich.

1.19 a) $(p-1)p(p+1)$ ist durch 8 und 3 teilbar (vgl. (2) in Aufgabe 1.13).

b) Ist $p = 5t+r$ $(0 < r < 5)$, dann ist $p^4 = 5k+1$ mit $k\in\mathbb{N}$.

c) Beachte $24|p^2-1$ nach (a) und $5|p^4-1$ nach (b).

d) $p^4-10p^2+9 = (p^2-1)(p^2-9)$ und $1920 = 2^7\cdot3\cdot5$; beachte $2^4|p^2-1$ oder $2^4|p^2-9$.

1.20 a) Ist $n-9 = p$ und $10|(9+p)^2-1$, so $10|(p-1)^2-1$; aus $2|(p-1)^2-1$ folgt $p=2$ und damit $n=11$. b) Aus $4p+1 = (2n+1)^2$ folgt $2|p$, also $p=2$.

c) Aus $2p+1 = (2n+1)^3 = 2n(4n^2+6n+3)+1$ folgt $n=1$, also $p=13$.

1.21 Ist $a^3+b^3 = (a+b)(a^2-ab+b^2)$ eine Primzahl, dann gilt $a=b=1$.

1.22 Ist n gerade, so $(n,k) = (2,1)$ einzige Lösung. Ist n ungerade, so $(n,k) = (3,1),(5,2)$ einzige Lösungen: Für ungerades $n > 5$ ist $n-1|(n-2)!$, also $(n-1)^2|n^k-1$, wegen $n^k-1 = (n-1)(1+n+n^2+\ldots+n^{k-1}) = (n-1)(k+(1-1)+(n-1)+(n^2-1)+\ldots+(n^{k-1}-1))$ also $n-1|k$; dies ist aber wegen $n^{n-1} > (n-1)!$ nicht möglich.

1.23 a) Eine Quadratzahl hat den 4er-Rest 0 oder 1, die Summe zweier ungerader Quadrate hat also den 4er-Rest 2. b) $n(n+1)(n+2)(n+3)+1 = (n^2+3n+1)^2$

c) Eine Summe mit ungerade vielen ungeraden Summanden ist ungerade.

1.24 a) Summe von fünf aufeinanderfolgenden Quadraten hat den 4er-Rest 2 oder 3.

b) $(n-2)^2+(n-1)^2+n^2 = (n+1)^2+(n+2)^2 \iff n^2-12n = 0$, also $n=12$.

1.25 Aus $\frac{a}{c} = \frac{x}{y} = \frac{d}{b}$, wobei $\frac{x}{y}$ voll gekürzt ist, folgt $a = ux, c = uy, d = vx, b = vy$ mit $u,v\in\mathbb{N}$, also $a^k+b^k+c^k+d^k = (u^k+v^k)(x^k+y^k)$.

1.26 a) $2n+1 = (n+1)^2-n^2$

b) $15 = 4^2-1^2 = 8^2-7^2$; $19 = 10^2-9^2$; $27 = 6^2-3^2 = 14^2-13^2$

1.27 a) Ist p Primzahl und $p = x^2-y^2 = (x-y)(x+y)$, dann ist $x-y = 1$ und $x+y = p$, also $x = \frac{p+1}{2}$ und $y = \frac{p-1}{2}$. Ist n ungerade und $n = ab$ mit $1 < b < a < n$, dann sind $n = \left(\frac{n+1}{2}\right)^2-\left(\frac{n-1}{2}\right)^2$ und $n = \left(\frac{a+b}{2}\right)^2-\left(\frac{a-b}{2}\right)^2$ verschiedene Darstellungen.

b) Eine ungerade Kubikzahl ist (als ungerade Zahl) Differenz zweier Quadrate. Für eine gerade Kubikzahl beachte man die angegebene Identität.

1.28 Jeder Primteiler von $n! + 1$ muss größer als n sein.

1.29 a) $100 = 3 + 97 = 11 + 89 = 17 + 83 = 29 + 71 = 41 + 59 = 47 + 53$

b) $6 = 3 + 3$; $8 = 3 + 5$; $10 = 3 + 7 = 5 + 5$; ...; $30 = 7 + 23 = 11 + 19 = 13 + 17$.

1.30 a) $\mathrm{ggT}(\mathrm{ggT}(84, 189), \mathrm{ggT}(210, 350)) = \mathrm{ggT}(21, 70) = 7$

$7 = 70 - 3 \cdot 21 = 2 \cdot 350 - 3 \cdot 210 - 3(189 - 2 \cdot 84) = 6 \cdot 84 - 3 \cdot 189 - 3 \cdot 210 + 2 \cdot 350$

b) $\mathrm{kgV}(84, \ldots, 350) = \mathrm{kgV}(36 \cdot 21, 15 \cdot 70) = \mathrm{kgV}(42 \cdot 18, 42 \cdot 25) = 42 \cdot 18 \cdot 25 = 18\,900$

c) $\frac{225}{18\,900} + \frac{100}{18\,900} + \frac{90}{18\,900} + \frac{54}{18\,900} = \frac{469}{18\,900} = \frac{67}{2\,700}$

1.31 a) Genau dann ist d ein gem. Teiler von a und b, wenn dc ein gem. Teiler von ac und bc ist.   b) Es ist $\mathrm{kgV}(a, b) = ab$, also c ein Vielfaches von ab.

1.32 Aus $d = u_1 a_1 + u_2 a_2 + \ldots + u_n a_n$ folgt $1 = u_1 \frac{a_1}{d} + u_2 \frac{a_2}{d} + \ldots + u_n \frac{a_n}{d}$.

1.33 Behauptung folgt aus $a | \mathrm{kgV}(a, b)$ bzw. $\mathrm{ggT}(a, b) | a$.

1.34 Es gilt $\mathrm{ggT}(d, e) = 1$, also $de | a$, wegen $de | bc$ somit $de | \mathrm{ggT}(a, bc)$. Mit $d = ax + by$ und $e = au + cv$ gilt $de = a^2 xu + acxv + abyu + bcyv$, also $\mathrm{ggT}(a, bc) | de$.

1.35 a) Aus $u | a$ und $v | b$ folgt $uv | ab$. Ist $d | ab$ und $u = \mathrm{ggT}(d, a)$, $v = \mathrm{ggT}(d, b)$, dann ist $\mathrm{ggT}(u, v) = 1$, also $uv | d$; aus $u = dx + ay$, $v = ds + bt$ folgt $uv = d^2 xs + dbxt + days + abyt$ und damit $d | uv$, also $d = uv$.   b) $\mathrm{ggT} = \mathrm{ggT}(a + b, 2) | 2$; $\mathrm{ggT} = \mathrm{ggT}(a + b, 3) | 3$.

1.36 $d = \mathrm{ggT}(2^m - 1, 2^n + 1) \Rightarrow 2^m = ad + 1$, $2^n = bd - 1$ $(a, b \in \mathbb{N}) \Rightarrow (ad + 1)^n = rd + 1 = 2^{mn} = sd - 1 = (bd - 1)^m$ $(r, s \in \mathbb{N}) \Rightarrow d | 2 \Rightarrow d = 1$ (weil d ungerade)

1.37 $\mathrm{ggT}(n! + 1, (n + 1)! + 1) = \mathrm{ggT}(n! + 1, n \cdot n! + n! + 1) = \mathrm{ggT}(n! + 1, n \cdot n!) = 1$

1.38 a) $47 - 17x$ ergibt für $x = 0, 1, 2$ kein Vielfaches von 4. Es ist $48 = 0 \cdot 17 + 12 \cdot 4$ Wegen $\mathrm{ggT}(17, 4) = 1$ ist 1 und damit jede ganze Zahl als Vielfachensumme von 17,4 darstellbar, gesucht sind aber Darstellungen mit Koeffizienten ≥ 0. Ist $n = 17x + 4y$ und $x = 4u + r$ mit $u \in \mathbb{Z}$ und $0 \leq r < 4$, dann ist $n = 17r + 4(y - 17u)$. Ist $n \geq 51$, dann ist $y - 17u \geq 0$. Für alle Zahlen ≥ 51 erhält man also eine Darstellung der gewünschten Form. Ferner ist $50 = 2 \cdot 17 + 4 \cdot 4$, $49 = 1 \cdot 17 + 8 \cdot 4$, $48 = 0 \cdot 17 + 12 \cdot 4$.

b) Folgende Vielfache von 10 nicht darstellbar: 10, 20, 30, 50, 60, 70, 90, 100, 110, 130, 140, 150, 180, 190, 220, 230, 260, 270, 300, 310, 340, 350, 390, 430, 470.

1.39 $n = x_1 a_1 + x_2 a_2 + \ldots + x_k a_k$ Vielfachensummendarstellung, $x_i = y_i a_k + r_i$ für $i < k$ mit $0 \leq r_i < a_k$. Dann $n = r_1 a_1 + r_2 a_2 + \ldots + r_{k-1} a_{k-1} + r_k a_k$ mit $r_k = x_k + (y_1 a_1 + y_2 a_2 + \ldots + y_{k-1} a_{k-1})$. Es ist $r_k a_k \geq n - (a_k - 1)(a_1 + a_2 + \ldots + a_{k-1})$ und daher $r_k \geq 0$, wenn $n > (a_k - 1)(a_1 + a_2 + \ldots + a_{k-1}) - a_k$. Sinnvollerweise wählt man a_k als kleinstes Element. In Aufgabe 1.38 ergibt sich $n > 3 \cdot 17 - 3 = 48$.

1.40 a) $x - 1 | x^k - 1$ $(x, k \in \mathbb{N}) \Rightarrow a^\delta - 1 | d$ mit $\delta = \mathrm{ggT}(m, n)$ und $d = \mathrm{ggT}(a^m - 1, a^n - 1)$. Ist $\delta = mu - nv$ $(u, v \in \mathbb{N})$, dann ist $d | a^{mu} - 1$ und $d | a^{nv} - 1$, also $d | a^{mu} - a^{nv}$, wegen $a^{mu} - a^{nv} = a^{nv}(a^\delta - 1)$ und $\mathrm{ggT}(d, a) = 1$ also $d | a^\delta - 1$. Es folgt $d = a^\delta - 1$.

b) Für $m < n$ ist $a^{2^m} + 1 | a^{2^n} - 1$, also $\mathrm{ggT}(a^{2^m} + 1, a^{2^n} - 1 + 2) = \mathrm{ggT}(a^{2^m} + 1, 2)$.

1.41 $\frac{z_1}{n_1} + \frac{z_2}{n_2} + \ldots + \frac{z_k}{n_k} = g$ mit $g \in \mathbb{N}$ lässt sich umformen zu $z_1 N_1 + z_2 N_2 + \ldots + z_k N_k = g n_1 n_2 \ldots n_k$ mit $N_i = \frac{n_1 n_2 \ldots n_k}{n_i}$. Wäre p ein Primteiler von n_1, dann müsste $p | z_1 N_1$ gelten. Dies gilt nicht, denn $\mathrm{ggT}(n_1, z_1) = 1$, $\mathrm{ggT}(n_1, N_1) = 1$.

1.42 $30 = \mathrm{kgV}(3, 5, 6) \neq 3 \cdot 5 \cdot 6$. Sind a, b, c paarweise teilerfremd, so $\mathrm{kgV}(a, b, c) = \mathrm{kgV}(ab, c) = abc$. Ist $\mathrm{ggT}(a, b) = d > 1$, so $\mathrm{kgV}(a, b, c) = \mathrm{kgV}\left(\frac{ab}{d}, c\right) \leq \frac{abc}{d} < abc$.

1.43 a) Einsetzen!   b) 4 zu 7 Euro und 6 zu 12 Euro   c) 3 Pferde, 5 Ochsen

1.44 Nach 240, 160, 144 bzw. 45 Umdrehungen

1.45 75 Sprünge; Bedingung $(a - b) | s$

1.46 $\tau(32) = 6$; $\tau(54) = 8$; $\tau(600) = 24$

1.47 $a = d$, $b = c$ (Primfaktoren vergleichen!)

1.48 (1) p^4 (2) $p^2 q^2$ (3) pq^3 (4) pqr^2 (p, q, r verschiedene Primzahlen)

1.49 $\mathrm{ggT} = 2^2 \cdot 3 = 12$; $\mathrm{kgV} = 2^6 \cdot 3^2 \cdot 5 \cdot 7^2 = 141\,120$

1.50 $(x, y) = (6, 210), (30, 42)$

1.51 a) $\sqrt{3} = \frac{a}{b}$ führt auf $3b^2 = a^2$.   b) Wäre $\sqrt{2} + \sqrt{3}$, rational, so wäre auch $\sqrt{6}$ rational (Quadrat bilden).   c) Aus $25b^3 = a^3$ würde folgen, dass $5 | \mathrm{ggT}(a, b)$.
d) $x = \sqrt[7]{\sqrt[3]{2} + 1} \Rightarrow (x^7 - 1)^3 = 2$. Wäre $x = \frac{r}{s}$ mit $r, s \in \mathbb{N}$ und $\mathrm{ggT}(r, s) = 1$, dann wäre $(r^7 - s^7)^3 = 2s^{21}$. Wäre p ein Primteiler von s, dann wäre auch $p | r$. Der Fall $s = 1$ ist aber nicht möglich, da $1 + \sqrt[3]{2}$ nicht ganz ist.

1.52 a) 24-mal   b) $2^{18} \cdot 3^8 \cdot 5^4 \cdot 7^2 \cdot 11 \cdot 13 \cdot 17 \cdot 19$

1.53 Wenn Primzahlpotenz, dann i^k mit einem i mit $2 \leq i \leq n$; dann aber $i^2 | i$

1.54 a) p^5, pq^2 b) p^6 c) p^7, pq^3, pqr (p, q, r verschiedene Primzahlen)

1.55 a) 720, 1200, 1620, 4050, 7500, 11 250   b) 192

1.56 a) 160 oder 169   b) 8 oder 12

1.57 a) Jedes Paar komplementärer Teiler liefert den Faktor n; man beachte, dass n genau dann ungerade ist, wenn n ein Quadrat ist.
b) n ist von der Form p, p^2, p^3 oder pq (p, q verschiedene Primzahlen).

1.58 Beachte $a^2 - b^2 = (a + b)(a - b)$ und $\mathrm{ggT}(a + b, a - b) \in \{1, 2\}$.

1.59 $kx + my = 1$ $(x, y \in \mathbb{Z}) \Rightarrow a = a^{kx+my} = a^{kx} a^{my} = b^{mx} a^{my} = (b^x a^y)^m$
Die Zahl $b^x a^y$ ist ganz, etwa $= n$. Dann ist $n^m = a$ und $b^m = n^{mk}$, also $b = n^k$.

1.60 $\tau(360) = 24$, $\sigma(360) = 1170$; $\tau(1000) = 16$, $\sigma(1000) = 2340$; $\tau(1001) = 8$, $\sigma(1001) = 1176$

1.61 a) $(4m + 1)(4n + 1) = 4(4mn + m + n) + 1$ b) 33, 49, 77
c) $441 = 21 \cdot 21 = 9 \cdot 49$; $4389 = 21 \cdot 209 = 57 \cdot 77$

1.62 $\sigma(6) = \sigma(2)\sigma(3) = 3 \cdot 4 = 2 \cdot 6$; $\sigma(28) = \sigma(2^2)\sigma(7) = 7 \cdot 8 = 2 \cdot 28$;
$\sigma(496) = \sigma(2^4)\sigma(31) = 31 \cdot 32 = 2 \cdot 496$; $\sigma(8128) = \sigma(2^6)\sigma(127) = 127 \cdot 128 = 2 \cdot 8128$;
$\sigma(33\,550\,336) = \sigma(2^{12})\sigma(8191) = 8191 \cdot 8192 = 2 \cdot 2^{12} \cdot 8191$

1.63 a) $\sigma(2^{p-1} M_p) = \sigma(2^{p-1})\sigma(M_p) = (2^p - 1)2^p = 2 \cdot 2^{p-1} M_p$ b) s. Hinweis

1.64 a) $\sigma(p^k) = \frac{p^{k+1}-1}{p-1} < 2p^k \iff p^k(p - 2) > -1$
b) $\sigma(pq) = (p + 1)(q + 1) < 2pq \iff (p - 1)(q - 1) > 2$

1.65 a) $\sigma(6k) \geq 12(k+1) > 2 \cdot 6k$, falls $k \neq 1$ b) a abundant $\Rightarrow \sigma(ak) \geq \sigma(a)(k+1) > 2ak$, falls $k > 1$ c) Zeige zuerst, dass eine ungerade Zahl mit genau zwei verschiedenen Primfaktoren defizient ist: $\sigma(p^\alpha q^\beta)/p^\alpha q^\beta < (p/p-1)(q/q-1) \leq 15/8 < 2$.

1.66 a) $\sigma(2^3 \cdot 3 \cdot 5) = 15 \cdot 4 \cdot 6 = 3 \cdot 120$; $\sigma(2^5 \cdot 3 \cdot 7) = 63 \cdot 4 \cdot 8 = 3 \cdot 672$; $\sigma(2^9 \cdot 3 \cdot 11 \cdot 31) = 1023 \cdot 4 \cdot 12 \cdot 32 = 3 \cdot 2^9 \cdot 3 \cdot 11 \cdot 31$

b) $\sigma(2^5 \cdot 3^3 \cdot 5 \cdot 7) = 63 \cdot 40 \cdot 6 \cdot 8 = 4 \cdot 2^5 \cdot 3^3 \cdot 5 \cdot 7$;

$\sigma(2^7 \cdot 3^4 \cdot 5 \cdot 7 \cdot 11^2 \cdot 17 \cdot 19) = 255 \cdot 121 \cdot 6 \cdot 8 \cdot 133 \cdot 18 \cdot 20 = 5 \cdot 2^7 \cdot 3^4 \cdot 5 \cdot 7 \cdot 11^2 \cdot 17 \cdot 19$

1.67 $\sigma(2^2 \cdot 5 \cdot 11) = 7 \cdot 6 \cdot 12 = 504$, $\sigma(2^2 \cdot 71) = 7 \cdot 72 = 504$, $220 + 284 = 504$,

$\sigma(2^5 \cdot 37) = 63 \cdot 38 = 2394$, $\sigma(2 \cdot 5 \cdot 11^2) = 3 \cdot 6 \cdot 133 = 2394$, $1184 + 1210 = 2394$,

$\sigma(2^4 \cdot 23 \cdot 47) = 31 \cdot 24 \cdot 48 = 31 \cdot 1152$, $\sigma(2^4 \cdot 1151) = 31 \cdot 1152$,

$17296 + 18416 = 35712 = 31 \cdot 1152$

1.68 $\sigma(2^n \cdot u \cdot v) = (2^{n+1} - 1)(u+1)(v+1) = (2^{n+1} - 1) \cdot 9 \cdot 2^{2n-1}$;

$\sigma(2^n \cdot w) = (2^{n+1} - 1)(w+1) = (2^{n+1} - 1) \cdot 9 \cdot 2^{2n-1}$;

$2^n(uv + w) = 2^n(9 \cdot 2^{2n-2} - 3 \cdot 2^{n-1} - 3 \cdot 2^n + 9 \cdot 2^{2n-1}) = (2^{n+1} - 1) \cdot 9 \cdot 2^{2n-1}$

1.69 a) $4|c$ b) $(6 \bmod 48)$, $(22 \bmod 48)$, $(38 \bmod 48)$ c) $(3 \bmod 5)$, $(4 \bmod 5)$

1.70 a) $2 \cdot 5 + 8 \cdot 2 \equiv 26 \bmod 9$, $7 \cdot 1 + 1 \cdot 9 \equiv 6 \bmod 10$, $3 \cdot 10$, $3 \cdot 10 + 6 \cdot 7 \equiv 6 \bmod 11$

b) $0 \equiv 6 \cdot 6 \bmod 9$; $5 \equiv 5 \cdot 1 \bmod 10$; $9 \equiv 3 \cdot 3 \bmod 11$

1.71 $217^2 \cdot 691 + 35^2 \cdot 1214 \equiv 9^2 \cdot 2 + 9^2 \cdot 5 \equiv 8 \bmod 13$, aber $84\,588\,749 \equiv 11 \bmod 13$

1.72 Die Abweichung ist ein Vielfaches von $12\,870$, also 0 oder $12\,870$.

1.73 Regel folgt aus $n \equiv Q(n) \bmod 3$.

1.74 $9|n - Q(n) \Rightarrow 9|Q(n - Q(n))$; aus $0 < n - Q(n) < 999$ folgt Behauptung.

1.75 $6^6 \equiv 6 \bmod 10$; $7^7 \equiv 3 \bmod 10$; $8^8 \equiv 6 \bmod 10$; $9^9 \equiv 1 \bmod 10$

1.76 $13^{13} \equiv 8 \bmod 11$; $13^{13} \equiv 1 \bmod 12$; $13^{13} \equiv 13 \bmod 14$; $13^{13} \equiv 13 \bmod 15$

1.77 $10^{10^i} \equiv (-4)^{4^i} \equiv 4^{4^i} \equiv 4^4 \equiv 2^8 \equiv 2^2 \equiv 4 \bmod 7$; Summe $\equiv 40 \equiv 5 \bmod 7$

1.78 $7^{9999} \equiv x \bmod 1000 \Rightarrow 7x \equiv 1 \bmod 1000$ $(\varphi(1000) = 400)$; $7 \cdot 11 \cdot 13 = 1001 \Rightarrow x \equiv 11 \cdot 13 \equiv 143 \bmod 1000$. Ebenso $11^{9999} \equiv 91 \bmod 1000$, $13^{9999} \equiv 77 \bmod 1000$

1.79 Der Quotient zweier Zahlen wäre < 10 und $\equiv 1 \bmod 9$, also $= 1$.

1.80 Eine Quadratzahl ist $\equiv 0$ oder $\equiv 1 \bmod 3$ und $\equiv 0$ oder $\equiv 1 \bmod 8$. Eine der beiden Zahlen a, b muss also durch 3 und eine durch 2 teilbar sein. Sind beide durch 2 teilbar, so folgt $12|ab$; ist nur a gerade, dann ist $1 \equiv (a+b)^2 \equiv c^2 + 2ab \equiv 1 + 2ab \bmod 8$, also $4|ab$ und damit ebenfalls $12|ab$. Ist weder $5|a$ noch $5|b$, dann ist $a^2 \equiv \pm 1 \bmod 5$ und $b^2 \equiv \pm 1 \bmod 5$, wegen $c^2 \not\equiv \pm 2 \bmod 5$ also $a^2 + b^2 \equiv 0 \bmod 5$ und damit $5|c$.

1.81 a) $4147 = 11 \cdot 13 \cdot 29$; $12^{512} \equiv 12^8 \equiv 1 \bmod 29$ b) $2730 = 2 \cdot 3 \cdot 5 \cdot 7 \cdot 13$

c) $247 = 13 \cdot 19$; $6^{30} - 6^{18} - 6^{12} + 1 \equiv 6^6 - 6^6 - 1 + 1 \equiv 0 \bmod 13$; $6^{30} - 6^{18} - 6^{12} + 1 \equiv 6^{12} - 1 - 6^{12} + 1 \equiv 0 \bmod 19$ d) $2^{2n+1} \equiv n^2 - 3n + 2 \bmod 27$ für $n = 1$ richtig; vollständige Induktion: $4(9n^2 - 3n + 2) \equiv 9(n+1)^2 - 3(n+1) + 2 \bmod 27$

1.82 Für $a_1, \ldots, a_n \in \mathbb{Z}$ bilde man $s_k = a_1 + \ldots + a_k$ $(k = 1, \ldots, n)$. Unter den n Zahlen s_i gibt es zwei $\bmod n$ kongruente.

1.83 $n = (aabb) = 11 \cdot (a0b)$ (Darstellung im 10er-System); $11 | (a0b) \iff a + b = 11$. Es folgt $n = 11 \cdot (100a + b) = 11 \cdot (99a + 11) = 11^2 \cdot (9a + 1)$. Die Zahl $9a + 1$ ist nur für $a = 7$ ($2 \le a \le 9$) Quadrat, also ergibt sich $a = 7$, $b = 4$ und damit $n = 7744 (= 88^2)$.

1.84 $n^2 + 3n + 4 \equiv (n - 3)(n - 5) \bmod 11$, die Kongruenz hat also die Lösungsklassen $(3 \bmod 11), (5 \bmod 11)$. Es gilt $n^2 + 3n + 4 \equiv (n - 5)^2 - 8 \bmod 13$, es gibt aber keine Restklasse mod 13, deren Quadrat $(8 \bmod 13)$ ist.

1.85 Für $N_k = 111\ldots111$ gilt $9N_k = 10^k - 1$. Für $k = \mathrm{ord}_n(10)$ gilt $n | 10^k - 1$. Ist $\mathrm{ggT}(9, n) = 1$, dann $n | N_k$. Ist $\mathrm{ggT}(9, n) = 3$ und $n = 3m$ sowie $r = \mathrm{ord}_m(10)$, dann ist $m | N_r$ und daher $n | N_{3r}$. Ist $n = 9m$ sowie $r = \mathrm{ord}_m(10)$, dann $m | N_r$, also $n | N_{9r}$.

1.86 $0 \equiv m^p - n^p \equiv m - n \bmod p$, $m^p - n^p = (m - n)(m^{p-1} + m^{p-2}n + \ldots + mn^{p-2} + n^{p-1})$, $m^{p-1} + m^{p-2}n + \ldots + mn^{p-2} + n^{p-1} \equiv pn^{p-1} \equiv 0 \bmod p$

1.87 Aus $341 = 11 \cdot 31$, $2^{10} \equiv 1 \bmod 11$, $2^{10} \equiv 1 \bmod 31$ folgt $2^{340} \equiv 1 \bmod 341$.

1.88 Es gilt $561 = 3 \cdot 11 \cdot 17$, und 2, 10, 16 sind Teiler von 560.

1.89 $(x \equiv 3 \bmod 17, x \equiv 10 \bmod 16, x \equiv 0 \bmod 15) \Rightarrow x \equiv 3930 \bmod 4080$

1.90 a) $x \equiv 5 \bmod 12$ b) $63x + 7 \equiv 0 \bmod 23$ hat die Lösung $x \equiv 5 \bmod 23$

1.91 Das System $x = 2z, 2y = 3z$ hat die Lösung $(x, y, z) = (4, 3, 2)$.

1.92 $\frac{151}{60} = z + \frac{a}{5} + \frac{b}{12}$, wenn $12a + 5b \equiv 31 \bmod 60$, also $(a, b) = (3, 11)$ und $z = 1$; $\frac{151}{60} = z + \frac{a}{3} + \frac{b}{4} + \frac{c}{5}$, wenn $20a + 15b + 12c \equiv 31 \bmod 60$: $(a, b, c) = (2, 1, 3), z = 1$

1.93 a) $(2135)_6 = 491$ b) $(731)_8 = 473$ c) $(3041)_5 = 396$ d) $(73)_{12} = 87$
e) $(73)_{100} = 703$ f) $(11111)_2 = 31$ g) $(11111)_4 = 341$ h) $(11111)_{100} = 101010101$

1.94 $99 = (1100011)_2 = (344)_5 = (120)_9 = (83)_{12} = (4(19))_{20} = (1(39))_{60}$
$121 = (1111001)_2 = (441)_5 = (144)_9 = ((10)1)_{12} = (61)_{20} = (21)_{60}$

1.95 a) 32033   b) 2104240303   c) 203 Rest 20

1.96 a) $(201103)_4$ b) $(1023333)_5$ c) $(3122332)_4$ d) $(10304)_6$ Rest $(10)_6$

1.97 $(20470630)_{12}$

1.98 a) $b \ge 4$ b) $b = 4$ c) $b \ge 4$ d) $b = 6$

1.99 2079,   44457,   31779

1.100 $(abcabc)_7 = (abc)_7 \cdot (1001)_7$, $(1001)_7 = 244$, also alle Teiler von 244

1.101 a) $n \equiv Q(n) \bmod (b - 1)$ b) $n \equiv Q'(n) \bmod (b + 1)$

1.102 a) $n - Q_2(n) \equiv 0 \bmod 99$ b) $n - Q'_2(n) \equiv 0 \bmod 101$

1.103 Für Ziffern x, y, z mit $x > z$ besteht $99(x - z)$ genau dann wieder aus den Ziffern x, y, z, wenn $x - z = 5$ (Probieren). In diesem Fall ist $x = 9, y = 5, z = 4$.

1.104 $\{x, y, z\} \to \{a, 9 - a, 9\}$; $\{1, 8, 9\} \to \{2, 7, 9\} \to \{3, 6, 9\} \to \{4, 5, 9\}$

1.105 $n < 10^{1000} \Rightarrow Q(n) < 9000 \Rightarrow Q^2(n) < 36 \Rightarrow Q^3(n) < 11 \Rightarrow Q^4(n) \le 9$

1.106 $(10x + y)(10u + v) = (10y + x)(10v + u) \iff xu = yv$ (x, y, u, v Ziffern) Alle Möglichkeiten: $\frac{x}{y} = \frac{1}{2} = \frac{2}{4} = \frac{3}{6} = \frac{4}{8}$, $\frac{x}{y} = \frac{2}{3} = \frac{4}{6} = \frac{6}{9}$, $\frac{x}{y} = \frac{3}{4} = \frac{6}{8}$

1.107 $(13)_4 \cdot 3 = (111)_4$, $(124)_5 \cdot 4 = (1111)_5$, $(1235)_6 \cdot 5 = (11111)_6$ usw.

1.108 a) $\frac{10x + y}{10y + z} = \frac{x}{z} \Rightarrow 9xz = y(10x - z)(x, y, z \in \{1, 2, \ldots, 9\})$. $\mathrm{ggT}(y, 9) = 1$ sowie $y = 3$ uninteressant. Für $y = 9$ ergibt sich $\frac{19}{95} = \frac{1}{5}$ und $\frac{49}{98} = \frac{4}{8}$. Für $y = 6$ erhält man $\frac{16}{64} = \frac{1}{4}$ und $\frac{26}{65} = \frac{2}{5}$.   b) Das Ergebnis ist (zufällig) korrekt.

1.109 $2^i \equiv 2^j \bmod 10$, falls $i \equiv i \bmod 4$; Periode $2, 4, 8, 6$; $2^i \equiv 2^j \bmod 100$, falls $i, j \geq 2$ und $i \equiv j \bmod 20$ $(20 = \varphi(25))$; Periode der Zehnerziffern für 2^k $(2 \leq k < 21)$: 0, $0, 1, 3, 6, 2, 5, 1, 2, 4, 9, 9, 8, 6, 3, 7, 4, 8, 7, 5$

1.110 Klammern auflösen; bei großen Exponenten geht Symmetrie wegen der Ziffernübertragungen verloren. Betrachte Verfahren der schriftlichen Multiplikation.

1.111 $6 \cdot (1 + 2 + 3 + 4) \cdot (1000 + 100 + 10 + 1) = 66\,660$

1.112 $(1 + 2 + \ldots + 9) \cdot 72 \cdot (100 + 10 + 1) - (1 + 2 + \ldots + 9) \cdot 8 \cdot (10 + 1) = 355\,680$

1.113 $9\,9999\,78\,59\,60\,61 \ldots 98\,99\,100$

1.114 $1000 \lg 2 \approx 301,03$, also 302 Stellen

1.115 Für Ziffern a, b, c gilt $a^2 + b^2 + c^2 \leq 9a + 9b + 9c \leq 100a + 10b + (9c - 91a)$, und wegen $a \geq 1$ ist $9c - 91a < 0 \leq c$.

1.116 Es genügt, die zweistelligen Zahlen zu untersuchen.

1.117 a) Alle bis $63\,\mathrm{g}$ (Ziffernsystem zur Basis 2!)   b) Alle bis $121\,\mathrm{g}$

1.118 Aus Sack Nr. i nehme man i Goldstücke und wiege sie zusammen. Ergibt sich das Gewicht $(55 - k)\,\mathrm{g}$, dann enthält Sack Nr. k die falschen Goldstücke.

1.119 (1) $3786 + 4257$ (2) $8472 - 4351$ (3) $65237 - 43829$ (4) $734 \cdot 538$
(5) $431 \cdot 612$ (6) $5467 \cdot 893$ (7) $714 \cdot 25$ (8) $612 \cdot 536$ (verschiedene Möglichkeiten)

1.120 a) $1;1$ b) $1;2$ c) $1;1$ d) $0;2$ e) $1;6$ f) $3;6$

1.121 $323 = 17 \cdot 19$; $\mathrm{ord}_{17}(10) = 16$, $\mathrm{ord}_{19}(10) = 18$, $\mathrm{ord}_{323}(10) = \mathrm{kgV}(16, 18) = 144$

1.122 $\mathrm{ord}_p(10) = 8 \Longleftrightarrow 10^4 \equiv -1 \bmod p \Longleftrightarrow p \mid 10001 \, (= 73 \cdot 137)$, also $p = 73, 137$

1.123 $10 \cdot a_0 \cdot \alpha = a_0 + \alpha \Rightarrow \alpha = \frac{a_0}{10a_0 - 1}$, also $\alpha = \frac{1}{9}, \frac{2}{19}, \frac{3}{29}, \ldots, \frac{9}{89}$

1.124 a) $(0, \overline{01})_2 = (0, 1)_3 = (0, 2)_6$ b) $(0, \overline{0110})_2 = (0, \overline{1012})_3 = (0, \overline{22})_6$
c) $(0, 01\overline{001101})_2 = (0, 02\overline{11})_3 = (0, 15)_6$ d) $(1, 1\overline{0110})_2 = (1, \overline{2002}_3) = (1, 4\overline{1})_6$

1.125 $\frac{1}{2} = (0, 6)_{12}$, $\frac{1}{3} = (0, 4)_{12}$, $\frac{1}{4} = (0, 3)_{12}$, $\frac{1}{6} = (0, 2)_{12}$, $\frac{1}{8} = (0, 18)_{12}$, $\frac{1}{9} = (0, 16)_{12}$, $\frac{1}{12} = (0, 1)_{12}$, $\frac{1}{16} = (0, 09)_{12}$, $\frac{1}{18} = (0, 08)_{12}$, $\frac{1}{24} = (0, 06)_{12}$, $\frac{1}{27} = (0, 054)_{12}$

1.126 a) $\frac{67}{630}$ b) $\frac{67}{12}$ c) $\frac{54\,609\,583}{7999}$

1.127 $\ldots = 15 + \frac{4}{27} = (30, \overline{001736})_5$

1.128 100er-Rest 91; 11er-Rest 6; 11er-Rest 2.

1.129 $[\sqrt{2000}] - [\sqrt{1000}] = 44 - 31 = 13$; $999 - 100 = 899$

1.130 $7 = 4^2 - 3^3$; $15 = 8^2 - 7^2 = 4^2 - 1^2$; $105 = 53^2 - 52^2 = 19^2 - 16^2 = 13^2 - 8^2 = 11^2 - 4^2$

1.131 $2 + 4 + 6 + \ldots + 2n = n \cdot (n + 1)$

1.132 $85 = (1^2 + 2^2)(1^2 + 4^2) = 2^2 + 9^2 = 6^2 + 7^2$; $145 = (1^2 + 2^2)(2^2 + 5^2) = 1^2 + 12^2 = 8^2 + 9^2$; $170 = 2 \cdot 85 = (1^2 + 1^2)(2^2 + 9^2) = (1^2 + 1^2)(6^2 + 7^2) = 1^2 + 13^2 = 7^2 + 11^2$; $290 = 2 \cdot 145 = 1^2 + 17^2 = 11^2 + 13^2$; $765 = 3^2 \cdot 5 \cdot 17 = 3^2(1^2 + 2^2)(1^2 + 4^2) = 6^2 + 27^2 = 18^2 + 21^2$; $2425 = 5^2(4^2 + 9^2) = 20^2 + 45^2$;
$4437 = 3^2 \cdot 17 \cdot 29 = 3^2(1^2 + 4^2)(2^2 + 5^2) = 39^2 + 54^2 = 27^2 + 66^2$;
$231 = 3 \cdot 7 \cdot 11$, $462 = 2 \cdot 3 \cdot 7 \cdot 11$ und $9240 = 40 \cdot 231$ nicht darstellbar

1.133 Aus $n = a^2 + b^2$ folgt $2n = (a-b)^2 + (a+b)^2$;

aus $2n = u^2 + v^2$ folgt $n = (\frac{u-v}{2})^2 + (\frac{u+v}{2})^2$.

1.134 Ausmultiplizieren!

1.135 Man erhält nur die pythagoreischen Tripel der Form $(a, b, b+1)$.

1.136 a) Aus $c = u^2 + v^2$ mit $ggT(u, v)=1$ und $u \not\equiv v \bmod 2$ folgt $c \equiv 1 \bmod 4$, also $c \equiv 1, 5$ oder $9 \bmod 12$. Aus $c \equiv 9 \bmod 12$ folgt $3|c$. Für $ggT(u, v) = 1$ ergibt sich aber $u^2 + v^2 \not\equiv 0 \bmod 3$.   b) Zahlen aus $1 \bmod 12$ oder $5 \bmod 12$, die nicht Summe von zwei von 0 verschiedenen Quadraten sind: $49, 77, 121, \ldots$

1.137 $ab = (a + b + c) \cdot \varrho \Rightarrow \varrho = \frac{2rs(r^2 - s^2)}{2rs + r^2 - s^2 + r^2 + s^2} = \frac{2rs(r+s)(r-s)}{2r(r+s)} = s(r - s)$

1.138 Aus $7 \nmid abc$ folgt $a^6 \equiv b^6 \equiv c^6 \equiv 1 \bmod 7$, also a^3, b^3, $c^3 \equiv \pm 1 \bmod 7$ und damit $a^3 + b^3 \not\equiv c^3 \bmod 7$. Aus $3 \nmid abc$ folgt dasselbe bezüglich des Moduls 9.

1.139 $12\,193 = 113^2 - 24^2 = 89 \cdot 137$

1.140 $D_8 = 36$

1.141 $7 \cdot 5050 = 35\,350$ bzw. $7^2 \cdot 338\,350 = 16\,579\,150$

1.142 $1, 8, 21, 40, 65$, allgemein $n(3n - 2)$

1.143 $22 = 1+6+15 = 1+1+4+16 = 5+5+12; 37 = 1+36 = 1+36 = 1+1+35$; $120 = 120 = 2^2 + 4^4 + 10^2 = 1+1+1+117; 200 = 10+21+169 = 100+100 = 12 + 12 + 176$

1.144 $6 \cdot 7 = 42$, $66 \cdot 67 = 4422$, $666 \cdot 667 = 444222$ usw.   Allgemein: Es sei $N_k = 111\ldots 111$ (k Ziffern). Aus $9 \cdot N_k + 1 = 10^{k+1}$ folgt $36 N_k + 6 = 4 \cdot 10^{k+1} + 2$, daraus $6 N_k (6 N_k + 1) = 4 N_k \cdot 10^{k+1} + 2 N_k$.

1.145 Der Inhalt des Rechtecks ist $3 \cdot (1^2 + 2^2 + \ldots + n^2)$.

1.146 $P_1^{(k)} + P_2^{(k)} + P_3^{(k)} + \ldots + P_n^{(k)} = \frac{1}{2}(k-2)(1^2 + 2^2 + \ldots + n^2) - \frac{1}{2}(k-4)(1+2+\ldots+n)$

1.147 Beachte die Definition von $P_n^{(k)}$.

1.148 $n(n + 1)(2n + 1) = 6 \cdot 4900 \Rightarrow n = 24$

1.149 a) $0, 1, 3, 6$ b) $(\frac{3n+2}{4})^2 - (\frac{n+2}{4})^2$

1.150 $4 \cdot 1^2 + 8 \cdot 2^2 + \ldots + 4n \cdot n^2 = (n(n + 1))^2$

1.151 Für $i = 0, 1, 2, \ldots, n-1$ ist $(n-i)^5 - (n-i-1)^5 = 5(n-i)^4 - 10(n-i)^3 + 10(n-i)^2 - 5(n-i) + 1$. Addition dieser Gleichungen liefert $n^5 = 5(1^4 + 2^4 + \ldots + n^4) - 10(1^3 + 2^3 + \ldots + n^3) + 10(1^2 + 2^2 + \ldots + n^2) - 5(1 + 2 + \ldots + n) + n$. Es folgt $1^4 + 2^4 + \ldots + n^4 = \frac{n^5}{5} + \frac{n^2(n+1)^2}{2} - \frac{n(n+1)(2n+1)}{3} + \frac{n(n+1)}{2} - \frac{n}{5} = \frac{n(6n^4 + 15n^3 + 10n^2 - 1)}{30}$.

1.152 $\frac{1}{2}n^2 < \frac{1}{2}n(n + 1) < \frac{1}{2}(n + 1)^2$; $\frac{1}{3}n^3 < \frac{n(n+1)(n+0,5)}{3} < \frac{1}{3}(n + 1)^3$;

$\frac{1}{2}n^4 < \frac{n^2(n+1)^2}{4} < \frac{1}{4}(n + 1)^4$

1.153 a) Freitag   b) Samstag   c) Dienstag

1.154 a) Mittwoch   b) Freitag   c) Freitag

1.155 Vgl. nebenstehendes Quadrat.

1.156 Nach (2), (3) gilt $c, d, e, f \in \{1, 5\}$; dann ist $cf - de$ gerade, also nicht zu 6 teilerfremd.

12	20	23	1	9
3	6	14	17	25
19	22	5	8	11
10	13	16	24	2
21	4	7	15	18

1.157 c, d, e, f ungerade $\Rightarrow c \pm d$, $e \pm f$ gerade, also nicht teilerfremd zu n

1.158 Für $c, d, e, f \in \{1, 2, 4, 5, 7, 8\}$ lässt sich Bedingung (1) z. B. mit $c = 1$, $d = 2, e = 1, f = 4$ realisieren. Bedingungen (4) und (5) sind nicht erfüllbar, denn für je zwei zu 3 teilerfremde Zahlen ist ihre Summe oder ihre Differenz durch 3 teilbar.

(Allgemein: Die Lehmer-Methode liefert kein diabolisches Quadrat einer durch 3 teilbaren Ordnung.)

1.159 Für $n = 7$ kann man $\begin{pmatrix} 0 & 2 & 3 \\ 0 & 1 & 1 \end{pmatrix}$ wählen.

1.160 Man wähle $c, d, e, f \in \{1, 2, 3, 4, 5, 6, 7, 8, 9, 10\}$, wobei $c \pm d$, $e \pm f$, und $cf - de$ nicht durch 11 teilbar sind, also z. B. die Werte $c = e = 1$, $d = 2$ und $f = 3, 4, 5$, 6, 7, 8, 9, 10 oder $c = e = 1$, $d = 3$ und $f = 2, 4, 5, 6, 7, 8, 9, 10$ usw.

1.161 $3 + 10 + 12 + 0 + 30 + 18 + 7x + 72 + 72 \equiv 6 \bmod 11$ ergibt $7x \equiv 9 \bmod 11$ mit der Lösung $x \equiv 6 \bmod 11$; die fehlende Ziffer ist also 6.

1.162 $7 + 18 + 6 + 3x + 0 + 3 + 0 + 6 + 5 + 21 + 3 + 0 + 1 + 12 \equiv 0 \bmod 10$ ergibt $3x \equiv 2 \bmod 10$ mit der Lösung $x \equiv 4 \bmod 10$; die fehlende Ziffer ist also 4.

1.163 Aus $5a + b \equiv 11 \bmod 30$ und $19a + b \equiv 7 \bmod 30$ folgt $14a \equiv -4 \bmod 30$ und daraus $a \equiv 19 \bmod 30$ oder $a \equiv 4 \bmod 30$ und daraus $b \equiv 6 \bmod 30$ oder $b \equiv 21 \bmod 30$. Der Schlüssel ist also $(19, 6)$ oder $(4, 21)$. Wegen $\mathrm{ggT}(4, 30) \neq 1$ ist er vermutlich $(19, 6)$.

1.164 $54\,227 = 211 \cdot 257$; $\varphi(54\,227) = 210 \cdot 256 = 2^9 \cdot 3 \cdot 5 \cdot 7$; $143 = 11 \cdot 13$ teilerfremd zu $\varphi(54\,227)$; $143s \equiv 1 \bmod m$ für $m = 2^9, 3, 5, 7$ lösen (Hilfe: $s \equiv 111 \bmod 512$) und mit chinesischem Restsatz $143s \equiv 1 \bmod \varphi(54227)$ lösen: $s \equiv 6767 \bmod \varphi(54227)$.

1.165 a) $3^2 \equiv 9$, $3^4 \equiv 13$, $3^6 \equiv 6$, $3^8 \equiv -1 \bmod 17$ b) $3^{ir} \equiv 1 \bmod 17 \iff ir \equiv 0 \bmod 16 \iff r \equiv 0 \bmod 16$ genau dann, wenn i ungerade ist c) Wegen $5 \equiv 3^5 \bmod 17$ ergibt sich der Logarithmus x aus $ix \equiv 5 \bmod 16$ für $i = 1, 3, 5, 7, 9, 11, 13, 15$.

2   Mengen, Relationen, Abbildungen

2.1 a) $\{1, 4, 7, 10, 13, 16, 19\}$ b) $\{19, 28, 37, 46, 55, 64, 73, 82, 91\}$ c) $\left\{ \frac{1}{4}, \frac{1}{3}, \frac{1}{2}, \frac{2}{3}, \frac{3}{4} \right\}$

2.2 a) Beide Mengen leer, denn $3 \nmid 32$ und $7 \nmid 125$ b) $b|a$ c) $\{7d \mid d|30\}$

2.3 Mengendiagramme einfach zu zeichnen!

2.4 Es gibt 20 Teilmengen mit drei Elementen.

2.5 a) $(a \bmod m)$, falls $a \equiv b \bmod m$, sonst $\emptyset$ b) $m|x - a$ und $n|x - a \iff mn|x - a$, falls $\mathrm{ggT}(m, n) = 1$ c) $x = 6 + 9y$, $6 + 9y \equiv 7 \bmod 11 \Rightarrow x \equiv 51 \bmod 99$

2.6 a) $x^2 \equiv 0, 1, 4 \bmod 8$; $x^2 + y^2 \equiv 0, 1, 2 \bmod 4$; $x \equiv 7 \bmod 9$
   b) Hypotenusenquadrate in pythagoreischen Tripeln, also 5^2, 10^2, 13^2, 15^2, 17^2, 20^2, 25^2, ...   c) $16, 25, 1024 \in A \cap C$ d) z. B. $25, 61$

2.7 a) $A = B$ b) $C \subseteq A$

2.8 Inzidenztafel liefert: $x \in A \setminus (B \cap C) \iff x \in (A \setminus B) \cup (A \setminus C)$.

2.9 a) Mengendiagramm zeichnen.   b) (1) Vgl. Definition.   (2) $A * B * C$ besteht (bei beliebiger Beklammerung) aus den Elementen, die zu genau einer der Mengen A, B, C gehören.   (3) $A \cup A = A$, $A \cap \emptyset = \emptyset$ (4) $A \cap A = A \cup A = A$
   c) $X = A \star B$, denn $A \star A \star B = \emptyset \star B = B$; aus $A \star X_1 = A \star X_2$ folgt $X_1 = X_2$.

2.10 I: $A \cap B \cap C$ II: $(A \cap B) \setminus C$ III: $(A \cap C) \setminus B$ IV: $(B \cap C) \setminus A$

       V: $A \setminus (B \cup C)$ VI: $B \setminus (A \cup C)$ VII: $C \setminus (A \cup B)$ VIII: $M \setminus (A \cup B \cup C)$

2.11 a) $x \in \overline{A \setminus B} \iff x \notin A$ oder $x \in B \iff x \in \overline{A}$ oder $x \in B \iff x \in \overline{A} \cup B$

       b) $x \in \overline{A \setminus B} \cap \overline{B \setminus A} \iff x \in \overline{A \setminus B}$ und $x \in \overline{B \setminus A} \iff x \notin A \setminus B$ und

       $x \notin B \setminus A \iff x \notin A * B \iff x \in \overline{A * B}$ c) $\overline{A \setminus B} \cup \overline{B \setminus A} = (A \setminus B) \cap (B \setminus A) = \emptyset$

2.12 a) $x \in \overline{A}$ und $x \notin \overline{B} \iff x \in B$ und $x \notin A$

       b) $(\overline{A} \setminus \overline{B}) \cup (\overline{B} \setminus \overline{A}) = (B \setminus A) \cup (A \setminus B)$; vgl. (a).

2.13 $|M| :=$ Anzahl der Elemente von der Menge M. Ist $|M| = 1$, dann besitzt M genau $2^1 = 2$ Teilmengen, nämlich $\emptyset$ und M. Ist $|M| = n + 1$ und $a \in M$, dann besitzt M nach Induktionsannahme genau 2^n Teilmengen, die a enthalten und genau 2^n Teilmengen, die a *nicht* enthalten; also besitzt M genau $2^n + 2^n = 2^{n+1}$ Teilmengen.

2.14 1, 5, 10, 10, 5, 1

2.15 Jedes 10-Tupel aus $\{0, 1, 2, 3, 4, 5, 6, 7, 8, 9\}^n$ entspricht umkehrbar eindeutig einer höchstens 10-stelligen Zahl (im 10er-System).

2.16 $\{3, 6, 15, 30\} \times \{10, 20\} \times \{7, 21\}$ (16 Tripel)

2.17 $\mathcal{P}(A \times B)$ besteht aus $2^{3 \cdot 6} = 2^{18} = 262\,144$ Elementen.

2.18 a) Menge der Paare (a, b) mit $a \in A_1 \cap A_2$ und $b \in B_1 \cap B_2$

       b) Betrachte z. B. den Fall $A_1 = \emptyset$.

       c) Die Beziehung ist dann nicht allgemeingültig: $(A_1 \times B_1) \setminus (A_2 \times B_2)$ kann auch Paare (a, b) mit $a \in A_1 \setminus A_2$ und $b \in B_2$ oder $a \in A_2$ und $b \in B_1 \setminus B_2$ enthalten.

2.19 U Gerade, V Kreis, $U \cap V$ Menge der Schnittpunkte $\{(-1, 1), (3, 9)\}$

2.20 K Kugel; $K \cap \mathbb{N}_0^3$ besteht aus den Punkten (5,0,0), (0,5,0), (0,0,5) und (3,4,0), (4,3,0), (3,0,4), (4,0,3), (0,3,4), (0,4,3).

2.21 a) Reflexiv, antisymmetrisch, transitiv   b) Reflexiv, symmetrisch

       c) Symmetrisch   d) Reflexiv, symmetrisch   e) – h) Reflexiv, symmetrisch, transitiv

       i) Symmetrisch   j) Antisymmetrisch, transitiv

2.22 a) Nein   b) Ja   c) Ja

2.23 a) $\{1, 10, 19, \ldots\}$, $\{2, 11, 20, \ldots\}$, $\{3, 12, 21, \ldots\}$, $\{4, 13, 22, \ldots\}$, $\{5, 14, 23, \ldots\}$,

       $\{6, 15, 24, \ldots\}$, $\{7, 16, 25, \ldots\}$, $\{8, 17, 26, \ldots\}$, $\{9, 18, 27, \ldots\}$

       b) Genau dann ist $\overline{Q}(n) = 9$, wenn n durch 9 teilbar ist.

2.24 Vgl. Abb. 1.

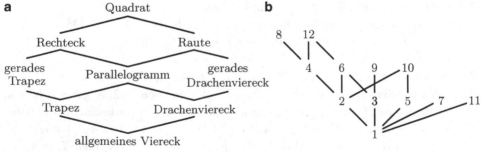

Abb. 1 Zu Aufgabe 2.24

2.25 a) x ist Vielfaches von y; $x \geq y$; $x > y$.   b) Vgl. Definition.

2.26 a) $x \nmid y$; $x > y$; $x \geq y$ b) $(x, y) \in (R') \iff (x, y) \notin R'$
$\iff (y, x) \notin R \iff (y, x) \in \overline{R} \iff (x, y) \in (\overline{R})'$ c) Symmetrisch

2.27 $Q^{-1}(4) = \{4, 13, 22, \ldots\}$, $Q^{-1}(5) = \{5, 14, 23, \ldots\}$, $Q^{-1}(6) = \{6, 15, 24, \ldots\}$

2.28 $\alpha^{-1}(10) = \{(1, 3), (3, 1)\}$; $\alpha^{-1}(11) = \emptyset$; $\alpha^{-1}(13) = \{(2, 3), (3, 2)\}$;
$\alpha^{-1}(20) = \{(2, 4), (4, 2)\}$; $\alpha^{-1}(21) = \emptyset$; $\alpha^{-1}(65) = \{(1, 8), (8, 1), (4, 7), (7, 4)\}$

2.29 a) Keine Abbildung b) Abbildung mit Definitionsmenge = Zielmenge = $\{1, 2, \ldots, 99\}$

c) Abbildung; Definitionsmenge $\{x \in \mathbb{N} \mid 2|x\}$, Zielmenge $\mathbb{N}$ d) Abbildung von $\mathbb{Q}$ in $\mathbb{Q}$

e) Keine Abbildung, beispielsweise $\left(\frac{1}{2}\right)^2 = \frac{1}{4} = \left(-\frac{1}{2}\right)^2$ f) Abbildung von $\mathbb{R}_0^+$ auf sich ($y = \sqrt{x}$)

2.30 a) Injektiv b) Injektiv c) Injektiv d) Surjektiv

2.31 a) $n \mapsto n + 1$; $n \mapsto n^2$ b) $n \mapsto$ Ganzteil von $\sqrt{n}$; $n \mapsto$ Quersumme von n

c) $n \mapsto n$; $n \mapsto n + 1$, falls n ungerade, $n \mapsto n - 1$, falls n gerade

2.32 $\begin{pmatrix} 1\,2\,3 \\ 1\,2\,3 \end{pmatrix} \begin{pmatrix} 1\,2\,3 \\ 1\,3\,2 \end{pmatrix} \begin{pmatrix} 1\,2\,3 \\ 3\,2\,1 \end{pmatrix} \begin{pmatrix} 1\,2\,3 \\ 2\,1\,3 \end{pmatrix} \begin{pmatrix} 1\,2\,3 \\ 2\,3\,1 \end{pmatrix} \begin{pmatrix} 1\,2\,3 \\ 3\,1\,2 \end{pmatrix}$

$\begin{pmatrix} 1\,2\,3 \\ 1\,2\,3 \end{pmatrix} \begin{pmatrix} 1\,2\,3 \\ 1\,3\,2 \end{pmatrix} \begin{pmatrix} 1\,2\,3 \\ 3\,2\,1 \end{pmatrix} \begin{pmatrix} 1\,2\,3 \\ 2\,1\,3 \end{pmatrix} \begin{pmatrix} 1\,2\,3 \\ 3\,1\,2 \end{pmatrix} \begin{pmatrix} 1\,2\,3 \\ 2\,3\,1 \end{pmatrix}$

2.33 $\alpha^{-1} = \begin{pmatrix} 1\,2\,3\,4\,5\,6\,7 \\ 4\,5\,1\,6\,2\,7\,3 \end{pmatrix}$, $\beta^{-1} = \begin{pmatrix} 1\,2\,3\,4\,5\,6\,7 \\ 7\,6\,5\,4\,3\,2\,1 \end{pmatrix}$ usw.

2.34 Zum Beispiel $\begin{pmatrix} 1\,2\,3\,4 \\ 1\,2\,3\,4 \end{pmatrix} \begin{pmatrix} 1\,2\,3\,4 \\ 2\,1\,4\,3 \end{pmatrix} \begin{pmatrix} 1\,2\,3\,4 \\ 4\,3\,2\,1 \end{pmatrix} \begin{pmatrix} 1\,2\,3\,4 \\ 3\,4\,1\,2 \end{pmatrix}$

2.35 a) $x \mapsto nx$ b) Z. B. $1 \mapsto 0$, $2n \mapsto +n$, $2n + 1 \mapsto -n$

2.36 A und $\overline{A}$ bestimmen sich gegenseitig eindeutig.

2.37 $\alpha^{-1} = \alpha$, die Abbildung stimmt mit ihrer Umkehrabbildung überein.

2.38 a) $x \in T_1 \cup T_2 \iff \alpha(x) \in \alpha(T_1) \cup \alpha(T_2)$; $x \in T_1 \cap T_2 \Rightarrow \alpha(x) \in \alpha(T_1) \cap \alpha(T_2)$;
„$\Leftarrow$" gilt nicht, denn es kann $\alpha(x_1) = \alpha(x_2)$ mit $x_1 \in T_1, x_2 \in T_2$ und $x_1 \notin T_2$ sein.

b) $t \in T \Rightarrow t \in \alpha^{-1}(\alpha(T))$; es ist aber möglich, dass $\alpha(x) \in \alpha(T)$ für ein $x \in A \setminus T$ gilt.

c) $x \in \alpha(\alpha^{-1}(U)) \Rightarrow$ es gibt ein $y \in \alpha^{-1}(U)$ mit $\alpha(y) = x$ und $\alpha(y) \in U$, also $x \in U$.

2.39 a) 2^3 Abbildungen   b) Bildmenge muss mindestens fünf Elemente enthalten.

c) Bildmenge darf höchstens vier Elemente enthalten.

2.40 Josephus hat Nr. 37 gezogen.

2.41 a) $\alpha \circ \alpha \circ \beta = \begin{pmatrix} 1\,2\,3\,4\,5 \\ 4\,2\,5\,1\,3 \end{pmatrix}$ b) $\alpha \circ \beta \circ \alpha = \begin{pmatrix} 1\,2\,3\,4\,5 \\ 1\,5\,4\,3\,2 \end{pmatrix}$

c) $\beta \circ \alpha \circ \alpha = \begin{pmatrix} 1\,2\,3\,4\,5 \\ 4\,3\,2\,1\,5 \end{pmatrix}$ d) $\alpha^{-1} \circ \beta^{-1} = \begin{pmatrix} 1\,2\,3\,4\,5 \\ 5\,3\,4\,2\,1 \end{pmatrix}$

2.42 a) $\begin{matrix} x' = 7x - 12y \\ y' = 6x + 7y \end{matrix}$ b) $\begin{matrix} x' = 9x + 16y \\ y' = 8x + 33y \end{matrix}$ c) $\begin{matrix} x' = -\frac{1}{11}x + \frac{3}{11}y \\ y' = \frac{3}{11}x + \frac{2}{11}y \end{matrix}$ d) $\begin{matrix} x' = -\frac{5}{13}x + \frac{4}{13}y \\ y' = \frac{2}{13}x + \frac{1}{13}y \end{matrix}$

2.43 $(2x + 1)^2$, $(\sqrt{x})^2 = |x|$, $2\sqrt{x} + 1$, $(2\sqrt{x} + 1)^2$, $\sqrt{2x^2 + 1}$

2.44 Achsen identisch oder rechtwinklig; Verschiebung in Richtung der Spiegelachse

2.45 $\alpha, \beta : \mathbb{N} \to \mathbb{N}$: $\alpha : n \mapsto \left[\frac{n}{2}\right]$ surjektiv, nicht injektiv; $\beta : n \mapsto 2n$ injektiv, nicht surjektiv; $\alpha \circ \beta$ bijektiv (die identische Abbildung, denn $\left[\frac{2n}{2}\right] = n$)

2.46 $|\mathcal{P}(A) \times \mathcal{P}(B)| = 2^{|A| + |B|}$; $|\mathcal{P}(A \times B)| = 2^{|A| \cdot |B|}$

2.47 $(|A|, |B|) = (6, 8), (7, 7)$ oder $(8, 6)$

2.48 $3000 - 1500 - 1000 - 600 + 500 + 300 + 200 - 100 = 900$

2.49 Für $x = |\overline{E} \cap F \cap \overline{L}|, y = |\overline{E} \cap F \cap L|, z = |\overline{E} \cap \overline{F} \cap L|$ gilt das lineare Gleichungssystem $x + y = 115, y + z = 89, x + y + z = 126$ mit der Lösung $(x, y, z) = (37, 78, 11)$. Es ergibt sich: a) 78; b) 238; c) 531.

2.50 18 eckige, 8 schwarze runde und 7 weiße runde, also 33 Klötze

2.51 100 haben insgesamt 310 Verluste, mindestens 10 haben also 4 Verluste erlitten.

2.52 $|A * B| = |A| + |B| - 2|A \cap B|$
$|A * B * C| = |A| + |B| + |C| - 2|A \cap B| - 2|B \cap C| - 2|C \cap A| + 4|A \cap B \cap C|$

2.53 $400 \cdot 900 + 20 \cdot 9000 = 540\,000$

2.54 $35 \cdot (5 \cdot 4 \cdot 3) \cdot (21 \cdot 20 \cdot 19 \cdot 18) = 301\,644\,000$

2.55 $3^{13} = 1\,594\,323$ Tippreihen, davon $2^{13} = 8\,192$ völlig falsch

2.56 $|\mathcal{P}_2(\mathcal{P}_3(\{1, 2, 3, 4\}))| = 6, \quad |\mathcal{P}_3(\mathcal{P}_2(\{1, 2, 3, 4\}))| = 20$

2.57 $1, 10, 45, 120, 210, 252, 210, 120, 45, 10, 1$
$1, 11, 55, 165, 330, 462, 462, 330, 165, 55, 11, 1$

2.58 a) Zähle die Teilmengen einer n-Menge.   b) Verwende Satz 2.5a.

2.59 Verwende mehrfach Satz 2.5b.

2.60 Ersetze in Aufgabe 2.59 a) n durch 2 und k durch n, b) n durch 3 und k durch n.
c) $1^2 + \ldots + n^2 = \frac{n(n+1)(n+2)}{3} - \frac{n(n+1)}{2} = \frac{n(n+1)(2n+1)}{6}$;
$1^3 + \ldots + n^3 = \frac{n(n+1)(n+2)(n+3)}{4} - 3\frac{n(n+1)(2n+1)}{n} - 2\frac{n(n+1)}{2} = \frac{n^2(n+1)^2}{4}$

2.61 $\binom{n}{k} = \frac{n}{k}\binom{n-1}{k-1} = \frac{n}{k} \cdot \frac{n-1}{k-1}\binom{n-2}{k-2} = \ldots = \frac{n(n-1)\cdot\ldots\cdot 1}{k(k-1)\cdot\ldots\cdot 1}\binom{n-k}{0}$.

2.62 a) $1,01^3 = (1 + 0,01)^3 = 1,030301$ b) $1,001^4 = (1 + 0,001)^4 = 1,004006004001$
c) $97^5 = (100-3)^5 = 8\,590\,013\,257$ d) $1,99^6 = (2-0,01)^6 = 62,103840598801$

2.63 a) $\binom{9}{4} = 126$ b) $\binom{5}{3}\binom{4}{3} \cdot 3! = 240$ c) (1) $\binom{35}{20}$, (2) $\binom{10}{5}\binom{8}{5}\binom{8}{5}\binom{9}{5}$

2.64 Aus $(1 - 1)^n = 0$ folgt $\binom{n}{0} + \binom{n}{2} + \binom{n}{4} + \ldots = \binom{n}{1} + \binom{n}{3} + \binom{n}{5} + \ldots$

2.65 $\binom{n}{2}$ Sehnen und $\binom{n}{3}$ Dreiecke

2.66 Vgl. Hinweis bei Aufgabestellung.

2.67 a) i „Richtige" und $6 - i$ „Falsche" wählen. b) Vgl. (a).

2.68 Zum i-ten Diagonalpunkt führen von der linken unteren Ecke aus $\binom{n}{i}$ Wege (i-mal nach rechts, $(n - i)$-mal nach oben).

2.69 Man halte zunächst X fest und zähle die möglichen Y und dann erst die möglichen X. Dann halte man zunächst Y fest und zähle die möglichen X und dann erst die möglichen Y (Strategie des doppelten Zählens!). Für $i = 1$ erhält man $\binom{n}{j} = \frac{n}{j}\binom{n-1}{j-1}$.

2.70 $\frac{1}{7} \quad \frac{1}{42} \quad \frac{1}{105} \quad \frac{1}{140} \quad \frac{1}{105} \quad \frac{1}{42} \quad \frac{1}{7}; \quad \frac{1}{8} \quad \frac{1}{56} \quad \frac{1}{168} \quad \frac{1}{280} \quad \frac{1}{280} \quad \frac{1}{168} \quad \frac{1}{56} \quad \frac{1}{8}$

2.71 Wegen $\frac{1}{k(k+1)} = \frac{1}{k} - \frac{1}{k+1}$ gilt $a_n = 1 - \frac{1}{n+1}$.

2.72 $8! = 40\,320$

2.73 Von $(1, 1)$ bis $(2n + 1, 1)$ sind $(2n + 1)(n + 1)$ Paare nummeriert, bis $(19, 1)$ also 190. Das Paar $(10, 10)$ liegt neun Schritte vor $(19, 1)$, seine Nummer ist daher 181. Das Paar $(15, 1)$ hat die Nummer 105, also hat $(10, 6)$ die Nummer 100.

2.74 Einem gekürzten Bruch $\frac{a}{b}$ ordne man das Paar (a, b) zu. Dann nummeriere man diese Paare wie in Abb. 2.22, wobei nicht auftretende Paare übersprungen werden.

2.75 Das Paar $(n, n - 1)(n > 1)$ hat die Nummer $2n(2n - 1)$. Das Paar $(6, 7)$ kommt zwei Schritte nach $(7, 6)$, trägt also die Nummer 182+2=184. Das Paar $(5, 4)$ ist Nr. 90, also ist $(-4, 4)$ das Paar Nr. 99.

2.76 Der rationalen Zahl $\frac{a}{b}$ $(b > 0, \text{ggT}(a, b) = 1)$ ordne man das Paar (a, b) zu und nummeriere wie in Abb. 2.23, wobei nicht auftretende Paare übersprungen werden.

2.77 $\emptyset$: Nr. 1; $\{1\}$: Nr. 2; die 2 $(= 4 - 2)$ Teilmengen von $\{1, 2\}$, die 2 enthalten: Nr. 3 und 4; die 4 $(= 8 - 4)$ Teilmengen von $\{1, 2, 3\}$, die 3 enthalten: Nr. 5 bis 8; die 8 $(= 16 - 8)$ Teilmengen von $\{1, 2, 3, 4\}$, die 4 enthalten: Nr. 9 bis 16; usw.

2.78 Höhe 10 haben ± 9, $\pm\frac{1}{9}$, $\pm\frac{7}{3}$, $\pm\frac{3}{7}$: Nummern 56 bis 63. (Für $h > 1$ gibt es genau $2\varphi(h)$ Zahlen der Höhe h, und $1 + 2 + 4 + 4 + 8 + 4 + 12 + 8 + 12 = 55$.)

2.79 $\pm 4, \pm\frac{1}{4}, \pm\frac{3}{2}, \pm\frac{2}{3}, \pm\sqrt{3}, \pm\sqrt{\frac{1}{3}}, \pm 1 \pm \sqrt{2}, \sqrt[3]{2}, \sqrt[3]{\frac{1}{2}}$

2.80 a) $M_0 = \{(0, 0, 0)\}$, $M_1 = \{(\pm 1, 0, 0), (0, \pm 1, 0), (0, 0, \pm 1)\}$, $M_2 = \{(\pm 2, 0, 0), (0, \pm 2, 0), (0, 0, \pm 2), (0, \pm 1, \pm 1), (\pm 1, 0, \pm 1)(\pm 1, \pm 1, 0)\}$, $M_3 = \{(\pm 3, 0, 0), (0, \pm 3, 0), (0, 0, \pm 3), (0, \pm 2, \pm 1), (0, \pm 1, \pm 2), (\pm 2, 0, \pm 1), (\pm 1, 0, \pm 2), (\pm 2, \pm 1, 0), (\pm 1, \pm 2, 0), (\pm 1, \pm 1, \pm 1)\}$, wobei alle Vorzeichenkombinationen zu berücksichtigen sind. Es ist $|M_0| = 1$, $|M_1| = 6$, $|M_2| = 18$, $|M_3| = 38$.
b) Die Anzahl der Tripel (a, b, c) mit $|a| + |b| + |c| = n$ und $a = 0$ ist $4n$, die Anzahl mit $0 < |a| < n$ ist $2 \cdot 4(n - |a|)$, die Anzahl mit $|a| = n$ ist 2. Also ist $|M_n| = 4n + 2 \cdot 4(1 + 2 + \ldots + (n - 1))) + 2$. c) Wegen $1 + 6 + 18 + 38 + 66 = 129$ und $4 \cdot 5^2 + 2 = 102$ erhalten die Tripel in M_5 die Nummern 130 bis 231.

2.81 $x_0 \in U \Rightarrow x_0 \notin \alpha(x_0) \Rightarrow x_0 \notin U$; $x_0 \notin U \Rightarrow x_0 \in \alpha(x_0) \Rightarrow x_0 \in U$

2.82 Vgl. Abb. 2.24.

2.83 a) Gast aus Nr. n zieht nach Nummer $n + 100$, dann sind Nr. 1 bis Nr. 100 frei.
b) Gast aus Nr. n zieht nach Nummer $2n$, dann sind Nr. 1, 3, 5, 7, 9, ... frei.
c) Der Portier konstruiert eine Nummerierung von $\mathbb{N} \times \mathbb{N}$ und lässt die schon anwesenden Gäste in die Zimmer ziehen, deren Nummern den Elementen von $\{(1, n) \mid n \in \mathbb{N}\}$ zugeordnet sind. Dann zieht die k-te Gruppe der Neuankömmlinge in die Zimmer, deren Nummern den Elementen von $\{(k + 1, n) \mid n \in \mathbb{N}\}$ zugeordnet sind $(k = 1, 2, 3 \ldots)$.

---

3 Algebraische Strukturen

3.1 Assoziativ: a)–d) und g) $(x * y * z = (x + y + z) + 2(xy + yz + zx) + 4xyz)$; kommutativ: alle außer f); neutrales Element: b) und d); rechtsneutrales Element: f); invertierbare Elemente: bei b) und d) das neutrale Element 1.

3.2 a) Kommutativ, nicht assoziativ, kein neutrales Element
b) und c) Kommutativ, assoziativ $(x * y * z = \sqrt{x^2 + y^2 + z^2})$, kein neutrales Element
d) Kommutativ, assoziativ $(x * y * z = 4xyz - 2(xy + yz + zx) + (x + y + z))$, neutrales Element 1, invertierbar alle $x \neq 1/2$ $(x^{-1} = x/(2x - 1))$

e) Kommutativ, nicht assoziativ, neutrales Element 0, invertierbare Elemente: $x + y - 2x^2y^2 = 0$ hat für $x = 0$ die Lösung $y = 0$, für $x \neq 0$ die Lösungen $y = \frac{1}{4x^2}(1 \pm \sqrt{1 + 8x^3})$, also existieren für $1 + 8x^3 < 0$ *keine* inversen Elemente, für $1 + 8x^3 = 0$ *genau ein* inverses Element, für $1 + 8x^3 > 0$ *genau zwei* inverse Elemente.

3.3 a) und b) Keine Distributivität; Rest vgl. Aufgabe 3.1a und 3.1b　c) min distributiv bezüglich max und umgekehrt, keine neutralen Elemente　d) Übliches Rechnen in $\mathbb{Q}$;

　　e) $\frac{r}{10^n} \in M$ invertierbar bezüglich $\cdot$ $\Longleftrightarrow$ r enthält nur die Primfaktoren 2 und 5.

3.4 Wegen $(x^{-1})^n * x^n = e$ ist $(x^{-1})^n = x^{-n}$.

3.5 $(x^{-1})^n * (y^{-1})^n = (x^{-1} * y^{-1})^n = ((x * y)^{-1})^n$

3.6 a) $(x \diamond y) * ((-x) \diamond y) = (x * (-x)) \diamond y = n \diamond y = n;$ $((-x) \diamond y) * (x \diamond y) = ((-x) * x) \diamond y = n \diamond y = n;$　$(x \diamond y) * (x \diamond (-y)) = x \diamond (y * (-y)) = x \diamond n = n;$ $(x \diamond (-y)) * (x \diamond y) = x \diamond ((-y) * y) = x \diamond n = n$　　　　b) Aus (a) folgt $(-x) \diamond (-(x^{-1})) = -(-e) = e, (-(x^{-1})) \diamond (-x) = -(-e) = e \Rightarrow (-x)^{-1} = -(x^{-1})$.

3.7 a) Ja, denn $2(a + b)2a + 2b$.　b) Nein, denn $2(a + b) \neq 2a \cdot 2b$.

3.8 a) $\frac{52}{30}$ Ohm　　b) $\frac{52}{30} = \frac{26}{15}$　　c) $\frac{26}{15} = 1 + \frac{11}{15}$　　d) $1 + (1 \odot (2 + (1 \odot 3))) = 1 + \frac{11}{15}$
　　e) $1 + (1 \odot 3) = 1 + \frac{3}{4};$　$(1 + \frac{3}{4}) - 1 + \frac{11}{15})) : (1 + \frac{11}{15}) = \frac{1}{104} < 1\%$.

3.9 $(f \circ g)(x * y) = f(g(x) * g(y)) = f(g(x)) * f(g(y)) = (f \circ g)(x) * (f \circ g)(y)$

3.10 $(a + b\sqrt{2}) + (c + d\sqrt{2}) = (a + c) + (b + d)\sqrt{2};$ $f((a + b\sqrt{2}) + (c + d\sqrt{2})) = (a + c) - (b + d)\sqrt{2} = f(a + b\sqrt{2}) + f(c + d\sqrt{2});$ $a \pm b\sqrt{2} = 0 \Longleftrightarrow a = b = 0$.

3.11 $x * z = y * z \Rightarrow (x * z) * z^{-1} = (y * z) * z^{-1} \Rightarrow x * (z * z^{-1}) = y * (z * z^{-1}) \Rightarrow x * e = y * e \Rightarrow x = y$; analog für linksseitige Kürzungsregel

　　b) $(\mathbb{N}, \cdot)$ ist regulär, $x \mapsto (x \bmod 6)$ ein Epimorphismus auf die Struktur der Restklassen mod 6 bezüglich der Restklassenmultiplikation, diese nicht regulär: $(3 \bmod 6)(1 \bmod 6) = (3 \bmod 6)(5 \bmod 6)$, aber $(1 \bmod 6) \neq (5 \bmod 6)$.

　　c) $x = y \Longleftrightarrow x *_1 z = y *_1 z \Longleftrightarrow f(x) *_2 f(z) = f(y) *_2 f(z) \Longleftrightarrow f(x) = f(y)$

3.12 Für $n \geq 3$ enthält $(S_n, \circ)$ eine zu der nichtkommutativen Gruppe $(S_3, \circ)$ isomorphe Untergruppe (Beispiel 3.2).

3.13 Die Ordnung der Gruppe ist $(n - |A|)!$.

3.14 $(G, \diamond)$ nicht assoziativ, nicht kommutativ

3.15 Es handelt sich um die zyklische Gruppe der Ordnung p, denn jedes vom neutralen Element verschiedene Gruppenelement hat die Ordnung p.

3.16 Es handelt sich (bis auf Isomorphie) um die Gruppe $(S_3, \circ)$.

3.17 $D_4 \leftrightarrow$ Quadrat; $\{d_0, d_2, \sigma_a, \sigma_c\} \leftrightarrow$ Rechteck; $\{\sigma_a, \sigma_b, \sigma_c, \sigma_d\} \leftrightarrow$ keine Vierecksart; $\{d_0, d_2, \sigma_b, \sigma_d\} \leftrightarrow$ Raute bzw. Rechteck; $\{d_0, \sigma_a\} \leftrightarrow$ Drachenviereck bzw. Trapez; $\{d_0, \sigma_a\} \leftrightarrow$ Parallelogramm; $\{d_0\} \leftrightarrow$ „allgemeines" Viereck

3.18 a, b erzeugende Elemente $\Rightarrow b = a^r$ und $a = b^s \Rightarrow a = a^{rs} \Rightarrow rs = 1 \Rightarrow r = s = \pm 1$

3.19 $\{(k\mathbb{Z}, +) \mid k \in \mathbb{N}_0\}$

3.20 Die Nebenklassen sind die Restklassen mod m, die Faktorgruppe ist die Gruppe der Restklassen mod m bezüglich der Addition.

3.21 a) $\{(0 \bmod 6), (2 \bmod 6), (4 \bmod 6)\}$ b) R_9 c) R_{11}

3.22 $a * b = (a * b)^{-1} = b^{-1} * a^{-1} = b * a$

3.23 a) $a, b \in U_1 \cap U_2 \Rightarrow a * b^{-1} \in U_1 \cap U_2$ b) $2 + 3 = 5 \notin 2\mathbb{Z} \cup 3\mathbb{Z}$

3.24 a) $A * X = B \Rightarrow A * A * X = A * B \Rightarrow X = A * B$ (beachte $A * A = \emptyset$)

b) $A * A = \emptyset$ c) Abgeschlossenheit prüfen.

3.25 Vierergruppe; alle Elemente außer dem neutralen f_1 haben die Ordnung 2.

3.26 Es ergibt sich eine zu $(S_3, \circ)$ isomorphe Gruppe.

3.27 a) a erzeugendes Element $\Rightarrow$ (a^i erzeugendes Element $\iff$ ggT(i, n)=1)

b) 3 mod 17 erzeugendes Element, also auch 3^{2i+1} mod 17 für $i = 0, 1, 2, \ldots, 7$

c) Es ist $\varphi(12) = 4$ und $1^2 \equiv 5^2 \equiv 7^2 \equiv 11^2 \equiv 1 \bmod 12$.

3.28 Wegen $R_p = \{[i] \cdot [a] \mid i = 0, 1, \ldots, p - 1\}$ ist ein $[i] \cdot [a]$ die Klasse $[1]$.

3.29 $a = c = 0$

3.30 $\begin{pmatrix} a & -b \\ b & a \end{pmatrix} \begin{pmatrix} c & -d \\ d & c \end{pmatrix} = \begin{pmatrix} ac - bd & -(ac + bd) \\ ac + bd & ac - bd \end{pmatrix}, \begin{pmatrix} a & -b \\ b & a \end{pmatrix}^{-1} = \frac{1}{a^2 + b^2} \begin{pmatrix} a & b \\ -b & a \end{pmatrix}$

3.31 a) $v(x) = 7x^2 - 15x + 50$, $r(x) = -146$ b) $v(x) = x^3 + 2x^2 - 1$, $r(x) = 4x - 9$

3.32 a) $5x^3 + 7x^2 + 9x + 8 = (5x + 7)(x^2 + 1) + (4x + 1)$

b) $x^2 \equiv -1 \bmod (x^2 + 1) \Rightarrow x^4 \equiv 1 \bmod (x^2 + 1) \Rightarrow x^{4k+r} \equiv x^r \bmod (x^2 + 1)$

und $x^0 + 1 \equiv 2$, $x^1 + 1 \equiv x + 1$, $x^2 + 1 \equiv 0$, $x^3 + 1 \equiv -x + 1 \bmod (x^2 + 1)$

3.33 Aus $a = cb$ und $b = da$ folgt $cd = 1$, die Elemente c, d sind also Einheiten.

3.34 $(\mathbb{Z}, +, \cdot) : \{1, -1\}$; $(R_m, +, \cdot) : \{[i] \mid \text{ggT}(i, m) = 1\}$;

$(\mathcal{M}, +, \cdot) : \left\{\begin{pmatrix} a & b \\ c & d \end{pmatrix} \mid ad - bc \neq 0\right\}$; $(\mathbb{R}[x], +, \cdot) : \mathbb{R}$.

3.35 a) Aus $\alpha(a) = 0$ folgt $\alpha(ax) = \alpha(xa) = 0$ für alle $x \in R_1$.

b) $r(r_1a_1 + \ldots + r_na_n) = (r_1a_1 + \ldots + r_na_n)r \in \langle a_1, \ldots, a_n \rangle$

c) Für $f \in \mathcal{I}_A$ ist $f \circ g, g \circ f \in \mathcal{I}_A$ für alle $g \in \text{Abb}(D, R)$.

3.36 Der Bildring ist Teilring eines Integritätsbereichs, also regulär.

3.37 a) $\sqrt{2}$ irrational b) Abgeschlossen, $\mathbb{R}$ bildet Integritätsbereich.

c) $a^2 - 2b^2 | \text{ggT}(a, b) \iff a^2 - 2b^2 = \pm 1$ d) (17,12) e) (41,29)

3.38 Bijektion $a + b\sqrt{2} \leftrightarrow \begin{pmatrix} a & b \\ c & d \end{pmatrix}$; Homomorphieeigenschaft klar

3.39 a) $-1 \pm i\sqrt{2}$ b) $\frac{1}{2}(5 \pm i\sqrt{7})$

3.40 a) $\alpha = \varepsilon(\varepsilon^{-1}\alpha)$ für jedes $\alpha \in G$ und jede Einheit ε

b) $\alpha\gamma = \beta \Rightarrow (\varepsilon\alpha)(\varepsilon^{-1}\gamma) = \beta$ für jede Einheit ε

c) Die Teiler sind ε und $\varepsilon(1 + i)$ für $\varepsilon \in \{1, -1, i, -i\}$.

d) Ist $x + yi | 1 + 2i$, dann ist $x^2 + y^2 | 5$, also $x^2 + y^2 = 1$ oder $x^2 + y^2 = 5$.

e) Ist $x + yi | a + bi$, dann ist $x^2 + y^2 | a^2 + b^2$, also $x^2 + y^2 = 1$ oder $x^2 + y^2 = a^2 + b^2$.

3.41 $a + b\sqrt{d}$ für $(a, b) \neq (0, 0)$ invertierbar, da $a^2 - db^2 \neq 0$; $a + b\sqrt{d} \leftrightarrow \begin{pmatrix} a & db \\ b & a \end{pmatrix}$

3.42 $p(x) \to p(x)/1$ für jedes $p(x) \in \mathbb{R}[x]$

3.43 Ein Teilring eines Körpers ist ein Integritätsbereich, sobald er das Einselement enthält. Es ist d eine Bewertungsfunktion: Ist $\alpha\beta^{-1} = \begin{pmatrix} u & -v \\ v & u \end{pmatrix}$ mit $u, v \in \mathbb{Q}$, dann

ist $\alpha = \begin{pmatrix} u' & -v' \\ v' & u' \end{pmatrix}\beta + \delta$ mit $d(\delta) \leq d(\beta) \cdot 0, 5 < d(\beta)$, wenn u', v' die am nächsten bei u bzw. v liegenden ganzen Zahlen sind.

3.44 a) Nicht lösbar, Quadrate in GF(7) sind nur 0, 1, 2, 4.   b) Lösungen sind 2 und 3.
(Beachte: In GF(7) gilt $21 = 35 = 0$.)

3.45 Punkte: R_3^2; Geraden alle $ax + by = 0$ mit $(a, b) \in \{(0, 1), (1, 0), (1, 1), (1, 2)\}$ (4 Stück) und alle $ax + by = 1$ mit $(a, b) \neq (0, 0)$ (8 Stück)

3.46 a) $S(0, 4)$ b) $x + 4y = 1$

3.47 Punkte auf g: (0,6), (1,3), (2,0), (3,4), (4,1), (5,5), (6,2);
Geraden durch P: $4x + y = 0$ und $6y = 1$, $x + y = 1$, $2x + 3y = 1$, $3x + 5y = 1$,
$4x = 1$, $5x + 2y = 1$, $6x + 4y = 1$

3.48 a) Eine Gerade mit $u = 0$ und p Geraden mit $u = 1$ b) Für (u, v) alle Paare außer
$(0, 0)$ c) $x = 0$ d) $(1, p - 1)$

3.49 a) $r\vec{a} + 0\vec{a} = (r + 0)\vec{a} = r\vec{a} \Rightarrow 0\vec{a} = \vec{o}$ b) $r\vec{a} + r\vec{o} = r(\vec{a} + \vec{o}) = r\vec{a} \Rightarrow r\vec{o} = \vec{o}$

3.50 a) $r\vec{a} + (-r\vec{a}) = 0\vec{a} = \vec{o}$, $r\vec{a} + r(-\vec{a}) = r\vec{o} = \vec{o}$
b) $r(\vec{a} + (-\vec{b})) = r\vec{a} + r(-\vec{b}) = r\vec{a} + (-r\vec{b}) = r\vec{a} - r\vec{b}$
c) $(r - s)\vec{a} = r\vec{a} + (-s)\vec{a} = r\vec{a} - s\vec{a}$

3.51 $(r, s, t) = (3, -3, 4)$

3.52 a) $-\vec{a}_1 + \vec{a}_2 - \vec{a}_4 = \vec{o}$ b) Basis $\{\vec{a}_1, \vec{a}_3, \vec{a}_4\}$, $\vec{a}_2 = \vec{a}_1 + \vec{a}_4$

3.53 Summen und Vielfache von Lösungstripeln sind wieder solche. Eine Basis von U ist
$\{(1, 1, 1), (5, -2, 0)\}$; es ist $(10, 3, 5) = 5(1, 1, 1) + (5, -2, 0)$.

3.54 Vgl. Aufgabe 3.53: Sind $a_1, \ldots, a_k \neq 0$ und $a_{k+1} = \ldots = a_n = 0$, dann
besteht eine Basis des Lösungsraums z. B. aus den n-Tupeln $(x_1, x_2, \ldots, x_n)$ mit
$x_1 = a_i, x_i = -a_1, x_j = 0$ für $j \neq 1, i$ $(i = 2, \ldots, k)$ und $x_i = 1, x_j = 0$ für $j \neq i$
$(i = k + 1, \ldots, n)$. Die Lösungsmenge eines Systems aus zwei solchen Gleichungen
ist die Schnittmenge der Lösungsmengen der einzelnen Gleichungen, also ebenfalls
ein Unterraum von $\mathbb{R}^3$.

3.55 a) und b) für kein a;   c) für ungerade Quadratzahlen a;   d) für $a \equiv 1 \bmod 8$ oder
a gerade, aber nicht durch 4 teilbar;   e) für a ungerades Quadrat oder durch 2, aber
nicht durch 4 teilbar;   f) für Quadratzahlen a.

3.56 Vgl. Teilerdiagramm von 210 in Abschn. 1.4.

3.57 a) Zahlen $p_1 p_2 p_3$ mit drei verschiedenen Primfaktoren
b) Zahlen a, die Produkt von lauter verschiedenen Primfaktoren sind

3.58 Zahlen a, die Potenz einer Primzahl sind

3.59 Ist $a = b$, dann ist $a \wedge b = a \wedge a = a \vee a = a \vee b$; ist $a \wedge b = a \vee b$, dann ist
$a = a \wedge (a \vee b) = a \wedge (a \wedge b) = a \wedge a \wedge b = a \wedge b$ und ebenso $b = b \wedge a$, also
$a = b$.

3.60 Assoziativität, Kommutativität, Absorptionsgesetze klar. Nullelement $\emptyset$, Einselement
$\mathbb{R}^n$. Komplementär, aber Komplemente nicht eindeutig, daher nicht distributiv
(Satz 3.29). Die Ordnungstruktur ist die Teilmengenrelation.

3.61 a) Leicht nachzuprüfen   b) Eine Serienschaltung (a, b) mit einem dritten Schalter
c parallel schalten; Werte in der Funktionstabelle 0, 1, 0, 1, 0, 1, 1, 1

4 Zahlenbereichserweiterungen

4.1 Reflexivität (1) und Symmetrie (2) sind klar. (3): Aus $x_1 + y_2 = x_2 + y_1$ und $y_1 + z_2 = y_2 + z_1$ folgt
$$x_1 + y_2 + y_1 + z_2 = x_2 + y_1 + y_2 + z_1, \text{ also } y_1 + z_2 = x_1 + z_1.$$

4.2 Es ist zu zeigen: Keine der Mengen $[(x_1, x_2)]$ ist leer, je zwei solche Mengen sind elementefremd, und die Vereinigung aller dieser Mengen ist $\mathbb{N}_0 \times \mathbb{N}_0$.

4.3 $[(x_1, x_2)] + [(y_1, y_2)] = [(x_1 + y_1, x_2 + y_2)] = [(y_1 + x_1, y_2 + x_2)] = \ldots$

4.4 $(x_1, x_2) \sim (x_1', x_2'),\ (y_1, y_2) \sim (y_1', y_2') \Rightarrow (x_1 y_2 + x_2 y_1, x_1 y_1 + x_2 y_2) \sim (x_1' y_2' + x_2' y_1', x_1' y_1' + x_2' y_2')$, denn aus $x_1 + x_2' = x_2 + x_1'$ und $y_1 + y_2' = y_2 + y_1'$ folgt $x_1 y_2 + x_2 y_1 + x_1' y_1' + x_2' y_2' = x_1 y_1 + x_2 y_2 + x_1' y_2' + x_2' y_1'$. Hinweis: $(x_1 - x_2)(y_1 - y_2) = (x_1' - x_2')(y_1' - y_2')$.

4.5 Kommutativgesetz und Assoziativgesetz der Multiplikation sind klar. Distributivgesetz: $[(x_1, x_2)] \cdot ([(y_1, y_2)] + [(z_1 + z_2)]) = [(x_1, x_2)] \cdot [(y_1 + z_1, y_2 + z_2)] = [(x_1(y_2 + z_2), x_2(y_1 + z_1))] = \ldots = [(x_1, x_2)] \cdot [(y_1, y_2)] + [(x_1, x_2)] \cdot [(z_1, z_2)]$

4.6 Kürzungsregel der Multiplikation: Aus $a \cdot b = a \cdot c$ folgt $a \cdot (b - c) = 0$, wegen $a \neq 0$ also $b - c = 0$. Zuvor muss man beweisen, dass aus $a \cdot x$ und $a \neq 0$ stets $x = 0$ folgt: $[(a_1, a_2)] \cdot [(x_1, x_2)] = [(0, 0)]$ bedeutet $a_2 x_1 + a_1 x_2 = 0$ und $a_1 x_1 + a_2 x_2 = 0$. Ist $(a_1, a_2) \neq (0, 0)$, dann hat dieses Gleichungssystem nur die Lösung $(x_1, x_2) = (0, 0)$.

4.7 Man benutze die Aussagen in Aufgabe 4.6.

4.8 *Minus mal minus gleich plus*: $[(a, 0)] \cdot [(b, 0)] = [(0, ab)]$

4.9 $\pm p$ (p Primzahl)

4.10 (1) und (2) sind klar.   (3): Aus $x_1 y_2 = x_2 y_1$ und $y_1 z_2 = y_2 z_1$ folgt $x_1 y_2 y_2 z_2 = x_2 y_1 y_2 z_1$ und daraus durch Kürzen der Faktoren y_1, y_2 die Gleichung $x_1 z_2 = x_2 z_1$.

4.11 Keine Klasse leer, jedes Element in einer Klasse, zwei Klassen elementefremd

4.12 $[(x_1, x_2)] \cdot [y_1, y_2] = [(x_1 y_1, x_2 y_2)] = [(y_1 x_1, y_2 x_2)] = [(y_1, y_2)] \cdot [(x_1, x_2)]$

4.13 $x_1 x_2' = x_2 x_1',\ y_1 y_2' = y_2 x_1' \Rightarrow x_1 y_1 (x_1' y_2' + x_2' y_1') = x_1' y_1' (x_1 y_2 + x_2 y_1)$.

4.14 Kommutativgesetz und Assoziativgesetz der Addition sind klar. Distributivgesetz: $[(x_1, x_2)] \cdot ([(y_1, y_2)] + [(z_1, z_2)]) = [(x_1, x_2)] \cdot [(y_1 z_1, y_1 z_2 + y_2 z_1)] = [(x_1 y_1 z_1, x_2(y_1 z_2 + y_2 z_1))] = \ldots = [(x_1, x_2)] \cdot [(y_1, y_2)] + [(x_1, x_2)] \cdot [(z_1, z_2)]$

4.15 Multiplikation: Aus $[(a_1, a_2)] \cdot [(b_1, b_2)] = [(a_1, a_2)] \cdot [(c_1, c_2)]$ folgt $a_1 b_1 a_2 c_2 = a_2 b_2 a_1 c_1$, daraus $b_1 c_2 = b_2 c_1$, also $[(b_1, b_2)] = [(c_1, c_2)]$.

4.16 Addition: Aus $[(a_1, a_2)] + [(b_1, b_2)] < [(a_1, a_2)] + [(c_1, c_2)]$ folgt $a_1 b_1 (a_1 c_2 + a_2 c_1) < a_1 c_1 (a_1 b_2 + a_2 b_1)$ und daraus $b_1 c_1 < b_2 c_1$.

4.17 a) Für $a < b$ und alle Bruchzahlen $x = \frac{m}{n}$ mit $m < n$ gilt $a < a + x(b - a) < b$.
b) Fortgesetzte Intervallhalbierung: Läge eine Lücke zwischen a und b, dann läge eine Lücke zwischen a und $\frac{a+b}{2}$ oder zwischen $\frac{a+b}{2}$ und b usw.

4.18 Ist $\varepsilon = \frac{e_1}{e_2}$ und $K = \frac{k_1}{k_2}$, dann wähle $\delta = \frac{d_1}{d_2}$ mit $d_1 = e_1 k_2$ und $d_2 > e_2 k_1$.

4.19 $33^2 + 56^2 = 65^2 \Rightarrow (\frac{33}{5})^2 + (\frac{56}{5})^2 = 13^2$;
analog mit $63^2 + 16^2 = 65^2$, $140^2 + 171^2 = 221^2$ usw.

4.20 a) Einsetzen von $y = 2m + 1$ liefert $2^{x-2}(1 + 2^{x+1}) = m(m + 1)$. Ist $m = u \cdot 2^{x-2}$ mit $2 \nmid u$, dann u=1 oder u=3, beides liefert keine Lösung. Ist $m + 1 = u \cdot 2^{x-2}$ mit $2 \nmid u$, dann ebenfalls $u = 1$ oder $u = 3$; nur $u = 3$ liefert eine Lösung, nämlich $x = 4$.

    b) Einzige Lösung in $\mathbb{Z} \times \mathbb{Z}$ ist $(0, 2)$. In $\mathbb{Z} \times \mathbb{B}$ keine weitere Lösung: Zunächst $x \neq -1$. Für $x < -1$ sei $z := -x$; die Zahl $1 + 2^{-z} + 2^{-(2z-1)} = \frac{2^{2z-1} + 2^{z-1} + 1}{2^{2z-1}}$ ist voll gekürzt und daher nicht Quadrat einer Bruchzahl, weil der Nenner kein Quadrat ist.

4.21 $\frac{2}{11} = \frac{1}{6} + \frac{1}{66}$; $\frac{3}{11} = \frac{1}{4} + \frac{1}{44}$; $\frac{4}{11} = \frac{1}{3} + \frac{1}{33}$; $\frac{5}{11} = \frac{1}{3} + \frac{1}{9} + \frac{1}{99}$; $\frac{6}{11} = \frac{1}{2} + \frac{1}{22}$; $\frac{7}{11} = \frac{1}{2} + \frac{1}{8} + \frac{1}{88}$; $\frac{8}{11} = \frac{1}{2} + \frac{1}{5} + \frac{1}{37} + \frac{1}{4070}$; $\frac{9}{11} = \frac{1}{2} + \frac{1}{4} + \frac{1}{15} + \frac{1}{660}$; $\frac{10}{11} = \frac{1}{2} + \frac{1}{3} + \frac{1}{15} + \frac{1}{110}$.

4.22 $\frac{367}{512} = \frac{1}{2} + \frac{1}{8} + \frac{1}{16} + \frac{1}{64} + \frac{1}{128} + \frac{1}{256} + \frac{1}{512}$

4.23 $\frac{3}{7} = 0,\overline{011}_2 = 0,011011011\ldots011_2 + 2^{-3k} \cdot \frac{3}{7}$

4.24 $n = qz + r$ mit $0 < r < z \Rightarrow \frac{z}{n} = \frac{1}{q+1} + \frac{z-r}{(q+1)n}$ erster Schritt im Algorithmus. Ist $n \equiv 1 \bmod (z!)$, dann ist $q \equiv 0 \bmod ((z-1)!)$, also $(q+1)n \equiv 1 \bmod ((z-1)!)$; dann Induktion. Ferner $\frac{5}{121} = \frac{1}{33} + \frac{1}{121} + \frac{1}{363}$.

4.25 Darstellung von $2/n$ als Summe von verschiedenen Stammbrüchen.

4.26 $\bar{n}$ bedeutet $1/n$; erweitern mit 45.

4.27 a) 7/10   b) 157/55   c) 587/480   d) 1231/1121

4.28 a) $[0, 4, 4]$ b) $[3, 6, 1, 2]$ c) $[1, 2, 4, 8]$ d) $[1, 2, 1, 2, 4]$ e) $[0, 2, 2, 7, 1, 1, 2]$

4.29 a) $x^2 + x - 3 = 0$ b) $x^2 - 2x - 2 = 0$ c) $4x^2 + 9x - 8 = 0$

4.30 a) $\sqrt{3} = [1, \overline{1, 2}]$, $\sqrt{11} = [3, \overline{3, 6}]$ b) $\sqrt{n^2 + 2} = [n, \overline{n, 2n}]$

4.31 a) $\frac{117}{23} < [5, 11, 2, 3, 1, 3] < \frac{407}{80}$ b) $\frac{31}{61} < [0, 1, 1, 29, 1, 8, 1, 1, 1, 20, 1, 2] < \frac{30}{59}$

    c) $\frac{12}{29} < [4, \overline{2}] < \frac{29}{70}$

    d) $\frac{19}{20} < [11, \overline{1, 18}] < \frac{343}{361}$

4.32 a) Induktion   b) Vgl. Abb. 2.

Abb. 2 Zu Aufgabe 4.32

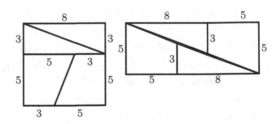

4.33 (a) Induktion über n unter Verwendung von $(*)$

    (b) Induktion über n:

    $\mathrm{ggT}(F_n, F_{n+1}) = \mathrm{ggT}(F_n, F_{n-1})$. (c) Aus (a) folgt $F_d | \mathrm{ggT}(F_m, F_n)$. Sei $F_d | F_m$ und $m = vd + t$ mit $0 < t \leq d$, dann $F_d | F_{vd+t}$ und $F_{vd+t} = F_{vd-1}F_t + F_{vd}F_{t+1}$ nach $(*)$, wegen (a) und (b) also $F_d | F_t$ und daher $t = d$. Also ist $d | m$, ebenso $d | n$ und damit $d | \mathrm{ggT}(m, n)$. (d) Induktion über n.

4.34 Induktion: $F_n F_{n+1} + F_{n+1}^2 = F_{n+1}(F_n + F_{n+1}) = F_{n+1} F_{n+2}$

4.35 $\Phi_1 = \Phi_2 = 1, \Phi_n + \Phi_{n+1} = \frac{x_1^n(1+x_1) - x_2^n(1+x_2)}{x_1 - x_2} = \frac{x_1^{n+2} - x_2^{n+2}}{x_1 - x_2} = \Phi_{n+2}$

4.36 Der Faktor $a - b$ ist negativ!

4.37 a) 2 in $\mathbb{N}$, ± 2 in $\mathbb{Z}$ b) 1/2 in $\mathbb{B}$, $-1/2$ in $\mathbb{Q}$ c) 1 in $\mathbb{Z}$, 1, $-1/2$ in $\mathbb{Q}$
d) Keine Lösung in $\mathbb{Q}$ ($\sqrt{6}$ nicht rational)

4.38 Wäre a/b mit $a, b \in \mathbb{Z}$ eine Lösung, wobei man a, b als teilerfremd annehmen kann, so wäre $5b^2 = a^2$, also $5|a$ und dann auch $5|b$. Widerspruch!

4.39 Wäre a/b mit $a, b \in \mathbb{Z}$ eine Lösung mit $\mathrm{ggT}(a, b) = 1$, so wäre $a^4 - 6a^3 b + 10a^2 b^2 - 8ab^3 + 12b^4 = 0$, also $2|a$ und dann auch $2^3 | 12b^4$, also $2|b$. Widerspruch!

4.40 Kehrwertbildung: $\frac{1}{a + b\sqrt{13}} = \frac{a - b\sqrt{13}}{a^2 - 13b^2}$

4.41 $\sqrt{2} + (-\sqrt{2}) = 0, \sqrt{2} \cdot \sqrt{2} = 2$

4.42 Aus $\sqrt[3]{5} = \frac{a}{b}$ mit $a, b \in \mathbb{N}$ und $\mathrm{ggT}(a, b) = 1$ folgt $5b^3 = a^3$; also gilt $5|a$ und damit auch $5|b$ im Widerspruch zu $\mathrm{ggT}(a, b) = 1$. Aus $\sqrt[6]{14} = \frac{a}{b}$ mit $a, b \in \mathbb{N}$ und $\mathrm{ggT}(a, b) = 1$ folgt $14b^6 = a^6$; also gilt $7|a$ und damit auch $7|b$ im Widerspruch zu $\mathrm{ggT}(a, b) = 1$. Aus $\log_{10} 7 = \frac{a}{b}$ mit $a, b \in \mathbb{N}$ folgt $10^a = 7^b$ im Widerspruch zu $7 \nmid 10$. Aus $\log_{13} 25 = \frac{a}{b}$ mit $a, b \in \mathbb{N}$ folgt $13^a = 25^b$ im Widerspruch zu $5 \nmid 13$.

4.43 (1) ist klar. (2): Fallunterscheidungen a, b positiv/negativ oder $a = 0$ oder $b = 0$

4.44 a) Konvergent mit Grenzwert 1 b) Divergent (unbeschränkt) c) Konvergent mit Grenzwert 2 d) Konvergent mit Grenzwert 3 e) Konvergent mit Grenzwert 1 (beachte $\frac{1}{k(k+1)} = \frac{1}{k} - \frac{1}{k+1}$) f) Divergent (unbeschränkt: $f(2^{k+1}) - f(2^k) > 0, 5$)

4.45 Für $m > n$ ist $f(m) - f(n) = \frac{1}{(n+1)^2} + \frac{1}{(n+2)^2} + \ldots + \frac{1}{m^2}$
$< \frac{1}{n(n+1)} + \frac{1}{(n+1)(n+2)} + \ldots + \frac{1}{(m-1)m} < \frac{1}{n} - \frac{1}{m}$ (vgl. Aufg. 4.44e)

4.46 a) f unbeschränkt b) $f(7k) - f(7k - 1) = 6/7$ für alle $k \in \mathbb{N}$
c) $f(k^2 - 1) - f(k^2) = (k - 1)/k$ für alle $k \in \mathbb{N}$

4.47 Es sei $\varepsilon > 0$ gegeben. Angenommen, zu jedem $n > 0$ gäbe es ein Indexpaar (j, i) mit $j < i$ und $f(i) - f(j) \geq \varepsilon$. Dann existieren für jedes $k \in \mathbb{N}$ Indizes $j_1 < i_1 < j_1 < i_2 < \ldots < j_k < i_k$ mit $f(i_m) - f(j_m) \geq \varepsilon$ $(m = 1, 2, \ldots, k)$. Dann ist $f(i_k) - f(j_1) \geq k\varepsilon$. Mit $k \geq \frac{1}{\varepsilon}$ ergibt sich ein Widerspruch dazu, dass f beschränkt ist.

4.48 Etwa $f(i) = 0$ für gerades i und $g(i) = 0$ für ungerades i.

4.49 $|F_m F_{n+1} - F_n F_{m+1}| = F_{m-n}$ für $m > n$ (s. Hinweis), also $|f(m) - f(n)| = \frac{F_{m-n}}{F_m F_n} < \frac{1}{F_n}$; ferner $f(1) < f(3) < f(5) (= 1, 6) < \ldots < f(6) (= 1, 625) < f(4) < f(2)$

4.50 Es gilt $2c \leq (f(n))^2 \leq 2c + \frac{1}{2^n}$, also hat f^2 den Grenzwert $2c$. Ist $c = 2d^2$ (Doppeltes einer Quadratzahl), dann ist f in $\mathbb{Q}$ konvergent mit dem Grenzwert $2d$.

4.51 Wegen $g(m) - g(n) = g(m) - f(m) + f(n) - g(n) + f(m) - f(n)$ ist $|g(m) - g(n)| \leq |g(m) - f(m)| + |g(n) - f(n)| + |f(m) - f(n)|$.

4.52 Beachte, dass die Nullfolgen bezüglich der Addition eine Gruppe bilden.

4.53 Ist $[g - f]$ positiv, dann ist $[f - g]$ negativ.

4.54 Es sei $\alpha = [a], \beta = [b]$ usw. Ist $b(n) - a(n) \geq r > 0$ und $d(n) - c(n) \geq s > 0$, dann ist $(b(n) + d(n)) - (a(n) + c(n)) \geq r + s > 0$. Ist ferner $b(n) \geq u > 0$ und $c(n) \geq v > 0$, dann ist $b(n)d(n) - a(n)c(n) = b(n)(d(n) - c(n)) + c(n)(a(n) - b(n)) \geq us + vr > 0$.

4.55 Die Zahlen $f(n) - a$ bilden eine Nullfolge.

4.56 Es gilt $1 \leq f(n) < 2$ für alle $n \in \mathbb{N}$ und daher $|f(m+1)-f(n+1)| < \frac{|f(m)-f(n)|}{2} < \frac{1}{2^n}$
für alle $m, n \in \mathbb{N}$ mit $m > n$. Für den Grenzwert α gilt $\alpha = 1 + \frac{1}{\alpha}$.

4.57 $f(n)$ ist der Inhalt der ersten n Flächenstücke, die über die Kurve hinausragen. Es gilt
$f(m) - f(n) < \frac{1}{n}$ für alle $m, n \in \mathbb{N}$ mit $m > n$.

4.58 a) $37 - 3i$ b) 0 c) $-7 + 24i$

4.59 a) $\frac{1}{2} - \frac{i}{2}$ b) $-\frac{3}{34} + \frac{5i}{34}$ c) $\frac{i}{7}$ d) $\frac{3}{13} + \frac{2i}{13}$ e) $-\frac{1}{4}$

4.60 a) $\sqrt{2}$; 1 b) $\sqrt{5}$; $-\frac{1}{2}$ c) 5; $\frac{4}{3}$ d) $\sqrt{305}$; $\frac{4}{17}$ e) 5; arg existiert nicht.

4.61 Addition klar; Multiplikation: $(a_1 - ia_2)(b_1 - ib_2) = (a_1b_1 + a_2b_2) - i(a_1b_2 + a_2b_1)$

4.62 $(a_1 + b_1)^2 + (a_2 + b_2)^2 \leq (\sqrt{a_1^2 + a_2^2} + \sqrt{b_1^2 + b_2^2})^2$ per Termumformung

4.63 a) $x = -1 \pm \sqrt{2}\,i$ b) $x = \frac{5}{2} \pm \frac{1}{2}\sqrt{7}\,i$

4.64 Setze $\alpha = a + bi$ und $\beta = c + di$.

4.65 a) $(a + b\sqrt{-2})(c + d\sqrt{-2}) = (ac - 2bd) + (ad + bc)\sqrt{-2}$

     b) $(2 + \sqrt{-2})(x + y\sqrt{-2}) = (2x - 2y) + (x + 2y)\sqrt{-2} = 6 + 9\sqrt{-2}$, wenn
$2x - 2y = 6$ und $x + 2y = 9$, also $x = 5$ und $y = 2$

     c) $(1 + \sqrt{-2})(1 - \sqrt{-2}) = 3$, $(1 + 3\sqrt{-2})(1 - 3\sqrt{-2}) = 19$, $(3 + \sqrt{-2})(3 - \sqrt{-2})$
$= 11$, $(3 + 2\sqrt{-2})(3 - 2\sqrt{-2}) = 17$, $(3 + 4\sqrt{-2})(3 - 4\sqrt{-2}) = 41$ natürliche
Primzahlen

4.66 Multiplikation in H: $\begin{pmatrix} \alpha & -\overline{\beta} \\ \beta & \overline{\alpha} \end{pmatrix} \begin{pmatrix} \gamma & -\overline{\delta} \\ \delta & \overline{\gamma} \end{pmatrix} = \begin{pmatrix} \alpha\gamma - \overline{\beta}\delta & -\overline{\beta\gamma + \overline{\alpha}\delta} \\ \beta\gamma + \overline{\alpha}\delta & \overline{\alpha\gamma - \overline{\beta}\delta} \end{pmatrix}$

Vertauschung der Faktoren nur möglich, wenn $\overline{\beta}\delta = \beta\overline{\delta}$, also wenn $\overline{\beta}\delta$ reell

Identifiziere die komplexe Zahl α mit der Matrix $\begin{pmatrix} \alpha & 0 \\ 0 & \overline{\alpha} \end{pmatrix}$.

4.67 a) $d = 2y = \frac{1+\sqrt{5}}{2}s \Rightarrow s = \frac{4y}{1+\sqrt{5}}$; $s = \sqrt{(1-x)^2 + y^2} = \sqrt{2 - 2x}$;

     $\frac{4y}{1+\sqrt{5}} = \sqrt{2 - 2x} \Rightarrow 16(1 - x^2) = (2 - 2x)(1 + \sqrt{5})^2 \Rightarrow 8(1 + x) = (1 + \sqrt{5})^2 =$
$6 + 2\sqrt{5}$

     $\Rightarrow 4x = -1 + \sqrt{5} \Rightarrow 4y = \sqrt{1 - x^2} = \sqrt{16 - (-1 + \sqrt{5})^2} = \sqrt{10 + 2\sqrt{5}}$

     b) cos/sin-Werte von $60°$, $45°$, $30°$ benutzen.

4.68 $x^5 - 1 = (x - 1)\left(x^2 + \frac{1-\sqrt{5}}{2}x + 1\right)\left(x^2 + \frac{1+\sqrt{5}}{2}x + 1\right)$,

     $x^6 - 1 = (x - 1)(x + 1)(x^2 + x + 1)(x^2 - x + 1)$,

     $x^8 - 1 = (x - 1)(x + 1)(x^2 + 1)(x^2 - \sqrt{2}x + 1)(x^2 + \sqrt{2}x + 1)$,

     $x^{10} - 1 = (x + 1)\left(x^2 - \frac{1-\sqrt{5}}{2}x + 1\right)\left(x^2 - \frac{1+\sqrt{5}}{2}x + 1\right) \cdot (x^5 - 1)$

4.69 a) ζ^{2k+1} ($k = 0, 1, 2, 3$) mit primitiver achter Einheitswurzel ζ bzw. ζ^{2k+1}
     ($k = 0, 1, 2, 3, 4, 5, 6$) mit primitiver 14-ter Einheitswurzel ζ

     b) ζ^{2k+1} ($k = 0, 1, \ldots, n - 1$) mit primitiver $(2n)$-ter Einheitswurzel ζ

4.70 a) Jeder rationale Term in $\sqrt{d}$ lässt sich in die Form $a + b\sqrt{d}$ ($a, b \in \mathbb{Q}$) bringen;
beachte dabei $(a + b\sqrt{d})^{-1} = \frac{a}{a^2 - b^2 d} + \frac{-b}{a^2 + b^2 d}\sqrt{d}$.   b) Für einen Automorphismus
σ von $\mathbb{Q}(\sqrt{d})$ gilt $\sigma(1) = 1$ und daher $\sigma(a) = a$ für alle $a \in \mathbb{Q}$, ferner $(\sigma(\sqrt{d})^2 =$
$\sigma((\sqrt{d})^2) = \sigma(d) = d$, also $\sigma(\sqrt{d}) = \sqrt{d}$ (und damit $\sigma = \mathrm{id}$) oder $\sigma(\sqrt{d}) = -\sqrt{d}$.

4.71 Vgl. Aufgabe 4.70. Beachte: $(a + b\zeta)(x + y\zeta) = 1$ hat die Lösung $(x, y) = (\frac{b-a}{ab-a^2-b^2}, \frac{b}{ab-a^2-b^2})$. Automorphismus $\zeta \mapsto \zeta^2$ bzw. $i\sqrt{3} \mapsto -i\sqrt{3}$

4.72 Mit $\alpha = 1 + i$ lautet die Gleichung $\left(\frac{z}{\alpha}\right)^4 + \left(\frac{z}{\alpha}\right)^3 + \left(\frac{z}{\alpha}\right)^2 + \frac{z}{\alpha} + 1 = 0$, hat also die Lösungen $\alpha\zeta^k$ ($k = 1, 2, 3, 4$) mit einer primitiven fünften Einheitswurzel ζ.

4.73 Ist a eine reelle Lösung, dann ist $f(x) = (x - a)(x^2 + px + q)$, und die quadratische Gleichung $x^2 + px + q = 0$ hat reelle oder konjugiert-komplexe Lösungen.

4.74 a) Aus $z = \pm\sqrt{2} \pm i\sqrt{3}$ folgt $(z \pm \sqrt{2})^2 = -3$, also $(\pm 2\sqrt{2}z)^2 = (z^2 + 5)^2$ und damit $z^4 + 2z^2 + 25 = 0$.   b) Das Polynom hat über $\mathbb{Q}$ keinen linearen und keinen quadratischen Faktor.   c) Wegen $\alpha\bar{\alpha} = 5$ ist $\bar{\alpha} = \frac{5}{\alpha} = \frac{5(\alpha^3+2\alpha)}{\alpha^4+2\alpha} = \frac{5(\alpha^3+2\alpha)}{-25}$.
d) Aus $-1 \pm 2i\sqrt{6} = (x+iy)^2$ folgt $x^2 - y^2 = -1$ und $2xy = \pm 2\sqrt{6}$, also $y^2 = x^2 + 1$ und $x^2y^2 = 6$. Dies liefert $x^2 = 2$ und $y^2 = 3$.

4.75 Der Winkel zwischen $\cos\frac{2\pi}{5} + i\sin\frac{2\pi}{5}$ und $\cos\frac{2\pi}{6} + i\sin\frac{2\pi}{6}$ beträgt $12°$.

4.76 Kein regelmäßiges n-Eck konstruierbar für $n = 9, 18, 25, 27, 36, 50, 54, 72$.

5   Axiomatische Grundlagen

5.1 Satz 5.7: Aus $x_1 + x_1' = x_2$ und $y_1 + y_1' = y_2$ folgt $(x_1 + y_1) + (x_1' + y_1') = x_2 + y_2$.
Satz 5.8: $x + x' = y \iff x + z + x' = y + z$ (Kürzungsregel!)
Satz 5.9: Induktionsschritte: (7) $\mu(1, x + 1) = \mu(1, x) + 1 = x + 1$;
(8) $\mu(x+1, y+1) = \mu(x+1, y) + x + 1 = \mu(x, y) + y + x + 1 = \mu(x, y+1) + y + 1$

5.2 Beim Nachweis der Assoziativität in $(\mathbb{N}, \cdot)$ benötigt man das Distributivgesetz in $(\mathbb{N}, +\cdot)$. Aufgrund der Kommutativität in $(\mathbb{N}, \cdot)$ muss man dabei nicht zwischen Links- und Rechtsdistributivität unterscheiden. $(\mathbb{N}, \cdot)$ kommutativ: $\mu(1, x) = \mu(x, 1)$; $\mu(y + 1, x) = \mu(y, x) + x = \mu(x, y) + x = \mu(x, y + 1)$. Kürzungsregel in $(\mathbb{N}, \cdot)$: gilt $\mu(x, y) = \mu(x, z) \Rightarrow y = z$, dann gilt dies wegen der Kürzungsregel der Addition auch für $x + 1$, denn $\mu(x+1, y) = \mu(x, y) + y$ und $\mu(x+1, z) = \mu(x, z) + z$. Distributivgesetz: Induktionsschritt $\mu(x + 1, y + z) = \mu(x, y + z) + y + z = \mu(x, y) + \mu(x, z) + y + z = \mu(x + 1, y) + \mu(x + 1, z)$. Assoziativität in $(\mathbb{N}, \cdot)$: Induktionsschritt $\mu(x + 1, \mu(y, z)) = \mu(x, \mu(y, z)) + \mu(y, z) = \mu(\mu(x, y), z) + \mu(y, z) = \mu(\mu(x, y) + y, z) = \mu(\mu(x + 1, y), z)$.

5.3 Kürzungsregel der Addition anwenden: $a = a(1 + 0) = a + a \cdot 0$.

5.4 Kürzungsregel der Addition bzw. der Multiplikation anwenden.

5.5 a) Induktionsschlüssel: $5^{n+1} + 7 = (5^n + 7) + 4 \cdot 5^n$
b) Induktionsschlüssel: $5^{2(n+1)} - 3^{2(n+1)} = 24 \cdot 5^{2n} - 8 \cdot 3^{2n} + (5^{2n} - 3^{2n})$
c) Induktionsschlüssel: $a^{2n+3} - a = (a - 1) \cdot a \cdot (a + 1) \cdot a^{2n} + (a^{2n+1} - a)$

5.6 Induktionsschlüssel in (a) bis (c): $\sum_{i=\ldots}^{n+1} x_i = \sum_{i=\ldots}^{n} x_i + x_{n+1}$; in (c) Induktionsanfang für $i = 0$ machen.

5.7 a) Induktionsschlüssel: $\prod_{i=1}^{n+1} 4^i = 2^{2(n+1)} \cdot \prod_{i=1}^{n} 4^i$

b) Induktionsschlüssel: $\left(1 + \dfrac{1}{n+1}\right)^{2(n+1)} \cdot \prod\limits_{i=n+2}^{2n} \left(1 + \dfrac{1}{i}\right) = \dfrac{2n+3}{2n+1} \cdot \prod\limits_{i=n+1}^{2n} \left(1 + \dfrac{1}{i}\right)$

5.8 a) Induktionsanfang für $n = 3$ machen. Im Induktionsschritt ergibt sich $(n+1)^2 > 2 \cdot (2n+1) = 2n + (2n+2) \ldots$

b) Induktionsanfang für $n = 5$ machen. Im Induktionsschritt ergibt sich $2^{n+1} > 2n^2$, dann (a) ausnutzen.

c) Im Induktionsschritt ergibt sich $(1+x)^{n+1} \leq 1 + (2^n - 1) \cdot x + x + (2^n - 1) \cdot x^2$; nun $x^2 \leq x$ ausnutzen.

5.9 Induktionsanfang klar. Sind $k-n, k-n+1, \ldots, k-1$ insgesamt n aufeinanderfolgende natürliche Zahlen, von denen keine eine Primzahlpotenz ist, dann sind

$$k \cdot k! + k - n, k \cdot k! + k - n + 1, \ldots, k \cdot k! + k - 1, k \cdot k! + k$$

$(n + 1)$ aufeinanderfolgende Zahlen, von denen keine eine Primzahlpotenz ist: Überlege dazu, dass für $i = 1, \ldots, n$ jede der Zahlen $k \cdot k! + (k - i)$ durch eine Nicht-Primzahlpotenz teilbar ist und dass $k \cdot (k! + 1)$ keine Primzahlpotenz sein kann.

5.10 Das im Induktionsschritt verwendete Argument gilt *nicht* für jedes beliebige $n \in \mathbb{N}$, sondern nur für $n \geq 2$. (Für $n = 1$ wäre $\{B_1, \ldots, B_n\} \cap \{B_2, \ldots, B_{n+1}\} = \{B_1\} \cap \{B_2\} = \emptyset$.) Man darf aber in der Induktionsvoraussetzung keine zusätzlichen Anforderungen an n stellen.

5.11 Der Induktionsanfang in (a) und in (b) ist klar. Benutze nun die rekursive Definition der Fibonacci-Zahlen, um die Gleichung

$$a_{n+2} = 1 + \cfrac{1}{1 + \cfrac{1}{a_n}} \quad \text{für alle } n \in \mathbb{N}_0$$

herzuleiten. Dann haben die Ungleichungen aus der Induktionsvoraussetzung die Ungleichungen aus der Induktionsbehauptung zur Folge.

Namensverzeichnis

© Springer Verlag Berlin Heidelberg 2016
H. Scheid, W. Schwarz, *Elemente der Arithmetik und Algebra*,
DOI 10.1007/978-3-662-48774-7

423

Sachverzeichnis

© Springer Verlag Berlin Heidelberg 2016
H. Scheid, W. Schwarz, *Elemente der Arithmetik und Algebra*,
DOI 10.1007/978-3-662-48774-7

Printed in the United States
By Bookmasters